B.I.-Hochschultaschenbücher
Band 101

Relativistische Quantenfeldtheorie

von
Prof. Dr. James D. Bjorken
und
Prof. Dr. Sidney D. Drell
Standford Linear Accelerator Center
Standford University

Bibliographisches Institut Mannheim/Wien/Zürich
B. I.-Wissenschaftsverlag

Die Originalausgabe
erschien unter dem Titel
„Relativistic Quantum Fields“
in der Sammlung
International Series in Pure and Applied Physics
Consulting Editor:
Leonard I. Schiff
Mc Graw-Hill Book Company
New York, San Francisco, Toronto, London
Deutsche Übersetzung:
Dipl.-Phys. J. Benecke
Dipl.-Phys. D. Maison
Dr. E. Riedel

Satz: Zechnersche Buchdruckerei, Speyer
Druck und Bindearbeit: Hain-Druck GmbH, Meisenheim/Glan
Printed in Germany
ISBN 3-411-00101-1

VORWORT

Das Propagator-Verfahren zur Formulierung einer relativistischen Quantentheorie, dessen Bahnbrecher im Jahre 1949 Feynman war, brachte die Quantenelektrodynamik in eine ebenso praktische wie intuitiv anschauliche Gestalt und erwies sich für eine große Anzahl von Problemen aus der Theorie der Elementarteilchen als äußerst fruchtbar. Das ganze Renormierungsprogramm, auf das sich das derzeitige Vertrauen der Theoretiker in die Vorhersagen der Quantenelektrodynamik stützt, beruht in der Tat auf einer Analyse der Feynman-Graphen, ebenso wie der beachtliche Fortschritt, den man bei den Beweisen analytischer Eigenschaften erzielte, welche zum Aufstellen von Dispersionsrelationen benötigt werden. Man kann sich sogar auf den extremen Standpunkt stellen und sagen, daß die Gesamtheit aller Feynman-Graphen die Theorie *ist*.

Diesen Standpunkt vertreten wir in diesem Buch, wie schon in dem dazugehörigen Band „Relativistische Quantenmechanik“ nicht; es soll kein Gesichtspunkt auf Kosten eines anderen besonders bevorzugt werden. Der unbefriedigende Stand der heutigen Elementarteilchentheorie läßt einen derartigen Luxus nicht zu. Insbesondere wollen wir weder die in der formalen Quantenfeldtheorie erreichten Fortschritte, noch die Erfolge der Dispersionstheorie beim Verständnis der niederenergetischen Meson-Nukleon-Prozesse in ihrer Bedeutung schmälern. Das Hauptgewicht unserer Betrachtungen soll aber doch auf der Entwicklung der Feynman-Regeln liegen, wobei wir direkt von einer Teilchenwellengleichung für das Dirac-Elektron ausgehen, die mit den Randbedingungen der Löchertheorie integriert wird.

Für ein solches Vorgehen sprechen drei gewichtige Argumente, die auch die Hauptbeweggründe zur Abfassung der beiden Bücher waren:

1. Die Feynmanschen Graphen und Rechenregeln fassen die Quantenfeldtheorie in einer Form zusammen, welche in sehr engem Zusammenhang mit den experimentellen Zahlen steht, die man verstehen möchte. Wenn auch eine Theorie in Form von Graphen impliziert die Störungstheorie enthält, so zeigt doch die Verwendung der Graphenmethode beim Vielteilchenproblem, daß dieser Formalismus flexibel genug ist, um auch Phänomene von nichtstörungstheoretischem Charakter behandeln zu können (z. B. die Supraleitung und das Bose-Gas harter Kugeln).

2. Es ist durchaus möglich, daß sich irgendeine Modifizierung der Feynman-Rechenregeln als dauerhafter erweist als das ausgefeilte mathematische System der lokalen, kanonischen Quantenfeldtheorie, die auf Idealisierungen aufbaut wie Feldern, die an Raum-Zeit-Punkten definiert sind. Wir wollen daher zuerst diese Regeln entwickeln unabhängig vom feldtheoretischen Formalismus, der vielleicht einmal mehr als eine Überstruktur denn als eine Grundlage angesehen werden wird.
3. Ein solches Vorgehen, das direkter und weniger formal – wenn auch weniger zwingend – ist als das deduktive Verfahren der Feldtheorie, sollte dazu beitragen, daß das Verständnis, die Analyse und die quantitative Berechnung von Feynman-Graphen zum Rüstzeug eines immer größeren Kreises von Physikern gehören wird, und nicht nur zu dem der wenigen auf zweite Quantisierung eingeschworenen Spezialisten. Wir denken insbesondere an unsere experimentellen Kollegen und an Studenten, die sich für die Elementarteilchenphysik interessieren. Wir glauben, daß dies eine gesunde Entwicklung wäre.

Aus dem ursprünglich geplanten einen Buch sind inzwischen zwei geworden. Im ersten – „Relativistische Quantenmechanik“ – entwickelten wir eine Propagatortheorie für Dirac-Teilchen, Photonen und Klein-Gordon-Mesonen und führten eine Reihe von Rechnungen durch, die zur Erläuterung verschiedener nützlicher Begriffe und Rechenverfahren bei den elektromagnetischen, starken und schwachen Wechselwirkungen dienen sollten. Dazu gehörten die Definition und die Ausführung des Renormierungsprogramms und die Berechnung von Effekten infolge Strahlungskorrekturen in niedriger Ordnung, wie z. B. den Lamb-shift. Als Voraussetzung für dieses Buch war die Kenntnis der nichtrelativistischen Quantenmechanik etwa auf dem Niveau des Buches von Schiff über „Quantenmechanik“ notwendig.

Im zweiten Buch – „Relativistische Quantenfeldtheorie“ – entwickeln wir die kanonische Feldtheorie, konstruieren mit der LSZ-Reduktionstechnik geschlossene Ausdrücke für Propagatoren und Streuamplituden und kehren dann zur Feynman-Graphen-Entwicklung zurück. Es wird gezeigt, daß die störungstheoretische Entwicklung der mit der kanonischen Feldtheorie konstruierten Streuamplitude mit den Feynman-Regeln aus dem ersten Buch identisch ist. Durch weitere Graphenanalyse studieren wir die analytischen Eigenschaften der Feynman-Amplituden in beliebiger Ordnung im Kopplungsparameter und erläutern die Methode der Dispersionsrelationen. Schließlich zeigen wir noch, daß die renormierte Quantenelektrodynamik in jeder Ordnung der Wechselwirkung endlich ist.

Anstatt näher darauf einzugehen, was wir tun wollen, führen wir hier lieber die wichtigsten Punkte auf, die wir in diesen Büchern nicht diskutieren wollen. Die Aufstellung von Wirkungsprinzipien und eine Formulierung der Quantenfeldtheorie als Variationsproblem, wie sie hauptsächlich von Schwinger eingeführt wurde, werden wir ganz außer acht lassen. Wir kommen auf Wirkungsvariationen nur im Zusammenhang mit der Suche nach Symmetrien zu sprechen. Auf die leistungsfähigen Methoden der axiomatischen Feldtheorie einerseits und der reinen, von der Feldtheorie getrennten S-Matrix-Theorie andererseits werden wir nicht näher eingehen. Abgesehen von einer Diskussion des Lamb-shift und des Wasserstoffspektrums im ersten Buch wird das Problem gebundener Zustände ignoriert. Dynamische Anwendungen der Dispersionsrelationen werden nur in sehr geringem Umfang untersucht. Es wird weder die Formulierung einer Quantenfeldtheorie für Vektormesonen mit Masse angegeben, noch die einer solchen mit Ableitungskopplungen. Schließlich haben wir auch für viele der in diesen Büchern angeführten Gedankengänge keine Bibliographie aller zugrunde liegenden bedeutsamen Originalarbeiten zusammengestellt. Wer sich mit einem oder mehreren dieser Mängel nicht abfinden will, kann das Fehlende in folgenden modernen und ausgezeichneten Büchern finden.:

Schweber, S.: "An Introduction to Relativistic Quantum Field Theory," New York, Harper & Row, Publishers, Inc., 1961.

Jauch, J. M., und F. Rohrlich: "The Theory of Photons and Electrons," Cambridge, Mass., Addison-Wesley Publishing Company, Inc., 1955.

Bogoliubov, N. N., und D. V. Shirkov: "Introduction to the Theory of Quantized Fields," New York, Interscience Publishers, Inc., 1959.

Akhiezer, A., und V. B. Berezteski: "Quantum Electrodynamics," 2. Aufl., New York, John Wiley & Sons, Inc., 1963.

Umezawa, H.: "Quantum Field Theory," Amsterdam, North Holland Publishing Company, 1956.

Hamilton, J.: "Theory of Elementary Particles," London, Oxford University Press, 1959.

Mandl, F.: "Introduction to Quantum Field Theory," New York, Interscience Publishers, Inc., 1960.

Roman, P.: "Theory of Elementary Particles," Amsterdam, North Holland Publishing Company, 1960.

Wentzel, G.: "Quantum Theory of Field," New York, Interscience Publishers, Inc., 1949

Schwinger, S.: "Quantum Electrodynamics," New York, Dover Publications, Inc., 1958.

Feynman, R. P.: "Quantum Electrodynamics," New York, W. A. Benjamin, Inc., 1962.

Klein, L. (Herausg.) "Dispersion Relations and the Abstract Approach to Field Theory," New York, Cordon and Breach, Science Publishers, Inc., 1961.

Screaton, G. R. (Herausg.): "Dispersion Relations; Scottish Universities Summer School," New York, Interscience Publishers, Inc., 1961.

Chew, G. F.: "S-Matrix Theory of Strong Interactions," New York, W. A. Benjamin, Inc., 1962.

Zum Schluß möchten wir den vielen Studenten und Kollegen unseren Dank aussprechen, deren Kritik und Hinweise wertvolle Anregungen gaben, als diese Bücher aus Vorlesungen entstanden. Insbesondere danken wir Herrn Prof. Leonard I. Schiff für seine Unterstützung und die Ermutigung, diese Bücher zu schreiben, und unseren Sekretärinnen Ellen Mann und Rosemarie Stampfel für ihre wertvolle Hilfe.

JAMES D. BJORKEN SIDNEY D. DRELL

INHALTSVERZEICHNIS

15. Kapitel: Wechselwirkende Felder

16. Kapitel: Vakuumerwartungswerte und S-Matrix

17. Kapitel: Störungstheorie

18. Kapitel: Dispersionsrelationen

19. Kapitel: Renormierung

Anhang A: Notation

Anhang B: Regeln für Feynman-Graphen

Anhang C: Kommutator- und Propagatorfunktionen

KAPITEL 11

ALLGEMEINER FORMALISMUS

In dem Band „Relativistische Quantenmechanik"[1] wurden anschauliche und korrespondenzmäßige Argumente benutzt, um das sogenannte Propagatorverfahren der Quantenmechanik zu entwickeln und Regeln für die störungstheoretische Behandlung der Wechselwirkung relativistischer Teilchen aufzustellen. Wir wenden uns jetzt der systematischen Ableitung dieser Regeln aus dem Formalismus der Quantenfeldtheorie zu. Dabei haben wir die Absicht, einerseits die Lücken auszufüllen, die bei unserer Einführung und bisherigen Benutzung des Propagatorverfahrens offen blieben, und andererseits einen Formalismus zu entwickeln, der auch auf Probleme anwendbar ist, die nicht störungstheoretisch behandelt werden können, wie z. B. auf Prozesse, an denen stark gekoppelte Mesonen und Nukleonen beteiligt sind.

Unser Vorgehen werde am Beispiel des elektromagnetischen Feldes erläutert. Die Potentiale $A^\mu(x)$ erfüllen die Maxwellschen Wellengleichungen. Sie können als Beschreibung eines Systems mit unendlich vielen Freiheitsgraden aufgefaßt werden in dem Sinne, daß die $A^\mu(x)$ an jedem Punkt des Raumes als unabhängige, verallgemeinerte Koordinaten angesehen werden. Um von der klassischen zur quantenmechanischen Beschreibung überzugehen, hat man nach den in Kap. 1[2] zusammengestellten Prinzipien die Koordinaten und die dazu konjugierten Impulse durch Operatoren zu ersetzen, die im Hilbertraum der möglichen physikalischen Zustände wirken, und sie Quantisierungsbedingungen zu unterwerfen. Dieses Verfahren bezeichnet man als kanonische Quantisierung. Es ist eine direkte Verallgemeinerung des Quantisierungsverfahrens der nichtrelativistischen Mechanik auf Feldfunktionen, die aus einer Lagrange-Funktion ableitbare Wellengleichungen erfüllen. Wenn man es durchführt, kommt man zu einer Teilcheninterpretation des elektromagnetischen Feldes im Sinne des Bohrschen Prinzips der Komplementarität.

---

[1] J. D. BJORKEN and S. D. DRELL, Relativistic Quantum Mechanics, McGraw-Hill Book Company, New York, 1964.
Deutsche Übersetzung: J. D. BJORKEN und S. D. DRELL, Relativistische Quantenmechanik, Hochschultaschenbücher, Band 98a*, Bibliographisches Institut, Mannheim, 1966.

[2] Bezugnahmen auf die Kap. 1 bis 10 oder Teile daraus beziehen sich auf den zugehörigen Band, „Relativistische Quantenmechanik".

Wenn die Quantisierung des Maxwell-Feldes in so natürlicher Weise auf Photonen führt, fragt es sich, ob nicht auch andere in der Natur beobachtete Teilchen nach derselben Quantisierungsvorschrift mit bestimmten Kraftfeldern in Beziehung stehen. Yukawa sagte aufgrund solcher Überlegungen aus der Kenntnis der Existenz der Kernkräfte die Existenz des π-Mesons voraus. Umgekehrt wird man natürlich auch jeder in der Natur beobachteten Teilchensorte ein Feld $\varphi(x)$ zuordnen, das einer angenommenen Wellengleichung genügt. Zur Teilcheninterpretation des Feldes φ kommt man dann durch Feldquantelung nach der kanonischen Quantisierungsvorschrift.

In diesem Formalismus hat man zuerst die zu den Feldkoordinaten $\varphi(x)$ konjugierten Impulse $\pi(x)$ zu definieren. Wir werden das mit Hilfe einer Lagrange-Funktion tun, aus der die Wellengleichungen für jedes einzelne Feld $\varphi(x)$, und die konjugierten Impulse abgeleitet werden können. Anwendung des kanonischen Quantisierungsverfahrens speziell mit der Kommutatorbedingung aus Kap. 1, führt auf Feldquanten (z. B. Photonen), die der Bose-Statistik genügen. Um durch einen ähnlichen Quantenfeldformalismus Fermi-Teilchen beschreiben zu können, die dem Ausschließungsprinzip genügen, hat man – wie später gezeigt wird – nur die Kommutatorbedingungen durch Antikommutatorbedingungen zu ersetzen.

Auf diese Art und Weise kommt man zu einem einheitlichen Formalismus als Grundlage für die Beschreibung beider Arten von Teilchen. Ein weiterer Vorteil der Lagrange-Methode ist, wie in 11.3 gezeigt wird, daß sich die Erhaltungssätze unmittelbar ergeben.

11.1 *Konsequenzen einer Beschreibung durch lokale Felder*

Bevor wir weitergehen und untersuchen, zu welchen Ergebnissen die Anwendung des Quantisierungsverfahrens auf klassische Felder, die Wellengleichungen genügen, führt, sollen die Konsequenzen diskutiert werden, die schon im Ansatz eines solchen Programmes liegen. Die erste ist, daß wir zu einer Theorie mit differentieller Wellenausbreitung geführt werden. Die Feldfunktionen sind stetige Funktionen kontinuierlicher Parameter x und t, und Änderungen des Feldes am Punkte x sind bestimmt durch die Eigenschaften des Feldes in infinitesimaler Nachbarschaft des Punktes x.

Für die meisten Wellenfelder (z. B. Schallwellen oder die Schwingungen von Stäben und Membranen) ist eine solche Beschreibung eine Idealisierung, die nur gültig ist für Wellenlängen größer als eine charakteristische Länge, die ein Maß ist für die Struktur des Mediums. Für kleinere Wellenlängen sind die Theorien wesentlich abzuändern.

Das elektromagnetische Feld ist eine bemerkenswerte Ausnahme. Bevor die spezielle Relativitätstheorie die Erkenntnis brachte, daß es nicht notwendig ist, die Natur mechanisch zu deuten, bemühten sich die Physiker sehr, den Nachweis für die mechanische Natur des Strahlungsfeldes zu führen. Nachdem man erkannt hatte, daß zur Ausbreitung der Lichtwellen kein „Äther" nötig ist, war es viel leichter, dieselbe Annahme zu machen, als die Welleneigenschaften des Elektrons beobachtet wurden und zur Einführung eines neuen Feldes $\psi(x)$ anregten. Es gibt keinen Beweis für einen Äther, der der Ausbreitung der Elektronenwelle $\psi(\mathbf{x}, t)$ zugrunde liegt. Jedoch ist es eine starke und weitreichende Extrapolation unseres gegenwärtigen experimentellen Wissens anzunehmen, daß die Wellenbeschreibung, die für Systeme atomarer Größenordnung ($\approx 10^{-8}$ cm) erfolgreich war, auf unendlich viele Größenordnungen kleinere Systeme (z. B. solche mit Abständen kleiner als dem Kerndurchmesser $\approx 10^{-13}$ cm) verallgemeinert werden darf.

In der relativistischen Quantenmechanik hatten wir gesehen, daß die Annahme, daß eine Feldbeschreibung bis zu beliebig kleinen Raum-Zeit-Intervallen hin möglich ist, bei der Störungstheorie zu divergenten Ausdrücken für die Elektronenselbstenergie und die „nackte Ladung" führt. Durch die Renormierungstheorie wurden diese Divergenzschwierigkeiten zwar beseitigt, was ein Zeichen für das Versagen der Störungstheorie sein dürfte. Aber im großen und ganzen hat man das Gefühl, daß diese Divergenzen symptomatisch sind für ein chronisches Versagen der Theorie für kleine Abstände.

Wir könnten fragen, warum sind dann lokale Feldtheorien, d. h. Theorien von Feldern, deren Wellenausbreitung durch lineare Differentialgleichungen beschrieben werden können, so ausgiebig benutzt und akzeptiert worden ? Es gibt verschiedene Gründe dafür, einschließlich des wichtigen, daß mit ihrer Hilfe auf einem großen Gebiet Übereinstimmung mit den Beobachtungen erreicht wurde, wofür Beispiele schon bei den Diskussionen des ersten Bandes gegeben wurden. Aber der wesentliche Grund ist einfach der: es existiert keine überzeugende Theorie, die ohne Differentialgleichungen für das Feld auskommt.

Eine Theorie für die Wechselwirkung relativistischer Teilchen ist notwendigerweise mathematisch sehr kompliziert. Wegen der Existenz von Teilchenerzeugungs- und -vernichtungsprozessen ist sie von vornherein eine Theorie für ein Vielteilchenproblem. Zur Zeit kann man nur näherungsweise Lösungen dieses Problems angeben, und deswegen sind die Aussagen aller dieser Theorien unvollständig und nicht eindeutig.

Angesichts dieser Situation erscheint es am vernünftigsten, bei der Entwicklung neuer Theorien diejenigen allgemeiner Prinzipien beizubehalten, die in einem engeren Rahmen funktioniert haben; im vorliegenden Falle die Quantisierungsvorschrift, die die Existenz eines Hamilton-Operators H einschließt. Da aber H über die Schrödinger-Gleichung infinitesimale Zeitverschiebungen erzeugt, werden wir auf eine Beschreibung mit differentieller Entwicklung in der Zeit geführt. Die Lorentz-Invarianz fordert dann zusätzlich differentielle Entwicklung im Raum. Es könnte sein, daß für eine nichtlokale, „gekörnte" Theorie kein Hamilton-Operator existiert; wenn das der Fall ist, wäre die Analogie zu den Quantisierungsmethoden der nichtrelativistischen Theorien aufgehoben.

Wenn wir an einer Lorentz-invarianten mikroskopischen Beschreibung durch kontinuierliche Variable x und t festhalten, erwarten wir, daß sich Wechselwirkungen in Raum und Zeit nicht schneller als mit Lichtgeschwindigkeit c ausbreiten. Diese Forderung der „Mikrokausalität" spricht sehr für die Benutzung des Feldbegriffes. Auch wenn es für kleinste Abstände eine Körnung in der Natur gibt, muß, wenn wir an der Mikrokausalität festhalten, der Einfluß eines Kornes auf das nächste retardiert sein, was am natürlichsten durch zusätzliche Felder beschrieben wird. Das Problem wird also nur komplizierter ohne verständlicher zu werden.

Es gibt keinen konkreten experimentellen Hinweis auf eine Kornstruktur für kleine Abstände[1]. Völlig bewiesen ist die Richtigkeit der speziellen Relativitätstheorie im Hochenergiebereich, und weiter gibt es einen positiven Beweis[2] dafür, daß die Forderung der Mikrokausalität eine richtige Hypothese ist. Da es keine andere, überzeugende Theorie gibt, werden wir uns im folgenden auf den Formalismus lokaler, kausaler Felder beschränken. Eine modifizierte Theorie muß die lokale Feldtheorie als Grenzfall für große Entfernungen enthalten. Wir weisen noch einmal darauf hin, daß der Formalismus, den wir entwickeln, möglicherweise nur den Limes großer Entfernungen (d. h. Abstände $> 10^{-13}$ cm) einer physikalischen Welt mit wesentlich anderen submikroskopischen Eigenschaften beschreibt.

11.2 *Der kanonische Formalismus und das Quantisierungsverfahren für Teilchen*

Zur Einleitung unserer Ausführungen wiederholen wir noch einmal das bekannte Verfahren zur Quantisierung klassischer, dynamischer Systeme der Punktmechanik. Als Beispiel betrachten wir die eindimensionale Be-

[1] In der Quantenelektrodynamik besteht sehr gute Übereinstimmung zwischen Theorie und Experiment sowohl für Nieder- als auch für Hochenergieprozesse. Vgl. z. B.: R. P. FEYNMAN, *Rept. Solvay Congr.*, *Brussels*, Interscience Publishers, Inc., New York, 1961.

[2] Wir fassen als solchen die experimentelle Verifizierung der Dispersionsrelationen für die Pion-Nukleon-Vorwärtsstreuung auf, die in Kap. 18 diskutiert werden.

wegung eines Teilchens in einem konservativen Kraftfeld. Es seien q die verallgemeinerte Koordinate des Teilchens, $\dot{q} = dq/dt$ die Geschwindigkeit und $L(q, \dot{q})$ seine Lagrange-Funktion. Nach dem Hamiltonschen Prinzip ist die Bewegung des Teilchens bestimmt durch die Bedingung

$$\delta J = \delta \int_{t_1}^{t_2} L(q,\dot{q})\, dt = 0 \tag{11.1}$$

Gl. (11.1) sagt aus, daß der tatsächliche physikalische Weg, dem das Teilchen beim Durchlaufen des Intervalles (q_1, t_1) nach (q_2, t_2) folgt, derjenige ist, auf dem die Wirkung L stationär ist. Kleine Variationen dieses Weges, $q(t) \to q(t) + \delta q(t)$, wie in Abb. 11.1 gezeigt, lassen also die Wirkung in erster Ordnung unverändert.

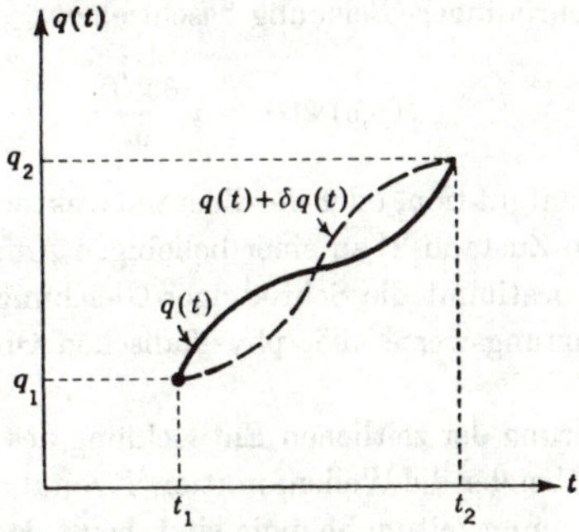

Abb. 11.1 Beim Wirkungsprinzip zugelassene Variationen des Weges mit fixierten Endpunkten.

Das Hamiltonsche Prinzip führt sofort auf die Euler-Lagrangeschen Bewegungsgleichungen[1]

$$\frac{d}{dt}\frac{\partial L}{\partial \dot{q}} - \frac{\partial L}{\partial q} = 0 \tag{11.2}$$

Um die formale Quantisierung dieser Gleichung durchzuführen, schreiben wir sie in die Hamiltonsche Form um. Dazu definieren wir den zu q konjugierten Impuls p,

$$p = \frac{\partial L}{\partial \dot{q}} \tag{11.3}$$

und führen die Hamilton-Funktion durch eine Legendre-Transformation ein

$$H(p,q) = p\dot{q} - L(q,\dot{q}) \tag{11.4}$$

[1] Vgl. H. Goldstein, „Classical Mechanics", Addison-Wesley Publishing Company, Inc., Reading, Mass., 1950. Die Form von (11.2) gilt nur, wenn keine höheren als erste Ableitungen der Koordinaten in L vorkommen.

Mit H lassen sich die Bewegungsgleichungen (11.2) schreiben

$$\{H,q\}_{\mathrm{PB}} = \frac{\partial H}{\partial p} = \dot{q} \quad \text{und} \quad \{H,p\}_{\mathrm{PB}} = -\frac{\partial H}{\partial q} = \dot{p} \tag{11.5}$$

wobei $\{\quad\}_{\mathrm{PK}}$ Poisson-Klammern bedeuten.

Um (11.5) zu quantisieren, ist q als hermitescher Operator in einem Hilbert-Raum aufzufassen und p durch $-i\,\partial/\partial q$ zu ersetzen, so daß der konjugierte Impuls und die Koordinate die Kommutatorbeziehung

$$[p,q] = -i \tag{11.6}$$

erfüllen, die der klassischen Poisson-Klammer $\{p, q\}_{\mathrm{PK}} = 1$ entspricht. Mit dieser Definition ist auch p hermitesch. Die Dynamik des Systems wird durch die Schrödinger-Gleichung beschrieben

$$H(p,q)\Psi(t) = i\,\frac{\partial \Psi(t)}{\partial t} \tag{11.7}$$

wobei Ψ die Wellenfunktion, oder der Zustandsvektor, im Hilbert-Raum ist. Wenn wir den Zustand Ψ zu einer beliebigen Anfangszeit, sagen wir $t = 0$, vorgeben, bestimmt die Schrödinger-Gleichung den Zustand und folglich die Erwartungswerte aller physikalischen Observablen zu allen späteren Zeiten.

Diese Formulierung der zeitlichen Entwicklung des Bewegungszustandes des Teilchens, bei der die Wellenfunktion Ψ zeitabhängig ist, während die Operatoren p und q zeitunabhängig sind, heißt das Schrödinger-Bild. Die zeitliche Entwicklung der Bewegung kann aber auch anders formuliert werden, nämlich durch zeitabhängige Operatoren $p\,(t)$ und $q\,(t)$ anstelle eines zeitabhängigen Zustandsvektors Ψ. Diese Formulierung bezeichnet man als das Heisenberg-Bild. Es ist äquivalent zum Schrödinger-Bild, was formal mit einer unitären Transformation, die beide Bilder in Beziehung setzt, gezeigt werden kann. Durch formales Integrieren der Schrödinger-Gleichung (11.7) erhält man

$$\Psi_{\mathrm{S}}(t) = e^{-iHt}\Psi_{\mathrm{S}}(0) \equiv e^{-iHt}\Psi_{\mathrm{H}} \tag{11.8}$$

wobei der Operator $\exp\{-iHt\}$ für hermitesches H unitär ist und die Zeitentwicklung von $\Psi_S(t)$ bestimmt. Der Wert von Ψ_S zur Zeit $t = 0$ ist der Heisenberg-Zustandsvektor $\Psi_H \equiv \Psi_S(0)$. Die zeitunabhängigen Operatoren O_S werden in zeitabhängige Heisenberg-Operatoren transformiert gemäß

$$O_{\mathrm{H}}(t) = e^{iHt}O_{\mathrm{S}}e^{-iHt} \tag{11.9}$$

Die unitäre Operatortransformation (11.9) ist so gebildet, daß sie Matrixelemente und folglich die physikalischen Observablen invariant läßt.

Die Lösung des Bewegungsproblems der Quantentheorie besteht darin, Matrixelemente von Operatoren, die physikalische Observable repräsentieren, für eine spätere Zeit t zu finden, wenn sie für eine Anfangszeit, z. B. $t = 0$, bekannt sind. Im Schrödinger-Bild bestimmt man dazu aus (11.7) die Zeitabhängigkeit der Wellenfunktion. Im Heisenberg-Bild andererseits hat man die Bewegungsgleichung für die Heisenberg-Operatoren zu lösen, die nach (11.9) gegeben ist durch[1]

$$\frac{dO_{\mathrm{H}}(t)}{dt} = i[H,O_{\mathrm{H}}(t)] \tag{11.10}$$

Solange wir in der nichtrelativistischen Theorie mit Energieeigenfunktionen rechnen, besteht kaum ein Unterschied zwischen den beiden Verfahren. Nach (11.9) ist $H_{\mathrm{H}}(t) = H_{\mathrm{S}} = H$ und in Abwesenheit äußerer, zeitabhängiger Kräfte ist nach (11.10) $dH/dt = 0$. Für die Energieeigenfunktionen lautet die Schrödinger-Wellenfunktion $\psi_n(q,t) = e^{-i\omega_n t}u_n(q)$, und die entsprechende Heisenberg-Funktion ist $u_n(q)$.

In der relativistischen Feldtheorie ist, wie wir sehen werden, das Heisenberg-Bild zweckmäßiger, da die explizite Angabe des Zustandsvektors Ψ viel komplizierter als im nichtrelativistischen Falle ist, und die Dynamik der Operatoren einfacher zu behandeln ist als die Dynamik von Ψ. Außerdem werden wir bei der Entwicklung der Feldtheorie die Lorentz-Invarianz leichter im Heisenberg-Bild erkennen, da im Heisenberg-Bild die Zeit- und Ortskoordinaten gemeinsam als Parameter in den Feldoperatoren auftreten.

Aus (11.6) und (11.9) folgt, daß im Heisenberg-Bild die fundamentalen Kommutatorbedingungen die Form

$$[p(t),q(t)] = -i \tag{11.11}$$

für beliebige Zeiten t behalten, und wir schreiben können

$$p(t) = -i\frac{\partial}{\partial q(t)} \quad \text{und} \quad q(t) = i\frac{\partial}{\partial p(t)}$$

Damit können die aus (11.10) folgenden Bewegungsgleichungen für die kanonischen Variablen $q(t)$ und $p(t)$

$$\frac{dp(t)}{dt} = i[H,p(t)] \qquad \frac{dq(t)}{dt} = i[H,q(t)] \tag{11.12}$$

umgeformt werden in die Form *klassischer* Bewegungsgleichungen für Operatoren

$$\frac{dp(t)}{dt} = -\frac{\partial H}{\partial q(t)} \qquad \frac{dq(t)}{dt} = \frac{\partial H}{\partial p(t)}$$

[1] Für Operatoren, die explizite Funktionen der Zeitkoordinaten sind, lautet (11.10)

$$\frac{dO_{\mathrm{H}}(t)}{dt} = i[H,O_{\mathrm{H}}(t)] + \frac{\partial O_{\mathrm{H}}}{\partial t}$$

Diese Formulierung des Bewegungsproblems der Quantenmechanik mit Heisenberg-Operatoren ist der ursprünglichen Schreibweise der klassischen Physik, die wir oft betrachten und nachahmen werden, sehr ähnlich. Die dynamischen Variablen der Quantentheorie sind hermitesche Operatoren $p(t)$ und $q(t)$, die den klassischen Gl. (11.5) ähnliche Bewegungsgleichungen erfüllen. Um das Bewegungsproblem vollständig zu bestimmen, müssen wir die Matrixelemente der Operatoren p und q zu einer Anfangszeit festlegen. Die in der klassischen Theorie geforderten Anfangsbedingungen für $p(0)$ und $q(0)$ müssen hier ergänzt werden durch die Forderung, daß die Kommutatorbedingung (11.11) für $t = 0$ für jeden physikalischen Zustand erfüllt ist. Da wir postulieren, daß die physikalischen Zustände des Systems – z. B. die Energieeigenzustände – ein vollständiges Funktionensystem bilden, kann die Anfangsbedingung für den Kommutator in Operatorform wie in Gl. (11.11) geschrieben werden.

Um das Verfahren zu illustrieren, quantisieren wir den linearen harmonischen Oszillator im Heisenberg-Bild. Der Hamilton-Operator ist

$$H = \tfrac{1}{2}(p^2 + \omega_0^2 q^2) \tag{11.13}$$

mit den Bewegungsgleichungen

$$p(t) = \frac{dq(t)}{dt} \equiv \dot{q}(t) \qquad \ddot{q} + \omega_0^2 q = 0$$

Um nach den Koordinaten aufzulösen, führen wir wie üblich die Linearkombinationen ein

$$a = \sqrt{\frac{1}{2\omega_0}}\,(\omega_0 q + ip) \qquad a^\dagger = \sqrt{\frac{1}{2\omega_0}}\,(\omega_0 q - ip) \tag{11.14}$$

durch die ausgedrückt die Bewegungsgleichungen lauten

$$\dot{a}(t) = -i\omega_0 a(t) \qquad \dot{a}^\dagger(t) = +i\omega_0 a^\dagger(t)$$

Ihre Lösungen sind

$$a(t) = a_0 e^{-i\omega_0 t} \qquad a^\dagger(t) = a_0^\dagger e^{+i\omega_0 t} \tag{11.15}$$

wobei a_0 und $a_0^\dagger$ zeitunabhängige Operatoren sind, die die aus (11.11) folgenden Kommutatorbeziehungen erfüllen

$$[a(t),a^\dagger(t)] = [a_0,a_0^\dagger] = 1 \qquad [a(t),a(t)] = [a_0,a_0] = 0 \tag{11.16}$$
$$[a^\dagger(t),a^\dagger(t)] = [a_0^\dagger,a_0^\dagger] = 0$$

Durch a und $a^\dagger$ ausgedrückt lautet der Hamilton-Operator

$$H = \tfrac{1}{2}\omega_0(a^\dagger a + aa^\dagger) = \tfrac{1}{2}\omega_0(a_0^\dagger a_0 + a_0 a_0^\dagger) \tag{11.17}$$

Da jeder Zustand Ψ nach stationären Eigenfunktionen Ψ_n von H entwickelt werden kann, genügt es, die Eigenschaften der Ψ_n zu finden. Aus den Kommutatorrelationen folgt

$$[H,a_0] = -\omega_0 a_0 \qquad \text{und} \qquad [H,a_0^\dagger] = +\omega_0 a_0^\dagger \tag{11.18}$$

Folglich gilt, wenn $H\Psi_n = \omega_n \Psi_n : Ha_0^\dagger \Psi_n = (\omega_n + \omega_0)a_0^\dagger \Psi_n$, und man kann eine unendliche Folge von Zuständen höherer Energie erzeugen, indem man von dem zum Energieeigenwert ω_n gegebenen Zustand Ψ_n ausgeht und sukzessive den Operator $a_0^\dagger$ anwendet: $a_0^\dagger \Psi_n = \Psi_{n+1}$. Entsprechend gilt

$$H\Psi_n = \omega_n \Psi_n, \; Ha_0\Psi_n = (\omega_n - \omega_0)a_0\Psi_n$$

und man kann durch sukzessive Anwendung des Operators a_0 Zustände zu niedrigerer Energie erzeugen: $a_0\Psi_n = \Psi_{n-1}$. Diese Reihe muß abbrechen, da der Hamilton-Operator (11.13) als Summe von Quadraten hermitescher Operatoren keine negativen Eigenwerte haben kann. Den Grundzustand zum niedrigsten Energieeigenwert erhält man aus der Forderung $a_0\Psi_0 = 0$. Die Energie des Grundzustandes ist dann

$$H\Psi_0 = \tfrac{1}{2}\omega_0 a_0 a_0^\dagger \Psi_0 = \tfrac{1}{2}\omega_0[a_0,a_0^\dagger]\Psi_0 = \tfrac{1}{2}\omega_0\Psi_0$$

und die Energie des n-ten Zustandes

$$\Psi_n \equiv (a_0^\dagger)^n \Psi_0 \tag{11.19}$$

ist

$$\omega_n = (n + \tfrac{1}{2})\omega_0$$

Für den eindimensionalen Oszillator ist das Energiespektrum nicht entartet, und die verschiedenen Zustände (11.19) sind zueinander orthogonal[1]

$$(\Psi_n, \Psi_m) = \delta_{nm}(n!)(\Psi_0,\Psi_0) \tag{11.20}$$

Zur Bestimmung der Matrixelemente von $a_0^\dagger$ in dieser Darstellung betrachtet man

$$\left\langle \Psi_n \left| \frac{H}{\omega_0} + \frac{1}{2} \right| \Psi_n \right\rangle = \langle \Psi_n | a_0 a_0^\dagger | \Psi_n \rangle = |\langle \Psi_{n+1} | a_0^\dagger | \Psi_n \rangle|^2 = n + 1$$

Wir können dann wählen

$$\langle \Psi_{n+1} | a_0^\dagger | \Psi_n \rangle = \sqrt{n+1} = \langle \Psi_n | a_0 | \Psi_{n+1} \rangle \tag{11.21}$$

Das Matrixelement des Heisenberg-Operators $a^\dagger(t)$ ist für beliebige Zeiten t

$$\begin{aligned} \langle \Psi_{n+1} | a^\dagger(t) | \Psi_n \rangle &= e^{i\omega_0 t} \langle \Psi_{n+1} | a_0^\dagger | \Psi_n \rangle \\ &= \langle e^{-i\omega_{n+1} t}\Psi_{n+1} | a_0^\dagger | e^{-i\omega_n t}\Psi_n \rangle \end{aligned} \tag{11.22}$$

Für das spezielle Beispiel sind nur die Matrixelemente von Null verschieden, die n um $n = \pm 1$ ändern. Die Gln. (11.13) bis (11.22) sind die vollständige quantenmechanische Lösung. Sie beschreiben die zeitliche Änderung der Operatoren, die möglichen physikalischen Zustände und die Matrixelemente der Operatoren in der Energiedarstellung.

[1] Man beachte, daß die Ψ_n nicht normiert sind.

Man kann die bisherigen Überlegungen direkt auf Systeme mit n Freiheitsgraden verallgemeinern. Wir führen n hermitesche Operatoren $q_i(t)(i = 1, 2, ..., n)$ im Heisenberg-Bild ein und die n dazu konjugierten Impulse $p_i(t)$. Die Dynamik des Systems wird beschrieben durch $2n$ klassische Bewegungsgleichungen

$$-\frac{\partial H}{\partial q_i} = \frac{dp_i}{dt} \qquad \frac{\partial H}{\partial p_i} = \frac{dq_i}{dt} \qquad i = 1, \ldots, n \tag{11.23}$$

Das quantenmechanische Problem ist vollständig definiert, wenn wir für eine Anfangszeit $t = 0$ die Matrixelemente von p und q vorgeben derart, daß die Kommutatorbedingungen erfüllt sind

$$\begin{aligned} [p_i(0), q_j(0)] &= -i\delta_{ij} \\ [p_i(0), p_j(0)] &= 0 \\ [q_i(0), q_j(0)] &= 0 \end{aligned} \tag{11.24}$$

Die quantenmechanische Form der Bewegungsgleichungen (11.23) lautet wie (11.12)

$$\dot{p}_i(t) = i[H, p_i(t)] \qquad \dot{q}_i(t) = i[H, q_i(t)] \tag{11.25}$$

für jede der n unabhängigen Koordinaten und Impulse, die das System mit n Freiheitsgraden beschreiben.

11.3 *Kanonischer Formalismus und Quantisierung von Feldern*[1]

Der Grenzübergang $n \to \infty$ führt uns zu einer Feldtheorie, in der das Feld an jedem Raumpunkt als unabhängige, verallgemeinerte Koordinate betrachtet wird. Ein einfaches Beispiel für diesen Grenzübergang in der klassischen Physik bildet die gespannte, schwingende Saite. Für eine endliche Zahl N von Massenpunkten entlang der Saite lösen wir N gekoppelte Oszillatorgleichungen; im Limes $N \to \infty$ erhalten wir den Grenzfall einer zusammenhängenden Saite, deren Bewegung beschrieben wird durch ein Verschiebungsfeld $\varphi(\mathrm{x}, t)$, das eine stetige Funktion des Ortes x entlang der Saite und der Zeit t ist. Das Feld φ mißt die Amplitude der Verschiebung der Saite aus der Ruhelage bei (x,t); die Zeitableitung $\partial\varphi(\mathrm{x},t)/\partial t$ ihre Geschwindigkeit bei (x,t).

Wenn wir dieser Analogie folgen, erwarten wir, daß in einem kanonischen Formalismus für Felder $\varphi(\mathrm{x},t)$ die Rolle der Koordinate $q_i(t)$ und $\partial\varphi(\mathrm{x},t)/\partial t$ die der Geschwindigkeit $\dot{q}_i(t)$ spielt. Der diskrete Index i wird durch die kontinuierliche Ortskoordinate x ersetzt; und im Heisenberg-

[1] W. Heisenberg und W. Pauli. *Z. Physik*, 56, 1 (1929); G. Wentzel „Quantum Theory of Fields", Interscience Publishers, Inc., New York, 1949.

Bild ist das Feld eine Funktion der Orts- und Zeitkoordinaten $x = (x,t)$. Das ist der Vorteil der Heisenberg-Darstellung, denn diese gleichwertige Behandlung der Orts- und Zeitkoordinaten erlaubt, einen explizit Lorentz-kovarianten Formalismus zu entwickeln. Allein in der Angabe von Anfangsbedingungen und Kommutatorbeziehungen, z. B. für die Zeit $t = 0$, liegt eine gewisse Auszeichnung der Zeitkoordinaten. „Zu einer Zeit t" ist eine nicht kovariant formulierte Aussage der Theorie. Aber auch diese kann durch den kovarianten Begriff der raumartigen Fläche (Abb. 11.2), auf der die Anfangs- und Kommutatorbedingungen

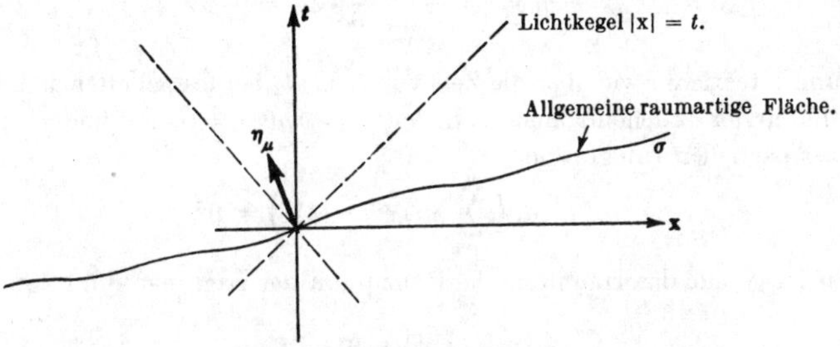

Abb. 11.2 Allgemeine raumartige Fläche σ mit der Normalen $\eta\mu$.

anzugeben sind, ersetzt werden. Eine raumartige Fläche ist eine dreidimensionale Fläche σ, deren Normale η_μ überall zeitartig ist, das heißt $\eta_\mu \eta^\mu = 1 > 0$. Nach Konvention wählen wir η^μ immer auf dem Vorwärtslichtkegel, d. h. $\eta^\circ > 0$. In Zukunft werden die Ausdrücke „zu einer gegebenen Zeit t" und „auf einer raumartigen Fläche" synonym gebraucht; auf diese Weise können die Anfangsbedingungen kovariant formuliert werden.

Zur Quantisierung einer klassischen Feldtheorie gehen wir von den Feldgleichungen aus. Wenn wir diese kennen, suchen wir eine Lagrange-Funktion, die sie über das Hamiltonsche Prinzip ergibt. Wenn man die Lagrange-Funktion kennt, ist es möglich, die kanonischen Impulse zu definieren und die Quantisierung in Übereinstimmung mit (11.24) durchzuführen. Durch diesen Schritt werden die Felder $\varphi_i(\mathrm{x}, t)$ und ihre kanonischen Impulse $\pi_i(\mathrm{x},t)$ zu Hilbert-Raum-Operatoren, die auf den Zustandsvektor Φ wirken. Wir postulieren, wie in der Quantentheorie für Teilchen zu Beginn von Kap. 1, daß die physikalischen Zustände Φ im Hilbert-Raum ein vollständiges System bilden. Meistens werden die Φ im Heisenberg-Bild vorkommen als Eigenzustände des Hamilton-Operators H, der aus Feldern φ_i und Impulsen π_i analog zur Theorie für Teilchen aufgebaut ist:

$$H(\varphi_i,\pi_i)\Phi_n = E_n\Phi_n$$

Wir wiederholen die Konstruktion der Lagrange-Funktion L aus den Bewegungsgleichungen für den Fall der klassischen Punktmechanik und übertragen dann Schritt für Schritt das Verfahren, um zu einer Lagrange-Funktion in der Feldtheorie zu kommen. Die Newtonsche Gleichung

$$m_i \ddot{q}_i = -\frac{\partial}{\partial q_i} V(q_1, \ldots, q_n)$$

multiplizieren wir mit δq_i und summieren über $i = 1, \ldots, n$:

$$\sum_{i=1}^{n} m_i \ddot{q}_i \, \delta q_i = -\sum_{i=1}^{n} \frac{\partial V}{\partial q_i} \delta q_i = -\delta V$$

Dann integrieren wir über die Zeit von t_1 bis t_2 bei festgehaltenen Endpunkten der Teilchenbahnen, d. h. $\delta q_i(t_1) = \delta q_i(t_2) = 0$, und finden nach einer partiellen Integration

$$\int_{t_1}^{t_2} dt \left(\sum_{i=1}^{n} m_i \dot{q}_i \delta \dot{q}_i - \delta V \right) = 0$$

Das ist gerade das Hamiltonsche Prinzip mit der Lagrange-Funktion

$$L = \tfrac{1}{2} \sum_{i=1}^{n} m_i \dot{q}_i^2 - V$$

Dasselbe Verfahren wenden wir im Falle des klassischen Feldes $\varphi(x)$ an, das, um ein konkretes Beispiel zu diskutieren, einer freien Klein-Gordon-Wellengleichung genügen möge

$$\left(\frac{\partial^2}{\partial t^2} - \nabla^2 + m^2 \right) \varphi = 0 \qquad (11.26)$$

Die Summation über die q_i oben ist hier durch ein dreidimensionales Integral über die Ortskoordinate x zu ersetzen. Wir multiplizieren die Feldgleichung (11.26) mit einer infinitesimalen Variation der Feldamplitude am Punkt x

$$\delta\varphi(x) = \varphi'(x) - \varphi(x)$$

und integrieren dann über alle Koordinaten x und über das Zeitintervall t_1 bis t_2:

$$\int_{t_1}^{t_2} dt \int_{-\infty}^{\infty} d^3x \left(\frac{\partial^2 \varphi}{\partial t^2} - \nabla^2 \varphi + m^2 \varphi \right) \delta\varphi = 0$$

Dabei sind die Variationen wieder auf solche beschränkt, die an den Endpunkten t_1 und t_2 verschwinden: $\delta\varphi(t_1) = \delta\varphi(t_2) = 0$. Außerdem sei das System auf ein endliches Raumgebiet[1] beschränkt derart, daß Integrale

[1] Die Bedingung kann auch erfüllt werden, indem man das System in einen Kasten mit periodischen Randbedingungen einschließt.

über entfernte Oberflächen (bei $\mathbf{x} \to \pm\infty$) keinen Beitrag liefern. Da ergibt

$$\int_{t_1}^{t_2} dt \int_{-\infty}^{\infty} d^3x\, \delta\left[+\frac{1}{2}\left(\frac{\partial\varphi}{\partial t}\right)^2 - \frac{1}{2}|\nabla\varphi|^2 - \frac{1}{2}m^2\varphi^2\right] = 0$$

oder

$$\delta \int_{t_1}^{t_2} d^4x\, \mathfrak{L}\left(\varphi, \frac{\partial\varphi}{\partial x^\mu}\right) = 0$$

mit

$$\mathfrak{L}\left(\varphi, \frac{\partial\varphi}{\partial x^\mu}\right) = \frac{1}{2}\left(\frac{\partial\varphi}{\partial x^\mu}\frac{\partial\varphi}{\partial x_\mu} - m^2\varphi^2\right) \tag{11.27}$$

$\mathscr{L}$ ist ein Lorentz-invariantes Funktional der Felder φ und deren ersten Ableitungen $\partial\varphi/\partial x^\mu$; man bezeichnet es als Lagrange-Dichte. Die Lagrange-Funktion L, die die gleiche Rolle wie in der Punktmechanik spielt, ergibt sich als Volumintegral über die Dichte:

$$L \equiv \int_{-\infty}^{\infty} d^3x\, \mathfrak{L}\left(\varphi, \frac{\partial\varphi}{\partial x^\mu}\right)$$

In der allgemeinen Theorie werden wir stets annehmen, daß die Feldgleichungen aus einer Lagrange-Dichte $\mathscr{L}$ abgeleitet werden können. In Analogie zum Hamiltonschen Prinzip der Punktmechanik (11.1) fordern wir, daß die Wirkung für die Felder, die Lösungen der Bewegungsgleichungen sind, stationär ist, d. h.

$$\delta \int_{t_1}^{t_2} dt \int d^3x\, \mathfrak{L} = 0 \tag{11.28}$$

Wenn wir in (11.28) die Variation durchführen, indem wir die Felder im Integrationsintervall variieren, die Randwerte bei t_1 und t_2 wie in der Punktmechanik aber konstant halten, erhalten wir die Euler-Lagrange-Gleichungen für die raum-zeitliche Änderung der Felder. Speziell für ein einfaches System, das beschrieben wird durch ein einziges Feld φ und eine Lagrange-Dichte $\mathscr{L}$, die nur ein Funktional von φ und $\partial\varphi/\partial x^\mu$ ist, liefert (11.28)

$$\int_{t_1}^{t_2} dt \int d^3x \left[\mathfrak{L}\left(\varphi + \delta\varphi, \frac{\partial\varphi}{\partial x^\mu} + \delta\frac{\partial\varphi}{\partial x^\mu}\right) - \mathfrak{L}\left(\varphi, \frac{\partial\varphi}{\partial x^\mu}\right)\right]$$
$$= \int_{t_1}^{t_2} dt \int d^3x \left[\frac{\partial\mathfrak{L}}{\partial\varphi}\delta\varphi + \frac{\partial\mathfrak{L}}{\partial(\partial\varphi/\partial x^\mu)}\,\delta\left(\frac{\partial\varphi}{\partial x^\mu}\right)\right] = 0$$

Partielles Integrieren und Ausnützen der Relation

$$\delta\frac{\partial\varphi}{\partial x^\mu} = \frac{\partial}{\partial x^\mu}(\varphi + \delta\varphi) - \frac{\partial\varphi}{\partial x^\mu} = \frac{\partial}{\partial x^\mu}(\delta\varphi)$$

ergibt

$$\int_{t_1}^{t_2} d^4x\, \delta\varphi\left[\frac{\partial\mathfrak{L}}{\partial\varphi} - \frac{\partial}{\partial x^\mu}\frac{\partial\mathfrak{L}}{\partial(\partial\varphi/\partial x^\mu)}\right] = 0$$

Da diese Bedingung für beliebige Variationen $\delta\varphi$ gelten soll, erhalten wir als Feldgleichungen

$$\frac{\partial}{\partial x^\mu} \frac{\partial \mathfrak{L}}{\partial(\partial\varphi/\partial x^\mu)} - \frac{\partial \mathfrak{L}}{\partial \varphi} = 0 \tag{11.29}$$

Speziell für die durch (11.27) gegebene Dichte $\mathscr{L}$ stimmt (11.29) mit der Klein-Gordon-Gleichung (11.26) überein.

Feldgleichungen, die auf diese Weise abgeleitet werden, sind grundsätzlich lokale Differentialgleichungen. Wenn $\mathscr{L}$ höhere Ableitungen der Felder als solche erster Ordnung enthält, werden die Feldgleichungen von höherer als zweiter Ordnung[1] sein. Solange $\mathscr{L}$ nur Ableitungen endlicher Ordnung von $\varphi(x)$ enthält, erfüllen die Felder Differentialgleichungen und die Theorie ist „lokal". Wir weisen hier, wo wir die Hypothese der lokalen Wirkung einführen, noch einmal auf die Folgerungen daraus hin, die in den einführenden Paragraphen dieses Kapitels diskutiert wurden. Es ist klar, daß der kanonische Formalismus, wie er hier dargestellt wird, nur im Sinne des Korrespondenzprinzips für große Bereiche gilt, falls sich die Natur im kleinen nichtlokal oder irgendwie strukturiert („gekörnt") verhält.

In allen Fällen ist die Wahl der Lagrange-Funktion bestimmt durch die verlangten Feldgleichungen. Die Lagrange-Dichte (11.27) führt auf die Klein-Gordon-Gleichung; andere uns interessierende Beispiele sind die Lagrange-Funktionen für das Dirac- und das Maxwell-Feld. Für Systeme, die durch mehr als ein unabhängiges Feld beschrieben werden, sagen wir $\varphi_r(x)$, $r = 1, \ldots, n$, erhalten wir aus dem Hamiltonschen Prinzip n Feldgleichungen

$$\frac{\partial \mathfrak{L}}{\partial \varphi_r} - \frac{\partial}{\partial x^\mu} \frac{\partial \mathfrak{L}}{\partial(\partial\varphi_r/\partial x^\mu)} = 0 \qquad r = 1, \ldots, n \tag{11.30}$$

indem wir jedes der Felder unabhängig variieren, $\delta\varphi_r(x)$.

Bei der Quantisierung von Feldern im kanonischen Formalismus, der wir uns jetzt zuwenden, benutzen wir wie in der Punktmechanik die Lagrange-Dichte $\mathscr{L}$, um die kanonischen Impulse zu definieren. Um die vollständige Analogie zwischen der Feld- und Teilchenmechanik explizit zu machen, betrachten wir das Feld zunächst als ein System von endlich vielen Freiheitsgraden, indem wir den dreidimensionalen Raum in Zellen vom Volumen ΔV_i einteilen und die i-te Koordinate $\varphi_i(t)$ durch den Mittelwert von $\varphi(x)$ über die i-te Zelle definieren

[1] Wir werden im folgenden an der Einschränkung festhalten, daß $\mathfrak{L}$ ein Funktional nur von den Feldern und deren ersten Ableitungen ist. Ferner soll $\mathfrak{L}$ nicht explizit von den Raum-Zeit-Koordinaten abhängen. Das heißt, wir betrachten nur „abgeschlossene" Systeme, also Systeme, die nicht mit zusätzlichen äußeren Quellen Energie und Impuls austauschen.

$$\varphi_i(t) \equiv \frac{1}{\Delta V_i} \int_{(\Delta V_i)} d^3x\, \varphi(\mathbf{x},t)$$

Mit $\dot\varphi_i(t)$ bezeichnen wir den Wert von $\partial\varphi(\mathbf{x},t)/\partial t$ gemittelt über die i-te Zelle und schreiben die Lagrange-Funktion in der Form

$$L = \int d^3x\, \mathfrak{L} \to \sum \Delta V_i\, \bar{\mathfrak{L}}_i(\dot\varphi_i(t), \varphi_i(t), \varphi_{i\pm s}(t), \ldots) \qquad (11.31)$$

Verschiedene φ_i beschreiben voneinander unabhängige Freiheitsgrade; in $\mathscr{L}_i$ kommen benachbarte Zellenmittelwerte $\varphi_{i\pm s}(t)$ vor, so daß $\nabla\varphi$ durch geeignete Differenzen gebildet werden kann. Da in jedem Term $\bar{\mathscr{L}}_i$ nur die eine Zeitableitung $\dot\varphi_i(t)$ auftritt, sind die kanonischen Impulse einfach

$$p_i(t) = \frac{\partial L}{\partial \dot\varphi_i(t)} = \Delta V_i \frac{\partial \bar{\mathfrak{L}}_i}{\partial \dot\varphi_i(t)} \equiv \Delta V_i\, \pi_i(t) \qquad (11.32)$$

Die wie in (11.4) definierte Hamilton-Funktion lautet dann

$$H = \sum_i p_i \dot\varphi_i - L = \sum_i \Delta V_i\, (\pi_i \dot\varphi_i - \bar{\mathfrak{L}}_i) \qquad (11.33)$$

Wir kehren jetzt zur Kontinuumsschreibweise zurück und definieren den zu $\varphi(\mathbf{x},t)$ konjugierten Impuls durch

$$\pi(\mathbf{x},t) = \frac{\partial \mathfrak{L}(\varphi,\dot\varphi)}{\partial \dot\varphi(\mathbf{x},t)} \qquad (11.34)$$

Sein Zellenmittelwert gibt $\pi_i(t)$ in (11.32). Die Hamilton-Funktion schreiben wir als Volumintegral über eine Hamilton-Dichte $\mathfrak{H}(\pi,\varphi)$, deren Definition durch (11.33) nahegelegt ist

$$H = \int d^3x\, \mathfrak{H}(\pi(\mathbf{x},t), \varphi(\mathbf{x},t)) \qquad \mathfrak{H} = \pi\dot\varphi - \mathfrak{L} \qquad (11.35)$$

Nachdem die kanonischen Impulse definiert sind, führen wir die Quantisierung durch und ersetzen die dynamischen Variablen $\varphi_i(t)$ und $p_i(t)$ durch hermitesche Operatoren, die (11.24) analogen Vertauschungsrelationen genügen:

$$[\varphi_i(t), \varphi_j(t)] = [p_i(t), p_j(t)] = 0$$
$$[p_i(t), \varphi_j(t)] = -i\delta_{ij}$$

oder ausgedrückt durch die $\pi_i(t)$

$$[\pi_i(t), \varphi_j(t)] = -\frac{i\delta_{ij}}{\Delta V_i}$$

In der Kontinuumssprache lauten sie

$$[\varphi(\mathbf{x},t), \varphi(\mathbf{x}',t)] = 0$$
$$[\pi(\mathbf{x},t), \pi(\mathbf{x}',t)] = 0 \qquad (11.36)$$
$$[\pi(\mathbf{x},t), \varphi(\mathbf{x}',t)] = -i\delta^3(\mathbf{x} - \mathbf{x}')$$

wobei die Diracsche Deltafunktion aus dem Limes von $\delta_{ij}/\Delta V_i$ für $\Delta V_i \to 0$ entsteht, gemäß ihrer Definition

$$\int d^3x' \; \delta^3(\mathbf{x} - \mathbf{x}')f(\mathbf{x}') = f(\mathbf{x})$$

Die Gln. (11.34) bis (11.36) sind zusammen mit den Bewegungsgleichungen die Grundlage der kanonischen Quantenfeldtheorie. Um diese Überlegungen auf Systeme zu verallgemeinern, die durch mehrere unabhängige Felder $\varphi_r(\mathbf{x},t)$ beschrieben werden, führen wir zu jedem Feld den konjugierten Impuls ein durch

$$\pi_r(\mathbf{x},t) = \frac{\partial \mathcal{L}}{\partial \dot{\varphi}_r(\mathbf{x},t)} \tag{11.37}$$

und definieren als Hamilton-Dichte

$$\mathcal{H}(\pi_r \cdots, \varphi_r \cdots) = \sum_{r=1}^{n} \pi_r \dot{\varphi}_r - \mathcal{L} \tag{11.38}$$

Als Quantisierungsbedingungen führen wir die folgenden Kommutatoren ein:

$$\begin{aligned} [\varphi_r(\mathbf{x},t),\varphi_s(\mathbf{x}',t)] &= 0 \\ [\pi_r(\mathbf{x},t),\pi_s(\mathbf{x}',t)] &= 0 \\ [\pi_r(\mathbf{x},t),\varphi_s(\mathbf{x}',t)] &= -i\delta_{rs}\delta^3(\mathbf{x} - \mathbf{x}') \end{aligned} \tag{11.39}$$

Aus (11.37) bis (11.39) ersehen wir schließlich, daß (11.25) umzuschreiben ist in

$$\dot{\pi}_r(\mathbf{x},t) = i[H,\pi_r(\mathbf{x},t)] \qquad \dot{\varphi}_r(\mathbf{x},t) = i[H,\varphi_r(\mathbf{x},t)] \tag{11.40}$$

Damit schließen wir die Übertragungen aus der Teilchenmechanik ab, die zum Ziel hatten, einen Quantenfeldformalismus zu entwickeln.

11.4 *Symmetrien und Erhaltungssätze*

Der Lagrange-Formalismus erlaubt in der klassischen Feldtheorie, bequem und systematisch die Konstanten der Bewegung abzuleiten und zu dentifizieren. Von einer skalaren Lagrange-Dichte ausgehend kann man zeigen, daß jeder kontinuierlichen Symmetrietransformation, die die Lagrange-Dichte $\mathcal{L}$ und die Bewegungsgleichungen invariant läßt, ein Erhaltungssatz und eine Konstante der Bewegung zugeordnet ist. Ein solches Theorem[1] (es ist als Noethersches Theorem bekannt), das die in der Natur beobachteten Auswahlregeln unmittelbar durch Symmetrieforderungen an $\mathcal{L}$ zu beschreiben gestattet, ist nützlich als Richtschnur zur Einführung von Wechselwirkungstermen bei der Entwicklung neuer Theorien. Wir interessieren uns deshalb für eine Anwendung des Theorems auf die Theorie quantisierter Felder.

[1] Vgl. E. L. Hill, *Rev. Mod. Phys.*, **23**, 253 (1957) für die ausführliche Diskussion dieses Theorems.

Zuerst diskutieren wir die Erhaltungssätze, die aus der Translationsinvarianz der klassischen Feldtheorie folgen. Bei einer infinitesimalen Verschiebung

$$x'_\mu = x_\mu + \epsilon_\mu \tag{11.41}$$

ändert sich die Lagrange-Dichte um

$$\delta\mathfrak{L} = \mathfrak{L}' - \mathfrak{L} = \epsilon_\mu \frac{\partial\mathfrak{L}}{\partial x_\mu} \tag{11.42}$$

Wenn andererseits $\mathscr{L}$ translationsinvariant ist, hängt es nicht explizit von den Koordinaten ab, und wir können schreiben $\mathscr{L} = \mathscr{L}\left(\varphi_r, \dfrac{\partial\varphi_r}{\partial x_\mu}\right)$, so daß

$$\delta\mathfrak{L} = \sum_r \left[\frac{\partial\mathfrak{L}}{\partial\varphi_r(x)}\,\delta\varphi_r + \frac{\partial\mathfrak{L}}{\partial(\partial\varphi_r/\partial x_\mu)}\,\delta\left(\frac{\partial\varphi_r}{\partial x_\mu}\right)\right] \tag{11.43}$$

wobei

$$\delta\varphi_r = \varphi_r(x+\epsilon) - \varphi_r(x) = \epsilon_\nu \frac{\partial\varphi_r(x)}{\partial x_\nu} \tag{11.44}$$

Gleichsetzen dieser beiden Ausdrücke unter Benutzung der Euler-Lagrange-Gleichungen

Funktionalableitung ist darunter zu verstehen

$$\frac{\partial\mathfrak{L}}{\partial\varphi_r} - \frac{\partial}{\partial x^\mu}\frac{\partial\mathfrak{L}}{\partial(\partial\varphi_r/\partial x^\mu)} = 0 \tag{11.45}$$

ergibt

$$\epsilon_\mu \frac{\partial\mathfrak{L}}{\partial x_\mu} = \frac{\partial}{\partial x_\mu}\left[\sum_r \frac{\partial\mathfrak{L}}{\partial(\partial\varphi_r/\partial x_\mu)}\,\epsilon_\nu \frac{\partial\varphi_r}{\partial x_\nu}\right] \tag{11.46}$$

Da dies für beliebige Verschiebungen ϵ_μ gilt, können wir schreiben

$$\frac{\partial}{\partial x_\mu}\mathfrak{J}_{\mu\nu} = 0 \tag{11.47}$$

wobei $\mathscr{J}_{\mu\nu}$, der Energie-Impuls-Tensor, definiert ist durch

$$\mathfrak{J}_{\mu\nu} = -g_{\mu\nu}\mathfrak{L} + \sum_r \frac{\partial\mathfrak{L}}{\partial(\partial\varphi_r/\partial x_\mu)}\frac{\partial\varphi_r}{\partial x^\nu} \tag{11.48}$$

Aus diesem differentiellen Erhaltungssatz findet man die Erhaltungsgrößen

$$P_\nu = \int d^3x\, \mathfrak{J}_{0\nu} = \int d^3x \left[\sum_r \pi_r \frac{\partial\varphi_r}{\partial x^\nu} - g_{0\nu}\mathfrak{L}\right] \tag{11.49}$$

In (11.37) und (11.38) sahen wir schon, daß $\mathscr{J}_{00}$ die Hamilton-Dichte ist

$$\frac{\partial P_\nu}{\partial t} = 0$$

und
$$\mathfrak{I}_{00} = \sum_r \pi_r \dot{\varphi}_r - \mathfrak{L} = \mathfrak{H} \tag{11.50}$$
$$\int d^3x\, \mathfrak{I}_{00} = H$$

so daß wir P_ν mit dem Energie-Impuls-Vierervektor als Erhaltungsgröße identifizieren können.

Die Drehimpulserhaltungsgrößen lassen sich auf gleiche Art konstruieren, indem man eine infinitesimale Lorentz-Transformation betrachtet
$$x'_\nu = x_\nu + \epsilon_{\nu\mu} x^\mu \qquad \epsilon_{\mu\nu} = -\epsilon_{\nu\mu} \tag{11.51}$$
Als Test für die Lorentz-Invarianz hat man in den Bewegungsgleichungen zu ersetzen[1]
$$\varphi_r(x) \to S_{rs}^{-1}(\epsilon)\varphi_s(x') \tag{11.52}$$
und zu untersuchen, ob die Gleichungen im gestrichenen Koordinatensystem dieselbe Form haben wie im ungestrichenen. Die Matrix $S_{rs}(\epsilon)$ transformiert die Felder φ_r bei der infinitesimalen Lorentz-Transformation (11.51) und unterscheidet sich von der Einheitsmatrix, wenn das Feld kein skalares Feld ist. Ein Beispiel dafür kennen wir von der Diskussion der Dirac-Gleichung her, für das nach (2.17) galt[2]
$$S_{rs}(\epsilon) = \delta_{rs} + \tfrac{1}{8}[\gamma^\mu, \gamma^\nu]_{rs}\epsilon_{\mu\nu}$$

Wir übertragen den Test (11.52) nun auf die Lagrange-Theorie und fordern, daß die Lagrange-Dichte ein Lorentz-Skalar ist, der folglich gegenüber der Ersetzung (11.52) der Form nach invariant ist, d. h.
$$\mathfrak{L}\left(S_{rs}^{-1}\varphi_s(x'), \frac{\partial}{\partial x_\mu} S_{rs}^{-1}\varphi_s(x')\right) = \mathfrak{L}\left(\varphi_r(x'), \frac{\partial \varphi_r(x')}{\partial x'_\mu}\right) \tag{11.53}$$
Das garantiert die Forminvarianz der Bewegungsgleichungen, die aus $\mathscr{L}$ durch ein invariantes Wirkungsprinzip abgeleitet werden. Für eine infinitesimale Transformation schreiben wir
$$\delta\varphi_r(x) = S_{rs}^{-1}(\epsilon)\varphi_s(x') - \varphi_r(x) = \varphi_r(x') - \varphi_r(x) - \tfrac{1}{2}\epsilon_{\mu\nu}\Sigma_{rs}^{\mu\nu}\varphi_s(x)$$
mit der Definition
$$S_{rs}(\epsilon) = \delta_{rs} + \tfrac{1}{2}\Sigma_{rs}^{\mu\nu}\epsilon_{\mu\nu} \tag{11.54}$$
Durch Entwickeln von (11.53) um x finden wir unter Benutzung der Euler-Lagrange-Gleichung (11.45)
$$\mathfrak{L}(x') - \mathfrak{L}(x) = \epsilon^{\mu\nu}x_\nu \frac{\partial \mathfrak{L}}{\partial x^\mu} = \frac{\partial}{\partial x^\mu}\left[\frac{\partial \mathfrak{L}}{\partial(\partial\varphi_r/\partial x^\mu)}\delta\varphi_r\right] \tag{11.55}$$

---

[1] Im folgenden ist über an den Feldkomponenten mehrfach vorkommende Indizes r und s zu summieren.

[2] Vgl. (2.11) zur Dirac-Theorie.

Die Gln. (11.54) und (11.55) führen zu dem Erhaltungssatz

$$\frac{\partial}{\partial x^\mu}\mathfrak{M}^{\mu\nu\lambda} = \frac{\partial}{\partial x^\mu}\left[(x^\lambda g^{\mu\nu} - x^\nu g^{\mu\lambda})\mathfrak{L} + \frac{\partial \mathfrak{L}}{\partial(\partial\varphi_r/\partial x^\mu)}\left\{\left(x^\nu \frac{\partial}{\partial x_\lambda} - x^\lambda \frac{\partial}{\partial x_\nu}\right)\varphi_r + \Sigma^{\nu\lambda}_{rs}\varphi_s\right\}\right]$$

$$= \frac{\partial}{\partial x^\mu}\left[(x^\nu \mathfrak{J}^{\mu\lambda} - x^\lambda \mathfrak{J}^{\mu\nu}) + \frac{\partial \mathfrak{L}}{\partial(\partial\varphi_r/\partial x^\mu)}\Sigma^{\nu\lambda}_{rs}\varphi_s\right] = 0 \qquad (11.56)$$

Der konstante Drehimpuls ist

$$M^{\nu\lambda} = \int d^3x\, \mathfrak{M}^{0\nu\lambda} = \int d^3x[(x^\nu \mathfrak{J}^{0\lambda} - x^\lambda \mathfrak{J}^{0\nu}) + \pi_r \Sigma^{\nu\lambda}_{rs}\varphi_s] \qquad (11.57)$$

$$\frac{\partial M^{\nu\lambda}}{\partial t} = 0$$

Im gleichen Sinne erhält man weitere Erhaltungssätze, wenn die Lagrange-Dichte „innere Symmetrien" besitzt, d. h. wenn sie unter lokalen Transformationen der Form

$$\varphi_r(x) \to \varphi_r(x) - i\epsilon\lambda_{rs}\varphi_s(x) \qquad (11.58)$$

invariant ist. In (11.58) sind die λ_{rs} konstante, von x^μ unabhängige Koeffizienten, und ϵ ist ein infinitesimal kleiner Parameter. Die Diagonalelemente der Matrix λ bewirken Änderungen der Phase der Felder, die Außerdiagonalelemente dagegen mischen die verschiedenen, in $\mathscr{L}$ symmetrisch vorkommenden Feldamplituden. Wenn $\mathscr{L}$ invariant gegen die Transformation (11.58) ist, finden wir durch Wiederholung der Schritte (11.42) bis (11.46)

$$0 = \delta\mathfrak{L} = \frac{\partial\mathfrak{L}}{\partial\varphi_r}\delta\varphi_r + \frac{\partial\mathfrak{L}}{\partial(\partial\varphi_r/\partial x^\mu)}\,\delta\,\frac{\partial\varphi_r}{\partial x^\mu}$$

$$= -i\epsilon\frac{\partial}{\partial x^\mu}\left[\frac{\partial\mathfrak{L}}{\partial(\partial\varphi_r/\partial x^\mu)}\lambda_{rs}\varphi_s\right] \qquad (11.59)$$

Zu jeder „inneren" Symmetrieoperation (11.58), die $\mathscr{L}$ invariant läßt, gehört also der lokal erhaltene Strom

$$\frac{\partial J^\mu(x,\lambda)}{\partial x^\mu} = 0 \qquad (11.60)$$

mit

$$J^\mu(x,\lambda) = -i\frac{\partial\mathfrak{L}}{\partial(\partial\varphi_r/\partial x^\mu)}\lambda_{rs}\varphi_s \qquad (11.61)$$

zusammen mit der erhaltenen „Ladung"

$$Q(\lambda) = -i\int d^3x\, \pi_r\lambda_{rs}\varphi_s \qquad \frac{\partial Q(\lambda)}{\partial t} = 0 \qquad (11.62)$$

Wenn wir jetzt zur Quantenfeldtheorie übergehen, müssen wir fragen, ob wir das klassische Ergebnis noch anwenden dürfen, nachdem ein skalares $\mathscr{L}$ die Lorentz-Invarianz der Theorie garantiert und über Noethersche Theorem die Energie-Impuls -und Drehimpuls-Erhaltungsgrößen liefert. In der Quantentheorie werden die Feldamplituden $\varphi_r(x)$ zu Operatoren, die auf Zustandsfunktionen oder Vektoren im Hilbert-Raum wirken. Wenn wir die Forderung der Lorentz-Kovarianz an die *Matrixelemente* dieser Operatoren stellen, die in zwei verschiedenen Lorentz-Räumen betrachtete physikalische Observable darstellen, führt uns das zu gewissen Operatorbedingungen für die $\varphi_r(x)$. In einer Quantenfeldtheorie ist skalares $\mathscr{L}$ nicht hinreichend, um die relativistische Invarianz zu gewährleisten, sondern wir müssen zusätzlich nachweisen, daß die Felder diesen Operatorbedingungen genügen.

Um zu zeigen, wie diese Forderungen zustande kommen, betrachten wir als physikalische Observable das Matrixelement des Feldoperators $\varphi_r(x)$ zwischen zwei Zustandsfunktionen

$$(\Phi_\alpha, \varphi_r(x)\Phi_\beta) \tag{11.63}$$

Die vollständige Folge der Amplituden (11.63) für beliebige, durch α und β bezeichnete Zustände tritt in der Quantenfeldtheorie an die Stelle der Feldamplituden $\varphi_r(x)$. Die analoge Rolle spielen in der Schrödingerschen Quantenmechanik die Matrixelemente der Koordinate $q(t)$. Für einen Beobachter in einem gemäß der Koordinatentransformation

$$x^{\mu\prime} = a^\mu{}_\nu x^\nu + b^\mu$$

verschobenen Lorentz-Raum sind die Amplituden (11.63)

$$(\Phi'_\alpha, \varphi_r(x')\Phi'_\beta) \tag{11.64}$$

mit den Zustandsvektoren Φ'_α und Φ'_β, die dieselben physikalischen Zustände α und β jetzt für den Beobachter im gestrichenen System darstellen, und mit Feldoperatoren $\varphi_r(x')$ am transformierten Punkt x'. Die Amplituden (11.64) in der Quantentheorie entsprechen den klassischen Feldern $\varphi'_r(x') \equiv S_{rs}\varphi_s(x)$ im gestrichenen System. An die Stelle dieses klassischen Transformationsgesetzes tritt jetzt

$$(\Phi'_\alpha, \varphi_r(x')\Phi'_\beta) = S_{rs}(a)(\Phi_\alpha, \varphi_s(x)\Phi_\beta) \tag{11.65}$$

wodurch die mathematische Vorschrift zur Umrechnung von Größen in verschiedenen Lorentz-Systemen gegeben ist. Wir fordern dann, daß ein unitärer Operator $U(a,b)$ existiert, der die gewünschte Transformation der Zustandsvektoren zwischen den beiden Bezugssystemen bewirkt, so daß wir durch die Gleichung

$$\Phi'_\alpha = U(a,b)\Phi_\alpha \tag{11.66}$$

sich entsprechende Zustände in Beziehung setzen können. Die Feldoperatoren transformieren sich dann gemäß

$$U(a,b)\varphi_r(x)U(a,b)^{-1} = S^{-1}_{rs}(a)\varphi_s(ax+b) \tag{11.67}$$

wie aus (11.65) folgt.

Als Spezialfall betrachten wir als erstes Translationen; für sie gilt

$$U(b)\varphi_r(x)U(b)^{-1} = \varphi_r(x+b) \tag{11.68}$$

wobei $U(b)$ der unitäre Operator ist, der die Verschiebung des Koordinatensystems erzeugt. Für infinitesimale Verschiebungen $x^{\mu\prime} = x^\mu + \epsilon^\mu$ können wir schreiben

$$U(\epsilon) = \exp(i\epsilon_\mu \boldsymbol{P}^\mu) \approx 1 + i\epsilon_\mu \boldsymbol{P}^\mu \tag{11.69}$$

wobei P_μ ein hermitescher Operator ist. Gl. (11.68) reduziert sich nun auf

$$i[\boldsymbol{P}^\mu, \varphi_r(x)] = \frac{\partial\varphi_r(x)}{\partial x_\mu} \tag{11.70}$$

Korrespondenz zur klassischen, kanonischen Mechanik und der nicht relativistischen Schrödinger-Theorie Gl. (11.10) legt nahe, in (11.69) und (11.70) P^μ mit dem Energie-Impuls-Vierervektor $\mathrm{P}^\mu \equiv P^\mu$ zu identifizieren. Da wir für P^μ schon den expliziten Ausdruck (11.49) abgeleitet haben, können wir für jede Theorie explizit prüfen, ob diese Gleichsetzung aus den bei der Quantisierung geforderten Vertauschungsrelationen folgt. Somit können wir direkt mit Hilfe der Vertauschungsrelationen entscheiden, ob (11.69) eine Operatoridentität bleibt und ob die Komponenten von P mit H vertauschen, d. h.

$$[H, \mathrm{P}] = 0 \tag{11.71}$$

so daß P eine Konstante der Bewegung bleibt.

Wenn (11.70) und (11.71) konsistent mit den Vertauschungsregeln sind, ist die Quantentheorie gegen Translationen invariant; wenn nicht, muß entweder auf andere Art und Weise ein P_μ gefunden werden, das (11.70) und (11.71) erfüllt, die Kommutatorbedingungen modifiziert werden oder die Theorie geändert werden. In den von uns betrachteten Theorien werden sich die durch die Noethersche Vorschrift ermittelten P_μ und $M_{\mu\nu}$ als ausreichend erweisen.

Auf ähnliche Weise gewinnen wir die analoge Aussage für die Invarianz der Quantenfeldtheorie gegen Lorentz-Transformationen. Der unitäre Operator, der die infinitesimale Lorentz-Transformation $x^{\mu\prime} = x^\mu + \epsilon^\mu_\nu x^\nu$ erzeugt, wird geschrieben

$$U(\epsilon_{\mu\nu}) = 1 - \frac{i}{2}\epsilon_{\mu\nu}\boldsymbol{M}^{\mu\nu} \tag{11.72}$$

wobei $\mathrm{M}^{\mu\nu}$ ein hermitescher Operator ist, der nach (11.67) der Operatorgleichung genügt

$$\varphi_r(x) - \frac{i}{2}\epsilon_{\mu\nu}[\boldsymbol{M}^{\mu\nu}, \varphi_r(x)] = S^{-1}_{rs}(\epsilon^{\mu\nu})\varphi_s(x + \epsilon x)$$

Unter Benutzung von (11.54) reduziert sich diese auf

$$i[\boldsymbol{M}^{\mu\nu}, \varphi_r(x)] = x^\mu \frac{\partial\varphi_r}{\partial x_\nu} - x^\nu \frac{\partial\varphi_r}{\partial x_\mu} + \Sigma^{\mu\nu}_{rs}\varphi_s(x) \tag{11.73}$$

Wir stützen uns wieder auf die Korrespondenz zur klassischen und nichtrelativistischen Theorie und identifizieren $\mathrm{M}^{\mu\nu}$, die Erzeugende der Lorentz-Transformation, mit dem Drehimpulstensor (11.57): $\mathrm{M}^{\mu\nu} = M^{\mu\nu}$. Die Raumkomponenten von (11.73) sind nichts anderes als die üblichen Drehimpulsoperatoren $L = (M^{12}, M^{23}, M^{31})$, die die dreidimensionalen räumlichen Drehungen erzeugen. Die Konsistenz dieser Identifizierung des Drehimpulstensors $\mathrm{M}^{\mu\nu}$ mit $M^{\mu\nu}$ mit den Vertauschungsrelationen ist hier für die Invarianz gegen Lorentz-Transformationen die zusätzliche Forderung. Sie kann wie bei der Diskussion von P^{μ} explizit geprüft werwerden.

Bei den meisten, bis heute in der Physik diskutierten Feldtheorien kann die Lagrange-Methode und das Noethersche Theorem ohne Schwierigkeiten auf den Quantenbereich übertragen werden. Das ist der Grund für ihre Nürzlichkeit in der Praxis, wie in den folgenden Kapiteln gezeigt werden wird.

11.5 *Andere Formulierungen*

Der oben benutzte Weg zur Feldtheorie benützt das klassische Lagrange-Verfahren als Richtschnur, um konsistente Feldgleichungen und Vertauschungsrelationen abzuleiten. Wir betonen, daß die Physik in den Feldgleichungen und ihren Lösungen, den Vertauschungsrelationen und den Eigenschaften der Zustände des Systems, steckt.

Es ist möglich, die Theorie *ab initio* auf dem quantenmechanischen Wirkungsprinzip aufzubauen; in solchen Theorien spielt die Lagrange-Dichte eine zentralere Rolle. Dieser schöne aber abstraktere Weg zu einer lokalen Feldtheorie wurde in der Literatur ausführlich diskutiert, insbesondere von SCHWINGER[1].

Umgekehrt ist es möglich, die Theorie ganz ohne Benutzung einer Lagrange-Dichte zu formulieren. Ein allgemeiner Ansatz auf axiomatischer Grundlage wurde von LEHMANN, SYMANZIK und ZIMMERMANN[2] angegeben.

Aufgaben

Aus der Wellengleichung für ein Spin-1-Teilchen der Masse μ

$$\left[g_{\mu\nu}(\Box + \mu^2) - \frac{\partial}{\partial x^\mu}\frac{\partial}{\partial x^\nu}\right]\varphi^\nu(x) = 0$$

[1] J. SCHWINGER, *Phys. Rev.*, **91**, 713 (1953), und R. E. PEIERLS, *Proc. Roy. Soc. (London)*, **A 214**, 143 (1952).

[2] H. LEHMANN, K. SYMANZIK und W. ZIMMERMANN, *Nuovo Cimento*, **1**, 1425 (1955), **6**, 319 (1957).

folgt

$$\frac{\partial \varphi^\nu}{\partial x^\nu} = 0$$

1. Man leite aus dieser Gleichung die folgende Lagrange-Dichte ab

$$\mathcal{L} = -\frac{1}{2}\left(\frac{\partial \varphi^\nu}{\partial x^\mu}\right)\left(\frac{\partial \varphi_\nu}{\partial x_\mu}\right) + \frac{\mu^2}{2}\varphi_\nu\varphi^\nu + \frac{1}{2}\left(\frac{\partial \varphi^\nu}{\partial x^\nu}\right)^2$$

2. Man leite die Hamilton-Dichte ab

$$\begin{aligned}\mathcal{H} &= \frac{1}{2}\pi_i{}^2 - \frac{1}{2}(\nabla\varphi_0)^2 + \frac{1}{2}\left(\frac{\partial \varphi^i}{\partial x^i}\right)^2 - \frac{\mu^2}{2}\varphi_0{}^2 + \frac{\mu^2}{2}\varphi_i{}^2 - \frac{1}{2}\pi_0{}^2 \\ &= -\frac{1}{2}\pi_\mu\pi^\mu - \frac{1}{2}(\nabla\varphi_\mu)\cdot\nabla\varphi^\mu - \frac{\mu^2}{2}\varphi_\mu\varphi^\mu\end{aligned}$$

mit

$$\pi_\mu = \frac{\partial \mathcal{L}}{\partial \dot{\varphi}^\mu}$$

und

$$\begin{aligned}\pi_0 &= \nabla\cdot\boldsymbol{\phi} = \nabla_i\varphi^i \\ \pi_i &= \dot{\varphi}^i\end{aligned}$$

3. Man prüfe nach, daß die Hamilton-Bewegungsgleichungen

$$\frac{\partial \mathcal{H}}{\partial \pi_\mu} = \dot{\varphi}^\mu \qquad \frac{\partial \mathcal{H}}{\partial \varphi^\mu} = -\dot{\pi}_\mu$$

mit der Nebenbedingung

$$\pi_0 = \nabla\cdot\boldsymbol{\phi} = -\dot{\varphi}_0$$

wieder auf die ursprüngliche Wellengleichung führen.

4. Unter der Annahme daß $\mathcal{L}$ unter irgendeiner Symmetrieoperation der Form (11.58) *nicht* invariant ist, stelle man die Beziehung zwischen der Änderung von $\mathcal{L}$ und der Divergenz des zugehörigen Stromes auf.

KAPITEL 12

DAS KLEIN-GORDON-FELD

12.1 *Quantisierung und Teilcheninterpretation*

Ein reelles Skalarfeld $\varphi(x)$, das der freien Klein-Gordon-Gleichung genügt

$$(\Box + m^2)\varphi(x) = 0 \tag{12.1}$$

ist das einfachste aller Felder und wurde schon öfter als Beispiel herangezogen. Die Lagrange-Dichte, die auf (12.1) führt, lautet

$$\mathfrak{L} = \frac{1}{2}\left(\frac{\partial\varphi}{\partial x^\mu}\frac{\partial\varphi}{\partial x_\mu} - m^2\varphi^2\right) \tag{12.2}$$

der konjugierte Impuls ist

$$\pi = \frac{\partial\mathfrak{L}}{\partial\dot{\varphi}} = \dot{\varphi} \tag{12.3}$$

Bei der kanonischen Quantisierung werden π und φ zu hermiteschen Operatoren, die folgende gleichzeitige Vertauschungsrelationen erfüllen:

$$\begin{aligned} [\varphi(\mathbf{x},t),\varphi(\mathbf{x}',t)] &= [\pi(\mathbf{x},t),\pi(\mathbf{x}',t)] = 0 \\ [\pi(\mathbf{x},t),\varphi(\mathbf{x}',t)] &= -i\delta^3(\mathbf{x} - \mathbf{x}') \end{aligned} \tag{12.4}$$

Die sich ergebende Quantenfeldtheorie ist gegenüber Translationen und Lorentz-Transformationen der Koordinaten invariant, wie wir durch direktes Ausrechnen der Kommutatoren (11.70) und (11.73) verifizieren. Aus (12.3) und (12.4) folgt der Hamilton-Operator

$$\begin{aligned} P^0 = H &= \int d^3x\, \mathcal{H}(\pi,\varphi) \\ \mathcal{H}(\pi,\varphi) &= \pi\dot{\varphi} - \mathfrak{L} = \frac{1}{2}[\pi(\mathbf{x},t)^2 + |\boldsymbol{\nabla}\varphi(\mathbf{x},t)|^2 + m^2\varphi(\mathbf{x},t)^2] \end{aligned} \tag{12.5}$$

und der Impulsoperator

$$\mathbf{P} = -\int \pi \boldsymbol{\nabla}\varphi\, d^3x \tag{12.6}$$

Unter Benutzung der Vertauschungsrelationen (12.4) finden wir die geforderte Beziehung

$$i[P^\mu,\varphi(\mathbf{x},t)] = \frac{\partial\varphi(\mathbf{x},t)}{\partial x_\mu}$$

Analog berechnen wir nach (11.57) $M^{\mu\nu}$ und bestätigen die Relation (11.73) mit $\Sigma_{rs}^{\mu\nu} = 0$ für ein skalares Feld.

Um die Eigenschaften des quantisierten Klein-Gordon-Feldes weiter zu diskutieren, wollen wir mit Hilfe der durch die Kommutatoren festgelegten Algebra der Feldoperatoren ein vollständiges System von Zustandsvektoren Φ konstruieren. Es ist zweckmäßig, die Eigenvektoren zu Impuls und Energie zu bestimmen.

Dazu beachten wir, daß jede beliebige Lösung von (12.1) in ein Fourier-Integral über einfache Ebene-Wellen-Lösungen entwickelt werden kann:

$$\varphi(\mathbf{x},t) = \int \frac{d^3k}{\sqrt{(2\pi)^3 2\omega_k}} [a(k)e^{i\mathbf{k}\cdot\mathbf{x}-i\omega_k t} + a^\dagger(k)e^{-i\mathbf{k}\cdot\mathbf{x}+i\omega_k t}]$$

$$\equiv \int d^3k\,[a(k)f_k(x) + a^\dagger(k)f_k^*(x)] \tag{12.7}$$

mit

$$\omega_k = +\sqrt{k^2+m^2} \quad \text{und} \quad f_k(x) = \frac{1}{\sqrt{(2\pi)^3 2\omega_k}} e^{-ik\cdot x}$$

Für ein klassisches, reelles Feld $\varphi(x)$ sind die Amplituden $a^\dagger(k)$ und $a(k)$ komplex konjugiert zueinander. In der Quantenfeldtheorie werden die Amplituden Operatoren, und $a^\dagger(k)$ ist hermitesch konjugiert zu $a(k)$. Man erhält die Algebra der $a(k)$ und $a^\dagger(k)$, indem man die Kommutatorbedingungen (12.4) für das φ-Feld durch die Koeffizienten $a(k)$ der Entwicklung (12.7) ausdrückt.

Durch Umkehrung der Entwicklung (12.7) und Auflösen nach den Koeffizienten findet man[1]

Satz

$$\int f_k^*(\mathbf{x},t)\varphi(\mathbf{x},t)\,d^3x = \frac{1}{2\omega_k}[a(k) + a^\dagger(-k)e^{2i\omega_k t}]$$

$$\int f_k^*(\mathbf{x},t)\dot\varphi(\mathbf{x},t)\,d^3x = \frac{-i}{2}[a(k) - a^\dagger(-k)e^{2i\omega_k t}] \tag{12.8}$$

Daraus ergibt sich $a(k) = \int f_k^*(\mathbf{x},t)[\omega_k\varphi(\mathbf{x},t) + i\dot\varphi(\mathbf{x},t)]\,d^3x$

$$= i\int d^3x \left[f_k^* \frac{\partial\varphi(\mathbf{x},t)}{\partial t} - \left(\frac{\partial f_k^*}{\partial t}\right)\varphi(\mathbf{x},t)\right]$$

$$= i\int d^3x\, f_k^*(\mathbf{x},t)\overleftrightarrow{\partial_0}\varphi(\mathbf{x},t) \tag{12.9}$$

wobei die Bezeichnung $\overleftrightarrow{\partial_0}$ bedeutet

$$a(t)\overleftrightarrow{\partial_0}b(t) = a(t)\frac{\partial b}{\partial t} - \left(\frac{\partial a}{\partial t}\right)b(t)$$

Wie man mit Hilfe des Greenschen Satzes sieht, hängt die rechte Seite von (12.9) nicht von der Zeit ab, da $f_k(\mathbf{x},t)$ und $\varphi(\mathbf{x},t)$ beides Lösungen[2]

[1] f_k und f_k^* erfüllen die Orthogonalitätsbedingungen (9.6):

$$\int f_k^*(\mathbf{x},t)\, i\overleftrightarrow{\partial_0} f_{k'}(\mathbf{x},t)\,d^3x = \delta^3(\mathbf{k}-\mathbf{k}')$$

$$\int f_k(\mathbf{x},t)\, i\overleftrightarrow{\partial_0} f_{k'}(\mathbf{x},t)\,d^3x = 0$$

[2] Diese Aussage gilt allgemeiner, wenn man bei der Entwicklung von $\varphi(x,t)$ in (12.7) nach Orthogonalfunktionen ebene Wellen überlagert, um Wellenpakete aufzubauen. Vgl. H. Lehmann, K. Symanzik und W. Zimmermann, *Nuovo Cimento*, 1, 205 (1955).

von (12.1) sind. Der Ausdruck erinnert an das innere Produkt, dem wir bei der Propagatordiskussion der Klein-Gordon-Gleichung in Kap. 9 begegneten.

Die Vertauschungsrelationen folgen nun aus (12.4) und (12.9). Da $a(k)$ zeitunabhängig ist, können wir gleiche Zeiten wählen, wenn wir mit Hilfe von (12.4) und (12.9) den folgenden Kommutator berechnen

$$[a(k),a^\dagger(k')] = \int d^3x\, d^3y\, [f_k^*(\mathbf{x},t)\overleftrightarrow{\partial_0}\varphi(\mathbf{x},t), f_{k'}(\mathbf{y},t)\overleftrightarrow{\partial_0}\varphi(\mathbf{y},t)]$$
$$= +i\int d^3x\, f_k^*(\mathbf{x},t)\overleftrightarrow{\partial_0}f_{k'}(\mathbf{x},t) = \delta^3(\mathbf{k}-\mathbf{k}')$$

Analog $[a(k),a(k')] = (i)^2\int d^3x\, d^3y\, [f_k^*(\mathbf{x},t)\overleftrightarrow{\partial_0}\varphi(\mathbf{x},t), f_{k'}^*(\mathbf{y},t)\overleftrightarrow{\partial_0}\varphi(\mathbf{y},t)]$

$$= -i\int d^3x\, f_k^*(\mathbf{x},t)\overleftrightarrow{\partial_0}f_{k'}^*(\mathbf{x},t) = 0$$

und
$$[a^\dagger(k),a^\dagger(k)] = 0 \qquad (12.10)$$

Die Ausdrücke für Gesamtenergie und Gesamtimpuls des freien Klein-Gordon-Feldes schreiben sich durch diese Entwicklungskoeffizienten ausgedrückt sehr einfach. Unter Benutzung von (12.5) bis (12.7) ergibt eine einfache Rechnung[1]

$$\begin{aligned} H &= \tfrac{1}{2}\int d^3k\, \omega_k[a^\dagger(k)a(k) + a(k)a^\dagger(k)] \\ \mathbf{P} &= \tfrac{1}{2}\int d^3k\, \mathbf{k}[a^\dagger(k)a(k) + a(k)a^\dagger(k)] \end{aligned} \qquad (12.11)$$

Wir sehen, daß der Hamilton-Operator eine kontinuierliche Summe von Termen

$$H_k = \tfrac{1}{2}\omega_k[a^\dagger(k)a(k) + a(k)a^\dagger(k)]$$

ist, von denen jeder die Form eines Hamilton-Operators für einen eindimensionalen, harmonischen Oszillator der Frequenz ω_k hat. Tatsächlich sind die $a^\dagger(k)$ und $a(k)$ die Auf- und Absteigeoperatoren aus Kap. 11, die dort beim linearen Oszillator diskutiert wurden. Abgesehen von der Normierungskonvention erfüllen sie dieselben Vertauschungs-

[1] Um die Ausdrücke kovariant zu schreiben, bringt man die Entwicklungen nach ebenen Wellen in eine invariante Form, indem man die folgende Identität benutzt

$$\int \frac{d^3k}{2\omega_k} = \int d^4k\, \delta(k^2 - m^2)\theta(k_0)$$

Mit der Bezeichnung $A(k) = \sqrt{2\omega_k}\, a(k)$, findet man

$$\varphi(\mathbf{x},t) = \frac{1}{(2\pi)^{3/2}}\int d^4k\, \delta(k^2 - m^2)\theta(k_0)[A(k)e^{-ik\cdot x} + A^\dagger(k)e^{ik\cdot x}]$$

und
$$A(k) = \frac{i}{(2\pi)^{3/2}}\int d^3\sigma\, \eta_\mu e^{ik\cdot x}\overleftrightarrow{\frac{\partial}{\partial x_\mu}}\varphi(x)$$

wobei σ eine ebene, raumartige Fläche und η_μ ihre Normale ist. Ebenso

$$P^\mu = \tfrac{1}{2}\int d^4k\, \delta(k^2 - m^2)\theta(k_0)k^\mu[A^\dagger(k)A(k) + A(k)A^\dagger(k)]$$

Die $A(k)$ sind, wie φ, Lorentz-Skalare.

relationen. Um das Normierungsverfahren zu klären und um die vollständige Äquivalenz zu unserer früheren quantenmechanischen Beschreibung des eindimensionalen Oszillators zu zeigen, benutzen wir wieder die diskrete Schreibweise. Wir zerlegen den k-Raum in Zellen von Volumen ΔV_k und schreiben

$$\int d^3k \to \sum_k \Delta V_k \qquad \delta^3(\mathbf{k} - \mathbf{k}') \to \frac{\delta_{kk'}}{\Delta V_k} \tag{12.12}$$

H wird dann die Summe von Oszillator-Hamilton-Operatoren H_k für jede Zelle im Impulsraum

$$H = \sum_k H_k = \sum_k \tfrac{1}{2}\omega_k(a_k^\dagger a_k + a_k a_k^\dagger) \qquad a_k = \sqrt{\Delta V_k}\, a(k) \tag{12.13}$$

mit $$[a_k, a_{k'}^\dagger] = \delta_{kk'} \qquad [a_k, a_{k'}] = [a_k^\dagger, a_{k'}^\dagger] = 0 \tag{12.14}$$

Diese Analogie zum harmonischen Oszillator überrascht nicht, da das klassische Klein-Gordon-Wellenfeld durch seine Entwicklung nach Normalschwingungen beschrieben werden kann. Die Normalschwingungen sind gerade eindimensionale, harmonische Oszillatoren. Was wir hier getan haben, ist nichts anderes als die Quantisierung eines jeden dieser Oszillatoren $a(k)$.

Wir erwarten, daß bei der Quantisierung die klassische Feldenergie in eine Summe über diskrete Oszillatorenergien übergeht. Um die Energieeigenwerte und die Energieeigenfunktionen zu bestimmen, betrachten wir jeden Oszillator-Hamilton-Operator H_k einzeln. Da H die Summe von für alle Wellenzahlen k und alle Frequenzen $\omega_k = \sqrt{\mathrm{k}^2 + m^2}$ miteinander vertauschbaren Termen H_k ist, sind die Energieeigenfunktionen von H Produkte der Eigenfunktionen Φ_k für je es H_k. Der allgemeinste Zustandsvektor kann gebildet werden durch Überlagerung derartiger Produkte für alle k-Werte, entsprechend dem auf den Feld-Hamilton-Operator übertragenen Vollständigkeitspostulat aus Kap. 1.

Die Lösung des Oszillatoreigenwertproblems kann für jedes k durch ein ganzzahliges $n_k = 0, 1, 2, \ldots$ charakterisiert werden. Die Energieeigenfunktionen und Eigenwerte (in diskreter Schreibweise) lauten durch n_k

$$H_k \Phi_k(n_k) = \omega_k(n_k + \tfrac{1}{2})\Phi_k(n_k) \tag{12.15}$$

ausgedrückt

$$\Phi_k(n_k) = \frac{1}{\sqrt{n_k!}}(a_k^\dagger)^{n_k}\Phi_k(0) \tag{12.16}$$

$\Phi_k(0)$ ist der Grundzustand, der hier definiert ist durch

$$a_k \Phi_k(0) = 0 \tag{12.17}$$

und die Zustände sind normiert auf

$$(\Phi_k(n_k), \Phi_k(n_k')) = \delta_{n_k, n_k'}$$

Der Impulsoperator kann analog zerlegt werden in

$$\mathbf{P} = \sum_k \mathbf{P}_k = \sum_k \tfrac{1}{2}\mathbf{k}(a_k^\dagger a_k + a_k a_k^\dagger) \tag{12.18}$$

mit

$$\mathbf{P}_k \Phi_k(n_k) = \mathbf{k}(n_k + \tfrac{1}{2})\Phi_k(n_k) \qquad n_k = 0, 1, 2, \ldots$$

Die Energie-Impuls-Eigenfunktionen Φ sind Produkte der Φ_k für alle Impulsraumzellen, und sie werden charakterisiert durch die ganzen Zahlen n_k für alle k:

$$\begin{aligned} \Phi(n_{k_1} \cdots n_{k_\alpha} \cdots) &= \prod_k \Phi_k(n_k) \\ P^\mu \Phi(\cdots n_{k_\alpha} \cdots) &= \sum_k k^\mu(n_k + \tfrac{1}{2})\Phi(\cdots n_{k_\alpha} \cdots) \end{aligned} \tag{12.19}$$

Der Grundzustand, d. h. der Zustand niedrigster Energie, ist derjenige, für den alle $n_k = 0$ sind:

$$\Phi_0 = \prod_k \Phi_k(0) \tag{12.20}$$

Keine der Normalschwingungen des Feldes ist in diesem Zustand angeregt. Physikalisch bedeutet dieser Zustand das Vakuum.
Die Energie des Vakuums

$$E = \sum_k \tfrac{1}{2}\omega_k \tag{12.21}$$

divergiert, da sie die Summe der Nullpunktsenergien einer unendlichen Zahl von Oszillatoren ist, je einer pro Normalschwingung oder Freiheitsgrad des Feldes. Dies ist die erste einer Anzahl von Divergenzen, auf die wir in der Feldtheorie stoßen werden. Diese hier läßt sich am leichtesten beheben, einfach indem man von H eine unendliche Konstante abzieht, die $\sum_k \frac{1}{2}\omega_k$ kompensiert. Das ist möglich, da absolute Energien keine meßbaren Observablen sind; nur Energiedifferenzen haben eine physikalische Bedeutung. Nach (12.17) und (12.20) ist diese unendliche Konstante gerade der Vakuumerwartungswert der Energie und wird automatisch vermieden, wenn man den Energie-Impuls-Operator umschreibt in

$$P'_\mu = P_\mu - (\Phi_0, P_\mu \Phi_0) = \sum_k k_\mu a_k^\dagger a_k \tag{12.22}$$

oder in der Kontinuumssprache

$$P'_\mu = \int d^3k\, k_\mu a^\dagger(k) a(k) \tag{12.23}$$

Solange man die Felder nach keinen Vertauschungsbedingungen unterworfen hat, sind P_μ und P'_μ identisch, da klassisch die Normalschwingungsamplituden vertauschen und keine Nullpunktsenergie auftritt.

Die Ersetzung von P_μ durch $P_{\mu'}$ in der Quantentheorie ist identisch mit der Umschreibung aller Operatorprodukte in L und P_μ in der Art, daß alle Anteile von φ mit positiver Frequenz

$$\varphi^{(+)}(x) = \int d^3k\, a(k) f_k(x) \tag{12.24a}$$

stets rechts von den Anteilen mit negativer Frequenz

$$\varphi^{(-)}(x) = \int d^3k\, a^\dagger(k) f_k^*(x) \tag{12.24b}$$

stehen. Diese Ordnung der Faktoren, die sog. Normalordnung, wird bezeichnet durch

$$:\varphi\varphi: = \varphi^{(-)}\varphi^{(-)} + 2\varphi^{(-)}\varphi^{(+)} + \varphi^{(+)}\varphi^{(+)} \tag{12.25}$$

Aus (12.17) und dem dazu hermitesch konjugierten Ausdruck folgt, daß der Erwartungswert eines Operators verschwindet, wenn seine Faktoren in Normalordnung stehen. Der einzige Effekt der Normalordnung ist hier, daß die unendliche Nullpunktsenergie aus der Theorie eliminiert wird, und als Nullpunkt der Energieskala die Energie des Vakuumzustandes Φ_0 definiert wird.

Aus (12.19) und (12.22) finden wir die Eigenwerte von $P_{\mu'}$:

$$P'_\mu \Phi(\cdot\ \cdot\ \cdot\ n_{k\alpha}\ \cdot\ \cdot\ \cdot) = \sum_k n_k k_\mu \Phi(\cdot\ \cdot\ \cdot\ n_{k\alpha}\ \cdot\ \cdot\ \cdot) \qquad n_k = 0, 1, 2, \ldots \tag{12.26}$$

Die verschiedenen Eigenzustände einer Normalschwingung k tragen Viererimpulse entsprechend den n_k Quanten, von denen jedes den Viererimpuls k^μ und, nach der Einstein-Relation $k_\mu k^\mu = m^2$, die Masse m besitzt. Hier sieht man, wie durch die kanonische Quantisierung das Teilchenbild in die Betrachtung hineinkommt. Die ganzzahligen n_k heißen die Besetzungszahlen des k-ten Impulszustandes, und die Angabe aller Quantenzahlen n_k gibt eine vollständige Kennzeichnung des Eigenzustandes $\Phi(\ldots n_k \ldots)$.

Es ist nützlich, einen Teilchenzahloperator

$$N_k = a_k^\dagger a_k \tag{12.27}$$

einzuführen. Er besitzt ganzzahlige Eigenwerte

$$N_k \Phi(\cdot\ \cdot\ \cdot\ n_k\ \cdot\ \cdot\ \cdot) = n_k \Phi(\cdot\ \cdot\ \cdot\ n_k\ \cdot\ \cdot\ \cdot) \qquad n_k = 0, 1, 2, \ldots \tag{12.28}$$

und mit seiner Hilfe kann der Energie-Impuls-Operator[1]

$$P^\mu = \sum_k k^\mu N_k \tag{12.29}$$

geschrieben werden.

Man zeigt mit Hilfe der Kommutatoren (12.14), daß gilt

$$[N_k, a_{k'}^\dagger] = \delta_{kk'} a_{k'}^\dagger \qquad \text{und} \qquad [N_k, a_{k'}] = -\delta_{kk'} a_{k'} \tag{12.30}$$

---

[1] In Zukunft lassen wir an normalgeordneten Operatoren die Striche fort, wie z. B. bei $P\mu$

Zusammen mit (12.29) folgt daraus, daß $a_k^\dagger$ ein Erzeugeroperator für ein Quant mit dem Impuls k^μ ist, und daß er aus einem Zustand mit n_k Quanten einen Zustand mit $n_k + 1$ Quanten vom Impuls k erzeugt.

$$\begin{aligned} P_\mu a_k^\dagger \Phi(\cdots n_k \cdots) &= a_k^\dagger [P_\mu + k_\mu] \Phi(\cdots n_k \cdots) \\ &= \Big(\sum_{k'} n_{k'} k'_\mu + k_\mu\Big) a_k^\dagger \, \Phi(\cdots n_k \cdots) \end{aligned}$$

Analog vernichtet a_k ein Teilchen mit k^μ und, speziell auf einen Zustand angewandt, der keine Teilchen mit k enthält, ergibt er nach (12.7): $a_k \Phi_k(0) = 0$.

Die einzigen nicht verschwindenden Matrixelemente der Operatoren a_k und $a_k^\dagger$ sind solche zwischen Zuständen mit Besetzungszahlen $n_{k'} = n_k \pm 1$, wie wir vom Beispiel des Oszillators in Kap. 11 wissen:

$$\begin{aligned} (\Phi_k(n'_k), a_k \Phi_k(n_k)) &\equiv \langle n'_k | a_k | n_k \rangle = \sqrt{n_k}\, \delta_{n_{k'}, n_k - 1} \\ \langle n'_k | a_k^\dagger | n_k \rangle &= \sqrt{n_k + 1}\, \delta_{n_{k'}, n_k + 1} \end{aligned} \qquad (12.31)$$

12.2 *Symmetrie der Zustände*

Die Anwendung des Verfahrens der kanonischen Quantisierung auf ein klassisches, freies Klein-Gordon-Feld hatte auf eine Vielteilchenbeschreibung des Systems durch Besetzungszahlen geführt. Für das freie Feld vertauschen N_k und H, und die Zahl der Teilchen in jedem Zustand k ist eine Konstante der Bewegung. Interessante physikalische Probleme treten auf, wenn man Wechselwirkungsterme zufügt, die die Besetzungszahlen n_k ändern. Hier bei der Diskussion des freien Feldes muß noch gezeigt werden, daß die dem Feld zugeordneten Teilchen der symmetrischen oder Bose-Einstein-Statistik gehorchen.

Ein beliebiger Zustand wird gebildet durch Überlagerung der

$$\Phi(\cdots n_{k_\alpha} \cdots) = \prod_k \frac{1}{\sqrt{n_k!}} (a_k^\dagger)^{n_k} \Phi_k(0) \qquad (12.32)$$

für verschiedene Besetzungszahlen n_k. Der Zustand (12.32) wird vollständig beschrieben durch die Zahl der Teilchen n_k in jedem Zustand k. Die einzelnen Teilchen sind ununterscheidbar, da nach (12.14) alle $a_k^\dagger$ vertauschen und die Ordnung der Operatoren $a_k^\dagger$ gleichgültig ist. Das spiegelt sich in der Symmetrie der Entwicklungskoeffizienten für die verschiedenen Zustände wieder. Wenn man die Kontinuumnormierung[1]

[1] Wir nehmen hier an, daß die Wahrscheinlichkeit dafür, 2 Teilchen genau im selben Zustand k zu finden, infinitesimal klein ist, so daß für den Limes des Kontinuums $n_k \to 1$ oder 0. In hoch entarteten Systemen, wie z. B. dem Grundzustand des freien Bose-Gases, für den sich alle Quanten im Zustand $k = 0$ befinden, ist es zweckmäßiger, die diskrete Normierung beizubehalten. Für relativistische Felder sind die interessierenden Zustände i. a. Streuzustände, für die diese Frage nicht auftritt.

benutzt, kann man für einen beliebigen Zustand schreiben

$$\Phi = \left[c_0 + \sum_{n=1}^{\infty} \frac{1}{\sqrt{n!}} \int d^3k_1 \cdots d^3k_n\, c_n(k_1, \ldots, k_n) \right.$$
$$\left. \times\, a^\dagger(k_1) a^\dagger(k_2) \cdots a^\dagger(k_n) \right] \Phi_0 \qquad (12.33)$$

Die Faktoren $1/\sqrt{n!}$ haben wir der Bequemlichkeit halber angebracht, um der Normierungsbedingung der c_n eine einfache Form geben zu können:

$$1 = (\Phi,\Phi) = |c_0|^2 + \sum_{n=1}^{\infty} \int d^3k_1 \cdots d^3k_n\, |c_n(k_1,k_2, \ldots ,k_n)|^2 \qquad (12.34)$$

Die c_n beschreiben die Impulsverteilung der Komponente des Zustands, der n Quanten enthält. Sie sind die Wellenfunktionen im Impulsraum für eine Gesamtheit n gleicher Teilchen mit einer gegebenen Verteilung der k_α. Infolge der Vertauschbarkeit der $a^\dagger(k)$ in (12.33) untereinander, sind diese Wellenfunktionen symmetrische Funktionen ihrer Argumente

$$c(\cdots k_i \cdots k_j \cdots) = +c(\cdots k_j \cdots k_i \cdots) \qquad (12.35)$$

Wie oben festgestellt wurde, genügt zur Charakterisierung eines Zustandes die Angabe der *Zahlen* der Teilchen mit den verschiedenen k-Werten. Die Teilchen sind ununterscheidbar und die Wahrscheinlichkeit, ein Teilchen a mit dem Impuls k_i und ein Teilchen b mit k_j zu finden ist dieselbe wie für a und b vertauscht:

$$|c(\cdots k_i \cdots k_j \cdots)|^2 = |c(\cdots k_j \cdots k_i \cdots)|^2 \qquad (12.36)$$

Die Symmetriebedingung (12.35), die eine Konsequenz der Vertauschungsrelationen der $a^\dagger(k)$ ist, zeigt, daß die Teilchen, die bei der kanonischen Quantisierung auftreten, der symmetrischen oder Bose-Einstein-Statistik genügen.

12.3 *Meßbarkeit des Feldes und Mikrokausalität*

Klassisch ist das Feld $\varphi(x)$ eine Observable und seine Stärke kann an jedem Punkt x gemessen werden. Mit den in der Einleitung zu Kap. 11 diskutierten Vorbehalten haben wir den Begriff des lokalen, am Punkt x definierten Feldoperators $\varphi(x)$ in die Quantenfeldtheorie eingeführt.

Aufgrund der Vertauschungsrelationen existierten in der Quantentheorie im Gegensatz zur klassischen Theorie Beschränkungen für die Meßbarkeit der Feldstärken. Zum Beispiel ist eine exakte Messung der Feldstärken an zwei verschiedenen Raum-Zeit-Punkten x und y nur möglich, wenn der Kommutator $[\varphi(x),\varphi(y)]$ verschwindet.

Nachdem wir in (12.7) die Lösungen des freien Klein-Gordon-Feldes expliziert angegeben haben, können wir den Kommutator für die Feldoperatoren mit Hilfe von (12.10) berechnen:

$$[\varphi(x),\varphi(y)] = \int \frac{d^3k\, d^3k'}{(2\pi)^3\sqrt{2\omega_k \cdot 2\omega'_k}} \big([a(k),a^\dagger(k')]e^{-ik\cdot x+ik'\cdot y} + [a^\dagger(k),a(k')]e^{ik\cdot x-ik'\cdot y}\big)$$

$$= \int \frac{d^3k}{(2\pi)^3 2\omega_k}(e^{-ik\cdot(x-y)} - e^{ik\cdot(x-y)})$$

$$= -\frac{i}{(2\pi)^3}\int \frac{d^3k}{\omega_k} e^{i\mathbf{k}\cdot(\mathbf{x}-\mathbf{y})} \sin \omega_k(x_0 - y_0)$$

$$\equiv i\Delta(x-y) \qquad (12.37)$$

$\Delta(x-y)$ ist eine der invarianten, singulären Funktionen, die in Anhang C zusammengestellt und diskutiert sind. Ihre Lorentz-Invarianz ist aus (12.37) ersichtlich, wo ein invariantes Exponential über das invariante Volumelement integriert wird

$$\int \frac{d^3k}{2\omega_k} = \int d^4k\, \delta(k^2 - m^2)\theta(k_0)$$

Wenn man die ungerade Funktion

$$\epsilon(k_0) = \begin{cases} +1 & k_0 > 0 \\ -1 & k_0 < 0 \end{cases} \qquad (12.38)$$

einführt, die für zeitartige Vektoren $k^2 > 0$ invariant ist, kann man Δ in einer kompakteren Form schreiben

$$\Delta(x-y) = -i\int \frac{d^4k}{(2\pi)^3}\delta(k^2 - m^2)\epsilon(k_0)e^{-ik\cdot(x-y)} \qquad (12.39)$$

Wie durch die Definition durch den Kommutator auf der linken Seite von (12.37) gefordert wird, ist Δ eine Lösung der freien Klein-Gordon-Gleichung und ist eine ungerade Funktion ihres Argumentes

$$(\Box_x + m^2)\Delta(x-y) = 0 \qquad \Delta(x-y) = -\Delta(y-x) \qquad (12.40)$$

Aus (12.37), wie auch aus (12.4) folgt, daß der gleichzeitige Kommutator zweier Feldamplituden verschwindet: $\Delta(\mathbf{x}-\mathbf{y}, 0) = 0$. Wegen der Lorentz-Invarianz wissen wir dann, daß

$$\Delta(x-y) = 0 \quad \text{für alle} \quad (x-y)^2 < 0 \qquad (12.41)$$

und daß zwei durch ein raumartiges Intervall getrennte Feldoperatoren miteinander vertauschen. An zwei Punkten, die nicht durch ein Lichtsignal oder irgendeine physikalische Störung miteinander verbunden werden können, d. h. mit $(x-y)^2 < 0$, können die Feldstärken, wenn sie als physikalische Observable interpretiert werden, exakt und unabhängig voneinander gemessen werden. Die Zeitableitung von Δ ist am Ursprung singulär

$$\left.\frac{\partial\Delta(x-y)}{\partial x_0}\right|_{x_0=y_0} = -\delta^3(\mathbf{x}-\mathbf{y}) \tag{12.42}$$

und (12.42) ergibt zusammen mit (12.37) wieder den kanonischen Kommutator (12.4).

Die Bedingung des Verschwindens des Kommutators (12.41) für raumartige, beliebig kleine Intervalle, bezeichnen wir als Bedingung der *Mikrokausalität*. Um mit diesem mathematischen Ergebnis einen physikalischen Inhalt zu verbinden, müssen wir annehmen, daß es sinnvoll ist, der Messung einer Feldstärke *an einem Punkt* einen physikalischen Sinn zu geben, ein Vorgehen, das schon in früheren Paragraphen kritisiert wurde[1].

12.4 *Vakuumfluktuationen*

Wir haben schon darauf hingewiesen, daß die Feldquantisierung im wesentlichen die Quantisierung einer unendlichen Zahl harmonischer Oszillatoren ist; die Vakuumenergie ergab sich als Nullpunktsenergie dieser Oszillatoren. In einem Energieeigenzustand eines Oszillators ist seine Koordinate q nicht scharf, d. h.

$$(\Psi_n, q^2\Psi_n) > (\Psi_n, q\Psi_n)^2 = 0 \tag{12.43}$$

Das gilt auch in der Feldtheorie; die Koordinaten $\varphi(x)$ fluktuieren. Zum Beispiel ist im Grundzustand

$$\Delta_+(x,y) = \langle 0|\varphi(x)\varphi(y)|0\rangle \neq 0 \tag{12.44}$$

obwohl

$$\langle 0|\varphi(x)|0\rangle = 0 \tag{12.45}$$

Wir können $\Delta_+(x,y)$ berechnen, indem wir (12.7), (12.10) und (12.17) benutzen; wir finden

$$\Delta_+(x,y) = \int \frac{d^3k\, d^3k'}{(2\pi)^3\sqrt{2\omega_k 2\omega_{k'}}}\, e^{-ik\cdot x} e^{ik'\cdot y}\langle 0|a(k)a^\dagger(k')|0\rangle$$

$$= \int_{(k_0=+\omega_k)} \frac{d^3k}{(2\pi)^3 2\omega_k}\, e^{-ik\cdot(x-y)} = \Delta_+(x-y)$$

Für $y \to x$ liefert das einen quadratisch divergierenden Ausdruck für die Vakuumfluktuationen

$$\langle 0|\varphi^2(x)|0\rangle = \Delta_+(0) = \int \frac{d^3k}{(2\pi)^3 2\omega_k} \tag{12.46}$$

---

[1] Für die Quantenelektrodynamik haben N. BOHR und L. ROSENFELD, *Kgl. Danske Videnskab. Selskab. Mat.-Fys. Medd.*, **12**, 8 (1933), *Phys. Rev.*, **78**, 794 (1950), die physikalische Bedeutung der Vertauschungsrelationen durch die Diskussion physikalischer Meßprozesse genauer untersucht.

Diese Divergenz kann nicht wie etwa die früher aufgetretene Nullpunktsenergie durch eine einfache Subtraktion vollständig eliminiert werden. In der Tat haben wir schon gesehen, daß die Vakuumfluktuationen beim Lamb-shift zu beobachtbaren, endlichen physikalischen Effekten führen, wie unter diesem Gesichtspunkt im Kap. 4 diskutiert wurde.

Wir können die Unannehmlichkeit dieses Ergebnisses – nämlich die Divergenz von (12.46) – etwas abschwächen durch die Feststellung, daß das Quadrat einer Feldamplitude *an einem Punkt* nicht meßbar ist. Um einen einzelnen isolierten Raum-Zeit-Punkt zu untersuchen, benötigt man unendlich große Frequenzen und infinitesimal kleine Wellenlängen – und diese sind nur bei unendlichen Energien erreichbar. Außerdem bringt die Tatsache, daß (12.46) divergiert, für praktische Rechnungen keine ernsthaften Schwierigkeiten. Jedoch ist es störend, in unserem Formalismus viele Ausdrücke wie $\mathscr{L}$ und P^μ zu finden, die wie (12.46) Produkte von Feldoperatoren an denselben Raum-Zeit-Punkten enthalten. Nur Produkte von Feldern, die über endliche Raum-Zeit-Gebiete gemittelt sind, können mathematisch existieren und eine physikalisch beobachtbare Bedeutung haben. Wir fassen Ergebnisse wie (12.46) als Anzeichen für die Grenzen einer Beschreibung der physikalischen Welt durch kontinuierliche Felder auf – eine solche Beschreibung ist eine Idealisierung, die nur im Sinne des Korrespondenzprinzips für große Raum-Zeit-Intervalle adäquat ist. Es bleibt Sache des Experimentes zu zeigen, bis zu wie kleinen Raum-Zeit-Intervallen die Theorie quantitativ gültig bleibt.

12.5 *Das geladene Skalarfeld*[1]

Nachdem wir die Quantentheorie des freien, reellen Klein-Gordon-Feldes diskutiert haben, verallgemeinern wir die Ergebnisse, um geladene Teilchen zu beschreiben, die schon in Kap. 9 diskutiert wurden. Ein solches Teilchen wurde durch eine komplexe Wellenfunktion beschrieben

$$\varphi(x) = \frac{1}{\sqrt{2}}\left[\varphi_1(x) + i\varphi_2(x)\right]$$

mit reellem φ_1 und φ_2. Wir betrachten zuerst zwei gleiche, nichtwechselwirkende, reelle Felder von diesem Typ. Die Feldgleichungen

$$(\Box_x + m^2)\varphi_1(x) = 0 \qquad (\Box_x + m^2)\varphi_2(x) = 0 \tag{12.47}$$

folgen aus der Lagrange-Dichte

$$\mathfrak{L} = \tfrac{1}{2}\!:\!\left(\frac{\partial\varphi_1}{\partial x_\mu}\frac{\partial\varphi_1}{\partial x^\mu} - m^2\varphi_1^2 + \frac{\partial\varphi_2}{\partial x_\mu}\frac{\partial\varphi_2}{\partial x^\mu} - m^2\varphi_2^2\right)\!: \tag{12.48}$$

[1] W. Pauli und V. F. Weisskopf, *Helv. Phys. Acta*, 7, 709 (1934).

wobei die : ... : das durch (12.24) und (12.25) definierte Normalprodukt kennzeichnen. Die kanonischen Impulse findet man wie früher

$$\pi_1 = \dot{\varphi}_1 \qquad \pi_2 = \dot{\varphi}_2 \tag{12.49}$$

und die kanonischen Vertauschungsrelationen sind

$$[\varphi_k(x),\varphi_j(y)] = i\delta_{kj}\Delta(x - y) \tag{12.50}$$

Da der Hamilton-Operator die Summe von zwei Termen der Form (12.23) ist, sind die Energieeigenzustände das direkte Produkt unabhängiger Eigenzustände der Hamilton-Operatoren für Teilchen vom Typ 1 und 2. Die Zahlen der Teilchen vom Typ 1 und 2 sind, solange keine Wechselwirkungsterme berücksichtigt werden, jede für sich Konstante der Bewegung, und es ist wieder zweckmäßig, die Zustände durch die Eigenwerte der Teilchenzahloperatoren zu kennzeichnen:

$$N_1(k) = a_1^\dagger(k)a_1(k) \qquad N_2(k) = a_2^\dagger(k)a_2(k) \tag{12.51}$$

Wie in (12.30) und (12.31) erzeugen bzw. vernichten $a_i^\dagger(k)$ und $a_i(k)$ Teilchen vom Typ i mit dem Impuls k und verbinden deshalb Zustände, die sich in diesen Besetzungszahlen $\pm$ 1 unterscheiden.

Alle Bemerkungen des ersten Paragraphen gelten für beliebige, in den Feldgleichungen (12.47) vorkommende Massen m_1 und m_2. Speziell für identische Massen $m_1 = m_2 = m$ können diese beiden Gleichungen durch eine Wellengleichung für ein komplexes Feld ersetzt werden:

$$\varphi = \frac{1}{\sqrt{2}}(\varphi_1 + i\varphi_2) \qquad \varphi^* = \frac{1}{\sqrt{2}}(\varphi_1 - i\varphi_2) \tag{12.52}$$

φ und φ^* erfüllen die Klein-Gordon-Gleichung

$$(\Box + m^2)\varphi = 0 \qquad (\Box + m^2)\varphi^* = 0 \tag{12.53}$$

und ausgedrückt durch die komplexen Koordinaten φ und φ^* wird $\mathscr{L}$

$$\mathfrak{L} = :\frac{\partial\varphi^*}{\partial x_\mu}\frac{\partial\varphi}{\partial x^\mu} - m^2\varphi^*\varphi: \tag{12.54}$$

Die kanonischen Impulse zu diesen Koordinaten sind

$$\pi = \frac{\partial\mathfrak{L}}{\partial\dot{\varphi}} = \dot{\varphi}^* = \frac{\dot{\varphi}_1 - i\dot{\varphi}_2}{\sqrt{2}} \qquad \text{und} \qquad \pi^* = \frac{\partial\mathfrak{L}}{\partial\dot{\varphi}^*} = \dot{\varphi} = \frac{\dot{\varphi}_1 + i\dot{\varphi}_2}{\sqrt{2}}.$$

Die Hamilton-Dichte ist dann

$$\mathcal{H} = \pi\dot{\varphi} + \pi^*\dot{\varphi}^* - \mathfrak{L} = \pi^*\pi + (\nabla\varphi^*)\cdot(\nabla\varphi) + m^2\varphi^*\varphi \tag{12.55}$$

und die Vertauschungsrelationen lauten

$$[\varphi(x),\varphi(y)] = 0 = [\varphi^*(x),\varphi^*(y)] \qquad [\varphi(x),\varphi^*(y)] = i\Delta(x - y) \tag{12.56}$$

Für gleiche Zeiten reduzieren sie sich auf folgende, nicht verschwindende kanonische Kommutatoren

$$[\pi(\mathbf{x},t),\varphi(\mathbf{x}',t)] = [\pi^*(\mathbf{x},t),\varphi^*(\mathbf{x}',t)] = -i\delta^3(\mathbf{x}-\mathbf{x}')$$

Die in den k-Raum Fourier-transformierten Lösungen schreiben wir (12.7) folgend in der Form

$$\varphi(x) = \int \frac{d^3k}{\sqrt{(2\pi)^3 2\omega_k}} [a_+(k)e^{-ik\cdot x} + a_-^\dagger(k)e^{ik\cdot x}]$$
$$\varphi^*(x) = \int \frac{d^3k}{\sqrt{(2\pi)^3 2\omega_k}} [a_+^\dagger(k)e^{ik\cdot x} + a_-(k)e^{-ik\cdot x}] \qquad (12.57)$$

mit

$$a_+(k) = \frac{1}{\sqrt{2}}[a_1(k) + ia_2(k)] \qquad a_+^\dagger(k) = \frac{1}{\sqrt{2}}[a_1^\dagger(k) - ia_2^\dagger(k)]$$
$$a_-(k) = \frac{1}{\sqrt{2}}[a_1(k) - ia_2(k)] \qquad a_-^\dagger(k) = \frac{1}{\sqrt{2}}[a_1^\dagger(k) + ia_2^\dagger(k)] \qquad (12.58)$$

Die Gln. (12.7) und (12.57) unterscheiden sich dadurch, daß $\varphi(x)$ ein komplexes Feld ist und folglich bei der Quantisierung ein nichthermitescher Operator wird; nach (12.58) ist $a_-^\dagger(k) \neq a_+^\dagger(k)$.

Die Kommutatoren für $a \pm (k)$ ergeben sich leicht in Analogie zu (12.10) zu:

$$[a_+(k),a_+^\dagger(k')] = [a_-(k),a_-^\dagger(k')] = \delta^3(\mathbf{k}-\mathbf{k}')$$
$$[a_+(k),a_-^\dagger(k')] = [a_-(k),a_+^\dagger(k')] = 0 \qquad (12.59)$$
$$[a_\pm(k),a_\pm(k')] = [a_\pm^\dagger(k),a_\pm^\dagger(k')] = 0$$

Offenbar genügen die $a\pm(k)$ und die $a_1(k)$, $a_2(k)$ derselben Operatoralgebra, und die aus ihnen gebildeten Anzahloperatoren haben dieselbe Form und dieselben ganzzahligen Eigenwerte. Um die Anzahloperatoren für die $+$-und $-$-Quanten zu definieren, benutzen wir wieder die Kastennormierung und schreiben

$$N_k^+ = a_{+,k}^\dagger a_{+,k} \qquad N_k^- = a_{-,k}^\dagger a_{-,k} \qquad (12.60)$$

und

$$P_\mu = \sum_k k_\mu(N_k^+ + N_k^-) \qquad (12.61)$$

Es besteht eine vollständige Analogie zu der früheren Diskussion eines einzigen Feldes; zum Beispiel

$$N_k^+[a_{+,k}\Phi(\cdots n_k^+ \cdots, \cdots n_k^- \cdots)]$$
$$= a_{+,k}(N_k^+ - 1)\Phi(\cdots n_k^+ \cdots, \cdots n_k^- \cdots)$$
$$= (n_k^+ - 1)[a_{+,k}\Phi(\cdots n_k^+ \cdots, \cdots n_k^- \cdots)]$$

und der Zustand niedrigster Energie, das Vakuum, enthält von beiden Sorten Null Teilchen, so daß

$$a_{\pm,k}\Phi_0 = 0 \tag{12.62}$$

Die Operatoren $a_{\pm,k}$ sind Vernichteroperatoren für die $+$-bzw. $-$-Quanten mit dem Impuls k, und die $a^{\dagger}_{\pm,k}$ sind die entsprechenden Erzeugeroperatoren. In der normalgeordneten Form stehen die Vernichter- rechts von den Erzeugeroperatoren, wie in (12.61).

An dieser Stelle spielt es natürlich keine Rolle, ob wir die Felder durch ihre hermiteschen Amplituden φ_1 und φ_2 oder durch ihre komplexen Amplituden φ und φ^* beschreiben. Die Zustände können gleichermaßen durch die Zahl der Quanten vom Typ 1 und 2 oder $+$- und $-$-charakterisiert werden.

Die Wellengleichung (12.53) für ein komplexes Feld φ erinnert uns daran, daß wir einen erhaltenen Strom angeben konnten

$$j^\mu = i(\varphi^*\nabla^\mu\varphi - \varphi\nabla^\mu\varphi^*)$$

mit

$$\frac{\partial j^\mu}{\partial x^\mu} = 0$$

und

$$Q = i\int d^3x\,(\varphi^*\dot{\varphi} - \varphi\dot{\varphi}^*) = \text{const} \tag{12.63}$$

als wir die Klein-Gordon-Gleichung in Kap. 9 diskutierten. Wir können sofort nachweisen, daß in der vorliegenden, auf (12.54) aufbauenden Quantentheorie Q eine Konstante der Bewegung bleibt, indem wir (12.63) im k-Raum entwickeln und zeigen, daß es mit H vertauscht. Wir finden

$$Q = \int d^3k\,[a_+^\dagger(k)a_+(k) - a_-^\dagger(k)a_-(k)]$$

oder in diskreter Schreibweise

$$Q = \sum_k (N_k^+ - N_k^-) \tag{12.64}$$

und nach (12.59) $[Q,P_\mu] = 0$.

Nach (12.64) tragen die $+$- und $-$-Quanten jeweils eine positive bzw. negative Ladung Q. Folglich gilt $[P_\mu,a_+^\dagger(k)] = +\,k_\mu a_+^\dagger(k)$ und $[Q,a_+^\dagger(k)] = +\,a_+^\dagger(k)$, und $a_+^\dagger(k)$ ist ein Operator, der die Energie um k^μ und die Ladung um $+\,1$ vergrößert; d. h. er ist ein Erzeugeroperator für ein Teilchen mit Viererimpuls k^μ und der Ladung $+\,1$. Entsprechend ist $a_+(k)$ ein Vernichteroperator für ein solches Teilchen und $a_-^\dagger(k)$ und $a_-(k)$ sind Erzeuger- bzw. Vernichteroperatoren für Teilchen mit dem Impuls k^μ und der Ladung $-\,1$.

Die Teilchen der Ladung $+\,1$ und $-\,1$ kommen in der Theorie symmetrisch vor, gemäß (12.59), (12.61) und (12.64). Um der Ladung Q eine physikalische Bedeutung geben zu können, müssen wir Kopplungsterme einführen, die zwischen den verschiedenen Vorzeichen und Beträgen der Ladung diskriminieren. Als wir das Klein-Gordon-Feld in Kap. 9 diskutierten, wurde der Strom j^μ an das elektromagnetische Feld gekoppelt und Q als elektrische Ladung aufgefaßt. Allgemeiner bezeichnen wir die Quanten zu positiven Eigenwerten von Q als *Teilchen* und die zu negativen Eigenwerten als *Antiteilchen*. Die Ladungssymmetrie der Quantenfeldtheorie ist dann äquivalent zur Behauptung der Symmetrie der Theorie gegen Teilchen-Antiteilchen-Austausch. Die komplexen Feldamplituden geben ein bequemes Verfahren, um Ladungseigenzustände zu konstruieren. Diese können z. B. die π^+-und π^--Zustände sein, die aus dem Vakuum durch Anwendung von $a_+^\dagger(k)$ bzw. $a_-^\dagger(k)$ erzeugt werden. Oder wir können diese Theorie benutzen zur Beschreibung elektrisch neutraler Teilchen vom Spin Null, die sich durch ihre „strangeness"-Ladung unterscheiden wie z. B. K^0 und $\overline{K}^0$.

12.6 *Der Feynman-Propagator*

Bei der Propagatormethode zur Behandlung des geladenen Klein-Gordon-Teilchens in „Relativistische Quantenmechanik I" wurden wir auf die Feynmansche Greens-Funktion geführt, als wir als physikalische Randbedingung forderten, daß nach einer Wechselwirkung in der Vorwärtszeitrichtung nur Lösungen zu positiver Frequenz propagieren. Um zu sehen, welche Größe in der Quantenfeldtheorie des geladenen Klein-Gordon-Teilchens die Rolle des Feynman-Propagators spielt, betrachten wir in diesem Formalismus die räumliche und zeitliche Entwicklung eines Zustandes, der ein Teilchen enthält. Um einen Einteilchenzustand (nicht normiert) der Ladung $+1$ zu bilden, wenden wir $\varphi^*(x,t)$ auf das Vakuum an:

$$\Psi_+(\mathbf{x},t) = \varphi^*(\mathbf{x},t)\Phi_0 \equiv \varphi^*(\mathbf{x},t)|0\rangle \tag{12.65}$$

Wegen (12.62) liefert in (12.65) nur der erzeugende oder Anteil negativer Frequenz von $\varphi^*(x)$ einen Beitrag; deshalb können wir schreiben

$$\Psi_+(\mathbf{x},t) = \varphi^{*(-)}(\mathbf{x},t)|0\rangle \tag{12.66}$$

wobei

$$\begin{aligned} \varphi^{*(-)}(\mathbf{x},t) &= \int \frac{d^3k}{\sqrt{(2\pi)^3 2\omega_k}}\, a_+^\dagger(k) e^{ik\cdot x} \\ \varphi^{(-)}(\mathbf{x},t) &= \int \frac{d^3k}{\sqrt{(2\pi)^3 2\omega_k}}\, a_-^\dagger(k) e^{ik\cdot x} \end{aligned} \tag{12.67}$$

die Erzeuger oder Anteile negativer Frequenz und $\varphi^{*(+)}$ und $\varphi^{(+)}$ die entsprechenden Anteile positiver Frequenz des Feldes (12.57) bedeuten.

Die Amplitude dafür, daß sich der Zustand (12.65) von (x,t) nach (x$'$,t') ausbreitet mit $t' > t$, ist bestimmt durch die Projektion

$$\begin{aligned}\theta(t'-t)\langle\Psi_+(\mathbf{x}',t')|\Psi_+(\mathbf{x},t)\rangle &= \langle 0|\varphi(\mathbf{x}',t')\varphi^*(\mathbf{x},t)|0\rangle\theta(t'-t)\\ &= \langle 0|\varphi^{(+)}(\mathbf{x}',t')\varphi^{*(-)}(\mathbf{x},t)|0\rangle\theta(t'-t)\end{aligned} \tag{12.68}$$

Gl. (12.68) ist das Matrixelement für die Erzeugung eines Teilchens der Ladung + 1 bei (x,t) und seine Absorption in das Vakuum bei x$'$ zur späteren Zeit $t' > t$. Eine andere Möglichkeit, um die Ladung bei (x,t) um + 1 zu vergrößern und sie bei (x$'$,t') um − 1 zu verkleinern ist, bei (x$'$,t') ein Teilchen der Ladung − 1 zu erzeugen und es sich nach x bewegen zu lassen, wo es zur Zeit $t > t'$ vom Vakuum absorbiert wird. Die Amplitude dafür ist gegeben durch

$$\begin{aligned}\theta(t-t')\langle\Psi_-(\mathbf{x},t)|\Psi_-(\mathbf{x}',t')\rangle &= \langle 0|\varphi^*(\mathbf{x},t)\varphi(\mathbf{x}',t')|0\rangle\theta(t-t')\\ &= \langle 0|\varphi^{*(+)}(\mathbf{x},t)\varphi^{(-)}(\mathbf{x}',t')|0\rangle\theta(t-t')\end{aligned} \tag{12.69}$$

Der Feynman-Propagator wird gebildet durch Addition der beiden Amplituden (12.68) und (12.69).

$$i\Delta_F(x'-x) = \langle 0|\varphi(x')\varphi^*(x)|0\rangle\theta(t'-t) + \langle 0|\varphi^*(x)\varphi(x')|0\rangle\theta(t-t') \tag{12.70}$$

Durch Einsetzen der Entwicklungen (12.57) verifizieren wir die Gleichheit von (12.70) mit dem Ausdruck (9.11) für den Feynman-Propagator, der früher bei der Propagatormethode in Kap. 9 benutzt wurde:

$$\begin{aligned}i\Delta_F(x'-x) &= \int\frac{d^3k}{2\omega_k(2\pi)^3}\left[\theta(t'-t)e^{-ik\cdot(x'-x)} + \theta(t-t')e^{ik\cdot(x'-x)}\right]\\ &= i\int\frac{d^4k}{(2\pi)^4}\frac{1}{k^2-m^2+i\epsilon}e^{-ik\cdot(x'-x)}\\ (\Box_{x'} &+ m^2)\Delta_F(x'-x) = -\delta^4(x'-x)\end{aligned} \tag{12.71}$$

In dieser Form zeigt sich die Lorentz-Invarianz des Feynman-Propagators explizit. Da die Feldoperatoren gemäß (12.37) und (12.41) für raumartige Abstände vertauschen, können ihre Produkte wie in (12.70) in Lorentz-invarianter Weise zeitgeordnet werden. Als bequeme Abkürzung für diese Zeitordnungsoperation führen wir einen Operator T ein durch die Definition

$$T(a(x)b(x')) = a(x)b(x')\theta(t-t') + b(x')a(x)\theta(t'-t) \tag{12.72}$$

Der T-Operator bedeutet die Vorschrift, den Feldoperator zur frühesten Zeit nach rechts zu schreiben, und sie kann verallgemeinert werden als Zeitordnungsvorschrift für Produkte beliebig vieler Operatoren. Der Feynman-Propagator läßt sich damit schreiben

$$i\Delta_F(x'-x) = \langle 0|T(\varphi(x')\varphi^*(x))|0\rangle \tag{12.73}$$

oder äquivalent ausgedrückt durch die hermiteschen Felder

$$i\delta_{ij}\Delta_F(x'-x) = \langle 0|T(\varphi_i(x')\varphi_j(x))|0\rangle \qquad (12.74)$$

Genau wie in den Einteilchentheorien spielt der Feynman-Propagator in der Quantenfeldtheorie eine zentrale Rolle bei der Berechnung von Übergangsamplituden. Durch $\Delta_F = (x',x)$ wird für $t' > t$ die Ausbreitung eines Teilchens x nach x′ und für $t > t'$ die eines Antiteilchens von x′ nach x beschrieben. Dies ist die gleiche physikalische Deutung, wie sie in den Kapn. 6 und 9 ausführlich für den Feynman-Propagator und die Randbedingungen für die Teilchen- und Antiteilchenlösungen gegeben wurde.

Aufgaben

1. Bestätige, daß für ein skalares Feld gilt

$$-\frac{i}{2}\varepsilon^{\mu\nu}[M_{\mu\nu}, \varphi] = \delta\varphi .$$

2. Berechne

$$\langle 0|\bar{\varphi}^2|0\rangle$$

mit

$$\bar{\varphi} = \frac{1}{V}\int_V d^3x\, \varphi(x)$$

V sei ein kugelförmiges Gebiet vom Radius R.

KAPITEL 13

ZWEITE QUANTISIERUNG DES DIRAC-FELDES

13.1 *Die Quantenmechanik n gleicher Teilchen*

Wir haben die Konsequenzen der Quantisierung eines klassischen Feldes nach dem kanonischen Formalismus untersucht. Die kanonisch durchgeführte Quantisierung führte auf die konsistente Beschreibung von Teilchen, die der Bose-Einstein-Statistik genügen. Der Formalismus, der die Erzeugung und Vernichtung von Teilchen zu beschreiben gestattet, umging erfolgreich die Schwierigkeiten der Einteilchentheorie, die die Lösungen zu negativer Energie und die negativen Wahrscheinlichkeiten machten.

Es wäre jetzt naheliegend, den Formalismus zu benutzen, um ähnliche Vielteilchentheorien zu entwickeln, indem man von anderen Lagrange-Funktionen ausgeht, z. B. denen, die auf die nichtrelativistische Schrödinger-Gleichung oder auf die Dirac-Gleichung für Teilchen vom Spin $\frac{1}{2}$ führen. Ein solches Vorgehen kann jedoch nicht zum Ziel führen, da – wie wir gesehen haben – die kanonische Quantisierung auf Teilchen führt, die der Bose-Einstein-Statistik genügen, während die Spin $\frac{1}{2}$ Teilchen, wie Elektronen und Nukleonen, nach der Erfahrung der Fermi-Dirac-Statistik und einem Ausschließungsprinzip genügen. Wir müssen deshalb einige Schritte des Quantisierungsverfahrens abändern. Die gleichen Änderungen, die auf die Fermi-Dirac-Statistik führen, werden – wie wir sehen werden – noch aus anderen Gründen nötig, und wir gelangen dadurch zu einem Zusammenhang zwischen Spin und Statistik, der einen der wesentlichen Erfolge der Quantenfeldtheorie darstellt.

Um direkt auf die im Quantisierungsverfahren nötigen Änderungen geführt zu werden, beginnen wir, anders als im vorigen Kapitel, mit der Betrachtung einer Vielteilchentheorie für Fermionen auf der Grundlage einer n-Teilchen-Schrödinger-Gleichung und versuchen, sie in die Form einer Quantenfeldtheorie umzuschreiben. Anstatt eine klassische Feldtheorie zu quantisieren, um wie im letzten Kapitel zu einer Vielteilchentheorie zu kommen, fangen wir mit der letzteren an und suchen für sie die Form einer Quantenfeldtheorie, die mit dem Ausschließungsprinzip übereinstimmt[1].

---

[1] P. JORDAN und O. KLEIN, *Z. Physik*, **45**, 751 (1927); P. JORDAN und E. P. WIGNER, *Z. Physik*, **47**, 631 (1928); und V. FOCK, *Z. Physik*, **75**, 622 (1932).

Unser Ausgangspunkt ist die Schrödinger-Gleichung für n gleiche, nicht wechselwirkende Teilchen:

$$i\,\frac{\partial\Psi}{\partial t}\,(\mathbf{x}_1,\;.\;.\;.\;,\mathbf{x}_n;\,t) = \boldsymbol{H}\Psi \tag{13.1}$$

wobei $\mathrm{H} = \sum_{i=1}^{n} H(\mathrm{x}_i,p_i)$ eine Summe von Einteilchentermen gleicher Gestalt ist. Bei der Behandlung eines solchen Problems können die Variablen separiert werden, und eine spezielle Lösung ist ein Produkt

$$\Psi(\mathbf{x}_1,\;.\;.\;.\;,\mathbf{x}_n;\,t) = \prod_{i=1}^{n} u_{\alpha_i}(\mathbf{x}_i,t) \tag{13.2}$$

von Lösungen $u_\alpha(x,t)$ der Ein-Teilchen-Schrödinger-Gleichung

$$Hu_\alpha(\mathbf{x},t) = i\,\frac{\partial u_\alpha(\mathbf{x},t)}{\partial t} \tag{13.3}$$

Die allgemeine Lösung von (13.1) ist eine Linearkombination von Produktlösungen der Form (13.2) und läßt sich schreiben als

$$\Psi(\mathbf{x}_1,\;.\;.\;.\;,\mathbf{x}_n;\,t) = \frac{1}{\sqrt{n!}} \sum_{\alpha_1,\ldots,\alpha_n=1}^{N} c(\alpha_1,\;.\;.\;.\;,\alpha_n) \times u_{\alpha_1}(\mathbf{x}_1,t)\;\cdots\;u_{\alpha_n}(\mathbf{x}_n,t) \tag{13.4}$$

mit einem Faktor $1/\sqrt{n!}$ aus später ersichtlichen Gründen. N ist die Zahl der Einteilchenniveaus. Wenn wir annehmen, daß die $u_{\alpha_i}(\mathrm{x}_i,t)$ zu einem orthonormalen System gehören, lautet die Normierungsbedingung für die Entwicklungskoeffizienten

$$\frac{1}{n!} \sum_{\alpha_1,\ldots,\alpha_n=1}^{N} |c(\alpha_1,\;.\;.\;.\;,\alpha_n)|^2 = 1 \tag{13.5}$$

Die Gesamtheit der Koeffizienten c bestimmt den n-Teilchen-Zustand in (13.4) und muß für gleiche Teilchen dem Prinzip der Nichtunterscheidbarkeit genügen. Diese fordert, daß die Dichte $|\Psi(\mathrm{x}_1,\ldots,\mathrm{x}_n;t)|^2$ invariant ist gegen alle Vertauschungen ihrer Argumente, so daß also Ψ symmetrisch oder antisymmetrisch gegen derartige Vertauschungen ist[1]. Entsprechend müssen die $c(\alpha_1,\ldots,\alpha_n)$ symmetrisch oder antisymmetrisch gegen Vertauschung der α_i sein

$$c(\cdots\alpha_i\cdots\alpha_j\cdots) = \pm c(\cdots\alpha_j\cdots\alpha_i\cdots) \tag{13.6}$$

[1] Wenn man für Ψ *selbst* einen Spaltenvektor zuläßt, sind noch allgemeinere Statistiken möglich. Vgl. in diesem Zusammenhang H. S. Green, *Phys. Rev.*, **90**, 270 (1953) und O. W. Greenberg und A. Messiah, im Erscheinen.

Diese beiden Möglichkeiten für das Vorzeichen führen auf die Bose-Einstein- bzw. die Fermi-Dirac-Statistik.

In (13.6) steckt sehr viel Information, da, wenn man einen der Koeffizienten $c(\alpha_1,\ldots,\alpha_n)$ in (13.4) kennt, (13.6) sofort die Kenntnis von $n! - 1$ weiteren Koeffizienten ergibt. Man kann deshalb eine geschlossenere Form der Entwicklung als (13.4) angeben, indem man eine natürliche Ordnung der Zustände α einführt und definiert

$$\tilde{c}(\alpha_1, \ldots, \alpha_n) = \begin{cases} c(\alpha_1, \ldots, \alpha_n) & \alpha_1 < \alpha_2 < \cdots < \alpha_n \\ 0 \end{cases}$$

Für den Fall der Fermi-Dirac-Statistik läßt sich (13.4) dann schreiben

$$\Psi(\mathbf{x}_1, \ldots, \mathbf{x}_n; t)$$

$$= \frac{1}{\sqrt{n!}} \sum_{\alpha_1, \ldots, \alpha_n = 1}^{N} \tilde{c}(\alpha_1, \ldots, \alpha_n) \sum_P \delta_P u_{\alpha_1}(\mathbf{x}_1, t) \cdots u_{\alpha_n}(\mathbf{x}_n, t)$$

$$= \frac{1}{\sqrt{n!}} \sum_{\alpha_1, \ldots, \alpha_n = 1}^{N} \tilde{c}(\alpha_1, \ldots, \alpha_n) \begin{Vmatrix} u_{\alpha_1}(\mathbf{x}_1, t) & \cdots & u_{\alpha_n}(\mathbf{x}_1, t) \\ \cdots & \cdots & \cdots \\ u_{\alpha_1}(\mathbf{x}_n, t) & \cdots & u_{\alpha_n}(\mathbf{x}_n, t) \end{Vmatrix} \tag{13.7}$$

mit $\sum\limits_P$ = Summe über alle Permutation P der α_i und δ_P = sign der Permutation P.

13.2 *Die Teilchenzahl-Darstellung für Fermionen*

Die in den Wellenfunktionen (13.4) oder (13.7) enthaltene Information ist nicht: *welche* Teilchen *welche* Quantenzahlen haben, sondern *wie viele* der n unterscheidbaren Teilchen die verschiedenen Quantenniveaus besetzen. Wir erkennen die Analogie zur quantenmechanischen Beschreibung des Klein-Gordon-Feldes. Der Zustand des Feldes, oder n-Teilchen Systems, wird beschrieben durch Angabe der *Zahl* von Quanten, oder Teilchen, in jedem der Einteilchenzustände. Der Unterschied zu früher liegt nur darin, daß diese Zahlen für antisymmetrische Lösungen nur 0 oder 1 sein können. Unter Beachtung dieser Parallelen versuchen wir, die Dynamik des n-Teilchen-Fermionen-Systems (13.1) in der Sprache der Quantenfeldtheorie auszudrücken.

Dazu ändern wir in (13.7) die Bezeichnung derart, daß die Summe über Niveaus $\alpha_1,\ldots,\alpha_n = 1,\ldots,$ N ersetzt wird durch eine Summe über Besetzungszahlen n_α, die kennzeichnen, ob bestimmte Niveaus α besetzt ($n_\alpha = 1$) oder unbesetzt ($n_\alpha = 0$) sind. Für die Slater-Determinante, die wie in (13.7) gebildet ist aus den Einteilchen-Wellenfunktionen u_{α_i} für die n Teilchen in den Niveaus α_i, führen wir die Bezeichnung $\Psi(\mathbf{x}_1,\ldots,\mathbf{x}_n; n_1,\ldots,n_{\mathrm{N}}; t)$ ein; die n Spalten der Determinante werden so angeordnet, daß die u_{α_i} in aufsteigender oder natürlicher Ordnung stehen, $\alpha_1 < \alpha_2 < \ldots < \alpha_n$, und

$$n_\alpha = \begin{cases} 1 \text{ wenn } \alpha = \alpha_i \text{ für bestimmte } i \\ 0 \text{ sonst.} \end{cases}$$

Beispielsweise lautet, wenn von 7 möglichen Niveaus diejenigen mit den Nummern 2, 4 und 5 besetzt sind,

$$\Psi(\mathbf{x}_1,\mathbf{x}_2,\mathbf{x}_3;0\,1\,0\,1\,1\,0\,0;t) = \begin{Vmatrix} u_2(\mathbf{x}_1,t) & u_4(\mathbf{x}_1,t) & u_5(\mathbf{x}_1,t) \\ u_2(\mathbf{x}_2,t) & u_4(\mathbf{x}_2,t) & u_5(\mathbf{x}_2,t) \\ u_2(\mathbf{x}_3,t) & u_4(\mathbf{x}_3,t) & u_5(\mathbf{x}_3,t) \end{Vmatrix} \quad (13.8)$$

Die Wellenfunktion (13.7) ist dann einfach

$$\Psi(\mathbf{x}_1,\mathbf{x}_2, \ldots ,\mathbf{x}_n;t) = \frac{1}{\sqrt{n!}} \sum_{n_1,\ldots,n_N=0}^{1} c'(n_1, \ldots ,n_N) \times \Psi(\mathbf{x}_1,\mathbf{x}_2, \ldots ,\mathbf{x}_n;n_1, \ldots ,n_N;t) \quad (13.9)$$

mit $$c'(n_1, \ldots ,n_N) = \bar{c}(\alpha_1, \alpha_2, \ldots ,\alpha_n) \quad (13.10)$$

und wie oben definierten n_α.

Die Normierungsbedingung schreibt sich jetzt

$$\sum_{n_1,\ldots,n_N=0}^{1} |c'(n_1, \ldots ,n_N)|^2 = 1 \quad (13.11)$$

und besagt, daß jedes $c'(n_1,\ldots,n_N)$ als Wahrscheinlichkeitsamplitude für eine vorgegebene Besetzungsverteilung $|n_1,\ldots,n_N|$ zu interpretieren ist.

Um die Beschreibung des n-Teilchen-Fermionen-Systems weiter in die Sprache der Quantenfeldtheorie übertragen zu können, suchen wir nach einem bequemen Verfahren, um n-Teilchen-Wellenfunktionen aus dem Vakuum zu erzeugen. Von der Propagatorbeschreibung der Diracschen Löchertheorie wissen wir, daß die Erzeugung und Vernichtung von Teilchen eine zentrale Rolle in der Dynamik spielt. Berücksichtigung der Wechselwirkung zwischen den Teilchen in (13.1) führt zu Übergängen zwischen Zuständen mit verschiedenen Quantenzahlen, und folglich interessieren wir uns für die Amplituden für Vernichtung eines Teilchens in einem Zustand α und Erzeugung eines Teilchens in einem anderen Zustand α'.

Wir folgen dem Vorbild der Klein-Gordon-Theorie und führen Erzeuger- und Vernichteroperatoren ein, mit denen wir derartige Zustände aufbauen und miteinander verbinden können. Als erstes definieren wir den Vakuumzustand Φ_0. Das Vakuum enthält keine Teilchen, die Lösungen von (13.1) und (13.3) entsprechen, und folglich weder Energie noch Impuls. Der Erzeugeroperator ist so definiert, daß er angewendet auf Φ_0 einen Einteilchenzustand Φ_α mit Quantenzahlen α erzeugt.

$$a_\alpha^\dagger \Phi_0 = \Phi_\alpha \equiv |0\,0 \cdots 1 \cdots\rangle \tag{13.12}$$

Bevor wir diese Zustände und Operatoren in Zusammenhang bringen mit der Wellenfunktionsschreibweise von (13.1), wollen wir eine einfache und bequeme Form der Darstellung angeben. Infolge des Ausschließungsprinzips ist der Zustand α entweder leer oder besetzt – wir stellen diese beiden Möglichkeiten durch $\begin{bmatrix}0\\1\end{bmatrix}_\alpha$ bzw. $\begin{bmatrix}1\\0\end{bmatrix}_\alpha$ dar. Der Vakuumzustand ist dann ein Produkt von Spaltenvektoren für lauter unbesetzte Zustände

$$\Phi_0 = \prod_{\alpha=1}^{N} \begin{bmatrix}0\\1\end{bmatrix}_\alpha \tag{13.13}$$

und der Einteilchenzustand lautet

$$\Phi_{\alpha'} = \begin{bmatrix}1\\0\end{bmatrix}_{\alpha'} \prod_{\alpha\neq\alpha'} \begin{bmatrix}0\\1\end{bmatrix}_\alpha \tag{13.14}$$

Der Erzeugeroperator $a_\alpha^\dagger$ kann folglich dargestellt werden als 2×2 Matrix im Raum des α'-ten Zustandes, die $\left[\begin{smallmatrix}1\\0\end{smallmatrix}\right]_{\alpha'}$, aus $\left[\begin{smallmatrix}0\\1\end{smallmatrix}\right]_{\alpha'}$ erzeugt. Jede Matrix der Form $\left[\begin{smallmatrix}x&1\\y&0\end{smallmatrix}\right]_{\alpha'}$ mit beliebigen x und y leistet dieses. Um das Ausschließungsprinzip zu erfüllen, fordern wir, daß $a_{\alpha'}^\dagger$ angewandt auf den besetzten Zustand $\left[\begin{smallmatrix}1\\0\end{smallmatrix}\right]_{\alpha'}$ den Nullvektor ergibt; folglich müssen wir $x = y = 0$ setzen:

$$a_{\alpha'}^\dagger = \begin{bmatrix}0 & 1\\0 & 0\end{bmatrix}_{\alpha'} \tag{13.15}$$

Auf ähnliche Weise konstruieren wir den Vernichteroperator a_α durch die Forderungen $a_{\alpha'}\left[\begin{smallmatrix}1\\0\end{smallmatrix}\right]_{\alpha'} = \left[\begin{smallmatrix}0\\1\end{smallmatrix}\right]_{\alpha'}$ und $a_{\alpha'}\left[\begin{smallmatrix}0\\1\end{smallmatrix}\right]_{\alpha'} = 0$. Wir finden

$$a_{\alpha'} = \begin{bmatrix}0 & 0\\1 & 0\end{bmatrix}_{\alpha'} \tag{13.16}$$

$a_{\alpha'}$ und $a_{\alpha'}^\dagger$, sind also hermitesch konjugiert zueinander. Aus (13.15) und (13.16) folgen für $a_{\alpha'}$ und $a_{\alpha'}^\dagger$ einfache Antivertauschungsrelationen[1]

---

[1] Die Darstellung der $a_{\alpha'}^\dagger$, a_α in (13.15) bis (13.17) zeigt die vollständige Analogie zwischen den $a_{\alpha'}$, $a_{\alpha'}^\dagger$ und den zweikomponentigen Pauli-Spinmatrixen $\sigma_x - i\,\sigma_y$, $\sigma_x + i\,\sigma_y$. Der Vakuumzustand (13.13) entspricht einem Spinzustand, in dem alle Spins abwärts gerichtet sind: $a_{\alpha'}^\dagger$ dreht im Zustand α' den Spin von abwärts nach aufwärts; ein besetzter Zustand entspricht hier einem Zustand mit aufwärts gerichtetem Spin.

$$\{a_{\alpha'}, a_{\alpha'}\} = 0 \tag{13.17a}$$
$$\{a^\dagger_{\alpha'}, a^\dagger_{\alpha'}\} = 0 \tag{13.17b}$$
$$\{a_{\alpha'}, a^\dagger_{\alpha'}\} = \begin{bmatrix} 1 & 0 \\ 0 & 1 \end{bmatrix} \equiv 1 \tag{13.17c}$$

Das Ausschließungsprinzip hat auf Antivertauschungsrelationen zwischen den Erzeuger- und Vernichteroperatoren geführt anstelle der entsprechenden Kommutatoren (12.10) bei der kanonischen Quantisierung für Bosonen. Die Gl. (13.17a) und (13.17b) drücken die Unmöglichkeit aus, in einem Zustand zwei Teilchen zu vernichten oder zu erzeugen. Die beiden Eigenwerte des Produktes $a^\dagger_{\alpha'} a_{\alpha'} = \left[\begin{smallmatrix} 1 & 0 \\ 0 & 0 \end{smallmatrix}\right]$ sind 1 für den besetzten Zustand α' und 0 für den unbesetzten Zustand. Das ist der Teilchenanzahloperator, wir bezeichnen ihn mit

$$N_{\alpha'} = a^\dagger_{\alpha'} a_{\alpha'}$$

Er unterscheidet sich von dem entsprechenden Teilchenzahloperator für Bosonen insofern als er nur die Eigenwerte 0 und 1 hat.

Jetzt können wir auf einfache Art und Weise die Operatordarstellung mit den Einteilchen-Wellenfunktionen $u_\alpha(x)$ in Zusammenhang bringen. Dazu führen wir durch die folgende Definition einen Feldoperator ein

$$\chi(\mathbf{x},t) = \sum_{\alpha=1}^{N} u_\alpha(\mathbf{x},t) a_\alpha \qquad \chi^*(\mathbf{x},t) = \sum_{\alpha=1}^{N} u^*_\alpha(\mathbf{x},t) a^\dagger_\alpha \tag{13.18}$$

Die Wellenfunktion $u_{\alpha_i}(x,t)$ ist gerade das Matrixelement des Feldoperators $\chi(x,t)$ zwischen dem Vakuum Φ_0 und dem Einteilchenzustand Φ_{α_i}:

$$(\Phi_0, \chi(\mathbf{x},t), \Phi_{\alpha_i}) = u_{\alpha_i}(\mathbf{x},t) \tag{13.19}$$

Auf gleiche Weise können wir fortfahren und mit Hilfe der Felder die n-Teilchen-Wellenfunktion (13.8) und einen Hamilton-Operator mit demselben Eigenwertspektrum wie H in (13.1) konstruieren. Dazu müssen wir Zustände betrachten, die mehrere Teilchen enthalten. Nach der Konstruktion (13.15) und (13.16) vertauschen die Operatoren a_{α_i} und $a^\dagger_{\alpha_i}$ mit den a_{α_j} und $a^\dagger_{\alpha_j}$ für $j \neq i$, da sie auf verschiedene Zustände wirken. Zum Beispiel für $i \neq j$

$$a^\dagger_{\alpha_i} a^\dagger_{\alpha_j} \Phi_0 = \Phi_{\alpha_i \alpha_j} = \begin{bmatrix} 1 \\ 0 \end{bmatrix}_{\alpha_i} \begin{bmatrix} 1 \\ 0 \end{bmatrix}_{\alpha_j} \prod_{\alpha \neq \alpha_i, \alpha_j} \begin{bmatrix} 0 \\ 1 \end{bmatrix}_\alpha = \Phi_{\alpha_j \alpha_i} \tag{13.20}$$

Wenn wir weiter direkt mit den Operatoren $a^\dagger_{\alpha_i}$ arbeiten, erhalten wir eine Darstellung, die an eine spezielle Ordnung der Zustände α gebunden ist. Während $\Phi_{\alpha_i \alpha_j}$ in (13.20) gegen Vertauschung von α_i und α_j symmetrisch ist, ist der in (13.8) definierte Zustand Ψ antisymmetrisch. Vom mathematischen Standpunkt aus ist es deshalb zweckmäßig, die Operatoren a_α, $a_\alpha^\dagger$ etwas abzuändern[1], so daß sie die Antivertauschungsrelationen (13.17) sowohl für verschiedene als auch für gleiche Zustände erfüllen. Das bedeutet speziell, daß die modifizierten Operatoren $b_\alpha^\dagger$ für verschiedene Zustände α und α' erfüllen sollen

$$b_\alpha^\dagger b_{\alpha'}^\dagger|0\rangle = -b_{\alpha'}^\dagger b_\alpha^\dagger|0\rangle \tag{13.21}$$

anstelle von $a_\alpha^\dagger a_{\alpha'}^\dagger|0\rangle = +a_{\alpha'}^\dagger a_\alpha^\dagger|0\rangle$. Um neben der gewünschten Vorzeichenänderung an der Interpretation von $b_\alpha^\dagger$ als Erzeugungsoperator festhalten zu können, schreiben wir

$$b_\alpha^\dagger = a_\alpha^\dagger \eta_\alpha \tag{13.22}$$

wobei η_α ein Operator ist, der in der von uns benutzten Teilchenzahldarstellung diagonal ist. Wenn wir (13.22) in (13.21) einsetzen, finden wir, daß (13.21) erfüllt ist, wenn

$$\begin{aligned} a_{\alpha_i}^\dagger \eta_{\alpha_j} &= -\eta_{\alpha_j} a_{\alpha_i}^\dagger \\ a_{\alpha_j}^\dagger \eta_{\alpha_i} &= \eta_{\alpha_i} a_{\alpha_j}^\dagger \end{aligned} \qquad \text{für} \qquad \alpha_i < \alpha_j \tag{13.23}$$

Der Diagonaloperator $(1 - 2N_\alpha)$ antikommutiert[2] mit $a_\alpha^\dagger$; wir können also schreiben

$$\eta_{\alpha_i} = \prod_{\alpha=1}^{\alpha_i - 1} (1 - 2N_\alpha) = \prod_{\alpha=1}^{\alpha_i - 1} \begin{bmatrix} -1 & 0 \\ 0 & 1 \end{bmatrix}_\alpha \tag{13.24}$$

also $$\eta_{\alpha_i}\Psi(n_1 \cdots n_N) = \prod_{\alpha=1}^{\alpha_i - 1} (-1)^{n_\alpha}\Psi(n_1 \cdots n_N)$$

Der Operator $$b_\alpha = \eta_\alpha a_\alpha = a_\alpha \eta_\alpha$$

ist hermitesch konjugiert zu $b_\alpha^\dagger$ und wird als Vernichteroperator interpretiert. Als Erzeugeroperator erzeugt $b_{\alpha_i}^\dagger$ einen besetzten Zustand $\left[\begin{smallmatrix}1\\0\end{smallmatrix}\right]_{\alpha_i}$ aus einem unbesetzten $\left[\begin{smallmatrix}0\\1\end{smallmatrix}\right]_{\alpha_i}$ mit einer Amplitude + 1 oder − 1, je nachdem ob eine gerade oder ungerade Zahl von Teilchen die Niveaus α mit $\alpha < \alpha_i$ besetzen; ein Zustand, in dem die Niveaus α_i und α_j besetzt sind, ist folglich antisymmetrisch gegen Vertauschung der Niveaus α_i und α_j. Die Operatoren b_α und $b_\alpha^\dagger$ erfüllen dieselben Antivertauschungsrelationen wie die a_α und $a_\alpha^\dagger$

$$\{b_\alpha^\dagger, b_\alpha^\dagger\} = \{b_\alpha, b_\alpha\} = 0 \qquad \{b_\alpha, b_\alpha^\dagger\} = 1 \tag{13.25}$$

[1] Jordan und Wigner, *op. cit.*

[2] Der Operator $(1 - 2N_\alpha)$ hier ist das Analogon zum Pauli-Spinoperator $-\sigma_z$.

Die allgemeinen Vertauschungsrelationen

$$\{b_\alpha, b_{\alpha'}^\dagger\} = \delta_{\alpha\alpha'} \qquad \{b_\alpha, b_{\alpha'}\} = \{b_\alpha^\dagger, b_{\alpha'}^\dagger\} = 0 \tag{13.26}$$

folgen aus der Konstruktion der b_α; sie können expliziert verifiziert werden. Zum Beispiel für $\alpha > \alpha'$

$$\begin{aligned} b_\alpha b_{\alpha'} + b_{\alpha'} b_\alpha &= \eta_\alpha a_\alpha a_{\alpha'} \eta_{\alpha'} + \eta_{\alpha'} a_{\alpha'} a_\alpha \eta_\alpha \\ &= -a_\alpha a_{\alpha'} \eta_\alpha \eta_{\alpha'} + a_{\alpha'} a_\alpha \eta_\alpha \eta_{\alpha'} = 0 \qquad \alpha > \alpha' \end{aligned}$$

Der Teilchenzahloperator lautet durch die b ausgedrückt einfach

$$N_\alpha = a_\alpha^\dagger a_\alpha = b_\alpha^\dagger b_\alpha \tag{13.27}$$

Die Zustände

$$(b_N^\dagger)^{n_N} \cdots (b_\alpha^\dagger)^{n_\alpha} \cdots (b_1^\dagger)^{n_1} \Phi_0 \equiv \Phi(n_1, \ldots, n_N) \tag{13.28}$$

sind Eigenfunktionen des Teilchenzahloperators und bilden ein vollständiges Orthonormalsystem:

$$(\Phi(n_1', \ldots, n_N'), \Phi(n_1, \ldots, n_N)) = \prod_{\alpha=1}^{N} \delta_{n_\alpha n_\alpha'}$$

Einen allgemeinen Zustand schreiben wir als Überlagerung solcher Zustände

$$\Phi = \sum_{n_1, \ldots, n_N = 0}^{1} c'(n_1, \ldots, n_N) (b_N^\dagger)^{n_N} \cdots (b_1^\dagger)^{n_1} \Phi_0 \tag{13.29}$$

Die Entwicklungskoeffizienten $c'(n_1, \ldots, n_N)$ sind die Wahrscheinlichkeitsamplituden für eine vorgegebene Besetzungsverteilung

$$(\Phi, \Phi) = \sum_{n_1, \ldots, n_N = 0}^{1} |c'(n_1, \ldots, n_N)|^2 \tag{13.30}$$

und können deshalb mit den Koeffizienten in (13.8) und (13.9) identifiziert werden.

Nichtverschwindende Matrixelemente der Operatoren b_α und $b_\alpha^\dagger$ sind

$$\begin{aligned} &\langle \Phi(n_1', \ldots, n_N'), b_{\alpha_k}^\dagger \Phi(n_1, \ldots, n_N) \rangle \\ &\quad = \langle \Phi_0, b_{\alpha_1'} \cdots b_{\alpha_{n'}'} b_{\alpha_k}^\dagger b_{\alpha_n}^\dagger \cdots b_{\alpha_1}^\dagger \Phi_0 \rangle \\ &\quad = \begin{cases} (-)^{n'-k'} & \text{wenn } n_\alpha = n_\alpha' \text{ für } \alpha \neq \alpha_k \text{ und } n_{\alpha_k} = 0;\ n_{\alpha_k}' = 1 \\ 0 & \text{sonst} \end{cases} \end{aligned}$$

$$\begin{aligned} &\langle \Phi(n_1', \ldots, n_N'), b_{\alpha_k} \Phi(n_1, \ldots, n_N) \rangle \\ &\quad = \begin{cases} (-)^{n-k} & \text{wenn } n_\alpha = n_\alpha' \text{ für } \alpha \neq \alpha_k \text{ und } n_{\alpha_k}' = 0;\ n_{\alpha_k} = 1 \\ 0 & \text{sonst} \end{cases} \end{aligned} \tag{13.31}$$

wobei $n = \sum_{\alpha=1}^{N} n_\alpha$, $n' = \sum_{\alpha=1}^{N} n'_\alpha$ und α_k das k-te Element der geordneten Folge $\{\alpha_1, \alpha_2, \ldots, \alpha_n\}$ und $\alpha_{k'}$ das k'-te Element der Folge $\{\alpha'_1, \ldots, \alpha'_{n'}\}$ ist.

Auf die gleiche Art, nach der wir die Einteilchen-Wellenfunktionen (13.19) bildeten, können wir nun antisymmetrische n-Teilchen-Wellenfunktionen konstruieren. Dazu führen wir den Feldoperator $\varphi(\mathrm{x},t)$ wie in (13.18) ein, ersetzen jedoch die a_α durch die miteinander antikommutierenden b_α:

$$\varphi(\mathbf{x},t) = \sum_{\alpha=1}^{N} u_\alpha(\mathbf{x},t)b_\alpha \qquad \varphi^*(\mathbf{x},t) = \sum_{\alpha=1}^{N} u_\alpha^*(\mathbf{x},t)b_\alpha^\dagger \tag{13.32}$$

Wenn wir das Matrixelement eines Produktes n gleichzeitiger Feldamplituden $\varphi(\mathrm{x}_i,t)$ zwischen dem Vakuum und einem durch (13.29) gegebenen, allgemeinen Zustand Φ bilden, finden wir durch wiederholte Anwendung von (13.31)

$$\frac{1}{\sqrt{n!}}(\Phi_0,\varphi(\mathbf{x}_1,t) \cdot \cdot \cdot \varphi(\mathbf{x}_n,t)\Phi) = \Psi(\mathbf{x}_1, \ . \ . \ . \ ,\mathbf{x}_n; t) \tag{13.33}$$

wobei Ψ die antisymmetrische n-Teilchen-Wellenfunktion aus (13.9) ist. Die Antivertauschungsrelationen der Erzeuger- und Vernichteroperatoren lassen sich umschreiben in solche für die Operatoren[1] φ und φ^*

$$\begin{aligned}
\{\varphi(\mathbf{x},t),\varphi(\mathbf{x}',t)\} &= 0 \\
\{\varphi^*(\mathbf{x},t),\varphi^*(\mathbf{x}',t)\} &= 0 \\
\{\varphi(\mathbf{x},t),\varphi^*(\mathbf{x}',t)\} &= \sum_{\alpha,\alpha'=1}^{N} \{b_\alpha,b_{\alpha'}^\dagger\} u_\alpha(\mathbf{x},t)u_{\alpha'}^*(\mathbf{x}',t) \\
&= \sum_{\alpha=1}^{N} u_\alpha(\mathbf{x},t)u_\alpha^*(\mathbf{x}',t) = \delta^3(\mathbf{x} - \mathbf{x}')
\end{aligned} \tag{13.34}$$

Nachdem wir die Zustände und Operatoren kennen, brauchen wir uns nicht mehr auf die Wellenfunktionsdarstellung der n-Fermionen-Theorie zu beschränken, sondern können die Dynamik, d. h. (13.1), im Quantenfeldformalismus beschreiben. Gl. (13.3) kann als lineare Differentialgleichung für den durch (13.32) eingeführten Feldoperator geschrieben werden

$$H(\mathbf{x})\varphi(\mathbf{x},t) = i\frac{\partial\varphi(\mathbf{x},t)}{\partial t} \tag{13.35}$$

In Analogie zum Vorgehen in der Klein-Gordon-Theorie können wir (13.25) zunächst als Feldgleichung für ein klassisches Feld φ auffassen, die aus einer geeigneten Lagrange-Dichte erhalten werden kann. Dann wird das Feld φ durch einen Operator ersetzt, der den Relationen (13.34) genügt, und (13.35) wird als Operatorgleichung uminterpretiert. Als

[1] Hier erkennt man den Vorteil bei der Benutzung der $b_\alpha^\dagger$-Operatoren anstelle der $a_\alpha^\dagger$. Man würde nicht die einfache Form der Gln. (13.33) und (13.34) erhalten, wenn man in (13.28) anstelle der $b_\alpha^\dagger$ die $a_\alpha^\dagger$ benutzen würde.

Hauptunterschied zum Klein-Gordon-Formalismus fordern wir hier Antikommutatoren anstelle von Kommutatoren, was zur Fermi-Dirac-, anstatt zur Bose-Einstein-Statistik für die durch die Theorie beschriebenen Teilchen führt. Das Verfahren wird als *zweite Quantisierung* bezeichnet. Bei der ersten Quantisierung werden klassische Teilchenkoordinaten ersetzt durch quantenmechanische Operatoren, die auf Wellenfunktionen wirken; jetzt haben wir eine Ein-Teilchen-Schrödinger-Gleichung als Feldgleichung interpretiert, die Feldamplituden dann Quantenbedingungen unterworfen, und sie dadurch zu Operatoren gemacht, die die Relationen (13.34) erfüllen. Wie wir jedoch oben gezeigt haben, sind der Inhalt und die Aussagen dieses Formalismus dieselben wie die der Vielteilchen-Schrödinger-Gleichung. Den Zustand des n-Teilchen-Systems beschreiben in den beiden Darstellungen die Entwicklungskoeffizienten $c'(n_1, \ldots, n_N)$ in (13.9) bzw. (13.29). Für die Gesamtenergie des Systems gilt in der Wellenfunktiondarstellung wegen (13.9)

$$\int d^3x_1 \cdots d^3x_n \, \Psi^*(\mathbf{x}_1, \ldots, \mathbf{x}_n; t) \sum_{i=1}^{n} H(\mathbf{x}_i, \mathbf{p}_i) \Psi(\mathbf{x}_1, \ldots, \mathbf{x}_n; t)$$

$$= \sum_{n_1, \ldots, n_N = 0}^{1} |c'(n_1, \ldots, n_N)|^2 \left(\sum_{\alpha=1}^{N} n_\alpha E_\alpha \right) \qquad (13.36)$$

In der Operatordarstellung fassen wir (13.36) als Erwartungswert des folgenden Hamilton-Operators H im Zustand (13.29) auf

$$\begin{aligned} \mathsf{H} &= \int d^3x \, \varphi^*(\mathbf{x},t) H(\mathbf{x},\mathbf{p}) \varphi(\mathbf{x},t) \\ &= \sum_{\alpha=1}^{N} N_\alpha \int d^3x \, u_\alpha^* H u_\alpha \\ &= \sum_{\alpha=1}^{N} N_\alpha E_\alpha \end{aligned} \qquad (13.37)$$

Wie wir erwarten durften, ist H gerade der Hamilton-Operator für das Feld.

Um die Diskussion dieses Formalismus abzurunden, konstruieren wir zum Vergleich mit Kap. 6 noch die Greens-Funktion für die Bewegung eines Teilchens von $(\mathbf{x},t)$ nach (x',t') mit $t' > t$. Dazu benötigen wir die Amplitude für die Erzeugung eines Teilchens aus dem Vakuum bei $(\mathbf{x},t)$ und seine spätere Vernichtung bei $(\mathbf{x}',t')$.

Ein einzelnes, am Punkte x lokalisiertes Teilchen besitzt eine Wellenfunktion proportional zu

$$\psi_{\mathbf{x}}(\mathbf{x}',t) = \delta^3(\mathbf{x} - \mathbf{x}') = \sum_{\alpha=1}^{N} u_\alpha(\mathbf{x}',t) u_\alpha^*(\mathbf{x},t) \qquad (13.38)$$

Durch Vergleich von (13.38) mit (13.9) und (13.29) findet man für den entsprechenden Zustand in zweiter Quantisierung

$$\Psi_1(\mathbf{x},t) = \sum_{\alpha=1}^{N} u_\alpha^*(\mathbf{x},t) b_\alpha^\dagger \Phi_0 = \varphi^*(\mathbf{x},t)\Phi_0 \qquad (13.39)$$

Die Greens-Funktion erhält man, indem man den Zustand $\Psi_1(\mathrm{x},t)$ für die Erzeugung des Teilchens bei (x,t) projiziert auf den Einteilchenzustand $\Psi_1(\mathrm{x}',t')$ zu einer späteren Zeit $t' > t$:

$$\begin{aligned} G(\mathbf{x}',t';\mathbf{x},t) &= -i(\Psi_1(\mathbf{x}',t'),\Psi_1(\mathbf{x},t))\theta(t'-t) \\ &= -i\theta(t'-t)\langle 0|\varphi(\mathbf{x}',t')\varphi^*(\mathbf{x},t)|0\rangle \end{aligned}$$

Nach (13.31) und (13.32) reduziert sich der Ausdruck auf

$$G(\mathbf{x}',t';\mathbf{x},t) = -i\theta(t'-t)\sum_\alpha u_\alpha(\mathbf{x}',t')u_\alpha^*(\mathbf{x},t)$$

und stimmt überein mit der retardierten Greens-Funktion (6.28), die bei der Diskussion der Propagatortheorie in Kap. 6 eingeführt wurde.

Wir haben jetzt die Übereinstimmung der beiden Darstellungen der Schrödinger-Theorie, der Vielteilchen- und der feldtheoretischen Formulierung durch zweite Quantisierung, diskutiert und wollen zum Schluß auf zwei Vorteile der feldtheoretischen Formulierung hinweisen. Sie sind dadurch bestimmt, daß sich die physikalisch interessanten Matrixelemente darin leichter berechnen lassen und haben in den letzten Jahren zu einer intensiven Anwendung feldtheoretischer Methoden auf Probleme der nichtrelativistischen Vielteilchenphysik geführt. Der erste Vorteil ist der, daß die Operatoren b_α und $b_\alpha^\dagger$ von vornherein die Antisymmetrie der Wellenfunktionen garantieren. Zweitens verschaffen sie die gewünschte Flexibilität für eine natürliche und einfache Beschreibung physikalischer Systeme mit variabler Teilchenzahl.

13.3 *Die Dirac-Theorie*

Wir kommen nun zu unserem eigentlichen Thema, der Dirac-Gleichung. Um in weitgehender Analogie zur Diskussion der Klein-Gordon-Theorie vorgehen zu können, leiten wir sie aus einer Lagrange-Dichte mit Hilfe des Wirkungsprinzips ab. Die vier Komponenten des Feldes Ψ_α und die des adjungierten Feldes $\overline{\Psi}_\alpha$ werden als acht unabhängige Variable behandelt.

Ausgehend von der freien Dirac-Gleichung

$$(i\nabla\!\!\!/ - m)\psi = 0 \qquad (13.40)$$

konstruieren wir eine Lagrange-Dichte, indem wir sie von links mit $\delta\overline{\Psi}$ multiplizieren und über alle Raum-Zeit-Koordinaten zwischen t_1 und t_2 integrieren

$$0 = \int_{t_1}^{t_2} d^4x\, \delta\bar{\psi}(x)(i\nabla\!\!\!/ - m)\psi(x) = \delta \int_{t_1}^{t_2} d^4x\, \bar{\psi}(x)(i\nabla\!\!\!/ - m)\psi(x) \tag{13.41}$$

woraus wir die Lagrange-Dichte erhalten

$$\mathfrak{L}(x) = \bar{\psi}(x)(i\nabla\!\!\!/ - m)\psi(x) \tag{13.42}$$

Variation der Wirkung (13.41) bezüglich Ψ ergibt die adjungierte Gleichung

$$\bar{\psi}(-i\overleftarrow{\nabla\!\!\!/} - m) = 0$$

Das kanonische Verfahren liefert für den zu Ψ konjugierten Impuls

$$\pi_\alpha = \frac{\partial \mathfrak{L}}{\partial \dot{\psi}_\alpha} = i\psi_\alpha^\dagger \tag{13.43}$$

Da (13.41) keine Ableitung von $\overline{\Psi}$ enthält, finden wir keinen zu $\overline{\Psi}_\alpha$ konjugierten Impuls; nach Gl. (13.43) ist $i\Psi_\alpha^\dagger$ der zu Ψ_α konjugierte Impuls. Für die Hamilton-Dichte folgt der Ausdruck

$$\mathfrak{H} = \pi\dot{\psi} - \mathfrak{L} = \psi^\dagger(-i\boldsymbol{\alpha}\cdot\nabla + \beta m)\psi = \psi^\dagger i\frac{\partial}{\partial t}\psi \tag{13.44}$$

wobei das letzte Gleichheitszeichen mit Hilfe der Dirac-Gleichung folgt. Die Form von H, als der mit dem Feld und seinem konjugiert komplexen multiplizierte Ein-Teilchen-Hamilton-Operator, stimmt mit dem Ergebnis (13.37) der nichtrelativistischen Diskussion überein.

Die Erhaltungssätze für Energie, Impuls und Drehimpuls folgen automatisch aus der Translations- und Lorentz-Invarianz von $\mathscr{L}$ und können mit Hilfe der Definitionen (11.48) bis (11.57) berechnet werden:

$$\mathfrak{I}^{\nu\mu} = i\bar{\psi}\gamma^\nu \frac{\partial}{\partial x_\mu}\psi \tag{13.45}$$

führt nach (11.49) auf die Energie- und Impulsbewegungskonstanten

$$H = \int \mathfrak{I}^{00}\, d^3x = \int \psi^\dagger(-i\boldsymbol{\alpha}\cdot\nabla + \beta m)\psi\, d^3x$$

nach (13.44), und

$$\mathbf{P} = \int \psi^\dagger(-i\nabla)\psi\, d^3x \tag{13.46}$$

Die Drehimpulsdichte $\mathfrak{M}^{\mu\nu\lambda}$ und der erhaltene Drehimpuls $M^{\nu\lambda}$ sind

$$\mathfrak{M}^{\mu\nu\lambda} = i\bar{\psi}\gamma^\mu\left(x^\nu\frac{\partial}{\partial x_\lambda} - x^\lambda\frac{\partial}{\partial x_\nu} + \Sigma^{\nu\lambda}\right)\psi \tag{13.47}$$

$$M^{\nu\lambda} = \int d^3x\, \mathfrak{M}^{0\nu\lambda}$$

wobei $\sum^{\nu\lambda} = \frac{1}{4}[\gamma^\nu, \gamma^\lambda]$ die Spinordrehmatrix bei einer Lorentz-Transformation ist und im letzten Term von $\mathfrak{M}^{\mu\nu\lambda}$ den Spindrehimpuls berücksichtigt. Für die Raumkomponenten gilt speziell

$$\mathbf{J} \equiv (M^{23},M^{31},M^{12}) = \int d^3x\, \psi^\dagger \left(\mathbf{r} \times \frac{1}{i} \nabla + \frac{1}{2} \boldsymbol{\sigma}\right) \psi \tag{13.48}$$

was uns als Summe von Bahn- und Spindrehimpuls, $\mathbf{J} = \mathbf{L} + \mathbf{S}$, vertraut ist.

Wir können ein weiteres Erhaltungsgesetz für die freie Dirac-Theorie angeben, wenn wir uns daran erinnern, daß die Lösungen der Dirac-Gleichung die Bedingung $(\partial/\partial x^\mu)\bar{\Psi}\gamma^\mu\Psi = 0$ erfüllen und folglich

$$Q = \int d^3x\, \psi^\dagger \psi \tag{13.49}$$

die konstante „Gesamtladung" ist. Das ist das Analogon zur erhaltenen Ladung (12.63) in der Klein-Gordon-Theorie für nicht-hermitesche Felder.

Wenn wir den Weg des kanonischen Formalismus weiter verfolgen würden, würden wir jetzt, um zu einer Quantenfeldtheorie zu gelangen, die Kommutatorbedingungen (11.39) fordern. Wir wissen jedoch, daß diese auf Vielteilchen-Quantensysteme führen, die der Bose-Einstein-Statistik genügen. Um das Ausschließungsprinzip bei der Konstruktion der Quantenfeldtheorie zu berücksichtigen, müssen die Kommutatoren jetzt wie im vorigen Abschnitt durch Antikommutatoren ersetzt werden.

13.4 *Entwicklungen im Impulsraum*

Die Quantisierung wird im Impulsraum durchgeführt, indem Erzeuger- und Vernichteroperatoren eingeführt werden. Die Überlegungen des ersten Abschnittes dieses Kapitels für das Schrödinger-Feld können dann direkt übernommen werden, da wir wieder Operatoren suchen, die wie in (13.32) dem Ausschließungsprinzip genügende Zustände erzeugen.

Die Entwicklung der allgemeinen Lösung der freien Dirac-Gleichung (13.40) nach ebenen Wellen besitzt nach Kap. 3 die Form

$$\begin{aligned} \psi(\mathbf{x},t) &= \sum_{\pm s} \int \frac{d^3p}{(2\pi)^{3/2}} \sqrt{\frac{m}{E_p}}\, [b(p,s)u(p,s)e^{-ip\cdot x} + d^\dagger(p,s)v(p,s)e^{ip\cdot x}] \\ \psi^\dagger(\mathbf{x},t) &= \sum_{\pm s} \int \frac{d^3p}{(2\pi)^{3/2}} \sqrt{\frac{m}{E_p}}\, [b^\dagger(p,s)\bar{u}(p,s)\gamma_0 e^{ip\cdot x} + d(p,s)\bar{v}(p,s)\gamma_0 e^{-ip\cdot x}] \end{aligned} \tag{13.50}$$

mit $E_p = p_0 = +\sqrt{|\mathbf{p}|^2 + m^2}$. Für die Spinoren[1] $u(p,s)$ und $v(p,s)$ wurden in Kap. 3 die folgenden Relationen abgeleitet

(a) Dirac-Gleichung

$$\begin{aligned} (\not{p} - m)u(p,s) &= 0 \qquad & \bar{u}(p,s)(\not{p} - m) &= 0 \\ (\not{p} + m)v(p,s) &= 0 \qquad & \bar{v}(p,s)(\not{p} + m) &= 0 \end{aligned}$$

[1] Z. B. (3.16) und (3.30). Man beachte, daß die Bezeichnung $u(-p, s)$ bedeutet $u(\sqrt{\mathbf{p}^2 + m^2}, -\mathbf{p}, s)$. Das Vorzeichen der Energie wird in den Spinoren immer positiv gezählt. Die Normierungskonvention für die b, $b^\dagger$ wird benutzt, damit die Teilchen die Ladung ± 1 tragen.

(b) Orthogonalität

$$\bar{u}(p,s)u(p,s') = \delta_{ss'} = -\bar{v}(p,s)v(p,s')$$
$$u^\dagger(p,s)u(p,s') = \frac{E_p}{m}\,\delta_{ss'} = v^\dagger(p,s)v(p,s')$$
$$\bar{v}(p,s)u(p,s') = 0 = v^\dagger(p,s)u(-p,s') \tag{13.51}$$

(c) Vollständigkeit

$$\sum_{\pm s} [u_\alpha(p,s)\bar{u}_\beta(p,s) - v_\alpha(p,s)\bar{v}_\beta(p,s)] = \delta_{\alpha\beta}$$
$$\sum_{\pm s} u_\alpha(p,s)\bar{u}_\beta(p,s) = \left(\frac{\not p + m}{2m}\right)_{\alpha\beta} \equiv (\Lambda_+(p))_{\alpha\beta}$$
$$-\sum_{\pm s} v_\alpha(p,s)\bar{v}_\beta(p,s) = \left(\frac{m - \not p}{2m}\right)_{\alpha\beta} \equiv (\Lambda_-(p))_{\alpha\beta}$$

Durch zweite Quantisierung des Dirac-Feldes werden die Entwicklungskoeffizienten $b(p,s)$, $b^\dagger(p,s)$, $d^\dagger(p,s)$ zu Operatoren, die Teilchen vernichten und erzeugen. Da das Ausschließungsprinzip erfüllt werden soll, fordern wir von ihnen analog zu (13.26) Antivertauschungsrelationen. Sie lauten in der Kontinuumschreibweise von (13.50)

$$\{b(p,s),b^\dagger(p',s')\} = \delta_{ss'}\delta^3(\mathbf{p} - \mathbf{p}')$$
$$\{d(p,s),d^\dagger(p',s')\} = \delta_{ss'}\delta^3(\mathbf{p} - \mathbf{p}')$$
$$\{b(p,s),b(p',s')\} = \{d(p,s),d(p',s')\} = 0 \tag{13.52}$$
$$\{b^\dagger(p,s),b^\dagger(p',s')\} = \{d^\dagger(p,s),d^\dagger(p',s')\} = 0$$
$$\{b(p,s),d(p',s')\} = \{b(p,s),d^\dagger(p',s')\} = 0$$
$$\{d(p,s),b(p',s')\} = \{d(p,s),b^\dagger(p',s')\} = 0$$

Die Antivertauschungsrelationen für die Felder (13.50) können dann mittels (13.52) abgeleitet werden. Zum Beispiel finden wir mit Hilfe von (13.51)

$$\{\psi_\alpha(\mathbf{x},t),\psi_\beta^\dagger(\mathbf{x}',t)\}$$
$$= \sum_{\pm s,\pm s'} \iint \frac{d^3p\,d^3p'}{(2\pi)^3} \sqrt{\frac{m}{E_p}\cdot\frac{m}{E_{p'}}}\cdot\delta^3(\mathbf{p}-\mathbf{p}')\delta_{ss'}$$
$$\times\,[u_\alpha(p,s)\bar{u}_\tau(p',s')\gamma^0_{\tau\beta}e^{ip\cdot(\mathbf{x}-\mathbf{x}')} + v_\alpha(p,s)\bar{v}_\tau(p',s')\gamma^0_{\tau\beta}e^{-ip\cdot(\mathbf{x}-\mathbf{x}')}]$$
$$= \int \frac{d^3p}{(2\pi)^3}\frac{1}{2E_p}\,\{[(\not p + m)\gamma^0]_{\alpha\beta}e^{ip\cdot(\mathbf{x}-\mathbf{x}')} - [(m - \not p)\gamma^0]_{\alpha\beta}e^{-ip\cdot(\mathbf{x}-\mathbf{x}')}\}$$
$$= \int \frac{d^3p}{(2\pi)^3}\frac{1}{2E_p}\,e^{ip\cdot(\mathbf{x}-\mathbf{x}')}2E_p\delta_{\alpha\beta} = \delta^3(\mathbf{x}-\mathbf{x}')\delta_{\alpha\beta} \tag{13.53}$$

ganz ähnlich erhält man entsprechend (13.34)

$$\{\psi(\mathbf{x},t),\psi(\mathbf{x}',t)\} = 0 \qquad \{\psi^\dagger(\mathbf{x},t),\psi^\dagger(\mathbf{x}',t)\} = 0 \tag{13.54}$$

In Analogie zur Schrödinger-Theorie interpretieren wir b^+ und d als Erzeugeroperatoren für Elektronen. In der Dirac-Theorie müssen wir jedoch die Bedeutung der Lösungen zu negativer Energie klären; denn d erzeugt einen Zustand negativer Energie. Um das deutlich zu machen, drücken wir Energie- und Impulsoperatoren durch die b, d, b^+ und d^+ aus. Durch Einsetzen von (13.50) in (13.46) finden wir mit Hilfe von (13.51)

$$
\begin{aligned}
H = \int d^3x \sum_{\pm s, \pm s'} \iint \frac{d^3p\, d^3p'}{(2\pi)^3} \sqrt{\frac{m^2}{E_p E_{p'}}}\, E_{p'} \\
\times [b^\dagger(p,s)\bar{u}(p,s)\gamma_0 e^{ip\cdot x} + d(p,s)\bar{v}(p,s)\gamma_0 e^{-ip\cdot x}] \\
\times [b(p',s')u(p',s')e^{-ip'\cdot x} - d^\dagger(p',s')v(p',s')e^{ip'\cdot x}] \\
= \sum_{\pm s, \pm s'} \int d^3p\, m[b^\dagger(p,s)b(p,s')u^\dagger(p,s)u(p,s') \\
- d(p,s)d^\dagger(p,s')v^\dagger(p,s)v(p,s')] \\
= \sum_{\pm s} \int d^3p\, E_p[b^\dagger(p,s)b(p,s) - d(p,s)d^\dagger(p,s)]
\end{aligned}
\tag{13.55}
$$

Ähnlich

$$
\mathbf{P} = \sum_{\pm s} \int d^3p\, \mathbf{p}[b^\dagger(p,s)b(p,s) - d(p,s)d^\dagger(p,s)] \tag{13.56}
$$

Aus diesen Ausdrücken für H und P und aus Beziehung (13.52) folgt, daß $d(p,s)$ ein Teilchen mit negativer Energie $(-E_p, -\mathbf{p})$ erzeugt und daß $b^\dagger(p,s)$ ein Teilchen positiver Energie $(E_p, \mathbf{p})$ erzeugt. $d^+(p,s)$ und $b(p,s)$ sind die entsprechenden Vernichteroperatoren.

Weiter erkennen wir, daß der Energieoperator (13.55) nicht positiv definit ist. Das führt zu der Schwierigkeit, daß man zu jedem vorgeschlagenen Grundzustand einen Zustand niedriger Energie finden kann, indem man mehr Teilchenzustände negativer Energie besetzt. Wie jedoch in Kap. 5 ausführlich diskutiert wurde, beseitigt die Löchertheorie von Dirac diese Schwierigkeit. Nach der Löchertheorie definieren wir als Vakuumzustand denjenigen Zustand, den man erhält, wenn man alle Zustände negativer Energie besetzt und alle positiver Energie unbesetzt läßt. Daß wir *prinzipiell* das Vakuum auf diese Art definieren können, erfordert die Benutzung des Ausschließungsprinzips und folglich die Antivertauschungsrelationen bei der Durchführung der zweiten Quantisierung des Dirac-Feldes. Wenn wir versucht hätten, kanonisch mit Kommutatoren zu quantisieren, wären wir jetzt zu fundamentalen und unlösbaren Schwierigkeiten gekommen. Nach der Bose-Einstein-Statistik kann jeder Zustand mit beliebig vielen Teilchen besetzt werden; und folglich würde zum Hamilton-Operator (13.55) kein Grundzustand niedrigster Energie existieren. Diese notwendige Verknüpfung von Antikommutatoren und Dirac-Theorie ist ein spezielles Beispiel für ein grundlegendes

Theorem in der lokalen, Lorentz-invarianten Feldtheorie, das zuerst von PAULI 1940 bewiesen wurde, und nach dem Teilchen mit halbzahligem Spin der Fermi-Dirac-Statistik und solche mit ganzzahligem Spin der Bose-Einstein-Statistik genügen müssen[1]. Zu einer allgemeineren Diskussion dieser Fragen kommen wir in Kap. 16 zurück.

Unter Berücksichtigung der Interpretation der Dirac-Theorie durch die Löchertheorie schreiben wir den Energie-Impuls-Vierervektor (13.55) und (13.56) um in die Form

$$P^\mu = \sum_{\pm s} \int d^3p\, p^\mu [b^\dagger(p,s)b(p,s) + d^\dagger(p,s)d(p,s) - \{d(p,s),d^\dagger(p,s)\}] \tag{13.57}$$

Die beiden ersten Terme verschwinden, wenn man sie auf das Vakuum der Löchertheorie anwendet, da im Vakuum keine Zustände positiver Energie besetzt sind, die durch $b(p,s)$ vernichtet werden könnten, und keine Löcher unter den Zuständen negativer Energie, die durch $d(p,s)$ aufgefüllt werden könnten. Der letzte Term ist eine unendliche Konstante, die wir weglassen, da alle Energien und Impulse bezüglich des Vakuums gemessen werden. Formal ist das äquivalent dazu, P^μ durch normalgeordnete Produkte von Feldamplituden auszudrücken. In Normalordnung werden die Produkte von Feldoperatoren so geschrieben, daß die Anteile positiver Frequenz

$$\psi^{(+)} = \sum_{\pm s} \int \frac{d^3p}{(2\pi)^{3/2}} \sqrt{\frac{m}{E_p}}\, b(p,s)u(p,s)e^{-ip\cdot x}$$

$$\bar{\psi}^{(+)} = \overline{\psi^{(-)}} = \sum_{\pm s} \int \frac{d^3p}{(2\pi)^{3/2}} \sqrt{\frac{m}{E_p}}\, d(p,s)\bar{v}(p,s)e^{-ip\cdot x}$$

rechts von den Anteilen negativer Frequenz stehen

$$\psi^{(-)} = \sum_{\pm s} \int \frac{d^3p}{(2\pi)^{3/2}} \sqrt{\frac{m}{E_p}}\, d^\dagger(p,s)v(p,s)e^{ip\cdot x}$$

$$\bar{\psi}^{(-)} = \overline{\psi^{(+)}} = \sum_{\pm s} \int \frac{d^3p}{(2\pi)^{3/2}} \sqrt{\frac{m}{E_p}}\, b^\dagger(p,s)\bar{u}(p,s)e^{ip\cdot x}$$

Bei Feldern, die Antivertauschungsrelationen genügen, enthält die Normalordnung die Vorschrift, für jede Vertauschung von Feldamplituden, die nötig ist um die Felder in Normalordnung zu bringen, einen Faktor (-1) anzubringen, d. h.

$$:\bar{\psi}_\alpha \psi_\beta: = \bar{\psi}_\alpha^{(+)}\psi_\beta^{(+)} + \bar{\psi}_\alpha^{(-)}\psi_\beta^{(+)} + \bar{\psi}_\alpha^{(-)}\psi_\beta^{(-)} - \psi_\beta^{(-)}\bar{\psi}_\alpha^{(+)} \tag{13.58}$$

[1] W. PAULI, *Phys. Rev.*, 58, 716 (1940), *Ann. Inst. Henri Poincaré*, 6, 137 (1936). Wenn wir in (12.14) und (12.15) für die Spin-0-Teilchen die falsche Verknüpfung von Spin und Statistik versucht hätten, würde der Energie-Impuls-Vierervektor kein Operator sein, dessen Eigenzustände ein physikalisches System beschreiben, sondern wäre nur eine unendliche Konstante.

Mit dieser Definition des Normalproduktes wird eine Bilinearform, wie z. B. der Energie-Impuls-Vierervektor (13.57), höchstens um eine c-Zahl geändert.

$$P^\mu = \sum_{\pm s} \int d^3p\; p^\mu[b^\dagger(p,s)b(p,s) + d^\dagger(p,s)d(p,s)] \tag{13.59}$$

$b(p,s)$ vernichtet und $b^+(p,s)$ erzeugt ein Elektron positiver Energie mit Quantenzahlen (p,s), so daß in Analogie zur Klein-Gordon-Theorie

$$N^+(p,s) = b^\dagger(p,s)b(p,s)$$

als Teilchenzahloperator für Elektronen positiver Energie zu interpretieren ist. Die Eigenwerte von $N^+(p,s)d^3p$ geben an, wieviel Elektronen mit dem Spin s sich im Impulsintervall d^3p befinden. $d^+(p,s)$ vernichtet ein Elektron negativer Energie, was in der Löchertheorie die *Erzeugung* eines Positrons bedeutet; entsprechend vernichtet $d(p,s)$ ein Positron, und

$$N^-(p,s) = d^\dagger(p,s)d(p,s)$$

in (13.59) ist der Teilchenzahloperator für Positronen positiver Energie. Gl. (13.59) ist einfach die Summe

$$P^\mu = \sum_{\pm s} \int d^3p\; p^\mu[N^+(p,s) + N^-(p,s)] \tag{13.60}$$

Der Ladungsoperator kann in dieser Darstellung entsprechend ausgedrückt werden. Setzt man (13.50) in (13.49) für die erhaltene Ladung ein, jetzt als Normalprodukt genommen, so zeigt man durch Ausrechnen, daß

$$\begin{aligned} Q = \int d^3x \; :\psi^\dagger\psi: &= \sum_{\pm s} d^3p \; :b^\dagger(p,s)b(p,s) + d(p,s)d^\dagger(p,s): \\ &= \sum_{\pm s} \int d^3p\; [N^+(p,s) - N^-(p,s)] \end{aligned} \tag{13.61}$$

Durch die Einführung des Normalproduktes verfügt man über eine unendliche Konstante: die Gesamtladung des Vakuums, in dem alle Zustände negativer Energie besetzt sind. Die Gln. (13.60) und (13.61) zeigen das symmetrische Auftreten von Elektronen und Positronen gleicher Masse aber entgegengesetzter Ladung in der Quantentheorie des Dirac-Feldes. Das ist die gleiche Ladungssymmetrie, wie sie in Kap. 5 bei der Entwicklung der Positrontheorie festgestellt und diskutiert wurde. Dort wurde der erhaltene Strom $\overline{\Psi}\gamma^\mu\Psi$ an ein elektromagnetisches Potential gekoppelt, und die Ladung (13.61) wurde speziell mit der *elektrischen* Ladung identifiziert. Diese Gleichsetzung beruht auf der klassischen Analogie; wie wir in Kap. 15 untersuchen werden, ist eine allgemeinere Interpretation der erhaltenen Ladung möglich.

Wir wenden uns jetzt dem Drehimpulsoperator (13.48) als Normalprodukt geschrieben zu und zeigen, daß der Zustand eines ruhenden Positrons mit Spin in z-Richtung, d. h.

$$\Psi_{1\,\text{positron}} = d^\dagger(p,s)|0\rangle$$

mit

$$p = (m,0,0,0) \quad \text{und} \quad s = (0,0,0,+1)$$

ein Eigenzustand von
$$J_z = \int :\psi^\dagger \left[\left(\mathbf{r} \times \frac{1}{i} \nabla \right)_z + \frac{1}{2}\sigma \right] \psi: d^3x \tag{13.62}$$

zum Eigenwert $+\frac{1}{2}$ ist, und folglich wirklich einen Teilchenzustand mit Spin $\frac{1}{2}$ in z-Richtung darstellt. Wir bilden

$$J_z \Psi_{1\,\text{positron}} = [J_z, d^\dagger(p,s)]|0\rangle$$

unter Benutzung von $J_z|0> = 0$, und berechnen den Kommutator:

$$J_z\Psi_{1\,\text{positron}} = -\int d^3x \frac{1}{(2\pi)^{3/2}} \sqrt{\frac{m}{E_p}}\, e^{-ip\cdot x} v^\dagger(p,s) \left[\left(\mathbf{r} \times \frac{1}{i} \nabla \right)_z + \frac{1}{2}\sigma_z \right] \psi(x)|0\rangle$$

Da der Operator für den Bahndrehimpuls $L_z = -i(\mathrm{r}\,x\,\nabla)_z$ hermitesch ist, können wir ihn nach links wirken lassen, wobei hier für das ruhende Teilchen $L_z \to 0$ gilt[1]. Da bei unserer Wahl (13.62) von s [vgl. (5.7)] im Ruhesystem gilt

$$v(p,s) = \begin{bmatrix} 0 \\ 0 \\ 0 \\ 1 \end{bmatrix}$$

folgt dann

$$v^\dagger(p,s)\sigma_z = -v^\dagger(p,s)$$

und

$$J_z\Psi_{1\,\text{positron}} = +\frac{1}{2} \int d^3x \frac{1}{(2\pi)^{3/2}} e^{-ip\cdot x} \sqrt{\frac{m}{E_p}}\, v^\dagger(p,s)\psi(x)|0\rangle$$
$$= \tfrac{1}{2} d^\dagger(p,s)|0\rangle = +\tfrac{1}{2}\Psi_{1\,\text{positron}}$$

Der Quantenformalismus des Dirac-Feldes führt also zusammen mit der Löchertheorie zu dem gewünschten Ergebnis, daß die Spins des Positrons und des fehlenden Elektrons negativer Energie entgegengesetzt sind.

---

[1] Um die partielle Integration streng zu begründen, benutzt man besser Wellenpakete anstelle ebener Wellen.

13.5 *Relativistische Kovarianz*

Die Translations- und Lorentz-Invarianz der Quantentheorie des Dirac-Feldes zeigt man, indem man beweist, daß die Antivertauschungsrelationen (13.53) und (13.54) auf die Heisenberg-Gleichungen (11.70) und (11.73) führen:

$$\begin{aligned} i[P^\mu,\psi(x)] &= \frac{\partial\psi(x)}{\partial x_\mu} \\ i[M^{\mu\nu},\psi(x)] &= x^\mu \frac{\partial\psi(x)}{\partial x_\nu} - x^\nu \frac{\partial\psi(x)}{\partial x_\mu} + \frac{1}{4}[\gamma^\mu,\gamma^\nu]\psi(x) \end{aligned} \tag{13.63}$$

Der Beweis von (13.63) unter Benutzung von P^μ und $M^{\mu\nu}$ aus (13.46) und (13.47) ist einfach und sei dem Leser überlassen.

Die gleichzeitigen Antikommutatoren können für das freie Feld, da wir die expliziten Lösungen (13.50) kennen, auf zweizeitige verallgemeinert und in kovariante Form gebracht werden. Wenn wir von (13.5) für ungleiche Zeiten ausgehen, finden wir

$$\begin{aligned} \{\psi_\alpha(\mathbf{x},t),\psi_\beta^\dagger(\mathbf{x}',t')\} &= \int \frac{d^3p}{(2\pi)^3 2E_p} \{[(\not p + m)\gamma^0]_{\alpha\beta} e^{-ip\cdot(x-x')} \\ &\qquad - [(m - \not p)\gamma^0]_{\alpha\beta} e^{ip\cdot(x-x')}\} \\ &= ((i\not\nabla_x + m)\gamma^0)_{\alpha\beta} i\Delta(x - x') \end{aligned}$$

wobei $\Delta(x - x')$ die invariante, singuläre Funktion ist, die zum erstenmal in (12.37) auftrat.

Multiplikation mit γ^0 ergibt

$$\{\psi_\alpha(x),\bar\psi_\beta(x')\} = i(i\not\nabla_x + m)_{\alpha\beta}\,\Delta(x - x') \equiv -iS_{\alpha\beta}(x - x') \tag{13.64}$$

Entsprechend finden wir aus (13.54)

$$\{\psi_\alpha(x),\psi_\beta(x')\} = \{\bar\psi_\alpha(x),\bar\psi_\beta(x')\} = 0 \tag{13.65}$$

Die Kovarianz dieser Ausdrücke können wir durch Anwendung der Lorentz-Transformation (11.67) auf diese Felder beweisen:

$$U(a,b)\psi(x)U(a,b)^{-1} = S^{-1}(a)\psi(ax + b)$$

wobei die Matrix S für Spinorfelder

$$S^{-1}\gamma^\mu S = a^\mu{}_\nu\gamma^\nu$$

erfüllt. Zum Beispiel ist die rechte Seite von (13.64) kein Operator und bleibt ungeändert gegenüber Ähnlichkeitstransformationen $U(ab)\ldots U^{-1}(ab)$ mit den unitären Operatoren, die die Zustände Lorentz-transformieren. Auf der linken Seite finden wir

$$\begin{aligned} U(a,b)\{\psi_\alpha(x),\bar\psi_\beta(x')\}U^{-1}(a,b) &= S^{-1}_{\alpha\tau}(a)\{\psi_\tau(ax + b),\bar\psi_\lambda(ax' + b)\}S_{\lambda\beta}(a) \\ &= S^{-1}_{\alpha\tau}(a)(-\not\nabla_{ax} + im)_{\tau\lambda}S_{\lambda\beta}(a)\Delta(ax - ax') \\ &= (-\not\nabla_x + im)_{\alpha\beta}\Delta(x - x') \end{aligned}$$

da $\Delta(x - x')$ eine invariante Funktion der Koordinatendifferenz ist und $S^{-1}(a)\,\nabla\!\!\!/_{ax} S(a) = \nabla\!\!\!/_x$, wie schon in Kap. 2 gezeigt wurde. Das beweist die Kovarianz von (13.64), da sich beide Seiten bei einer Lorentz-Transformation auf dieselbe Weise transformieren. Für (13.65) folgt dieses Ergebnis sofort.

Wie schon in (12.41) gesagt, verschwinden $\Delta(x - y)$ und folglich auch $S(x - y)$ für alle raumartigen Abstände $(x - y)^2 < 0$. Daraus folgt, daß, obwohl die Felder selbst nicht kommutieren, zwei jeweils an einem Punkt gebildete Bilinearformen für raumartige Abstände der beiden Koordinatenpunkte vertauschen:

$$\begin{aligned}
&[\bar\psi_\alpha(x)\psi_\beta(x), \bar\psi_\lambda(x')\psi_\tau(x')] \\
&\qquad = \bar\psi_\alpha(x)\{\psi_\beta(x), \bar\psi_\lambda(x')\}\psi_\tau(x') - \{\bar\psi_\alpha(x), \bar\psi_\lambda(x')\}\psi_\beta(x)\psi_\tau(x') \\
&\qquad\quad + \bar\psi_\lambda(x')\bar\psi_\alpha(x)\{\psi_\beta(x), \psi_\tau(x')\} - \bar\psi_\lambda(x')\{\bar\psi_\alpha(x), \psi_\tau(x')\}\psi_\beta(x) \\
&\qquad = 0 \qquad \text{for } (x - x')^2 < 0
\end{aligned} \tag{13.66}$$

Da die Amplituden, denen eine physikalische Bedeutung zukommt, wie z. B. Ladungsdichte oder Impulsdichte, aus hermiteschen Bilinearformen gebildet sind und (13.66) genügen, erfüllt die Dirac-Theorie, wie auch die Klein-Gordon-Theorie, unsere anschauliche Forderung nach Mikrokausalität.

13.6 *Der Feynman-Propagator*

Zum Abschluß der Diskussion des freien Dirac-Feldes geben wir die Ein-Teilchen-Greens-Funktion an, die dem Feynman-Propagator der Positrontheorie entspricht. Die Amplitude für die Erzeugung eines Elektrons am Punkte $x = (\mathbf{x}, t)$ ist

$$\Psi_\alpha(x) = \psi_\alpha^\dagger(x)|0\rangle$$

wobei der Index $\alpha = 1, 2, 3, 4$ die einzelnen Spinorkomponenten bezeichnet. Die β,α-Spinorkomponente von der Amplitude für die Bewegung dieses Elektrons nach $x'(t' > t)$, wo es vernichtet wird, ist dann

$$\langle 0|\psi_\beta(x')\psi_\alpha^\dagger(x)|0\rangle\theta(t' - t) \tag{13.67}$$

Nach den Überlegungen von Kap. 6 verschwindet der Feynman-Propagator für $t' < t$ nicht, sondern beschreibt die Bewegung eines Positrons positive Energie, das bei x' erzeugt wird und bei x vernichtet wird in positiver Zeitrichtung. Wie im Falle des Klein-Gordon-Feldes wird das durch eine Vertauschung der Operatoren in (13.67) erreicht. Die Amplitude für die Erzeugung eines Positrons positiver Energie bei x' und seiner Vernichtung bei x ist

$$\langle 0|\psi_\alpha^\dagger(x)\psi_\beta(x')|0\rangle\theta(t - t') \tag{13.68}$$

Beide Amplituden (13.67) und (13.68) vergrößern die Ladung bei x' um eine Einheit und verkleinern sie um den gleichen Betrag bei x; ihre Differenz bildet eine Greens-Funktion. Wir definieren $S_F = (x',x)$ durch

$$(S_F(x',x)\gamma^0)_{\beta\alpha} = -i\langle 0|\psi_\beta(x')\psi_\alpha{}^\dagger(x)|0\rangle\theta(t'-t) + i\langle 0|\psi_\alpha{}^\dagger(x)\psi_\beta(x')|0\rangle\theta(t-t') \quad (13.69)$$

und finden, daß gilt

$$(i\nabla\!\!\!/_{x'} - m)_{\lambda\beta}(S_F(x',x)\gamma^0)_{\beta\alpha} = \gamma^0_{\lambda\beta}\langle 0|\{\psi_\beta(x'),\psi_\alpha{}^\dagger(x)\}|0\rangle\delta(t'-t) = \gamma^0_{\lambda\alpha}\delta^4(x'-x)$$

oder

$$(i\nabla\!\!\!/_{x'} - m)S_F(x'-x) = \delta^4(x'-x) \quad (13.70)$$

$S_F = (x'-x)$ stimmt mit dem Feynman-Propagator überein, der bei der Behandlung der Positrontheorie in Band I definiert und ausführlich benutzt wurde. Die Berechnung von (13.69) ergibt die gleiche Summe über Wellenfunktionen wie in (6.48) für den freien Feynman-Propagator.

Im feldtheoretischen Formalismus sind wir auf die Feynman-Greens-Funktion gekommen, indem wir die Bewegung von Elektronen und Positronen positiver Energie immer in positiver Zeitrichtung betrachtet haben. Die Elektronen und Positronen kommen in (13.69) symmetrisch vor, das negative Vorzeichen zwischen den Termen ist nötig, weil in (13.70) ein Antikommutator gebildet werden muß. In der Positrontheorie, wie sie in Kap. 6 entwickelt wurde, betrachteten wir die Bahn eines Teilchens entsprechend seiner Ladung, in positiver Zeitrichtung als die eines Elektrons zu positiver Energie und umgekehrt als die eines solchen negativer Energie. Die Identifizierung eines sich in negativer Zeitrichtung bewegenden Elektrons negativer Energie mit einem Positron positiver Energie, das sich in positiver Zeitrichtung bewegt, wurde schon im Kap. 5 vorgenommen.

Der Feynman-Propagator (13.69) spielt eine zentrale Rolle bei feldtheoretischen Rechnungen, so wie er es früher beim Propagatorformalismus tat. Kompakter kann er durch das zeitgeordnete Produkt ausgedrückt werden, das in (12.72) für das Klein-Gordon-Feld eingeführt wurde. Um das negative Vorzeichen in (13.69) mit zu erfassen, ändern wir das Symbol T so ab, daß es für *jede* Vertauschung von Paaren von Feldern, die durch einfache Antikommutatoren quantisiert sind, einen Faktor (-1) enthält. Für zwei Fermi-Dirac-Feldoperatoren $a(x)$ und $b(x')$ soll also gelten

$$T(a(x)b(x')) = a(x)b(x')\theta(t-t') - b(x')a(x)\theta(t'-t) = -T(b(x')a(x)) \quad (13.71)$$

Der Feynman-Propagator lautet dann

$$S_F(x',x)_{\beta\alpha} = -i\langle 0|T(\psi_\beta(x'),\bar\psi_\alpha(x))|0\rangle \quad (13.72)$$

Aufgaben

1. Man schreibe den Hamilton-Operator für n Teilchen für den Fall, daß Zweikörper-Wechselwirkung vorliegt, in der Wellenfunktionsdarstellung und in der feldtheoretischen Form.

2. Man beweise, daß $\mathfrak{M}^{\mu\nu\lambda}$ verschwindende Divergenz $\frac{\partial}{\partial x^\mu}\mathfrak{M}^{\mu\nu\lambda} = 0$ besitzt, und folglich $M^{\nu\lambda} = \int d^3x\mathfrak{M}^{0\nu\lambda}$ eine von der Zeit unabhängige Konstante ist.

3. Man beweise (13.54) und (13.56).

4. Man beweise (13.63). Man bestimme das Ergebnis auch im p-Raum.

KAPITEL 14

QUANTISIERUNG DES ELEKTROMAGNETISCHEN FELDES

14.1 *Einleitung*

Da das elektromagnetische Feld eine klassische Observable ist, sollte es vor allen anderen Feldern nach dem kanonischen Verfahren quantisiert werden. Es ist merkwürdig, daß es von allen Feldern, die wir betrachten werden, am schwierigsten zu quantisieren ist. Eine der bekanntesten Formulierungen dieser Quantisierung, die von GUPTA und BLEULER[1] entwickelt wurde, gibt den Begriff der positiv definiten Wahrscheinlichkeit auf, den wir bisher benutzt haben. Es ist zwar auch die Quantisierung nach einem kanonischen Formalismus möglich, und tatsächlich war dies das erste Verfahren, das 1929 auf das Maxwell-Feld angewendet wurde[2], jedoch hat es den Nachteil, nicht manifest kovariant zu sein. Der Gupta-Bleuler-Formalismus, der zwanzig Jahre später durch die modernen Methoden kovarianter Formulierungen angeregt wurde, ist ein kovariantes Quantisierungsverfahren, jedoch auf Kosten einer zwingenden physikalischen Interpretierbarkeit.

Wir folgen hier dem historischen Weg und quantisieren kanonisch. Die Gupta-Bleuler-Methode wird in vielen Büchern abgehandelt, unter anderem in SCHWEBER, in JAUCH und ROHRLICH und in BOGOLIUBOV und SHIRKOV[3].

Die Schwierigkeiten der Quantisierung haben ihren Grund darin, daß man mehr Variable benutzt als unabhängige Freiheitsgrade vorhanden sind. Man möchte das elektromagnetische Feld durch die vier Komponenten des Vektorpotentiales A_μ beschreiben. Obwohl es die durch

$$F_{\mu\nu} = \frac{\partial A_\mu}{\partial x^\nu} - \frac{\partial A_\nu}{\partial x^\mu} \tag{14.1}$$

[1] S. N. GUPTA, *Proc. Phys. Soc. (London)*, **A 63**, 681 (1950); K. BLEULER, *Helv. Phys. Acta*, **23**, 567 (1950).

[2] Vgl. E. FERMI, *Rev. Mod. Phys.*, **4**, 87 (1932).

[3] S. SCHWEBER, „An Introduction to Relativistic Quantum Field Theory", Harper and Row, Publishers, Incorporated, New York, 1961; J. M. JAUCH und F. ROHRLICH, „The Theory of Photons and Elektrons", Addison-Wesley Publishing Company, Inc., Reading, Mass., 1955; N. N. BOGOLIUBOV und D. V. SHIRKOV, „Introduction to the Theory of Quantized Fields", Interscience Publishers, Inc., New York, 1959.

definierten Feldstärken sind, die eine direkte physikalische Bedeutung haben, haben wir schon bei unseren Rechnungen im ersten Band gesehen, daß in den Wechselwirkungstermen und Übergangswahrscheinlichkeiten die Potentiale A_μ auftreten. Die vier Komponenten von A_μ können jedoch nicht alle als unabhängige Variable behandelt werden. Deshalb stößt die kanonische Quantisierung auf einige Schwierigkeiten. Das sind dieselben Schwierigkeiten, denen man sich gegenüber sieht, wenn man eine klassische, kanonische Formulierung der Maxwell-Theorie durchführt.

Eine andere Ausdrucksweise dafür ist, daß das freie elektromagnetische Feld bei seiner Zerlegung nach ebenen Wellen nur aus transversalen Wellen besteht, d. h. aus Wellen, für die der Polarisationsvektor raumartig und orthogonal zum Wellenvektor ist. Diese Bedingung der Transversabilität stellt eine Einschränkung für die Orientierung des Vektorpotentials dar. Nur die beiden transversalen Komponenten des Vektorpotentials sind als dynamische Variable zu betrachten und müssen quantisiert werden. Andererseits gibt es keine Möglichkeit, auf eindeutige, invariante Art und Weise zu einem vorgegebenen Wellenvektor zwei unabhängige, transversale Polarisationsvektoren auszuwählen, da stets die Menge bevorzugter Lorentz-Bezugssysteme existiert, in denen die Zeitkomponente jedes Polarisationsvektors verschwindet. Hier beginnen die Schwierigkeiten mit der manifesten Lorentz-Kovarianz. Das wird klar werden bei der Darstellung der Einzelheiten.

Bei der Entwicklung des Formalismus werden wir darauf verzichten, die *manifeste* Lorentz-Kovarianz zu zeigen, indem wir für die Polarisierung der Photonen eine spezielle Wahl treffen. Wir gehen aus von den Lorentz-kovarianten Maxwellschen Feldgleichungen, und, wenn sich das Dickicht lichtet, werden wir schließlich auf die gleichen kovarianten Rechenregeln geführt werden, die in den Kap. 7 und 8 auf Grund mehr intuitiver Argumente abgeleitet wurden. Diese Regeln führen in allen Lorentz-Bezugssystemen auf die gleichen Ergebnisse.

14.2 *Quantisierung*

Die Komponenten der elektromagnetischen Feldstärken E und B bilden einen antisymmetrischen Tensor 2. Stufe, bezeichnet durch $F^{\mu\nu}$, mit den Komponenten

$$F^{\mu\nu} = \mu\downarrow \overset{\nu \atop \longrightarrow}{\begin{bmatrix} 0 & E_x & E_y & E_z \\ -E_x & 0 & B_z & -B_y \\ -E_y & -B_z & 0 & B_x \\ -E_z & B_y & -B_x & 0 \end{bmatrix}} \tag{14.2}$$

Der Zusammenhang zwischen $F^{\mu\nu}(x)$ und dem Vektorpotential $A^{\mu}(x) = (\Phi, \mathrm{A})$, wie er durch (14.1) gegeben ist, liefert

$$\mathbf{E} = -\nabla\Phi - \dot{\mathbf{A}} \qquad \mathbf{B} = \nabla \times \mathbf{A} \tag{14.3}$$

Daraus folgen die beiden Maxwell-Gleichungen

$$\nabla \times \mathbf{E} = -\dot{\mathbf{B}} \qquad \nabla \cdot \mathbf{B} = 0 \tag{14.4}$$

Die beiden anderen Maxwell-Gleichungen lauten in Abwesenheit von Ladungsquellen und Strömen

$$\frac{\partial F^{\mu\nu}}{\partial x^{\nu}} = 0$$

oder

$$\nabla \cdot \mathbf{E} = 0 \qquad \nabla \times \mathbf{B} = \dot{\mathbf{E}} \tag{14.5}$$

Weiter folgt, daß alle Feldkomponenten der folgenden Wellengleichung genügen

$$\Box F_{\mu\nu}(x) = 0 \tag{14.6}$$

Zu jeder Feldstärke $F^{\mu\nu}(x)$ existieren viele Potentiale, die sich nur durch eine Eichtransformation voneinander unterscheiden

$$\tilde{A}_{\mu}(x) = A_{\mu}(x) + \frac{\partial \Lambda(x)}{\partial x^{\mu}} \tag{14.7}$$

$\Lambda(x)$ ist dabei eine beliebige Funktion von x und t. Die Gl. (14.7) drückt die Freiheit in der Eichung bei der Wahl des Vektorpotentials aus; wenn $A_{\mu}(x)$ die Relation (14.1) erfüllt, so tut es auch $\tilde{A}_{\mu}(x)$. Wir lassen hier die Wahl der Eichung offen.

Um (14.5) mit Hilfe des Hamiltonschen Prinzips aus einer Lagrange-Funktion abzuleiten, multiplizieren wir die Gleichung mit einer infinitesimalen Variation $\delta A_{\mu}(x)$, die bei t_1 und t_2 verschwindet, und integrieren m Intervall (t_1, t_2) über den gesamten Raum-Zeit-Bereich

$$\begin{aligned} 0 &= \int_{t_1}^{t_2} d^4x \, \frac{\partial F^{\mu\nu}(x)}{\partial x^{\nu}} \, \delta A_{\mu}(x) = -\int_{t_1}^{t_2} d^4x \, F^{\mu\nu} \, \delta \, \frac{\partial A_{\mu}}{\partial x^{\nu}} \\ &= -\frac{1}{2} \int_{t_1}^{t_2} d^4x \, F^{\mu\nu} \, \delta F_{\mu\nu} = -\frac{1}{4} \, \delta \int_{t_1}^{t_2} d^4x \, F_{\mu\nu} F^{\mu\nu} \end{aligned} \tag{14.8}$$

Eine befriedigende Lagrange-Dichte für das freie Maxwell-Feld ist also

$$\mathfrak{L} = -\frac{1}{4} F_{\mu\nu} F^{\mu\nu} = -\frac{1}{2} \left(\frac{\partial A_{\mu}}{\partial x^{\nu}} - \frac{\partial A_{\nu}}{\partial x^{\mu}} \right) \frac{\partial A^{\mu}}{\partial x_{\nu}} = \frac{1}{2} (E^2 - B^2) \tag{14.9}$$

Gl. (14.8) zeigt, daß das Hamiltonsche Prinzip mit diesem $\mathscr{L}$ die Feldgleichungen (14.5) liefert, wenn jede der vier Komponenten von $A^{\mu}(x)$ als unabhängiger, dynamischer Freiheitsgrad behandelt wird.

Nach der Standardvorschrift bilden wir nun aus $\mathcal{L}$ die konjugierten Impulse:

$$\pi^0 = \frac{\partial \mathcal{L}}{\partial \dot{A}_0} = 0 \qquad \pi^k = \frac{\partial \mathcal{L}}{\partial \dot{A}_k} = -\dot{A}^k - \frac{\partial A_0}{\partial x^k} = E^k \tag{14.10}$$

Das ergibt die Hamilton-Dichte

$$\mathcal{H} = \sum_{k=1}^{3} \pi^k \dot{A}_k - \mathcal{L} = \tfrac{1}{2}(E^2 + B^2) + \mathbf{E} \cdot \nabla \Phi \tag{14.11}$$

und die Hamilton-Funktion ist einfach

$$H = \int d^3x\, \mathcal{H} = \tfrac{1}{2} \int d^3x\, (E^2 + B^2) \tag{14.12}$$

weil der letzte Term von (14.11) keinen Beitrag liefert, wie man erkennt durch eine partielle Integration und Verwendung der Maxwell-Gleichung

$$\nabla \cdot \mathbf{E} = 0$$

Die Quantisierung des Maxwell-Feldes wird durchgeführt, indem $A^\mu(x)$ als Operator behandelt wird und Vertauschungsrelationen zwischen A^μ und den kanonischen Impulsen π^k gefordert werden. Wir versuchen, möglichst genau dem kanonischen Formalismus zu folgen und geben zunächst die verschwindenden gleichzeitigen Kommutatoren an

$$\begin{aligned} [A^\mu(\mathbf{x},t), A^\nu(\mathbf{x}',t)] &= 0 \\ [\pi^k(\mathbf{x},t), \pi^j(\mathbf{x}',t)] &= 0 \\ [\pi^k(\mathbf{x},t), A^0(\mathbf{x}',t)] &= 0 \end{aligned} \tag{14.13}$$

Diese Quantisierung zeichnet das skalare Potential A_0 aus auf Kosten manifester Kovarianz. Da der zu $A^0(x)$ konjugierte Impuls $\pi^0(x)$ verschwindet, vertauscht $A^0(x)$ mit allen Operatoren und kann im Gegensatz zu den Raumkomponenten $A^k(x)$ als reine Zahl (c-Zahl) behandelt werden und nicht als Operator. Wir geben hier an dieser Stelle die manifeste Kovarianz auf und fahren mit der kanonischen Quantisierung fort. Darin bestärkt uns, daß unser Ausgangspunkt, die Maxwell-Theorie, Lorentz-kovariant ist. Obwohl wir bei der Entwicklung des Formalismus auf viele Ausdrücke stoßen werden, die weder Lorentz- noch eichinvariant sind, werden wir am Ende sehen, daß die physikalischen Ergebnisse, nämlich die Übergangsamplituden (S-Matrix-Elemente), Lorentz-kovariant und von der Eichung unabhängig sind.

Nach dem kanonischen Formalismus haben wir für die gleichzeitigen Kommutatoren der Potentiale $A_j(\mathrm{x}',t)$ mit den konjugierten Impulsen $\pi^k(\mathrm{x},t)$ zu schreiben[1]

$$[\pi^i(\mathbf{x},t), A_j(\mathbf{x}',t)] = -[E^i(\mathbf{x},t), A^j(\mathbf{x}',t)] = -i\delta_{ij}\delta^3(\mathbf{x} - \mathbf{x}') \tag{14.14}$$

[1] Nach der Definition in (14.10) und (14.11) ist π^i konjugiert zu $A_i = -A^i$.

Der Ansatz (14.14) ist jedoch nicht mit den Maxwell-Gleichungen konsistent, so daß wir das kanonische Verfahren hier etwas abändern müssen. Das Gaußsche Gesetz

$$\nabla \cdot \mathbf{E} = 0$$

enthält keine Zeitableitungen und ist eine Bedingung für das elektrische Feld. Folglich verschwindet die bezüglich x genommene Divergenz der linken Seite von (14.14), was jedoch für die δ-Funktion auf der rechten Seite nicht gilt. Im Impulsraum sehen wir, daß gilt

$$\sum_{i=1}^{3} \frac{\partial}{\partial x_i} \delta_{ij}\delta^3(\mathbf{x} - \mathbf{x}') = i \int \frac{d^3k}{(2\pi)^3} e^{i\mathbf{k}\cdot(\mathbf{x}-\mathbf{x}')} k_j \tag{14.15}$$

Um die Divergenz von $\delta_{ij}\delta^3(\mathrm{x} - \mathrm{x}')$ zu beheben, ändern wir ihre Impulsraumentwicklung ab, indem wir einen zu k_j proportionalen Term hinzufügen. Dieser Term muß dann proportional zu k_ik_j sein, dem einzigen Tensor, der uns neben δ_{ij} zur Verfügung steht. Der Koeffizient von k_ik_j ist eindeutig bestimmt durch die Bedingung, daß die Divergenz verschwindet, und wir erhalten durch diese Ersetzung eine divergenzfreie oder transversale „δ-Funktion"

$$\delta_{ij}\delta^3(\mathbf{x} - \mathbf{x}') \to \delta_{ij}^{\mathrm{tr}}(\mathbf{x} - \mathbf{x}') \equiv \int \frac{d^3k}{(2\pi)^3} e^{i\mathbf{k}\cdot(\mathbf{x}-\mathbf{x}')} \left(\delta_{ij} - \frac{k_ik_j}{\mathbf{k}^2}\right) \tag{14.16}$$

Die Kommutatorbedingung (14.14) wird dann ersetzt durch

$$[\pi^i(\mathbf{x},t), A^j(\mathbf{x}',t)] = +i\delta_{ij}^{\mathrm{tr}}(\mathbf{x} - \mathbf{x}') \tag{14.17}$$

Man beachte, daß dadurch gefordert wird, daß $\nabla \cdot \mathrm{A}$ mit allen Operatoren vertauscht, weil die Divergenz bezüglich x' der rechten Seite von (14.17) verschwindet. Daß $\nabla \cdot \mathrm{A}$ eine c-Zahl ist, folgt schon aus der Definition von E durch A und Φ und nach dem Gaußschen Gesetz

$$0 = \nabla \cdot \mathbf{E} = -\nabla^2\Phi - \nabla \cdot \dot{\mathbf{A}} \tag{14.18}$$

Da man von Φ schon weiß, daß es eine c-Zahl ist, folgt das für $\nabla \cdot \mathrm{A}$ — ausgenommen möglicherweise für die Komponente zur Frequenz Null.

Folglich sind der longitudinale Teil von A (im Fourier-Raum die Komponente von A parallel zum Wellenvektor) und das skalare Potential in der Tat keine dynamischen Freiheitsgrade. Durch eine geeignete Wahl der Eichung kann $\nabla \cdot \mathrm{A}$ wie auch Φ zum Verschwinden gebracht werden. Wir führen diese Eichtransformation in zwei Schritten durch. Zuerst machen wir die Transformation

$$A'_\mu = A_\mu - \frac{\partial}{\partial x^\mu} \int_0^t \Phi(\mathbf{x},t')\, dt' \tag{14.19}$$

die das skalare Potential zum Verschwinden bringt.

Um das longitudinale Potential zu eliminieren, suchen wir ein $\Lambda(x)$ derart, daß

$$0 = \nabla \cdot \mathbf{A}'' = \nabla \cdot \mathbf{A}' + \nabla^2 \Lambda(x)$$

Die folgende Wahl von

$$\Lambda(x) = \int \frac{d^3x'}{4\pi|\mathbf{x} - \mathbf{x}'|} \nabla' \cdot \mathbf{A}'(\mathbf{x}',t)$$

erfüllt diese Bedingung, und als Folge von (14.18) und dem Verschwinden von Φ' gilt

$$\frac{\partial \Lambda}{\partial t} = 0 \qquad \text{und} \qquad \Phi'' = \Phi' = 0$$

Diese Eichung, für die gilt

$$\Phi = 0 \qquad \nabla \cdot \mathbf{A} = 0 \tag{14.20}$$

ist als Strahlungseichung bekannt; im folgenden werden wir in dieser Eichung arbeiten, obwohl wir dadurch die manifeste Lorentz- und Eichinvarianz der Theorie verlieren. Die Eichung hat den Vorteil, daß dann im Formalismus nur die beiden transversalen Freiheitsgrade des Strahlungsfeldes vorkommen.

14.3 *Kovarianz des Quantisierungsverfahrens*

Bevor wir dieses abgeänderte Quantisierungsverfahren als befriedigend akzeptieren, müssen wir nachweisen, daß die Theorie zusammen mit den Vertauschungsrelationen (14.13) und (14.17) invariant ist gegen Translationen und räumliche Drehungen der Koordinaten. Der einzige Effekt einer Lorentz-Transformation sollte eine Änderung der Eichung sein.

Die Translationsinvarianz ist sichergestellt, wenn man (11.70) mit dem durch das Noethersche Theorem (11.49) gegebene P_μ bewiesen hat

$$P^0 = H = \frac{1}{2}\int d^3x \, :E^2 + B^2: = \frac{1}{2}\int d^3x \, :\dot{A}^2 + (\nabla \times \mathbf{A})^2:$$

$$\mathbf{P} = \int d^3x \, :\mathbf{E} \times \mathbf{B}: = -\int d^3x \sum_{i=1}^{3} :\dot{A}_i \nabla A_i: \tag{14.21}$$

wobei die Punkte wie in der Klein-Gordon-Theorie Normalprodukte bezeichnen. Um die Invarianz gegen räumliche Drehungen zu testen, beweisen wir (11.73) für die Raumkomponenten $i, j = 1, 2, 3$ mit M^{ij} nach (11.57):

$$M^{ij} = \int d^3x \, : \sum_{r=1}^{3} \dot{A}^r \left(x^i \frac{\partial}{\partial x_j} - x^j \frac{\partial}{\partial x_i} \right) A^r - (\dot{A}^i A^j - \dot{A}^j A^i) : \tag{14.22}$$

und mit

$$\Sigma^{ij}_{rs} = g^{ir}g_s{}^j - g^i{}_s g^{jr} \tag{14.23}$$

nach (11.54). Schließlich wird eine Transformation zwischen zwei relativ zueinander bewegten Lorentz-Bezugssystemen erzeugt durch

$$M^{0k} = \int d^3x : \left[x^0 \sum_{r=1}^{3} \dot{A}^r \frac{\partial A^r}{\partial x_k} - \frac{x^k}{2} (\dot{A}^2 + (\nabla \times \mathbf{A})^2) \right] : \tag{14.24}$$

Bei einer Lorentz-Transformation transformiert sich A_μ also nicht wie ein Vierervektor, sondern bekommt einen zusätzlichen Eichterm[1]. Bei Transformation mit einer infinitesimalen Lorentz-Transformation, die durch M^{0k} gemäß (11.72) und (11.73) erzeugt wird, finden wir[2]

$$U(\epsilon) A^\mu(x) U^{-1}(\epsilon) = A^\mu(x') - \epsilon^{\mu\nu} A_\nu(x') + \frac{\partial \Lambda(x', \epsilon)}{\partial x'_\mu} \tag{14.25}$$

mit einer Operatoreichfunktion $\Lambda(x', \epsilon)$. Es ist klar, daß ein solcher Eichterm notwendig ist, da, wenn

$$\Phi(x) = A_0(x) = 0$$

folgt, daß

$$U \Phi(x) U^{-1} = 0 \tag{14.26}$$

für jede unitäre Transformation U. Die Struktur von (14.25) garantiert, daß die eichinvarianten Maxwell-Gleichungen Lorentz-kovariant sind. Die einzigen zusätzlichen Forderungen sind

$$\nabla' \cdot \mathbf{A}'(x') = 0 \tag{14.27}$$

und, daß die gleichzeitigen Vertauschungsrelationen (14.13) und (14.17) auch im transformierten Bezugssystem gelten. Diese Relationen lassen sich explizit beweisen. Zwei relativ zueinander bewegte Beobachter O und O′, die jeweils in ihren Bezugssystemen eine Quantenelektrodynamik in Strahlungseichung entwickeln, können die Zustände in O und O′ also durch eine unitäre Transformation in Beziehung setzen.

Die nichttrivialen Rechnungen zum Beweis von (14.21) bis (14.27) sowie der Nachweis der Kovarianz der gleichzeitigen Vertauschungsrelationen werden dem Leser überlassen.

14.4 *Entwicklungen im Impulsraum*

Die Entwicklung der Potentiale nach ebenen Wellen führt zusammen mit den Vertauschungsregeln (14.13) und (14.17) wie in der Klein-

[1] Davon abgesehen, werden wir die durch (14.24) erzeugte Transformation weiter als Lorentz-Transformation bezeichnen.

[2] Vgl. Aufgabe 2.

Gordon-Theorie zur Interpretation der Entwicklungskoeffizienten als Erzeuger- und Vernichteroperatoren. Neu ist, daß in der Maxwell-Theorie die Quanten den Spin 1 tragen.

In der Strahlungseichung ist A(x,t) transversal, und die Entwicklung nach ebenen Wellen lautet

$$\mathbf{A}(\mathbf{x},t) = \int d^3k \sum_{\lambda=1}^{2} \boldsymbol{\varepsilon}(k,\lambda) A(\mathbf{k},\lambda,t) e^{i\mathbf{k}\cdot\mathbf{x}} \tag{14.28}$$

Die beiden Einheitsvektoren $\epsilon(k,\lambda)$ sind für jedes k und für $\lambda = 1, 2$ orthogonal zu k

$$\boldsymbol{\varepsilon}(k,\lambda) \cdot \mathbf{k} = 0 \tag{14.29}$$

so daß, $\nabla \cdot \mathrm{A} = 0$. Sie können für jedes k zueinander orthogonal gewählt werden.

$$\boldsymbol{\varepsilon}(k,\lambda) \cdot \boldsymbol{\varepsilon}(k,\lambda') = \delta_{\lambda\lambda'} \tag{14.30}$$

Dann bilden $\epsilon(k,1)$, $\epsilon(k,2)$ und $\hat{\mathrm{k}} = \mathrm{k}/|\mathrm{k}|$ wie in Abb. 14.1 dargestellt ein dreidimensionales, orthogonales Basissystem. Wir benutzen weiter die

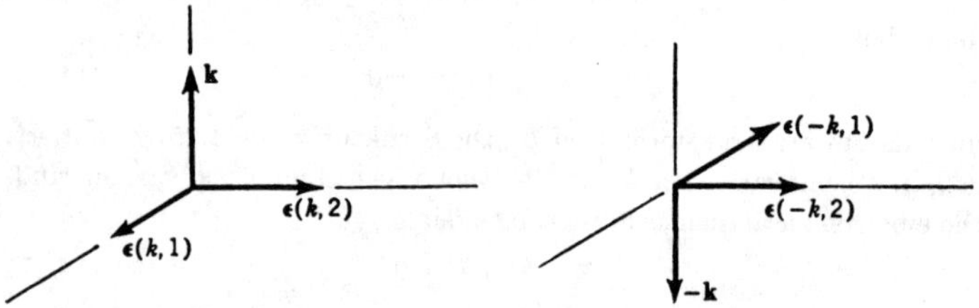

Abb. 14.1 Einheitsvektoren für die Polarisation von Photonen vom Impuls k und $-k$.

Konvention, daß, wie in der Abbildung dargestellt,

$$\boldsymbol{\varepsilon}(-k,1) = -\boldsymbol{\varepsilon}(k,1) \qquad \boldsymbol{\varepsilon}(-k,2) = +\boldsymbol{\varepsilon}(k,2) \tag{14.31}$$

Nach (14.30) folgt daraus

$$\boldsymbol{\varepsilon}(k,\lambda) \cdot \boldsymbol{\varepsilon}(-k,\lambda') = (-)^{\lambda} \delta_{\lambda\lambda'} \tag{14.32}$$

Aus den Maxwell-Gleichungen folgt, daß A(x) auch in der Strahlungseichung die Wellengleichung

$$\Box \mathbf{A} = 0$$

erfüllt, und wir können die Entwicklung schreiben

$$\mathbf{A}(\mathbf{x},t) = \int \frac{d^3k}{\sqrt{2\omega(2\pi)^3}} \sum_{\lambda=1}^{2} \boldsymbol{\varepsilon}(k,\lambda)[a(k,\lambda)e^{-ik\cdot x} + a^\dagger(k,\lambda)e^{ik\cdot x}] \tag{14.33}$$

mit $\qquad k_0 = \omega = |\mathbf{k}| \qquad$ und $\qquad k^2 = k_\mu k^\mu = 0$

Nach der schon in der Klein-Gordon-Theorie benutzten Methode können wir (14.33) umkehren und nach den Amplituden $a(k,\lambda)$ auflösen. Mit (14.30) und (14.32) erhalten wir zunächst

$$\omega \int d^3x\, e^{ik\cdot x}\boldsymbol{\varepsilon}(k,\lambda)\cdot\mathbf{A}(x) = \sqrt{\frac{(2\pi)^3\omega}{2}}\,[a(k,\lambda) + (-)^\lambda a^\dagger(-k,\lambda)e^{2i\omega t}]$$

$$i \int d^3x\, e^{ik\cdot x}\boldsymbol{\varepsilon}(k,\lambda)\cdot\dot{\mathbf{A}}(x) = \sqrt{\frac{(2\pi)^3\omega}{2}}\,[a(k,\lambda) - (-)^\lambda a^\dagger(-k,\lambda)e^{2i\omega t}]$$

und dann

$$\begin{aligned} a(k,\lambda) &= \int \frac{d^3x\, e^{ik\cdot x}}{\sqrt{2\omega(2\pi)^3}}\,\boldsymbol{\varepsilon}(k,\lambda)\cdot[\omega\mathbf{A}(x) + i\dot{\mathbf{A}}(x)] \\ &= i\int \frac{d^3x\, e^{ik\cdot x}}{\sqrt{2\omega(2\pi)^3}}\,\overleftrightarrow{\partial_0}\boldsymbol{\varepsilon}(k,\lambda)\cdot\mathbf{A}(x) \\ a^\dagger(k,\lambda) &= -i\int \frac{d^3x\, e^{-ik\cdot x}}{\sqrt{2\omega(2\pi)^3}}\,\overleftrightarrow{\partial_0}\boldsymbol{\varepsilon}(k,\lambda)\cdot\mathbf{A}(x) \end{aligned} \tag{14.34}$$

Wenn wir dann dieVertauschungsrelationen für $a(k,\lambda)$ und $a^\dagger\,(k,\lambda)$ aus (14.13) und (14.17) berechnen, finden wir zum Beispiel

$$[a(k,\lambda),a^\dagger(k',\lambda')]$$
$$= \int \frac{d^3x\, d^3x'\, e^{i(k\cdot x - k'\cdot x')}}{2(2\pi)^3\sqrt{\omega\omega'}}\,(\omega' + \omega) \sum_{i,j=1,2,3} \epsilon_i(k,\lambda)\epsilon_j(k',\lambda')\delta_{ij}^{tr}(\mathbf{x} - \mathbf{x}')$$

Ausführen der Integrale unter Benutzung von (14.16) und der Orthogonalitätsrelationen (14.30) und (14.32) für die Polarisationsvektoren ergibt

$$[a(k,\lambda),a^\dagger(k',\lambda')] = \delta^3(\mathbf{k} - \mathbf{k}')\delta_{\lambda\lambda'} \tag{14.35}$$

Auf die gleiche Art und Weise finden wir noch

$$[a(k,\lambda),a(k',\lambda')] = [a^\dagger(k,\lambda),a^\dagger(k',\lambda')] = 0 \tag{14.36}$$

Die Entwicklungskoeffizienten für die beiden transversalen, dynamisch unabhängigen Komponenten des Vektorpotentials sind folglich mit den gleichen Vertauschungsregeln wie in der Klein-Gordon-Theorie quantisiert. Wir können also $a^\dagger\,(k,\lambda)$ und $a(k,\lambda)$ interpretieren als Erzeuger- und Vernichteroperatoren für Photonen der Energie ω und dem Impuls k, nachdem wir festgestellt haben, daß der Hamilton-Operator (14.12) in der Impulsraumdarstellung mit Hilfe von (14.3), (14.21) und (14.33) geschrieben werden kann als

$$H = \int \frac{d^3x}{2} :(E^2 + B^2): = \int d^3k\,\omega \sum_{\lambda=1}^{2} a^\dagger(k,\lambda)a(k,\lambda) \tag{14.37}$$

Für den Gesamtimpuls gilt analog

$$\mathbf{P} = \int d^3x\ :\mathbf{E} \times \mathbf{B}: = \int d^3k\ \mathbf{k} \sum_{\lambda=1}^{2} a^\dagger(k,\lambda)a(k,\lambda) \tag{14.38}$$

Der Vakuumzustand Φ_0, d. h. der Zustand zu niedrigster Energie, ist ein Eigenzustand von H und P mit den Eigenwerten Null und erfüllt

$$a(k,\lambda)\Phi_0 = 0 \tag{14.39}$$

in vollständiger Analogie zu (12.17) der Klein-Gordon-Theorie. Die Interpretation von $a^\dagger$ (k,λ) als Erzeugeroperator für ein Photon mit dem Viererimpuls k_μ, mit $k^2 = k_\mu k^\mu = 0$, wird anschaulich klar, wenn wir den Zustand

$$\Phi_{1,k\lambda} \equiv a^\dagger(k,\lambda)\Phi_0 \equiv a^\dagger(k,\lambda)|0\rangle \tag{14.40}$$

bilden und berechnen

$$\begin{aligned} P^\mu\Phi_{1,k\lambda} &= \int d^3k'\ k'^\mu \sum_{\lambda'=1}^{2} a^\dagger(k',\lambda')a(k',\lambda')a^\dagger(k,\lambda)|0\rangle \\ &= k^\mu\Phi_{1,k\lambda} \end{aligned} \tag{14.41}$$

14.5 *Der Spin des Photons*

Photonen unterscheiden sich von den Klein-Gordon-Teilchen auf verschiedene Weise. Da sie die Einstein-Bedingung $k_\mu k^\mu = 0$ erfüllen, haben sie Ruhemasse Null. Ferner ist das Vektorpotential $\mathrm{A}(x)$ reell und wird nach der Quantisierung ein hermitescher Operator, so daß die Photonen keine Ladung tragen, sondern den neutralen Mesonen ähnlich sind, die bei der Quantisierung der reellen Klein-Gordon-Theorie herauskommen. Ein neuer Zug ist das Auftreten des Polarisationsvektors $\epsilon(k,\lambda)$, der jedem Photon zugeordnet ist und der mit dessen Spindrehimpuls zusammenhängt. Der Vektorcharakter von A führt speziell zu Photonen vom Spin 1, jedoch werden seine Freiheitsgrade durch die Bedingung der Transversalität um einen verringert. Die Projektion des Spindrehimpulses auf die Ausbreitungsrichtung kann nicht Null sein, sondern nur ± 1. Um das zu zeigen, benutzen wir den Drehimpulsoperator (14.22) und berechnen die dritte Komponente des Drehimpulses für einen Einphotonenzustand

$$M^{12}\Phi_{1,k\lambda} = [M^{12},a^\dagger(k,\lambda)]|0\rangle \tag{14.42}$$

dessen Wellenvektor in Richtung der 3-Achse zeigt, d. h. $k \cdot x = \omega\ (t - x^3)$. M^{12} besteht aus zwei Termen, der erste davon kann mit dem räumlichen Drehimpuls identifiziert werden. Seine Projektion auf die Bewegungsrichtung muß verschwinden, wie man sofort durch Ausrechnen des Kommutators zeigt. Es bleiben also die Beiträge der Spinterme, die mit Hilfe von (14.22) und (14.33) ergeben

$$[M^{12},a^\dagger(k,\lambda)] = \int \frac{d^3x\, e^{-ik\cdot x}}{\sqrt{2\omega(2\pi)^3}} [\epsilon^1(k,\lambda)\overleftrightarrow{\partial_0}A^2(x) - \epsilon^2(k,\lambda)\overleftrightarrow{\partial_0}A^1(x)] \tag{14.43}$$

Nach (14.34) und Abb. 14.1 ist das gerade

$$[M^{12},a^\dagger(k,\lambda)] = i\epsilon^1(k,\lambda)a^\dagger(k,2) - i\epsilon^2(k,\lambda)a^\dagger(k,1) \tag{14.44}$$

Indem wir Linearkombinationen bilden

$$a_{\mathrm{R}}^\dagger(k) = \frac{1}{\sqrt{2}}[a^\dagger(k,1) + ia^\dagger(k,2)]$$

$$a_{\mathrm{L}}^\dagger(k) = \frac{1}{\sqrt{2}}[a^\dagger(k,1) - ia^\dagger(k,2)] \tag{14.45}$$

die rechts- bzw. links-zirkularpolarisierte Wellen darstellen, finden wir

$$[M^{12},a_{\mathrm{R}}^\dagger(k)] = +a_{\mathrm{R}}^\dagger(k) \qquad [M^{12},a_{\mathrm{L}}^\dagger(k)] = -a_{\mathrm{L}}^\dagger(k) \tag{14.46}$$

womit gezeigt ist, daß ein rechtspolarisiertes Photon den Spin 1 in seiner Ausbreitungsrichtung besitzt.

14.6 *Der Feynman-Propagator für transversale Photonen*

Um die raum-zeitliche Entwicklung eines Zustandes mit einem transversal polarisierten Photon zu untersuchen, bilden wir den Feynman-Propagator. In Analogie zur Diskussion in Abschn. 12.6 für die Klein-Gordon-Teilchen bilden wir die Amplitude für ein transversales Photon, das bei x mit der Projektion μ der Polarisation erzeugt wird und sich in Vorwärtszeitrichtung nach x' bewegt und dort mit der Projektion ν vernichtet wird:

$$\langle 0|A_\nu(x')A_\mu(x)|0\rangle\theta(t' - t) \tag{14.47}$$

Für $t > t'$ bilden wir die Amplitude dafür, daß das Photon bei x' mit der Projektion ν erzeugt und bei x mit der Projektion μ vernichtet wird:

$$\langle 0|A_\mu(x)A_\nu(x')|0\rangle\theta(t - t') \tag{14.48}$$

Die Summe von (14.47) und (14.48) definiert den Feynman-Propagator

$$\begin{aligned} iD_F^{\mathrm{tr}}(x',x)_{\nu\mu} &= \langle 0|A_\nu(x')A_\mu(x)|0\rangle\theta(t' - t) + \langle 0|A_\mu(x)A_\nu(x')|0\rangle\theta(t - t') \\ &= \langle 0|T(A_\nu(x')A_\mu(x))|0\rangle \end{aligned} \tag{14.49}$$

wobei T der durch (12.72) und (13.71) eingeführte Zeitordnungsoperator ist.

Wir leiten die explizite Form von $D_F^{\mathrm{tr}}(x',x)_{\nu\mu}$ ab, indem wir die Felder nach ebenen Wellen zerlegen:

$$D_F^{\text{tr}}(x',x)_{\nu\mu}$$
$$= -i \int \frac{d^3k}{2\omega(2\pi)^3} \sum_{\lambda=1,2} \epsilon_\nu(k,\lambda)\epsilon_\mu(k,\lambda)[\theta(t'-t)e^{-ik\cdot(x'-x)} + \theta(t-t')e^{ik\cdot(x'-x)}] \tag{14.50}$$

In Strahlungseichung besitzt $\epsilon_\nu(k,\lambda)$ keine Zeitkomponenten, d. h.

$$\epsilon^\nu(k,\lambda) = (0,\boldsymbol{\varepsilon}(k,\lambda))$$

und die Bedingung der Transversalität hängt nur von der Orientierung des räumlichen Vektors k und nicht von der Frequenz ω ab. In dem Bezugssystem mit dieser Eichung können wir die Propagatordiskussion von früher wiederholen und den Feynman-Propagator in Form eines vierdimensionalen Integrals schreiben.

$$D_F^{\text{tr}}(x'-x)_{\nu\mu} = \int \frac{d^4k}{(2\pi)^4} \frac{e^{-ik\cdot(x'-x)}}{k^2+i\epsilon} \sum_{\lambda=1}^{2} \epsilon_\nu(k,\lambda)\epsilon_\mu(k,\lambda) \tag{14.51}$$

Dieser Feynman-Propagator, der an den zunächst in Kap. 6 und dann in Kap. 12 eingeführten erinnert, wird in den folgenden Rechnungen häufig vorkommen. In der Form (14.51) ist er nicht Lorentz-invariant, da die $\epsilon_\nu(k,\lambda)$ nur die räumlichen Komponenten in einem bestimmten Lorentz-Raum bedeuten. Wir wollen die explizit vom Koordinatensystem abhängenden Terme abspalten. Dazu führen wir einen zeitartigen Einheitsvektor $\eta^\mu = (1,0,0,0)$ in dem Bezugssystem ein, in dem wir die Quantisierung durchgeführt haben. Nimmt man bei festem k^μ zu den Einheitsvektoren $\varepsilon^\mu(k,1)$, $\varepsilon^\mu(k,2)$ und ε^μ noch den Vektor

$$\hat{k}^\mu = \frac{k^\mu - (k\cdot\eta)\eta^\mu}{\sqrt{(k\cdot\eta)^2 - k^2}} \tag{14.52}$$

hinzu, so besitzt man ein Quartett unabhängiger, orthogonaler Einheitsvektoren. Man kann dann schreiben

$$\sum_{\lambda=1}^{2} \epsilon_\nu(k,\lambda)\epsilon_\mu(k,\lambda) = -g_{\nu\mu} + \eta_\nu\eta_\mu - \hat{k}_\nu\hat{k}_\mu$$
$$= -g_{\nu\mu} - \frac{k_\nu k_\mu}{(k\cdot\eta)^2 - k^2} + \frac{(k\cdot\eta)(k_\nu\eta_\mu + \eta_\nu k_\mu)}{(k\cdot\eta)^2 - k^2} - \frac{k^2\eta_\nu\eta_\mu}{(k\cdot\eta)^2 - k^2} \tag{14.53}$$

Einsetzen von (14.53) in (14.51) ergibt

$$D_F^{\text{tr}}(x'-x)_{\nu\mu} = g_{\nu\mu}D_F(x'-x)$$
$$- \int \frac{d^4k}{(2\pi)^4} \frac{e^{-ik\cdot(x'-x)}}{(k^2+i\epsilon)} \frac{k^2\eta_\nu\eta_\mu - (k\cdot\eta)(k_\nu\eta_\mu + \eta_\nu k_\mu) + k_\nu k_\mu}{(k\cdot\eta)^2 - k^2} \tag{14.54}$$

Der erste Term in (14.54)

$$g_{\nu\mu}D_F(x'-x) = \lim_{m^2\to 0} (-g_{\nu\mu})\Delta_F(x'-x,\, m)$$

ist gerade der Feynman-Propagator, der bei den Berechnungen der elektromagnetischen Wechselwirkungen in den Kapn. 7, 8 und 9 ausgiebig benutzt wurde. $\Delta_F(x' - x, m)$ in der Propagator eines Spin-0-Bosons, dem wir in Kap. 9 begegneten.

Die gesamte Abhängigkeit des $D^{\text{tr}}_{F\nu\mu}$ von η_μ steckt im zweiten Term von (14.54). Bei den Berechnungen der physikalischen Amplituden in der Feldtheorie wird, wie die Diskussionen der folgenden Kapitel zeigen werden, der Propagator $D^{\text{tr}}_F(x' - x)_{\nu\mu}$ immer zwischen erhaltenen Strömen stehen, die die Quellen des elektromagnetischen Feldes sind. Die zu k_μ oder k_ν proportionalen Terme in (14.54) werden dann als Folge der Stromerhaltung verschwinden, wie oberhalb von (7.61) diskutiert wurde und durch die Diskussion der Vakuumpolarisation (8.9) nochmal illustriert wurde. Der restliche η-abhängige Term in (14.54) ist dann

$$-\int \frac{d^4k}{(2\pi)^4} \frac{e^{-ik\cdot(x'-x)}}{(k\cdot\eta)^2 - k^2} \eta_\nu \eta_\mu = \frac{-g_{\nu 0} g_{\mu 0} \delta(t' - t)}{4\pi |\mathbf{x}' - \mathbf{x}|} \tag{14.55}$$

speziell in dem Koordinatensystem mit $\eta^\mu = (1,0,0,0)$. Dieser Term hat die Form der uns vertrauten, statischen Coulomb-Wechselwirkung zwischen zwei Ladungen. Bei der Berechnung der gesamten Wechselwirkung zwischen zwei Ladungen an den Raum-Zeit-Punkten x und x' wird (14.55) durch die Coulomb-Wechselwirkung kompensiert, die zusätzlich zu der durch das reine Strahlungsfeld getragenen existiert. Der effektive Propagator reduziert sich auf den Lorentz-kovarianten ersten Term von (14.54).

Diese Regel, die in Kap. 17 für] allgemeine S-Matrix-Elemente genau bewiesen werden wird, sichert dem Formalismus manifeste Lorentz-Kovarianz und Eichinvarianz dort, wo sie wirklich nötig ist – in den physikalischen Streuamplituden. Die zusätzlichen, von der Eichung abhängigen Terme in $D^{\text{tr}}_F(x' - x)_{\nu\mu}$ tragen zu unbeobachtbaren Größen bei, wie z. B. zu den Renormierungskonstanten Z_1 und Z_2, die uns in Kap. 8 begegneten und die nicht eichinvariant sind. Ihr Auftreten in $D^{\text{tr}}_{F\nu\mu}$ ist der Preis, der notwendigerweise zu zahlen ist, um das Maxwell-Feld im kanonischen Formalismus quantisieren zu können. Diese unangenehmen Terme verschwinden jedoch alle, wenn wir zum Vergleich mit dem Experiment Übergangsraten und Streuquerschnitte berechnen.

Aufgaben

1. Man berechne die Vertauschungsrelationen zwischen den Feldstärken und zeige, daß sie für raumartige Intervalle verschwinden.

Antwort:

$$[B_i(x'),B_j(x)] = \left[\delta_{ij}\nabla'\cdot\nabla - \frac{\partial}{\partial x'_i}\frac{\partial}{\partial x_j}\right] iD(x'-x)$$

$$[E_i(x'),B_j(x)] = -\frac{\partial}{\partial x'_0}\sum_{k=1}^{3}\epsilon_{ijk}\frac{\partial}{\partial x^k}\, iD(x'-x)$$

$$[E_i(x'),E_j(x)] = \left(\delta_{ij}\frac{\partial^2}{\partial x_0\,\partial x'_0} - \frac{\partial}{\partial x^i}\frac{\partial}{\partial x^{j'}}\right) iD(x'-x)$$

2. Man beweise, daß die Energie-Impuls- und Drehimpuls-Operatoren die unter (14.21), (14.22) und (14.24) angegebene Form haben. Man beweise die in (14.25) angegebene Transformation der Potentiale bei einer Lorentz-Transformation und gebe $\Lambda(x',\epsilon)$ und $U(\epsilon)$ explizit an. Man vervollständige den Beweis der Kovarianz der in Strahlungseichung quantisierten Maxwell-Theorie durch Bestätigung von (14.27) und der Kovarianz der gleichzeitigen Kommutatoren.

Wenn $\epsilon_{\mu\nu} = \epsilon_{0k}$

$$\frac{\partial\Lambda(x',\epsilon)}{\partial x'_\mu} = -\epsilon_{0k}\frac{\partial}{\partial x'_\mu}\int\frac{d^3x}{4\pi|\mathbf{x}-\mathbf{x}'|}\frac{\partial A^k}{\partial x_0}$$

Durch explizite Rechnung zeige man, daß M_{ij} und M_{0k} mit H vertauschen.

3. Ausgehend von der Maxwell-Lagrange-Dichte mit einem zusätzlichen (nichtkonvarianten) Term für die „Photonen-Masse" $-\lambda^2\mathrm{A}^2(x)$ (λ^2 klein), quantisiere man das elektromagnetische Feld, wobei man nur die Nebenbedingung $A_0 = 0$ benutze. Zunächst bilde man den Hamilton-Operator und zeige, daß man aus den Hamilton-Gleichungen

$$\frac{\partial H}{\partial \pi^k} = \dot{A}_k \qquad \frac{\partial H}{\partial A_k} = -\dot{\pi}^k$$

für $\lambda \to 0$ die Maxwell-Gleichungen erhält, bis auf möglicherweise einen zusätzlichen Frequenz-Null-Beitrag zum Gaußschen Gesetz:

$$\nabla\cdot\dot{\mathbf{E}} = -\nabla\cdot\ddot{\mathbf{A}}(x) = \lambda^2\nabla\cdot\mathbf{A}(x)$$

Man fordere die kanonischen Vertauschungsrelationen, z. B.

$$i[\pi^k(\mathbf{x},t),A_j(\mathbf{x}',t)] = \delta_{kj}\delta^3(\mathbf{x}-\mathbf{x}')$$

und quantisiere die longitudinalen und die transversalen Schwingungen. Man zeige speziell, daß das Dispersionsgesetz für die Teilchen $\omega^2 = \lambda^2$ ist.

4. (*a*) Man löse die Maxwell-Gleichungen für ein Volumen, das durch zwei unendliche, parallele, leitende Platten im Abstand a begrenzt ist. Man quantisiere das elektromagnetische Feld in diesem Gebiet unter Beachtung der Randbedingungen.

(*b*) Man berechne die Nullpunktsenergie pro Einheitsfläche E_0 unter Benutzung eines cutoff, der nur von der Frequenz abhängt, und zeige, daß

$$E_0 = C_1 a + C_2 + \frac{\pi \hbar c}{a^3} \frac{B_4}{4!}$$

wobei C_1 und C_2 Größen sind, die vom cutoff abhängen und $B_4 = -1/30$ die vierte Bernoulli-Zahl ist.

(*c*) Man zeige, daß die Kraft zwischen den (neutralen) Platten nur vom letzten Term in E_0 herrührt und berechne ihre Stärke[1].

[1] H. Casimir, *Koninkl. Ned. Akad. Wetenschap., Proc., Ser. B* 793 (1948); M. Fierz, *Helv. Phys. Acta* **33**, 855 (1960).

Kapitel 15

WECHSELWIRKENDE FELDER

15.1 *Einleitung*

Eine Theorie für freie Felder allein hat physikalisch keinen Sinn. Der Inhalt der physikalischen Welt zeigt sich uns durch die Wechselwirkungen zwischen verschiedenen Feldern. Diesen wollen wir uns jetzt zuwenden.

Bei der Konstruktion allgemeiner Wechselwirkungen werden wir uns von der Analogie zum elektromagnetischen Feld leiten lassen. Wir werden deshalb als erstes die elektromagnetischen Wechselwirkungen eines geladenen Teilchens unter dem Gesichtspunkt der zweiten Quantisierung behandeln.

Bei nichtelektromagnetischen Wechselwirkungen liefert die experimentelle Bestimmung der verschiedenen Erhaltungssätze die besten Anhaltspunkte für die Struktur der Kopplungsterme. Diese können dann in die Theorie eingebaut werden durch die Forderung, daß die Lagrange-Funktion bestimmte Symmetrien erfüllt; speziell zu jeder stetigen Symmetrietransformation liefert das Noethersche Theorem aus Kap. 11 automatisch die zugehörige Erhaltungsgröße.

15.2 *Die elektromagnetische Wechselwirkung*

Wir benutzten bei allen früheren Überlegungen als Vorschrift zur Einführung der elektromagnetischen Wechselwirkung die „Minimalsubstitution“

$$p_\mu \rightarrow p_\mu - eA_\mu \tag{15.1}$$

die der klassischen Wechselwirkung einer Punktladung mit dem elektromagnetischen Feld entspricht. Wir können an dieser klassischen Korrespondenz festhalten, indem wir diese Vorschrift beibehalten und (15.1) in die Lagrange-Dichte für die Elektronen- und Photonen-Felder einführen, die dann lautet

$$\mathfrak{L}(x) = \bar{\psi}(x)(i\nabla\!\!\!/ - e_0 A\!\!\!/(x) - m_0)\psi(x) - \tfrac{1}{4}F_{\mu\nu}(x)F^{\mu\nu}(x) \tag{15.2}$$

Die Lagrange-Dichte (15.2) beschreibt die lokale Wechselwirkung der Elektronen- und Photonen-Felder am selben Punkte x. Aus (15.2) leiten wir die Feldgleichungen für das gekoppelte Elektron-Photon-System ab, indem wir nach den Elektron- und Photon-Feldamplituden einzeln variieren

$$(i\nabla\!\!\!/ - m_0)\psi(x) = e_0 A\!\!\!/\psi(x) \tag{15.3a}$$

$$\frac{\partial F^{\mu\nu}(x)}{\partial x^\nu} = e_0\bar{\psi}(x)\gamma^\mu\psi(x) \tag{15.3b}$$

Die erste Gleichung hat dieselbe Form wie bei unseren früheren Betrachtungen der Einteilchentheorie. Jetzt wird jedoch das Feld $A_\mu(x)$ nicht als von außen vorgeschrieben angenommen, sondern wird zum dynamischen System gerechnet, da es in (15.3b) an den Elektronenstrom rückgekoppelt ist. Den Elektronenstrom wiederum erhalten wir durch Lösung von (15.3a) für die Bewegung unter Einfluß des Feldes A_μ.

Aus (15.3) ist klar, daß wir bei der Behandlung der Kopplung zweier Felder vor einem komplizierten nichtlinearen Problem stehen. Das ist schon klassisch der Fall, wie man beim Studium der Strahlungsdämpfung und der Lösungen, die das Weglaufen klassischer Ladungen unter dem Einfluß ihrer eigenen und der wechselseitigen Felder beschreiben, sieht[1]. Das quantenmechanische Problem ist bestimmt nicht einfacher.

Die Kopplung der Felder in (15.3) wurde bereits implizit benutzt bei den Rechnungen zur Elektron-Elektron-Streuung, Compton-Streuung und Elektron-Selbstenergie in den Kapn. 7 und 8. Bei der Elektron-Elektron-Streuung berechneten wir die Bewegung von zwei Ladungen unter dem Einfluß der gegenseitigen Felder. Bei der Compton-Streuung fanden wir die Änderung des Strahlungsfeldes in Gegenwart eines Elektrons. Bei dem Selbstenergieproblem betrachteten wir die Wechselwirkung des Elektrons mit dem von ihm selbst erzeugten Feld A_μ.

Wenn wir die Bewegung von Elektronen unter dem Einfluß eines äußeren elektromagnetischen Feldes, zusätzlich zum Strahlungsfeld, berechnen wollen, brauchen wir in (15.1) nur das Potential des angelegten äußeren Feldes $A_\mu^{\text{ext}}(x)$ hinzuzufügen. Das führt zu den Feldgleichungen

$$\begin{aligned}(i\nabla\!\!\!/ - m_0)\psi(x) &= e_0[A\!\!\!/(x) + A\!\!\!/^{\text{ext}}(x)]\psi(x)\\ \frac{\partial F^{\mu\nu}(x)}{\partial x^\nu} &= e_0\bar{\psi}(x)\gamma^\mu\psi(x)\end{aligned} \tag{15.4}$$

In der Lagrange-Dichte und den Feldgleichungen für die gekoppelten Felder haben wir an der Masse m_0 und der Ladung e_0 Indizes angebracht, um vorwegnehmend darauf hinzuweisen, daß dies nicht die physikalisch beobachtbaren Werte m und e für die Masse und Ladung sind. In Kap. 8 bei den Rechnungen im Rahmen der Störungstheorie fanden wir bereits, daß m_0 und e_0 verändert werden; und zwar, daß in niedrigster Ordnung in der Kopplungskonstanten e die Korrekturen zur Masse und Ladung beide logarithmisch divergent sind. Wir wollen hier nicht auf die Diskussion eingehen, ob diese Renormierungskonstanten $m_0 - m$ und Z_3^{-1} auch bei exakter Berechnung unendlich sein würden. Es ist

[1] Vgl. z. B.: P. A. M. Dirac, *Proc. Roy. Soc. (London)*, **A 167**, 148 (1938), und G. N. Plass, *Rev. Mod. Phys.*, **33**, 37 (1961).

wichtig festzustellen, daß die *Notwendigkeit* einer Renormierung unabhängig von der Größe der Renormierungskonstanten ist. Wegen der Schwierigkeiten, auf die die Störungstheorie führt, müssen wir sehr vorsichtig vorgehen, um die Divergenzen eindeutig von den endlichen, beobachtbaren, physikalischen Größen zu isolieren. In der Tat lag der große Fortschritt seit 1948 darin, daß die Quantenelektrodynamik ein Stadium „friedlicher Koexistenz" mit ihren Divergenzen erreicht hat, so daß die endlichen, physikalischen Größen bis zu jeder gewünschten Genauigkeit berechnet werden können, praktisch nur durch den notwendigen Aufwand begrenzt[1].

Um den Formalismus vom klassischen auf das quantenmechanische Gebiet übertragen zu können, bestimmen wir zunächst die kanonischen Impulse, um die gleichzeitigen Kommutatoren angeben zu können. Der aufgrund klassischer Korrespondenz in die Lagrange-Dichte (15.2) eingeführte Wechselwirkungsterm

$$\mathfrak{L}_{\text{int}} = -e_0\bar{\psi}(x)\gamma_\mu\psi(x)A^\mu(x) \tag{15.5}$$

enthält keine Zeitableitungen der Felder. Die kanonischen Impulse bleiben also gegenüber den Ausdrücken für freie Felder ungeändert und sind durch (13.43) und (14.10) gegeben, wenn wir die Strahlungs- oder Coulomb-Eichung

$$\nabla \cdot \mathbf{A} = 0 \tag{15.6}$$

benutzen, wie in Kap. 14 besprochen. In dieser Eichung verschwindet das skalare Potential jetzt nicht mehr; nach dem Gaußschen Gesetz und (15.6) folgt

$$\nabla \cdot \mathbf{E}(x) = -\nabla \cdot \dot{\mathbf{A}}(x) - \nabla^2\Phi(x) = -\nabla^2\Phi(x) = e_0\psi^\dagger(x)\psi(x) \neq 0 \tag{15.7}$$

Das skalare Potential ist jedoch keine unabhängige, dynamische Variable, sondern ist bestimmt durch die momentane Ladungsverteilung $\rho(\mathbf{x},t) = \Psi^\dagger(\mathbf{x},t)\Psi(\mathbf{x},t)$

$$A_0(\mathbf{x},t) = \Phi(\mathbf{x},t) = e_0\int\frac{d^3x'\ \psi^\dagger(\mathbf{x}',t)\psi(\mathbf{x}',t)}{4\pi|\mathbf{x}'-\mathbf{x}|} = e_0\int\frac{d^3x'\ \rho(\mathbf{x}',t)}{4\pi|\mathbf{x}'-\mathbf{x}|} \tag{15.8}$$

Da die unabhängigen Variablen dieselben wie in den Theorien freier Felder sind, nehmen wir dieselben kanonischen Vertauschungsregeln wie in (13.53), (13.54), (14.13) und (14.17) an:

$$\begin{aligned}
\{\psi_\alpha(\mathbf{x},t),\psi_\beta^\dagger(\mathbf{x}',t)\} &= \delta_{\alpha\beta}\delta^3(\mathbf{x}-\mathbf{x}') \\
\{\psi_\alpha(\mathbf{x},t),\psi_\beta(\mathbf{x}',t)\} &= \{\psi_\alpha^\dagger(\mathbf{x},t),\psi_\beta^\dagger(\mathbf{x}',t)\} = 0 \\
[\dot{A}_i(\mathbf{x},t),A_j(\mathbf{x}',t)] &= -i\delta_{ij}^{\text{tr}}(\mathbf{x}-\mathbf{x}') \qquad i,j = 1,2,3 \\
[A_i(\mathbf{x},t),A_j(\mathbf{x}',t)] &= [\dot{A}_i(\mathbf{x},t),\dot{A}_j(\mathbf{x}',t)] = 0
\end{aligned} \tag{15.9}$$

[1] J. Schwinger, *Quantum Electrodynamics*, Dover Publications, Inc., New York, 1958.

Wir vervollständigen sie durch die Forderung, daß gleichzeitige Kommutatoren zwischen Dirac- und Maxwell-Feldern verschwinden:

$$[\psi_\alpha(\mathbf{x},t),A_i(\mathbf{x}',t)] = 0 \qquad [\psi_\alpha(\mathbf{x},t),\dot{A}_i(\mathbf{x}',t)] = 0 \tag{15.10}$$

Diese Forderung stellen wir, weil die Ψ_α und A_i unabhängige, kanonische Variable sind. Wie wir schon gesagt haben, ist das skalare Potential Φ keine unabhängige Variable, sondern ist durch Ψ durch (15.8) bestimmt. Es erfüllt also die Vertauschungsregeln

$$\begin{aligned}[]
[\Phi(\mathbf{x},t),A_i(\mathbf{x}',t)] &= [\Phi(\mathbf{x},t),\dot{A}_i(\mathbf{x}',t)] = 0\\
[\Phi(\mathbf{x},t),\psi_\alpha(\mathbf{x}',t)] &= -\frac{e_0}{4\pi|\mathbf{x}-\mathbf{x}'|}\,\psi_\alpha(\mathbf{x}',t)
\end{aligned} \tag{15.11}$$

Wenn wir nach der kanonischen Vorschrift die Hamilton-Dichte bestimmen, finden wir durch Wiederholung der gleichen Schritte wie bei der Diskussion der freien Felder

$$\mathcal{H} = \frac{\partial\mathcal{L}}{\partial\dot{\psi}}\,\dot{\psi} + \frac{\partial\mathcal{L}}{\partial\dot{A}^k}\,\dot{A}^k - \mathcal{L} \tag{15.12}$$

das führt auf

$$\mathcal{H} = \psi^\dagger(-i\boldsymbol{\alpha}\cdot\boldsymbol{\nabla} + \beta m_0)\psi + \tfrac{1}{2}(E^2+B^2) + \mathbf{E}\cdot\boldsymbol{\nabla}\Phi + e_0\bar{\psi}\gamma_\mu\psi A^\mu \tag{15.13}$$

Der Hamilton-Operator ist dann

$$H = \int d^3x\,\mathcal{H} = \int d^3x\left\{\psi^\dagger(x)\left[\boldsymbol{\alpha}\cdot\left(\frac{1}{i}\boldsymbol{\nabla} - e_0\mathbf{A}\right) + \beta m_0\right]\psi(x) + \frac{1}{2}[E^2(x) + B^2(x)]\right\} \tag{15.14}$$

wobei wir durch partielle Integration von $\mathbf{E}\cdot\nabla\Phi$ den Term $-e_0\Psi^\dagger\Psi\Phi$ erhalten haben, unter Vernachläßigung des unwesentlichen Oberflächenterms[1].

[1] Die Probleme bei der Entwicklung einer Quantentheorie für ein mit einem geladenen Klein-Gordon-Feld gekoppeltes elektromagnetisches Feld sind ähnlich denen, die uns in diesem Kapitel über Photonen und Elektronen begegnen und sollen hier nicht diskutiert werden. (G. Wentzel, „Quantum Theorie of Fields", Interscience Publishers, Inc., New York, 1949). Jedoch treten sie verstärkt auf, da die Kopplungsvorschrift (15.1) auf Wechselwirkungsterme führt, die Ableitungen enthalten. Die Lagrange-Dichte lautet

$$\begin{aligned}
\mathcal{L} &= \left[\left(\frac{\partial}{\partial x_\nu} - ie_0A^\nu\right)\varphi^*\right]\left[\left(\frac{\partial}{\partial x^\nu} + ie_0A_\nu\right)\varphi\right] - m_0^2\varphi^*\varphi - \frac{1}{4}F_{\mu\nu}F^{\mu\nu}\\
&= \left[\left(\frac{\partial\varphi^*}{\partial x_\nu}\right)\left(\frac{\partial\varphi}{\partial x^\nu}\right) - m_0^2\varphi^*\varphi - \frac{1}{4}F_{\mu\nu}F^{\mu\nu}\right] + \left[-ie_0A_\nu\left(\varphi^*\frac{\partial\varphi}{\partial x_\nu} - \left(\frac{\partial\varphi^*}{\partial x_\nu}\right)\varphi\right)\right.\\
&\qquad\left. + e_0^2\varphi^*\varphi A_\nu A^\nu\right]
\end{aligned}$$

Da der zweite oder Wechselwirkungsterm in $\mathfrak{L}$ Ableitungen enthält, werden die kanonischen Impulse für das Klein-Gordon-Feld abgeändert in

$$\pi \equiv \frac{\partial\mathfrak{L}}{\partial\dot{\varphi}} = \dot{\varphi}^* - ie_0A_0\varphi^*$$

$$\pi^* \equiv \frac{\partial\mathfrak{L}}{\partial\dot{\varphi}^*} = \dot{\varphi} + ie_0A_0\varphi$$

Auf den ersten Blick überrascht diese Form von H etwas, da sie explizit nur die Kopplung des Elektronenstromes an das transversale Vektorpotential zeigt. Was ist mit der elektrostatischen Wechselwirkung zwischen den Ladungen geschehen? Sie steckt in dem Term für die elektrische Feldenergie $\frac{1}{2}\int E^2 d^3x$.

Um das zu zeigen, zerlegen wir E nach longitudinalen und transversalen Anteilen

$$\mathbf{E} = \mathbf{E}_l + \mathbf{E}_t \qquad \mathbf{E}_l \equiv -\nabla\Phi \qquad \mathbf{E}_t \equiv -\dot{\mathbf{A}} \tag{15.15}$$

Die gesamte Feldenergie zerfällt dann in zwei Anteile

$$\tfrac{1}{2}\int d^3x\,(E^2 + B^2) = \tfrac{1}{2}\int d^3x\,E_l^2 + \tfrac{1}{2}\int d^3x\,(E_t^2 + B^2) \tag{15.16}$$

wobei der Mischterm $\mathbf{E}_l \cdot \mathbf{E}_t$ bei einer weiteren partiellen Integration verschwindet. Der erste Term auf der rechten Seite von (15.16) ist die gesamte zum Coulomb-Feld gehörende Energie. Mit Hilfe des Gaußschen Gesetzes läßt sie sich durch die Ladungen ausdrücken

$$\begin{aligned}\frac{1}{2}\int E_l^2\,d^3x &= \frac{e_0^2}{8\pi}\int d^3x\,d^3y\,\frac{\psi^\dagger(\mathbf{x},t)\psi(\mathbf{x},t)\psi^\dagger(\mathbf{y},t)\psi(\mathbf{y},t)}{|\mathbf{x}-\mathbf{y}|}\\ &= \frac{e_0^2}{8\pi}\int d^3x\,d^3y\,\frac{\rho(\mathbf{x},t)\rho(\mathbf{y},t)}{|\mathbf{x}-\mathbf{y}|}\end{aligned}$$

Der zweite Term in (15.16) beschreibt die Energie des transversalen Strahlungsfeldes, das an den Strom $j = \Psi^\dagger \alpha \Psi$ gekoppelt ist und hat die gleiche Struktur wie die Energie des freien Feldes.

15.3 *Lorentz- und Translationsinvarianz*

Der kanonische Formalismus hat für den Energieoperator H den Ausdruck (15.14) ergeben. Den Impulsoperator finden wir auf die gleiche Art zu

$$\mathbf{P} = \int d^3x\,(-i\psi^\dagger\nabla\psi + \mathbf{E}_t \times \mathbf{B}) \tag{15.17}$$

Er stellt die Summe der Impulsoperatoren (13.46) und (14.21) für die freien Felder dar, da die Wechselwirkung keine Ableitungen enthält.

Die Heisenberg-Beziehungen

$$[P_\mu,\psi(x)] = -i\,\frac{\partial\psi(x)}{\partial x^\mu} \qquad [P_\mu,A^k(x)] = -i\,\frac{\partial A^k(x)}{\partial x^\mu} \tag{15.18}$$

die bei Translationsinvarianz der Theorie erfüllt sein müssen, lassen sich mit Hilfe der Vertauschungsrelationen (15.9) und (15.10) und der Feldgleichungen (15.3) beweisen. Die Vertauschungsrelationen und Feldgleichungen bilden also ein miteinander konsistentes Gleichungssystem, auf dem unsere Theorie aufzubauen ist.

Um die Lorentz-Invarianz zu beweisen, betrachten wir den Drehimpulstensor, der sich nach der Noetherschen Vorschrift (11.56) und

(11.57) angeben läßt. Die Raumkomponenten M^{ij} $(i, j = 1, 2, 3)$ sind gegeben durch die Summe der Drehimpulstensoren für die freien Felder Da sich auch die Vertauschungsrelationen gegenüber der Theorie für freie Felder nicht ändern, folgt, daß die Relationen (11.72) und (11.73) für die dreidimensionalen Rotationen bestehen bleiben. Die Wechselwirkung führt zu zusätzlichen Termen in den Erzeugern M^{0k} $(k = 1,2,3)$ für Lorentz-Transformationen auf bewegte Systeme. Wir schreiben

$$M^{0k} = P^k t - \int d^3x \left[x^k \mathcal{H}(x) - \frac{i}{2} \bar{\psi}(x)\gamma^k \psi(x) \right] \qquad (15.19)$$

mit der Hamilton-Dichte $\mathfrak{H}$ nach (15.13). Wir finden wieder, daß bei einer infinitesimalen Lorentz-Transformation, die gemäß (11.72) durch M^{0k} erzeugt wird, das elektromagnetische Potential

$$A^\mu(x) = (\Phi(x), \mathbf{A}(x))$$

eine Eichtransformation erfährt, die nötig ist, um transversale Eichung auch im neuen Koordinatensystem zu erreichen[1]. Wie in (14.25) für das freie Feld gilt

$$U(\epsilon)A^\mu(x)U^{-1}(\epsilon) = A^\mu(x') - \epsilon^{\mu\nu}A_\nu(x') + \frac{\partial\Lambda(x',\epsilon)}{\partial x'_\mu}$$

mit[2]

$$\Lambda(x,\epsilon) = \epsilon_{0k} \int d^3y \, \frac{E^k(y) + e_0\rho(y)(y^k - x^k)}{4\pi|\mathbf{x} - \mathbf{y}|} \qquad (15.20)$$

Der Dirac-Operator $\Psi(x)$ erfährt zusätzlich zur Phasentransformation noch eine Lorentz-Transformation,

$$U(\epsilon)\psi(x)U^{-1}(\epsilon) = [1 - ie_0\Lambda(x,\epsilon)]S^{-1}_{rs}(\epsilon)\psi_s(x') \qquad (15.21)$$

Diese Phasentransformation ist gerade dazu nötig, daß sich die Feldgleichungen kovariant bezüglich U transformieren; z. B.

$$U(\epsilon)\bar{\psi}(x)[i\nabla\!\!\!/ - e_0 A\!\!\!/(x)]\psi(x)U^{-1}(\epsilon) = \bar{\psi}(x')[i\nabla\!\!\!/_{x'} - e_0 A\!\!\!/(x')]\psi(x')$$

Um die Lorentz-Invarianz des quantenfeldtheoretischen Formalismus vollständig zu testen, hat man noch die Invarianz der gleichzeitigen Kommutatoren[3] (15.9) und (15.10) nachzuweisen.

Die Einzelheiten dieser Rechnungen sind lang und nicht ganz einfach; sie seien dem Leser überlassen. Wir wollen hier nicht auf sie eingehen, da

---

[1] B. Zumino, *J. Math. Phys.*, **1**, 1 (1960).

[2] Um auf diesen Ausdruck zu kommen, wurde das totale Differential $\nabla \cdot (\mathbf{E}\,\Phi)$ von $\mathfrak{H}$ in (15.13) abgezogen, nicht jedoch der Term $\mathbf{E}_t \cdot \mathbf{E}_l = \nabla \cdot (\dot{A}\,\Phi)$.

[3] Für zeitartig getrennte Variable können wir keine expliziten Ausdrücke für die Kommutatoren angeben, da wir die exakte Lösung der Bewegungsgleichungen nicht kennen.

wir wissen, daß unsere Vorschrift (15.1) die Eichinvarianz erhält und die physikalischen Ergebnisse relativistisch invariant sind, auch wenn wir die Quantisierung in einer speziellen Eichung durchgeführt haben.

15.4 *Entwicklungen im Impulsraum*

Die Impulsraum-Entwicklungen für die freien Felder $\Psi(x)$ und $A(x)$ (13.50) bzw. (14.33) müssen im Falle ihrer Wechselwirkung abgeändert werden, da die Felder von den Raum-Zeit-Koordinaten nicht mehr wie Lösungen freier Wellengleichungen abhängen. Da wir die exakten Lösungen der gekoppelten Feldgleichungen (15.3) nicht kennen, kennen wir auch nicht ihre genaue Abhängigkeit von den Koordinaten. In diesem Falle führt man zweckmäßigerweise eine dreidimensionale Fourier-Entwicklung ihrer x Abhängigkeit durch für eine bestimmte Zeit, im allgemeinen wählt man $t = 0$, und beschreibt die zeitliche Entwicklung der Größen durch die Heisenberg-Gleichungen (15.18). Durch formales Integrieren von (15.18) erhalten wir

$$\psi(\mathbf{x},t) = e^{iHt}\psi(\mathbf{x},0)e^{-iHt} \qquad \mathbf{A}(\mathbf{x},t) = e^{iHt}\mathbf{A}(\mathbf{x},0)e^{-iHt} \tag{15.22}$$

und entwickeln dann, wie in (13.50) und (14.33), nach einem vollständigen System ebener Wellenlösungen:

$$\psi(\mathbf{x},0) = \sum_{\pm s} \int \frac{d^3p}{(2\pi)^{3/2}} \sqrt{\frac{m}{E_p}} \, [b(p,s)u(p,s)e^{+i\mathbf{p}\cdot\mathbf{x}} + d^\dagger(p,s)v(p,s)e^{-i\mathbf{p}\cdot\mathbf{x}}]$$

$$\psi^\dagger(\mathbf{x},0) = \sum_{\pm s} \int \frac{d^3p}{(2\pi)^{3/2}} \sqrt{\frac{m}{E_p}} \, [b^\dagger(p,s)\bar{u}(p,s)\gamma_0 e^{-i\mathbf{p}\cdot\mathbf{x}} + d(p,s)\bar{v}(p,s)\gamma_0 e^{+i\mathbf{p}\cdot\mathbf{x}}]$$

$$\mathbf{A}(\mathbf{x},0) = \int \frac{d^3k}{\sqrt{2\omega(2\pi)^3}} \sum_{\lambda=1}^{2} \boldsymbol{\varepsilon}(k,\lambda)[a(k,\lambda)e^{+i\mathbf{k}\cdot\mathbf{x}} + a^\dagger(k,\lambda)e^{-i\mathbf{k}\cdot\mathbf{x}}]$$

$$\dot{\mathbf{A}}(\mathbf{x},0) = \int \frac{d^3k}{\sqrt{2\omega(2\pi)^3}} (-i\omega) \sum_{\lambda=1}^{2} \boldsymbol{\varepsilon}(k,\lambda)[a(k,\lambda)e^{i\mathbf{k}\cdot\mathbf{x}} - a^\dagger(k,\lambda)e^{-i\mathbf{k}\cdot\mathbf{x}}] \tag{15.23}$$

mit $E_p \equiv \sqrt{\mathbf{p}^2 + m^2}$, $\omega = |\mathbf{k}|$; und $u(p,s)$ ist gegeben durch (13.51), $\epsilon(k,\lambda)$ durch (14.29) usw. Für die Operatorentwicklungskoeffizienten $b(p,s)$, $d(p,s)$, $a(k,\lambda)$ und ihre hermitesch konjugierten fordern wir dieselben Vertauschungsrelationen (13.52), (14.35) und (14.36) wie in der Theorie für freie Felder; zusätzlich

$$[a(k,\lambda),b(p,s)] = [a^\dagger(k,\lambda),b(p,s)] = [a(k,\lambda),d(p,s)] = [a^\dagger(k,\lambda),d(p,s)] = 0 \tag{15.24}$$

Dadurch sind die kanonischen Vertauschungsregeln (15.9) und (15.10) sichergestellt für $t = 0$; und folglich nach (15.22) für alle Zeiten t.

Die Felder ohne Zeitabhängigkeit sind im Schrödinger-Bild genommen und stimmen mit den Heisenberg-Feldern (15.22) für die Zeit $t = 0$ überein.

Die formale Übereinstimmung zwischen den in (12.7), (12.57), (13.50) und (14.33) gegebenen Entwicklungen für die freien Felder mit denen für die wechselwirkenden kann durch folgendes Schema zusammengefaßt werden

$$\begin{array}{ccc} \text{Freie Felder} & & \text{Wechselwirkende Felder} \\ a(k,\lambda)e^{-i\omega t} & \rightarrow & e^{iHt}a(k,\lambda)e^{-iHt} \\ a^\dagger(k,\lambda)e^{+i\omega t} & \rightarrow & e^{iHt}a^\dagger(k,\lambda)e^{-iHt} \\ b(p,s)e^{-i\omega t} & \rightarrow & e^{iHt}b(p,s)e^{-iHt} \end{array} \tag{15.25}$$

Die Operatorentwicklungskoeffizienten behalten jedoch nicht mehr ihre einfache physikalische Bedeutung von Erzeuger- und Vernichteroperatoren für einzelne Quanten bestimmter, vorgegebener Masse, wie z.B. in (14.41) für die freien Photonen.

15.5 *Die Selbstenergie des Vakuums; Normalordnung*

Es ist nie schwer, Schwierigkeiten in der Feldtheorie zu finden, und eine tritt schon hier auf. Wenn wir den Vakuumerwartungswert des Gaußschen Gesetzes (15.7) bilden, sehen wir, daß

$$\langle 0|\nabla \cdot \mathbf{E}|0\rangle = e_0\langle 0|\psi^\dagger(x)\psi(x)|0\rangle = e_0 \sum_n |\langle 0|\psi^\dagger(x)|n\rangle|^2$$

wobei die Summe über ein vollständiges System von Zuständen geht. Das heißt: sogar das Vakuum besitzt eine Ladungsdichte und diese ist divergent. Der physikalische Ursprung dieser Ladung ist klar; es ist gerade die unendliche, elektrostatische Ladung der Elektronen in dem See negativer Energie.

Diese unangenehme Situation läßt sich leicht beheben. Man ändert die Theorie, indem man eine gleichförmig verteilte, äußere Hintergrundladung entgegengesetzten Vorzeichens hinzufügt, die das Vakuum neutralisiert. Formal geschieht das am bequemsten, indem man in den obigen Gleichungen, einschließlich der Maxwell-Gleichungen, die Ersetzung

$$\bar{\psi}\gamma_\mu\psi \Rightarrow \tfrac{1}{2}[\bar{\psi},\gamma_\mu\psi] \tag{15.26}$$

macht; d. h. man antisymmetrisiert den elektrischen Strom gegenüber Vertauschung der Dirac-Felder, was der Subtraktion einer unendlichen c-Zahl von Stromoperator $\bar{\Psi}\gamma_\mu\Psi$ gleichkommt. Diese Änderung ist identisch damit, das Operatorprodukt im Strom durch ein Normalprodukt zu ersetzen. Um das zu sehen, gehen wir zurück auf die Felder (15.22) und ihre Entwicklungen im Impulsraum (15.23) und beachten, daß Produkte von zur gleichen Zeit t genommenen Operatoren wechselwirkender Felder durch die Exponentiale $e^{iHt} \ldots e^{-iHt}$, die vom Produkt abspalten, in der Zeit nach $t = 0$ verschoben werden können. Diese Operatoren gehorchen nach (15.24) derselben Algebra wie sie für wechselwirkungsfreie Felder gilt, und das Normalprodukt kann ganz genau wie im Falle freier Felder definiert werden: z. B.

$$:b(p,s)d^\dagger(p',s') + b^\dagger(p,s)b(p',s') + d(p,s)a^\dagger(k,\lambda): \\ = -d^\dagger(p',s')b(p,s) + b^\dagger(p,s)b(p',s') + a^\dagger(k,\lambda)d(p,s)$$

Das ergibt in (15.26)

$$\begin{aligned} \tfrac{1}{2}[\bar{\psi}(x),\gamma_\mu\psi(x)] &= \bar{\psi}(x)\gamma_\mu\psi(x) - \tfrac{1}{2}\{\bar{\psi}(x),\gamma_\mu\psi(x)\} \\ &= :\bar{\psi}(x)\gamma_\mu\psi(x): + \{\bar{\psi}(x)^{(+)},\gamma_\mu\psi(x)^{(-)}\} - \tfrac{1}{2}\{\bar{\psi}(x),\gamma_\mu\psi(x)\} \\ &= :\bar{\psi}(x)\gamma_\mu\psi(x): + 2\delta^3(0)g_{\mu 0} - 2\delta^3(0)g_{\mu 0} \end{aligned} \tag{15.27}$$

wobei die stark singulären Terme, die in der Ladungsdichte mit $\mu = 0$ erscheinen, mit Hilfe der Vertauschungsrelationen für freie Felder für a,b,d usw. berechnet sind und sich kompensieren. Die Indizes $(+)$ und $(-)$ in (15.27) bezeichnen die Teile in (15.23), die proportional zu a,b,d bzw. $a^\dagger,b^\dagger,d^\dagger$ sind. Wie in (15.25) gezeigt, reduzieren sie sich auf die Vernichter- und Erzeugeroperatoren für freie Felder.

Obwohl jetzt noch nicht klar ist, daß (15.26) oder (15.27) den Effekt der Hintergrundladung beschreibt und das Vakuum neutralisiert, dürfen wir aus der Behandlung des nichtwechselwirkenden Dirac-Feldes benutzen, daß der Vakuumerwartungswert eines Normalproduktes verschwindet. Später in Abschnitt 15.12 bei der Diskussion der Invarianz der Quantenelektrodynamik gegen Ladungskonjugation werden wir das Ergebnis

$$\langle 0| :\bar{\psi}(x)\gamma_\mu\psi(x): |0\rangle = 0$$

als Folge dieser Symmetrieoperation bestätigen. Für den Moment nehmen wir es für j_μ an, indem wir schreiben

$$\begin{aligned} H = \int d^3x\, \mathcal{H}(x) &= \int d^3x\, :\psi^\dagger(x)[\boldsymbol{\alpha}\cdot(-i\nabla - e_0\mathbf{A}(x)) + \beta m_0]\psi(x) \\ &\quad + \frac{1}{2}[\dot{\mathbf{A}}(x)^2 + (\nabla\times\mathbf{A}(x))^2]: + \frac{e_0^2}{8\pi}\int \frac{d^3x\, d^3y}{|\mathbf{x}-\mathbf{y}|}[:\rho(\mathbf{x},t):\ :\rho(\mathbf{y},t):] \end{aligned} \tag{15.28}$$

Wir können weiter vom Hamilton-Operator seinen Vakuumerwartungswert abziehen, so daß alle Energien relativ zum Vakuum gemessen werden. Diese Wahl ergibt

$$\langle 0|H|0\rangle = 0$$

und bedeutet, daß einige hinderliche Divergenzen nicht diskutiert zu werden brauchen. Die erste ist die Nullpunktsenergie der Feldoszillatoren; z. B.

$$\langle 0|\mathbf{\AA}^2(x)|0\rangle = \infty$$

wie in Zusammenhang mit der Klein-Gordon-Theorie diskutiert wurde, [vgl. (12.46)]. Dann gibt es eine zusätzliche Divergenz im letzten Term von (15.28), die auftritt, weil die Ladungsdichte $:\rho(x):$ ein Operator ist, der nicht mit H vertauscht, obwohl es die Gesamtladung $Q \equiv \int :\rho(x): d^3x$ tut:

$$[Q,H] = 0$$

Folglich gibt es Fluktuationen in der Ladungsdichte des Vakuums und verbunden mit diesen Fluktuationen eine stark divergente Coulomb-Energie.

Die Existenz dieser Fluktuationsenergien des Vakuums stellt die Frage nach seiner Existenz überhaupt. Wegen der großen Kompliziertheit der gekoppelten Feldgleichungen kann man keine exakten Lösungen bestimmen, und es konnte vom Formalismus her tatsächlich noch nicht gezeigt werden, daß der Vakuumzustand existiert, d. h., daß eine untere Schranke für das Energiespektrum des Hamilton-Operators existiert. Es ist nicht möglich, mit der Aufstellung einer vernünftigen physikalischen Theorie zu beginnen, ohne auf die experimentelle Evidenz für die Existenz des Vakuums zu verweisen. Daß diese Frage nichttrivial ist, sieht man, wenn man eine Theorie betrachtet, in der die Antiteilchen die Teilchen abstoßen. Es könnte dann für die dauernde Erzeugung von Paaren energetisch günstiger sein, daß die dazu nötige Energie gewonnen wird durch die Änderung der potentiellen Energie, wenn Teilchen und Antiteilchen sich voneinander entfernen[1].

Es ist leicht zu sehen, welche Wirkung die Normalordnungsvorschrift für H in (15.28) und die entsprechende Normalordnung für P und $M_{\mu\nu}$ in (15.17) und (15.19) auf die Diskussion der Lorentz- und Translationsinvarianz der Quantenelektrodynamik haben, wie sie in Abschnitt 15.3 gegeben wurde. Der einzige Effekt ist der, daß die sich anstelle von (15.3) ergebenden Feldgleichungen in normalgeordneter Form zu schreiben sind

$$(i\nabla\!\!\!/ - m_0)\psi(x) = e_0 :A\!\!\!/\psi(x): \qquad \frac{\partial F^{\mu\nu}(x)}{\partial x^\nu} = e_0 :\bar{\psi}(x)\gamma^\mu\psi(x): \qquad (15.29)$$

In Zukunft sind alle Produkte automatisch als Normalprodukte zu verstehen. Die Vakuumsubtraktion hat keine Bedeutung, da sie nichts anderes bedeutet als das Abziehen einer (möglicherweise unendlichen) c-Zahl in der Definition von H.

---
[1] F. J. DYSON, *Phys. Rev.*, **85**, 631 (1952).

15.6 *Andere Wechselwirkungen*

Es liegt nahe, den bisher entwickelten Lagrange-Formalismus zu erweitern, um Wechselwirkungen anderer Teilchen zu behandeln, wie z. B. von Mesonen und Nukleonen. Ein direkter, obgleich unanschaulicher Weg dazu wäre, jedem Teilchen ein Feld zuzuordnen, das einer seinen bekannten Eigenschaften wie Spin, Masse und Ladung entsprechenden Wellengleichung genügt. Die Wechselwirkungen der Teilchen werden dann der Wechselwirkung von Dirac- oder skalaren Teilchen mit dem elektromagnetischen Feld nachgebildet und als lokal und als aus einer Lagrange-Dichte ableitbar angenommen. Zusätzlich fordern wir, daß die Wechselwirkungen invariant gegen Koordinatentranslationen und eigentliche Lorentz-Transformationen sind. Wenn sich die Wechselwirkungen bestimmter Teilchen als invariant unter uneigentlichen Symmetrien, wie z. B. der Parität, Zeitumkehr oder Ladungskonjugation, erweisen, so können weitere Forderungen gestellt werden. Schließlich schränken die Erhaltungssätze für die Nukleonenzahl, Leptonenzahl und die elektrische Ladung, und auch „Fast"-Erhaltungssätze für den Isospin und die Seltsamkeit (strangeness) die mögliche Form der Wechselwirkung weiter ein.

Als weniger physikalisches Prinzip benutzen wir schließlich noch das der Einfachheit zur Begründung unseres Vorgehens. Das taten wir z. B. in Kap. 10 bei der Diskussion der Meson-Nukleon-Streuung. Dort wurden in der Ladungs-unabhängigen Näherung die Wellengleichungen (10.33) und (10.34) bestimmt zu

$$(i\nabla\!\!\!\!/ - M_0)\Psi = g_0 i\gamma_5(\boldsymbol{\tau}\cdot\boldsymbol{\phi})\Psi$$
$$(\Box + \mu_0^2)\boldsymbol{\phi} = -g_0\bar{\Psi}i\gamma_5\boldsymbol{\tau}\Psi$$

wobei das Nukleonenfeld die Isospinkomponenten

$$\Psi(x) = \begin{bmatrix}\psi_p(x)\\ \psi_n(x)\end{bmatrix}$$

und das π-Mesonen-Feld die Komponenten

$$\boldsymbol{\phi}(x) = \left(\frac{\varphi_+(x) + \varphi_-(x)}{\sqrt{2}},\, i\,\frac{\varphi_+(x) - \varphi_-(x)}{\sqrt{2}},\, \varphi_0(x)\right)$$

hat. Diese Wellengleichungen lassen sich jetzt aus der Lagrange-Dichte

$$\mathfrak{L} = \bar{\Psi}(i\nabla\!\!\!\!/ - M_0)\Psi + \frac{1}{2}\left[\left(\frac{\partial\boldsymbol{\phi}}{\partial x_\mu}\right)\cdot\left(\frac{\partial\boldsymbol{\phi}}{\partial x^\mu}\right) - \mu_0^2\boldsymbol{\phi}\cdot\boldsymbol{\phi}\right] - ig_0\bar{\Psi}\gamma_5\boldsymbol{\tau}\Psi\cdot\boldsymbol{\phi} \tag{15.30}$$

durch unabhängige Variation bezüglich $\Psi(x)$ und $\boldsymbol{\phi}(x)$ ableiten. Wir haben an den Massen und Kopplungskonstanten wieder Indizes angebracht, die andeuten sollen, daß diese Größen nicht mit den beobachteten Massen und Kopplungsparametern identifiziert werden dürfen, sondern durch Renormierungseffekte, ähnlich denen, die in Kap. 8 bei der Wechselwirkung von Photonen und Elektronen auftraten, geändert werden.

Wir stellen an dieser Stelle die Zwangslosigkeit fest, mit der befriedigende, gekoppelte Feldgleichungen aus $\mathscr{L}$ abgeleitet werden können. Anstelle der langwierigen Argumente aus Kap. 10 bezüglich der Vorzeichen [z. B. (10.19), (10.21), (10.24)] tritt die Aussage, daß für $g_0 \to 0$ sich $\mathscr{L}$ reduziert auf die Summe von Lagrange-Dichten für freie Felder, deren Vorzeichen dadurch bestimmt sind, daß die Hamilton-Dichte für freie Teilchen eine positiv definite Größe sein muß. Der Wechselwirkungsterm in (15.30) ist eindeutig bestimmt durch die Forderung, daß

1. er keine Ableitungen enthält,
2. er linear im Mesonenfeld und bilinear im Nukleonenfeld ist (das impliziert Vertizes der in den Abb. 10.4 und 10.5 angegebenen Struktur),
3. er die Rotationsinvarianz im Isospinraum erhält, die die freien Lagrange-Dichten erfüllen.

Wir weisen noch einmal darauf hin, daß die Lagrange-Dichte (15.30) nicht mehr als eine grobe Vermutung ist. Andere Wechselwirkungsterme wie

$$\frac{f}{\mu}\,\bar{\Psi}(x)\gamma_5\gamma_\mu\boldsymbol{\tau}\Psi(x)\cdot\frac{\partial\boldsymbol{\phi}(x)}{\partial x_\mu} \qquad \text{oder} \qquad g\bar{\Psi}(x)\Psi(x)(\boldsymbol{\phi}\cdot\boldsymbol{\phi})^4$$

könnten vorkommen. Der erste Term ist unbeliebt, da er bei der Störungstheorie zu einer auch nach der Renormierung der Masse und der Wechselwirkungskonstanten noch divergenten Theorie führt. Der zweite Term verletzt das „Prinzip maximaler Einfachheit"; wenn er vorkäme, so zusätzlich zu dem Term in (15.30), jedoch nicht an dessen Stelle, da er selbst nicht Prozesse mit Erzeugung eines Mesons zu beschreiben gestattet[1].

Eine Möglichkeit, das singuläre Verhalten einer Theorie, die Wechselwirkungsterme mit Ableitungen enthält, bei großen Energien teilweise zu umgehen, ist die Einführung von Formfaktoren, die die Wechselwirkung ausschmieren. Man schreibt z.B.

$$\mathfrak{L}'(x) = \int d^4y\, d^4\ldots\; g\bar{\Psi}(z)\gamma_5\gamma_\mu\boldsymbol{\tau}\Psi(y)\cdot\frac{\partial\boldsymbol{\phi}(z)}{\partial z_\mu}\,F((x-y)^2,(x-z)^2)$$

---

[1] „Maximale Einfachheit" kann unter Umständen recht kompliziert sein. Zum Beispiel enthält die („einfache") Einstein-Lagrange-Dichte für das Gravitationsfeld eine Quadratwurzel der Determinante des metrischen Tensors, ist also von unserem Standpunkt hier sehr kompliziert gebaut.

Dieser Ausdruck ist Lorentz-invariant und Form-invariant gegen Translationen. Jedoch ist er nichtlokal, da lokale Variationen im Pionfeld bei z das Nukleonfeld an anderen Raum-Zeit-Punkten beeinflussen; das verletzt die Philosophie, die wir in Kap. 11 vereinbart haben. Außerdem ist es sehr schwierig mit solchen Ausdrücken umzugehen[1].

Lagrange-Dichten mit komplizierten Wechselwirkungstermen sind eigentlich unerforscht. Es fehlt die zwingende physikalische Begründung für die Wahl des einen oder des anderen Termes. Die oben erwähnten Möglichkeiten sollten jedoch nicht übersehen werden.

Bevor wir weiter fortfahren, stellen wir fest, daß die Methode, für jedes Teilchen in der Natur ein eigenes Feld und getrennte Wechselwirkungsterme einzuführen, ein zweifelhaftes und höchstens phänomenologisches Verfahren ist. Es ist nicht bekannt, welche der in der Natur vorkommenden Teilchen möglicherweise „gebundene Zustände" oder „Anregungszustände" fundamentalerer Felder sind[2]. Tatsächlich geht der augenblickliche Trend dahin, zu versuchen, die Theorie ohne Benutzung von Lagrange-Dichten zu formulieren und allein auf den fundamentalen Axiomen der Feldtheorie aufzubauen. Anstatt über die Lagrange-Dichte „nackte" Teilchen einzuführen, die dann „angezogen" werden, d. h., die infolge ihrer Wechselwirkungen eine Struktur bekommen, geht man aus von den wirklich existierenden physikalischen Teilchen und „entkleidet" sie dann nach und nach, indem man ihre Strukturen untersucht, beginnend mit denen der größten räumlichen Ausdehnung. Man ist optimistisch, daß ein solches Programm, das in seinem Ansatz auch phänomenologischer Natur ist, in den physikalischen Konsequenzen im wesentlichen dem Lagrange-Formalismus äquivalent ist[3].

15.7 *Symmetrie-Eigenschaften der Wechselwirkungen*

Bei der Konstruktion von Wechselwirkungstermen haben uns hauptsächlich das Experiment und das Prinzip der Einfachheit den Weg gewiesen. Wenn wir Lagrange-Dichten für physikalische Systeme niederschreiben, sollte jedem im Labor beobachteten Erhaltungssatz eine Symmetrieeigenschaft von $\mathcal{L}$ zugeordnet werden können. Die Erhaltung von Energie, Impuls und Drehimpuls wurden unter diesem Gesichtspunkt in

[1] Einige Probleme, die in nichtlokalen Quantenfeldtheorien auftreten, sind behandelt in M. CHRETIEN und R. E. PEIERLS, *Proc. Roy. Soc. (London)*, **A 223**, 468 (1954).

[2] Obwohl lokale Felder für zusammengesetzte Teilchen angegeben werden können [K. BAUMANN, *Z. Physik*, **152**, 448 (1948); K. NISHIJIMA, *Progr. Theoret. Phys. (Kyoto)*, **11**, 995 (1958) und W. ZIMMERMANN, *Nuovo Cimento*, **10**, 567 (1958)], sind die Wellengleichungen, denen sie genügen, zweifellos sehr kompliziert, und der Lagrange-Formalismus ist zu ihrer Behandlung nicht recht geeignet.

[3] Vgl. z. B. G. F. CHEW, *Physics* **1**, 77 (1964).

Kap. 11 diskutiert, und die von uns angegebenen Lagrange-Dichten besitzen von vornherein die Translations- und Lorentz-Invarianz. Die Erhaltung von Ladung, Nukleonenzahl, Isospin usw. können in Beziehung zu „inneren" Symmetrien der Lagrange-Dichte gebracht werden. Wie wir in Kap. 11 zeigten [vgl. (11.58) und folgende] führt die Invarianz von $\mathscr{L}$ unter einer lokalen Transformation der Felder von der Form

$$\varphi_r(x) \to \varphi_r(x) - i\epsilon\lambda_{rs}\varphi_s(x) \tag{15.31}$$

wobei ε ein infinitesimaler Parameter ist, zu dem erhaltenen Strom

$$\begin{aligned} J_\mu(x) &= -i\,\frac{\partial\mathfrak{L}}{\partial(\partial\varphi_r(x)/\partial x_\mu)}\,\lambda_{rs}\varphi_s(x) \\ \frac{\partial J_\nu(x)}{\partial x_\mu} &= 0 \end{aligned} \tag{15.32}$$

und der erhaltenen „Ladung"

$$\begin{aligned} Q = \int d^3x\, J_0(x) &= -i\int d^3x\,\frac{\partial\mathfrak{L}}{\partial\dot\varphi_r(x)}\,\lambda_{rs}\varphi_s(x) \\ \frac{\partial Q}{\partial t} &= 0 \end{aligned} \tag{15.33}$$

Auf diese Weise können wir z. B. den elektromagnetischen Strom geladener Teilchen finden. Die Lagrange-Dichte der Elektronen und Photonen ist invariant gegen die Phasen-Transformation

$$\psi(x) \to \psi(x) - i\epsilon\psi(x) \qquad A_\mu(x) \to A_\mu(x) \tag{15.34}$$

die nach (15.32) auf den erhaltenen elektromagnetischen Strom

$$j_\mu(x) = -i\,\frac{\partial\mathfrak{L}}{\partial(\partial\psi/\partial x_\mu)}\,\psi(x) = \bar\psi(x)\gamma_\mu\psi(x) \tag{15.35}$$

führt; ein ähnliches Ergebnis erhält man für geladene Klein-Gordon-Teilchen.

Beim Übergang zur Quantenmechanik wird $j_\mu(x)$ ein Operator, und es ist zweckmäßig, ihn wie in (15.26) und (15.27) in Normalordnung zu bringen[1]; d. h. $j_\mu(x) \to :\bar\Psi(x)\gamma_\mu\Psi(x):$. Das ändert die Erhaltungssätze nicht, da wir nur eine konstante Zahl (möglicherweise eine unendlich große) ohne Raum-Zeit-Abhängigkeit abziehen

$$\langle 0|j_\mu(x)|0\rangle = \langle 0|e^{iP\cdot x}j_\mu(0)e^{-iP\cdot x}|0\rangle = \langle 0|j_\mu(0)|0\rangle$$

Wie im Falle von P_μ und $M_{\mu\nu}$ wird die erhaltene Größe Q in (15.33) der *Erzeuger* der gewünschten Transformation. Wenn wir den unitären Operator bilden

$$U(\epsilon) = e^{i\epsilon Q} \approx 1 + i\epsilon Q \tag{15.36}$$

[1] Im folgenden nehmen wir stets die Vakuumsubtraktion bei der Behandlung von Erhaltungsgrößen als durchgeführt an.

in dem ε ein infinitesimaler Parameter und Q ein hermitescher Operator ist, finden wir für (15.31)

$$U(\epsilon)\varphi_r(x)U^{-1}(\epsilon) = \varphi_r(x) + i\epsilon[Q,\varphi_r(x)]$$
$$= \varphi_r(x) - i\epsilon\lambda_{rs}\varphi_s(x) \qquad (15.37)$$

oder
$$[Q,\varphi_r(x)] = -\lambda_{rs}\varphi_s(x)$$

in Analogie zu (11.69) und (11.70) In der kanonischen Feldtheorie mit den Vertauschungsrelationen (11.39) ergibt (15.37)

$$Q = -i\int d^3x\ :\pi_r(x)\lambda_{rs}\varphi_s(x): \qquad (15.38)$$

in Übereinstimmung mit (15.33). Auch für mit Antikommutatoren quantisierte Theorien können wir zeigen, daß (15.38) der Erzeuger für die gewünschte Symmetrietransformation ist, vorausgesetzt, daß λ_{rs} nur Fermi-Felder miteinander koppelt, die folgende gleichzeitige *Antivertauschungsrelationen* erfüllen:

$$\{\psi_{i,\alpha}(\mathbf{x},t),\psi^\dagger_{j,\beta}(\mathbf{x}',t)\} = \delta_{\alpha\beta}\delta_{ij}\delta^3(\mathbf{x}-\mathbf{x}')$$
$$\{\psi_{i,\alpha}(\mathbf{x},t),\psi^\dagger_{j,\beta}(\mathbf{x}',t)\} = 0 \qquad (15.39)$$
$$\{\psi^\dagger_{i,\alpha}(\mathbf{x},t),\psi^\dagger_{j,\beta}(\mathbf{x}',t)\} = 0$$

wobei α, $\beta = 1, 2, 3, 4$ die Spinorkomponenten und $i, j = 1, 2, \ldots$ verschiedene Fermi-Felder wie z. B. Protonen und Neutronen bezeichnen.

Bei den folgenden Ausführungen werden wir stets fordern, daß verschiedene Fermi-Felder gemäß (15.39) antikommutieren statt miteinander zu kommutieren, daß verschiedene Bose-Felder gemäß (11.39) kommutieren und daß Fermi-Felder und Bose-Felder zu gleichen Zeiten *kommutieren*[1]. Für die Theorie freier Felder bedeutet diese Wahl der Vertauschungsregeln lediglich eine Phasenkonvention. Für wechselwirkende Felder kommt man jedoch schon bei den Heisenberg-Bewegungsgleichungen auf Schwierigkeiten, wenn man nicht die Antikommutatoren benutzt. Zum Beispiel lautet der Hamilton-Operator für unser Modell (15.30) der Meson-Nukleonen-Wechselwirkung

$$H = \int d^3x[\Psi^\dagger(-i\boldsymbol{\alpha}\cdot\nabla + \beta M_0)\Psi + \tfrac{1}{2}(\boldsymbol{\pi}\cdot\boldsymbol{\pi} + \nabla\boldsymbol{\phi}\cdot\nabla\boldsymbol{\phi} + \mu_0^2\boldsymbol{\phi}\cdot\boldsymbol{\phi})$$
$$+ ig_0\bar{\Psi}\gamma_5\boldsymbol{\tau}\cdot\boldsymbol{\phi}\Psi] \qquad (15.40)$$

und die Protonenfeldgleichung lautet

$$(i\nabla\!\!\!/ - M_0)\psi_p(x) = ig_0\gamma_5(\sqrt{2}\ \varphi_+(x)\psi_n(x) + \varphi_0(x)\psi_p(x))$$

---

[1] Wir weichen von den kanonischen Regeln (11.39) für Photonen ab, da die Komponenten des elektromagnetischen Potentials nicht alle voneinander unabhängig sind. Für diese benutzen wir (15.9) in der Strahlungseichung. Änderungen in ihren Vertauschungseigenschaften mit anderen Feldern treten nicht auf.

Um die Heisenberg-Gleichung

$$[H, \psi_p(x)] = -i \frac{\partial \psi_p(x)}{\partial t}$$

zu beweisen, müssen wir annehmen, daß $\Psi_p(\mathbf{x},t)$ mit der Bilinearform $\Psi_n^\dagger(\mathbf{x},t) \dots \Psi_n(\mathbf{x},t)$ vertauscht und ebenso

$$\{\psi_p(\mathbf{x},t),\ \varphi_+(\mathbf{x},t)\psi_n(\mathbf{x},t)\} = 0 \tag{15.41}$$

Unsere Wahl der Vertauschungsrelationen erfüllt diese Forderungen, wie wir sofort sehen werden. Auch sind bei dieser Wahl die Vertauschungsrelationen (15.39) invariant gegen die Transformation (15.37) und die durch die transformierten Felder

$$\varphi_r'(x) = U(\epsilon)\varphi_r(x)U^{-1}(\epsilon) \tag{15.42}$$

ausgedrückte Theorie ist ungeändert gegenüber der ursprünglichen, durch die $\varphi_r(x)$ ausgedrückte Form.

15.8 *Starke Wechselwirkungen von Pi-Mesonen und Nukleonen*

Die interessantesten Anwendungen dieser Symmetriebetrachtungen lassen die starken Wechselwirkungen zu. Wir beginnen mit den π-Meson-Nukleon-Wechselwirkungen. Die Modell-Lagrange-Dichte (15.30) ist invariant gegen gleichzeitige Phasenänderung der Neutron- und Protonfelder

$$\Psi \rightarrow \Psi - i\epsilon\Psi \tag{15.43}$$

Diese Transformation entspricht der Matrix $\lambda_{rs} = \delta_{rs}$ $(r,s = 1, 2)$ in (15.37) und führt nach (15.32) zu dem erhaltenen Strom

$$J_\mu^N(x) = \bar{\Psi}\gamma_\mu\Psi = J_\mu^p(x) + J_\mu^n(x) \tag{15.44}$$

und nach (15.33) zu der Erhaltungsgröße

$$N = \int d^3x\, J_0^N(x) = \int d^3x\, \{\psi_p^\dagger\psi_p + \psi_n^\dagger\psi_n\} = N_p + N_n \tag{15.45}$$

die wir als Nukleonzahl bezeichnen. Diesen Erhaltungssatz hatten wir schon in (10.39) und (10.40) gefunden. Für eine wechselwirkungsfreie Theorie kann man N deuten als Zahl der Protonen plus der Neutronen minus der Zahl der Antiprotonen plus Antineutronen. Wenn Wechselwirkungen eingeschaltet werden, kann man nicht länger exakt rechnen. Unter sehr plausiblen Annahmen über die Natur der Zustände des wechselwirkenden Systems, die auf Seite 150 diskutiert werden, kann N jedoch wie oben interpretiert werden, vorausgesetzt, daß N weiter eine Konstante der Bewegung ist.

Die Modell-Lagrange-Dichte (15.30) besitzt auch eine Symmetrie, die der Ladungserhaltung entspricht. Bei dieser Transformation werden nur die geladenen Teilchen einer gemeinsamen Phasentransformation unterworfen, die $\mathscr{L}$ in (15.30) invariant läßt

$$\begin{aligned} \psi_p &\to \psi_p - i\epsilon\psi_p \\ \psi_n &\to \psi_n \\ \varphi_+ &\to \varphi_+ - i\epsilon\varphi_+ \\ \varphi_- = \varphi_+^* &\to \varphi_- + i\epsilon\varphi_- \\ \varphi_0 &\to \varphi_0 \end{aligned} \tag{15.46}$$

In der Isospinschreibweise heißt das

$$\Psi \to \Psi - i\epsilon\left(\frac{1+\tau_3}{2}\right)\Psi \qquad \boldsymbol{\phi} \to \boldsymbol{\phi} - \epsilon(\boldsymbol{\phi} \times \hat{\boldsymbol{\phi}}_0) \tag{15.47}$$

wobei $\boldsymbol{\phi}_0 = (0,0,1)$, wie im Isospinformalismus in (10.36) eingeführt. Die Invarianz von (15.30) gegen diese Transformation läßt sich explizit nachweisen und führt auf den erhaltenen elektromagnetischen Strom, nach (15.32) und (15.33),

$$j_\mu(x) = \bar{\Psi}\gamma_\mu\left(\frac{1+\tau_3}{2}\right)\Psi - \left(\frac{\partial\boldsymbol{\phi}}{\partial x^\mu} \times \boldsymbol{\phi}\right)\cdot\hat{\boldsymbol{\phi}}_0 \tag{15.48}$$

$$Q = \int j_0(x)\, d^3x = \int d^3x\, [\psi_p^\dagger(x)\psi_p(x) + \varphi_1(x)\dot{\varphi}_2(x) - \varphi_2(x)\dot{\varphi}_1(x)]$$

Diese Ausdrücke stimmen mit den entsprechenden (10.37) und (10.38) der früheren Propagatordiskussion überein.

Die Invarianz der Lagrange-Dichte (15.30) gegen Rotationen im Isospinraum führt zum Erhaltungssatz für den Isospin. Wir überlassen dem Leser den expliziten Beweis für die Invarianz von (15.30) gegenüber Rotationen der Form

$$\Psi \to \Psi - i\epsilon\, \tfrac{1}{2}\boldsymbol{\tau}\cdot\hat{\boldsymbol{\phi}}\Psi \qquad \boldsymbol{\phi}(x) \to \boldsymbol{\phi}(x) - \epsilon(\boldsymbol{\phi}(x) \times \hat{\boldsymbol{\phi}}) \tag{15.49}$$

wobei $\boldsymbol{\phi}$ die Folge der Einheitsvektoren bezeichnet: $\boldsymbol{\phi}_1 = (1,0,0)$, $\boldsymbol{\phi}_2 = (0,1,0)$, $\boldsymbol{\phi}_3 = 0,0,1)$. Aus (15.32) und (15.49) folgt für den erhaltenen Isospinstrom

$$\mathbf{J}_\mu(x) = \tfrac{1}{2}\Psi\gamma_\mu\boldsymbol{\tau}\Psi + \left(\boldsymbol{\phi} \times \frac{\partial\boldsymbol{\phi}}{\partial x^\mu}\right) \tag{15.50}$$

und die drei Komponenten des Isospin

$$\mathbf{I} = \int d^3x\, [\tfrac{1}{2}\Psi^\dagger\boldsymbol{\tau}\Psi + (\boldsymbol{\phi} \times \dot{\boldsymbol{\phi}})] \tag{15.51}$$

sind Konstanten der Bewegung. Auch diese Ausdrücke stimmen überein mit (10.43) und (10.44). Die Summe von (15.45) und der dritten Komponente von (15.51) ergibt zusammen mit (15.48) die Relation

$$Q = \frac{N}{2} + I_3 \tag{15.52}$$

die wir schon in (10.41) gefunden hatten. Mit Hilfe der Vertauschungsregeln können wir weiter beweisen, daß die Komponenten von I in (15.51) die Drehimpulsvertauschungsregeln erfüllen.

$$[I_i, I_j] = iI_k \tag{15.53}$$

so daß wir, wie bei unserer Propagatordiskussion in Kap. 10, die Zustände durch die Eigenwerte von I_3 und I^2 kennzeichnen können.

Wir haben also gefunden, daß unserer Modell-Lagrange-Dichte (15.30) die Symmetrieoperationen (15.43), (15.47) und (15.49) zugeordnet sind, die den Erhaltungssätzen für Nukleonenzahl, Ladung und Isospin entsprechen. Obwohl das Modell (15.30) sicher ungeeignet für die Beschreibung der vollen π-Meson-Nukleon-Wechselwirkung ist, haben wir beim Versuch, allgemeinere Modelle zu entwickeln, doch diese und andere Symmetrien beizubehalten, die durch beobachtete Auswahlregeln bewiesen sind.

15.9 *Symmetrien der seltsamen Teilchen*

Die Verwendung von Symmetrieforderungen, die die Existenz beobachteter Bewegungskonstanten sicherstellen sollen, ist auch zweckmäßig bei der Einführung von Lagrange-Dichten für die Hyperonen und K-Mesonen, die ebenfalls stark wechselwirken. Nach der Entdeckung, daß diese Teilchen in Ladungsmultipletten vorkommen und daß ihre starken Wechselwirkungen bestimmten Auswahlregeln unterliegen, liegt es nahe, Lagrange-Dichten einzuführen, die Symmetrieoperationen genügen, die durch die beobachteten Konstanten der Bewegung erzeugt werden.

Wir bezeichnen als „seltsame (strange) Teilchen" außer den Leptonen, π-Mesonen und Nukleonen diejenigen Teilchen, die in Abwesenheit schwacher Wechselwirkungen stabil sind[1].

Die seltsamen Teilchen sind in dem Energieniveau-Diagramm in Abb. 15.1 auf Seite 108 dargestellt. Wie üblich haben wir nur die Teilchen und nicht die Antiteilchen eingezeichnet, indem wir die Baryonen (N, Σ, Λ, Ξ) und Leptonen (μ, e, ν, ν') angegeben haben. Das Experiment liefert wie immer die notwendigen Anhaltspunkte dafür, welches die Teilchen und

[1] Das Σ^0 wird wie das π^0 zu dieser Gruppe gezählt, obwohl es elektromagnetisch zerfällt ($\Sigma^0 \to \Lambda^0 + \gamma$); das Ω^--Teilchen wird nicht dazu gerechnet.

welches die Antiteilchen sind. In unserem Falle hier beobachtet man strenge Erhaltung der Gesamtzahl der Baryonen minus der Antibaryonen – entsprechend für die Leptonen –, wodurch das Ξ^- und nicht sein positiv geladenes Antiteilchen $\overline{\Xi^-}$ als das Baryon in der Klassifikation der Abb. 15.1 ausgewiesen wird. Bei den Mesonen sind in der Abbildung Teilchen

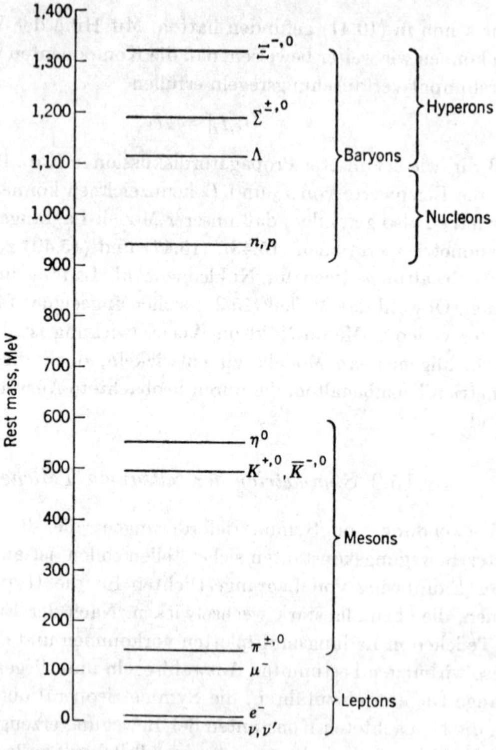

Abb. 15.1 **Energieniveaudiagramm für die tiefstliegenden Baryonen, Mesonen und Leptonen.**

und Antiteilchen eingetragen. Das π^- und K^- sind die entgegengesetzt geladenen Antiteilchen zu π^+ bzw. K^+. Das π^0 ist sein eigenes Antiteilchen; es trägt keine Ladung. Das K^0 andererseits ist von seinem Antiteilchen $\overline{K}^0$ unterscheidbar; z. B. beobachtet man die Reaktion

$$\pi^- + p \rightarrow \Lambda^0 + K^0 \tag{15.54a}$$

nicht jedoch

$$K^0 + p \rightarrow \Lambda^0 + \pi^+ \tag{15.54b}$$

Außer am Σ^0 und Ξ^0 hat man an den Baryonen den Spin $\frac{1}{2}$ und an den K-Mesonen den Spin 0 gemessen. Wenn man für alle Baryonen den Spin $\frac{1}{2}$ annimmt, so lassen sie sich in Abwesenheit von Wechselwirkungen durch Dirac-Gleichungen mit entsprechenden Massen beschreiben, während die π- und K-Mesonen durch Klein-Gordon-Gleichungen beschrieben werden können[1].

Die Multiplettstruktur der Massenniveaus in Abb. 15.1 weist darauf hin, daß der Isospinformalismus, der für die π-Mesonen und Nukleonen entwickelt wurde, auch bei den seltsamen Teilchen angewendet werden kann. Da alle bisherigen experimentellen Ergebnisse für die Gültigkeit des Gesetzes der Isospinerhaltung bei starken Wechselwirkungen von Mesonen und Baryonen sprechen, benutzt man zu ihrer Beschreibung zweckmäßigerweise den Isospinformalismus. Die Erhaltung des Isospin können wir dann garantieren durch die Forderung, daß die Lagrange-Dichte in Abwesenheit elektromagnetischer Korrekturen invariant gegen Drehungen im Isospinraum ist.

Im Isospinraum wird das Σ-Feld durch einen Vektor beschrieben, ähnlich dem für π-Mesonen in (15.30):

$$\boldsymbol{\Psi}_\Sigma(x) = \left(\frac{\psi_{\Sigma^+}(x) + \psi_{\Sigma^-}(x)}{\sqrt{2}}, \frac{i[\psi_{\Sigma^+}(x) - \psi_{\Sigma^-}(x)]}{\sqrt{2}}, \psi_{\Sigma^0}(x)\right) \tag{15.55}$$

In der Theorie wechselwirkungsfreier Felder vernichtet $\Psi_{\Sigma^+}(x)$ ein Σ^+-Teilchen oder erzeugt ein Anti-Σ^+, während $\Psi_{\Sigma^-}(x)$ ein Σ^- vernichtet oder ein Anti-Σ^- erzeugt. Da Hyperonen von Antihyperonen unterscheidbar sind, d. h., daß sich das Σ^+ vom Anti-Σ^- unterscheidet, ist das Feld $\Psi_\Sigma(x)$ nicht hermitesch, wie es der entsprechende π-Mesonen-Isovektor war. Das zu (15.55) hermitesch konjugierte Feld lautet

$$\boldsymbol{\Psi}_\Sigma^\dagger(x) = \left(\frac{\psi^\dagger_{\Sigma^+}(x) + \psi^\dagger_{\Sigma^-}(x)}{\sqrt{2}}, \frac{-i[\psi^\dagger_{\Sigma^+}(x) - \psi^\dagger_{\Sigma^-}(x)]}{\sqrt{2}}, \psi^\dagger_{\Sigma^0}(x)\right)$$

Das Λ wird im Isospinraum durch einen Skalar beschrieben, und die Ξ-Teilchen sowie das K-Meson durch Isospinoren, ähnlich denen für das Nukleon:

$$\Psi_\Xi(x) = \begin{bmatrix} \psi_{\Xi^0}(x) \\ \psi_{\Xi^-}(x) \end{bmatrix} \tag{15.56}$$

$$\Phi_K(x) = \begin{bmatrix} \varphi_{K^+}(x) \\ \varphi_{K^0}(x) \end{bmatrix} \tag{15.57}$$

[1] Vgl. M. Gell-Mann und Y. Ne'eman, „The Eightfold Way", W. A. Benjamin, Inc., New York, 1955, für eine Diskussion der theoretischen Verfahren zur Untersuchung der Symmetriebeziehungen zwischen den acht Baryonen und Mesonen (einschließlich des η).

Mit den obigen Bezeichnungen transformieren sich die verschiedenen Felder bei einer infinitesimalen Rotation um eine beliebige Achse $\underline{\hat{\mathbf{u}}}$ im Isospinraum gemäß

$$
\begin{aligned}
\boldsymbol{\phi}_\pi &\to \boldsymbol{\phi}_\pi - \epsilon \boldsymbol{\phi}_\pi \times \hat{\mathbf{u}} \\
\Phi_K &\to \Phi_K - \frac{i\epsilon}{2} \boldsymbol{\tau} \cdot \hat{\mathbf{u}} \Phi_K \\
\Psi_N &\to \Psi_N - \frac{i\epsilon}{2} \boldsymbol{\tau} \cdot \hat{\mathbf{u}} \Psi_N \\
\Psi_\Lambda &\to \Psi_\Lambda \\
\boldsymbol{\Psi}_\Sigma &\to \boldsymbol{\Psi}_\Sigma - \epsilon \boldsymbol{\Psi}_\Sigma \times \hat{\mathbf{u}} \\
\Psi_\Xi &\to \Psi_\Xi - \frac{i\epsilon}{2} \boldsymbol{\tau} \cdot \hat{\mathbf{u}} \Psi_\Xi
\end{aligned}
\tag{15.58}
$$

Der erhaltene Isospinstrom folgt aus (15.58) und (15.32) oder (15.37) und lautet[1]

$$
\begin{aligned}
\mathbf{J}_\mu(x) = {}& \tfrac{1}{2} \bar{\Psi}_N \gamma_\mu \boldsymbol{\tau} \Psi_N + \tfrac{1}{2} \bar{\Psi}_\Xi \gamma_\mu \boldsymbol{\tau} \Psi_\Xi - i \bar{\boldsymbol{\Psi}}_\Sigma \gamma_\mu \times \boldsymbol{\Psi}_\Sigma \\
& + \boldsymbol{\phi}_\pi \times \frac{\partial \boldsymbol{\phi}_\pi}{\partial x^\mu} + \tfrac{1}{2} i \left(\Phi_K^\dagger \boldsymbol{\tau} \frac{\partial \Phi_K}{\partial x^\mu} - \frac{\partial \Phi_K^\dagger}{\partial x^\mu} \boldsymbol{\tau} \Phi_K \right)
\end{aligned}
\tag{15.59}
$$

und der erhaltene Gesamtisospin ist

$$
\mathbf{I} = \int \mathbf{J}_0(x)\, d^3x
$$

Diese Ausdrücke sind die Verallgemeinerung von (15.50) und (15.51) für Nukleonen und π-Mesonen allein; für die dritte Komponente gilt speziell

$$
\begin{aligned}
I_3 = {}& \int d^3x \, [\tfrac{1}{2} \psi_p^\dagger \psi_p - \tfrac{1}{2} \psi_n^\dagger \psi_n + \tfrac{1}{2} \psi_{\Xi^0}^\dagger \psi_{\Xi^0} - \tfrac{1}{2} \psi_{\Xi^-}^\dagger \psi_{\Xi^-} + \psi_{\Sigma^+}^\dagger \psi_{\Sigma^+} - \psi_{\Sigma^-}^\dagger \psi_{\Sigma^-} \\
& + (\varphi_{1\pi} \dot{\varphi}_{2\pi} - \varphi_{2\pi} \dot{\varphi}_{1\pi}) \\
& + \tfrac{1}{2} i (\varphi_{K^+}^\dagger \dot{\varphi}_{K^+} - \dot{\varphi}_{K^+}^\dagger \varphi_{K^+} - \varphi_{K^0}^\dagger \dot{\varphi}_{K^0} + \dot{\varphi}_{K^0}^\dagger \varphi_{K^0})] \\
= {}& \tfrac{1}{2} (N_p - N_n + N_{\Xi^0} - N_{\Xi^-} + N_{K^+} - N_{K^0}) + N_{\Sigma^+} - N_{\Sigma^-} + N_{\pi^+}
\end{aligned}
\tag{15.60}
$$

Wir finden wieder, daß I die Vertauschungseigenschaften (15.53) eines Drehimpulses besitzt, so daß I_3 und I^2 gemeinsam als Quantenzahlen zur Beschreibung des Zustandes des Systems benutzt werden können.

Die Erhaltung des Isospins ist ein approximativer Erhaltungssatz der starken Wechselwirkungen und wird verletzt durch elektromagnetische Korrekturen. Zum Beispiel sind die kleinen Massendifferenzen bei den Teilchen, die zu einem bestimmten Multiplett in Abb. 15.1 gehören, Folge elektromagnetischer Effekte, und sie werden vernachlässigt, wenn man die Lagrange-Dichte in der ladungsunabhängigen Näherung schreibt, für die (15.58) eine Symmetrieoperation ist.

[1] Das ist richtig, wenn die Wechselwirkungsterme in $\mathfrak{L}$ keine Ableitungen enthalten.

Die Nukleonenzahl (15.45) ist nicht mehr erhalten, wenn wir Reaktionen von seltsamen Teilchen betrachten, wie z. B. (15.54a). Statt dessen gilt dann für die totale Baryonenzahl ein exakter oder absoluter Erhaltungssatz. Das heißt, bei jeder Reaktion bleibt die Gesamtzahl der Baryonen minus der der Antibaryonen erhalten; oder in der Sprache der Feynman-Graphen: Baryonenlinien setzen sich durch Wechselwirkungsvertizes fort und beginnen oder enden dort nicht; vgl. Abb. 15.2.

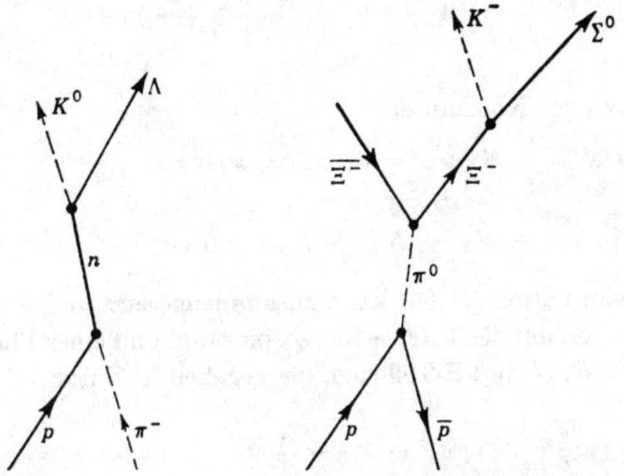

Abb. 15.2 Prozesse, bei denen die Gesamtzahl der Baryonen minus Antibaryonen erhalten bleiben.

Das legt nahe, daß $\mathscr{L}$ invariant gegen gleichzeitige Phasentransformationen der Baryonenfelder ist

$$\begin{aligned}\Psi_N &\to \Psi_N - i\epsilon\Psi_N\\ \Psi_\Lambda &\to \Psi_\Lambda - i\epsilon\Psi_\Lambda\\ \boldsymbol{\Psi}_\Sigma &\to \boldsymbol{\Psi}_\Sigma - i\epsilon\boldsymbol{\Psi}_\Sigma\\ \Psi_\Xi &\to \Psi_\Xi - i\epsilon\Psi_\Xi\end{aligned} \tag{15.61}$$

was als Verallgemeinerung von (15.45) auf die Baryonenzahl als Konstante der Bewegung führt

$$B = N_N + N_\Lambda + N_\Sigma + N_\Xi \tag{15.62}$$

Schließlich ordnen wir wie in (15.47) der Forderung der Erhaltung der Ladung die Invarianz von $\mathscr{L}$ gegen gleichzeitige Phasentransformationen der Felder der geladenen Teilchen alleine zu. Die Lagrange-Dichte $\mathscr{L}$ sollte also invariant sein gegen die Transformation mit $\hat{u}_3 = (0,0,1)$ im Isospinraum

$$\begin{aligned}
\boldsymbol{\phi}_\pi &\to \boldsymbol{\phi}_\pi - \epsilon\boldsymbol{\phi}_\pi \times \hat{\mathbf{u}}_3 \\
\Phi_K &\to \Phi_K - \frac{i\epsilon}{2}(1+\tau_3)\Phi_K \\
\Psi_N &\to \Psi_N - \frac{i\epsilon}{2}(1+\tau_3)\Psi_N \\
\Psi_\Lambda &\to \Psi_\Lambda \\
\boldsymbol{\Psi}_\Sigma &\to \boldsymbol{\Psi}_\Sigma - \epsilon\boldsymbol{\Psi}_\Sigma \times \hat{\mathbf{u}}_3 \\
\Psi_\Xi &\to \Psi_\Xi - \frac{i\epsilon}{2}(-1+\tau_3)\Psi_\Xi
\end{aligned} \tag{15.63}$$

das führt zu der Konstanten

$$\begin{aligned}
Q = \int d^3x\, [\psi_p^\dagger\psi_p + \psi_{\Sigma^+}^\dagger\psi_{\Sigma^+} - \psi_{\Sigma^-}^\dagger\psi_{\Sigma^-} - \psi_{\Xi^-}^\dagger\psi_{\Xi^-} \\
+ (\varphi_{1_\pi}\dot{\varphi}_{2_\pi} - \varphi_{2_\pi}\dot{\varphi}_{1_\pi}) + i(\varphi_{K^+}^\dagger\dot{\varphi}_{K^+} - \dot{\varphi}_{K^+}^\dagger\varphi_{K^+})] \\
= N_p + N_{\Sigma^+} - N_{\Sigma^-} - N_{\Xi^-} + N_{\pi^+} + N_{K^+}
\end{aligned} \tag{15.64}$$

Die Transformation (15.63) kann zusammengesetzt gedacht werden aus einer Rotation um die 3-Achse im Isospinraum und einer Phasentransformation der K, N und Ξ-Teilchen, die gegeben ist durch

$$\Phi_K \to \Phi_K - \frac{i\epsilon}{2}\Phi_K \qquad \Psi_N \to \Psi_N - \frac{i\epsilon}{2}\Psi_N \qquad \Psi_\Xi \to \Psi_\Xi + \frac{i\epsilon}{2}\Psi_\Xi \tag{15.65}$$

Da $\mathscr{L}$ aber invariant ist gegen Rotationen um die 3-Achse im Isospinraum, was zu der Konstanten (15.60) führt, muß auch die Transformation (15.65) eine Symmetrieoperation sein, die zu der Erhaltung der sogenannten „Hyperladung" Y führt:

$$Y = N_K + N_N - N_\Xi \tag{15.66}$$

Zusammen mit (15.60) und (15.64) findet man die Relation

$$Q = \frac{Y}{2} + I_3 \tag{15.67}$$

In engem Zusammenhang mit Y steht die „Seltsamkeit" (strangeness) S, die definiert ist durch

$$S = Y - B \tag{15.68}$$

wobei B die Baryonenzahl (15.62) ist; S muß bei starken Wechselwirkungen auch erhalten sein. Da die Konstanten S, Y, B, I_3 und Q alle proportional zu den Anzahloperatoren der verschiedenen Teilchen sind, können wir jedem Teilchen eine Quantenzahl zuordnen, durch die die additiven Erhaltungssätze ausgedrückt werden können. Die nachstehende Tabelle führt diese Quantenzahlen für die Baryonen und Mesonen auf; die Quantenzahlen für die Antibaryonen sind die negativen der der Baryonen. Die Erhaltungssätze der

	Q	T_3	B	Y	S
π	1, 0, −1	1, 0, −1	0	0	0
K	1, 0	½, −½	0	1	1
N	1, 0	½, −½	1	1	0
Λ	0	0	1	0	−1
Σ	1, 0, −1	1, 0, −1	1	0	−1
Ξ	0, −1	½, −½	1	−1	−2

Hyperladung Y, (15.66), und der Seltsamkeit S, (15.68), folgen allein als Konsequenz der Erhaltung von Q, I_3 und B. Sie führen zu der experimentell beobachteten Auswahlregel der „assoziierten" Erzeugung der seltsamen Teilchen; d. h., daß z. B. ein K-Meson nur in Verbindung mit einem Λ oder Σ erzeugt werden kann, wie in (15.54a), während durch (15.54b) die S oder Y Erhaltung um zwei Einheiten verletzt würde[1].

Wir haben bisher nur starke Wechselwirkungen betrachtet. Wenn wir zur Einführung der elektromagnetischen Wechselwirkungen die Minimalvorschrift

$$p_\mu \to p_\mu - eA_\mu$$

benutzen, erhalten wir wieder B, Y und S als Konstante der Bewegung, da die Kopplung diagonal in der Baryonenzahl und Hyperladung oder Seltsamkeit ist. Nach (15.67) folgt deshalb aus der Erhaltung der Ladung Q die Erhaltung von I_3; d. h., die in $\mathscr{L}$ eingeführten, elektromagnetischen Kopplungsterme sind invariant gegen Drehungen um die 3-Achse im Isospinraum. Die volle Rotationssymmetrie im Isospinraum ist jedoch verletzt durch die elektromagnetischen Übergänge, wie z. B. Photoproduktionsprozesse

$$\begin{aligned}\gamma + p &\to p + \pi^0 \\ &\to n + \pi^+\end{aligned}$$

die zu π-Meson-Nukleon-Endzuständen mit $\mathrm{I} = \frac{1}{2}$ und $\frac{3}{2}$ führen.

Die schwachen Wechselwirkungen verletzen die I_3-Erhaltung und folglich nach (15.67) und (15.68) auch die Erhaltung der Seltsamkeit und Hyperladung. Diese schwachen Wechselwirkungen sind der Grund für die Instabilität der seltsamen Teilchen, z. B. über die Reaktion

$$K^0 \to \pi^+ + \pi^-$$

[1] A. Pais, *Phys. Rev.*, **86**, 633 (1952); M. Gell-Mann, *Phys. Rev.*, **92**, 933 (1953); K. Nishyima, *Progr. Theoret. Phys. (Kyoto)*, **12**, 107 (1954).

Nur die Ladung Q und die Baryonenzahl B, zusammen mit den Leptonenzahlen L_e und L_μ (vgl. Aufgabe 15.22), bleiben im Rahmen der gegenwärtigen Meßgenauigkeit als absolut erhaltene Quantenzahlen übrig.

15.10 *Diskrete Symmetrietransformation*

Die bisher betrachteten Symmetrieoperationen konnten alle durch infinitesimale Transformationen erzeugt werden. Neben diesen gibt es „uneigentliche" oder diskrete Transformationen, die nicht durch die Aufeinanderfolge infinitesimaler Schritte erzeugt werden können, die jedoch weitere nützliche Auswahlregeln und Information über die Struktur der Wechselwirkungsterme verschaffen. Dieses sind die Raumspiegelungs- oder Paritättransformation $\mathcal{P}$, die Zeitumkehrtransformation $\mathcal{J}$ und die Ladungskonjugationtransformation $\mathcal{C}$.

15.11 *Parität*

Um die Bedeutung der Paritättransformation zu definieren, fügen wir zur Lagrange-Dichte einen Term hinzu, der die im allgemeinen elektromagnetische Wechselwirkung des Quantensystems mit dem Meßapparat beschreibt:

$$\mathcal{L} \to \mathcal{L} - j_\mu(x) A^\mu_{\text{ext}}(x) \tag{15.69}$$

dabei ist $A^\mu_{\text{ext}}(x)$ als ein klassisches, von außen vorgeschriebenes Feld behandelt, das mit dem Stromoperator $j_\mu(x)$ des Systems in Wechselwirkung steht. Wenn wir die Meßvorrichtung invertieren, das heißt, ein neues physikalisches System betrachten, für das die äußeren Felder, die die Zustände des Quantensystems präparieren und analysieren, gegeben sind durch

$$\tilde{A}^\mu_{\text{ext}}(x) = (A^0_{\text{ext}}(-\mathbf{x},t), -\mathbf{A}_{\text{ext}}(-\mathbf{x},t)) = A^{\text{ext}}_\mu(-\mathbf{x},t) \tag{15.70}$$

so ist die Dynamik des neuen Systems dieselbe wie die des ursprünglichen, vorausgesetzt, die Parität ist erhalten. Wenn speziell die Wirkung

$$\tilde{J} = \int d^4x\, [\mathcal{L} - j_\mu(x) \tilde{A}^\mu_{\text{ext}}(x)]$$

für das neue System aus der Wirkung J des ursprünglichen Systems durch eine unitäre Transformation $\mathcal{P}$ hervorgeht, bleiben die Bewegungsgleichungen ungeändert. Das ist der Fall, wenn $\mathcal{P}$ die folgende Eigenschaft hat

$$\mathcal{P}\mathcal{L}(\mathbf{x},t)\mathcal{P}^{-1} = \mathcal{L}(-\mathbf{x},t) \tag{15.71}$$

und wenn für den elektromagnetischen Strom gilt

$$\mathcal{P} j_\mu(\mathbf{x},t)\mathcal{P}^{-1} = j^\mu(-\mathbf{x},t) \tag{15.72}$$

Zusätzlich muß $\mathcal{P}$ die Vertauschungsrelationen invariant lassen: dann genügen das neue und das ursprüngliche System identischen dynamischen Gesetzen, und wir sagen: die Parität ist erhalten.

Wir betrachten zunächst freie Feldtheorien und konstruieren explizit den Operator $\mathcal{P}$ für eine Lagrange-Dichte freier Felder in (15.71). Für die freie Klein-Gordon-Theorie von Kap. 12 [vgl. (12.1), (12.4) und (12.63)] sind mit dem Ansatz

$$\mathcal{P}\varphi(\mathbf{x},t)\mathcal{P}^{-1} = \pm\varphi(-\mathbf{x},t) \tag{15.73}$$

die Forderungen (15.71) und (15.72) erfüllt, und bleiben die Vertauschungsrelationen invariant.

Die Wahl des positiven oder negativen Vorzeichens in (15.73) definiert, wie man sagt, die „innere Parität" des durch dieses Feld beschriebenen Teilchens; das positive Vorzeichen wird für skalare Teilchen gewählt, das negative für pseudoskalare wie z. B. das in (15.30) vorkommende π-Meson. Die innere Parität ist eine bestimmte Transformationseigenschaft des Feldoperators, der das Teilchen durch Anwendung auf den Vakuumzustand erzeugt

$$\varphi(x)|0\rangle \tag{15.74}$$

und ist festgelegt, wenn Wechselwirkungen zwischen verschiedenen Teilchen eingeführt werden[1]. Die innere Parität unterscheidet sich von der Bahnparität, die der Teilchenwellenfunktion für einen Zustand mit vorgegebenem Bahndrehimpuls zugeordnet ist. Die Wellenfunktion $\mathcal{Q}_l(x)$ für ein Teilchen, das nach (15.74) aus dem Vakuum erzeugt wird, in einem Zustand mit dem Drehimpuls l, er sei bezeichnet mit $|n = 1; l\rangle$, hat die Eigenschaft

$$\begin{aligned}\mathcal{f}_l(\mathbf{x},t) = \langle n = 1; l|\varphi(\mathbf{x},t)|0\rangle &= (-)^l\langle n = 1; l|\varphi(-\mathbf{x},t)|0\rangle \\ &= (-)^l\mathcal{f}_l(-\mathbf{x},t)\end{aligned} \tag{15.75}$$

was nicht mehr aussagt, als das $\mathcal{Q}_l(x)$ gerade oder ungerade ist. Die Parität des Zustandes $|n = 1; l\rangle$ relativ zum Vakuum, das nach Konvention gerade Parität hat, d. h.

$$\mathcal{P}|0\rangle = |0\rangle \tag{15.76}$$

findet man andererseits durch Betrachtung von

$$\begin{aligned}\langle n = 1; l|\mathcal{P}\varphi(\mathbf{x},t)|0\rangle &= \langle n = 1; l|\mathcal{P}\varphi(\mathbf{x},t)\mathcal{P}^{-1}|0\rangle \\ &= \pm\langle n = 1; l|\varphi(-\mathbf{x},t)|0\rangle \\ &= \pm(-)^l\mathcal{f}_l(\mathbf{x},t)\end{aligned} \tag{15.77}$$

[1] In (15.73) kann noch ein beliebiger Phasenfaktor $e^{i\varphi}$ stehen, der jedoch hier nicht diskutiert wird, da er ohne physikalische Bedeutung ist.

und sie ist das Produkt der inneren Parität, ± 1, mit der Bahnparität $(-1)^l$. Ein pseudoskalares π-Meson in einem p-Zustand hat also gerade Parität.

Durch die Entwicklungen im Impulsraum, (12.7) oder (12.57), ausgedrückt, erfüllt die Paritättransformation (15.73)[1]

$$\mathcal{P}a(k)\mathcal{P}^{-1} = \pm a(-k) \qquad \mathcal{P}a^\dagger(k)\mathcal{P}^{-1} = \pm a^\dagger(-k) \tag{15.78}$$

Auf einen Impulseigenzustand wirkend erzeugt $\mathcal{P}$ einen neuen Zustand, für den alle Impulse $\mathbf{k}_1, ..., \mathbf{k}_n$ durch ihre negativen $-\mathbf{k}_1, ..., -\mathbf{k}_n$ ersetzt sind, alle anderen Quantenzahlen, wie z. B. Ladung oder Teilchenzahl, jedoch ungeändert bleiben.

Die Gln. (15.73) oder (15.78), die $\mathcal{P}$ bestimmen, lassen sich am leichtesten im Impulsraum lösen. Unter Einführung von

$$\mathcal{P} = e^{iP} \tag{15.79}$$

können wir (15.78) schreiben als

$$\mathcal{P}a(k)\mathcal{P}^{-1} = a(k) + i[P,a(k)] + \frac{i^2}{2!}[P,[P,a(k)]]$$
$$+ \cdots + \frac{i^n}{n!}[P,[\ldots[P,a(k)],]\ldots] + \cdots = -a(-k) \tag{15.80}$$

wobei wir auf der rechten Seite das negative Vorzeichen für ein pseudoskalares Feld gewählt haben. Diese Form legt den Ansatz nahe

$$[P,a(k)] = \frac{\lambda}{2}[a(k) \pm a(-k)] \tag{15.81}$$

wobei λ und das Vorzeichen zu bestimmen sind. Damit folgt

$$[P,[P,a(k)]] = \tfrac{1}{2}\lambda^2[a(k) \pm a(-k)]$$

und für (15.80)

$$\mathcal{P}a(k)\mathcal{P}^{-1} = a(k)$$
$$+ \tfrac{1}{2}\left[i\lambda + \frac{(i\lambda)^2}{2!} + \cdots + \frac{(i\lambda)^n}{n!} + \cdots\right][a(k) \pm a(-k)]$$
$$= \tfrac{1}{2}[a(k) \mp a(-k)] + \tfrac{1}{2}e^{i\lambda}[a(k) \pm a(-k)] \tag{15.82}$$

Wenn wir in (15.81) das positive Vorzeichen wählen und $\lambda = \pi$ setzen, löst der Ansatz (15.80) für ein pseudoskalares Feld. Aus (15.81) finden wir sofort für das pseudoskalare Feld[2]

[1] Die Transformation von $k \to -k$ im Argument der Erzeuger- und Vernichteroperatoren gilt nur für die Richtung der räumlichen Komponenten der Impulse.

[2] P. Federbusch und M. Grisarn, *Nuovo Cimento*, 9, 890 (1958). Man beachte, daß P und $\mathfrak{P}$ im Ortsraum nichtlokale Operatoren sind, was nötig ist, um ein Teilchen am Punkt x an den Punkt $-$x zu spiegeln.

$$P_{ps} = -\frac{\pi}{2}\int d^3k\,[a^\dagger(k)a(k) + a^\dagger(k)a(-k)] = P_{ps}{}^\dagger$$

und

$$\mathcal{P}_{ps} = \exp\left\{\frac{-i\pi}{2}\int d^3k\,[a^\dagger(k)a(k) + a^\dagger(k)a(-k)]\right\} \tag{15.83}$$

Für das skalare Feld findet man auf gleiche Weise, indem man auf der rechten Seite von (15.80) das positive Vorzeichen wählt

$$\mathcal{P}_s = \exp\left\{\frac{-i\pi}{2}\int d^3k\,[a^\dagger(k)a(k) - a^\dagger(k)a(-k)]\right\} \tag{15.84}$$

Die Unitarität von $\mathcal{P}$ ist garantiert durch die Hermitezität von P in (15.83) und (15.84); die Konvention (15.76), daß das Vakuum gerade Parität hat, ist sichergestellt durch die Normalanordnung der Operatoren in P.

Für wechselwirkende Felder kann man ganz ähnlich einen Paritätsoperator $\mathcal{P}$ konstruieren, der (15.73) erfüllt. Wir müssen dann untersuchen ob (15.71) und (15.72) gültig bleiben, so daß $\mathcal{P}$ als Symmetrieoperator der Theorie mit dem Hamilton-Operator vertauscht

$$[\mathcal{P},H] = 0 \tag{15.85}$$

und eine Konstante der Bewegung ist.

Um ganz allgemein ein $\mathcal{P}$ zu konstruieren, das (15.73) erfüllt, suchen wir zunächst ein $\mathcal{P}_0$, das (15.73) für $t = 0$ erfüllt. Letzteres kann man wie für freie Felder konstruieren, da nach (15.23) die Entwicklungskoeffizienten der wechselwirkenden Felder für $t = 0$ dieselbe Kommutatoralgebra erfüllen wie die freien Felder. $\mathcal{P}_0$ ist also gegeben durch die Lösung (15.83) oder (15.84) für das wechselwirkungsfreie Feld, jetzt jedoch mit den Entwicklungskoeffizienten für das wechselwirkende Feld zur Zeit $t = 0$ anstelle der Erzeuger- und Vernichteroperatoren des freien Feldes. Um $\mathcal{P}$ zu erhalten, benutzt man den Hamilton-Operator zur Bestimmung der zeitlichen Entwicklung des Operators. Wenn also

$$\mathcal{P}_0\varphi(\mathbf{x},0)\mathcal{P}_0^{-1} = \pm\varphi(-\mathbf{x},0) \tag{15.86}$$

so erfüllt

$$\mathcal{P}(t) = e^{iHt}\mathcal{P}_0 e^{-iHt} \tag{15.87}$$

die Beziehung (15.73) für eine beliebige Zeit t. Wenn $\mathcal{P}$ eine Symmetrieoperation ist und (15.85) gültig ist, so folgt sofort aus (15.87):

$$\mathcal{P}(t) = \mathcal{P}(0) = \mathcal{P}_0$$

Für das freie Dirac-Feld werden die grundlegenden Bedingungen (15.71) und (15.72), sowie die Invarianz der Vertauschungsrelationen erfüllt, wenn man wählt

$$\mathcal{P}\psi(\mathbf{x},t)\mathcal{P}^{-1} = \gamma_0\psi(-\mathbf{x},t) \tag{15.88}$$

Daß die Dirac-Gleichung gegenüber dieser Paritättransformation invariant ist, ist in (2.33) gezeigt worden; die Invarianz der Antikommutatoren (15.53) und (15.54) läßt sich leicht zeigen. Bei der Konstruktion von $\mathcal{P}$ für ein Dirac-Feld ist es zweckmäßig, $\mathcal{P}$ wieder direkt durch die Entwicklungskoeffizienten auszudrücken. Wir schreiben

$$\int \frac{d^3p}{(2\pi)^{3/2}} \sqrt{\frac{m}{E_p}} \sum_{\pm s} [\mathcal{P}b(p,s)\mathcal{P}^{-1}u(p,s)e^{-iE_pt+i\mathbf{p}\cdot\mathbf{x}} + \mathcal{P}d^\dagger(p,s)\mathcal{P}^{-1}v(p,s)e^{+iE_pt-i\mathbf{p}\cdot\mathbf{x}}]$$

$$= \int \frac{d^3p}{(2\pi)^{3/2}} \sqrt{\frac{m}{E_p}} \sum_{\pm s} [b(p,s)\gamma_0 u(p,s)e^{-iE_pt-i\mathbf{p}\cdot\mathbf{x}} + d^\dagger(p,s)\gamma_0 v(p,s)e^{+iE_pt+i\mathbf{p}\cdot\mathbf{x}}] \tag{15.89}$$

Wenn man p durch − p ersetzt und auf der rechten Seite von (15.89) die Spinoreigenschaften

$$\gamma_0\, u(-p,s) = u(p,s) \qquad \gamma_0\, v(-p,s) = -v(p,s) \tag{15.90}$$

benutzt, erhält man als Bedingungen

$$\mathcal{P}b(p,s)\mathcal{P}^{-1} = b(-p,s) \qquad \mathcal{P}d^\dagger(p,s)\mathcal{P}^{-1} = -d^\dagger(-p,s) \tag{15.91}$$

und analoge für b^+ und d.

Da b^+ angewandt auf das Vakuum einen Ein-Elektronen- oder Baryonenzustand erzeugt, d^+ dagegen ein Positron oder Antibaryon erzeugt, folgt aus (15.91), daß ein Elektron und ein Positron im selben Bahnzustand entgegengesetzte Parität besitzen. Bei der in (15.88) getroffenen Wahl der Phase transformiert sich nach (15.91) der Elektronenzustand bei Anwendung des Paritätsoperators wie ein Skalar und der Positronzustand wie ein Pseudoskalar. Ein Elektron-Positron-Paar in einem relativen s-Zustand besitzt eine ungerade innere Parität unabhängig von Phasenkonventionen. Entsprechend ist die Parität eines Baryon-Antibaryon-Paares in einem relativen s-Zustand ungerade, wenn wir in einer Theorie arbeiten, für die $\mathcal{P}$ eine Symmetrieoperation ist wie in (15.85)

$$\mathcal{P} \int d^3p\, f(\mathbf{p}^2)b^\dagger(p,s)d^\dagger(p,s)|0\rangle = - \int d^3p\, f(\mathbf{p}^2)b^\dagger(p,s)d^\dagger(p,s)|0\rangle \tag{15.92}$$

Um einen expliziten Ausdruck für den Paritätsoperator des Dirac-Feldes zu gewinnen, brauchen wir nur die Schritte (15.79) bis (15.84) zu wiederholen und finden

$$\mathcal{P}_{\text{Dirac}} = \exp\,(iP_{\text{Dirac}})$$

$$P_{\text{Dirac}} = -\frac{\pi}{2}\int d^3p[b^\dagger(p,s)b(p,s) - b^\dagger(p,s)b(-p,s) + d^\dagger(p,s)\,d(p,s) + d^\dagger(p,s)d(-p,s)] \tag{15.93}$$

Eine andere Konsequenz des Auftretens von γ_0 im Paritätsoperator ist, daß $\bar{\psi}\gamma_5\psi$ ein Pseudoskalar ist, das heißt

$$\mathcal{P}\bar{\psi}(\mathbf{x},t)\gamma_5\psi(\mathbf{x},t)\mathcal{P}^{-1} = -\bar{\psi}(-\mathbf{x},t)\gamma_5\psi(-\mathbf{x},t) \tag{15.94}$$

Das ist wichtig für Meson-Nukleon-Wechselwirkungen. Die Modell-Lagrange-Dichte (15.30) zum Beispiel erfüllt gegenüber der auf alle Nukleonen und Mesonen wirkenden, zusammengesetzten Paritätsoperation

$$\mathcal{P} = \mathcal{P}_p\mathcal{P}_n\mathcal{P}_{\pi^+}\mathcal{P}_{\pi^0}\mathcal{P}_{\pi^-}$$

die Bedingung (15.71) dann (und nur dann), wenn für die Mesonen der pseudoskalare Operator (15.83) gewählt wird, wie es auch das Experiment fordert.

Die innere Parität des elektromagnetischen Feldes bestimmt man durch korrespondenzmäßige Argumente, da es an klassische Ströme gekoppelt ist. Wir geben speziell an

$$\mathcal{P}\mathbf{A}(\mathbf{x},t)\mathcal{P}^{-1} = -\mathbf{A}(-\mathbf{x},t) \tag{15.95}$$

Diese Wahl läßt die Maxwell-Lagrange-Dichte invariant. $\mathcal{P}$ wird konstruiert, indem man die Überlegungen vom Klein-Gordon-Feld überträgt.

15.12 *Ladungskonjugation*

Die als Ladungskonjugation bezeichnete Symmetrieoperation hängt zusammen mit der Vertauschung der Rolle von Teilchen und Antiteilchen. Bei der speziellen Anwendung auf Elektronen in Kap. 5 bedeutet sie die Umkehrung des Vorzeichens der elektrischen Ladung und des elektromagnetischen Feldes. Diese Interpretation behalten wir hier bei. Ausgedrückt durch die Lagrange-Dichte (15.69), die das äußere Feld A_μ^{ext} der Meßapparatur enthält, führt das für eine Theorie, die gegenüber Ladungskonjugation invariant ist, auf die Forderung, daß ein unitäter Operator $\mathcal{C}$ existiert, derart daß

$$\mathcal{C}\mathcal{L}(x)\mathcal{C}^{-1} = \mathcal{L}(x) \qquad \mathcal{C}j_\mu(x)\mathcal{C}^{-1} = -j_\mu(x) \tag{15.96}$$

wobei $j_\mu(x)$ der elektromagnetische Strom ist. Damit die Erhaltungssätze für Seltsamkeit, Nukleonenzahl und Isospin gegenüber $\mathcal{C}$ invariant sind, muß $\mathcal{C}$ elektrisch neutrale Teilchen, die durch nicht hermitesche Felder beschrieben werden, in ihre Antiteilchen überführen, so zum Beispiel K^0, n und Λ in $\bar{K}^0$, $\bar{n}$ beziehungsweise $\bar{\Lambda}$. Bei Photonen und π^0-Mesonen, die durch hermitesche Felder beschrieben werden, unterscheiden sich die Teilchen nicht von den Antiteilchen, so daß $\mathcal{C}$ das hermitesche Feld höchstens um einen Faktor (— 1) ändern kann. Im Falle des elektromagnetischen Feldes muß sich A(x) unter $\mathcal{C}$ transformieren gemäß

$$\mathcal{C}\mathbf{A}(x)\mathcal{C}^{-1} = -\mathbf{A}(x) \tag{15.97}$$

damit der Term j(x) · A(x) in der Lagrange-Dichte invariant bleibt. Im Impulsraum führt das sofort auf

$$\mathcal{C}a^{\dagger}(k,\lambda)\mathcal{C}^{-1} = -a^{\dagger}(k,\lambda) \tag{15.98}$$

und durch ein Verfahren ähnlich wie zur Konstruktion des Paritätsoperators finden wir

$$\mathcal{C} = \exp\left[i\pi \int d^3k \sum_{\lambda=1}^{2} a^{\dagger}(k,\lambda)a(k,\lambda)\right] \tag{15.99}$$

Wenn Wechselwirkungen vorhanden sind. kann es sein, daß das $\mathcal{C}$ in (15.99) kein Symmetrieoperator der Theorie ist. In diesem Falle konstruieren wir $\mathcal{C}$ wie $\mathcal{P}$ in (15.86) und (15.87), indem wir bilden

$$\mathcal{C}(t) = e^{iHt}\mathcal{C}_0 e^{-iHt} \tag{15.100}$$

wobei $\mathcal{C}_0$ die Relation (15.97) für $t = 0$ erfüllt und durch (15.99) gegeben ist mit Entwicklungskoeffizienten des wechselwirkenden Photonenfeldes für $t = 0$. Für die Theorie wechselwirkungsfreier Felder ist das Vakuum $|0\rangle$ nicht entartet und folglich ein Eigenzustand des Symmetrieoperators $\mathcal{C}$. Wir folgen der Konvention (15.76) und wählen analog die Phase des unitären Operators $\mathcal{C}$ so, daß

$$\mathcal{C}|0\rangle = +|0\rangle \tag{15.101}$$

d. h., daß das Vakuum ein gerader Eigenzustand ist. Für einen n-Photonen-Zustand ist der Eigenwert von $\mathcal{C}$ nach (15.97) und dieser Festsetzung $(-1)^n$. Man bezeichnet diese Zahl als die *Ladungsparität* des Zustandes. Wenn Wechselwirkungen vorliegen, behalten wir diese Konvention bei, wobei wir weiter den Vakuumzustand als nichtentartet annehmen.

Für π^0-Mesonen ist die Wahl des der Transformation zugeordneten Vorzeichens bestimmt durch die Betrachtung des Zerfalls $\pi^0 \to 2\gamma$. Wenn die Invarianz gegen Ladungskonjugation für die elektromagnetischen und die starken Wechselwirkungen gilt, muß die Ladungsparität von π^0 gerade sein, wenn es in einen Zustand mit zwei Photonen, der nach (15.97) gerade ist, zerfallen kann.

Wenn wir uns jetzt dem geladenen π-Mesonen-Feld zuwenden, ist es zweckmäßig φ und φ^* zu betrachten, die die Eigenzustände zu negativer und positiver Ladung erzeugen. Da bei der Transformation $\varphi \rightleftarrows \varphi^*$ gilt: $\mathcal{L}(x) \to \mathcal{L}(x)$ und $j_\mu(x) \to j_\mu(x)$, suchen wir nach einem $\mathcal{C}$, das bis auf eine beliebige Phase die folgende Eigenschaft hat

$$\mathfrak{C}\varphi(x)\mathfrak{C}^{-1} = \varphi^*(x) \qquad \mathfrak{C}\varphi^*(x)\mathfrak{C}^{-1} = \varphi(x) \tag{15.102}$$

Durch die Erzeuger- und Vernichteroperatoren (12.57) für π^+ und π^- ausgedrückt, lautet sie

$$\mathfrak{C}a_+^\dagger(k)\mathfrak{C}^{-1} = a_-^\dagger(k) \qquad \mathfrak{C}a_-^\dagger(k)\mathfrak{C}^{-1} = a_+^\dagger(k) \tag{15.103}$$

Andererseits gilt für die hermiteschen Felder $\varphi_1(x)$ und $\varphi_2(x)$ nach (12.52)

$$\mathfrak{C}\varphi_1(x)\mathfrak{C}^{-1} = \varphi_1(x) \qquad \mathfrak{C}\varphi_2(x)\mathfrak{C}^{-1} = -\varphi_2(x) \tag{15.104}$$

oder im Impulsraum

$$\mathfrak{C}a_1(k)\mathfrak{C}^{-1} = a_1(k) \qquad \mathfrak{C}a_2(k)\mathfrak{C}^{-1} = -a_2(k) \tag{15.105}$$

wodurch gezeigt ist, daß $\mathfrak{C}$ ein Spiegelungsoperator im Isospinraum an der (1,3)-Ebene ist. Wir sehen, daß die Eigenzustände von $\mathfrak{C}$, was physikalisch klar ist, gleiche Zahlen von π^+- und π^--Mesonen enthalten müssen und folglich elektrisch neutral sind. Formal folgt das aus der Tatsache, daß

$$\mathfrak{C}Q = -Q\mathfrak{C} \tag{15.106}$$

Um $\mathfrak{C}$ für das vollständige π-Mesonen-Feld $(\varphi_1,\varphi_2,\varphi_3)$ zu konstruieren, beachten wir, daß nach (15.104) $\mathfrak{C}$ nur mit φ_2 nicht vertauscht. Nach demselben Verfahren, das für das Photonenfeld benutzt wurde, finden wir

$$\mathfrak{C} = \exp\left[i\pi \int d^3k\, a_2^\dagger(k)a_2(k)\right] \tag{15.107}$$

Im allgemeinen Falle, wenn das $\mathfrak{C}$ keine Konstante der Bewegung ist, konstruieren wir es wie in (15.100).

Ganz analoge Überlegungen gelten für das K-Meson. Die obigen Bemerkungen lassen sich ohne Änderung auf die K^+- und K^--Felder übertragen. Da für K^+-Mesonen nach (15.64), (15.66) und (15.68) gilt $Q_{K^+} = S_{K^+} = Y_{K^+}$, folgt nach (15.105), daß $\mathfrak{C}$ mit S und Y antikommutiert. Ferner müssen K^0 und $\overline{K^0}$ durch $\mathfrak{C}$ ineinander überführt werden; diese Transformation wird auf die gleiche Weise wie für K^+ und K^- durchgeführt, der einzige Unterschied ist, daß Q jetzt verschwindet. Es gilt jedoch weiter, daß $\mathfrak{C}$ mit S und Y antikommutiert. Da $\overset{*}{\varphi}_{K^0}$ und φ_{K^0} das K^0 bzw. $\overline{K^0}$ erzeugen, was Eigenzustände von S sind, erzeugen die folgenden hermiteschen Linearkombinationen[1]

$$\varphi_{K_1} = \frac{1}{\sqrt{2}}\,(\varphi_{K^0} - \varphi_{K^0}^*) \qquad \varphi_{K_2} = \frac{1}{\sqrt{2}}\,(\varphi_{K^0} + \varphi_{K^0}^*) \tag{15.108}$$

in Analogie zu den φ_1 und φ_2 von (15.104) der geladenen π-Mesonen, die Zustände gerader und ungerader Ladungskonjugation. Diese Zustände

[1] Man weiß, daß das K^0 ungerade innere Parität besitzt. Folglich ist nach (15.108) K_1 gerade und K_2 ungerade gegenüber der zusammengesetzten Transformation $\mathfrak{C}\mathfrak{P}$.

sind wichtig in der Theorie der schwachen Zerfälle neutraler K-Mesonen[1].

Eine Diskussion der Ladungskonjugation für ein Dirac-Teilchen wurde schon in Band I gegeben. Die freie Dirac-Gleichung ist invariant gegenüber der Ersetzung

$$\psi(x) \to C\bar{\psi}^T(x) \tag{15.109}$$

wobei C eine 4×4 Matrix ist mit der Eigenschaft

$$C\gamma_\mu C^{-1} = -\gamma_\mu^T \qquad \text{oder} \qquad C_{\alpha\beta}\gamma^\mu_{\beta\lambda}C^{-1}_{\lambda\tau} = -\gamma^\mu_{\tau\alpha} \tag{15.110}$$

In Gl. (5.6) wählten wir

$$C = i\gamma^2\gamma^0 = -C^{-1} = -C^\dagger = -C^T \tag{15.111}$$

in der Darstellung mit $\gamma_0 = \gamma_0^T$ und $\gamma_2 = \gamma_2^T$. In der Feldtheorie suchen wir einen unitären Operator $\mathfrak{C}$, der die Transformation (15.109) erzeugt:

$$\begin{aligned} \mathfrak{C}\psi_\alpha(x)\mathfrak{C}^{-1} &= C_{\alpha\beta}\bar{\psi}_\beta(x) = (C\gamma^0)_{\alpha\beta}\psi^\dagger_\beta(x) \\ \text{und} \qquad \mathfrak{C}\bar{\psi}_\alpha(x)\mathfrak{C}^{-1} &= -\psi_\beta(x)C^{-1}_{\beta\alpha} \end{aligned} \tag{15.112}$$

mit der durch (15.110) und (15.111) gegebenen Matrix C, bis auf einen beliebigen, uninteressanten Phasenfaktor. Die Reihenfolge der Matrizen in (15.112) ist durch die Indizes explizit angegeben und muß sorgfältig beachtet werden.

Man beweist leicht, daß gegenüber $\mathfrak{C}$ die Vertauschungsrelation (13.53) und (13.54) sowie die Dirac-Gleichung invariant sind, und daß sich $\mathscr{L}$ in (13.42) nur um eine unwesentliche totale Divergenz ändert. $\mathfrak{C}$ angewendet auf $\bar{\psi}(x)\gamma_\mu\psi(x)$ ergibt

$$\begin{aligned} \mathfrak{C}\bar{\psi}(x)\gamma^\mu\psi(x)\mathfrak{C}^{-1} &= -\psi_\alpha(x)C^{-1}_{\alpha\beta}\gamma^\mu_{\beta\lambda}C_{\lambda\tau}\bar{\psi}_\tau(x) \\ &= \psi_\alpha(x)\gamma^\mu_{\tau\alpha}\bar{\psi}_\tau(x) \end{aligned} \tag{15.113}$$

Wir haben jedoch in Abschn. 15.5 gesehen, daß die Identifizierung von $\bar{\psi}(x)\gamma_\mu\psi(x)$ mit dem Strom auf Schwierigkeiten führt, falls man nicht die Fermi-Feldoperatoren wie in (15.26) antisymmetrisiert (oder, äquivalent dazu, normalordnet). Für

$$j_\mu(x) = \tfrac{1}{2}[\bar{\psi}(x),\gamma_\mu\psi(x)]$$

folgt sofort aus (15.113), daß

$$\mathfrak{C}j_\mu(x)\mathfrak{C}^{-1} = -j_\mu(x) \tag{15.114}$$

und folglich der elektromagnetische Strom gegenüber $\mathfrak{C}$ ungerade ist, wie in (15.96) gefordert. Ferner folgt, daß, wenn das Vakuum nicht entartet ist, es ein Eigenzustand von $\mathfrak{C}$ ist, und $\langle 0|j_\mu(x)|0\rangle = 0$ gilt.

---

[1] Vgl. Proc. 1964 *Intern. Conf. High-energy Phys.* (DUBNA).

Um $\mathcal{C}$ zu konstruieren, gehen wir in den Impulsraum und erinnern daran, daß nach Kap. 5, Seite 77, die Elektron- und Positronspinoren zusammenhängen gemäß

$$(C\gamma^0)_{\alpha\beta}u_\beta^\dagger(p,s) = v_\alpha(p,s)e^{i\varphi(p,s)}$$
$$(C\gamma^0)_{\alpha\beta}v_\beta^\dagger(p,s) = u_\alpha(p,s)e^{i\varphi(p,s)}$$

Wenn wir in (15.112) die Entwicklung im Impulsraum durchführen, finden wir

$$\mathcal{C}b(p,s)\mathcal{C}^{-1} = d(p,s)e^{i\varphi(p,s)}$$
$$\mathcal{C}d^\dagger(p,s)\mathcal{C}^{-1} = b^\dagger(p,s)e^{i\varphi(p,s)}$$

wodurch gezeigt ist, daß die Transformation der Ladungskonjugation in Übereinstimmung mit ihrer Definition die Teilchen- und Antiteilchenoperatoren vertauscht. Die explizite Konstruktion von $\mathcal{C}$ erfolgt auf ähnliche Art und Weise wie früher. Es ist zweckmäßig, $\mathcal{C}$ zunächst in ein Produkt aus zwei unitären Transformationen aufzuspalten

$$\mathcal{C} = \mathcal{C}_2\mathcal{C}_1 \tag{15.115}$$

und $\mathcal{C}_1$ so zu wählen, daß es den Phasenfaktor φ liefert:

$$\mathcal{C}_1 b(p,s)\mathcal{C}_1^{-1} = e^{i\varphi(p,s)}b(p,s)$$
$$\mathcal{C}_1 d^\dagger(p,s)\mathcal{C}_1^{-1} = e^{i\varphi(p,s)}d^\dagger(p,s)$$

Durch explizite Konstruktion finden wir

$$\mathcal{C}_1 = \exp\left\{-i\int d^3p \sum_{\pm s} \varphi(p,s)[b^\dagger(p,s)b(p,s) - d^\dagger(p,s)d(p,s)]\right\} \tag{15.116}$$

$\mathcal{C}_2$ wird dann auf die gleiche Art wie der Paritätsoperator (15.48) konstruiert, und man findet

$$\mathcal{C}_2 = \exp\left\{\frac{i\pi}{2}\int d^3p \sum_{s=1}^{2} [b^\dagger(p,s) - d^\dagger(p,s)][b(p,s) - d(p,s)]\right\} \tag{15.117}$$

Wenn $\mathcal{C}$ keine Konstante der Bewegung ist, so bleiben (15.116) und (15.117) richtig für $t = 0$, und wie früher findet man $\mathcal{C}$ für allgemeine Zeiten t nach (15.100).

Wir überlassen es dem Leser zu zeigen, daß die Einführung von π-Meson-Nukleon-Wechselwirkungen nach der Modell-Lagrange-Dichte (15.30) die Invarianz gegen Ladungskonjugation nicht zerstört, vorausgesetzt, daß die Transformation gleichzeitig auf alle in $\mathcal{L}$ vorkommenden Felder angewendet wird. Für elektromagnetische Wechselwirkungen bleibt die Symmetrie erhalten; auf diese Weise wurde sie gerade eingeführt.

Wir betrachten den Zerfall des Positroniums als interessantes Beispiel für die Anwendung der Ladungskonjugationsinvarianz auf die Angabe von Auswahlregeln. Wie für neutrale K-Mesonen können wir Positroniumeigenzustände angeben, die gegenüber $\mathcal{C}$ gerade oder ungerade sind. Um den Positroniumzustand zu bilden, erzeugen wir zunächst aus dem Vakuum ein freies Elektron-Positron-Paar und überlagern Zustände mit verschiedenem Spin und Impuls, um den Positroniumanfangszustand zu einem gegebenen Drehimpuls darzustellen.

$$\Psi_{e^+e^-} = \int d^3p\, d^3p' \sum_{s\,s'} \mathfrak{F}\,(p,s;p',s')b^\dagger(p,s)d^\dagger(p',s')|0\rangle \qquad (15.118)$$

Obwohl (15.118) in Gegenwart elektromagnetischer Wechselwirkungen nicht der exakte Zustand ist, hat er doch die gleichen Symmetrieeigenschaften wie der wirkliche physikalische Zustand, da die elektromagnetische Wechselwirkung gegenüber $\mathcal{C}$ invariant ist. Wir brauchen deshalb nur zu betrachten, welche Art von Amplituden $\mathfrak{F}\,(p,s;p',c')$ zu unter $\mathcal{C}$ geraden Zuständen gehören, die diejenigen sind, die nach dem Experiment in zwei Photonen zerfallen, und welche zu ungeraden Zuständen gehören, die in drei Photonen zerfallen. Durch Anwendung von $\mathcal{C}$ auf (15.118) finden wir unter Benutzung der Antikommutatoralgebra für die b^+- und d^+-Operatoren[1]

$$\begin{aligned}\mathcal{C}\Psi_{e^+e^-} &= \int d^3p\, d^3p' \sum_{s,s'} \mathfrak{F}(p,s;p',s')d^\dagger(p,s)b^\dagger(p',s')|0\rangle \\ &= -\int d^3p\, d^3p' \sum_{s,s'} \mathfrak{F}(p',s';p,s)b^\dagger(p,s)d^\dagger(p',s')|0\rangle\end{aligned}$$

Offenbar ist ein Zustand, der *gerade* ist gegenüber Vertauschung von Elektron und Positron,

$$\mathfrak{F}(p,s;p',s') = +\,\mathfrak{F}(p',s';p,s)$$

ungerade gegenüber $\mathcal{C}$ und umgekehrt. Das bedeutet, daß der ${}^3S_1$-Triplettzustand des Positroniums unter Emission von drei Photonen zerfällt und der ${}^1S_0$-Singulettzustand in zwei γ-Quanten zerfällt.

Ein symmetrischer Zustand eines Bosons und eines Antibosons ist gegenüber $\mathcal{C}$ gerade, da das Minuszeichen von den Antivertauschungsrelationen her nicht auftritt. Als allgemeine Regel ist es bequem, sich zu merken, daß der Eigenwert des Ladungskonjugationsoperators für ein Teilchen-Antiteilchen-Paar $+1$ ist, wenn sich die Teilchen in einem Zustand befinden, der für zwei gleiche Teilchen erlaubt ist (gerade für Bosonen, ungerade für Fermionen). Für eine ungerade Eigenfunktion ist die Situation gerade umgekehrt.

---

[1] Wir haben Phasen $\Phi(p, s)$ weggelassen. Zur Rechtfertigung vergleiche man Aufgabe 15.23.

15.13 *Zeitumkehr*

Die Zeitumkehrtransformation ändert die Richtung der Zeit von t nach $t' = -t$. Bei der Konstruktion dieser Transformation für die Ein-Teilchen-Dirac-Theorie stellten wir fest, daß es sich dabei um eine Symmetrieoperation handelt, wenn sie zusätzlich zu der Vorschrift, t durch t' zu ersetzen, die Vorschrift enthält, das komplex konjugierte zu bilden und die Wellenfunktion mit der Matrix $T = i\gamma^1\gamma^3$ zu multiplizieren, wenn man speziell die Darstellung benutzt, in der nur γ^2 imaginär ist. In der Feldtheorie suchen wir nach einem Operator $\mathcal{J}$, der physikalische Zustände, die sich in der Zeit t entwickeln, in solche transformiert, wie man sie auf einem rückwärts laufenden Film mit $t' = -t$ beobachten würde. Die Quantenbedingungen (11.70) zeigen, daß $\mathcal{J}$ wie in der Einteilchentheorie kein linearer Operator sein wird. Man betrachte zum Beispiel

$$[H,\varphi_r(\mathbf{x},t)] = -i\,\frac{\partial\varphi_r(\mathbf{x},t)}{\partial t} \tag{15.119}$$

Wenn wir einen unitären Operator $\mathfrak{U}$ suchen, der die Wirkung invariant läßt und der $\varphi_r(x,t)$ transformiert in $W_{rs}\varphi_s(\mathbf{x},t') = \mathfrak{U}\varphi_r(\mathbf{x},t)\mathfrak{U}^{-1}$, so erhalten wir mit ihm

$$[\mathfrak{U}H\mathfrak{U}^{-1},\varphi_s(\mathbf{x},t')] = +\,i\,\frac{\partial\varphi_s(\mathbf{x},t')}{\partial t'} \tag{15.120}$$

Um wieder (15.119) zu bekommen, wäre es notwendig, daß in (15.120) $\mathfrak{U}$ den Hamilton-Operator H in $-H$ transformiert. Das ist jedoch aus physikalischen Gründen nicht annehmbar, da die Eigenwerte von H bezüglich des Vakuumzustandes vor und nach der Transformation positiv sein müssen. Angesichts dieser Situation entscheiden wir uns wie in (5.14) für ein nicht unitäres $\mathcal{J}$, das wir erhalten, indem wir zu dem unitären $\mathfrak{U}$ die Vorschrift K hinzunehmen, *von allen c-Zahlen das komplex konjugierte zu bilden*[1].
Wenn

$$\mathfrak{J} = \mathfrak{U}K \quad \text{und} \quad \mathfrak{J}H\mathfrak{J}^{-1} = H \tag{15.121}$$

folgt, daß (15.119) invariant gegenüber $\mathcal{J}$ ist. Eine Theorie auf Grundlage der Lagrange-Dichte (15.69), die die Wechselwirkung mit einem äußeren Feld enthält, wird gegenüber Zeitumkehr invariant sein, wenn ein $\mathcal{J}$ existiert derart, daß die Vertauschungsrelationen invariant sind, d.h. wenn gilt

[1] Die Operation, das komplex konjugierte zu bilden, ist nichtlinear; man nennt $\mathfrak{J}$ einen antilinearen oder antiunitären Operator. Vgl. E. P. Wigner, *Göttinger Nachr.*, **31**, 546 (1932); W. Pauli (ed.), „Niels Bohr and the Development of Physics", McGraw-Hill Book Company, New York, 1955, und G. Lüders, *Ann. Phys.* (N.Y.), **2**, 1 (1957).

$$\mathfrak{J}\mathfrak{L}(\mathbf{x},t)\mathfrak{J}^{-1} = \mathfrak{L}(\mathbf{x},-t) \tag{15.122}$$

und

$$\mathfrak{J}j_\mu(\mathbf{x},t)\mathfrak{J}^{-1} = j^\mu(\mathbf{x},-t) \tag{15.123}$$

In (15.123) sind die elektromagnetischen Ströme zeitumgekehrt, während die Ladungen gegenüber Zeitumkehr unverändert bleiben. Das ist aus Gründen klassischer Korrespondenz nötig, da für äußere elektromagnetische Felder bei Zeitumkehr

$$A_\mu(\mathbf{x},t) \to A^\mu(\mathbf{x},-t) \tag{15.124}$$

und folglich nach (15.123)

$$j_\mu(\mathbf{x},t)A^\mu(\mathbf{x},t) \to +\, j_\mu(\mathbf{x},-t)A^\mu(\mathbf{x},-t)$$

Folglich ändert $\mathcal{J}$ die Wirkung gemäß

$$\mathfrak{J}J(t_2,t_1)\mathfrak{J}^{-1} = \int_{t_1}^{t_2} \mathfrak{L}(\mathbf{x},-t)\, d^3x\, dt = \int_{-t_2}^{-t_1} d^3x\, dt\, \mathfrak{L}(x) = J(-t_1,-t_2) \tag{15.125}$$

$J(-t_1,-t_2)$ unterscheidet sich von $J(t_1,t_2)$ nur durch eine Translation in der Zeit, die wieder eine Symmetrieoperation der Theorie ist. Folglich sind (15.122) und (15.123) befriedigende Kriterien für Zeitumkehrinvarianz.

Wir wenden uns der Konstruktion von $\mathcal{J}$ zu für die verschiedenen freien Felder, die wir bisher diskutiert haben, und beginnen mit dem elektromagnetischen Feld. Nach (15.123) gilt

$$\mathfrak{J}\mathbf{A}(\mathbf{x},t)\mathfrak{J}^{-1} = -\mathbf{A}(\mathbf{x},-t) \tag{15.126}$$

da die das Feld erzeugenden Ströme zeitumgekehrt werden. Diese Transformation erfüllt (15.122) für die Lagrange-Dichte des Maxwell-Feldes in transversaler Eichung wie in (14.9). Sie läßt auch die gleichzeitigen Vertauschungsrelationen (14.13) und (14.17) invariant, und zwar aufgrund des Auftretens von K. Um $\mathcal{J}$ zu konstruieren, gehen wir in den Impulsraum. Wenn wir die Entwicklung (14.33) in (15.126) einsetzen, finden wir

$$\begin{aligned}\mathfrak{J}\mathbf{A}(\mathbf{x},t)\mathfrak{J}^{-1} &= \int \frac{d^3k}{\sqrt{(2\pi)^3 2\omega}} \sum_{\lambda=1}^{2} \boldsymbol{\varepsilon}(k,\lambda)[\mathfrak{U}a(k,\lambda)\mathfrak{U}^{-1}e^{i\omega t - i\mathbf{k}\cdot\mathbf{x}} \\ &\qquad + \mathfrak{U}a^\dagger(k,\lambda)\mathfrak{U}^{-1}e^{-i\omega t + i\mathbf{k}\cdot\mathbf{x}}] \\ &= -\mathbf{A}(\mathbf{x},-t) = -\int \frac{d^3k}{\sqrt{(2\pi)^3 2\omega}} \sum_{\lambda=1}^{2} \boldsymbol{\varepsilon}(k,\lambda)[a(k,\lambda)e^{i\omega t + i\mathbf{k}\cdot\mathbf{x}} \\ &\qquad + a^\dagger(k,\lambda)e^{-i\omega t - i\mathbf{k}\cdot\mathbf{x}}]\end{aligned} \tag{15.127}$$

Mit der in (14.31) benutzten Konvention

$$\boldsymbol{\varepsilon}(k,1) = -\boldsymbol{\varepsilon}(-k,1) \qquad \boldsymbol{\varepsilon}(k,2) = +\boldsymbol{\varepsilon}(-k,2)$$

haben wir

$$\mathfrak{U}a(k,1)\mathfrak{U}^{-1} = +a(-k,1) \qquad \mathfrak{U}a(k,2)\mathfrak{U}^{-1} = -a(-k,2) \quad (15.128)$$

Um (15.128) zu lösen, beziehen wir uns auf die Lösungen für die Paritätsoperatoren für die skalaren und pseudoskalaren Felder (15.78), (15.83) und (15.84) und finden

$$\mathfrak{U} = \exp\left\{\frac{-i\pi}{2}\int d^3k\,[a^\dagger(k,1)a(k,1) - a^\dagger(k,1)a(-k,1) + a^\dagger(k,2)a(k,2) + a^\dagger(k,2)a(-k,2)]\right\} \quad (15.129)$$

Für das freie hermitesche Klein-Gordon-Feld sind die Forderungen (15.122) und (15.123) erfüllt, wenn man für $\mathcal{J}$ ansetzt

$$\mathfrak{J}\varphi(\mathbf{x},t)\mathfrak{J}^{-1} = \pm\varphi(\mathbf{x},-t) \quad (15.130)$$

Für das geladene Feld legt die Forderung, daß $\mathcal{J}$ den Strom $j_\mu(\text{x},t)$ in $j^\mu(\text{x},-t)$ transformieren muß, den folgenden Ansatz nahe

$$\mathfrak{J}\varphi(\mathbf{x},t)\mathfrak{J}^{-1} = \pm\varphi(\mathbf{x},-t) \quad (15.131)$$

Für die drei hermiteschen Komponenten des π-Mesonenfeldes nehmen wir folglich

$$\mathfrak{J}\begin{bmatrix}\varphi_1(\mathbf{x},t)\\ \varphi_2(\mathbf{x},t)\\ \varphi_3(\mathbf{x},t)\end{bmatrix}\mathfrak{J}^{-1} = \pm\begin{bmatrix}+\varphi_1(\mathbf{x},-t)\\ -\varphi_2(\mathbf{x},-t)\\ +\varphi_3(\mathbf{x},-t)\end{bmatrix} \quad (15.\ 32)$$

wobei ein gemeinsamer, beliebiger Phasenfaktor offen bleibt. $\mathcal{J}$ kann auf die gleiche Art und Weise wie für das Maxwell-Feld konstruiert werden.

Für die Dirac-Theorie bestimmen wir einen Operator derart, daß

$$\mathfrak{J}\psi_\alpha(\mathbf{x},t)\mathfrak{J}^{-1} = T_{\alpha\beta}\psi_\beta(\mathbf{x},-t) \quad (15.133)$$

der (15.122) und (15.123) erfüllen muß und die Antikommutatoren (13.53) und (13.54) invariant lassen muß. Wir können sofort beweisen, daß diese Kriterien erfüllt sind, wenn wir für T dieselbe Matrix wie die in (5.15) gefundene benutzen, nämlich:

mit
$$T = i\gamma^1\gamma^3 \qquad T\gamma_\mu T^{-1} = \gamma_\mu{}^T = \gamma^{\mu *}$$
$$T = T^\dagger = T^{-1} = -T^* \quad (15.134)$$

speziell für die Darstellung, in der nur γ^2 imaginär ist; beispielsweise gilt dann (15.123)

$$\begin{aligned}\mathfrak{J}j_\mu(\mathbf{x},t)\mathfrak{J}^{-1} &= \psi^\dagger(\mathbf{x},-t)T^{-1}(\gamma_0\gamma_\mu)^*T\psi(\mathbf{x},-t) - \langle 0|\bar\psi\gamma_\mu\psi|0\rangle\\ &= \bar\psi(\mathbf{x},-t)\gamma^\mu\psi(\mathbf{x},-t) - \langle 0|\bar\psi\gamma_\mu\psi\ 0\rangle\\ &= j^\mu(\mathbf{x},-t)\end{aligned}$$

Die Eigenschaft (15.133) unterscheidet sich von der Einteilchentheorie, in der $\Psi(\mathbf{x},t) \to T\Psi^*(\mathbf{x},-t)$, durch die Vorschrift, das komplex konjugierte zu bilden. In der Feldtheorie ist die dementsprechende Transformation $\Psi \to T\Psi^{\mathsf{T}}$ nicht möglich, weil dadurch zum Beispiel der Zustand eines ruhenden Elektrons in einen Positronzustand transformiert würde.

Wenn wir zur Konstruktion von $\mathcal{J}$ in den Impulsraum gehen, wird (15.133)

$$\int \frac{d^3p}{\sqrt{(2\pi)^3}} \sqrt{\frac{m}{E}} \sum_{\pm s} [\mathfrak{U}b(p,s)\mathfrak{U}^{-1}u^*(p,s)\, e^{iEt-i\mathbf{p}\cdot\mathbf{x}} + \mathfrak{U}d^\dagger(p,s)\mathfrak{U}^{-1}v^*(p,s)\, e^{-iEt+i\mathbf{p}\cdot\mathbf{x}}]$$
$$= \int \frac{d^3p}{\sqrt{(2\pi)^3}} \sqrt{\frac{m}{E}} \sum_{\pm s} [b(p,s)Tu(p,s)\, e^{iEt+i\mathbf{p}\cdot\mathbf{x}} + d^\dagger(p,s)Tv(p,s)\, e^{-iEt-i\mathbf{p}\cdot\mathbf{x}}] \quad (15.135)$$

Aus unserer Diskussion der Zeitumkehr in der Einteilchentheorie folgt [vgl. (5.16)], daß

$$Tu(p,s) = u^*(-p,-s)e^{i\alpha_+(p,s)} \qquad Tv(p,s) = v^*(-p,-s)e^{i\alpha_-(p,s)} \quad (15.136)$$

wobei die α Phasenfaktoren sind, die vom Spinzustand abhängen. Da $T^2 = 1$ ist, finden wir durch nochmalige Anwendung von T auf (15.136)

$$\alpha_\pm(p,s) = \pi + \alpha_\pm(-p,-s) \quad (15.137)$$

Unter Benutzung von (15.136) können wir (15.135) erfüllen, vorausgesetzt, daß gilt

$$\begin{aligned} \mathfrak{U}b(p,s)\mathfrak{U}^{-1} &= -b(-p,-s)e^{i\alpha_+(p,s)} \\ \mathfrak{U}d^\dagger(p,s)\mathfrak{U}^{-1} &= -d^\dagger(-p,-s)e^{i\alpha_-(p,s)} \end{aligned} \quad (15.138)$$

Die Transformation $\mathfrak{U}$ finden wir am einfachsten, indem wir sie aufspalten in ein Produkt von zwei unitären Transformationen

$$\mathfrak{U} = \mathfrak{U}_2\mathfrak{U}_1 \quad (15.139)$$

$\mathfrak{U}_1$ kann so gewählt werden, daß es die Phasenfaktoren liefert

$$\begin{aligned} \mathfrak{U}_1 b(p,s)\mathfrak{U}_1^{-1} &= e^{i\alpha_+(p,s)}b(p,s) \\ \mathfrak{U}_1 d^\dagger(p,s)\mathfrak{U}_1^{-1} &= e^{i\alpha_-(p,s)}d^\dagger(p,s) \end{aligned} \quad (15.140)$$

und lautet explizit

$$\mathfrak{U}_1 = \exp\left\{-i\int d^3p \sum_{\pm s} [\alpha_+(p,s)b^\dagger(p,s)b(p,s) - \alpha_-(p,s)d^\dagger(p,s)d(p,s)]\right\} \quad (15.141)$$

$\mathcal{U}_2$ erfüllt dann

$$\mathcal{U}_2 b(p,s)\mathcal{U}_2^{-1} = -b(-p,-s) \quad \mathcal{U}_2 d^\dagger(p,s)\mathcal{U}_2^{-1} = -d^\dagger(-p,-s) \tag{15.142}$$

und mit Hilfe derselben Technik wie im Falle des Paritätsoperators (15.83) findet man dafür

$$\mathcal{U}_2 = \exp\left\{-i\frac{\pi}{2}\int d^3p \sum_{\pm s} [b^\dagger(p,s)b(p,s) + b^\dagger(p,s)b(-p,-s) - d^\dagger(p,s)d(p,s) - d^\dagger(p,s)d(-p,-s)]\right\} \tag{15.143}$$

Aus (15.138) ersehen wir, daß der zeitumgekehrte Zustand eines freien Elektrons oder Positrons mit Energieimpuls E_p,p und Spin s der Zustand desselben Teilchens, jedoch mit den Eigenwerten E_p,$-$p,$-s$ ist, also mit umgekehrtem Spin und Impuls aber wieder positiver Energie. Die diesen Zuständen entsprechenden Wellenfunktionen stehen miteinander in Beziehung[1]

$$\begin{aligned}
\psi_{E_p,\mathbf{p},\mathbf{s}}(\mathbf{x},t) &= \langle 0\,|\psi(\mathbf{x},t)|\,1 \text{ electron; } \mathbf{p},\mathbf{s}\rangle \\
&= \langle K0|K\psi(\mathbf{x},t)\ 1 \text{ electron; } \mathbf{p},\mathbf{s}\rangle^* \\
&= \langle K0|\mathcal{U}^{-1}\mathcal{U}K\psi(\mathbf{x},t)\ 1 \text{ electron; } \mathbf{p},\mathbf{s}\rangle^* \\
&= \langle 0\,|\mathfrak{J}\psi(\mathbf{x},t)\mathfrak{J}^{-1}|\,\mathfrak{J}\ (1 \text{ electron; } \mathbf{p},\mathbf{s})\rangle^* \\
&= -e^{i\alpha_+(p,s)}T^*\langle 0\,|\psi(\mathbf{x},-t)|\,1 \text{ electron; } -\mathbf{p},-\mathbf{s}\rangle^* \\
&= e^{i\alpha_+(p,s)}T\psi^*_{E_p,-\mathbf{p},-\mathbf{s}}(\mathbf{x},-t)
\end{aligned} \tag{15.144}$$

Gl. (15.144) zeigt, daß die zeitumgekehrten *Wellenfunktionen* wie in der Einteilchentheorie in Beziehung stehen mit ihren komplex konjugierten.

Für den Fall wechselwirkender Felder können wir die oben konstruierten Operatoren beibehalten, obwohl wir nur die Entwicklungen der Feldoperatoren zur Zeit $t = 0$ kennen. Da sich die Vertauschungsrelationen für $t = 0$ jedoch nicht von den Kommutatoren für freie Felder unterscheiden, können wir ein $\mathfrak{J}_0$ konstruieren, das zum Beispiel allen Relationen der folgenden Form genügt

$$\begin{aligned}
\mathfrak{J}_0\psi_\alpha(\mathbf{x},0)\mathfrak{J}_0^{-1} &= T_{\alpha\beta}\psi_\beta(\mathbf{x},0) \\
\mathfrak{J}_0\varphi(\mathbf{x},0)\mathfrak{J}_0^{-1} &= \pm\varphi(\mathbf{x},0) \\
\mathfrak{J}_0\dot\varphi(\mathbf{x},0)\mathfrak{J}_0^{-1} &= \mp\varphi(\mathbf{x},0) \\
\mathfrak{J}_0\mathbf{A}(\mathbf{x},0)\mathfrak{J}_0^{-1} &= -\mathbf{A}(\mathbf{x},0) \\
\mathfrak{J}_0\dot{\mathbf{A}}(\mathbf{x},0)\mathfrak{J}_0^{-1} &= +\dot{\mathbf{A}}(\mathbf{x},0)
\end{aligned} \tag{15.145}$$

[1] Man beachte, daß der nichtlineare Operator K in der zweiten Zeile explizit abgespalten wird, indem das komplex konjugierte gebildet wird. Nach (15.134) gilt auch $T^* = -T$.

wie sie auch für freie Feldoperatoren gefunden wurden. Das so konstruierte $\mathcal{J}_0$ ist identisch mit demjenigen für freie Felder, wobei die Operatoren a^+, b, d usw. ersetzt sind durch die für $t = 0$ berechneten Entwicklungskoeffizienten aus (15.23). Wenn wir schreiben[1]

$$\mathfrak{J} = e^{-iHt}\mathfrak{J}_0 e^{-iHt} \tag{15.146}$$

um $\mathcal{J}$ für beliebige Zeiten t zu erhalten, finden wir zum Beispiel wie gewünscht [vgl. (15.133)]

$$\begin{aligned}\mathfrak{J}\psi_\alpha(\mathbf{x},t)\mathfrak{J}^{-1} &= e^{-iHt}\mathfrak{J}_0\psi_\alpha(\mathbf{x},0)\mathfrak{J}_0^{-1}e^{iHt} \\ &= e^{-iHt}T_{\alpha\beta}\psi_\beta(\mathbf{x},0)e^{iHt} \\ &= T_{\alpha\beta}\psi_\beta(\mathbf{x},-t)\end{aligned}$$

Entsprechend finden wir

$$\mathfrak{J}\varphi(\mathbf{x},t)\mathfrak{J}^{-1} = \pm\varphi(\mathbf{x},-t) \qquad \text{und} \qquad \mathfrak{J}\mathbf{A}(\mathbf{x},t)\mathfrak{J}^{-1} = -\mathbf{A}(\mathbf{x},-t)$$

Wenn das so konstruierte $\mathcal{J}$ auch (15.122) und (15.123) erfüllt, ist es eine Symmetrieoperation der Theorie. In diesem Falle gilt

$$[\mathfrak{J},H] = 0 \tag{15.147}$$

Und (15.146) reduziert sich auf

$$\mathfrak{J} = \mathfrak{J}_0$$

15.14 *Das $\mathcal{JCP}$-Theorem*

Wir können leicht zeigen, daß die elektromagnetischen Wechselwirkungen und die in (15.30) eingeführten π-Meson-Nukleon-Wechselwirkungen invariant sind gegen jede der Symmetrieoperationen $\mathcal{J}$, $\mathcal{C}$ und $\mathcal{P}$, wie wir sie für allgemeine Wechselwirkungen explizit angegeben haben. Es ist jedoch möglich, die Wechselwirkungsterme durch kluges Einführen von ein Paar i und γ_5 hier und dort so abzuändern, daß $\mathcal{J}$, $\mathcal{C}$ und $\mathcal{P}$ als Symmetrieoperationen verloren gehen, ohne daß die Invarianz gegen eigentliche Lorentz-Transformationen und Verschiebungen beeinflußt wird. Bemerkenswert ist jedoch, daß das Produkt von $\mathcal{J}$, $\mathcal{C}$ und $\mathcal{P}$ eine Symmetrieoperation bleibt, wenn man nur voraussetzt, daß:

1. die Theorie, was im gegenwärtigen Zusammenhang lokale Theorie bedeutet, für die eine geeignete, normalgeordnete, hermitesche Lagrange-Dichte existiert, kovariant gegenüber eigentlichen Lorentz-Transformationen ist;

---

[1] Bei der entsprechenden Bildung für die Zeitabhängigkeit von $\mathfrak{P}$ und $\mathfrak{C}$ ersetzen wir $t \to 0 \to t$. Hier bei der Zeitumkehr ersetzen wir $t \to 0 \to -t$, wodurch sich das verschiedene Vorzeichen im Exponentialfaktor erklärt.

2. die Theorie quantisiert ist mit dem üblichen Zusammenhang zwischen Spin und Statistik; zum Beispiel sind Klein-Gordon- und Maxwell-Felder quantisiert mit Vertauschungsrelationen, die auf die Bose-Einstein-Statistik führen, und das Dirac-Feld genügt Antivertauschungsrelationen, die auf das Ausschließungsprinzip führen.

Das ist das $\mathcal{JCP}$-Theorem von LÜDERS und ZUMINO, PAULI und SCHWINGER[1]. Wir geben einen Beweis für wechselwirkende Klein-Gordon-, Maxwell- und Dirac-Felder, indem wir zeigen, daß bei sukzessiver Anwendung von $\mathcal{J}(t)$, $\mathcal{C}(t)$ und $\mathcal{P}(t)$ für dieselbe Zeit t der Hamilton-Operator erfüllt

$$\mathcal{PCJ}H\mathcal{J}^{-1}\mathcal{C}^{-1}\mathcal{P}^{-1} = H \tag{15.148}$$

Da wir die Voraussetzungen unserer Überlegungen als Eigenschaften der Lagrange-Dichte formuliert haben, ist es bequemer, mit ihrer Betrachtung zu beginnen, und dann auf (15.148) zurückzukommen. Wir werden zuerst zeigen, daß

$$\mathcal{PCJ}\mathcal{L}(\mathbf{x},t)\mathcal{J}^{-1}\mathcal{C}^{-1}\mathcal{P}^{-1} = \mathcal{L}(-\mathbf{x},-t)$$

mit zur gemeinsamen Zeit t berechneten $\mathcal{P}$, $\mathcal{C}$ und $\mathcal{J}$.

Unter der Lorentz-Invarianz von $\mathscr{L}$ verstehen wir, daß $\mathscr{L}$ ein hermitescher Operator ist, der aufgebaut ist aus Skalaren, die ihrerseits aus Produkten von $\varphi_r(x)$ und $A_\mu(x)$ und ihren Ableitungen $\partial/\partial x^\mu$ bestehen, und, zusätzlich, aus Bilinearformen von Spinorfeldern oder ihren Ableitungen $\overline{\Psi}^A\Gamma\Psi^B$, die sich wie Tensoren transformieren. Die Indizes A und B bezeichnen die inneren Freiheitsgrade (p,e^-,ν usw.), und Γ ist eine der Matrizen 1, $i\gamma_5,\gamma_\mu,\gamma_5\gamma_\mu,\sigma_{\mu\nu}$. Die Wirkung von $\mathcal{PCJ}$ auf ein hermitesches Skalarfeld φ_r ist

$$\mathcal{PCJ}\varphi_r(\mathbf{x},t)\mathcal{J}^{-1}\mathcal{C}^{-1}\mathcal{P}^{-1} = \pm\varphi_r(-\mathbf{x},-t) \tag{15.149}$$

wobei das $\pm$-Vorzeichen offen ist und von der Wahl der Vorzeichen in (15.132) abhängt. Ausgedrückt durch die Operatoren, die Ladungseigenzustände erzeugen, lautet (15.149)

$$\mathcal{PCJ}\varphi(\mathbf{x},t)\mathcal{J}^{-1}\mathcal{C}^{-1}\mathcal{P}^{-1} = \pm\varphi^*(-\mathbf{x},-t)$$
$$\mathcal{PCJ}\varphi^*(\mathbf{x},t)\mathcal{J}^{-1}\mathcal{C}^{-1}\mathcal{P}^{-1} = \pm\varphi(-\mathbf{x},-t)$$

Wenn wir die Ausdrücke für $\mathcal{P}$, $\mathcal{C}$ und $\mathcal{J}$ für Spinorfelder zusammensetzen [(15.88), (15.112) und (15.133)], finden wir

$$\begin{aligned}\mathcal{PCJ}\psi_\alpha^A(\mathbf{x},t)\mathcal{J}^{-1}\mathcal{C}^{-1}\mathcal{P}^{-1} &= -i(\gamma^0\gamma_5)_{\alpha\beta}\bar{\psi}_\beta{}^A(-\mathbf{x},-t)\\ &= +i\gamma^5_{\alpha\beta}\psi_\beta^{A\dagger}(-\mathbf{x},-t)\end{aligned}$$

und

$$\mathcal{PCJ}\bar{\psi}_\alpha{}^A(\mathbf{x},t)\mathcal{J}^{-1}\mathcal{C}^{-1}\mathcal{P}^{-1} = -i\psi_\beta{}^A(-\mathbf{x},-t)(\gamma_5\gamma_0)_{\beta\alpha} \tag{15.150}$$

[1] G. LÜDERS, *Ann. Phys.* (N. Y.), **2**, 1 (1957).

Für Bilinearformen in den Spinorfeldern folgt dann aus (15.150)

$$\mathcal{P}\mathcal{C}\mathcal{J}\bar{\psi}_\alpha{}^A(\mathbf{x},t)\Gamma_{\alpha\beta}\psi_\beta{}^B(\mathbf{x},t)\mathcal{J}^{-1}\mathcal{C}^{-1}\mathcal{P}^{-1}$$
$$= -\psi_\lambda{}^A(-\mathbf{x},-t)(\gamma_5\gamma_0\Gamma^*\gamma_0\gamma_5)_{\lambda\tau}\bar{\psi}_\tau{}^B(-\mathbf{x},-t)$$
$$= -\psi_\lambda{}^A(-\mathbf{x},-t)\Gamma'_{\tau\lambda}\bar{\psi}_\tau{}^B(-\mathbf{x},-t) \tag{15.151}$$

wobei $\Gamma' = +\Gamma$ für $\Gamma = 1, i\gamma_5, \sigma_{\mu\nu}$
$\Gamma' = -\Gamma$ für $\Gamma = \gamma_\mu, \gamma_5\gamma_\mu$

Wenn wir an den früheren Annahmen festhalten, daß unabhängige Fermi-Felder Ψ^A und Ψ^B miteinander antikommutieren, und daß Produkte von Spinorfeldern in $\mathcal{L}$ stets als Normalprodukte vorkommen, gelangen wir zu

$$\mathcal{P}\mathcal{C}\mathcal{J}:\bar{\psi}_\alpha{}^A(\mathbf{x},t)\Gamma_{\alpha\beta}\psi_\beta{}^B(\mathbf{x},t):\mathcal{J}^{-1}\mathcal{C}^{-1}\mathcal{P}^{-1}$$
$$= +:\bar{\psi}_\tau{}^B(-\mathbf{x},-t)\Gamma'_{\tau\lambda}\psi_\lambda{}^A(-\mathbf{x},-t): \tag{15.152}$$

Tatsächlich ist nur für den Vektorfall $\Gamma = \gamma^\mu$ mit identischen Fermi-Feldern $A = B$ die Normalordnung nötig, um von (15.151) auf (15.152) zu kommen, da nach (15.39)

$$-\psi_\lambda{}^A(-\mathbf{x},-t)\Gamma'_{\tau\lambda}\bar{\psi}_\tau{}^B(-\mathbf{x},-t)$$
$$= +\bar{\psi}_\tau{}^B(-\mathbf{x},-t)\Gamma'_{\tau\lambda}\psi_\lambda{}^A(-\mathbf{x},-t) - \delta_{AB}\delta^3(0)\operatorname{Tr}(\gamma_0\Gamma')$$

Gerade mit diesem in Abschn. 15.5 diskutierten Vektorstrom definierten wir aber $\mathcal{P}$, $\mathcal{C}$ und $\mathcal{J}$ in (15.72), (15.96) und (15.123), so daß

$$\mathcal{P}\mathcal{C}\mathcal{J}j^\mu(\mathbf{x},t)\mathcal{J}^{-1}\mathcal{C}^{-1}\mathcal{P}^{-1} = -j^\mu(-\mathbf{x},-t) = -:\bar{\psi}(-\mathbf{x},-t)\gamma^\mu\psi(-\mathbf{x},-t): \tag{15.153}$$

Für das elektromagnetische Feld finden wir, wenn wir $\mathcal{P}$, $\mathcal{C}$ und $\mathcal{J}$ aus (15.95), (15.97) und (15.126) zusammensetzen

$$\mathcal{P}\mathcal{C}\mathcal{J}\mathbf{A}(\mathbf{x},t)\mathcal{J}^{-1}\mathcal{C}^{-1}\mathcal{P}^{-1} = -\mathbf{A}(-\mathbf{x},-t) \tag{15.154}$$

Die Anwendung von $\mathcal{J}$, $\mathcal{C}$ und $\mathcal{P}$ auf die Gl. (15.8) für $A_0(\mathbf{x},t)$ ergibt

$$\mathcal{P}\mathcal{C}\mathcal{J}A_0(\mathbf{x},t)\mathcal{J}^{-1}\mathcal{C}^{-1}\mathcal{P}^{-1} = -\int\frac{d^3y}{|\mathbf{x}-\mathbf{y}|}\,j_0(-\mathbf{y},-t) = -A_0(-\mathbf{x},-t)$$

wie leicht mit Hilfe von (15.152) gezeigt werden kann. Deshalb gilt

$$\mathcal{P}\mathcal{C}\mathcal{J}A_\mu(x)\mathcal{J}^{-1}\mathcal{C}^{-1}\mathcal{P}^{-1} = -A_\mu(-x) \tag{15.155}$$

Schließlich sei für den Fall, daß Ableitungen auftreten, bemerkt, daß gilt

$$\frac{\partial}{\partial x_\mu} = -\frac{\partial}{\partial(-x_\mu)} \tag{15.156}$$

Wir fassen diese Ergebnisse zusammen. indem wir feststellen, daß $\mathcal{PCJ}$ die folgenden Änderungen bewirkt:

1. Alle Koordinaten x_μ werden transformiert in $x'_\mu = -x_\mu$; folglich

$$\frac{\partial}{\partial x'_\mu} = -\frac{\partial}{\partial x_\mu}$$

2. Hermitesche Skalarfelder $\varphi_r(x)$ werden transformiert in $+\varphi_r(x')$ wobei die beliebige Phase hier auf $+1$ festgelegt ist. Das elektromagnetische Feld $A_\mu(x)$ wird in $-A_\mu(x')$ überführt.

3. Alle Tensoren von geradem Rang, einschließlich aller Bilinearformen von Fermi-Feldern oder deren Ableitungen werden transformiert in ihre hermitesch konjugierten, und alle Tensoren von ungeradem Rang werden in das Negative ihrer hermitesch konjugierten transformiert.

4. Alle anderen c-Zahlen werden durch ihre komplex konjugierten ersetzt.

Da $\mathscr{L}$ ein Skalar ist, sind alle Tensorindizes in allen Termen von $\mathscr{L}$ kontrahiert, das ergibt nach Bedingung 3. eine gerade Anzahl negativer Vorzeichen, die folglich unbeachtet bleiben können. Der Nettoeffekt der Transformationsvorschrift ist also äquivalent zur Vorschrift, das hermitesch konjugierte von $\mathscr{L}$ zu nehmen. Die Frage der Ordnung der Faktoren fällt fort, da $\mathscr{L}$ von vornherein normalgeordnet sein soll. An dieser Stelle geht der Zusammenhang von Spin und Statistik ein, da die Operation der Normalordnung ein Minuszeichen liefert für antikommutierende Spin-$\frac{1}{2}$-Felder, (13.58), und ein Pluszeichen für Bose-Felder vom Spin 0 und 1, (12.25). Folglich gilt für ein hermitesches $\mathscr{L}$

$$\mathcal{PCJ}\mathfrak{L}(x)\mathfrak{J}^{-1}\mathfrak{C}^{-1}\mathcal{P}^{-1} = \mathfrak{L}(x') = \mathfrak{L}(-\mathbf{x},-t) \tag{15.157}$$

Der Übergang von $\mathscr{L}$ zur Hamilton-Dichte ist wie gewöhnlich gegeben durch

$$\mathfrak{H}(x) = -\mathfrak{L}(x) + \sum_r :\pi_r(x)\dot{\varphi}_r(x): \tag{15.158}$$

wobei sich die Summen über alle Fermi- oder Bose-Felder erstrecken, die in $\mathscr{L}$ vorkommen. Da $\mathcal{J}$, $\mathcal{C}$ und $\mathcal{P}$ so konstruiert waren, daß sie die Vertauschungsrelationen invariant lassen,

$$[\pi_r(\mathbf{x},t),\varphi_s(\mathbf{x}',t)] = -i\delta^3(\mathbf{x}-\mathbf{x}')\delta_{rs}$$

für Bose-Felder und

$$\{\pi_r(\mathbf{x},t),\varphi_s(\mathbf{x}',t)\} = +i\delta^3(\mathbf{x}-\mathbf{x}')\delta_{rs}$$

für Fermi-Felder, wissen wir, daß

$$\mathcal{PCJ}\pi_r(\mathbf{x},t)\mathfrak{J}^{-1}\mathfrak{C}^{-1}\mathcal{P}^{-1} = -\eta_r^*\pi_r(-\mathbf{x},-t)$$

wenn

$$\mathcal{P}\mathcal{C}\mathfrak{I}\varphi_r(\mathbf{x},t)\mathfrak{I}^{-1}\mathcal{C}^{-1}\mathcal{P}^{-1} = \eta_r\varphi_r(-\mathbf{x},-t) \tag{15.159}$$

also

$$\mathcal{P}\mathcal{C}\mathfrak{I}\dot{\varphi}_r(\mathbf{x},t)\mathfrak{I}^{-1}\mathcal{C}^{-1}\mathcal{P}^{-1} = -\eta_r \frac{\partial}{\partial(-t)}\varphi_r(-\mathbf{x},-t) \equiv -\eta_r\dot{\varphi}_r(-\mathbf{x},-t)$$

Wir schließen daraus, daß

$$\mathcal{P}\mathcal{C}\mathfrak{I}\mathcal{H}(\mathbf{x},t)\mathfrak{I}^{-1}\mathcal{C}^{-1}\mathcal{P}^{-1} = \mathcal{H}(-\mathbf{x},-t)$$

und daraus folgt (15.148), womit das $\mathcal{J}\mathcal{C}\mathcal{P}$-Theorem bewiesen ist[1].

Aufgaben

1. Man zeige, daß in der Strahlungseichung gilt $\Box \mathrm{A} = e_0 \mathrm{j}_{\mathrm{tr}}$ und gebe den transversalen Stromoperator an.
2. Man zeige, daß die Ladungsdichte des Vakuums in niedrigster Ordnung in e_0 divergent kubisch ist, wenn man nicht die Normalordnung einführt.
3. Man beweise, daß $[Q,H] = 0$, wodurch die Konstanz der Gesamtladung in der Quantenelektrodynamik gezeigt ist.
4. Beweise die Heisenberg-Relationen (15.18).
5. Beweise die Transformationsregeln für die Feldoperatoren gegenüber einer Lorentz-Transformation in (15.20) und (15.21).
6. Man vervollständige den Beweis der Lorentz-Invarianz der Quantenelektrodynamik in der Strahlungseichung, indem man die Invarianz der gleichzeitigen Vertauschungsrelationen in (15.9) und (15.10) beweise.
7. Man quantisiere das geladene Skalarfeld, indem man die Eichung $A_0 = 0$ wähle und wie in Kap. 14, Aufg. 3, einen kleinen Photonmassenterm zur Lagrange-Dichte hinzufüge. (Die Lagrange-Dichte ist in der Fußnote auf Seite 93 und im Anhang B angegeben.)
8. Man führe Aufg. 7 auch für ein geladenes Dirac-Teilchen durch.
9. Man beweise unter Benutzung von (15.41) die Heisenberg-Bewegungsgleichung mit der in der Hamilton-Dichte (15.40) angegebenen ladungsunabhängigen Meson-Nukleon-Wechselwirkung. Was passiert, wenn man mit diesem H eine Quantentheorie zu konstruieren versucht und man annimmt, daß die Proton- und Neutronfelder miteinander vertauschen?
10. Man zeige die Nukleonzahl-, Isospin-, und Ladungssymmetrien der Modell-Lagrange-Dichte (15.30) und konstruiere die Bewegungskonstanten mit Hilfe des Noetherschen Theorems.

[1] Ein elegantes Theorem über den Zusammenhang von Spin und Statistik und Lokalität (schwache lokale Vertauschbarkeit) wurde im Rahmen der axiomatischen Feldtheorie entdeckt. Über die Diskussion dieses Ansatzes vgl. man R. F. Streator und A. S. Wightman, „PCT, Spin and Statistic, and All That," W. A. Benjamin, Inc., New York, 1964.

11. Man gebe die allgemeinste Lagrange-Dichte $\mathscr{L}$ an, die bilinear in den acht Baryonenfeldern und linear in den Bosonenfeldern ist, keine Wechselwirkungsterme mit Ableitungen enthält und die invariant gegen Baryonenzahl-, Isospin- und Ladungs- oder Seltsamkeitstransformationen ist. Man führe elektromagnetische Wechselwirkungen ein und berechne die erhaltenen Ströme.

12. Man beweise (15.75) für die Bahnparität, indem man das Feld nach Kugelwellen entwickelt und die Eigenschaften der Kugelfunktionen benutzt.

13. Man beweise die Form (15.93) des Paritätsoperators für ein Dirac-Feld.

14. Man gebe den Paritätsoperator für das elektromagnetische Feld an und beweise die Invarianz der Lagrange-Dichte und der Vertauschungsrelationen der Quantenelektrodynamik gegenüber der Paritätstransformation.

15. Man beweise die Invarianz der Dirac-Gleichung und der Vertauschungsrelationen (13.53) und (13.54) gegenüber Ladungskonjugation. Man konstruiere $\mathfrak{C}$ in (15.115).

16. Man zeige, daß sich Vektor- und Tensorströme, die aus Bilinearformen in Dirac-Feldern gebildet sind, ungerade, und daß sich Ströme für Skalar-, Axial- und Pseudoskalarfelder gerade unter $\mathfrak{C}$ transformieren. Diskutiere mögliche CP-invariante Wechselwirkungen für den β-Zerfall.

17. Man gebe die $\mathfrak{C}$-Transformation für die Modell-Lagrange-Dichte (15.30) an.

18. Die als $G = e^{i\pi I_y}\mathfrak{C}$ bekannte Kombination ist nützlich zur Klassifikation von Elementarteilchen. Bestimme wie sich die Baryonen und Mesonen unter G transformieren. Speziell zeige man, daß ein Zustand mit n Pionen und $Q = 0$ die G-Parität $(-1)^n$ besitzt.

19. Man gebe $\mathfrak{J}$ für das π-Mesonen-Feld an, das (15.132) erfüllt.

20. Was wird aus einem Zustand eines rechts-zirkular polarisierten Photons bei Zeitumkehr?

21. Man beweise die Konstruktion von $\mathfrak{J}$ für ein Dirac-Feld in (15.141) und (15.143).

22. Man bilde eine Lagrange-Dichte für eine phänomenologische, schwache Wechselwirkung für Leptonen, Nukleonen und Mesonen, die konsistent mit den in Kap. 10 diskutierten Ideen ist. Man diskutiere die Erhaltungssätze und die Symmetrien von $\mathscr{L}$, die sie zur Folge haben.

23. Wie lautet die explizite Abhängigkeit der Phasen $\Phi(p,s)$ bei der Ladungskonjugations-Transformation auf Seite 123 vom Impuls p und Spin s? Wir haben diese Phasen bei der Diskussion der Positroniumzustände auf Seite 124 fortgelassen. Man begründe diese Vernachlässigung, indem man unter Benutzung des Drehimpulsoperators zu vorgegebenen L und S die Wellenfunktion konstruiere.

Kapitel 16

VAKUUMERWARTUNGSWERTE UND S-MATRIX

16.1 *Einleitung*

Das Ziel der Quantenfeldtheorie als physikalischer Theorie ist es, die Dynamik wechselwirkender Teilchen, die in der Natur beobachtet werden, zu beschreiben. Wir haben schon gesehen, wie man die Eigenschaften freier Teilchen erhält, indem man die formale Quantisierung auf klassische Felder anwendet, und wie man durch Konstruktion der Lagrange-Funktion für die Wechselwirkung Symmetrieeigenschaften garantieren und Bewegungskonstanten gewinnen kann. Es bleibt noch die Aufgabe, allgemeine Matrixelemente, die das dynamische Verhalten der wechselwirkenden Teilchen beschreiben, zu konstruieren, zu untersuchen und auszuwerten.

Wir interessieren uns einerseits für die Amplituden einzelner Teilchen in der Raum-Zeit-Darstellung – d. h. die Einteilchen-Green-Funktionen –, andererseits für die Übergangswahrscheinlichkeiten wechselwirkender Teilchen zwischen verschiedenen Anfangs- und Endzuständen, d. h. die S-Matrix. Eines der Hauptergebnisse wird die Gewinnung der Feynman-Regeln, wie sie im ersten Band entwickelt wurden, mit Hilfe des Formalismus der Quantenfeldtheorie sein.

16.2 *Eigenschaften physikalischer Zustände*

Das Problem, für die gekoppelten nichtlinearen Gleichungen wechselwirkender Felder exakte Lösungen zu finden, hat sich bis jetzt als zu schwierig erwiesen. Bevor wir uns den verschiedenen Näherungsmethoden zuwenden, wollen wir untersuchen, wie sich die Eigenschaften exakter Zustände Φ und des Propagators allein mit Hilfe von Invarianzüberlegungen festlegen lassen. Insbesondere Translations- und Lorentz-Invarianz spielen eine wichtige Rolle; alle hier interessierenden Theorien haben diese Symmetrien gemeinsam.

Zunächst wählen wir den Zustand Φ als Eigenzustand von Energie und Impuls. Dies ist möglich, da, wie in Kap. 11 erläutert, die Existenz eines erhaltenen Energie-Impuls-Vierervektors P^μ durch die Translationsinvarianz gewährleistet wird. Wir bewegen uns im Heisenberg-Bild, charakterisieren Φ also durch die Eigenwerte von P^μ und alle anderen paarweise vertauschbaren Bewegungskonstanten.

Darüber hinaus stellen wir aus physikalischen Gründen einige spezielle Bedingungen an das Spektrum von P^μ. Da jedoch eine exakte Lösung für diese P^μ fehlt, bleiben diese Forderungen natürlich unbewiesen. Wir setzen folgendes voraus:

1. Die Energie- und Impulseigenwerte liegen alle im Vorwärtslichtkegel

$$P^2 = P_\mu P^\mu \geq 0 \qquad P^0 \geq 0 \tag{16.1}$$

2. Es gibt einen nicht ausgearteten Lorentz-invarianten Grundzustand niedrigster Energie. Dies ist der Vakuumzustand

$$\Phi_0 \equiv |0\rangle$$

wobei die Übereinkunft bestehen soll, den Energienullpunkt so zu wählen, daß gilt

$$P^0|0\rangle = 0 \tag{16.2}$$

Aus (16.1) folgt, daß dann auch

$$\mathbf{P}|0\rangle = 0$$

ist. Aus der Lorentz-Invarianz des Vakuums (16.2) ergibt sich, daß $|0\rangle$ dem Beobachter in jedem Lorentz-System als Vakuumzustand erscheint.

3. Es existieren stabile Einteilchenzustände

$$\Phi_{1(i)} \equiv |P^{(i)}\rangle$$

wobei $P_\mu^{(i)} P^{(i)\mu} = m_i^2$ ist, für jedes stabile Teilchen der Masse m_i.

Indem wir zunächst die Infrarotdivergenzen, die im Zusammenhang mit den Masse-Null-Zuständen Photon und Neutrino auftreten, vernachlässigen, können wir eine 4. Bedingung hinzufügen.

4. Die Vakuum- und Einteilchenzustände bilden ein diskretes Spektrum von P^μ. Dies wird durch Abb. 16.1 dargestellt, die das Energie-Impuls-Spektrum für das Beispiel des π-Mesons zeigt. In der Natur ist das π-Meson natürlich kein stabiles Teilchen; seine beobachtete Halbwertszeit für den Zerfall über

$$\pi^+ \rightarrow \mu^+ + \nu'$$

ist $\sim 2 \times 10^{-8}$ sec, wie bereits in Kap. 10 abgeleitet wurde. Das ist eine lange Halbwertszeit im Verhältnis zur natürlichen Frequenz $\hbar/m_\pi c^2 \sim \sim 5 \times 10^{-24}$ sec, so daß wir in erster Näherung unter Vernachlässigung der schwachen Kopplung das π-Meson als stabil behandeln können, wie wir es in unseren früheren Diskussionen bei der Benützung des Propagators getan haben. Wir ordnen ihm ein Feld φ zu und konstruieren damit die Lagrange-Funktion und den Energie-Impuls-Vierervektor mit dem Spektrum von Abb. 16.1 für π-Meson-Zustände.

Analog ordnen wir jedem diskreten (oder fast diskreten) Zustand im Spektrum von P^μ ein Feld $\varphi(x)$ oder $\psi(x)$ zu. Dieser Behandlungsweise liegen ähnliche Überlegungen zugrunde wie der Störungstheorie. Nachdem wir zu jedem stabilen Teilchen ein Feld in die Lagrange-Funktion eingeführt haben, nehmen wir an, daß ihre gegenseitigen Wechselwirkungen die Form des Zustandspektrums, wie es etwa die Abb. 16.1 zeigt,

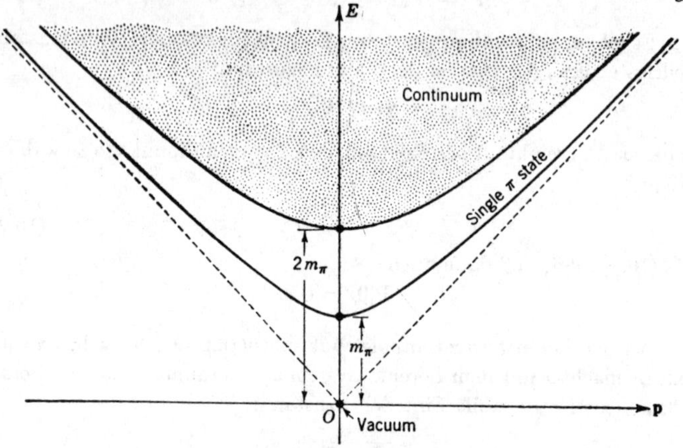

Abb. 16.1 Das Energie-Impuls-Spektrum von π-Mesonen.

nicht wesentlich verändern. Dies ist offenbar eine sehr starke Annahme und eine wesentliche Einschränkung für dieses Verfahren, da sie automatisch Bindungszustände ausschließt. HAAG, NISHIJIMA und ZIMMERMANN[1] ist es vor kurzem gelungen, axiomatisch ein lokales, in allen Raum-Zeit-Punkten x definiertes Feld zu konstruieren, das zu einem stabilen Bindungszustand von zwei gegebenen elementaren Feldern gehört, z. B. ein Deuteron, das aus einem Paar von Nukleonfeldern gebildet wird, darzustellen[2].

Es ist jedoch nicht klar, wie die genaue Beziehung zwischen einem solchen Feld und den Wechselwirkungstermen der Lagrange-Funktion aussieht[3].

---

[1] K. NISHIJIMA, *Phys. Rev.*, **111**, 995 (1958).

[2] Die Vorschrift ist einfach. Wenn der ,,zusammengesetzte" Einteilchenzustand α den Spin 0 hat und an die spinfreien Felder $A(x)$ und $B(x)$ gekoppelt ist, so kann der Feldoperator φ_α in der folgenden Form gewählt werden

$$\varphi_\alpha(x) = \lim_{\substack{\epsilon^2<0 \\ \epsilon\to 0}} \frac{A(x+\epsilon)B(x-\epsilon)}{\sqrt{2E_\alpha(2\pi)^3\langle 0|A(x+\epsilon)B(x-\epsilon)|\alpha\rangle}}$$

[3] Vgl. in diesem Zusammenhang auch die Beiträge von S. WEINBERG und A. SALAM, *Proc. 1962 Intern. Conf. High-energy Phys.*, CERN, Genf 683–687.

16.3 *Konstruktion von In-Feldern und In-Zuständen; die Asymptotenbedingung*

Da wir uns hauptsächlich mit Streuproblemen beschäftigen, wollen wir als erstes diejenigen Zustände konstruieren, die eine einfache Beschreibung des physikalischen Systems im Anfangszustand $t \to -\infty$ liefern. Zu diesem Zeitpunkt stehen die an einem Streuvorgang beteiligten Teilchen noch nicht miteinander in Wechselwirkung und propagieren nur unter dem Einfluß ihrer Selbstwechselwirkung. Wir beginnen deshalb den Aufbau der Wechselwirkungstheorie damit, einen Erzeugungsoperator für Zustände unabhängiger Teilchen zu suchen, wobei jedes Teilchen sich mit seiner physikalischen Masse bewegt. Wir nehmen an, daß diese Zustände für alle Teilchenzahlen und Teilchenimpulse ein vollständiges System bilden, was im selben Sinn zu verstehen ist, wie unsere Überlegungen im vorigen Paragraphen.

Im Fall nicht miteinander in Wechselwirkung stehender Teilchen, die durch Lagrange-Funktionen für das freie Feld beschrieben wurden, konnte man die Einteilchenzustände aus dem Vakuum erzeugen durch einen der Erzeugungsoperatoren, die in der Entwicklung nach freien Feldern auftreten. Wiederholte Anwendung von n Erzeugungsoperatoren führten zu den n-Teilchen-Zuständen. Die Teilcheninterpretation ergab sich aus dem Spektrum des Energie-Impuls-Operators P^μ und aus der Algebra der Erzeugungs- und Vernichtungsoperatoren, wie sie sich aus den Voraussetzungen über Vertauschungs- oder Antivertauschungsrelationen ergab. Im Fall wechselwirkender Felder suchen wir nun entsprechende Operatoren, die Zustände aus einzelnen physikalischen Teilchen erzeugen. Einfachheitshalber untersuchen wir diese Operatoren zunächst für den Fall des hermiteschen Mesonenfeldes $\varphi(x)$, das der Gleichung genügt

$$(\Box + m_0^2)\, \varphi(x) = j(x) \tag{16.3}$$

und den Vertauschungsrelationen für gleiche Zeiten

$$\begin{aligned} [\varphi(\mathbf{x},t),\varphi(\mathbf{y},t)] &= [\pi(\mathbf{x},t),\pi(\mathbf{y},t)] = 0 \\ [\pi(\mathbf{x},t),\varphi(\mathbf{y},t)] &= -i\delta^3(\mathbf{x}-\mathbf{y}) \end{aligned} \tag{16.4}$$

Der Strom $j(x)$ ist ein skalarer Operator, der aus denjenigen Feldern konstruiert wird, die mit $\varphi(x)$ an der Stelle x in Wechselwirkung stehen. Vernachlässigt man einfachheitshalber Terme mit Ableitungskopplung für $j(x)$, so erhält man

$$\pi(x) = \dot{\varphi}(x)$$

Außer dieser Annahme ist $j(x)$ beliebig. Er kann z. B. eine Kopplung an Nukleonen darstellen oder eine Selbstkopplung der Gestalt

$$j(x) = \lambda\varphi^3(x)$$

In diesem Fall kann die Feldgleichung aus der einfachen Lagrange-Dichte abgeleitet werden

$$\mathfrak{L} = \frac{1}{2}\left(\frac{\partial\varphi}{\partial x_\mu}\frac{\partial\varphi}{\partial x^\mu} - m_0^2\varphi^2 + \frac{1}{2}\lambda\varphi^4\right)$$

Mit $\varphi_{\text{in}}(x)$ bezeichnen wir den Operator, den wir suchen, um Zustände einzelner physikalischer Teilchen zu konstruieren. $\varphi_{\text{in}}(x)$ wird dargestellt durch ein geeignetes Funktional des exakten $\varphi(x)$ und irgendwelcher anderer Felder, die in $j(x)$ auftreten, und seine Existenz wird durch explizite Konstruktion nachgewiesen. Um sicherzustellen, daß $\varphi_{\text{in}}(x)$ die gewünschte Interpretation als ein Operator, der freien physikalische Mesonen aus dem Vakuum erzeugt, zuläßt, schreiben wir ihm die folgenden Eigenschaften zu, die wir für freie Felder schon in den vorangegangenen Kapiteln untersucht haben:

1. $\varphi_{\text{in}}(x)$ transformiert sich bei Translationen und Lorentz-Transformationen genauso wie das entsprechende $\varphi(x)$. Diese Definition sichert die Kovarianz der Einteilchenzustände, die mit $\varphi_{\text{in}}(x)$ gebildet werden. Speziell für Translationen gilt

$$[P^\mu, \varphi_{\text{in}}(x)] = -i\,\frac{\partial\varphi_{\text{in}}(x)}{\partial x_\mu} \tag{16.5}$$

2. Das raum-zeitliche Verhalten von $\varphi_{\text{in}}(x)$ wird durch eine Klein-Gordon-Gleichung für ein freies Teilchen von der physikalischen Masse m beschrieben:

$$(\Box + m^2)\varphi_{\text{in}}(x) = 0 \tag{16.6}$$

Aus diesen beiden Definitionsgleichungen folgt, daß $\varphi_{\text{in}}(x)$ den physikalischen Einteilchenzustand aus dem Vakuum erzeugt. Zum Beweis betrachtet man einen beliebigen Eigenzustand

$$P^\mu|n\rangle = p_n^\mu|n\rangle \tag{16.7}$$

und bildet die folgenden Matrixelemente mit dem Vakuumzustand $|0\rangle$:

$$-i\,\frac{\partial}{\partial x_\mu}\langle n|\varphi_{\text{in}}(x)|0\rangle = \langle n|[P^\mu, \varphi_{\text{in}}(x)]|0\rangle = p_n^\mu\langle n|\varphi_{\text{in}}(x)|0\rangle$$

Wiederholte Anwendung dieses Verfahrens ergibt mit (16.6)

$$(\Box + m^2)\langle n|\varphi_{\text{in}}(x)|0\rangle = (m^2 - p_n{}^2)\langle n|\varphi_{\text{in}}(x)|0\rangle = 0 \tag{16.8}$$

Die einzigen Zustände, die durch $\varphi_{\text{in}}(x)$ aus dem Vakuum erzeugt werden, sind also diejenigen mit $p_n^2 = m^2$, d. h. die Einteilchenzustände der Masse m. Die Fourier-Entwicklung von $\varphi_{\text{in}}(x)$ ist dieselbe, wie in Gl. (12.7) für freie Felder, die ebenfalls Lösungen der Klein-Gordon-Gleichung (16.6) sind:

$$\varphi_{\text{in}}(x) = \int d^3k\,[a_{\text{in}}(k)f_k(x) + a_{\text{in}}^\dagger(k)f_k^*(x)]$$

mit

$$f_k(x) \equiv \frac{1}{\sqrt{(2\pi)^3 2\omega_k}}\,e^{-ik\cdot x} \tag{16.9}$$

und

$$\omega_k \equiv \sqrt{\mathbf{k}^2 + m^2} \equiv k^0$$

wie in (12.7), und $\quad a_{\text{in}}(k) = i\int d^3x\, f_k^*(x)\overleftrightarrow{\partial}_0\varphi_{\text{in}}(x)$

$$[P^\mu, a_{\text{in}}(k)] = -k^\mu a_{\text{in}}(k) \qquad [P^\mu, a_{\text{in}}^\dagger(k)] = +k^\mu a_{\text{in}}^\dagger(k) \tag{16.10}$$

wie in (12.9). Die operatorwertigen Koeffizienten $a_{\text{in}}(k)$ erfüllen wegen (16.5) die folgenden Vertauschungsrelationen:

Durch wiederholte Anwendung von $a_{\text{in}}^\dagger(k)$ auf das Vakuum lassen sich allgemeine n-Teilchen-Eigenzustände aufbauen. Aus (16.10) und der Annahme, daß ein eindeutig bestimmtes stabiles Vakuum der Energie Null existiert, folgt

$$\begin{aligned} P^\mu a_{\text{in}}^\dagger(k_1)\cdots a_{\text{in}}^\dagger(k_N)|0\rangle &\equiv P^\mu|k_1\cdots k_N\ \text{in}\rangle \\ &= \sum_{i=1}^{N} k_i^\mu a_{\text{in}}^\dagger(k_1)\cdots a_{\text{in}}^\dagger(k_N)|0\rangle \end{aligned} \tag{16.11}$$

$$a_{\text{in}}(k)|0\rangle = 0$$

und

$$\langle p_1\cdots p_M\ \text{in}|k_1\cdots k_N\ \text{in}\rangle = 0$$

falls $M \neq N$ und die Menge $(p_1,\ldots,p_M)$ mit $(k_1,\ldots,k_N)$ übereinstimmt.

Wie bereits bemerkt, wird das System der Zustände, die mit allen möglichen Auswahlen der Zahl N und der Impulse k_i^μ gebildet werden, als vollständig vorausgesetzt.

Um die $\varphi_{\text{in}}(x)$ durch das Feld $\varphi(x)$ auszudrücken, schreiben wir (16.3) um in Terme der physikalischen Masse m durch Addition eines Massenkorrekturgliedes

$$\delta m^2\varphi(x) \equiv (m^2 - m_0^2)\varphi(x) \tag{16.12}$$

auf beiden Seiten der Gleichung:

$$(\square + m^2)\varphi(x) = j(x) + \delta m^2\varphi(x) \equiv \bar{j}(x) \tag{16.13}$$

Der Strom $\tilde{\jmath}(x)$ wird nun als Quelle behandelt, von der die Streuwellen ausgehen. Läßt man diese Streuwellen in $\varphi(x)$ unberücksichtigt, so bleiben gerade die freien Wellen übrig, die mit der Masse m propagieren, was durch $\varphi_{\text{in}}(x)$ wiedergegeben wird; das legt folgenden Ansatz nahe[1]

$$\sqrt{Z}\,\varphi_{\text{in}}(x) = \varphi(x) - \int d^4y\,\Delta_{\text{ret}}(x-y;m)\tilde{\jmath}(y) \tag{16.14}$$

wobei

$$\Delta_{\text{ret}}(x-y;m) = 0 \qquad \text{für } x_0 < y_0 \tag{16.15}$$

die retardierte Green-Funktion ist (s. Anhang C), die die Gleichung

$$(\Box_x + m^2)\Delta_{\text{ret}}(x-y;m) = \delta^4(x-y) \tag{16.16}$$

erfüllt.

Durch (16.14) wird $\varphi_{\text{in}}(x)$ so definiert, daß es die beiden Bedingungen (16.5) und (16.6) für In-Felder erfüllt. Da $\tilde{\jmath}(x)$ in (16.13) ein skalarer Operator ist, gilt zum Beispiel

$$\begin{aligned}\sqrt{Z}\,\varphi_{\text{in}}(x+a) &= \varphi(x+a) - \int d^4y\,\Delta_{\text{ret}}(x+a-y)\,\tilde{\jmath}(y)\\ &= e^{iP\cdot a}\varphi(x)e^{-iP\cdot a} - \int d^4y'\,\Delta_{\text{ret}}(x-y')\,\tilde{\jmath}(y'+a)\\ &= e^{iP\cdot a}[\varphi(x) - \int d^4y'\,\Delta_{\text{ret}}(x-y')\,\tilde{\jmath}(y')]e^{-iP\cdot a}\\ &= e^{iP\cdot a}\sqrt{Z}\,\varphi_{\text{in}}(x)e^{-iP\cdot a}\end{aligned}$$

wie verlangt.

Die Konstante $\sqrt{Z}$ in (16.14) wurde eingeführt zur Normierung der Matrixelemente von $\varphi_{\text{in}}(x)$ zwischen dem Vakuum und den von $\varphi_{\text{in}}(x)$ aus dem Vakuum erzeugten Einteilchenzuständen und soll kurz untersucht werden. Die Gestalt von (16.14) ist naheliegend und legt die Vermutung nahe, daß für $x_0 \to -\infty$ der Wechselwirkungsterm gemäß (16.15) verschwindet, so daß

$$\varphi(x) \overset{?}{\to} \sqrt{Z}\,\varphi_{\text{in}}(x) \qquad \text{as } x_0 \to -\infty \tag{16.17}$$

gilt und sich der Feldoperator in Übereinstimmung mit unserer intuitiven Vorstellung von Kausalität auf die einlaufende freie Welle reduziert.

Bedingungen für das asymptotische Verhalten ähnlich (16.17) werden gewöhnlich in der Einteilchenquantenmechanik an die Wellenfunktionen gestellt und wurden ausführlich bei der Propagatormethode in Kap. 6 und 9 benützt. Wir benützten dort die Adiabatenhypothese, um für freie Teilchen Anfangs- und Endzustände ohne Wechselwirkung zu erhalten. Andererseits können wir dieselbe Abspaltung der Wechselwirkung erhalten, wenn wir, um lokale Lösungen darzustellen, Wellenpakete konstruieren, die vor und nach der Streuung die Wechselwirkungszone nicht überdecken.

[1] Z wird oft auch mit Z_3 bezeichnet; wir reservieren diese Schreibweise für das Photon.

Andererseits ist aber (16.17) eine *Operator*gleichung, was zu Widersprüchen führt, da es unmöglich ist, $\varphi(x)$ von dem Operator $\tilde{j}\,(y)$ zu trennen, der alle Selbstwechselwirkungen bei $x_0 \to -\infty$ enthält. Es sind eben die Matrixelemente, die in der Quantenfeldtheorie das Analogon zu den „Wellenfunktionen" darstellen, und auf sie und nicht auf die Operatoren selbst müssen wir auch die Bedingung über das asymptotische Verhalten anwenden. Die exakte Bedingung für das asymptotische Verhalten wurde von LEHMANN, SYMANZIK und ZIMMERMANN aufgestellt und hat folgende Gestalt[1]:

Seien $|\alpha\rangle$ und $|\beta\rangle$ zwei beliebige normierbare Zustände, so wird der Feldoperator $\varphi^f(t)$ dadurch definiert, daß man $\varphi(x)$ über ein raumartiges Gebiet verschmiert, gemäß

$$\varphi^f(t) = i \int d^3x\, f^*(\mathbf{x},t) \overleftrightarrow{\partial_0} \varphi(\mathbf{x},t) \tag{16.18}$$

wobei $f(\mathbf{x}, t)$ eine beliebige *normierbare* Lösung der Klein-Gordon-Gleichung

$$(\Box + m^2) f(x) = 0 \tag{16.19}$$

ist.

Die Bedingung für das asymptotische Verhalten lautet dann[2]

$$\lim_{t \to -\infty} \langle\alpha|\varphi^f(t)|\beta\rangle = \sqrt{Z}\, \langle\alpha|\varphi^f_{\text{in}}|\beta\rangle \tag{16.20}$$

wobei φ^f_{in}, definiert durch

$$\varphi^f_{\text{in}} = i \int d^3x\, f^*(\mathbf{x},t) \overleftrightarrow{\partial_0} \varphi_{\text{in}}(\mathbf{x},t) \tag{16.21}$$

wegen des Greenschen Satzes (16.6) und (16.19) zeitunabhängig ist.

Genau soll im folgenden, immer wenn wir (16.17) schreiben, die Gl. (16.20), die sog. „schwache Asymptotenbedingung", gemeint sein. Sie drückt die Anfangsbedingungen durch lokale Wellenpakete, die die einfallenden Teilchen darstellen. Die Zustände (16.11), die mit den Erzeugungsoperatoren für das In-Feld

$$\begin{aligned} |k_1 \cdots k_n \text{ in}\rangle &= a^\dagger_{\text{in}}(k_1)|k_2 \cdots k_n \text{ in}\rangle \\ &= a^\dagger_{\text{in}}(k_1) a^\dagger_{\text{in}}(k_2) \cdots a^\dagger_{\text{in}}(k_n)|0\rangle \end{aligned} \tag{16.22}$$

gebildet werden, sind immer zu verstehen als Grenzwert normierbarer Zustände, die aus den φ^f_{in} aus (16.21) gebildet werden, mit Wellen-

---

[1] H. LEHMANN, K. SYMANZIK und W. ZIMMERMANN, *Nuovo Cimento*, **1**, 1425 (1955).

[2] Gl. (16.20) unterscheidet sich ganz wesentlich von (16.17) durch die Ordnung der Operatoren. In Gl. (16.20) muß man normierte Wellenpakete konstruieren und die Matrixelemente bilden, bevor man zur Grenze $t \to -\infty$ übergeht. Vgl. auch W. ZIMMERMANN, *Nuovo Cimento*, **10**, 567 (1958), und O. GREENBERG, Dissertation, Princeton University, Princeton, N. J. 1956.

paketen $f^*(\mathbf{x}, t)$, die die monochromatischen ebenen Wellen $f_k^*(x)$ aus (16.9) approximieren. Alles was wir benötigen, um die Dynamik für $t \to -\infty$ bei einem Streuexperiment festzulegen, ist ein vollständiges System von In-Zuständen und die Asymptotenbedingung.

Setzt man voraus, daß $\sqrt{Z}$ ungleich Null ist, so definiert Gl. (16.14) den gesuchten Feldoperator zur Konstruktion der Anfangsstreuzustände. Da wir es hier mit der mathematischen Idealisierung einer physikalischen Theorie in Form von lokalen Lagrange-Funktionen und Feldoperatoren zu tun haben, können wir nicht ausschließen, daß Z verschwindet aufgrund eines divergenten Verhaltens der Theorie bei unendlichen Energien. Das ist in der Tat möglich, wenn der hier angewandte Formalismus wie schon in früheren Diskussionen der lokale Grenzwert einer unbekannten komplizierteren Theorie ist. Diese Einschränkung vor Augen, werden wir rein formal einen allgemeinen Ausdruck Z, das Quadrat der Amplitude von $\varphi(x)$ zwischen einem Einteilchenzustand und dem Vakuum, ableiten; dabei benützen wir unsere früheren Annahmen (16.1) und (16.2) über das Spektrum von P^μ und die kanonischen Vertauschungsrelationen (16.4).

16.4 *Spektraldarstellung des Vakuumerwartungswertes des Kommutators und des Propagators eines Skalarfeldes*

Um einen Ausdruck für Z zu erhalten, bilden wir den Vakuumerwartungswert des Kommutators zweier Felder in seiner allgemeinen Gestalt:

$$i\Delta'(x,x') \equiv \langle 0|[\varphi(x),\varphi(x')]|0\rangle \tag{16.23}$$

Der Kommutator selbst kann nicht angegeben werden, da im Gegensatz zur Theorie des freien Feldes in Kap. 12 die Feldgleichungen hier nicht gelöst werden können. Die allgemeine Gestalt von (16.23) kann jedoch mit Hilfe von Invarianzbetrachtungen und Annahmen über das Spektrum von P^μ abgeleitet werden.

Schiebt man ein vollständiges System von Eigenzuständen (16.7) zwischen die beiden Feldoperatoren in (16.23), und schreibt man unter Verwendung der Translationsinvarianz der Theorie (16.5)

$$\begin{aligned}\langle n|\varphi(x)|m\rangle &= \langle n|e^{iP\cdot x}\varphi(0)e^{-iP\cdot x}|m\rangle \\ &= e^{i(p_n-p_m)\cdot x}\langle n|\varphi(0)|m\rangle\end{aligned} \tag{16.24}$$

so erhält man

$$\begin{aligned}\Delta'(x,x') &= -i\sum_n \langle 0|\varphi(0)|n\rangle\langle n|\varphi(0)|0\rangle(e^{-ip_n\cdot(x-x')} - e^{ip_n\cdot(x-x')}) \\ &= \Delta'(x-x')\end{aligned} \tag{16.25}$$

Es ist bequem, alle Zustände, die demselben Eigenwert p_n entsprechen, zusammenzufassen. Deshalb können wir, wenn wir

$$1 = \int d^4q\ \delta^4(p_n - q)$$

setzen, (16.25) umschreiben in

$$\Delta'(x - x') = \frac{-i}{(2\pi)^3} \int d^4q \left[(2\pi)^3 \sum_n \delta^4\ (p_n - q)|\langle 0|\varphi(0)|n\rangle|^2 \right] \times (e^{-iq\cdot(x-x')} - e^{iq\cdot(x-x')}) \qquad (16.26)$$

Die Größe in Klammern ist die Spektralamplitude[1] $\varrho(q)$

$$\rho(q) \equiv (2\pi)^3 \sum_n \delta^4(p_n - q)|\langle 0|\varphi(0)|n\rangle|^2 \qquad (16.27)$$

und gibt an, was die Zustände mit Energie-Impuls-Eigenwert q zu Δ beitragen. Als nächstes können wir aus der Lorentz-Invarianz der Summe in (16.27) schließen, daß $\varphi(q)$ eine skalare Funktion ist, die nur von q^2 abhängt. Explizit erhalten wir, wenn wir die Lorentz-Invarianz des Vakuums ausnützen,

$$U(a)|0\rangle = |0\rangle$$

und für das skalare Feld $\varphi(0)$

$$U(a)\varphi(0)U^{-1}(a) = \varphi(0)$$

$$\rho(q) = (2\pi)^3 \sum_n \delta^4(p_n - q)|\langle 0|\varphi(0)|U(a)n\rangle|^2 \qquad (16.28)$$

wobei a die Matrix einer eigentlichen Lorentz-Transformation ist. Die Lorentz-Invarianz der δ-Funktion, die man aus ihrer Fourier-Entwicklung ersieht, erlaubt uns zu schreiben

$$\delta^4(p_n - q) = \delta^4[(p_n - q)a^{-1}] \qquad (16.29)$$

Führt man die Summe über ein vollständiges System aus, das durch $|m\rangle = U(a)|n\rangle$ indiziert wird mit den Eigenwerten

$$p_m{}^\mu = \langle m|P^\mu|m\rangle = \langle n|U^{-1}(a)P^\mu U(a)|n\rangle = (p_n a^{-1})^\mu \qquad (16.30)$$

so kommt man zu dem Ergebnis

$$\rho(q) = (2\pi)^3 \sum_m \delta^4(p_m - qa^{-1})|\langle 0|\varphi(0)|m\rangle|^2 = \rho(qa^{-1})$$

Da $\varrho(q)$ gemäß den Annahmen über das Spektrum von P_μ außerhalb des Vorwärtslichtkegels verschwindet, können wir schreiben

$$\rho(q) = \rho(q^2)\theta(q_0) \qquad (16.31)$$

[1] Ausgedrückt in nicht-renormierten Feldern.

wobei $\varrho(q^2)$ für $q^2 < 0$ verschwindet und für $q^2 \geq 0$ reell und positiv-semidefinit ist. Gl. (16.26) kann auf die Form eines gewichtigen Integrals über den Massenparameter der Kommutatorfunktion eines freien Feldes gebracht werden

$$\begin{aligned} \Delta'(x-x') &= \frac{-i}{(2\pi)^3}\int d^4q\, \rho(q^2)\theta(q_0)(e^{-iq\cdot(x-x')} - e^{iq\cdot(x-x')}) \\ &= \frac{-i}{(2\pi)^3}\int_0^\infty d\sigma^2\, \rho(\sigma^2)\int d^4q\, \delta(q^2-\sigma^2)\epsilon(q_0)e^{-iq\cdot(x-x')} \\ &= \int_0^\infty d\sigma^2\, \rho(\sigma^2)\Delta(x-x',\sigma) \end{aligned} \tag{16.32}$$

$\theta(q_0)$, $\varepsilon(q_0)$ und die invariante Δ-Funktion mit dem Massenparameter σ sind wie im Anhang C definiert.

(16.32) bezeichnen wir als eine Spektraldarstellung des Vakuumerwartungswertes des Kommutators. Für die Quantenelektrodynamik wurde sie 1952 von Källén und für den hier vorliegenden Fall 1954 von Lehmann abgeleitet[1].

Die obige Ableitung läßt sich ohne wesentliche Änderungen für die verschiedenen Greenschen Funktionen der Theorie durchführen, insbesondere gilt

$$\Delta'_F(x-x') = -i\langle 0|T(\varphi(x)\varphi(x'))|0\rangle = \int_0^\infty d\sigma^2\, \rho(\sigma^2)\Delta_F(x-x',\sigma)$$

oder im Impulsraum

$$\Delta'_F(p) = \int_0^\infty d\sigma^2\, \rho(\sigma^2)\frac{1}{p^2-\sigma^2+i\epsilon} \tag{16.33}$$

mit derselben Gewichtsfunktion ϱ wie in (16.32).

Obwohl wir die unendliche Summe für die Spektralamplitude in (16.27) nicht explizit auswerten können, können wir, indem wir den Beitrag der Einteilchenzustände herausgreifen, die Bedingung

$$0 \leq Z < 1 \tag{16.34}$$

beweisen und schließlich einen Widerspruch zu (16. 17) als eine *Bedingung in Operatorform* herleiten.

Mit Hilfe der Annahme über das Spektrum von P^μ, dargestellt in Abb. 16.1, kann $\varrho(\sigma^2)$ für $\sigma^2 = m^2$ bestimmt werden, indem man nur das Einteilchenmatrixelement $\langle 0|\varphi(x)|p\rangle$ in (16.27) betrachtet. Nach (16.14) ist es gegeben durch

[1] G. Källén, *Helv. Phys. Acta*, **25**, 417 (1952; H. Lehmann, *Nuovo Cimento*, **11**, 342 (1954). Vgl. auch A. Wightman (unveröffentlicht, 1953) nach einem Zitat in S. Schweber, "An Introduction to Relativistic Quantum Field Theory", Harper and Row Publishers, Incorporated, New York 1961. Wir haben bedenkenlos Integration und Summation vertauscht. Die Rechtfertigung dafür findet sich in den zitierten Arbeiten.

$$\langle 0|\varphi(x)|p\rangle = \sqrt{Z}\,\langle 0|\varphi_{\text{in}}(x)|p\rangle + \int d^4y\,\Delta_{\text{ret}}(x-y;m)\langle 0|j(y)|p\rangle \quad (16.35)$$

Der zweite Term in (16.35) verschwindet wegen (16.13)

$$\begin{aligned}\langle 0|j(y)|p\rangle &= \langle 0|(\Box + m^2)\varphi(y)|p\rangle \\ &= (\Box + m^2)e^{-ip\cdot y}\langle 0|\varphi(0)|p\rangle \\ &= (m^2 - p^2)\langle 0|\varphi(y)|p\rangle = 0 \end{aligned} \quad (16.36)$$

Deshalb

$$\langle 0|\varphi(x)|p\rangle = \sqrt{Z}\,\langle 0|\varphi_{\text{in}}(x)|p\rangle \quad (16.37)$$

Nach Definition ist $\varphi_{\text{in}}(x)$ so normiert, daß seine Matrixelemente zwischen dem Vakuum und Einteilchenzuständen die Amplitude Eins haben, in Übereinstimmung mit dem Resultat für freie Teilchen. Wegen (16.9) und (16.11) gilt

$$\begin{aligned}\langle 0|\varphi_{\text{in}}(x)|p\rangle &= \int d^3k\,\frac{e^{-ik\cdot x}}{\sqrt{(2\pi)^3 2\omega_k}}\,\langle 0|a_{\text{in}}(k)|p\rangle \\ &= \frac{e^{-ip\cdot x}}{\sqrt{(2\pi)^3 2\omega_p}}\end{aligned} \quad (16.38)$$

und $\sqrt{Z}$ in (16.37) stellt die Amplitude für die Erzeugung des Einteilchenzustandes aus dem Vakuum durch $\varphi(x)$ dar.

Der Beitrag der Einteilchenzustände zu der Summe in (16.27) ist wegen (16.37) und (16.38)

$$(2\pi)^3 \int d^3p\,\delta^4(p-q)\,\frac{Z}{(2\pi)^3 2\omega_p} = Z\delta(q^2 - m^2)\theta(q_0) \quad (16.39)$$

Wenn wir dies in der Summe über die Zwischenzustände der Spektralamplitude abseparieren, können wir anstelle von (16.32) schreiben

$$\Delta'(x-x') = Z\Delta(x-x';m) + \int_{m_1^2}^{\infty} d\sigma^2\,\rho(\sigma^2)\Delta(x-x';\sigma) \quad (16.40)$$

wo die Schwelle m_1^2 nun das Massenquadrat des leichtesten Zustands im Kontinuum über dem diskreten Einteilchenterm ist, der zu $\varrho(\sigma^2)$ beiträgt; in Abb. 16. 1 ist z. B. $m = m_u$ und $m_1^2\;m^2 = 4\,m_\pi^2$.

Leiten wir (16.40) nach der Zeit ab und setzen $t' = t$, so erhalten wir die gewünschte Bedingung (16.34) für Z. Indem wir die kanonischen Vertauschrelationen (16.4) zusammen mit den Definitionen (16.23) für Δ' und (12.42) für Δ verwenden, finden wir

$$\begin{aligned}\lim_{t'\to t}\left(i\frac{\partial}{\partial t}\Delta'(x-x')\right) &= \langle 0|[\dot\varphi(\mathbf{x},t),\varphi(\mathbf{x}',t)]|0\rangle = -i\delta^3(\mathbf{x}-\mathbf{x}') \\ &= \lim_{t'\to t}\left(i\frac{\partial}{\partial t}\Delta(x-x';\sigma)\right)\end{aligned} \quad (16.41)$$

so daß

$$1 = Z + \int_{m_1^2}^{\infty} \rho(\sigma^2)\, d\sigma^2 \tag{16.42}$$

Zusammen mit der Bedingung (16.31), daß $\varrho(\sigma^2)$ nichtnegativ ist, bedeutet das

$$0 \leq Z < 1 \tag{16.43}$$

wie in (16.34) behauptet wurde, sofern das Integral in (16.42) existiert und die Rechnung überhaupt sinnvoll ist. Die Grenze $Z = 1$ ist ausgeschlossen, wenn es eine Kopplung an die Zustände im Kontinuum gibt. Das ist in Übereinstimmung mit unserer Anschauung. Wir erwarten, daß die Amplitude für die Erzeugung der Einteilchenzustände aus dem Vakuum durch $\varphi(x)$ auf einen Wert, der kleiner ist als der Wert Eins für das freie Feld, reduziert wird, da $\varphi(x)$ auch Zustände im Kontinuum erzeugen kann. Andererseits kann Z auch nicht 0 sein, wenn (16.14) $\varphi_{\text{in}}(x)$ definieren und die Konstruktion von Zuständen wie in (16.20) und (16.22) erlauben soll. Es ist daher unangenehm, feststellen zu müssen, daß einzelne Terme in der Störungsentwicklung diese Voraussetzungen verletzen.

Wenn Wechselwirkung vorhanden ist, so daß $Z < 1$ ist, so finden wir einen Widerspruch zu der starken Asymptotenbedingung (16.17). Nehmen wir an, sei sei richtig und wiederholen die Schritte in (16.41) so finden wir

$$\begin{aligned}\lim_{t\to-\infty} \langle 0|[\dot\varphi(\mathbf{x},t),\varphi(\mathbf{x}',t)]|0\rangle &= -i\delta^3(\mathbf{x}-\mathbf{x}')\\ &\overset{?}{=} \lim_{t\to-\infty} Z\langle 0|[\dot\varphi_{\text{in}}(\mathbf{x},t),\varphi_{\text{in}}(\mathbf{x}',t)]|0\rangle\end{aligned} \tag{16.44}$$

wogegen (16.8) und (16.38)

$$\langle 0|[\varphi_{\text{in}}(x),\varphi_{\text{in}}(x')]|0\rangle = i\Delta(x-x') \tag{16.45}$$

liefern.

Leiten wir (16.45) nach der Zeit ab und vergleichen mit (16.44), so schließen wir auf $Z = 1$. In diesem Fall war also das bedenkenlose Vertauschen von Grenzprozessen offensichtlich nicht gerechtfertigt.

16.5 *Die Out-Felder und Out-Zustände*

Genauso wie wir die Dynamik für $t \to -\infty$ mit Hilfe der In-Felder auf die von freien Teilchen zurückgeführt haben, können wir das auch durch geeignete Definition der Out-Felder $\varphi_{\text{out}}(x)$ für $t \to \infty$. Wir wollen eine so einfache Beschreibung des physikalischen Systems für $t \to +\infty$, da diese Situation im Endzustand eines Streuproblems vorliegt.

Die Konstruktion von $\varphi_{\text{out}}(x)$-Feldern verläuft ganz entsprechend der von $\varphi_{\text{in}}(x)$-Feldern. Sie sollen in Analogie zu (16.5) und (16.6) nach Definition die Relationen

$$[P^\mu, \varphi_{\text{out}}(x)] = -i \frac{\partial \varphi_{\text{out}}(x)}{\partial x_\mu} \tag{16.46}$$

$$(\Box + m^2)\varphi_{\text{out}}(x) = 0 \tag{16.47}$$

erfüllen und deshalb erzeugt $\varphi_{\text{out}}(x)$ nur Einteilchenzustände aus dem Vakuum, genau wie in (16.8). Mit der zu (16.9) analogen Entwicklung

$$\varphi_{\text{out}}(x) = \int d^3k\, [a_{\text{out}}(k) f_k(x) + a_{\text{out}}^\dagger f_k^*(x)] \tag{16.48}$$

finden wir ferner

$$[P^\mu, a_{\text{out}}(k)] = -k^\mu a_{\text{out}}(k) \qquad [P^\mu, a_{\text{out}}^\dagger(k)] = k^\mu a_{\text{out}}^\dagger(k) \tag{16.49}$$

in Analogie zu (16.10).

Im Gegensatz zu (16.20) wollen wir nun eine Asymptotenbedingung in der Form

$$\lim_{t\to+\infty} \langle\alpha|\varphi^f(t)|\beta\rangle = \sqrt{Z}\, \langle\alpha|\varphi_{\text{out}}^f|\beta\rangle \tag{16.50}$$

oder einfach

$$\varphi(x) \to \sqrt{Z}\, \varphi_{\text{out}}(x) \qquad \text{as } t \to +\infty \tag{16.51}$$

wobei (16.51) als schwache Operatorkonvergenz zu verstehen ist, wie für $\varphi_{\text{in}}(x)$ diskutiert wurde. Das legt die Definition

$$\sqrt{Z}\, \varphi_{\text{out}}(x) = \varphi(x) - \int d^4y\, \Delta_{\text{adv}}(x-y; m)\, j(y)\, d^4y \tag{16.52}$$

anstelle von (16.14) nahe. $\Delta_{\text{ad}}(x-y; m)$ ist die avancierte Green-Funktion.

$$\begin{aligned} (\Box_x + m^2)\Delta_{\text{adv}}(x-y; m) &= \delta^4(x-y) \\ \Delta_{\text{adv}}(x-y; m) &= 0 \qquad x_0 - y_0 > 0 \end{aligned} \tag{16.53}$$

Die Normierungskonstante $\sqrt{Z}$ wird wieder eingeführt, damit $\varphi_{\text{out}}(x)$ mit der Amplitude Eins Einteilchenzustände aus dem Vakuum erzeugt und deshalb wegen (16.36) bis (16.38) mit $\sqrt{Z}$ in (16.14) übereinstimmt:

$$\begin{aligned} \langle 0|\varphi(x)|p\rangle &= \sqrt{Z}\langle 0|\varphi_{\text{out}}(x)|p\rangle \\ &= \sqrt{Z}\langle 0|\varphi_{\text{in}}(x)|p\rangle \\ &= \sqrt{Z}\, \frac{1}{\sqrt{(2\pi)^3 2\omega_p}}\, e^{-ip\cdot x} \end{aligned} \tag{16.54}$$

Aus (16.54) folgt, daß die Vakuumerwartungswerte der Kommutatoren von $\varphi_{\text{in}}(x)$ und $\varphi_{\text{out}}(x)$ einfach die von freien Feldern sind

$$\begin{aligned} \langle 0|[\varphi_{\text{in}}(x), \varphi_{\text{in}}(y)]|0\rangle &= i\Delta(x-y) \\ \langle 0|[\varphi_{\text{out}}(x), \varphi_{\text{out}}(y)]|0\rangle &= i\Delta(x-y) \end{aligned} \tag{16.55}$$

Der Beweis, daß diese Kommutatoren wirklich c-Zahlen sind, also geschrieben werden können, ohne daß man links Vakuumerwartungswerte bildet

$$[\varphi_{\text{in}}(x),\varphi_{\text{in}}(y)] = [\varphi_{\text{out}}(x),\varphi_{\text{out}}(y)] = i\Delta(x - y) \qquad (16.56)$$

wurde von ZIMMERMANN gegeben und wird dem Leser als Übungsaufgabe überlassen[1].

16.6 *Definition und allgemeine Eigenschaften der S-Matrix*

Wir haben nun alle möglichen Eigenschaften der $\varphi_{\text{in}}(x)$ und $\varphi_{\text{out}}(x)$ und den ganzen formalen Apparat zur Definition und zum Studium der Übergangsamplitude oder S-Matrix-Elemente, die von experimentellem Interesse sind, zur Hand. Wir gehen von einem Anfangszustand des Systems mit n nicht in Wechselwirkung stehenden (d. h. räumlich getrennten) physikalischen Teilchen, mit den Quantenzahlen $p_1, \ldots, p_n$ bezeichnet, durch

$$|p_1 \cdot \cdot \cdot p_n \text{ in}\rangle = |\alpha \text{ in}\rangle \qquad (16.57)$$

aus.

Der Buchstabe p soll zusätzlich zum Impuls alle inneren Quantenzahlen wie Ladung und Strangeness, die das Teilchen charakterisieren, bedeuten. Das ist deswegen möglich, weil $\varphi_{\text{in}}(x)$ aufgrund seiner Definition (16.14) dieselben Transformationseigenschaften bezüglich einer inneren Symmetriegruppe besitzt wie $\varphi(x)$. Genauer gesagt folgt aus

$$[Q,\varphi_r(x)] = -\lambda_{rs}\varphi_s(x)$$

daß

$$[Q,j_r(x)] = (\Box + m^2)[Q,\varphi_r(x)] = -\lambda_{rs}j_s(x)$$

gilt, und daher wegen (16.14)

$$[Q,\varphi_r^{\text{in}}(x)] = -\lambda_{rs}\varphi_s^{\text{in}}(x)$$

Dementsprechend können wir die Bewegungskonstanten des wechselwirkenden Systems durch die Quantenzahlen der freien einlaufenden (oder auslaufenden) Teilchenzustände ausdrücken. Z. B. können die Konstanten, die wir in Kap. 15 für die stark wechselwirkenden Teilchen gebildet haben, direkt zur Beschreibung der freien Teilchen in den hier konstruierten In- und Out-Zuständen verwendet werden.

Das S-Matrix-Element für einen Übergang von einem solchen Anfangszustand in einen Endzustand mit m auslaufenden Teilchen, mit $p_1', \ldots, p_m'$, bezeichnet durch

$$|p_1' \cdot \cdot \cdot p_m' \text{ out}\rangle = |\beta \text{ out}\rangle \qquad (16.58)$$

---

[1] ZIMMERMANN, *op. cit.*

wird gegeben durch die Wahrscheinlichkeitsamplitude

$$S_{\beta\alpha} = \langle \beta \text{ out} | \alpha \text{ in} \rangle \tag{16.59}$$

Gl. (16.59) definiert das $\beta\alpha$-Element der S-Matrix.

Es ist ganz lehrreich, (16.59) mit der Definition der S-Matrix in der nichtrelativistischen Propagatortheorie zu vergleichen. In Gl. (6.16) wurde das (f, i)-Element der S-Matrix ausgedrückt durch

$$S_{fi} = \lim_{t\to\infty} \int d^3x\, \varphi_f^*(\mathbf{x},t)\Psi_i^+(\mathbf{x},t) = \lim_{t\to\infty} (\varphi_f(\mathbf{x},t), \Psi_i^+(\mathbf{x},t)) \tag{16.60}$$

$\psi_i^+(\mathbf{x}, t)$ ist die exakte Streulösung der Schrödinger-Gleichung (6.14) mit der In-Randbedingung, daß sie für $t \to -\infty$ in die einlaufende ebene Welle übergeht. S_{fi} ist die Amplitude der Projektion von ψ_i^+ auf einen gegebenen freien Endzustand $\varphi_f^+(\mathbf{x}, t)$ für $t \to \infty$. Um S_{fi} in einer zu (16.59) analogen Form schreiben zu können, führen wir $\psi_f^-(\mathbf{x}, t)$ ein. Das ist die exakte Streulösung der Schrödinger-Gleichung mit der Out-Randbedingung, daß sie für $t \to \infty$ in die freie Welle $\varphi_f(\mathbf{x}, t)$ mit den Quantenzahlen f des Endzustandes übergeht. $\psi_f^-(\mathbf{x}, t)$ besteht aus der freien Welle plus einer Überlagerung von Kugelwellen, die in der Vergangenheit gegen das Streuzentrum konvergieren und für $t \to \infty$ verschwinden. Sie ist eine Lösung der Schrödinger-Gleichung, wobei jedoch die retardierte Green-Funktion in (6.14) durch eine avancierte ersetzt ist:

$$\Psi_f^-(x') = \varphi_f(x') + \int d^4x_1' G_0^{\text{adv}}(x'; x_1') V(x_1') \Psi_f^-(x_1')$$

mit

$$G_0^{\text{adv}}(\mathbf{x}', t'; \mathbf{x}_1', t_1') = 0 \qquad \text{für} \qquad t' > t_1' \tag{16.61}$$

Für $t \to \infty$ konvergiert dann $\psi_f^-(\mathbf{x}', t') \to \varphi_f(\mathbf{x}', t')$ und ergibt in (16.60)

$$\begin{aligned} S_{fi} &= \lim_{t\to\infty} (\Psi_f^-(\mathbf{x},t), \Psi_i^+(\mathbf{x},t)) \\ &= \lim_{t\to\infty} \int d^3x\, \Psi_f^{-*}(\mathbf{x},0) e^{iHt} e^{-iHt} \Psi_i^+(\mathbf{x},0) \\ &= (\Psi_f^-(\mathbf{x},0), \Psi_i^+(\mathbf{x},0)) \end{aligned} \tag{16.62}$$

$\psi(\mathbf{x}, 0)$ ist die zeitunabhängige Wellenfunktion in der Heisenberg-Darstellung, und (16.62) ist das Analogon zu (16.59), ausgedrückt durch die Wellenfunktion mit den In- und Out-Randbedingungen.

Mit (16.59) haben wir, wenn wir die Vollständigkeit der In- und Out-Zustände annehmen, alle Matrixelemente eines Operators S, der die In-Zustände in Out-Zustände transformiert:

$$\langle \beta \text{ in} | S = \langle \beta \text{ out} | \qquad \langle \beta \text{ out} | S^{-1} = \langle \beta \text{ in} | \tag{16.63}$$

Hieraus folgt

$$S_{\beta\alpha} = \langle \beta \text{ in} | S | \alpha \text{ in} \rangle$$

Die S-Matrix ist deshalb von so großem Interesse für uns, weil ihre Matrixelemente Übergangsamplituden darstellen und somit direkt mit physikalischen Meßergebnissen zusammenhängen. Eine ganze Reihe wichtiger Eigenschaften von S folgen aus den anfänglichen Annahmen über das Zustandsspektrum und aus den Eigenschaften der $\varphi_{\mathrm{in}}(x)$ und $\varphi_{\mathrm{out}}(x)$. Diese sollen nun aufgezählt werden.

1. Invarianz des Vakuumzustandes erfordert $|S_{00}| = 1$ oder

$$\langle 0\ \mathrm{in}|S = \langle 0\ \mathrm{out}| = e^{i\varphi_0}\langle 0\ \mathrm{in}|$$

Der Vakuumzustand ist nach Annahme eindeutig, und die Phase φ_0 kann Null gesetzt werden, so daß

$$\langle 0\ \mathrm{out}| = \langle 0\ \mathrm{in}| = \langle 0| \tag{16.64}$$

und somit $S_{00} = 1$.

2. Invarianz der Einteilchenzustände erfordert ebenso

$$\langle p\ \mathrm{in}|S|p\ \mathrm{in}\rangle = \langle p\ \mathrm{out}|p\ \mathrm{in}\rangle = \langle p\ \mathrm{in}|p\ \mathrm{in}\rangle = 1 \tag{16.65}$$

da $|p_{\mathrm{in}}\rangle = |p_{\mathrm{out}}\rangle = |p\rangle$ wegen (16.54).

3. S transformiert die In- in die Out-Felder durch

$$\varphi_{\mathrm{in}}(x) = S\varphi_{\mathrm{out}}(x)S^{-1} \tag{16.66}$$

Um dies zu zeigen, betrachten wir das Matrixelement

$$\langle\beta\ \mathrm{out}|\varphi_{\mathrm{out}}(x)|\alpha\ \mathrm{in}\rangle = \langle\beta\ \mathrm{in}|S\varphi_{\mathrm{out}}(x)|\alpha\ \mathrm{in}\rangle$$

Nun ist aber $\langle\beta\ \mathrm{out}|\varphi_{\mathrm{out}}(x)$ ein Out-Zustand, somit können wir mit (16.63) schreiben $\langle\beta\ \mathrm{out}|\varphi_{\mathrm{out}}(x) = \langle\beta\ \mathrm{in}|\varphi_{\mathrm{in}}(x)\, S$, woraus folgt

$$\langle\beta\ \mathrm{in}|\varphi_{\mathrm{in}}(x)S|\alpha\ \mathrm{in}\rangle = \langle\beta\ \mathrm{in}|S\varphi_{\mathrm{out}}(x)|\alpha\ \mathrm{in}\rangle$$

Wegen der Vollständigkeit der In-Zustände bedeutet das (16.66).

4. Die hier definierte S-Matrix ist unitär. Aus (13.63) ergibt sich

$$S^{\dagger}|\alpha\ \mathrm{in}\rangle = |\alpha\ \mathrm{out}\rangle \tag{16.67}$$

Folglich, indem wir nochmals (16.63) benützen,

$$\langle\beta\ \mathrm{in}|SS^{\dagger}|\alpha\ \mathrm{in}\rangle = \langle\beta\ \mathrm{out}|\alpha\ \mathrm{out}\rangle = \delta_{\beta\alpha} \tag{16.68}$$

und

$$SS^{\dagger} = S^{\dagger}S = 1 \tag{16.69}$$

5. S ist translations- und Lorentz-invariant[1], d. h.

$$U(a,b)SU^{-1}(a,b) = S \tag{16.70}$$

[1] Der Leser beachte, daß das nicht genügt, wenn elektromagnetische Wechselwirkung vorhanden ist, da jede Lorentz-Transformation zusammen mit einer Eichtransformation auftritt, um die Strahlungsgleichung im neuen Koordinatensystem wieder herzustellen. Wir müssen deshalb zusätzlich zeigen, daß die S-Matrix in diesem Fall eichinvariant ist.

wobei $U(a, b)$, definiert in (11.66), (11.69) und (11.72), der unitäre Operator ist, der die Transformation

$$x'_\mu = b_\mu + a_\mu{}^\nu x_\nu$$

bewirkt.

Zum Beweis von (16.70) setzen wir (16.66) in die Transformationsgleichung (11.67) für Feldoperatoren unter $U(a, b)$ ein:

$$\begin{aligned}\varphi_{\text{in}}(ax + b) &= U(a,b)\varphi_{\text{in}}(x)U^{-1}(a,b) = US\varphi_{\text{out}}(x)S^{-1}U^{-1} \\ &= USU^{-1}\varphi_{\text{out}}(ax + b)US^{-1}U^{-1}\end{aligned} \tag{16.71}$$

Es ist aber $\varphi_{\text{in}}(a\,x + b) = S\,\varphi_{\text{out}}(a\,x + b)\,S^{-1}$, und daher ist

$$S = U(a,b)SU^{-1}(a,b)$$

Lorentz-invariant.

16.7 *Die Reduktionsformel für skalare Felder*

Nachdem wir diese allgemeinen Eigenschaften von S kennen, machen wir uns an die beileibe nicht triviale Aufgabe, S wirklich auszurechnen. Der Grund dafür ist unser Interesse an den Matrixelementen von S, da $|S_{\beta\alpha}|^2$ ein Maß für die Wahrscheinlichkeit der experimentell beobachteten Übergänge zwischen den In-Zuständen α und den Out-Zuständen β ist. Bis zum Jahre 1954 war der einzige systematische Versuch einer Auswertung der S-Matrix, der einer störungstheoretischen Entwicklung in Potenzen des Wechselwirkungsstromes $\mathfrak{J}(x)$ in (16.13). Der seither erzielte Fortschritt ergab sich aus den Entwicklungen, die in erster Linie von Low[1] und Lehmann, Symanzik und Zimmermann[2] (LSZ) eingeleitet wurden, die zeigten, wie man etwas von der allgemeinen Information, die in S enthalten ist, zum Vorschein bringen kann, ohne sich auf Störungsentwicklungen für den Fall schwacher Kopplung zu beschränken.

Sie erreichten dieses Ziel dadurch, daß sie die Asymptotenbedingungen (16.20) und (16.50) benützten, um Matrixelemente von physikalischem Interesse durch Vakuumerwartungswerte von Feldoperatoren auszudrücken. Den Vorteil, den das Arbeiten mit Vakuumerwartungswerten mit sich bringt, haben wir schon in dem Beispiel der Ableitung von (16.40) für den Feldkommutator gesehen. Wir erhielten eine geschlossene, allgemeine Form für $\Delta'(x' - x)$, indem wir die Lorentz-Invarianz und andere allgemeine Eigenschaften der Theorie verwendeten.

---

[1] F. Low, *Phys. Rev.*, **97**, 1392 (1955).

[2] Lehmann, Symanzik und Zimmermann, *op. cit.*

Im folgenden werden wir die Vakuumerwartungswerte von Produkten der Feldoperatoren bestimmen, mit denen sich angenehmer arbeiten läßt als mit Matrixelementen der Form (16.59). Einerseits kann man die Feldoperatoren $\varphi(x)$ direkt in eine Störungsreihe entwickeln und auf diese Weise eine Entwicklung von S-Matrix-Elementen nach Vakuumerwartungswerten von Produkten freier In-Feld-Operatoren gewinnen; für diese Ausdrücke kann man Regeln zu ihrer Berechnung finden, nämlich gerade die Feynman-Regeln der früheren Propagatormethode. Andererseits lassen sich Invarianzbetrachtungen, wie sie etwa beim Studium von $\Delta'(x-x')$ verwendet wurden, besonders leicht durchführen und ausnützen, wenn wir Matrixelemente von Heisenberg-Operatoren, genommen zwischen eindeutigen invarianten Vakuumzuständen, untersuchen. Hiermit ist ein beachtlicher Fortschritt gegenüber den Störungsmethoden erreicht.

Mit diesem Ziel entwickeln wir Schritt für Schritt die allgemeine „Reduktionstechnik" von LSZ, die Information aus den physikalischen Zuständen in (16.59) gewinnt und in den zwischen Vakuumzuständen eingeschobenen Produkten von Feldoperatoren verwertet. Wir betrachten das S-Matrix-Element

$$S_{\beta,\alpha p} = \langle\beta \text{ out}|\alpha p \text{ in}\rangle \tag{16.72}$$

wobei β die auslaufenden Teilchen im Out-Zustand $|\beta \text{ out}\rangle$ bezeichnet und $|\alpha\, p \text{ in}\rangle$ der In-Zustand ist, der einer Menge von In-Teilchen plus einem zusätzlichen einlaufenden Teilchen mit dem Impuls p entspricht.

Unter Verwendung der Asymptotenbedingung wollen wir das Teilchen aus dem In-Zustand entfernen, indem wir an seiner Stelle einen geeigneten Feldoperator einführen. Mit Benutzung von (16.22), (16.9) und (16.48) schreiben wir[1]

$$\begin{aligned}
\langle\beta \text{ out}|\alpha p \text{ in}\rangle &= \langle\beta \text{ out}|a^\dagger_{\text{in}}(p)|\alpha \text{ in}\rangle \\
&= \langle\beta \text{ out}|a^\dagger_{\text{out}}(p)|\alpha \text{ in}\rangle + \langle\beta \text{ out}|a^\dagger_{\text{in}}(p) - a^\dagger_{\text{out}}(p)|\alpha \text{ in}\rangle \\
&= \langle\beta - p \text{ out}|\alpha \text{ in}\rangle - i\langle\beta \text{ out}|\int d^3x\, f_p(x)\overleftrightarrow{\partial}_0[\varphi_{\text{in}}(x) - \varphi_{\text{out}}(x)]|\alpha \text{ in}\rangle
\end{aligned} \tag{16.73}$$

Hier bedeutet $|\beta - p \text{ out}\rangle$ einen Out-Zustand, wobei das Teilchen p, sofern vorhanden, aus der Menge entfernt ist; wenn p nicht in β vorkommt, fehlt der erste Term in (16.73). Wenn $|\alpha\, p \text{ in}\rangle$ einen Zwei-Teilchen-Streuzustand am Anfang darstellt, trägt $\langle\beta - p \text{ out}|\alpha \text{ in}\rangle$ nur zur elastischen Vorwärtsstreuung bei, bei der die Strahl- und Target-Teilchen ihre Quantenzahlen behalten. Die Ausdrücke auf der rechten Seite von (16.73)

[1] Genau genommen müssen wir mit normierbaren Zuständen arbeiten und $a_{\text{in}}(p)$ durch φ^f_{in} aus (16.21) ersetzen. In praktischen Anwendungen jedoch verwenden wir, mit gebührender Vorsicht, die einfachen ebenen Wellen.

sind aufgrund des Greenschen Satzes zeitunabhängig, und die Asymptotenbedingungen (16.20) und (16.50) erlauben die Ersetzung von $\varphi_{\text{in}}(\mathbf{x}, x_0)$ durch das Feld $(1/\sqrt{Z})\,\varphi(\mathbf{x}, x_0)$ im Limes $x_0 \to -\infty$ und von $\varphi_{\text{out}}(\mathbf{x}, x_0)$ durch $(1/\sqrt{Z})\,\varphi(\mathbf{x}, x_0)$ für $x_0 \to +\infty$, d. h.

$$+\frac{i}{\sqrt{Z}}\Big(\lim_{x_0\to+\infty} - \lim_{x_0\to-\infty}\Big)\int d^3x\, f_p(\mathbf{x},x_0)\overleftrightarrow{\partial_0}\langle\beta\ \text{out}|\varphi(\mathbf{x},x_0)|\alpha\ \text{in}\rangle \qquad (16.74)$$

Hiermit ist der erste Schritt der Reduktion vollendet. Um eine bequemere und kovariante Form zu erhalten, drücken wir die zeitlichen Grenzwerte in (16.74) durch ein vierdimensionales Volumenintegral aus:

$$\Big(\lim_{x_0\to+\infty} - \lim_{x_0\to-\infty}\Big)\int d^3x\, g_1(x)\overleftrightarrow{\partial_0}g_2(x) = \int_{-\infty}^{\infty} d^4x\,\frac{\partial}{\partial x_0}\big[g_1(x)\overleftrightarrow{\partial_0}g_2(x)\big]$$

$$= \int_{-\infty}^{\infty} d^4x\left[g_1(x)\,\frac{\partial^2}{\partial x_0^2}\,g_2(x) - \frac{\partial^2 g_1(x)}{\partial x_0^2}\,g_2(x)\right] \qquad (16.75)$$

Setzen wir (16.75) in (16.74) ein und benützen die Tatsache, daß $f_p(x)$ die Klein-Gordon-Gleichung erfüllt

$$\frac{\partial^2 f_p(x)}{\partial x_0^2} = (\nabla^2 - m^2)f_p(x) \qquad (16.76)$$

und bringen durch partielle Integration[1] zu $\varphi(\mathbf{x}, t)$, so erhalten wir die gewünschte Form

$$+\frac{i}{\sqrt{Z}}\int d^4x\, f_p(x)(\Box + m^2)\langle\beta\ \text{out}|\varphi(x)|\alpha\ \text{in}\rangle \qquad (16.77)$$

Das obige Verfahren kann nun solange wiederholt werden, bis alle Teilchen aus den Zuständen entfernt sind und nur noch der Vakuumerwartungswert eines Produktes von Feldoperatoren zurückbleibt. Als Beispiel wollen wir ein Out-Teilchen p' aus der Menge $\beta = \gamma\, p'$ in (16.77) entfernen. Indem wir die Schritte von (16.74) mit geeigneten hermitesch-konjugierten, wiederholen, finden wir

$$= \langle\gamma\ \text{out}|\varphi(x)|\alpha - p'\ \text{in}\rangle + \langle\gamma\ \text{out}|a_{\text{out}}(p')\varphi(x) - \varphi(x)a_{\text{in}}(p')|\alpha\ \text{in}\rangle$$

$$= \langle\gamma\ \text{out}|\varphi(x)|\alpha - p'\ \text{in}\rangle$$

$$- i\int d^3y\langle\gamma\ \text{out}|\varphi_{\text{out}}(y)\varphi(x) - \varphi(x)\varphi_{\text{in}}(y)|\alpha\ \text{in}\rangle\overleftrightarrow{\partial_{y_0}}f^*_{p'}(y) \qquad (16.78)$$

Die Asymptotenbedingung gestattet wieder, die In- und Out-Felder durch $(1/\sqrt{Z})\,\varphi(n)$ für $y_0 \to -\infty$ und $+\infty$ zu ersetzen, insbesondere im Matrixelement in (16.78), das dann durch das zeitgeordnete Produkt (12.72) ausgedrückt werden kann.

---

[1] Bei dieser partiellen Integration treten keine Oberflächenterme auf, wenn man wie üblich annimmt, daß das physikalische System räumlich begrenzt ist.

$$\langle \gamma \text{ out}|\varphi_{\text{out}}(y)\varphi(x) - \varphi(x)\varphi_{\text{in}}(y)|\alpha \text{ in}\rangle = \frac{1}{\sqrt{Z}}\left(\lim_{y_0 \to +\infty} - \lim_{y_0 \to -\infty}\right)\langle \gamma \text{ out}|T(\varphi(y)\varphi(x))|\alpha \text{ in}\rangle \quad (16.79)$$

Schließlich, mit Hilfe von (16.75) und (17.66), erhalten wir

$$\langle \gamma p' \text{ out}|\varphi(x)|\alpha \text{ in}\rangle = \langle \gamma \text{ out}|\varphi(x)|\alpha - p' \text{ in}\rangle + \frac{i}{\sqrt{Z}}\int d^4y \langle \gamma \text{ out}|T(\varphi(y)\varphi(x))|\alpha \text{ in}\rangle(\overleftarrow{\Box_y^2 + m^2}) f_{p'}^*(y) \quad (16.80)$$

Es ist nun klar, wie man diese Reduktionstechnik anzuwenden hat, um alle Teilchen aus den Zuständen zu entfernen, bis man den Vakuumerwartungswert eines Produktes von Feldoperatoren erhält:

$$\langle p_1 \cdots p_n \text{ out}|q_1 \cdots q_m \text{ in}\rangle = \left(\frac{i}{\sqrt{Z}}\right)^{m+n} \prod_{i=1}^{m} \int d^4x_i \prod_{j=1}^{n} \int d^4y_j \, f_{q_i}(x_i)(\overrightarrow{\Box_{x_i} + m^2})$$
$$\times \langle 0|T(\varphi(y_1) \cdots \varphi(y_n)\varphi(x_1) \cdots \varphi(x_m))|0\rangle(\overleftarrow{\Box_{y_j} + m^2}) f_{p_j}^*(y_j)$$
$$\text{für alle } p_i \neq q_j \quad (16.81)$$

In (16.81) haben wir der Einfachheit halber angenommen, daß alle $p_i \neq q_j$ sind, und alle Vorwärtsstreuglieder, die in (16.77) und (16.80) auftreten, gestrichen; sie bilden keine prinzipielle Schwierigkeit, da auch sie durch sukzessive Anwendung der gleichen Technik reduziert werden können.

Gl. (16.81) bildet einen wesentlichen Bestandteil für die Berechnung von Streuamplituden in der modernen Quantenfeldtheorie. Wir bemerken im voraus, daß $\langle 0|T(\varphi(z_1) \ldots (z_r))|0\rangle$ die Summe aller Feynman-Graphen mit r Teilchen darstellt, die an den Stellen $(z_1 \ldots z_r)$ erzeugt oder vernichtet werden, wie durch Abb. 16.2 illustriert werden soll. Es ist die

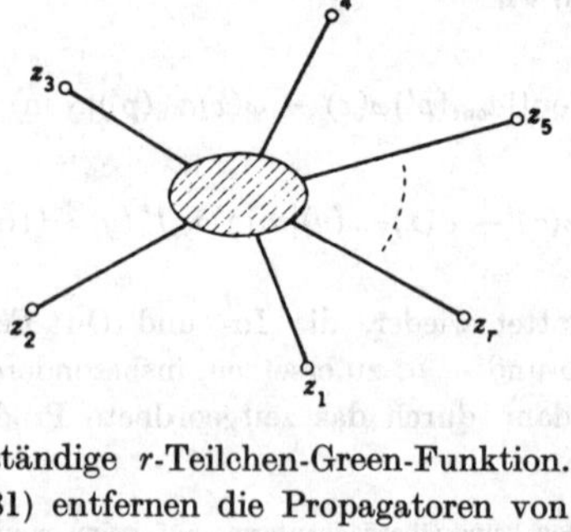

Abb. 16.2. Die vollständige r-Teilchen-Green-Funktion.

vollständige r-Teilchen-Green-Funktion. Die Faktoren $(\Box_i + m^2)$ in (16.81) entfernen die Propagatoren von den äußeren Beinen des Diagramms, die in den „Wechselwirkungsknödel" führen. Formal sieht man das daran, daß $(\Box_i + m^2)$ gleich $m^2 - p_i^2$ im Impulsraum wird und somit den entsprechenden Propagator $\frac{i}{(p_i^2 - m^2)}$ kompensiert. Die Reduktionsformel (16.81) besagt, daß das S-Matrix-Element genau die Green-Funktion für $r = n + m$ Teilchen mit amputierten äußeren Beinen ist, wobei die äußeren Impulse auf der Massenschale $p_i^2 = q_j^2 = m^2$ liegen. Dies soll in den nächsten Kapiteln näher untersucht werden.

Die enge Analogie von (16.81) mit der in der Propagatortheorie konstruierten S-Matrix wird deutlich, wenn man (6.30) betrachtet und die dort auftretenden Volumenintegrale auf vierdimensionale Form bringt. Unter Verwendung der Retardierung der dortigen Green-Funktion können wir (6.30) mit Hilfe der freien Schrödinger-Gleichung umschreiben in

$$\left(i\frac{\partial}{\partial t} + \frac{1}{2m}\nabla^2\right)\varphi = 0$$

$$\begin{aligned} S_{fi} &= -i \lim_{t'\to\infty} \int d^3x' \int d^4x\, \varphi_f^*(\mathbf{x}',t')\, \frac{\partial}{\partial t}\left[G(x';x)\varphi_i(\mathbf{x},t)\right] \\ &= \lim_{t'\to\infty} \int d^3x' \int d^4x\, \varphi_f^*(x')G(x';x)\left(\overleftarrow{-i\frac{\partial}{\partial t} + \frac{\nabla_x^2}{2m}}\right)\varphi_i(x) \\ &= -i \int d^4x' \int d^4x\, \varphi_f^*(x')\left(\overrightarrow{i\frac{\partial}{\partial t'} + \frac{\nabla_{x'}^2}{2m}}\right)G(x';x)\left(\overleftarrow{-i\frac{\partial}{\partial t} + \frac{\nabla_x^2}{2m}}\right)\varphi_i(x) \end{aligned} \tag{16.82}$$

Durch den Vergleich mit (16.81) sehen wir, daß neben der nichtrelativistischen Substitution

$$(\Box + m^2) \to \left(i\frac{\partial}{\partial t} + \frac{\nabla^2}{2m}\right)$$

die allgemeine r-Teilchen-Green-Funktion durch die exakte retardierte Einteilchen-Green-Funktion $G(x'; x)$ für die Bewegung in einem angelegten äußeren Feld ersetzt worden ist. Wir überlassen es dem Leser als Übung zu zeigen, daß man ein ähnliches Ergebnis aus (6.56) in der Positrontheorie erhält, wobei nur der exakte Feynman-Propagator auftritt.

16.8 *In- und Out-Felder und Spektralzerlegung für die Dirac-Theorie*

Bei der Ausdehnung des bisher für skalare Felder entwickelten Formalismus auf spinorielle und elektromagnetische Felder treten in erster Linie nur formale Schwierigkeiten auf. Im Dirac-Feld wird die Algebra durch den Spin etwas kompliziert, in der Maxwellschen Theorie tritt das

Problem der Eichung auf. Die wesentlichen Ideen jedoch, die bei der Diskussion der In- und Out-Felder, bei der Entwicklung der Spektraldarstellung für den Vakuumerwartungswert des Kommutators und bei der Ableitung der Reduktionsformel schon dargelegt wurden, sind auch hier anwendbar[1].

Die Dirac-Gleichung kann mit der physikalischen Masse m geschrieben werden, wenn man in Analogie zu (16.13) einen Massenterm als Korrekturglied zu der Quelle addiert:

$$(i\nabla\!\!\!\!/ - m)\psi(x) = \tilde{j}(x) \qquad \tilde{j}(x) \equiv j(x) - (m - m_0)\psi(x) \tag{16.83}$$

Die Felder $\psi(x)$ erfüllen die üblichen gleichzeitigen Antivertauschungsrelationen

$$\{\psi_\alpha(\mathbf{x},t),\psi_\beta(\mathbf{y},t)\} = 0 \qquad \{\psi_\alpha(\mathbf{x},t),\psi_\beta^\dagger(\mathbf{y},t)\} = \delta^3(\mathbf{x} - \mathbf{y})\delta_{\alpha\beta}$$

wie in (15.9) diskutiert wurde.

Wie früher wird das In-Feld $\psi_{\text{in}}(x)$ als das inhomogene Glied in der (16.83) entsprechenden Integralgleichung definiert, d. h.

$$\sqrt{Z_2}\,\psi_{\text{in}}(x) = \psi(x) - \int d^4y\, S_{\text{ret}}(x - y, m)\,\tilde{j}(y) \tag{16.84}$$

wobei $S_{\text{ret}}(x)$ die retardierte Green-Funktion ist

$$\begin{aligned} (i\nabla\!\!\!\!/_x - m)S_{\text{ret}}(x - y, m) &= \delta^4(x - y) \\ S_{\text{ret}}(x - y) = 0 \qquad & x_0 < y_0 \end{aligned} \tag{16.85}$$

Die Konstante $\sqrt{Z_2}$ wird wieder dadurch bestimmt, daß $\psi_{\text{in}}(x)$ so normiert wird, daß die Amplitude seines Matrixelementes zur Erzeugung von Einteilchenzuständen aus dem Vakuum Eins beträgt.

Nach der obigen Definition erfüllt $\psi_{\text{in}}(x)$ die freie Wellengleichung mit der Masse m

$$(i\nabla\!\!\!\!/ - m)\psi_{\text{in}}(x) = 0 \tag{16.86}$$

mit den gleichen Transformationseigenschaften wie $\psi(x)$; insbesondere

$$[P_\mu,\psi_{\text{in}}(x)] = -i\,\frac{\partial\psi_{\text{in}}(x)}{\partial x^\mu} \tag{16.87}$$

Aus (16.84) folgt, daß jede Spinorkomponente von $\psi_{\text{in}}(x)$ die Klein-Gordon-Gleichung erfüllt; daher erzeugt $\psi_{\text{in}}(x)$ analog zu (16.8) nur Einteilchenzustände der Masse m aus dem Vakuum.

Die Fourier-Zerlegung von $\psi_{\text{in}}(x)$ ist die eines freien Dirac-Feldes und kann deshalb wie in Kap. 13 geschrieben werden.

---

[1] H. Lehmann, *op. cit.*; M. Gell-Mann und F. Low, *Phys. Rev.* **95**, 1300 (1954).

$$\psi_{\text{in}}(x) = \int d^3p \sum_{\pm s} [b_{\text{in}}(p,s)U_{ps}(x) + d_{\text{in}}^\dagger(p,s)V_{ps}(x)] \qquad (16.88)$$

wobei

$$U_{ps}(x) = \frac{1}{(2\pi)^{3/2}}\sqrt{\frac{m}{E_p}}\,u(p,s)e^{-ip\cdot x}$$

$$V_{ps}(x) = \frac{1}{(2\pi)^{3/2}}\sqrt{\frac{m}{E_p}}\,v(p,s)e^{ip\cdot x}$$

mit $E_p \equiv \sqrt{|\varrho|^2 + m^2}$. Kehrt man (16.88) um und nimmt das Hermitesch-konjugierte der Operatorkoeffizienten, so erhält man

$$\begin{aligned} b_{\text{in}}(p,s) &= \int d^3x\; U_{ps}^\dagger(x)\psi_{\text{in}}(x) \\ b_{\text{in}}^\dagger(p,s) &= \int d^3x\; \psi_{\text{in}}^\dagger(x)U_{ps}(x) \\ d_{\text{in}}(p,s) &= \int d^3x\; \psi_{\text{in}}^\dagger(x)V_{ps}(x) \\ d_{\text{in}}^\dagger(p,s) &= \int d^3x\; V_{ps}^\dagger(x)\psi_{\text{in}}(x) \end{aligned} \qquad (16.89)$$

Diese Größen erfüllen in Analogie zu (16.10) die aus (16.87) abgeleiteten Vertauschungsrelationen:

$$\begin{aligned} [P^\mu,b_{\text{in}}(p,s)] &= -p^\mu\, b_{\text{in}}(p,s) \\ [P^\mu,b_{\text{in}}^\dagger(p,s)] &= +p^\mu\, b_{\text{in}}^\dagger(p,s) \\ [P^\mu,d_{\text{in}}(p,s)] &= -p^\mu\, d_{\text{in}}(p,s) \\ [P^\mu,d_{\text{in}}^\dagger(p,s)] &= +p^\mu\, d_{\text{in}}^\dagger(p,s) \end{aligned} \qquad (16.90)$$

Sie stimmen mit denen für freie Felder überein; somit sehen wir, daß wir allgemeine n-Teilchen-Zustände durch wiederholte Anwendung von $b_{\text{in}}^\dagger$ und $d_{\text{in}}^\dagger$ auf das Vakuum aufbauen können, ganz wie in (16.11). Ferner nehmen wir wie immer an, daß das Vakuum ein eindeutiger konstanter Zustand mit der Energie Null ist und daß durch wiederholte Anwendung der In-Feld-Operatoren ein vollständiges Zustandssystem entsteht.

Die Asymptotenbedingung lautet wie für skalare Felder

$$\psi(x) \to \sqrt{Z_2}\,\psi_{\text{in}}(x) \qquad \text{as } t \to -\infty$$

in der schwachen Operatorkonvergenz (16.20), d. h. für normierbare Zustände

$$\lim_{t\to-\infty} \langle\alpha|\psi^f(t)|\beta\rangle = \sqrt{Z_2}\,\langle\alpha|\psi_{\text{in}}^f|\beta\rangle \qquad (16.91)$$

ψ_{in}^f wird durch die erste Gleichung von (16.89) definiert, wobei $U_{ps}^\dagger(x)$ durch ein lokalisiertes Wellenpaket ersetzt wird. $\psi^f(t)$ wird durch dieselbe Gleichung definiert, wobei jetzt $\psi_{\text{in}}(x)$ durch $\psi(x)$ ersetzt wird.

Ganz entsprechend können wir Out-Felder einführen, um eine einfache Beschreibung des physikalischen Systems für $t \to +\infty$ zu erhalten. Anstelle von (16.84) schreiben wir

$$\sqrt{Z_2}\,\psi_{\text{out}}(x) = \psi(x) - \int d^4y\, S_{\text{adv}}(x-y)\,j(y) \tag{16.92}$$

wobei

$$\begin{aligned}(i\nabla\!\!\!/_x - m) S_{\text{adv}}(x-y) &= \delta^4(x-y)\\ S_{\text{adv}}(x-y) &= 0 \qquad x_0 > y_0\end{aligned} \tag{16.93}$$

Die Gl. (16.86) bis (16.90) bleiben richtig, wenn man in durch out ersetzt. Die Asymptotenbedingung lautet nun

$$\lim_{t\to+\infty} \langle\alpha|\psi^f(t)|\beta\rangle = \sqrt{Z_2}\,\langle\alpha|\psi^f_{\text{out}}|\beta\rangle \tag{16.94}$$

Die Bestimmungsgleichung für Z_2, die Wahrscheinlichkeit dafür, daß $\psi(x)$ einen Einteilchenzustand der Masse m aus dem Vakuum erzeugt, kann entsprechend wie in der skalaren Theorie aufgestellt werden, indem man die Spektraldarstellung von

$$S'_{\alpha\beta}(x,x') = i\langle 0|\{\psi_\alpha(x),\bar\psi_\beta(x')\}|0\rangle \tag{16.95}$$

betrachtet. Schiebt man ein vollständiges System von Zwischenzuständen

$$P^\mu|n\rangle = p^\mu_n|n\rangle$$

ein und transformiert die Felder in den Ursprung, so erhält man

$$\begin{aligned}S'_{\alpha\beta}(x,x') = S'_{\alpha\beta}(x-x') = i\sum_n [&\langle 0|\psi_\alpha(0)|n\rangle\langle n|\bar\psi_\beta(0)|0\rangle e^{-ip_n\cdot(x-x')}\\ &+ \langle 0|\bar\psi_\beta(0)|n\rangle\langle n|\psi_\alpha(0)|0\rangle e^{ip_n\cdot(x-x')}]\end{aligned} \tag{16.96}$$

Wie oben führen wir die Spektralamplitude ein, indem wir in der Summe über n alle Zustände mit festem Viererimpuls q zusammenfassen

$$\rho_{\alpha\beta}(q) = (2\pi)^3 \sum_n \delta^4(p_n - q)\langle 0|\psi_\alpha(0)|n\rangle\langle n|\bar\psi_\beta(0)|0\rangle \tag{16.97}$$

und versuchen, ihre allgemeine Form mit Hilfe von Invarianzbetrachtungen zu bestimmen. $\varrho(q)$ ist eine 4×4-Matrix, die man nach den 16 linearunabhängigen Produkten der γ-Matrizen entwickeln kann:

$$\rho_{\alpha\beta}(q) = \rho(q)\delta_{\alpha\beta} + \rho_\mu(q)\gamma^\mu_{\alpha\beta} + \rho_{\mu\nu}(q)\sigma^{\mu\nu}_{\alpha\beta} + \tilde\rho(q)\gamma^5_{\alpha\beta} + \tilde\rho_\mu(\gamma^\mu\gamma^5)_{\alpha\beta} \tag{16.98}$$

Die Gestalt der Entwicklungskoeffizienten wird durch die Forderung der Lorentz-Invarianz stark eingeschränkt[1].

---

[1] Für ein an das Strahlungsfeld angekoppeltes Feld müssen wir eine Lorentz-Transformation immer mit einer Eichtransformation verbinden, um die bei der Quantisierung verwendete transversale Eichung aufrechtzuerhalten. Da $S'(x, x')$ nicht eichinvariant ist [vgl. Gl. (15.21)], sind die Betrachtungen dieses Abschnitts nicht anwendbar. Siehe Aufg. 8.

Die einzelnen Glieder in (16.98) müssen sich in der durch die Definitionsgleichung (16.97) vorgeschriebenen Form transformieren. Wir erinnern daran, daß die Feldoperatoren bei einer Lorentz-Transformation nach S. 62 den Gleichungen

$$\begin{aligned} U(a)\psi_\alpha(0)U^{-1}(a) &= S^{-1}_{\alpha\lambda}(a)\psi_\lambda(0) \\ U(a)\bar{\psi}_\alpha(0)U^{-1}(a) &= \bar{\psi}_\lambda(0)S_{\lambda\alpha}(a) \end{aligned} \tag{16.99}$$

genügen. Dabei wurde die Matrix S in Kap. 2 durch

$$S^{-1}\gamma^\mu S = a^\mu{}_\nu\gamma^\nu \tag{16.100}$$

definiert.

Setzen wir das in (16.97) ein und benützen die zu Beginn angenommene Lorentz-Invarianz des Vakuums, $U|0\rangle = |0\rangle$, so finden wir

$$\rho_{\alpha\beta}(q) = \sum_n (2\pi)^3\delta^4(p_n - q)S^{-1}_{\alpha\lambda}(a)S_{\delta\beta}(a)\langle 0|\psi_\lambda(0)|U(a)n\rangle\langle U(a)n|\bar{\psi}_\delta(0)|0\rangle \tag{16.101}$$

Mit Hilfe der Lorentz-Invarianz von $\delta^4(p_n - q)$ gelingt es uns, wie schon in (16.29), die mit $|m\rangle = |U(a)n\rangle$ indizierte Summe über das vollständige Zustandssystem in (16.101) umzuschreiben in

$$\rho_{\alpha\beta}(q) = S^{-1}_{\alpha\lambda}(a)\sum_m (2\pi)^3\delta^4(p_m - qa^{-1})\langle 0|\psi_\lambda(0)|m\rangle\langle m|\bar{\psi}_\delta(0)|0\rangle S_{\delta\beta}(a)$$

oder einfach

$$\rho(q) = S^{-1}(a)\rho(qa^{-1})S(a) \tag{16.102}$$

Gl. (16.102) zusammen mit der in (16.98) gegebenen allgemeinen Entwicklung von $\varrho(q)$ bestimmt die Gestalt der Koeffizienten ϱ, ϱ_μ etc. Zum Beispiel ergibt sich, wenn man (16.98) in (16.102) einsetzt:

$$\rho(q) = \rho(qa^{-1})$$

d. h., ϱ ist ein Lorentz-Skalar. Ähnlich transformiert sich

$$\rho_\mu(q) = a_\mu{}^\nu\rho_\nu(qa^{-1})$$

wie ein Lorentz-Vierervektor, usw. Da $\varrho_{\alpha\beta}$ nur von q abhängt und außerhalb des Vorwärtslichtkegels verschwindet, können ϱ und $\tilde{\varrho}$ nur von q^2 abhängen. $\varrho_\mu(q)$ und $\tilde{\varrho}_\mu(q)$ sind skalare Funktionen von q^2 multipliziert mit q_μ, und $\varrho_{\mu\nu}$ ist proportional zu $q_\mu q_\nu$. Also muß (16.98) die Form

$$\rho_{\alpha\beta}(q) = \rho_1(q^2)q\!\!\!/_{\alpha\beta} + \rho_2(q^2)\delta_{\alpha\beta} + \bar{\rho}_1(q^2)(q\!\!\!/\gamma^5)_{\alpha\beta} + \bar{\rho}_2(q^2)\gamma^5_{\alpha\beta} \tag{16.103}$$

haben. Um die Gestalt von $\varrho_{\alpha\beta}(q)$ weiter einzuschränken, müssen wir die Invarianz der Theorie unter der Parität $\mathcal{P}$, die die Eigenschaft

$$\mathcal{P}\psi_\alpha(0)\mathcal{P}^{-1} = \gamma^0_{\alpha\lambda}\psi_\lambda(0) \tag{16.104}$$

hat, annehmen.

Setzen wir (16.104) in (16.97) ein und führen dieselben Schritte aus wie bei den eigentlichen Lorentz-Transformationen, so erhalten wir schließlich das Analogon zu (16.102):

$$\rho_{\alpha\beta}(\mathbf{q},q_0) = \gamma^0_{\alpha\lambda}\rho_{\lambda\delta}(-\mathbf{q},q_0)\gamma^0_{\delta\beta} \tag{16.105}$$

Setzt man (16.103) in (16.105) ein, so findet man aufgrund des zusätzlichen Vorzeichenwechsels, der daher rührt, daß γ_0 mit γ_5 antivertauscht

$$\bar{\rho}_1 = \bar{\rho}_2 = 0 \tag{16.106}$$

Somit reduziert sich (16.103) auf die endgültige Form

$$\rho_{\alpha\beta}(q) = \rho_1(q^2)\not{q}_{\alpha\beta} + \rho_2(q^2)\delta_{\alpha\beta} \tag{16.107}$$

Die weitere Diskussion wird sich auf die Form von (16.107) gründen. $\mathcal{P}$ ist natürlich in Wirklichkeit keine Symmetrie, wenn Effekte der schwachen Wechselwirkung mit berücksichtigt werden. Deshalb sollte eine vollständige Diskussion auf (16.103) gegründet werden; entsprechend sollte der Renormierungsfaktor Z_2 in (16.84) und (16.92) eigentlich als eine Matrix der Gestalt $a + b\,\gamma_5$ betrachtet werden. Der interessierte Leser sei an die Literatur verwiesen[1].

Die Spektralamplitude des zweiten Terms in (16.96) kann mit Hilfe der $\mathcal{PCJ}$-Invarianz der Theorie direkt mit (16.97) in Verbindung gebracht werden. Führen wir den nichtlinearen Operator K, der Bildung des Komplexkonjugierten bedeutet und im Zeitumkehroperator $\mathcal{J} = \mathcal{U}K$ vorkommt, ein, so können wir schreiben

$$\begin{aligned}\langle 0|\bar{\psi}_\beta(x')\psi_\alpha(x)|0\rangle &= \langle K0|K\bar{\psi}_\beta(x')\psi_\alpha(x)0\rangle^* \\ &= \langle K\bar{\psi}_\beta(x')\psi_\alpha(x)0|K0\rangle\end{aligned}$$

$1 = (\mathcal{PCU})^{-1}(\mathcal{PCU})$ und die $\mathcal{PCJ}$-Invarianz des Vakuums

$$\mathcal{PCJ}|0\rangle \equiv \theta|0\rangle = |0\rangle$$

führen zu

$$\langle 0|\bar{\psi}_\beta(x')\psi_\alpha(x)|0\rangle = \langle \theta\bar{\psi}_\beta(x')\theta^{-1}\theta\psi_\alpha(x)\theta^{-1}0|0\rangle \tag{16.108}$$

Erinnern wir uns an (15.150), wo gezeigt wird, wie sich das Dirac-Feld unter $\mathcal{PCJ}$ transformiert

$$\begin{aligned}\theta\psi_\alpha(x)\theta^{-1} &= -i(\gamma_0\gamma_5\bar{\psi}(-x))_\alpha = i(\gamma_5\psi^\dagger(-x))_\alpha \\ \theta\bar{\psi}_\beta(x')\theta^{-1} &= -i(\psi(-x')\gamma_5\gamma_0)_\beta\end{aligned}$$

so erhalten wir mit $\gamma_5 = \gamma_5^T$

$$\langle 0|\bar{\psi}_\beta(x')\psi_\alpha(x)|0\rangle = -(\gamma^5)_{\alpha\tau}\langle 0|\psi_\tau(-x)\bar{\psi}_\lambda(-x')|0\rangle(\gamma^5)_{\lambda\beta} \tag{16.109}$$

Einsetzen von (16.109) mit (16.107) in (16.96) ergibt schließlich

$$\begin{aligned}S'_{\alpha\beta}(x-x') = i\int \frac{d^4q}{(2\pi)^3}\,\theta(q_0)([\not{q}\rho_1(q^2) + \rho_2(q^2)]_{\alpha\beta}e^{-iq\cdot(x-x')} \\ - \{\gamma_5[\not{q}\rho_1(q^2) + \rho_2(q^2)]\gamma_5\}_{\alpha\beta}e^{iq\cdot(x-x')}) =\end{aligned}$$

---

[1] K. Sekine, *Nuovo Cimento*, **11**, 87 (1959); K. Hiida, *Phys. Rev.*, **132**, 1239 (1963); **134**, B 174 (1964).

$$= i \int \frac{d^4q}{(2\pi)^3}\, \theta(q_0)[i\nabla_x \rho_1(q^2) + \rho_2(q^2)]_{\alpha\beta} \times (e^{-iq\cdot(x-x')} - e^{iq\cdot(x-x')}) \quad (16.110)$$

Da ϱ für raumartige q^2 verschwindet, können wir dieses Ergebnis auch als ein Integral über das Massenspektrum schreiben, wenn wir

$$\rho(q^2) = \int_0^\infty \rho(M^2)\delta(q^2 - M^2)\, dM^2$$

einführen.

Wir finden

$$\begin{aligned} S'_{\alpha\beta}(x - x') &= -\int dM^2\, [i\rho_1(M^2)\nabla_x + \rho_2(M^2)]_{\alpha\beta}\Delta(x - x'; M) \\ &= \int dM^2 \{\rho_1(M^2) S_{\alpha\beta}(x - x'; M) \\ &\quad + [M\rho_1(M^2) - \rho_2(M^2)]_{\alpha\beta}\Delta(x - x'; M)\} \end{aligned} \quad (16.111)$$

Die invarianten Funktionen Δ und S findet man im Anhang C.

Obige Ableitung der Spektraldarstellung läßt sich ohne Änderung auf den Vakuumerwartungswert des zeitgeordneten Produkts von Dirac-Feldern übertragen; man hat nur die Funktionen S und Δ in (16.111) durch die Feynman-Propagatoren S_F und Δ_F zu ersetzen:

$$S'_{F\alpha\beta}(x - x') = +\int dM^2\, [i\rho_1(M^2)\nabla_x + \rho_2(M^2)]_{\alpha\beta}\Delta_F(x - x'; M) \quad (16.112)$$

bzw. im Impulsraum

$$S'_F(p) = \int_0^\infty dM^2\, [\not p \rho_1(M^2) + \rho_2(M^2)]\, \frac{1}{p^2 - M^2 + i\epsilon}$$

Ähnliche Ausdrücke kann man auch für die übrigen Green-Funktionen schreiben.

Vergleichen wir (16.111) mit (16.32), so sehen wir, daß in der Dirac-Theorie mit dem zusätzlichen Spinfreiheitsgrad die spektrale Zerlegung durch Integrale über zwei anstelle von einer unbekannten skalaren Funktion gegeben wird. Die Funktionen ϱ_1 und ϱ_2 haben ähnliche Eigenschaften wie $\varrho(q^2)$

(i) $\rho_1(M^2)$ und $\rho_2(M^2)$ sind reell

(ii) $\rho_1(M^2) \geq 0$ (16.113)

(iii) $M\rho_1(M^2) - \rho_2(M^2) \geq 0$

Zum Beweis von (i) nehmen wir das Komplexkonjugierte von (16.97):

$$\begin{aligned} \rho^*_{\alpha\beta}(q) &= \sum_n (2\pi)^3\delta^4(p_n - q)\langle n|\bar\psi_\tau(0)|0\rangle\gamma^0_{\tau\alpha}\gamma^0_{\beta\lambda}\langle 0|\psi_\lambda(0)|n\rangle \\ &= [\gamma_0\rho(q)\gamma_0]_{\beta\alpha} \\ &= [\rho_1(q^2)\not q^* + \rho_2(q^2)]_{\alpha\beta} \end{aligned}$$

Zum Beweis von (ii) bilden wir die Spur; aus (16.97) und (16.107) folgt da $q_0 > 0$, $\varrho_1(q^2) > 0$.

$$\mathrm{Sp}\,\gamma_0\rho(q) = 4q_0\rho_1(q^2) = \sum_n (2\pi)^3\delta^4(p_n - q) \sum_{\alpha=1}^{4} \langle 0|\psi_\alpha(0)|n\rangle\langle n|\psi_\alpha^\dagger(0)|0\rangle$$
$$= \sum_n (2\pi)^3\delta^4(p_n - q) \sum_{\alpha=1}^{4} |\langle 0|\psi_\alpha(0)|n\rangle|^2 \geq 0$$

(iii) beweist man ähnlich, indem man das Absolutquadrat des Operators $(i\,\nabla\!\!\!\!/ - M)\,\psi$ bildet. Der Beweis wird als Übungsaufgabe gestellt.

Wir können nun in der Spektralamplitude den Beitrag der Einteilchenzustände entsprechend wie beim Skalarfeld separieren, und erhalten eine zu (16.42) analoge Bedingung für Z_2. Bildet man das Matrixelement von (16.83) mit dem Vakuum und einem Einteilchenzustand $|p, s\rangle$, so erhält man

$$(i\nabla\!\!\!\!/ - m)\langle 0|\psi(x)|ps\rangle = (p\!\!\!/ - m)\langle 0|\psi(0)|ps\rangle e^{-ip\cdot x}$$
$$= \langle 0|\jmath(0)|ps\rangle e^{-ip\cdot x} \qquad (16.114)$$

Nun verwenden wir wieder die bekannten Transformationseigenschaften von $\langle 0|\psi(0)|p\; s\rangle$ bei eigentlichen Lorentz-Transformationen; wir entnehmen aus (16.99), daß es sich wie eine Spinorwellenfunktion mit Impuls p und Spin s transformiert:

$$\langle 0|\psi_\alpha(0)|ps\rangle = \langle 0|U(a)\psi_\alpha(0)U^{-1}(a)|U(a)ps\rangle$$
$$= S_{\alpha\beta}^{-1}(a)\langle 0|\psi_\beta(0)|p's'\rangle$$

und kann deshalb in der Form

$$\langle 0|\psi(0)|ps\rangle = au(p,s) + bv(p,-s) = (a + b\gamma_5)u(p,s) \qquad (16.115)$$

geschrieben werden[1].

Die Forderung nach Invarianz der Theorie bei Raumspiegelungen bringt den b-Term in (16.115) zum verschwinden. Aus (15.88) und (15.91) ergibt sich

$$\langle 0|\psi(0)|p_0, -\mathbf{p},s\rangle = (a + b\gamma_5)u(-p,s) = \langle 0|\mathcal{P}\psi(0)\mathcal{P}^{-1}|ps\rangle$$
$$= \gamma_0(a + b\gamma_5)u(p,s) = (a - b\gamma_5)u(-p,s) \qquad (16.116)$$

wobei die Gleichheit von $u(-p, s)$ und $\gamma_0\, u(p, s)$ aus der Dirac-Gleichung folgt[2].

Deshalb ist $b = 0$, und aus (16.114) folgt

$$\langle 0|\jmath(0)|ps\rangle = a(p\!\!\!/ - m)u(p,s) = 0 \qquad (16.117)$$

und

$$\langle 0|\psi(x)|ps\rangle = \sqrt{Z_2}\,\langle 0|\psi_{\rm in}(x)|ps\rangle$$
$$= \frac{\sqrt{Z_2}}{(2\pi)^{3/2}}\sqrt{\frac{m}{E_p}}\,u(p,s)e^{-ip\cdot x} \qquad (16.118)$$
$$\langle 0|\psi(x)|ps\rangle = \sqrt{Z_2}\,\langle 0|\psi_{\rm out}(x)|ps\rangle \qquad (16.119)$$

[1] Siehe Aufg. 9.

[2] Wie früher gilt $u(-p, s) \equiv u(p_0, -\mathbf{p}, s)$.

Da die In- und Out-Felder nur Einteilchenzustände aus dem Vakuum erzeugen – mit Matrixelementen, die durch (16.118) gegeben sind – folgt in Analogie zu (16.55)

$$\langle 0|\{\psi_\alpha^{\text{in}}(x),\bar{\psi}_\beta^{\text{in}}(y)\}|0\rangle = -iS_{\alpha\beta}(x-y) \tag{16.120}$$

Entsprechend wie in (16.56) sind hier die Antikommutatoren einfache c-Zahlen; so können wir schreiben

$$\{\psi_\alpha^{\text{in}}(x),\bar{\psi}_\beta^{\text{in}}(y)\} = \{\psi_\alpha^{\text{out}}(x),\bar{\psi}_\beta^{\text{out}}(y)\} = -iS_{\alpha\beta}(x-y) \tag{16.121}$$

Der Beweis sei dem Leser überlassen.

Unter Verwendung von (16.118) separieren wir den Beitrag des Einteilchenzustandes zur Spektralamplitude (16.97), der sich zu

$$Z_2\int\frac{d^3p}{(2\pi)^3}\sum_{\pm s}(2\pi)^3\delta^4(p-q)\frac{m}{E_p}u_\alpha(p,s)\bar{u}_\beta(p,s)$$
$$= Z_2(\not{q}+m)_{\alpha\beta}\delta(q^2-m^2)\theta(q_0)$$

ergibt.

Setzen wir das in (16.111) ein, so finden wir

$$S'_{\alpha\beta}(x-x') = Z_2S_{\alpha\beta}(x-x',m)$$
$$-\int_{m_1^2}^\infty dM^2\,[i\rho_1(M^2)\not{\nabla}_x+\rho_2(M^2)]_{\alpha\beta}\Delta(x-x',M) \tag{16.122}$$

wobei das Integral an der Schwelle m_1^2 des kontinuierlichen Spektrums beginnt.

Für $t=t'$ kennt man die linke Seite von (16.122) wegen der einzeitigen Antivertauschungsrelationen für die Felder $\psi(x)$

$$S'_{\alpha\beta}(\mathbf{x}-\mathbf{x}',0) = i\langle 0|\{\psi_\alpha(\mathbf{x},t),\bar{\psi}_\beta(\mathbf{x}',t)\}|0\rangle$$
$$= i\gamma^0_{\alpha\beta}\delta^3(\mathbf{x}-\mathbf{x}') \tag{16.123}$$

Für den Wert von Z_2 ergibt sich also die Bedingung

$$1 = Z_2+\int_{m_1^2}^\infty dM^2\,\rho_1(M^2) \tag{16.124}$$

oder mit (16.113)

$$0\le Z_2<1 \tag{16.125}$$

in Analogie zu (16.34).

Bei der Ableitung dieser Bedingung für Z_2, der Wahrscheinlichkeit für die Erzeugung eines Einteilchenzustandes aus dem Vakuum, haben wir uns ganz erheblich auf die Lorentz-Invarianz der Theorie gestützt. Da bei elektromagnetischer Kopplung jede Lorentz-Transformation mit einer Eichtransformation verbunden werden muß, $S'(x-x')$ aber nicht eichinvariant ist, hat (16.125) in der Quantenelektrodynamik keine Gültigkeit, und Z_2, eine von der jeweiligen Eichung abhängige Zahl, läßt keine einfache physikalische Interpretation zu.

16.9 *Die Reduktionsformel für Dirac-Felder*

Die in Abschnitt 16.6 diskutierten allgemeinen Eigenschaften der S-Matrix gelten für den Fall, daß Spin-$^1/_2$-Teilchen in den In- und Out-Zuständen genauso vorhanden sind, wie bei Spin-0-Teilchen. Die in Abschn. 16.7 für skalare Felder entwickelte Reduktionstechnik kann mit nur geringen Abänderungen in technischen Einzelheiten auf Matrixelemente zwischen Zuständen mit Dirac-Teilchen ausgedehnt werden.

Aus (16.88) und (16.121) geht hervor, daß man n-Teilchen-In-(und Out-)Zustände wie in der freien Dirac-Theorie durch wiederholte Anwendung von

$$b_{\text{in}}^\dagger(p,s) = \int \psi_{\text{in}}^\dagger(x) U_{ps}(x)\, d^3x \qquad d_{\text{in}}^\dagger(\bar{p},\bar{s}) = \int V_{\bar{p}\bar{s}}^\dagger(x) \psi_{\text{in}}(x)\, d^3x \qquad (16.126)$$

auf das Vakuum erhält.

Zum Beispiel kann ein allgemeiner In-Zustand mit den angegebenen Quantenzahlen geschrieben werden:

$$\begin{aligned} |(\bar{p}_k\bar{s}_k)\ .\ .\ .\ (\bar{p}_1\bar{s}_1);\ (p_js_j)\ .\ .\ .\ (p_1s_1);\ q_1\ .\ .\ .\ q_n\ \text{in}\rangle \\ = d_{\text{in}}^\dagger(\bar{p}_k\bar{s}_k)\ .\ .\ .\ d_{\text{in}}^\dagger(\bar{p}_1\bar{s}_1) b_{\text{in}}^\dagger(p_js_j)\ .\ .\ .\ b_{\text{in}}^\dagger(p_1s_1) \\ \times\, a_{\text{in}}^\dagger(q_1)\ .\ .\ .\ a_{\text{in}}^\dagger(q_n)|0\rangle \qquad (16.127) \end{aligned}$$

wobei wir die Konvention getroffen haben, die Argumente der Fermionfelder in (16.127) von links nach rechts in der Reihenfolge ihrer Erzeugung anzuordnen; dabei stehen immer die Teilchen $(p_i\ s_i)$ vor den Antiteilchen $(\bar{p}_i\ \bar{s}_i)$. Diese Konvention legt das Vorzeichen der Zustände fest und hilft uns in Vorzeichenfragen, die aus der Antikommutatoralgebra der Fermionoperatoren resultieren.

Wir beginnen nun das Reduktionsverfahren, indem wir ein Dirac-Teilchen $(p\ s)$ aus dem In-Zustand entfernen und es durch das Matrixelement eines Feldoperators ersetzen. Nun wenden wir die Asymptotenbedingung (16.91) und (16.94) an und wiederholen die Schritte von (16.73) und (16.74), indem wir schreiben

$$\begin{aligned} &= \langle\beta - (ps)\ \text{out}|\alpha\ \text{in}\rangle + \langle\beta\ \text{out}|b_{\text{in}}^\dagger(ps) - b_{\text{out}}^\dagger(ps)|\alpha\ \text{in}\rangle \\ &= \langle\beta - (ps)\ \text{out}|\alpha\ \text{in}\rangle + \int d^3x\ \langle\beta\ \text{out}|[\psi_{\text{in}}^\dagger(x) - \psi_{\text{out}}^\dagger(x)]|\alpha\ \text{in}\rangle U_{ps}(x) \\ &= \langle\beta - (ps)\ \text{out}|\alpha\ \text{in}\rangle \\ &\qquad - \frac{1}{\sqrt{Z_2}} \int d^4x \langle\beta\ \text{out}|\ \frac{\partial}{\partial x^0}\ (\bar{\psi}(x)\gamma^0 U_{ps}(x))|\alpha\ \text{in}\rangle \qquad (16.128) \end{aligned}$$

Da $U_{ps}(x)$ eine Lösung der freien Dirac-Gleichung ist, können wir

$$\gamma_0 \frac{\partial}{\partial x^0} U_{ps}(x) = (-\boldsymbol{\gamma} \cdot \boldsymbol{\nabla} - im) U_{ps}(x)$$

einführen und in (16.128) $-\gamma \cdot \nabla$ durch partielle Integration zu $\overline{\psi}(x)$ bringen. Das ergibt für den zweiten Term

$$-\frac{i}{\sqrt{Z_2}} \int d^4x \, \langle\beta \text{ out}|\bar{\psi}(x)|\alpha \text{ in}\rangle(-i\overleftarrow{\nabla\!\!\!/} - m) U_{ps}(x) \qquad (16.129)$$

Auf ähnliche Weise führt die Elimination eines Antiteilchens aus dem In-Zustand zu

$$\frac{i}{\sqrt{Z_2}} \int d^4x \, \bar{V}_{\bar{p}\bar{s}}(x)(i\overrightarrow{\nabla\!\!\!/} - m)\langle\beta \text{ out}|\psi(x)|\alpha \text{ in}\rangle \qquad (16.130)$$

die eines Teilchens aus dem Out-Zustand zu

$$\frac{-i}{\sqrt{Z_2}} \int d^4x \, \bar{U}_{p's'}(x)(i\overrightarrow{\nabla\!\!\!/} - m)\langle\beta \text{ out}|\psi(x)|\alpha \text{ in}\rangle \qquad (16.131)$$

und die eines Antiteilchens aus dem Out-Zustand zu

$$\frac{+i}{\sqrt{Z_2}} \int d^4x \, \langle\beta \text{ out}|\bar{\psi}(x)|\alpha \text{ in}\rangle(-i\overleftarrow{\nabla\!\!\!/} - m) V_{\bar{p}'\bar{s}'}(x) \qquad (16.132)$$

Die beiden Ausdrücke (16.129) und (16.132) zeigen den engen formalen Zusammenhang zwischen der Amplitude, die die Wechselwirkung eines einlaufenden Teilchens (Elektron mit $p\ s$) im In-Zustand beschreibt, und der Amplitude für die Wechselwirkung eines auslaufenden Antiteilchens (Positron mit $(\bar{p}', \bar{s}')$ im Out-Zustand; um von einer zur anderen zu kommen, muß man nur $U_{ps}(x)$ durch $-V_{\bar{p}'\bar{s}'}(x)$, d. h. $u(p, s)e^{-ipx}$ durch $-v(\bar{p}', \bar{s}')\, e^{-i(-\bar{p}')x}$ ersetzen. Das stellt die feldtheoretische Formulierung des Ergebnisses der in Kap. 6 entwickelten Propagatentheorie dar, die uns lehrte, Positronprozesse durch in der Zeit rückwärts laufende Elektronen mit negativer Energie zu berechnen. Eine entsprechende Analogie herrscht in (16.130) und (16.131) zwischen einem auslaufenden Elektron und einem einlaufenden Positron.

Nun bilden wir zeitgeordnete Produkte wie in (16.79), um den Reduktionsprozeß fortzusetzen, bis alle Teilchen aus den Zustandsvektoren verschwunden sind und wir den Vakuumerwartungswert eines Produktes von Feldoperatoren erhalten. Entfernt man beispielsweise ein Dirac-Teilchen aus dem In-Zustand eines Matrixelements, das sowohl skalare als auch spinorielle Felder enthält, so erhält man

$$\begin{aligned}
&\langle\beta \text{ out}|T(x_1 \cdots z_p)_{\alpha_1 \ldots \beta_p}|(ps)\alpha \text{ in}\rangle \\
&\quad \equiv \langle\beta \text{ out}|T(\varphi(x_1) \cdots \varphi(x_n)\psi_{\alpha_1}(y_1) \cdots \psi_{\alpha_m}(y_m) \\
&\quad \times \bar{\psi}_{\beta_1}(z_1) \cdots \bar{\psi}_{\beta_p}(z_p))|(ps)\alpha \text{ in}\rangle \\
&\quad = (-)^{m+p}\langle\beta - (ps) \text{ out}|T(x_1 \cdots z_p)_{\alpha_1 \ldots \beta_p}|\alpha \text{ in}\rangle \\
&\quad + \langle\beta \text{ out}|T(x_1 \cdots z_p)_{\alpha_1 \ldots \beta_p} b^\dagger_{\text{in}}(p,s)|\alpha \text{ in}\rangle \\
&\quad - \langle\beta \text{ out}|(-)^{m+p} b^\dagger_{\text{out}}(p,s) T(x_1 \cdots z_p)_{\alpha_1 \ldots \beta_p}|\alpha \text{ in}\rangle \qquad (16.133)
\end{aligned}$$

Das Vorzeichen $(-)^{m+p}$ wird durch die Anzahl der Vorzeichenwechsel bestimmt, die aus der Definition der Zeitordnung für Fermionfelder [siehe Gl. (13.71)] resultieren:

$$T(\psi_\alpha(x)\bar{\psi}_\beta(y)) = \psi_\alpha(x)\bar{\psi}_\beta(y)\theta(x_0 - y_0) - \bar{\psi}_\beta(y)\psi_\alpha(x)\theta(y_0 - x_0)$$

Setzen wir in den zweiten Term die Asymptotenbedingung ein und wiederholen die Überlegungen, die uns auf (16.129) geführt haben, so finden wir

$$-\frac{i}{\sqrt{Z_2}}\int d^4x\,\langle\beta\text{ out}|T(\varphi(x_1)\cdots\psi_{\alpha_1}(y_1)\cdots\bar{\psi}_{\beta_p}(z_p)\bar{\psi}_\lambda(x))|\alpha\text{ in}\rangle$$
$$\times\,\overleftarrow{(-i\nabla_x - m)}_{\lambda\tau}U_{ps}(x)_\tau \qquad (16.134)$$

Der entsprechende Ausdruck für die Elimination eines Antiteilchens aus dem In-Zustand ist

$$\frac{i}{\sqrt{Z_2}}\int d^4x\,\bar{V}_{\bar{p}\bar{s}}(x)_\tau\overrightarrow{(i\nabla_x - m)}_{\tau\lambda}$$
$$\times\,(-)^{m+p}\langle\beta\text{ out}|T(\psi_\lambda(x)\varphi(x_1)\cdots\bar{\psi}_{\beta_p}(z_p))|\alpha\text{ in}\rangle \qquad (16.135)$$

der für die Elimination eines Teilchens aus dem Out-Zustand ist

$$-\frac{i}{\sqrt{Z_2}}\int d^4x\,\bar{U}_{p's'}(x)_\tau\overrightarrow{(i\nabla_x - m)}_{\tau\lambda}$$
$$\times\,\langle\beta\text{ out}|T(\psi_\lambda(x)\varphi(x_1)\cdots\bar{\psi}_{\beta_p}(z_p))|\alpha\text{ in}\rangle \qquad (16.136)$$

und der für die Elimination eines Antiteilchens aus dem Out-Zustand lautet

$$\frac{i}{\sqrt{Z_2}}\int d^4x\,\langle\beta\text{ out}|T(\varphi(x_1)\cdots\bar{\psi}_{\beta_p}(z_p)\bar{\psi}_\lambda(x))|\alpha\text{ in}\rangle(-)^{m+p}$$
$$\times\,\overleftarrow{(-i\nabla_x - m)}_{\lambda\tau}V_{\bar{p}'\bar{s}'}(x)_\tau \qquad (16.137)$$

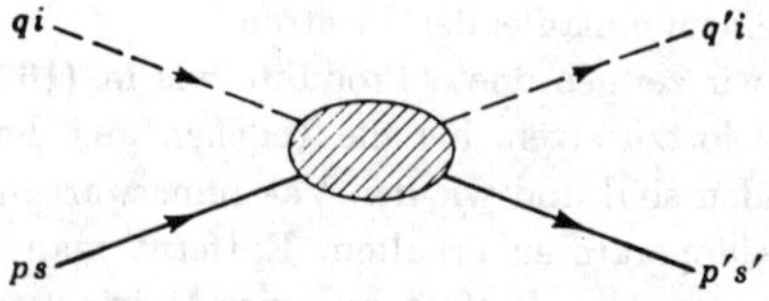

Abb. 16.3. Meson-Proton-Streuung mit der angegebenen Kinematik.

$$\langle 0|T(\varphi(x_1)\cdots\psi(y_1)\cdots\bar{\psi}(z_1)\cdots)|0\rangle \qquad (16.138)$$

Auf diese Weise erhalten wir schließlich den Vakuumerwartungswert der, wie wir im nächsten Kapitel zeigen werden, die Summe aller Feynman-Graphen repräsentiert mit Linien für skalare Teilchen, die nach oder von x_i kommen, Fermionen, die nach z_i oder Antifermionen, die von z_i kommen und schließlich Antifermionen in Richtung oder Fermionen von y_i.

Die in der Reduktionsformel auftretenden Klein-Gordon- und Dirac-Operatoren „amputieren die Beine" der äußeren Teilchen und bringen sie auf ihre Massenschale mit den Faktoren

$$\int d^4x\, f_p(x)(\Box_x + m^2) \qquad \int d^4x\, \bar{U}_{p's'}(x)(i\nabla\!\!\!/_x - m)$$

usw.

Die Faktoren $i/\sqrt{Z}, -i/\sqrt{Z_2}, i/\sqrt{Z_2}$ für jedes Boson, Fermion und Antifermion, bzw. renormieren die dazugehörigen Wellenfunktionen so, daß das Endresultat direkt der Übergangsamplitude gleichgesetzt werden kann.

Als ein illustratives Beispiel, das nicht ohne Interesse ist, betrachten wir die Streuung eines Mesons der Art i an einem Proton mit der in Abb. 16.3 angegebenen Kinematik. Anwendung der Reduktionstechnik auf die S-Matrix ergibt:

$$\begin{aligned} &= \delta_{fi} + \frac{1}{Z_2 Z} \int d^4x\, d^4x'\, d^4z\, d^4z'\, f_{q'}^*(x') \overrightarrow{(\Box_{x'} + \mu^2)} \\ &\times [\bar{U}_{p's'}(z') \overrightarrow{(i\nabla\!\!\!/_{z'} - m)}]_\sigma \langle 0| T(\psi_\sigma(z') \bar{\psi}_\tau(z) \varphi_i(x) \varphi_i(x'))|0\rangle \\ &\times [\overleftarrow{(-i\nabla\!\!\!/_z - m)} U_{ps}(z)]_\tau \overleftarrow{(\Box_x} + \mu^2) f_q(x) \end{aligned} \tag{16.139}$$

In (16.139) bedeuten μ und m die Meson- bzw. Protonmasse; $\delta_{fi} \neq 0$ gilt nur, wenn In- und Out-Zustand übereinstimmen, d. h. für Vorwärtsstreuung. Für die praktische Rechnung setzt man ebene Wellen (16.9) und (16.88)

$$\begin{aligned} f_q(x) &= \frac{1}{(2\pi)^{3/2}\sqrt{2\omega_q}}\, e^{-iq\cdot x} \\ U_{ps}(x) &= \frac{1}{(2\pi)^{3/2}} \sqrt{\frac{m}{E_p}}\, u(p,s) e^{-ip\cdot x} \end{aligned} \tag{16.140}$$

als Grenzwerte normierbarer Wellenpakete ein, wobei die Normierung so gewählt ist, daß

$$\delta_{fi} = \delta^3(\mathbf{q}' - \mathbf{q})\, \delta^3(\mathbf{p}' - \mathbf{p})\, \delta_{s's}$$

16.10 *In- und Out-Zustände und die Reduktionsformel für Photonen*

Die Ausdehnung der formalen Ergebnisse dieses Kapitels auf das Strahlungsfeld muß schließlich gesondert vorgenommen werden; Schuld daran haben die nichtkovariante Wahl von Eichung und Quantisierung der Maxwell-Theorie.

In der Strahlungseichung ist das Vektorpotential transversal und erfüllt die Wellengleichung

$$\square \mathbf{A} = e_0 \mathbf{j}^{tr} \tag{16.141}$$

wobei

$$e_0 \mathbf{j}^{tr} \equiv e_0 \mathbf{j} + \frac{\partial \mathbf{E}_l}{\partial t}$$

mit $\quad \nabla \cdot \mathbf{E} = e_0 \rho = e_0 j_0 \quad$ und $\quad \nabla \cdot \mathbf{j}^{tr} = 0$

die Quelle des transversalen Stromes definieren. Der longitudinale Teil des Vektorpotentials verschwindet in dieser Eichung, das skalare Potential wird aus dem Gaußschen Gesetz bestimmt:

$$\nabla^2 A_0 = e_0 \rho$$

Damit haben wir zwei dynamisch unabhängige Komponenten des Vektorpotentials, die den Wellengleichungen (16.141) und den einzeitigen Vertauschungsrelationen [siehe Gl. (15.9)]

$$\begin{aligned} [A_i(\mathbf{x},t), A_k(\mathbf{x}',t)] &= [\dot{A}_i(\mathbf{x},t), \dot{A}_k(\mathbf{x}',t)] = 0 \\ [A_i(\mathbf{x},t), \dot{A}_k(\mathbf{x}',t)] &= i\delta_{ik}^{tr}(\mathbf{x} - \mathbf{x}') \end{aligned} \tag{16.142}$$

genügen. Sie ähneln denen der kanonischen Theorie für skalare Felder, mit dem Unterschied, daß die Masse gleich Null ist, und das Feld transversal ist, weshalb nur der transversale Teil der δ-Funktion, definiert in (14.16) auftritt.

Der Behandlung des skalaren Feldes entsprechend führen wir transversale In-(und Out-)Felder ein, die zu (16.5) und (16.6) analoge Eigenschaften haben sollen:

$$[P^\mu, \mathbf{A}_{in}(x)] = -i \frac{\partial}{\partial x_\mu} \mathbf{A}_{in}(x) \qquad \square \mathbf{A}_{in}(x) = 0 \tag{16.143}$$

Hieraus folgt, wie in (16.8), daß $\mathbf{A}_{in}(x)$ nur Ein-Photonen-Zustände mit $P_n^2 = 0$ aus dem Vakuum erzeugt[1].

In (16.143) wird keine Massenkorrektur vorgenommen, da die ein- und auslaufenden physikalischen Photonen massenlos sind und die Einstein-Bedingung $k_\mu k^\mu = 0$ erfüllen.

---

[1] Wir übergehen hier das Infrarotproblem, das aus der möglichen Existenz von Zuständen mit mehr als einem Photon der Frequenz ~ 0 resultiert. Dieses Problem wird in den praktischen Rechnungen jeweils gesondert behandelt, wie z. B. in Kap. 8, und wird in Kap. 17 weiter diskutiert.

Die Fourier-Entwicklung von $\mathbf{A}_{\text{in}}(x)$ ist dieselbe wie für freie Felder:

$$\mathbf{A}_{\text{in}}(x) = \int d^3k \sum_{\lambda=1}^{2} [a_{\text{in}}(k,\lambda)\mathbf{A}_{k,\lambda}(x) + a_{\text{in}}^{\dagger}(k,\lambda)\mathbf{A}_{k,\lambda}^{*}(x)]$$

mit

$$\mathbf{A}_{k,\lambda}(x) = \frac{1}{\sqrt{(2\pi)^3 2k_0}} e^{-ik\cdot x}\boldsymbol{\varepsilon}(k,\lambda) \tag{16.144}$$

und durch Inversion folgt

$$\begin{aligned} a_{\text{in}}(k,\lambda) &= i\int d^3x\, \mathbf{A}_{k,\lambda}^{*}(x) \cdot \overleftrightarrow{\partial_0}\mathbf{A}_{\text{in}}(x) \\ &= -i\int d^3x\, A_{k,\lambda}^{*}(x)_{\mu}\overleftrightarrow{\partial_0}A_{\text{in}}(x)^{\mu} \end{aligned} \tag{16.145}$$

Wiederholte Anwendung von $a_{\text{in}}^{f}(k, \lambda)$ auf den Vakuumzustand erzeugt die allgemeinen n-Photon-In-Zustände wie in (16.10) und (16.11). Entsprechendes gilt für die Out-Felder und -Zustände. Wie vorher werden sie als vollständig angenommen. Indem wir weiterhin die Diskussion der skalaren Felder in (16.14) und (16.52) nachahmen, schreiben wir die Beziehungen zwischen $\mathbf{A}_{\text{in}}(x)$, $\mathbf{A}_{\text{out}}(x)$ und $\mathbf{A}(x)$ als

$$\begin{aligned} \sqrt{Z_3}\,\mathbf{A}_{\text{in}}(x) &= \mathbf{A}(x) - e_0\int d^4y\, D_{\text{ret}}(x-y)\mathbf{j}^{\text{tr}}(y) \\ \sqrt{Z_3}\,\mathbf{A}_{\text{out}}(x) &= \mathbf{A}(x) - e_0\int d^4y\, D_{\text{adv}}(x-y)\mathbf{j}^{\text{tr}}(y) \end{aligned} \tag{16.146}$$

D_{ret} und D_{adv} sind die Grenzwerte für $m \to 0$ der entsprechenden Green-Funktionen Δ_{ret} bzw. Δ_{adv}, $\sqrt{Z_3}$ wird zur Normierung der In- und Out-Matrixelemente zwischen den Vakuum- und den Ein-Photon-Zuständen auf Eins eingeführt.

Bisher läuft alles wie in der Behandlung des Skalarfeldes. Die Asymptotenbedingung, immer im Sinne der schwachen Operatorkonvergenz (16.20), lautet

$$\begin{aligned} \mathbf{A}(\mathbf{x},t) &\to \sqrt{Z_3}\,\mathbf{A}_{\text{in}}(\mathbf{x},t) \quad \text{bei} \quad t \to -\infty \\ \mathbf{A}(\mathbf{x},t) &\to \sqrt{Z_3}\,\mathbf{A}_{\text{out}}(\mathbf{x},t) \quad \text{bei} \quad t \to +\infty \end{aligned} \tag{16.147}$$

Bei der Ableitung der Reduktionsformel für Photonen tritt nur eine geringe Änderung gegenüber dem Ergebnis für das Skalarfeld (16.81) ein

$$\begin{aligned} &\frac{1}{\sqrt{Z}} f_{q_i}(x_i)\overrightarrow{(\Box_{x_i} + m^2)}\langle 0| \cdots \varphi(x_i) \cdots |0\rangle \\ &\quad\to \frac{1}{\sqrt{Z_3}} \mathbf{A}_{k_i,\lambda_i}(x_i)\overrightarrow{\Box_{x_i}} \cdot \langle 0| \cdots \mathbf{A}(x_i) \cdots |0\rangle \\ &\quad= -\frac{1}{\sqrt{Z_3}} A^{\mu}_{k_i,\lambda_i}(x_i)\overrightarrow{\Box_{x_i}}\langle 0| \cdots A_{\mu}(x_i) \cdots |0\rangle \end{aligned} \tag{16.148}$$

Zum Beispiel, wenn wir ein Photon $k'\lambda'$ aus einem Out-Zustand entfernen, ist (16.80) zu ersetzen durch

$$\langle\gamma(k'\lambda')\ \text{out}|\varphi(x)|\alpha\ \text{in}\rangle = \langle\gamma\ \text{out}|\varphi(x)|\alpha - (k'\lambda')\ \text{in}\rangle + \frac{-i}{\sqrt{Z_3}}\int d^4y\,\langle\gamma\ \text{out}|T(A_\mu(y)\varphi(x)|\alpha\ \text{in}\rangle\overleftarrow{\Box}_y A^{\mu *}_{k',\lambda'}(y) \qquad (16.149)$$

Das zusätzliche Minuszeichen in (16.149) gegenüber (16.80) kommt daher, daß der auf Eins normierte Polarisationsvektor raumartig ist

$$\epsilon_\mu\epsilon^\mu = -\boldsymbol{\varepsilon}\cdot\boldsymbol{\varepsilon} = -1$$

Bisher hat die fehlende explizite Kovarianz unserer Quantisierungsvorschrift keine neuen Probleme mit sich gebracht. Daß die S-Matrix bei elektromagnetischer Wechselwirkung eichinvariant und deshalb wegen (16.70) auch Lorentz-invariant ist, wird im folgenden Kapitel in einer Reihenentwicklung nach Potenzen der Wechselwirkungsströme gliedweise gezeigt werden. In den niedrigsten Ordnungen der Wechselwirkung wurde es durch explizite Berechnung schon in der Propagatormethode in Kap. 7 und 8 bewiesen.

Hier zeigen wir nur, daß die Normierungskonstante Z_3 ebenso wie die restlichen Glieder in der Definitionsgleichung (16.146) eichinvariant ist. Wie sich später bei der allgemeinen Diskussion der Renormierung zeigen wird, ist das eine wichtige Eigenschaft, die den Größen Z_2 und Z von geladenen Fermion- und Bosonfeldern nicht zu eigen ist. Der Leser erinnere sich an Kap. 8, wo wir feststellten, daß Z_3 die einzige Cutoff-abhängige Konstante ist, die übrig blieb, als wir bei der Berechnung des Vertex in der Ordnung e^3 alle Terme addierten; dabei renormierte Z_3 die Wellenfunktion des Photons und die Ladung in der Form $e = \sqrt{Z_3}\,\varrho_0$. Wie wir noch sehen werden, stimmt das dortige Z_3 mit dem Z_3 des Photons hier überein, und die Eichinvarianz des numerischen Wertes der Ladung hängt von der Eichinvarianz von Z_3 ab.

16.11 *Die Spektralzerlegung für Photonen*

Wiederum ahmen wir die Behandlung des Skalarfeldes nach und betrachten den Vakuum-Erwartungswert des Kommutators

$$iD'_{ij}(x,x')^{\text{tr}} \equiv \langle 0|[A_i(x),A_j(x')]|0\rangle \qquad (16.150)$$

Bei der Aufstellung einer Spektraldarstellung von D'^{tr}_{ij} treten nun einige Schwierigkeiten auf, die auf die mangelnde explizite Lorentz-

Invarianz unserer Behandlung der Maxwell-Theorie zurückzuführen sind. Betrachten wir zuerst

$$\langle 0|A_i(x)A_j(x')|0\rangle = \sum_n e^{-ip_n\cdot(x-x')}\langle 0|A_i(0)|n\rangle\langle n|A_j(0)|0\rangle$$
$$= \int \frac{d^4q}{(2\pi)^3}\,\theta(q_0)e^{-iq\cdot(x-x')}\rho_{ij}(q) \qquad (16.151)$$

was die Spektralamplitude in der nun schon bekannten Weise definiert

$$\rho_{ij}(q) \equiv \sum_n \langle 0|A_i(0)|n\rangle\langle n|A_j(0)|0\rangle(2\pi)^3\delta^4(p_n - q) \qquad (16.152)$$

Wie in (16.37) können wir den Ein-Photon-Zustand abseparieren

$$\langle 0|\mathbf{A}(x)|p\lambda\rangle = \sqrt{Z_3}\,\langle 0|\mathbf{A}_{\text{in}}(x)|p\lambda\rangle \qquad (16.153)$$

Das ergibt

$$\rho_{ij}(q) = Z_3\delta(q^2)\sum_{\lambda=1}^{2}\epsilon_i(q,\lambda)\epsilon_j(q,\lambda) + \pi_{ij}(q) \qquad (16.154)$$

Auch der zweite Term des Kommutators (16.150) kann durch diese Spektralamplitude ausgedrückt werden, wenn wir die $\mathcal{JCP}$-Invarianz der Elektrodynamik verwenden. Für die $\mathfrak{JCP}$-Transformation θ (15.154) gilt

$$\theta\mathbf{A}(x)\theta^{-1} = -\mathbf{A}(-x) \quad \text{und} \quad \theta|0\rangle = |0\rangle$$

Das ergibt, wenn wir $\mathfrak{J} = \mathcal{U}K$, wobei K das Bilden des Komplexkonjungierten bedeutet

$$\langle 0|A_j(x')A_i(x)|0\rangle = \langle K0|KA_j(x')A_i(x)0\rangle^*$$
$$= \langle 0|\theta A_j(x')\theta^{-1}\theta A_i(x)\theta^{-1}|0\rangle^*$$
$$= \langle 0|A_i(-x)A_j(-x')|0\rangle \qquad (16.155)$$

Für die letzte Schreibweise benützen wir die Identität $\langle A|B\rangle^* = \langle B|A\rangle$ und die Hermitezität der Feldamplitude. Das beweist die Symmetrie von $\varrho_{ij}(q)$ in i und j und zeigt in Verbindung mit (16.152), daß $\varrho_{ij}(q)$ eine reelle Funktion von q ist.

$$\rho_{ij}(q) = \rho_{ji}(q) = \rho_{ij}(q)^* \qquad (16.156)$$

Setzen wir das in (16.150) ein und verwenden (16.151) und (16.154), so finden wir

$$D'_{ij}(x - x')^{\text{tr}} = Z_3D_{ij}(x - x')^{\text{tr}}$$
$$- i\int \frac{d^4q}{(2\pi)^3}\,\theta(q_0)(e^{-iq\cdot(x-x')} - e^{iq\cdot(x-x')})\pi_{ij}(q) \qquad (16.157)$$

wobei

$$D_{ij}(x-x')^{\rm tr} = -i\int \frac{d^4q}{(2\pi)^3}\,\theta(q_0)\delta(q^2)(e^{-iq\cdot(x-x')} - e^{iq\cdot(x-x')})\left(\delta_{ij} - \frac{q_iq_j}{|\mathbf{q}|^2}\right)$$

Um die Eigenschaften von $\pi_{ij}(q)$ zu untersuchen, folgen wir der Methode von Evans und Fulton[1], die sahen, daß es bequemer ist, wenn man statt (16.152) zuerst den eichinvarianten Lorentz-Tensor

$$J_{\mu\nu}(q) = \sum_n \langle 0|j_\mu(0)|n\rangle\langle n|j_\nu(0)|0\rangle(2\pi)^3\delta^4(p_n - q) \qquad (16.158)$$

betrachtet. Die Stromoperatoren sind mit den Feldern, die die Quellen des elektromagnetischen Feldes darstellen, gebildet; sie sind eichinvariante Vierervektoren, die einen differentiellen Stromerhaltungssatz erfüllen:

$$\frac{\partial j_\mu(x)}{\partial x_\mu} = 0 \qquad (16.159)$$

Z. B. ist für ein Dirac-Elektron

$$j_\mu(x) = \bar\psi(x)\gamma_\mu\psi(x) - \langle 0|\bar\psi(x)\gamma_\mu\psi(x)|0\rangle \qquad (16.160)$$

Aus (16.158) folgt, daß $J_{\mu\nu}$ ein Lorentz-Tensor vom Rang 2 ist, der sich bei der Eichtransformation, die mit jeder Lorentz-Transformation in ein neues Koordinatensystem verbunden werden muß, nicht ändert. Die Kontinuitätsgleichung führt zu einer weiteren Einschränkung für die Gestalt von $J_{\mu\nu}(q)$. Aus (16.159) folgt

$$p_n{}^\mu\langle 0|j_\mu(x)|n\rangle = 0 \qquad (16.161)$$

Das führt in (16.158) zu

$$q^\mu J_{\mu\nu} = q^\nu J_{\mu\nu} = 0 \qquad (16.162)$$

Aus den beiden Bedingungen, daß $J_{\mu\nu}(q)$ sich wie ein Tensor vom Rang 2 transformiert und die Viererdivergenz Null hat, schließen wir durch eine ähnliche Argumentation wie beim Vakuumpolarisationstensor in (8.16), daß $J_{\mu\nu}$ die Gestalt

$$J_{\mu\nu}(q) = \left(-g_{\mu\nu} + \frac{q_\mu q_\nu}{q^2}\right)J(q^2) \qquad (16.163)$$

haben muß. Um nun $J_{\mu\nu}(q)$ zu der uns interessierenden Spektralfunktion $\varrho_{ij}(q)$ in Beziehung zu setzen, genügt es, $J_{\mu\nu}(q)$ in einem speziellen Lorentz-System unter Verwendung der Strahlungseichung zu berechnen. Insbesondere sind wir nur am transversalen Teil des Stroms interessiert, entsprechend der Definition von $\varrho_{ij}(q)$ in (16.152) und der Wellengleichung (16.141)

$$e_0^2\sum_n \langle 0|j_i{}^{\rm tr}(0)|n\rangle\langle n|j_j{}^{\rm tr}(0)|0\rangle(2\pi)^3\delta^4(p_n - q)$$

$$= (q^2)^2\rho_{ij}(q) = (q^2)^2\pi_{ij}(q) \qquad (16.164)$$

[1] L. Evans und T. Fulton, *Nucl. Phys.*, **21**, 492 (1960).

wobei die letzte Schreibweise aus (16.154) und der Identität $x^2\delta(x) = 0$ folgt.

Die allgemeine Form von $\pi_{ij}(q)$, so wie es in (16.164) steht, wird durch die notwendige Invarianz unter dreidimensionalen Drehungen eingeschränkt

$$\pi_{ij}(q) = \delta_{ij}\pi(q_0,|\mathbf{q}|^2) - \frac{q_i q_j}{|\mathbf{q}|^2}\tilde{\pi}(q_0,|\mathbf{q}|^2) \tag{16.165}$$

Die Bedingung (16.141)

$$\nabla \cdot \mathbf{j}^{\mathrm{tr}}(x) = 0$$

führt zu

$$q_i\pi_{ij}(q) = q_j\pi_{ij}(q) = 0$$

Folglich

$$\pi_{ij}(q) = \left(\delta_{ij} - \frac{q_i q_j}{|\mathbf{q}|^2}\right)\pi(q_0,|\mathbf{q}|^2) \tag{16.166}$$

Um $\pi_{ij}(q)$ mit $J_{\mu\nu}(q)$ in Verbindung zu bringen, bemerken wir, daß die *transversalen* Teile von π_{ij} und $J_{\mu\nu}$ in einer einfachen Beziehung stehen. Wir vergleichen die Größen

$$\epsilon_i\epsilon_j\pi_{ij}(q) \qquad \text{und} \qquad \epsilon_\mu\epsilon_\nu J^{\mu\nu}(q)$$

wobei

$$\epsilon_\mu = (0,\boldsymbol{\varepsilon}) \qquad \boldsymbol{\varepsilon}\cdot\mathbf{q} = -\epsilon_\mu q^\mu = 0 \tag{16.167}$$

in dem für die Quantisierung gewählten Bezugssystem. Daher schließen wir mit Unterstützung von (16.141)

$$e_0\langle 0|\mathbf{j}^{\mathrm{tr}}(x)|n\rangle = e_0\langle 0|\mathbf{j}(x)|n\rangle - \langle 0|\nabla\dot{\Phi}(x)|n\rangle$$

auf

$$\epsilon_i\langle 0|j_i^{\mathrm{tr}}(0)|n\rangle = \epsilon_i\langle 0|j_i(0)|n\rangle \tag{16.168}$$

für jeden Zustand $|n\rangle$ mit

$$\boldsymbol{\varepsilon}\cdot\mathbf{p}_n = 0$$

Aufgrund von (16.167) und der δ-Funktion für den Impuls in (16.164) interessieren wir uns gerade für Matrixelemente, die diese Bedingung erfüllen. Somit finden wir mit (16.158), (16.164) und (16.168) den Zusammenhang zwischen $\pi_{ij}(q)$ und $J_{\mu\nu}(q)$

$$\begin{aligned}
\epsilon_i\epsilon_j\pi_{ij}(q) &= \frac{e_0^2}{q^4}\sum_n \langle 0|\boldsymbol{\varepsilon}\cdot\mathbf{j}^{\mathrm{tr}}(0)|n\rangle\langle n|\boldsymbol{\varepsilon}\cdot\mathbf{j}^{\mathrm{tr}}(0)|0\rangle(2\pi)^3\delta^4(q-p_n) \\
&= \frac{e_0^2}{q^4}\sum_n \langle 0|\boldsymbol{\varepsilon}\cdot\mathbf{j}(0)|n\rangle\langle n|\boldsymbol{\varepsilon}\cdot\mathbf{j}(0)|0\rangle(2\pi)^3\delta^4(q-p_n) \\
&= \frac{e_0^2}{q^4}\,\epsilon_\mu\epsilon_\nu J^{\mu\nu}(q)
\end{aligned} \tag{16.169}$$

Verwenden wir die allgemeinen Formen (16.163) und (16.166), so können wir schließen, daß

$$\pi_{ij}(q) = \left(\delta_{ij} - \frac{q_i q_j}{|\mathbf{q}|^2}\right)\pi(q_0, |\mathbf{q}|^2)$$

$$= e_0^2\left(\delta_{ij} - \frac{q_i q_j}{|\mathbf{q}|^2}\right)\frac{J(q^2)}{q^4} \tag{16.170}$$

Mit (16.170) ist es uns gelungen, $\pi_{ij}(q)$ durch eine skalare eichinvariante Amplitude $J(q^2)$ auszudrücken. Setzen wir das in (16.157) ein, schreiben wie in (16.32)

$$J(q^2) = \int dM^2\, \delta(q^2 - M^2) J(M^2)$$

und für die Bezeichnung ein

$$\Delta_{ij}(x - x', M^2)^{\text{tr}} = -i \int \frac{d^4k}{(2\pi)^3}\, \theta(k_0)\delta(k^2 - M^2) \times \left(\delta_{ij} - \frac{k_i k_j}{|\mathbf{k}|^2}\right)(e^{-ik\cdot(x-x')} - e^{ik\cdot(x-x')}) \tag{16.171}$$

für die Verallgemeinerung der transversalen D_{ij}^{tr}-Funktion in (16.157) für eine beliebige Masse M, so erhalten wir eine kompakte Schreibweise der Spektraldarstellung

$$D'_{ij}(x - x')^{\text{tr}} = Z_3 D_{ij}(x - x')^{\text{tr}} + \int dM^2\, \Delta_{ij}(x - x', M^2)^{\text{tr}}\Pi(M^2) \tag{16.172}$$

mit

$$\Pi(M^2) = \frac{e_0^2 J(M^2)}{M^4} \tag{16.173}$$

Im Impulsraum erhält man für den Feynman-Propagator

$$D'_{F_{ij}}(q)^{\text{tr}} = \left(\frac{Z_3}{q^2 + i\epsilon} + \int_0^\infty \frac{dM^2\, \Pi(M^2)}{q^2 - M^2 + i\epsilon}\right)\left\{\delta_{ij} - \frac{q_i q_j}{|\mathbf{q}|^2}\right\}$$

Um Z_3 durch ein Integral über die spektrale Gewichtsfunktion $\Pi(M^2)$ ausdrücken zu können – wie schon in (16.42) für das Skalarfeld –, bilden wir die Zeitableitung von (16.171) für $t = t'$; benützen wir die Kommutatoren (16.142) und (16.150), so finden wir

$$1 = Z_3 + \int_{M_1^2}^\infty dM^2\, \Pi(M^2) \tag{16.174}$$

Eich- und Lorentz-Invarianz von Z_3 sind nun offensichtlich. Wie aus (16.169) und (16.170) hervorgeht, ist die Gewichtsfunktion $\Pi(M^2)$ nicht-negativ-definit:

$$0 \le \epsilon_i \epsilon_j \pi_{ij}(q) = \frac{e_0^2 J(q^2)}{q^4} = \pi(q^2)$$

Daher gilt

$$0 \leq Z_3 = 1 - \int_{M_1^2}^{\infty} dM^2\, \Pi(M^2) < 1 \qquad (16.175)$$

Somit liegt nach (16.175) die Wahrscheinlichkeit für die Erzeugung eines Photons aus dem Vakuum durch $\mathbf{A}(x)$ zwischen 0 und 1, in Analogie zu den Ergebnissen von (16.34) und (16.125) für Spin-0- und Spin-$^1/_2$-Felder ohne elektromagnetische Kopplung[1].

16.12 *Der Zusammenhang von Spin und Statistik*[2]

Mit Hilfe der in diesem Kapitel gewonnenen Spektraldarstellungen können wir den in Kap. 15 erwähnten Zusammenhang von Spin und Statistik für Spin-0- und Spin-$^1/_2$-Bosonen oder Fermionen genauer untersuchen. Für eine Lorentz-Kovariante – lokale Feldtheorie, wie wir sie bisher diskutiert haben, die einen eindeutig bestimmten Grundzustand besitzt – wurde bewiesen, daß Felder mit ganzzahligem Spin wie Bose-Felder und solche mit halbganzen Spin wie Fermifelder quantisiert werden müssen, wenn Mikrokausalität gelten soll. Die Mikrokausalität besagt, daß sich lokale Dichten $\mathcal{O}(x)$ observabler Operatorgrößen

$$\mathcal{O} \equiv \int d^3x\, \mathcal{O}(\mathbf{x},t)$$

sich nicht beeinflussen und deshalb für raumartige Abstände kommutieren, d. h.

$$[\mathcal{O}(x),\mathcal{O}(y)] \equiv 0 \qquad \text{für } (x-y)^2 < 0 \qquad (16.176)$$

Wir werden zeigen, daß diese Bedingung nicht mit der Quantisierung von Spin-0-Klein-Gordon-Feldern mit Antikommutatoren und von Spin-$^1/_2$-Dirac-Feldern mit Kommutatoren verträglich ist.

Die Observablen, wie etwa Ladungs- und Stromdichten, werden u. a. aus quadratischen Formen in den Feldamplituden gebildet. Die algebraischen Umformungen, die beweisen, daß für die Bilinearform

$$\mathcal{O}(x) \equiv \varphi_a(x)\, \varphi_b(x)$$

(16.176) gilt, sofern die Feldamplituden für raumartige Abstände kommutieren oder antikommutieren, sind unschwer durchzuführen. Genau gesagt, die allgemeine Bedingung für die Gültigkeit von (16.176) ist

$$[\varphi_r(x),\varphi_s(y)] = 0 \qquad (x-y)^2 < 0 \qquad (16.177a)$$

oder

$$\{\varphi_r(x),\varphi_s(y)\} = 0 \qquad (x-y)^2 < 0 \qquad (16.177b)$$

[1] Für Aussagen im Falle $Z_3 = 0$ siehe J. Schwinger, *Phys. Rev.*, **125**, 397 (1962).

[2] Siehe R. Streator und A. Wightman, *op. cit.*

Dabei bezeichnen $\varphi_r(x)$ und $\varphi_s(y)$ Kombinationen von φ und/oder φ^* für Klein-Gordon-Felder oder verschiedene Spinorkomponenten von ψ und $\bar{\psi}$ für Dirac-Felder.

Für das Klein-Gordon-Feld ist (16.177a) bei Wechselwirkung wegen der Lorentz-Invarianz und der kanonischen Vertauschungsrelationen für gleiche Zeiten erfüllt. Wenn wir andererseits versuchen, das Klein-Gordon-Feld mit Antikommutatoren wie Fermi-Felder zu quantisieren, kommen wir in Widerspruch zu (16.177), wenn wir den Vakuumerwartungswert

$$\langle 0|\{\varphi_r(x),\varphi_s(y)\}|0\rangle \equiv \Delta_1'(x-y) \tag{16.178}$$

betrachten und dieselben Invarianzüberlegungen anstellen wie bei (16.23), die uns auf (16.32) geführt haben. Der einzige Unterschied besteht darin, daß das Minuszeichen in (16.26) zu einem Pluszeichen wird, so daß

$$\Delta_1'(x-y) = Z\Delta_1(x-y;\, m^2) + \int_{m_1{}^2} d\sigma^2\, \rho(\sigma^2)\Delta_1(x-y;\, \sigma^2)$$

mit

$$\Delta_1(x-y) \equiv \int \frac{d^3k}{(2\pi)^3 2\omega_k}\left(e^{-ik\cdot(x-y)} + e^{ik\cdot(x-y)}\right)$$

$\Delta_1(x-y)$ ist das symmetrische Gegenstück zu $\Delta(x-y)$, erfüllt die Klein-Gordon-Gleichung, aber verschwindet *nicht* für raumartige Intervalle $(x-y)^2 < 0$. In der Tat gilt für große Abstände mit $-(x-y)^2 > > 1/m^2$

$$\Delta_1(\mathbf{x},t,m^2) \sim \frac{\exp\left(-m\sqrt{|\mathbf{x}|^2 - t^2}\right)}{|\mathbf{x}|^2 - t^2}$$

und daher für große $\mathbf{x}$

$$\Delta_1'(\mathbf{x},0) \sim \frac{Ze^{-m|\mathbf{x}|}}{|\mathbf{x}|^2} + \int_{m_1{}^2}^{\infty} d\sigma^2 \rho(\sigma^2)\, \frac{e^{-\sigma|\mathbf{x}|}}{|\mathbf{x}|^2}$$

Deshalb kann (16.177b) nicht gelten, und die Bedingung der Mikrokausalität ist verletzt. Das zeigt den Zusammenhang zwischen Spin und Statistik.

Wenn man ein Fermi-Feld mit Kommutatoren quantisieren will, passiert dasselbe. Der Vorzeichenwechsel zwischen den beiden Termen, die den verschiedenen Reihenfolgen der Operatoren entsprechen, verwandelt die Δ-Funktion in der Spektraldarstellung (16.111) in eine Δ_1-Funktion, und es stellt sich wieder ein Widerspruch zur Mikrokausalität ein. Da man sich Felder mit höherem Spin als $^1/_2$ aus Produkten von Spin-$^1/_2$-Feldern aufgebaut denken kann, beweist dies den Zusammenhang allgemein.

Erwähnenswert ist, daß die Verletzung der Mikrokausalität, wenn man etwa ein Bose-Feld mit Antikommutatoren quantisiert, nur innerhalb eines Abstandes in der Größenordnung der Compton-Wellenlänge des jeweiligen Teilchens, also allgemein bei $\sim 10^{-13}$ cm, auftritt. Die experimentelle Übereinstimmung mit dieser höchst charakteristischen Aussage der lokalen Feldtheorie bestätigt daher deren allgemeine Vorstellungen zumindest bei Abständen in der Größenordnung der Compton-Wellenlänge der Elementarteilchen.

Aufgaben

1. Man zeige anhand von

$$\int d^4x \int d^4y\, f_\alpha^*(x) f_\beta^*(y) (\Box_x + m^2)(\Box_y + m^2) T(\varphi(x)\varphi(y))$$

bis auf die Integrationsreihenfolge, daß

$$[\varphi_{\text{in}}(x), \varphi_{\text{in}}(y)] = [\varphi_{\text{out}}(x), \varphi_{\text{out}}(y)]$$

Dann zeige man durch Anwendung desselben Integraloperators auf ein trilineares Produkt $\varphi(x)\,\varphi(y)\,\varphi(z)$ von Feldern

$$[[\varphi_{\text{in}}(x), \varphi_{\text{in}}(y)], \varphi(z)] = 0$$

und beweise somit (16.56). W. Zimmermann, *Nuovo Cimento,* **10**, 567 (1958), hat die Änderung der Integrationsreihenfolge gerechtfertigt. Man beweise auf ähnlichem Weg (16.121).

2. Man zeige, daß die S-Matrix (6.56) direkt durch den Feynman-Propagator S_F' ausgedrückt werden kann in Analogie zu (16.82).

3. Man drücke die Massenverschiebung δm^2 eines Skalarfeldes durch die Spektralfunktion $\varrho(q^2)$ in (16.27) aus. Dabei sei alles als endlich vorausgesetzt.

4. Man zeige $S = \theta_{\text{in}}^{-1}\, \theta$ mit $\theta = \mathcal{J}\mathcal{C}\mathcal{P}$.

5. Man zeige

$$\langle 0|[\varphi_{\text{in}}(x), \varphi_{\text{out}}(y)]|0\rangle = +i\Delta(x - y, m).$$

6. Man beweise die Eigenschaften 1 bis 5 der S-Matrix, Abschn. 16.6, im Falle von Spinor- und nicht-hermiteschen Skalarfeldern.

7. Man beweise (iii), Gl. (16.113).

8. Man ermittle die Spektraldarstellung eines Elektrons in der Quantenelektrodynamik und diskutiere die Eigenschaften der auftretenden Gewichtsfunktionen.

9. Man beweise (16.115); *Hinweis:* siehe Abschn. 3.1.

10. Man beweise den Zusammenhang zwischen Spin und Statistik für Fermionen ohne Annahme der Paritätserhaltung (wie sie durch (16.111) impliziert wird).

Kapitel 17

STÖRUNGSTHEORIE

17.1 *Einleitung*

Zur Zeit besitzt man, um die relativistische Quantenfeldtheorie mit den experimentellen Beobachtungen in Zusammenhang zu bringen, zwei allgemeine Methoden zur Berechnung von Übergangsamplituden und Matrixelementen, die physikalisch von Interesse sind. Die erste Methode besteht in einer systematischen Potenzreihenentwicklung nach dem Kopplungsparameter, der die Stärke der Wechselwirkungen mißt. Dabei werden die wechselwirkenden Felder $\varphi(x)$ nach den bekannten In-Feldern $\varphi_{\text{in}}(x)$ entwickelt, die die Gleichungen und Vertauschungsrelationen von freien Wellen erfüllen. Eine solche Entwicklung der S-Matrix führt direkt zurück zu den Feynman-Graphen und -Rechenregeln – und den divergenten Integralen –, die sich aus unseren Untersuchungen mit Hilfe des Propagators in Kap. 7, 8 und 9 ergaben. Die zweite Methode besteht darin, das Verfahren zur Konstruktion der Vakuumerwartungswerte von Feldkommutatoren, wie es im letzten Kapitel diskutiert wurde, auf die Vakuumerwartungswerte von drei und mehr Feldern auszudehnen. Man kann Näherungsmethoden entwickeln, die auf analytischer Funktionentheorie beruhen und die nicht wie die Störungstheorie auf schwache Kopplungskräfte beschränkt sind. Diese Entwicklung wird im nächsten Kapitel diskutiert; hier wenden wir uns der Formulierung der kovarianten Störungstheorie zu.

Unser Ziel ist es also, Übergangsamplituden und Matrixelemente in eine Potenzreihe nach der Wechselwirkung zu entwickeln und Regeln zur Berechnung der Entwicklungsglieder zu erhalten. Dabei möchten wir die wechselwirkenden Felder $\varphi(x)$ ausdrücken durch die asymptotischen Felder $\varphi_{\text{in}}(x)$, deren Eigenschaften bekannt sind. Grundlegend für die Störungstheorie ist die Annahme, daß das Spektrum der exakten Zustände „eindeutig" den ungestörten, in diesem Fall den asymptotischen In- und Out-Zuständen, entspricht. Insbesondere nehmen wir an, daß es zu jedem Feld $\varphi(x)$, das in der Lagrange-Dichte auftritt, ein In-Feld $\varphi_{\text{in}}(x)$ gibt. Eine analoge Bedingung gibt es auch in der nichtrelativistischen Potentialtheorie; damit die Störungsrechnung eines Streuprozesses konvergiert, dürfen im Potential keine Bindungszustände auftreten.

Es ist sehr zweifelhaft, ob die Störungsrechnung bei starken Wechselwirkungen von Nukleonen konvergiert. Wir können so optimistisch sein anzunehmen, daß sie auf elektrodynamische Prozesse mit dem Störungsparameter $\alpha = {}^1/_{137}$, anwendbar ist. In der Tat haben wir ja schon in Kap. 7 und 8 gesehen, daß die Methoden der Störungsrechnung zu einer eindrucksvollen quantitativen Übereinstimmung mit den Meßergebnissen elektrodynamischer Prozesse führen. Die Anwendbarkeit der Störungstheorie auf schwache Wechselwirkungen ist zur Zeit noch eine offene Frage.

Die Integraldarstellungen (16.14), (16.84) und (16.146) der Feldgleichungen können als Ausgangspunkt für die Entwicklung der Felder nach In-Feldern dienen, was zur Konstruktion einer befriedigenden Störungstheorie führt. Dazu muß der Stromoperator $j(x)$ auf der rechten Seite nach In-Feldern entwickelt werden. Dieses Verfahren führt jedoch nicht direkt zu Feynman-Graphen[1], was darauf zurückzuführen ist, daß in der Entwicklung anstelle von $\Delta_F(x)$, $\Delta_{\text{ret}}(x)$ auftritt. Um auch von einem feldtheoretischen Ausgangspunkt Feynmans Propagatortheorie zu erhalten, baute Dyson[2] eine Störungsrechnung auf der U-Matrix auf, der wir uns nun zuwenden.

17.2 *Die U-Matrix*

Die gleichzeitigen Vertauschungsrelationen der wechselwirkenden Felder $\varphi(\mathbf{x},t)$ und der konjugierten $\pi(\mathbf{x},t)$ sind identisch[3] mit denen, die von den In-Feldern[4] $\varphi_{\text{in}}(\mathbf{x},t)$ und $\pi_{\text{in}}(\mathbf{x},t)$ erfüllt werden. Darüber hinaus bilden diese Felder ein vollständiges System von Operatoren, da man gemäß unserer Annahme ein vollständiges System von Zuständen durch wiederholte Anwendung von φ oder φ_{in} aus dem Vakuum erhält. Da nach unserer Voraussetzung über die Anwendbarkeit der Störungsrechnung zwischen den Feldern φ und φ_{in} eine eineindeutige Zuordnung besteht,

---

1 F. J. Dyson, *Phys.-Rew.*, **82**, 428 (1951).

2 F. J. Dyson, *Phys. Rev.*, **75**, 486, 1736 (1949).

3 Wir schließen hier Theorien mit Ableitungskopplung aus. Beispiele für Theorien mit Ableitungs-Kopplungen sind etwa elektromagnetische Wechselwirkungen mit geladenen Spin-0- und Spin-1-Teilchen. Für Untersuchungen der Probleme, die sich aus der Aufstellung einer Störungsentwicklung ergeben, vgl. P. T. Matthews, *Phys. Rev.* **76**, 684, 1489 (1949), F. Rohrlich, *Phys. Rev.* **80**, 666 (1950), und T. D. Lee und C. N. Yang, *Phys. Rev.*, **128**, 885 (1962).

4 Unter $\varphi(x)$ verstehen wir ein gemeinsames Symbol für beliebige Bosonen- oder Fermionenfelder. Spezielle Eigenschaften dieser Felder wie Spin und Isospin spielen in dem Formalismus keine wesentliche Rolle.

gibt es eine unitäre Transformation[1] U,[2] so daß gilt:

$$\varphi(\mathbf{x},t) = U^{-1}(t)\varphi_{\rm in}(\mathbf{x},t)U(t) \tag{17.1}$$

$$\pi(\mathbf{x},t) = U^{-1}(t)\pi_{\rm in}(\mathbf{x},t)U(t) \tag{17.2}$$

Die Dynamik des Operators U kann sofort angegeben werden, da die Bewegungsgleichungen für $\varphi(x)$ und $\varphi_{\rm in}(x)$ schon bekannt sind. Insbesondere folgt aus den Definitionsgleichungen der freien In-Felder, die die Vertauschungsrelationen und Feldgleichungen von freien Feldern erfüllen, daß

$$\begin{aligned}\frac{\partial\varphi_{\rm in}(x)}{\partial t} &= i[H_{\rm in}(\varphi_{\rm in},\pi_{\rm in}),\varphi_{\rm in}]\\ \frac{\partial\pi_{\rm in}(x)}{\partial t} &= i[H_{\rm in}(\varphi_{\rm in},\pi_{\rm in}),\pi_{\rm in}]\end{aligned} \tag{17.3}$$

gilt, wobei $H_{\rm in}(\varphi_{\rm in},\pi_{\rm in})$ der Hamilton-Operator des freien Feldes mit der physikalischen Masse m ist. Weiter folgt aus der Translationsinvarianz der exakten Heisenberg-Felder

$$\frac{\partial\varphi(x)}{\partial t} = i[H(\varphi,\pi),\varphi(x)] \tag{17.4}$$

und weiter

$$\frac{\partial\pi(x)}{\partial t} = i[H(\varphi,\pi),\pi(x)] \tag{17.5}$$

Wir erhalten also

$$\begin{aligned}\dot\varphi_{\rm in}(x) &= \frac{\partial}{\partial t}\,U(t)\varphi(\mathbf{x},t)U^{-1}(t)\\ &= [\dot U(t)U^{-1}(t),\varphi_{\rm in}(x)] + i[H(\varphi_{\rm in},\pi_{\rm in}),\varphi_{\rm in}(x)]\\ &= \dot\varphi_{\rm in}(x) + [\dot U U^{-1} + iH_I(\varphi_{\rm in},\pi_{\rm in}),\varphi_{\rm in}(x)]\end{aligned} \tag{17.6}$$

und

$$\dot\pi_{\rm in}(x) = \dot\pi_{\rm in}(x) + [\dot U U^{-1} + iH_I(\varphi_{\rm in},\pi_{\rm in}),\pi_{\rm in}(x)]$$

wobei

$$H_I(\varphi_{\rm in},\pi_{\rm in}) = H(\varphi_{\rm in},\pi_{\rm in}) - H_{\rm in}(\varphi_{\rm in},\pi_{\rm in}) \equiv H_I(t) \tag{17.7}$$

---

[1] Obwohl das ein Satz aus der gewöhnlichen Quantenmechanik ist, gilt sein Beweis nicht mehr für Systeme mit überabzählbar vielen Freiheitsgraden. Vgl. R. HAAG, *Kgl. Danske Videnskab. Selskab. Mat.-Fys. Medd.*, **29** (12) (1955), und Aufg. 2. Hier *setzen* wir die Existenz von $U(t)$ *voraus*.

[2] U kann statt für konstante Zeit auch auf einer allgemeinen raumartigen Hyperfläche definiert werden, was aber keine großen Vorteile bringt. Zum allgemeinen Formalismus vgl. J. SCHWINGER, *Phys. Rev.* **74**, 1439 (1948), **75**, 651 (1949), und **76**, 790 (1949); S. TOMONOGA, *Progr. Theoret. Phys.* (Kyoto), **1**, 27 (1946).

das Wechselwirkungsglied ist, durch In-Felder ausgedrückt und in seiner expliziten Zeitabhängigkeit, dargestellt in der letzten Form, die im folgenden noch häufig auftreten wird. $H_I(t)$ enthält das in Kap. 7 eingeführte Massenglied[1]. Aus (17.6) folgt

$$i\dot{U}(t)U^{-1}(t) = H_I(t) + E_0(t)$$

Dabei vertauscht $E_0(t)$ mit $\varphi_{\text{in}}(\mathbf{x},t)$ und $\pi_{\text{in}}(\mathbf{x},t)$ und ist daher eine komplexwertige Funktion der Zeit.
Definiert man

$$H_I'(t) = H_I(t) + E_0(t)$$

so kann man U als Lösung der Gleichung

$$i\,\frac{\partial U(t)}{\partial t} = H_I'(t)U(t) \tag{17.8}$$

konstruieren.

Eine Lösung für U als Funktional der In-Felder dient als Ausgangspunkt für die Störungsentwicklung. Mit Hilfe von U können wir die Vakuumerwartungswerte von Produkten von Feldoperatoren – auf die alle S-Matrix-Elemente bezogen werden – als unendliche Reihe von Produkten von In-Feldern schreiben; diese können berechnet werden, da sie die Eigenschaften freier Felder haben.

Als nächstes wollen wir (17.8) integrieren. Dazu benötigen wir eine Anfangsbedingung, die wir leicht aus dem Operator

$$U(t,t') \equiv U(t)U^{-1}(t') \tag{17.9}$$

erhalten, der eine Lösung von (17.8) darstellt und für $t = t'$ in den Einheitsoperator[2] übergeht:

$$i\,\frac{\partial U(t,t')}{\partial t} = H_I'(t)U(t,t')$$
$$U(t,t) = 1 \tag{17.10}$$

---

[1] In dem speziellen Fall eines selbstgekoppelten Skalarfeldes mit dem Lagrange-Operator

$$\mathfrak{L}(\varphi) = \frac{1}{2}{:}\left[\frac{\partial\varphi}{\partial x_\mu}\frac{\partial\varphi}{\partial x^\mu} - \mu_0^2\varphi^2 + \frac{1}{2}\lambda_0\varphi^4\right]{:}$$

finden wir

$$\mathfrak{L}_{\text{in}}(\varphi_{\text{in}}) = \frac{1}{2}{:}\left[\frac{\partial\varphi_{\text{in}}}{\partial x_\mu}\frac{\partial\varphi_{\text{in}}}{\partial x^\mu} - \mu^2\varphi_{\text{in}}^2\right]{:}$$

und

$$\mathfrak{L}_I(\varphi_{\text{in}}) = -\,\mathcal{H}_I(\varphi_{\text{in}}) = \frac{1}{2}{:}\left[\frac{1}{2}\lambda_0\varphi_{\text{in}}^4 + (\mu^2 - \mu_0^2)\varphi_{\text{in}}^2\right]{:}$$

Für Fermionen nimmt der Massenterm in $\mathcal{H}_I(\varphi_{\text{in}})$ die Gestalt

$$(m_0 - m){:}\bar{\psi}_{\text{in}}\psi_{\text{in}}{:}$$

an.

[2] Wir werden öfters $H_I(t)$ als Abkürzung für $H_I(\varphi_{\text{in}}(x,t))$ benützen.

Gl. (17.10) erinnert an die Dirac-Form der zeitabhängigen Störungsrechnung in der nichtrelativistischen Quantenmechanik und hat eine Lösung derselben Gestalt. Als Integraldarstellung von (17.10) erhält man

$$U(t,t') = 1 - i \int_{t'}^{t} dt_1\, H'_I(t_1) U(t_1,t')$$

und dafür die Entwicklung

$$U(t,t') = 1 - i \int_{t'}^{t} dt_1\, H'_I(t_1) + (-i)^2 \int_{t'}^{t} dt_1\, H'_I(t_1) \int_{t'}^{t_1} dt_2\, H'_I(t_2)$$
$$+ \cdots + (-i)^n \int_{t'}^{t} dt_1 \int_{t'}^{t_1} dt_2 \cdots \int_{t'}^{t_{n-1}} dt_n\, H'_I(t_1) \cdots H'_I(t_n)$$
$$+ \cdots \quad (17.11)$$

Jedes Produkt der Wechselwirkungsterme ist zeitgeordnet, da $t_1 \geq t_2 \geq \ldots \geq t_n$, und wir können daher anstelle von $H'_I(t_1) \ldots H'_I(t_n)$ in (17.11) auch $T(H'_I(t_1) \ldots . H'_I(t_n))$ schreiben, ohne etwas zu ändern, also

$$U(t,t') = 1 + \sum_{n=1}^{\infty} (-i)^n \int_{t'}^{t} dt_1 \int_{t'}^{t_1} dt_2 \cdots \int_{t'}^{t_{n-1}} dt_n$$
$$\times T(H'_I(t_1) \cdots H'_I(t_n)) \quad (17.12)$$

Der zeitgeordnete Ausdruck ist symmetrisch bezüglich aller $t_1, \ldots t_n$, da jede Änderung der Reihenfolge der $H'_I(t_i)$ die Vertauschung einer geraden Anzahl der Fermionenfelder bewirkt; das ergibt eine gerade Anzahl von Minuszeichen. Wir benützen diese Symmetrie, um das Integrationsintervall bezüglich aller n-Indizes zu symmetrisieren. Für $n = 2$ erhalten wir

$$\int_{t'}^{t} dt_1 \int_{t'}^{t_1} dt_2\, T(H'_I(t_1)H'_I(t_2)) = \int_{t'}^{t} dt_2 \int_{t'}^{t_2} dt_1\, T(H'_I(t_1)H'_I(t_2))$$
$$= \frac{1}{2} \int_{t'}^{t} dt_1 \int_{t'}^{t} dt_2\, T(H'_I(t_1)H'_I(t_2))$$

Für beliebiges n können wir analog die $n!$-Permutationen der n Indizes durchführen und die Integration über den n-dimensionalen Quader der Seitenlänge $t - t'$ vornehmen. Jeder der $n!$-zeitgeordneten Bereiche liefert den gleichen Beitrag, und wir schreiben daher

$$U(t,t') = 1 + \sum_{n=1}^{\infty} \frac{(-i)^n}{n!} \int_{t'}^{t} dt_1 \cdots \int_{t'}^{t} dt_n\, T(H'_I(t_1) \cdots H'_I(t_n))$$
$$\equiv T\left(\exp\left[-i \int_{t'}^{t} H'_I(t)\, dt\right]\right) = T\left(\exp\left[-i \int_{t'}^{t} d^4x\, \mathcal{H}_I(\varphi_{\text{in}}(x))\right]\right)$$
$$(17.13)$$

wobei die Exponentialdarstellung durch (17.13) als symbolische Summe über die zeitgeordnete Reihe definiert ist, mit der sie übereinstimmt, wenn man sie in eine Potenzreihe nach der Wechselwirkung entwickelt.

Eine nützliche Multiplikationsformel für die U-Operatoren ist

$$U(t,t') = U(t,t'')U(t'',t') \tag{17.14}$$

was entweder aus der Definition oder aus (17.13) folgt. Als Spezialfall von (17.14) erhält man

$$U(t,t') = U^{-1}(t',t) \tag{17.15}$$

17.3 *Die Störungsentwicklung der Tau-Funktionen und die S-Matrix*

Wir sind nun in der Lage, mit Hilfe von (17.1) und (17.13) die S-Matrix-Elemente durch Vakuumerwartungswerte von In-Feldern auszudrücken, die die bekannten Eigenschaften freier Felder haben und daher berechnet werden können. Durch das Reduktionsverfahren des letzten Kapitels konnte die Berechnung der S-Matrix-Elemente auf einen Grundbestandteil zurückgeführt werden – die Vakuumerwartungswerte der zeitgeordneten Heisenberg-Felder $\varphi(x)$ –

$$\tau(x_1, \ldots, x_n) = \langle 0|T(\varphi(x_1) \cdots \varphi(x_n))|0\rangle \tag{17.16}$$

Drückt man dies durch In-Felder aus und benützt (17.1) und (17.9), so erhält man

$$\begin{aligned}\tau(x_1, \ldots, x_n) &= \langle 0|T(U^{-1}(t_1)\varphi_{\text{in}}(x_1)U(t_1,t_2)\varphi_{\text{in}}(x_2)U(t_2,t_3) \cdots \\ &\qquad U(t_{n-1},t_n)\varphi_{\text{in}}(x_n)U(t_n))|0\rangle \\ &= \langle 0|T(U^{-1}(t)U(t,t_1)\varphi_{\text{in}}(x_1)U(t_1,t_2) \cdots \\ &\qquad U(t_{n-1},t_n)\varphi_{\text{in}}(x_n)U(t_n,-t)U(-t))|0\rangle\end{aligned}$$

wobei t eine Bezugszeit ist, die auch gegen Unendlich gehen kann; in diesem Grenzfall ist t später und $-t$ früher als alle t_i. In diesem Fall kann man $U^{-1}(t)$ und $U(t)$ aus dem zeitgeordneten Produkt herausziehen und mit der symbolischen Abkürzung von (17.13) schreiben

$$\begin{aligned}&\tau(x_1, \ldots, x_n) \\ &= \langle 0|U^{-1}(t)T\Big(\varphi_{\text{in}}(x_1) \cdots \varphi_{\text{in}}(x_n) \exp\Big[-i\int_{-t}^{t} H_I'(t')\,dt'\Big]\Big)U(-t)|0\rangle\end{aligned} \tag{17.17}$$

In Gl. (17.17) werden τ-Funktionen, also auch die S-Matrix durch In-Felder ausgedrückt, ausgenommen die Operatoren $U^{-1}(t)$ und $U(t)$, die wir dadurch beseitigen, daß wir zeigen, daß das Vakuum $|0\rangle$ ein Eigenzustand dieser Operatoren im Grenzwert $t \to \infty$ ist. Um dies nachzuweisen, betrachten wir einen beliebigen In-Zustand $|\alpha p \text{ in}\rangle$, der ein Teilchen p zusammen mit einer beliebigen Konfiguration α enthält. Unter Benutzung von (16.9) und (16.73) schreiben wir für den Fall, daß p ein Klein-Gordon-Teilchen ist,

$$\langle p\alpha \text{ in}|U(-t)|0\rangle = \langle \alpha \text{ in}|a_{\text{in}}(p)U(-t)|0\rangle$$
$$= -i \int d^3x\, f_p^*(\mathbf{x},-t')\left(\frac{\overrightarrow{\partial}}{\partial t'} - \frac{\overleftarrow{\partial}}{\partial t'}\right)\langle \alpha \text{ in}|\varphi_{\text{in}}(\mathbf{x},-t')U(-t)|0\rangle \quad (17.18)$$

Ein ähnliches Ergebnis erhalten wir aus (16.126) und (16.145) für Fermionen und Photonen. Aus (17.1) ergibt sich nun für (17.18)

$$\langle p\alpha \text{ in}|U(-t)|0\rangle$$
$$= -i\int d^3x\, f_p^*(\mathbf{x},-t')\overleftrightarrow{\partial_0'}\langle \alpha \text{ in}|U(-t')\varphi(\mathbf{x},-t')U^{-1}(-t')U(-t)|0\rangle$$

wobei
$$\overleftrightarrow{\partial_0'} \equiv \frac{\overrightarrow{\partial}}{\partial t'} - \frac{\overleftarrow{\partial}}{\partial t'}$$

wie früher definiert ist. Dies geht für $t = t' \to \infty$ gegen

$$\sqrt{Z_3}\,\langle \alpha \text{ in}|U(-t)a_{\text{in}}(p)|0\rangle + i\int d^3x\, f_p^*(\mathbf{x},-t)$$
$$\times \langle \alpha \text{ in}|\dot{U}(-t)\varphi(\mathbf{x},-t) + U(-t)\varphi(\mathbf{x},-t)\dot{U}^{-1}(-t)U(-t)|0\rangle \quad (17.19)$$

entsprechend der Asymptotenbedingung (16.20). Da im Vakuumzustand keine einlaufenden Teilchen enthalten sind, gilt offensichtlich

$$a_{\text{in}}(p)|0\rangle = 0$$

so daß der erste Term in (17.19) verschwindet. Eine kurze Rechnung zeigt, daß auch der zweite Term verschwindet:

$$\dot{U}\varphi + U\varphi\dot{U}^{-1}U = \dot{U}U^{-1}\varphi_{\text{in}}U + \varphi_{\text{in}}U\dot{U}^{-1}U$$
$$= [\dot{U}U^{-1},\varphi_{\text{in}}]U = -i[H_I,\varphi_{\text{in}}]U = 0$$

Hierbei haben wir (17.1), (17.8) und unsere Annahme benützt, daß in H_I keine Ableitungskopplungen auftreten; das Zeitargument $-t$ wurde unterdrückt.

Wir können also schließen

$$\langle \alpha p \text{ in}|U(-t)|0\rangle \to 0 \qquad \text{für} \qquad t \to \infty$$

für alle In-Zustände αp, die ein Teilchen enthalten. Daraus folgt

$$U(-t)|0\rangle = \lambda_-|0\rangle \quad \text{für} \qquad t \to \infty \qquad (17.20)$$

Ähnlich zeigt man

$$U(t)|0\rangle = \lambda_+|0\rangle \quad \text{für} \qquad t \to \infty$$

Die Konstanten λ_- und λ_+ treten für $t \to \infty$ in (17.17) in der Gestalt auf

$$\begin{aligned}\lambda_-\lambda_+^* &= \langle 0|U^{-1}(t)|0\rangle\langle 0|U(-t)|0\rangle \\ &= \langle 0|U(-t)U^{-1}(t)|0\rangle = \langle 0|U(-t,t)|0\rangle \\ &= \langle 0|T\left(\exp\left[i\int_{-t}^{t} dt'\, H_I'(t')\right]\right)|0\rangle \\ &= \langle 0|T\left(\exp\left[-i\int_{-t}^{t} dt'\, H_I'(t')\right]\right)|0\rangle^{-1}\end{aligned}$$

Die τ-Funktion (17.17) kann also für $t \to \infty$ in der Form

$$\tau(x_1, \ldots, x_n) = \frac{\langle 0|T\left(\varphi_{\text{in}}(x_1)\cdots\varphi_{\text{in}}(x_n)\exp\left[-i\int_{-t}^{t} dt'\, H_I'(t')\right]\right)|0\rangle}{\langle 0|T\left(\exp\left[-i\int_{-t}^{t} dt'\, H_I'(t')\right]\right)|0\rangle}$$

geschrieben werden. (17.21)

Schließlich wollen wir noch den oben eingeführten komplexwertigen Faktor

$$\exp\left[-i\int_{-t}^{t} dt'\, E_0(t')\right]$$

kürzen, der in (17.8) in Zähler und Nenner auftritt, indem wir $H_I'(t)$ durch $H_I(t)$ ersetzen und zur Grenze $t \to \infty$ übergehen:

$$\tau(x_1, \ldots, x_n) = \frac{\langle 0|T\left(\varphi_{\text{in}}(x_1)\cdots\varphi_{\text{in}}(x_n)\exp\left[-i\int_{-\infty}^{\infty} dt\, H_I(t)\right]\right)|0\rangle}{\langle 0|T\left(\exp\left[-i\int_{-\infty}^{\infty} dt\, H_I(t)\right]\right)|0\rangle}$$

$$= \frac{\sum_{m=0}^{\infty}\frac{(-i)^m}{m!}\int_{-\infty}^{\infty} d^4y_1\cdots d^4y_m\, \langle 0|T(\varphi_{\text{in}}(x_1)\cdots\varphi_{\text{in}}(x_n)\mathcal{H}_I(\varphi_{\text{in}}(y_1))\cdots\mathcal{H}_I(\varphi_{\text{in}}(y_m)))|0\rangle}{\sum_{m=0}^{\infty}\frac{(-i)^m}{m!}\int_{-\infty}^{\infty} d^4y_1\cdots d^4y_m\langle 0|T(\mathcal{H}_I(\varphi_{\text{in}}(y_1))\cdots\mathcal{H}_I(\varphi_{\text{in}}(y_m)))|0\rangle}$$

(17.22)

Gl. (17.22) stellt ein wichtiges Ergebnis dar. Die S-Matrix in (16.81) oder (16.139) wird z. B. zunächst durch τ-Funktionen und dann durch (17.22) vollständig durch In-Feld-Operatoren ausgedrückt. Der Übergang zu Feynman-Graphen und -Regeln ist im wesentlichen nur noch ein algebraisches Problem.

17.4 *Das Wicksche Theorem*

Um einen Term in (17.22) in berechenbare Integrale umzuformen, werden wir versuchen, schrittweise die Vernichtungsoperatoren auf die rechte und die Erzeugungsoperatoren auf die linke Seite zu bringen; diese werden dann, wenn sie direkt neben dem Vakuum stehen, verschwinden. Dieses

Verfahren, ein zeitgeordnetes Produkt normalzuordnen, was zur Feynman-Amplitude führt, wurde erstmals 1949 von DYSON[1] entwickelt und später von WICK[2] ausgebaut, die folgenden Satz aufstellten und bewiesen:

$$
\begin{aligned}
&T(\varphi_{\text{in}}(x_1) \cdots \varphi_{\text{in}}(x_n)) = {:}\varphi_{\text{in}}(x_1) \cdots \varphi_{\text{in}}(x_n){:}\\
&+ [\langle 0|T(\varphi_{\text{in}}(x_1)\varphi_{\text{in}}(x_2))|0\rangle {:}\varphi_{\text{in}}(x_3) \cdots \varphi_{\text{in}}(x_n){:} + \text{Vertauschungen}]\\
&+ [\langle 0|T(\varphi_{\text{in}}(x_1)\varphi_{\text{in}}(x_2))|0\rangle\langle 0|T(\varphi_{\text{in}}(x_3)\varphi_{\text{in}}(x_4))|0\rangle {:}\varphi_{\text{in}}(x_5) \cdots \varphi_{\text{in}}(x_n){:}\\
&\qquad\qquad + \text{Vertauschungen}]\\
&+ \cdots\\
&+ \begin{cases}
[\langle 0|T(\varphi_{\text{in}}(x_1)\varphi_{\text{in}}(x_2))|0\rangle \cdots \langle 0|T(\varphi_{\text{in}}(x_{n-1})\varphi_{\text{in}}(x_n))|0\rangle\\
\qquad\qquad + \text{Vertauschungen } (n \text{ gerade})]\\
[\langle 0|T(\varphi_{\text{in}}(x_1)\varphi_{\text{in}}(x_2))|0\rangle \cdots \langle 0|T(\varphi_{\text{in}}(x_{n-2})\varphi_{\text{in}}(x_{n-1}))|0\rangle\varphi_{\text{in}}(x_n)\\
\qquad\qquad + \text{Vertauschungen } (n \text{ ungerade})].
\end{cases}
\end{aligned}
\tag{17.23}
$$

Die Vakuumerwartungswerte oder *Kontraktionen* erhält man, wenn man die Felder vertauscht, um sie in Normalordnung zu bringen; sie stellen den feldtheoretischen Ausdruck der Feynman-Propagatoren dar, wie wir bei der Untersuchung freier Felder festgestellt haben. Man beachte, daß man die Normalprodukte der Operatoren

$$
{:}\varphi_{\text{in}}(x_1) \cdots \varphi_{\text{in}}(x_n){:}
$$

erhält, indem man jeden Operator in einen Anteil positiver und einen Anteil negativer Frequenz zerlegt

$$
\varphi_{\text{in}}(x) = \varphi_{\text{in}}{}^{(+)}(x) + \varphi_{\text{in}}{}^{(-)}(x) \tag{17.24}
$$

wobei $\varphi_{\text{in}}{}^{(+)}(x)$ den Vernichtungs- und $\varphi_{\text{in}}{}^{(-)}(x)$ den Erzeugungsoperator enthält. Alle Erzeugungsoperatoren stehen also links von allen Vernichtungsoperatoren, wobei für jede Vertauschung eines Fermi-Feldes, die nötig war, um Normalordnung zu erhalten, ein Minuszeichen eingefügt wurde. Genau können wir schreiben

$$
{:}\varphi_{\text{in}}(x_1) \cdots \varphi_{\text{in}}(x_n){:} = \sum_{A,B} \delta_p \prod_{i \text{ in } A} \varphi_{\text{in}}{}^{(-)}(x_i) \prod_{j \text{ in } B} \varphi_{\text{in}}{}^{(+)}(x_j) \tag{17.25}
$$

Dabei ist über alle Indexmengen A und B der Mächtigkeit n zu summieren wobei jeder Index einmal auftritt; δ_p bezeichnet das Vorzeichen der Permutation der Fermi-Felder. Der Vakuumerwartungswert eines Normalproduktes verschwindet immer, da die Vernichtungsoperatoren von rechts und die Erzeugungsoperatoren von links auf das Vakuum wirken:

$$
\varphi_{\text{in}}{}^{(+)}|0\rangle = \langle 0|\varphi_{\text{in}}{}^{(-)} = 0 \tag{17.26}
$$

[1] F. J. DYSON, *op. cit.*

[2] G. C. WICK, *Phys. Rev.*, 80, 268 (1950).

Auf dieser Eigenschaft beruht der Vorteil der Dysonschen Methode, zeitgeordnete in normalgeordnete Produkte überzuführen, da man zur Bestimmung von τ-Funktionen und S-Matrix-Elementen wegen (17.22) nur die Vakuumerwartungswerte bestimmen muß. Aus (17.23) folgt:

1. für ungerades n:

$$\langle 0|T(\varphi_{\text{in}}(x_1) \cdots \varphi_{\text{in}}(x_n))|0\rangle = 0$$

2. für gerades n:

$$\langle 0|T(\varphi_{\text{in}}(x_1) \cdots \varphi_{\text{in}}(x_n))|0\rangle = \sum_{\text{Permutationen}} \delta_p \langle 0|T(\varphi_{\text{in}}(x_1)\varphi_{\text{in}}(x_2))|0\rangle \times \cdots \langle 0|T(\varphi_{\text{in}}(x_{n-1})\varphi_{\text{in}}(x_n))|0\rangle \tag{17.27}$$

womit die S-Matrix durch bekannte Feynman-Propagatoren für freie Teilchen mit ihrer physikalischen Masse ausgedrückt ist. Damit haben wir das gewünschte Ergebnis.

Das Wicksche Theorem, aus dem sich Formel (17.27) ergab, kann durch Induktion bewiesen werden. Formel (17.23) ist sicher richtig für $n = 1$; für $n = 2$ läßt sie sich sofort nachrechnen. Dazu betrachten wir zuerst ein einzelnes hermitesches Bosonenfeld φ_{in}. Dann gilt

$$T(\varphi_{\text{in}}(x_1)\varphi_{\text{in}}(x_2)) = :\varphi_{\text{in}}(x_1)\varphi_{\text{in}}(x_2): + \text{(komplexe Zahlen)},$$

da der Übergang von der Zeitordnung zur Normalordnung eine Vertauschung der Reihenfolge verschiedener Paare von Erzeugungs- und Vernichtungsoperatoren bedeutet; die Kommutatoren, die bei einer solchen Vertauschung entstehen, sind komplexe Zahlen. Um diese Zahl zu erhalten, gehen wir vom Vakuumerwartungswert aus und benutzen, die Tatsache, daß der Vakuumerwartungswert eines Normalproduktes von Operatoren verschwindet:

$$T(\varphi_{\text{in}}(x_1)\varphi_{\text{in}}(x_2)) = :\varphi_{\text{in}}(x_1)\varphi_{\text{in}}(x_2): + \langle 0|T(\varphi_{\text{in}}(x_1)\varphi_{\text{in}}(x_2))|0\rangle \tag{17.28}$$

Entsprechende Überlegungen liefern für Fermionenfelder

$$T(\psi_{\text{in}}(x_1)\bar{\psi}_{\text{in}}(x_2)) = :\psi_{\text{in}}(x_1)\bar{\psi}_{\text{in}}(x_2): + \langle 0|T(\psi_{\text{in}}(x_1)\bar{\psi}_{\text{in}}(x_2))|0\rangle \tag{17.29}$$

Als Induktionsannahme setzen wir die Gültigkeit von (17.23) für n voraus und beweisen sie für $n + 1$. Wir betrachten

$$T(\varphi_{\text{in}}(x_1) \cdots \varphi_{\text{in}}(x_{n+1}))$$

und wählen t_{n+1} als frühesten Zeitpunkt; dann gilt

$$\begin{aligned} T(\varphi_{\text{in}}(x_1) \cdots \varphi_{\text{in}}(x_{n+1})) &= T(\varphi_{\text{in}}(x_1) \cdots \varphi_{\text{in}}(x_n))\varphi_{\text{in}}(x_{n+1}) \\ &= :\varphi_{\text{in}}(x_1) \cdots \varphi_{\text{in}}(x_n):\varphi_{\text{in}}(x_{n+1}) \\ &\quad + \sum_{\text{perm}} \langle 0|T(\varphi_{\text{in}}(x_1)\varphi_{\text{in}}(x_2))|0\rangle \\ &\quad \times :\varphi_{\text{in}}(x_3) \cdots \varphi_{\text{in}}(x_n):\varphi_{\text{in}}(x_{n+1}) + \cdots \end{aligned} \tag{17.30}$$

Um dies auf die Form einer Wick-Entwicklung zurückzuführen, müssen wir feststellen, auf welche Weise $\varphi_{\text{in}}(x_{n+1})$ in das n-fache Normalprodukt eingebaut werden kann. Dies geschieht mit Hilfe von (17.25) und (17.26):

$$
\begin{aligned}
&:\varphi_{\text{in}}(x_1) \cdots \varphi_{\text{in}}(x_n):\varphi_{\text{in}}(x_{n+1}) \\
&\quad = \sum_{A,B} \delta_p \prod_{i \text{ in } A} \varphi_{\text{in}}^{(-)}(x_i) \prod_{j \text{ in } B} \varphi_{\text{in}}^{(+)}(x_j)[\varphi_{\text{in}}^{(+)}(x_{n+1}) + \varphi_{\text{in}}^{(-)}(x_{n+1})] \\
&\quad = \sum_{A,B} \delta_{p'} \prod_{i \text{ in } A} \varphi_{\text{in}}^{(-)}(x_i) \prod_{j \text{ in } B} \varphi_{\text{in}}^{(+)}(x_j)\varphi_{\text{in}}^{(+)}(x_{n+1}) \\
&\quad + \sum_{A,B} \delta_{p'} \prod_{i \text{ in } A} \varphi_{\text{in}}^{(-)}(x_i)\varphi_{\text{in}}^{(-)}(x_{n+1}) \prod_{j \text{ in } B} \varphi_{\text{in}}^{(+)}(x_j) \\
&\quad + \sum_{A,B} \delta_{p'} \prod_{i \text{ in } A} \varphi_{\text{in}}^{(-)}(x_i) \sum_{k \text{ in } B} \prod_{\substack{j \text{ in } B \\ j \neq k}} \varphi_{\text{in}}^{(+)}(x_j)\langle 0|\varphi_{\text{in}}^{(+)}(x_k)\varphi_{\text{in}}^{(-)}(x_{n+1})|0\rangle
\end{aligned}
\tag{17.31}
$$

$\delta_{p'}$ bezeichnet das Vorzeichen der Permutation, die der Stellung der Faktoren in dem jeweiligen Glied von (17.31) entspricht. (17.31) bedeutet, daß durch Einführung von $\varphi_{\text{in}}(x_{n+1})$ in das Normalprodukt eine Reihe von Termen verblieben ist (nämlich die letzte Zeile), die einen Kommutator (oder Antikommutator) der $\varphi_{\text{in}}^{(-)}(x_{n+1})$ mit den $\varphi_{\text{in}}^{(+)}(x_k)$ der Indexmenge B in Zusammenhang bringen. Dieser Kommutator wurde durch den entsprechenden Vakuumerwartungswert ersetzt. Diese Vakuumerwartungswerte führen wir wieder mit Hilfe von (17.26) und unserer früheren Annahme, daß t_{n+1} der früheste Zeitpunkt ist, in Feynman-Propagatoren über:

$$
\begin{aligned}
\langle 0|\varphi_{\text{in}}^{(+)}(x_k)\varphi_{\text{in}}^{(-)}(x_{n+1})|0\rangle &= \langle 0|\varphi_{\text{in}}(x_k)\varphi_{\text{in}}(x_{n+1})|0\rangle \\
&= \langle 0|T(\varphi_{\text{in}}(x_k)\varphi_{\text{in}}(x_{n+1}))|0\rangle
\end{aligned}
$$

Schließlich formen wir (17.31) um in:

$$
\begin{aligned}
:\varphi_{\text{in}}(x_1) \cdots \varphi_{\text{in}}(x_n):\varphi_{\text{in}}(x_{n+1}) &= :\varphi_{\text{in}}(x_1) \cdots \varphi_{\text{in}}(x_{n+1}): \\
&+ \sum_k \delta_p :\varphi_{\text{in}}(x_1) \cdots \varphi_{\text{in}}(x_{k-1})\varphi_{\text{in}}(x_{k+1}) \cdots \varphi_{\text{in}}(x_n): \\
&\qquad \times \langle 0|T(\varphi_{\text{in}}(x_k)\varphi_{\text{in}}(x_{n+1}))|0\rangle
\end{aligned}
$$

und folgern, daß mit diesem Ergebnis (17.30) in (17.23) übergeht, womit das Wicksche Theorem bewiesen ist. Am besten wird der Leser an dieser Stelle die Fälle $n = 3$ und $n = 4$ im einzelnen durchrechnen, um sich dieses Ergebnis klar zu machen.

Bei der Anwendung des Wickschen Theorems auf (17.22) bedenken wir wieder, daß der Wechselwirkungs-Hamilton-Operator schon normalgeordnet ist[1]. Man erhält deshalb bei der Auswertung der zeitgeordneten Produkte in (17.22) keine Kontraktionsterme, die vom gleichen Wechselwirkungsglied $\mathcal{H}_I$ zwei Feldamplituden für dieselbe y-Koordinate enthalten. Diese sind in (17.22) von vornherein normalgeordnet, so daß offensichtlich gilt

$$T:\varphi_{\text{in}}(y)\varphi_{\text{in}}(y): \; = \; :\varphi_{\text{in}}(y)\varphi_{\text{in}}(y): \tag{17.32}$$

17.5 *Graphische Darstellung*

Bei der Reduktion von (17.22) treten drei Klassen nichtverschwindender Kontraktionsterme auf; für ein hermitesches Klein-Gordon-Feld (12.74)

$$\langle 0|T(\varphi_{\text{in}}(x)\varphi_{\text{in}}(y))|0\rangle = i\Delta_F(x-y,\mu^2) = i\int \frac{d^4k}{(2\pi)^4}\frac{e^{-ik\cdot(x-y)}}{k^2-\mu^2+i\epsilon}$$

oder ein komplexes Feld (12.70) (17.33*a*)

$$\langle 0|T(\varphi_{\text{in}}(x)\varphi^*_{\text{in}}(y))|0\rangle = i\Delta_F(x-y,\mu^2) \tag{17.33b}$$

für ein Dirac-Feld (13.72)

$$\begin{aligned}\langle 0|T(\psi^{\text{in}}_\alpha(x)\bar\psi^{\text{in}}_\beta(y))|0\rangle &= iS_F(x-y,m)_{\alpha\beta}\\ &= i\int \frac{d^4p}{(2\pi)^4}\frac{e^{-ip\cdot(x-y)}(\not p+m)}{p^2-m^2+i\epsilon}\end{aligned} \tag{17.33c}$$

und für das elektromagnetische Feld (14.51) und (14.53)

$$\begin{aligned}\langle 0|T(A^{\text{in}}_\mu(x)A^{\text{in}}_\nu(y))|0\rangle &= iD_F{}^{\text{tr}}(x-y)_{\mu\nu}\\ = i\int \frac{d^4k}{(2\pi)^4}\frac{e^{-ik\cdot(x-y)}}{k^2+i\epsilon}&\left[-g_{\mu\nu}-\frac{k_\mu k_\nu}{(k\cdot\eta)^2-k^2}+\frac{(k\cdot\eta)(k_\mu\eta_\nu+\eta_\mu k_\nu)}{(k\cdot\eta)^2-k^2}\right.\\ &\left.\qquad -\frac{k^2\eta_\mu\eta_\nu}{(k\cdot\eta)^2-k^2}\right]\end{aligned} \tag{17.33d}$$

wobei $\eta = (1,0,0,0)$ in dem Lorentz-System ist, in dem die Quantisierung ausgeführt wurde. Wir stellen diese Propagatoren wie in der Feynman-Theorie graphisch dar, wobei die Zuordnung der Linien durch Abb. 17.1 gegeben wird. Wenn es nicht explizit benötigt wird, unterdrücken wir meist das Massenargument, wenn wir die Propagatoren anschreiben.

Wenn wir jede in der Dyson-Wick-Entwicklung (17.23) der τ-Funktion (17.22) auftretende Kontraktion durch eine solche Linie wiedergeben, können wir alle Terme in (17.22) graphisch darstellen. Da die Wechselwirkungs-Hamilton-Operatoren Produkte von Feldoperatoren an derselben Stelle enthalten, hängen die Propagatoren, die zu Kontraktionen aus diesen Operatoren gehören, an diesen Punkten, die *Vertices* genannt werden, zusammen.

[1] Der statische Coulomb-Wechselwirkungsterm ist eine Ausnahme. Vgl. insbesondere Absch. 17.9. Aber auch hier gibt es keine Kontraktionsglieder mit gleichen Koordinaten.

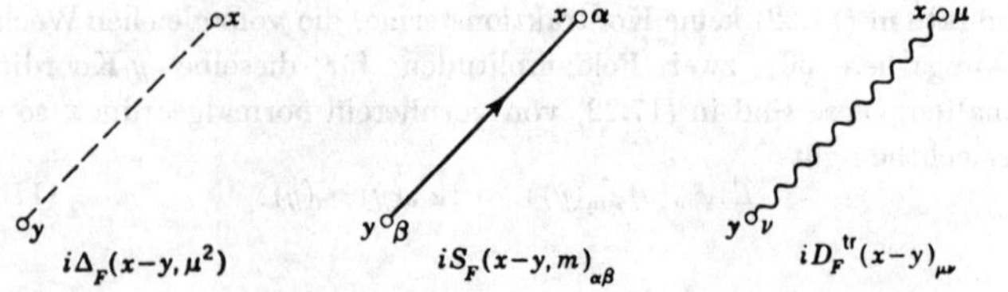

Abb. 17.1. Propagatoren für Klein-Gordon-, Dirac- und Maxwell-Felder.

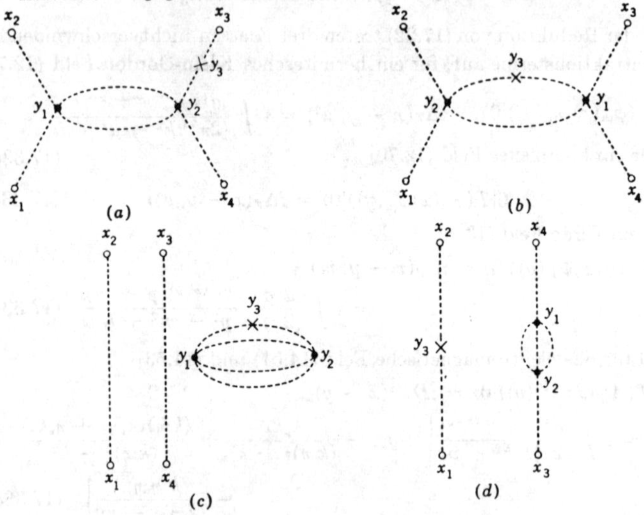

Abb. 17.2. Typische in Gl. (17.35) vorkommende Graphen.

Um dies an einem speziellen Beispiel zu erläutern, kehren wir zu dem selbstgekoppelten Skalarfeld zurück, für das gilt

$$\mathcal{H}_I(\varphi_{\text{in}}(x)) = -\tfrac{1}{4}\lambda_0 :\varphi_{\text{in}}^4(x): + \tfrac{1}{2}(\mu_0^2 - \mu^2) :\varphi_{\text{in}}^2(x): \qquad (17.34)$$

Ein Beitrag zur Entwicklung von $\tau(x_1,x_2,x_3,x_4)$, der von zweiter Ordnung in λ_0 und von erster Ordnung in der Massenkorrektur ist, wird von Termen der Gestalt

$$\frac{\lambda_0^2 \delta\mu^2}{32} \langle 0|\, T(\varphi_{\text{in}}(x_1)\varphi_{\text{in}}(x_2)\varphi_{\text{in}}(x_3)\varphi_{\text{in}}(x_4) :\varphi_{\text{in}}^4(y_1)::\varphi_{\text{in}}^4(y_2)::\varphi_{\text{in}}^2(y_3):)|0\rangle \qquad (17.35)$$

geliefert.

Reduktion dieses Ausdrucks führt zu Graphen der typischen Form, wie sie in Abb. 17.2 abgebildet sind.

In diesen Bildern stellen wir die Wechselwirkung durch einen Vertex von vier Linien für den λ_0-Term und einen von zwei Linien für die Massenkorrektur dar (vgl. Abb. 17.3):

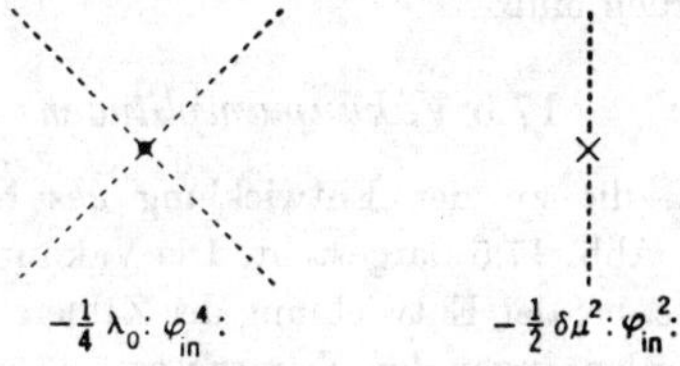

Abb. 17.3. Vertizes für Meson-Meson-Streuung und für die Massenkorrektur.

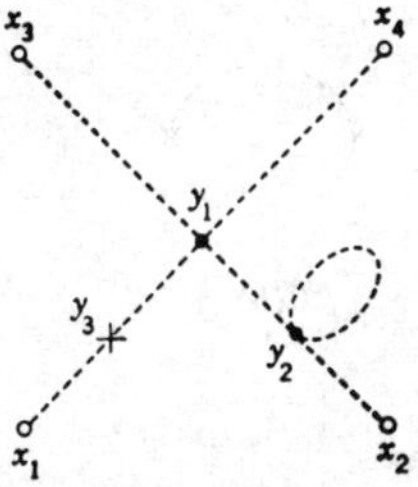

Abb. 17.4. Selbstenergie-„Tadpole", der nicht in Gl. (17.35) vorkommt.

Jede Linie, die den Vertex verläßt, stellt die Kontraktion eines der Felder, die in dem Wechselwirkungsterm $\mathcal{H}_I$ auftreten, mit einem anderen Feld dar. Abb. 17.4 zeigt einen typischen Term, der in der Entwicklung *nicht* auftritt. Er ist ausgeschlossen, da $\mathcal{H}_I$ normalgeordnet ist und deshalb Kontraktionen zwischen zwei Feldern an demselben Wechselwirkungsvertex nicht vorkommen.

Die Bilder zeigen die allgemeine Übereinstimmung von Entwicklungsgliedern vom Typ (17.35) einer τ-Funktion mit Feynman-Graphen. Um Gesetze zu erhalten, wie sie sich in der Propagatortheorie für Feynman-Graphen ergaben, müssen wir nur ein kombinatorisches Problem lösen, nämlich feststellen, wie oft derselbe Graph (nur durch die Nummerierung der Vertices unterschieden) in der Dyson-Wick-Zerlegung (17.23) auftritt. Zum Beispiel gibt es für die zur Reduktion von (17.23) gehörigen Diagramme 3! Arten, die Argumente y_1, y_2 und y_3 der Vertexpunkte zu vertauschen; jeder dieser permutierten Graphen liefert denselben Beitrag zu τ. Allgemein gibt es $m!$ Permutationen der $y_1, \ldots, y_m$, was sich gegen $1/m!$ in (17.22) kürzt. Ebenso gibt es in Abb. 17.2 4! Möglichkeiten, die 4 Feldoperatoren in $^1/_4\lambda_0 : \varphi_{in}^4 :$ mit den 4 Propagatoren zu vertauschen, die in einen Vertex einmünden, und 2! Möglichkeiten, die zwei Feldoperatoren mit den Selbstenergievertizes $-{}^1/_2\delta\mu^2{:}\varphi_{\text{in}}^2{:}$ zu verknüpfen. Die allgemeine Regel besagt also, daß jeder Wechselwirkungsterm, in dem eine vorgegebene Feldamplitude in der r-ten Potenz auftritt, mit $r!$ multipliziert werden muß.

17.6 *Vakuumamplituden*

Einige Graphen, die zu der Entwicklung des Nenners von (17.22) gehören, sind in Abb. 17.5 dargestellt. Die Vakuumblasen treten auch, wie in Abb. 17.2*c*, bei der Entwicklung des Zählers auf und kürzen sich, wie wir sehen werden, gegen den Nenner weg.

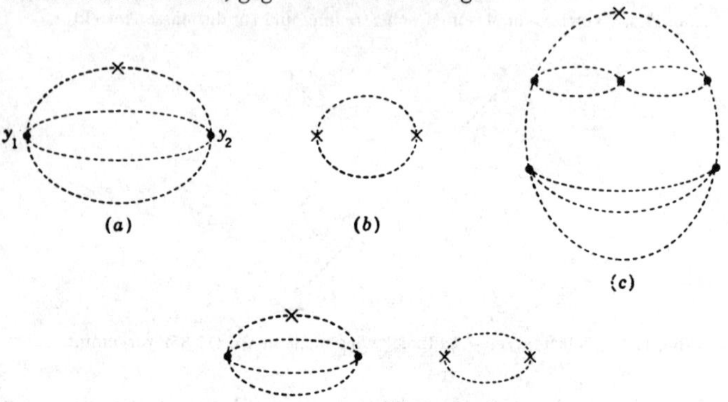

Abb. 17.5. Vakuumblasen.

Graphen, die zum Zähler gehören, unterscheiden sich von denen des Nenners dadurch, daß sie *äußere Linien* besitzen, d. h. Kontraktionen, die zu den in $\varphi_{\text{in}}(x_1) \ldots \varphi_{\text{in}}(x_n)$ auftretenden Feldoperatoren $\tau(x_1, \ldots, x_n)$ gehören. Wir nennen einen Teilgraphen der Entwicklung, der auf keine Weise mit irgendeiner äußeren Linie verbunden ist, einen *unverbundenen Teil*. Ein Graph, der keine unverbundenen Teile hat, heißt *verbunden* (engl. connected). Jeder Graph, der im Zähler auftritt, kann eindeutig in einen verbundenen und einen unverbundenen Teil zerlegt werden; die Beiträge zur τ-Funktion lassen sich entsprechend aufteilen.

Für alle Graphen, deren verbundener Teil einen Beitrag s-ter Ordnung in der Wechselwirkung $\mathcal{H}_I$ liefert, nimmt der Nenner der τ-Funktion folgende Form an:

$$\sum_{p=0}^{\infty} \frac{(-i)^p}{p!} \int d^4y_1 \cdots d^4y_p \langle 0|T(\varphi_{\text{in}}(x_1) \cdots \varphi_{\text{in}}(x_n)\mathcal{H}_I(y_1) \cdots \mathcal{H}_I(y_s))|0\rangle_c$$

$$\times \frac{p!}{s!(p-s)!} \langle 0|T(\mathcal{H}_I(y_{s+1}) \cdots \mathcal{H}_I(y_p))|0\rangle \qquad (17.36)$$

wobei der Index c (c entspricht connected) am Vakuumerwartungswert anzeigt, daß nur zusammenhängende Teile berücksichtigt werden. Der Faktor

$$\binom{p}{s} = \frac{p!}{s!(p-s)!}$$

gibt die Anzahl der Möglichkeiten an, aus p Termen $\mathcal{H}_I$, s Stück auszuwählen; damit läßt sich (17.36) umschreiben in

$$\frac{(-i)^s}{s!} \int d^4y_1 \cdots d^4y_s \langle 0|T(\varphi_{\text{in}}(x_1) \cdots \varphi_{\text{in}}(x_n)\mathcal{H}_I(y_1) \cdots \mathcal{H}_I(y_s))|0\rangle_c$$
$$\times \sum_{r=0}^{\infty} \frac{(-i)^r}{r!} \int d^4z_1 \cdots d^4z_r \langle 0|T(\mathcal{H}_I(z_1) \cdots \mathcal{H}_I(z_r))|0\rangle \quad (17.37)$$

Gl. (17.37) besteht also aus einem verbundenen Graphen s-ter Ordnung multipliziert mit einer unendlichen Reihe von Vakuumblasen, wie sie durch Abb. 17.5 dargestellt werden, was sich gerade gegen den Nenner in Gl. (17.22) kürzt. Allgemein können wir schreiben

$$\tau(x_1, \ldots, x_n) = \frac{\sum_i G_i(x_1, \ldots, x_n)}{\sum_k D_k} = \frac{\sum_i G_i^c(x_1, \ldots, x_n) \sum_k D_k}{\sum_k D_k}$$
$$= \sum_i G_i^c(x_1, \ldots, x_n) \quad (17.38)$$

wobei G_i^c der Anteil der verbundenen Graphen, D_k der des unverbundenen Teils ist. (17.38) besagt, daß bei der Berechnung der τ-Funktion alle unverbundenen Teile zu vernachlässigen sind; sie ist einfach die Summe der Beiträge aller *verbundenen* Feynman-Graphen.

17.7 *Spin und Isotopenspin; Pi-Nukleon-Streuung*

Bei den meisten physikalisch interessanten Rechnungen haben wir es mit Wechselwirkungs-Hamilton-Operatoren zu tun, die verschiedene Arten von Feldern enthalten, deren Indizes die Spin- und Isospinzustände angegeben. Die in Kap. 15 eingeführte Wechselwirkung zwischen π-Mesonen und Nukleonen hat unter Berücksichtigung der Massenkorrektur die Form

$$\mathcal{H}_I = g : \bar{\psi} i\gamma_5 \boldsymbol{\tau} \cdot \boldsymbol{\phi}\psi : - \tfrac{1}{2}\delta\mu^2 : \boldsymbol{\phi} \cdot \boldsymbol{\phi} : - \delta M : \bar{\psi}\psi : \quad (17.39)$$

Um die Methode zur Bestimmung der einzelnen Indizes zu illustrieren, betrachten wir die Graphen niedrigster Ordnung in der π-Nukleon-

Streuung. Die entsprechende τ-Funktion tritt in (16.139) auf und ist

$$\langle 0|T(\psi(z_2)_{\alpha r}\bar{\psi}(z_1)_{\beta s}\varphi_i(x_1)\varphi_j(x_2))|0\rangle \tag{17.40}$$

wobei (α, β) und (r, s) sich auf die Spin- bzw. Isospinindizes des Nukleons, (i, j) auf die Isospinindizes des π-Mesons beziehen. Der Beitrag niedrigster Ordnung wird gegeben durch

$$\tau^{(2)}_{ij,\alpha\beta,rs}(x_1,x_2,z_1,z_2) = \frac{(-i)^2}{2!}\int d^4y_1\, d^4y_2$$
$$\times \langle 0|T(\psi^{\text{in}}_{\alpha r}(z_2)\bar{\psi}^{\text{in}}_{\beta s}(z_1)\varphi^{\text{in}}_i(x_1)\varphi^{\text{in}}_j(x_2)\mathcal{H}_I(y_1)\mathcal{H}_I(y_2))|0\rangle_c \tag{17.41}$$

wobei der Index c anzeigt, daß gemäß (17.38) nur verbundene Graphen berücksichtigt werden sollen. Der Graph von Abb. 17.6 ist also ausge-

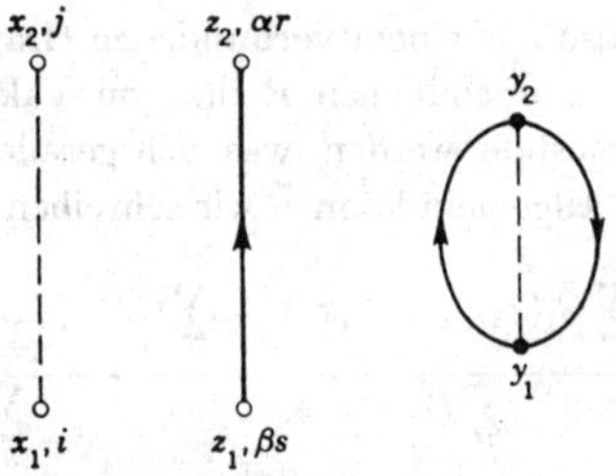

Abb. 17.6. Unverbundener Graph, der nicht in der π-Meson-Nukleon-Amplitude enthalten ist, siehe Gl. (17.41).

schlossen. Die Massenkorrekturglieder in (17.39) sind alle von der Ordnung g^2 und können daher in einer Rechnung bis zu g^2 nur einmal auftreten. Sie dienen dazu, die Beiträge zur Selbstenergie von (17.40) entsprechend den in Abb. 17.7 dargestellten Graphen zu modifizieren.

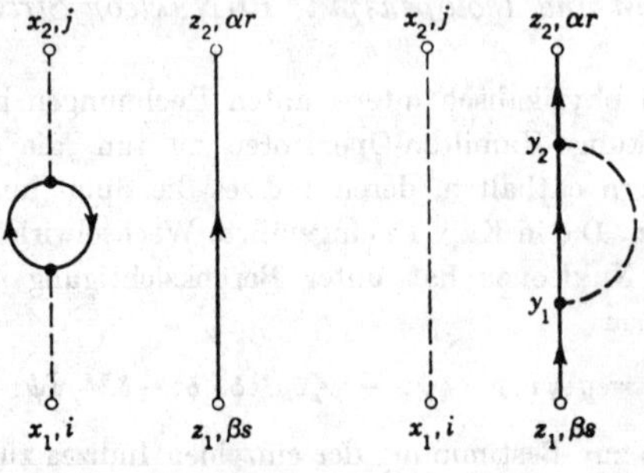

Abb. 17.7. Selbstenergiebeitrag zur π-Nukleon-Amplitude.

Diese Art der Massenrenormierung wurde in Kap. 8 in Zusammenhang mit der Strahlungskorrektur bei der Elektronenstreuung eingeführt. Die Graphen in Abb. 17.8 sorgen also dafür (bis zur Ordnung g^2), daß sich ein physikalisches Meson oder Nukleon mit der beobachteten Masse μ oder M ausbreitet. Bei unserer jetzigen Rechnung beschränken wir uns auf Streuung, die nicht in Vorwärtsrichtung geht; die Graphen von Abb. 17.7 und Abb. 17.8 tragen dann nichts bei.

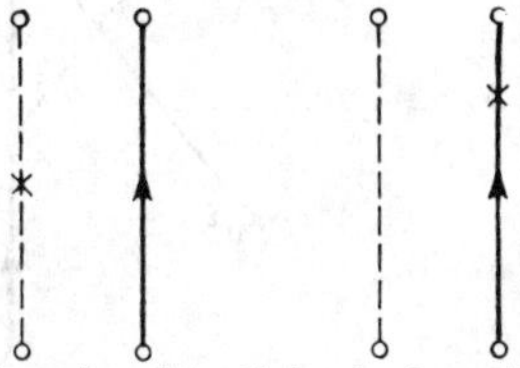

Abb. 17.8. Massenkorrekturglieder in der π-Nukleon-Amplitude.

Wir kehren zu den restlichen Beiträgen bei der Reduktion von (17.41) zurück, die den Graphen in Abb. 17.9 entsprechen. Diese ändern die Quantenzahlen des π-Mesons und Nukleons zwischen den Anfangs- und Endzuständen und werden durch folgende Diagramme und Matrixelemente dargestellt:

$$\tau^{(2a)}_{ij,\alpha\beta,rs}(x_1,x_2,z_1,z_2) = \frac{(-i)^2}{2!}\,2!g^2 \int d^4y_1\,d^4y_2\,(\tau_j\tau_i)_{rs} i\Delta_F(y_1-x_1) \times i\Delta_F(x_2-y_2) \times [iS_F(z_2-y_2)i\gamma_5 iS_F(y_2-y_1)i\gamma_5 iS_F(y_1-z_1)]_{\alpha\beta} \qquad (17.42a)$$

$$\tau^{(2b)}_{ij,\alpha\beta,rs}(x_1,x_2,z_1,z_2) = \frac{(-i)^2}{2!}\,2!g^2 \int d^4y_1\,d^4y_2\,(\tau_i\tau_j)_{rs} i\Delta_F(y_2-x_1) \times i\Delta_F(x_2-y_1) \times [iS_F(z_2-y_2)i\gamma_5 iS_F(y_2-y_1)i\gamma_5 iS_F(y_1-z_1)]_{\alpha\beta} \qquad (17.42b)$$

Übung ist durch nichts zu ersetzen! Dem Leser wird nahegelegt, (17.42) im einzelnen auszurechnen, damit er die nötige Vertrautheit mit den Faktoren und der Algebra der Spin- und Isospinmatrizen gewinnt.

Um eine Übergangsamplitude auszurechnen, wollen wir die τ-Funktion (17.42) in die Reduktionsformel (16.139) einsetzen, die die τ-Funktion mit der S-Matrix in Verbindung bringt. Vernachlässigt man die Vorwärtsstreuterme, so ergibt sich

$$S^{(2)}(p_2,q_2;p_1,q_1) = \left(\frac{i}{\sqrt{Z_3}}\right)^2\left(\frac{-i}{\sqrt{Z_2}}\right)^2 \int d^4x_1\,d^4x_2\,d^4z_1\,d^4z_2 \times f^*_{q_2}(x_2)\hat{\phi}^*_{2j}[\bar{U}_{p_2s_2}(z_2)(i\overrightarrow{\nabla}_{z_2} - M)]_\alpha(\overrightarrow{\Box}_{x_2} + \mu^2)\chi^\dagger_r(2)\tau^{(2)}_{ij,\alpha\beta,rs}(x_1,x_2,z_1,z_2) \times \chi_s(1)[(-i\overleftarrow{\nabla}_{z_1} - M)U_{p_1s_1}(z_1)]_\beta(\overleftarrow{\Box}_{x_1} + \mu^2)\hat{\phi}_{1i}f_{q_1}(x_1) \qquad (17.43)$$

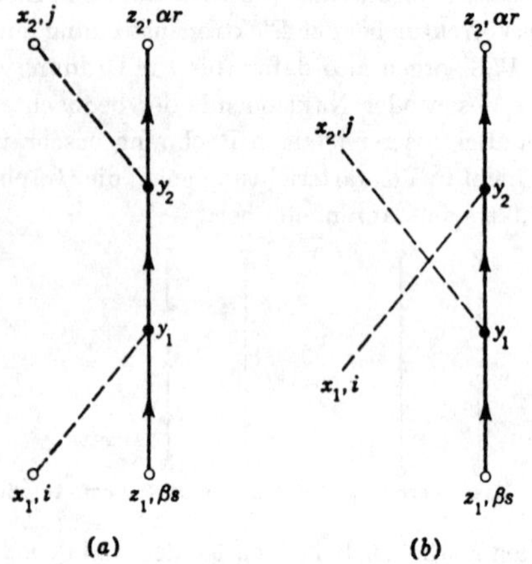

Abb. 17.9. π-Nukleon-Streuung in zweiter Ordnung, siehe Gl. (17.42).

wobei die f_q-normierte Bosonwellenfunktionen zum Impuls q, die $U_{ps}(z)$-normierte Fermionwellenfunktionen und die Φ_i-und χ_r-Isospinwellenfunktionen sind.

Im Sinne der Störungstheorie setzen wir $Z_2 = Z_3 = 1$, da wir nur bis zur Ordnung g^2 gehen. Die Klein-Gordon- und Dirac-Operatoren bringen die Propagatoren an den äußeren Beinen zum verschwinden, da

$$
\begin{aligned}
(\Box_x + \mu^2)\Delta_F(x-y) &= -\delta^4(x-y) \\
(i\nabla\!\!\!\!/_x - M)S_F(x-y) &= S_F(x-y)(\overleftarrow{-i\nabla\!\!\!\!/_y - M}) = \delta^4(x-y)
\end{aligned}
\qquad (17.44)
$$

Die Propagatoren werden so durch die Wellenfunktionen der äußeren Teilchen ersetzt. Führt man die Integrationen über die δ-Funktionen aus und setzt die Wellenfunktionen ein, so vereinfacht sich (17.43) zu

$$
\begin{aligned}
S^{(2)}(p_2,q_2;p_1,q_1) &= -g^2 \int \frac{d^4y_1\, d^4y_2}{(2\pi)^6\sqrt{2\omega_1 2\omega_2}} \sqrt{\frac{M^2}{E_1E_2}} \\
&\times \left\{
\begin{array}{c}
e^{i(q_2+p_2)\cdot y_2}[\chi^\dagger(2)\boldsymbol{\tau}\cdot\hat{\boldsymbol{\phi}}_2^*\boldsymbol{\tau}\cdot\hat{\boldsymbol{\phi}}_1\chi(1)] \\
\times [\bar{u}(p_2,s_2)i\gamma_5 iS_F(y_2-y_1)i\gamma_5 u(p_1,s_1)]e^{-i(p_1+q_1)\cdot y_1} \\
+ e^{i(p_2-q_1)\cdot y_2}[\chi^\dagger(2)\boldsymbol{\tau}\cdot\hat{\boldsymbol{\phi}}_1\boldsymbol{\tau}\cdot\hat{\boldsymbol{\phi}}_2^*\chi(1)] \\
\times [\bar{u}(p_2,s_2)i\gamma_5 iS_F(y_2-y_1)i\gamma_5 u(p_1,s_1)]e^{-i(p_1-q_2)\cdot y_1}
\end{array}
\right\}
\end{aligned}
\qquad (17.45)
$$

Fouriertransformation in den Impulsraum, so wie sie häufig in Kap. 7 bis 10 ausgeführt wurde, ergibt geradewegs den in (10.54) für diese Amplitude angeführten Ausdruck.

Die Crossing-Symmetrie der in (10.54) und (10.55) dargestellten π-Nukleon-Streuamplitude folgt unmittelbar aus der Reduktionsformel und der Form von (17.40). (17.40) ist offensichtlich invariant unter der Vertauschung von $i \leftrightarrow j$, $x_1 \leftrightarrow x_2$. So daß bei $\Phi_{1i} \leftrightarrow \overset{*}{\Phi}_{2i}$ und $f_{q1}(x_1) \leftrightarrow \leftrightarrow f_{-q2}(x_1)$ in der Reduktionsformel (17.43) die S-Matrix unverändert bleibt. Die erste wichtige Anwendung bei Problemen mit starker Kopplung stammt von GELL-MANN und GOLDBERGER[1], die zeigten, daß der Grenzwert der π-Nukleon-Streuung für $q_1 = q_2 \to 0$ unabhängig vom Isospin ist. In dieser Grenze bleibt S infolge der Ladungsunabhängigkeit bei Vertauschung der Isospinindizes i und j unverändert und hat deshalb die Gestalt $S_{ij} = \delta_{ij}\, S$. Die Einzelheiten dieser Argumentation seien als Übungsaufgabe gestellt. Eine zweite Anwendung der Crossing-Symmetrie ist das Pomeranchuk-Theorem[2].

$$\lim_{E\to\infty} \sigma_{\text{tot}}(A + B \to A + B) = \lim_{E\to\infty} \sigma_{\text{tot}}(\bar{A} + B \to \bar{A} + B)$$

Dieses Theorem werden wir im Zusammenhang mit den Dispersionsrelationen für die Vorwärtsstreuung in Kap. 18 diskutieren.

17.8 *Pion-Pion-Streuung*

Als weiteres Beispiel der Dyson-Wickschen Reduktionsmethode betrachten wir eine Störungsrechnung der Pion-Pion-Streuung, entsprechend der Wechselwirkung (17.39). Der Beitrag niedrigster Ordnung ist von der Ordnung g^4 und wird durch Abb. 17.10 dargestellt. Graphen, wie sie in Abb. 17.11 dargestellt sind, tragen nur zur Amplitude der Vorwärtsstreuung bei; diese wollen wir vernachlässigen. Für die Graphen von Abb. 17.10 können wir $Z_3 = 1$ setzen und Kassem-Korrekturglieder vernachlässigen, so daß sich für das S-Matrix-Element bei Streuung außerhalb der Vorwärtsrichtung ergibt

$$\begin{aligned} S(q_3,q_4;q_1,q_2) &= \frac{1}{(2\pi)^6\sqrt{2\omega_1 2\omega_2 2\omega_3 2\omega_4}} \\ &\times \int d^4x_1 \cdots d^4x_4 \{\exp i[q_3\cdot x_3 + q_4\cdot x_4 - q_1\cdot x_1 - q_2\cdot x_2]\} \\ &\times \hat{\Phi}_{1i}\hat{\Phi}_{2j}\hat{\Phi}^*_{3k}\hat{\Phi}^*_{4l} K_{x_1}K_{x_2}K_{x_3}K_{x_4}\tau_{ijkl}(x_1,x_2,x_3,x_4) \end{aligned} \tag{17.46}$$

Die Φ_i sind wieder Isospinwellenfunktionen, und wir definieren

$$K_x = \Box_x + \mu^2$$

[1] M. GELL-MANN und M. L. GOLDBERGER, unpubliziert.

[2] Y. POMERANCHUK, J. E. T. P. *(UdSSR)*, **34**, 725 (1958).

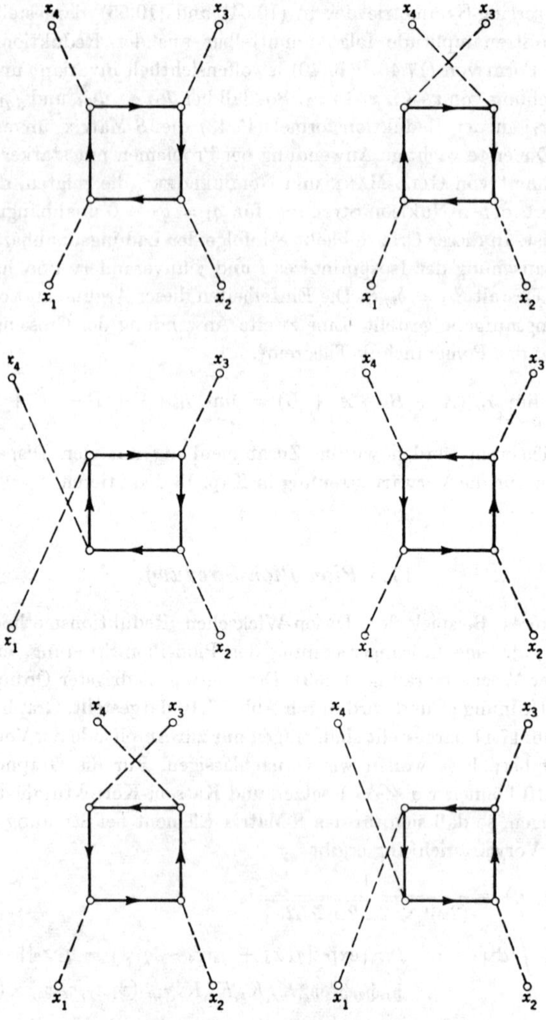

Abb. 17.10 Pion-Pion-Streuung vierter Ordnung.

In dieser Ordnung ergibt sich

$$\tau^{(4)}_{ijkl}(x_1,x_2,x_3,x_4) = \frac{(-ig)^4}{4!}\,4!\int d^4y_1 \cdot\cdot\cdot\, d^4y_4 \langle 0|T(\varphi_i(x_1)\varphi_r(y_1))|0\rangle$$

$$\times \langle 0|T(\varphi_j(x_2)\varphi_s(y_2))|0\rangle\langle 0|T(\varphi_k(x_3)\varphi_t(y_3))|0\rangle\langle 0|T(\varphi_l(x_4)\varphi_u(y_4))|0\rangle$$
$$\times \langle 0|T(:\bar\psi(y_1)i\gamma_5\tau_r\psi(y_1)::\bar\psi(y_2)i\gamma_5\tau_s\psi(y_2):$$
$$\times :\bar\psi(y_3)i\gamma_5\tau_t\psi(y_3)::\bar\psi(y_4)i\gamma_5\tau_u\psi(y_4):)|0\rangle$$
$$= -g^4\int d^4y_1\,d^4y_2\,d^4y_3\,d^4y_4\,\Delta_F(x_1-y_1)\Delta_F(x_2-y_2)$$
$$\times \Delta_F(x_3-y_3)\Delta_F(x_4-y_4)\ \mathrm{Tr}\ \tau_i\tau_j\tau_k\tau_l$$
$$\times \mathrm{Tr}\ i\gamma_5 iS_F(y_1-y_2)i\gamma_5 iS_F(y_2-y_3)i\gamma_5 iS_F(y_3-y_4)i\gamma_5 iS_F(y_4-y_1)$$
$$+\ 5 \text{ Terme, die man durch Permutation äußerer Linien erhält.} \qquad (17.47)$$

Das Minuszeichen verdient eine genauere Untersuchung. Es tritt auf, da man, um eine Kontraktion von $\psi(y_4)$ und $\bar\psi(y_1)$ herauszuziehen, eine ungerade Anzahl von Vertauschungen vornehmen muß. Das ist eine allgemeine Regel; jede geschlossene Fermion-Schleife entspricht einer Multiplikation mit (-1). Der Beweis läuft genau wie oben. Für eine beliebige

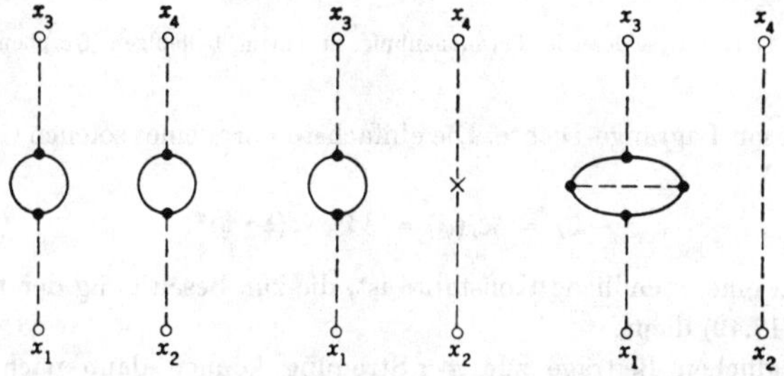

Abb. 17.11. Beiträge vierter Ordnung zur Pion-Pion-Vorwärtsstreuung.

geschlossene Schleife, wie sie in Abb. 17.12 dargestellt ist, hat das entsprechende Wick-Produkt die Gestalt

$$+\langle 0|T(\bar\psi(y_1)\Gamma\psi(y_1)\bar\psi(y_2)\Gamma\psi(y_2)\ \cdots\ \bar\psi(y_n)\Gamma\psi(y_n))|0\rangle$$
$$= -\langle 0|T(\psi(y_n)\bar\psi(y_1)\Gamma\psi(y_1)\bar\psi(y_2)\Gamma\ \cdots\ \psi(y_{n-1})\bar\psi(y_n)\Gamma)|0\rangle$$
$$= (-)\ \mathrm{Tr}\ iS_F(y_n-y_1)\Gamma iS_F(y_1-y_2)\Gamma\ \cdots\ iS_F(y_{n-1}-y_n)\Gamma$$
$$+ \text{ Permutationen.} \qquad (17.48)$$

Setzt man (17.46) und (17.47) zusammen und geht zum Impulsraum über, so ergibt sich

$$S(q_3,q_4;q_1,q_2) = -\frac{i(2\pi)^4\delta^4(q_3+q_4-q_1-q_2)}{(2\pi)^6\sqrt{16\omega_1\omega_2\omega_3\omega_4}}\,\mathfrak{M}$$

mit

$$\mathfrak{M} = -ig^4\ \mathrm{Tr}\ \boldsymbol{\tau}\cdot\hat{\boldsymbol{\phi}}_1\boldsymbol{\tau}\cdot\hat{\boldsymbol{\phi}}_2\boldsymbol{\tau}\cdot\hat{\boldsymbol{\phi}}_3^*\boldsymbol{\tau}\cdot\hat{\boldsymbol{\phi}}_4^*\int\frac{d^4p}{(2\pi)^4}\ \mathrm{Tr}\ i\gamma_5\frac{i}{\not p+\not q_1-M+i\epsilon}i\gamma_5$$
$$\times\frac{i}{\not p+\not q_1+\not q_2-M+i\epsilon}i\gamma_5\frac{i}{\not p+\not q_4-M+i\epsilon}i\gamma_5\frac{i}{\not p-M+i\epsilon}$$
$$+\ 5 \text{ Permutationen.} \qquad (17.49)$$

Ein Vergleich mit Anhang B zeigt, daß (17.49) genau mit dem Ausdruck übereinstimmt, der sich aus den Feynman-Regeln direkt ableiten läßt.

Unglücklicherweise divergiert das Integral über den inneren Impuls p logarithmisch[1]. Diese Divergenz erfordert ein weiteres Korrekturglied

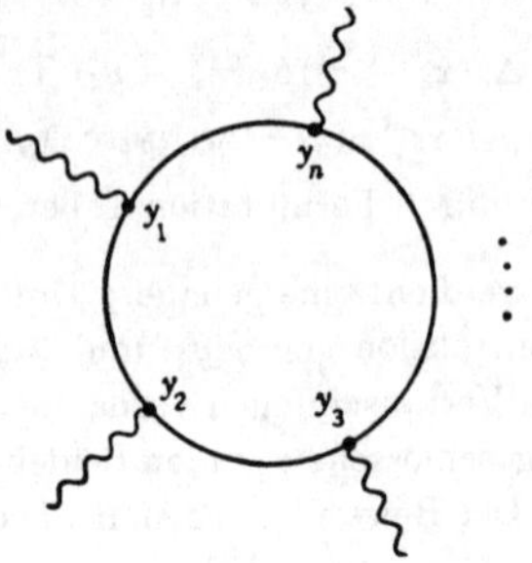

Abb. 17.12. Geschlossene Fermionenlinie in einem beliebigen Graphen.

in der Meson-Lagrange-Dichte. Die einfachste Form eines solchen Gliedes ist

$$-\mathcal{L}_I = \mathcal{H}_I(\varphi) = \tfrac{1}{4}\,\delta\lambda :(\boldsymbol{\varphi}\cdot\boldsymbol{\varphi})^2: \tag{17.50}$$

wobei $\delta\,\lambda$ eine unendliche Konstante ist, die zur Beseitigung der Divergenz in (17.49) dient.

Die endlichen Beiträge zur π-π-Streuung können dann nach Subtraktion der unendlichen Korrekturglieder ermittelt werden. Es ist ziemlich mühsam, das Integral und die Spuren in (17.49) auszuwerten, und noch dazu wenig lohnend wegen der mangelnden Konvergenz der Störungsreihe ($g^2/4 = 15$). Immerhin kann man einige Eigenschaften der Streuamplitude mit Hilfe ihrer Symmetrieeigenschaften sofort zeigen:

1. $\mathfrak{M}$ ist eine skalare Funktion der Invarianten

$$s = (q_1 + q_2)^2 \qquad t = (q_1 - q_3)^2 \qquad u = (q_1 - q_4)^2 \tag{17.51}$$

wobei

$$s + t + u = 4\mu^2$$

und das physikalische Gebiet für die Streuung $q_1 + q_2 \to q_3 + q_4$ ist $s \geq 4\mu^2$, $t \leq 0$, $u \leq 0$.

[1] In der Quantenelektrodynamik tritt wegen der Eichinvarianz keine derartige Divergenz auf; sie führt zu zusätzlichen Bedingungen an die Streuamplitude für die Photon-Photon-Streuung und ermöglicht so ein eindeutiges Ergebnis. Eine nähere Diskussion dieses Punktes findet man in Abschn. 19.10.

2. In der Näherung der Ladungsunabhängigkeit hat $\mathfrak{M}$ die Isospinstruktur

$$\mathfrak{M} = (\hat{\Phi}_1 \cdot \hat{\Phi}_2)(\hat{\Phi}_3^* \cdot \hat{\Phi}_4^*)A(s,t,u) + (\hat{\Phi}_1 \cdot \hat{\Phi}_3^*)(\hat{\Phi}_2 \cdot \hat{\Phi}_4^*)B(s,t,u) + (\hat{\Phi}_1 \cdot \hat{\Phi}_4^*)(\hat{\Phi}_2 \cdot \hat{\Phi}_3^*)C(s,t,u) \quad (17.52)$$

3. $\mathfrak{M}$ ist Crossing-symmetrisch, d. h. ist invariant bei Vertauschung beliebiger äußerer Teilchen

$$q_2 \leftrightarrow -q_3,\ \hat{\Phi}_2 \leftrightarrow \hat{\Phi}_3^*;\ s \leftrightarrow t$$
$$q_2 \leftrightarrow -q_4,\ \hat{\Phi}_2 \leftrightarrow \hat{\Phi}_4^*;\ s \leftrightarrow u$$
$$q_3 \leftrightarrow q_4,\quad \hat{\Phi}_3^* \leftrightarrow \hat{\Phi}_4^*;\ t \leftrightarrow u$$

Dies folgt aus der Struktur von (17.46) und aus der Symmetrie der τ-Funktionen und impliziert

$$A(s,t,u) = B(t,s,u) = C(u,t,s) = A(s,u,t) = B(u,s,t) = C(t,u,s) \quad (17.53)$$

Schließlich ist es oft nützlich, S nach Isospinkanälen zu zerlegen; wir führen hier die möglichen Isospininvarianten P_I auf, die definitiven Isospinzuständen bei der Reaktion $1 + 2 \to 3 + 4$ entsprechen:

$$\begin{aligned} P_0 &= \tfrac{1}{3}(\hat{\Phi}_1 \cdot \hat{\Phi}_2)(\hat{\Phi}_3^* \cdot \hat{\Phi}_4^*) \\ P_1 &= \tfrac{1}{2}[(\hat{\Phi}_1 \cdot \hat{\Phi}_3^*)(\hat{\Phi}_2 \cdot \hat{\Phi}_4^*) - (\hat{\Phi}_1 \cdot \hat{\Phi}_4^*)(\hat{\Phi}_2 \cdot \hat{\Phi}_3^*)] \\ P_2 &= \tfrac{1}{2}[(\hat{\Phi}_1 \cdot \hat{\Phi}_3^*)(\hat{\Phi}_2 \cdot \hat{\Phi}_4^*) + (\hat{\Phi}_1 \cdot \hat{\Phi}_4^*)(\hat{\Phi}_2 \cdot \hat{\Phi}_3^*)] \\ &\quad - \tfrac{1}{3}(\hat{\Phi}_1 \cdot \hat{\Phi}_2)(\hat{\Phi}_3^* \cdot \hat{\Phi}_4^*) \end{aligned} \quad (17.54)$$

Setzen wir

$$P_I = \hat{\Phi}_{1i}\hat{\Phi}_{2j}\hat{\Phi}_{3k}^*\hat{\Phi}_{4l}^* P_I(ijkl) \quad (17.55)$$

so können wir die Orthogonalitätsrelationen

$$\sum_{m,n=1}^{3} P_I(ijmn)P_{I'}(mnkl) = P_I(ijkl)\delta_{II'} \quad (17.56)$$

nachweisen.

Eine genauere Begründung der Konstruktion dieser Operatoren sei als Übungsaufgabe gestellt. Wir erhalten

$$\mathfrak{M}(q_3,q_4;q_1,q_2) = A_0P_0 + A_1P_1 + A_2P_2$$

$$\text{mit}\quad A_0 = 3A + B + C \qquad A_1 = B - C \qquad A_2 = B + C \quad (17.57)$$

Diese A_I sind die Streuamplituden zum Gesamtisospin I; an dem Symmetriepunkt $s = t = u = 4\,\mu^2/_3$ finden wir wegen (17.53) $A = B = C$ und

$$A_0 = \tfrac{5}{2}A_2 \qquad A_1 = 0 \qquad s = t = u \quad (17.58)$$

Diese allgemeinen Eigenschaften von S werden in Abschn. 18.12 bei der Anwendung von Dispersionsrelationen Verwendung finden.

17.9 *Rechenregeln für Graphen der Quantenelektrodynamik*

Wir haben nun alle Rechenregeln für die im Anhang B erwähnten Graphen aufgestellt und im ersten Band auch schon ausgiebig verwendet, mit Ausnahme der Quantenelektrodynamik, deren Regeln sich offenbar unterscheiden. Wir haben zwei Arten von Graphen gefunden; die ersten enthalten den Austausch eines transversalen Photons mit Vertizes $-ie_0\gamma_\mu$ und einen Propagator gemäß (17.35)

$$iD_F^{tr}(q,\eta)_{\mu\nu} = \frac{i}{q^2+i\epsilon}\left[-g_{\mu\nu} - \frac{q_\mu q_\nu}{(q\cdot\eta)^2-q^2} + \frac{(q\cdot\eta)(q_\mu\eta_\nu+\eta_\mu q_\nu)}{(q\cdot\eta)^2-q^2} - \frac{q^2\eta_\mu\eta_\nu}{(q\cdot\eta)^2-q^2}\right] \tag{17.59}$$

wobei $\eta = (1,0,0,0)$ in dem zur Quantisierung benützten Lorentz-System. Die zweite Art von Graphen resultiert aus der statischen Coulomb-Wechselwirkung in (15.28):

$$H_I = \frac{e_0^2}{2}\int \frac{d^3x\, d^3x' \;:\bar\psi(x)\gamma_0\psi(x)::\bar\psi(x')\gamma_0\psi(x'):}{4\pi|\mathbf{x}-\mathbf{x}'|} \tag{17.60}$$

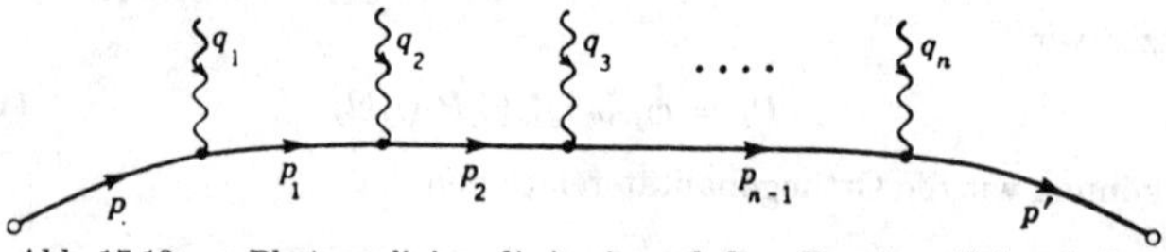

Abb. 17.13. n Photonenlinien, die in eine geladene Fermionenlinie münden.

Wir sind nun in der Lage, unser Versprechen von Abschn. 14.6 einzulösen, daß

1. die drei mittleren Terme in (17.59), die zu q_μ oder q_ν proportional sind, wegen der Stromerhaltung keinen Beitrag zu den Streuamplituden liefern[1];

2. der letzte Term auf der rechten Seite von (17.59) sich gegen den Coulomb-Term (17.60) herauskürzt.

Daraus ergibt sich, daß wir den kovarianten Propagator

$$iD_F^{\mu\nu} = \frac{-ig^{\mu\nu}}{q^2+i\epsilon}$$

[1] Die Gültigkeit dieser Behauptung für physikalische äußere Photonen wurde in Kap. 7 benützt um die Feynman-Methode für die Berechnung der Summe über verschiedene Polarisationsrichtungen herzuleiten.

für praktische Rechnungen benützen können, womit die Kovarianz der elektrodynamischen Streuamplituden sichergestellt ist.

Um Behauptung 1 zu beweisen, betrachten wir eine Fermionenlinie, an die n Photonen, reale oder virtuelle, angehängt sind. Dieser in Abb. 17.13 dargestellte Graph wird gegeben durch die Amplitude $(g(p, p'; q_1, a_1 \ldots q_n, a_n)$

$$= \frac{1}{\not p' - m} \not a_n \frac{1}{\not p_{n-1} - m} \not a_{n-1} \cdots \not a_2 \frac{1}{\not p_1 - m} \not a_1 \frac{1}{\not p - m} \qquad (17.61)$$

Durch Hinzufügen einer weiteren physikalischen oder virtuellen Photonenlinie mit dem Impuls q und dem Wechselwirkungsvertex $\not q$, wie in Abb. 17.14, geht g über in $\tilde{g}_r$, dargestellt durch

$$\tilde{g}_r(p,p',q;q_i,a_i) = \frac{1}{\not p' + \not q - m} \not a_n \frac{1}{\not p_{n-1} + \not q - m} \not a_{n-1}$$

$$\times \cdots \not a_{r+1} \frac{1}{\not p_r + \not q - m} \not q \frac{1}{\not p_r - m} \not a_r \cdots \not a_1 \frac{1}{\not p - m} \qquad (17.62)$$

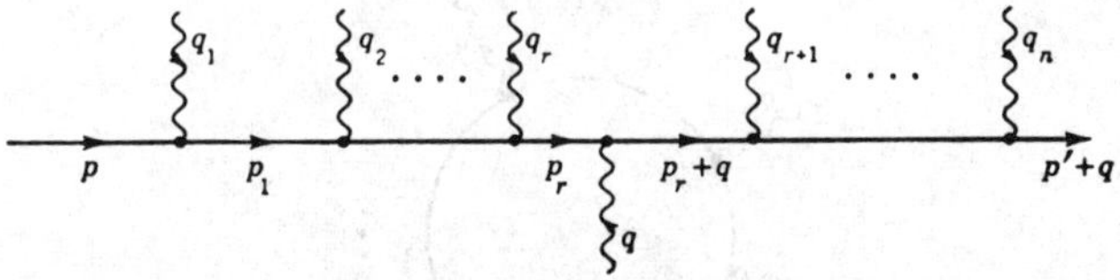

Abb. 17.14. Fermionenlinie, in die n Photonenlinien münden, plus einem zusätzlichen Wechselwirkungsvertex mit dem Impuls q.

Benutzt man die Identität

$$\frac{1}{\not p_r + \not q - m} \not q \frac{1}{\not p_r - m} = \frac{1}{\not p_r - m} - \frac{1}{\not p_r + \not q - m}$$

so kann man die Faktoren um $\not q$ vereinfachen und erhält[1]

$$\tilde{g}_r(p,p',q;q_i,a_i) = \frac{1}{\not p' + \not q - m} \not a_n \cdots \frac{1}{\not p_{r+1} + \not q - m} \not a_{r+1}$$

$$\times \frac{1}{\not p_r - m} \not a_r \cdots \not a_1 \frac{1}{\not p - m} - \frac{1}{\not p' + \not q - m} \not a_n \cdots \frac{1}{\not p_{r+1} + \not q - m}$$

$$\times \not a_{r+1} \frac{1}{\not p_r + \not q - m} \not a_r \frac{1}{\not p_{r-1} - m} \not a_{r-1} \cdots \not a_1 \frac{1}{\not p - m} \qquad (17.63)$$

Bei der Summation über alle möglichen Stellen r, an denen das Photon eingefügt werden kann[2], stellt sich heraus, daß sich die Terme in (17.63)

[1] Falls Massenrenormierungsfaktoren in der Fermionenlinie auftreten, verläuft der Beweis genauso. Die Durchführung bleibt dem Leser überlassen.

[2] Stellt q ein Ende einer virtuellen Photonenlinie dar, deren *beide* Enden in dieselbe Elektronenlinie in Abb. 17.14 münden, so ergibt die Summe der Diagramme aller Permutationen in den Stellungen beider Enden dieser Photonenlinie zweimal die Summe der Feynman-Diagramme jeder festen Anordnung der restlichen $n - 2$ Vertices.

paarweise wegkürzen. Nur zwei Terme, die durch Hinzufügen eines Photons rechts von q_n oder links von q_1 in Abb. 17.14 entstehen, bleiben übrig:

$$\begin{aligned}\tilde{g}(p,p',q;q_i,a_i) &= \sum_r \tilde{g}_r = \frac{1}{\not p' - m}\not a_n \frac{1}{\not p_{n-1} - m}\not a_{n-1}\cdots \not a_1 \frac{1}{\not p - m}\\ &\quad - \frac{1}{\not p' + \not q - m}\not a_n \frac{1}{\not p_{n-1} + \not q - m}\not a_{n-1}\cdots\not a_1\frac{1}{\not p + \not q - m}\\ &= g(p,p';q_1,a_1 \cdots q_n,a_n)\\ &\qquad - g(p+q,p'+q;q_1,a_1\cdots q_n,a_n)\end{aligned} \tag{17.64}$$

Falls die Fermionenlinie eine Linie in einem S-Matrix-Element ist, sind p und $p' + q$ Impulse eines realen äußeren Teilchens, und man erhält den Beitrag des Graphen von Abb. 17.14 zur S-Matrix, indem man bei $\tilde{g}$ die äußeren Propagatorlinien entfernt.

$$S \propto \bar{u}(p'+q)[\lim_{\substack{p^2\to m^2\\(p'+q)^2\to m^2}} (\not p' + \not q - m)\tilde{g}(p,p',q;q_i,a_i)(\not p - m)]u(p) = 0 \tag{17.65}$$

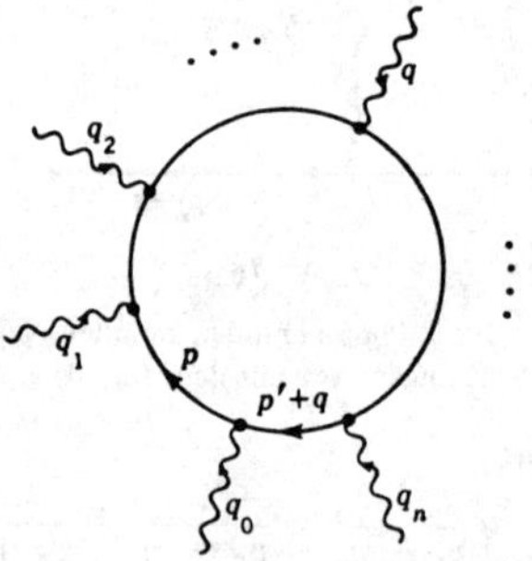

Abb. 17.15. Geschlossene Fermionenschleife, in die Photonenlinien münden.

Andererseits erhält man für eine geschlossene Fermionenschleife, wie sie in Abb. 17.15 dargestellt ist, den Beitrag

$$\begin{aligned}\mathfrak{B} &\propto \int \frac{d^4p}{(2\pi)^4}\,\mathrm{Tr}\,\not a_0 \tilde{g}(p,p',q;q_i,a_i)\\ &= \int \frac{d^4p}{(2\pi)^4}\,\mathrm{Tr}\,\not a_0[g(p,p';q_i,a_i) - g(p+q,\,p'+q;\,q_i,a_i)]\end{aligned} \tag{17.66}$$

falls die untere Integrationsgrenze im Impulsraum verschoben werden kann, was bei einem konvergenten Integral der Fall ist, so verschwindet auch $\mathfrak{B}$. Wie im Fall des Vakuumpolarisationsintegrals, der in Kap. 8 untersucht wurde, nehmen wir an, daß im Fall der Divergenz das Integral so regularisiert wird, daß diese Verschiebung möglich ist.

Damit ist Behauptung 1 bewiesen, und bei der Berechnung der S-Matrix-Elemente kann $D^{\mathrm{tr}}_{F\mu\nu}$ ersetzt werden durch

$$iD^{\mathrm{tr}}_F(q)_{\mu\nu} \to +ig_{\mu\nu}D_F(q) - \frac{i\eta_\mu\eta_\nu}{(q\cdot\eta)^2 - q^2} \tag{17.67}$$

Wie schon in (14.55) bemerkt, bedeutet das im Koordinatenraum (in dem speziellen bei der Quantisierung verwendeten Bezugssystem):

$$iD^{\mathrm{tr}}_F(x)_{\mu\nu} \to +ig_{\mu\nu}D_F(x) - \frac{i\delta(t)\eta_\mu\eta_\nu}{4\pi|\mathbf{x}|} \tag{17.68}$$

Der letzte Term hat dieselbe Gestalt wie der Coulomb-Term (17.60); wir wollen nun Behauptung 2 beweisen, die besagt, daß der letzte Term in (17.68) sich gegen den Beitrag von (17.60) wegkürzt.

Zum Beweis von 2 muß man nur sorgfältig Graphen abzählen. Die zwei Bestandteile der Wickschen Reduktion sind die Wechselwirkung mit den transversalen Photonen:

$$\int H^{\mathrm{tr}}_I(t)\,dt = e_0\int d^4y :\bar\psi_{\mathrm{in}}(y)\gamma_\mu\psi_{\mathrm{in}}(y): A^\mu_{\mathrm{in}}(y) \equiv e_0\int d^4y\, j^{\mathrm{in}}_\mu(y)A^\mu_{\mathrm{in}}(y) \tag{17.69}$$

und die statische Coulomb-Wechselwirkung, die sich aus (17.60) ergibt.

$$\int H^{\mathrm{coul}}_I\,dt = \frac{1}{2}e_0^2\int d^4z\,d^4z'\,\delta(z_0 - z_0')\,j^{\mathrm{in}}_\mu(z)\,\frac{\eta^\mu\eta^\nu}{4\pi|\mathbf{z}' - \mathbf{z}|}\,j^{\mathrm{in}}_\nu(z') \tag{17.70}$$

Wir betrachten in der Störungsentwicklung einen Term, der von der Ordnung $2n$ in H^{tr}_I und von der Ordnung m in H^{coul}_I ist. Dieser tritt in der Entwicklung von $H_I = H^{\mathrm{tr}}_I + H^{\mathrm{coul}}_I$ in der Ordnung $(2n + m) = N$

auf. Sein statistisches Gewicht ist aber nicht $[N!]^{-1} = [(2n+m)!]^{-1}$ sondern $[(2n)!\,m!]^{-1}$, wegen

$$\frac{1}{N!}\left(\int H^{\mathrm{tr}}_I\,dt + \int H^{\mathrm{coul}}_I\,dt\right)^N$$

$$= \frac{1}{N!}\sum_{m=0}^{N}\frac{N!}{m!(N-m)!}\left[\int H^{\mathrm{tr}}_I\,dt\right]^{N-m}\cdot\left[\int H^{\mathrm{coul}}_I\,dt\right]^m$$

Diese Faktoren fallen weg, wenn man topologisch verschiedene Grapnen betrachtet, da man durch Permutation der y_i untereinander und der z_i untereinander $(2n)!\,m!$ identische Graphen erhält. Außerdem gibt es 2^m topologisch äquivalente Graphen, die durch Vertauschen von Paaren der z_i und z_i' entstehen, was alle Faktoren $1/2$ in H^{coul}_I wegkürzt.

Jedem topologisch verschiedenen Graphen entspricht also das statistische Gewicht 1. Zu jedem Graphen, in dem ein transversales Photon ausgetauscht wird (Abb. 17.16a), gibt es einen ähnlichen Graphen mit demselben statistischen Gewicht, der eine Coulomb-Wechselwirkung enthält (Abb. 17.16b). Der Beitrag, den diese Wechselwirkungen zur τ-

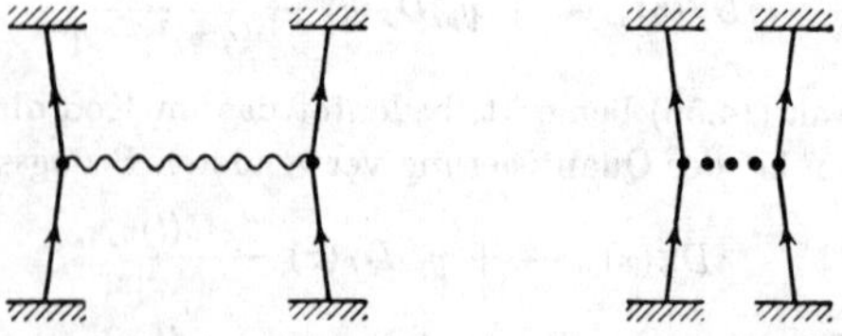

Abb. 17.16. Austausch eines transversalen Photons (a) und einer statischen Coulomb-Wechselwirkung in einem beliebigen Graphen.

Funktion liefern, ergibt sich aus (17.68) und (17.70). Für transversale Photonen beträgt er

$$\int d^4x\, d^4x'(-ie_0\gamma_\mu)\left[+ig^{\mu\nu}D_F(x-x') - \frac{i\delta(t-t')\eta^\mu\eta^\nu}{4\pi|\mathbf{x}-\mathbf{x}'|}\right](-ie_0\gamma_\nu) \tag{17.71}$$

und für die Coulomb-Kraft

$$-ie_0^2\int d^4x\, d^4x'\,\gamma_\mu\frac{\delta(t-t')\eta^\mu\eta^\nu}{4\pi|\mathbf{x}-\mathbf{x}'|}\gamma_\nu \tag{17.72}$$

Der Coulomb-Term hebt also den unangenehmen Term auf der rechten Seite von (17.71) auf, so daß ein kovarianter Photonenpropagator übrig bleibt.

17.10 *Von einer klassischen Stromverteilung abgestrahlte weiche Photonen, die Infrarotkatastrophe*

Wir beschließen dieses Kapitel mit der Untersuchung der Wechselwirkung eines quantisierten Strahlungsfeldes mit einer festen klassischen Stromdichte. Dieses physikalisch interessante Problem kann exakt gelöst werden; insbesondere soll die Anzahl und das Frequenzspektrum der vom Strom ausgestrahlten Photonen berechnet werden. Dazu konstruieren wir den S-Operator und berechnen dann die interessierenden Matrixelemente.

In der Strahlungseichung lautet die zu lösende Feldgleichung[1]

$$\Box\mathbf{A}(x) = \mathbf{j}(x) \tag{17.73}$$

[1] Man beachte, daß die Ladung in den Strom j mit eingeschlossen ist.

Dabei ist $j(x)$ ein vorgegebener komplexwertiger transversaler Strom

$$\nabla \cdot \mathbf{j}(x) = 0 \tag{17.74}$$

Wie in (16.146) lautet die Integraldarstellung von (17.73), die die Gleichung löst

$$\begin{aligned} \mathbf{A}(x) &= \mathbf{A}_{\text{in}}(x) + \int d^4y\, D_{\text{ret}}(x-y)\mathbf{j}(y) \\ &= \mathbf{A}_{\text{out}}(x) + \int d^4y\, D_{\text{adv}}(x-y)\mathbf{j}(y) \end{aligned} \tag{17.75}$$

wobei $Z_3 = 1$ gesetzt wurde, da $\mathbf{A}$, $\mathbf{A}_{\text{in}}$, und $\mathbf{A}_{\text{out}}$ sich nur um eine komplexe Zahl unterscheiden und dieselben Vertauschungsrelationen erfüllen. Die S-Matrix wird gemäß (16.66) definiert durch

$$S^{-1}\mathbf{A}_{\text{in}}(x)S = \mathbf{A}_{\text{out}}(x) \tag{17.76}$$

und ist eine Lösung von

$$S^{-1}\mathbf{A}_{\text{in}}(x)S = \mathbf{A}_{\text{in}}(x) + \int d^4y\, D(x-y)\mathbf{j}(y) \tag{17.77}$$

mit (vgl. Anhang C)

$$-D(z) = D_{\text{adv}}(z) - D_{\text{ret}}(z) = -i\int \frac{d^4k}{(2\pi)^3} e^{-ik\cdot z}\delta(k^2)\epsilon(k_0) \tag{17.78}$$

Es ist bequem, im Impulsraum zu rechnen und $\mathbf{j}(y)$ in eine Fourier-Reihe zu entwickeln. Mit

$$\mathbf{j}(y) = \int_0^\infty \frac{dk_0}{2\pi}\int \frac{d^3k}{(2\pi)^{3/2}} \sum_{\lambda=1}^{2} \boldsymbol{\varepsilon}(k,\lambda)[j(k,\lambda)e^{-ik\cdot x} + j^*(k,\lambda)e^{ik\cdot x}] \tag{17.79}$$

nimmt (17.77) die Gestalt an

$$\begin{aligned} a_{\text{out}}(k,\lambda) = S^{-1}a_{\text{in}}(k,\lambda)S &= a_{\text{in}}(k,\lambda) + \frac{ij(k,\lambda)}{\sqrt{2|\mathbf{k}|}} \\ S^{-1}a_{\text{in}}^\dagger(k,\lambda)S &= a_{\text{in}}^\dagger(k,\lambda) - \frac{ij^*(k,\lambda)}{\sqrt{2|\mathbf{k}|}} \qquad k^2 = 0 \end{aligned} \tag{17.80}$$

Dies kann explizit nach S aufgelöst werden, da das Feld $a_{\text{in}}(k,\lambda)$ durch eine komplexe Zahl ersetzt wurde. Dies geschieht mit Hilfe der Identität

$$e^BAe^{-B} = A + [B,A] \tag{17.81}$$

die gültig ist, falls $[A,B]$ eine Zahl ist. Wenn wir also B als Linearkombination der a_{in}^-- und a_{in}^+-Operatoren ansetzen, können wir hoffen, unser Ziel zu erreichen. Da S unitär ist, bekommt es damit die Gestalt

$$S = \exp\left\{i\int d^3k \sum_{\lambda=1}^{2} [f(k,\lambda)a_{\text{in}}^\dagger(k,\lambda) + f^*(k,\lambda)a_{\text{in}}(k,\lambda)]\right\} \tag{17.82}$$

und durch Einsetzen von (17.82) in (17.80) ergibt sich, wenn wir Konsistenz voraussetzen

$$f(k,\lambda) = \frac{j(k,\lambda)}{\sqrt{2|\mathbf{k}|}} \tag{17.83}$$

Um S-Matrix-Elemente zwischen In-Zuständen zu berechnen, ist es bequem, S normalzuordnen. Dazu ist der folgende Satz nützlich:

Satz:

Ist $[A,B] = C$ eine Zahl, so gilt

$$e^{A+B} = e^A e^B e^{-\frac{1}{2}[A,B]} \tag{17.84}$$

Beweis: Wir definieren

$$F(\lambda) = e^{\lambda(A+B)} e^{-\lambda B} e^{-\lambda A}$$

Dann ist

$$\frac{dF}{d\lambda} = e^{\lambda(A+B)}[A, e^{-\lambda B}]e^{-\lambda A}$$

Aus (17.81) ergibt sich direkt

$$[A, e^{-\lambda B}] = -\lambda C e^{-\lambda B} \qquad \text{und} \qquad \frac{dF(\lambda)}{d\lambda} = -\lambda C F(\lambda)$$

Wegen $F(0) = 1$ ist $F(\lambda)$ eine komplexe Zahl; speziell gilt

$$F(1) = e^{-\frac{1}{2}C}$$

Wendet man auf (17.82) diesen Satz an, so erhält man

$$S = \exp\left[i \int \frac{d^3k}{\sqrt{2|\mathbf{k}|}} \sum_{\lambda=1}^{2} j(k,\lambda) a_{\text{in}}^{\dagger}(k,\lambda)\right]$$
$$\times \exp\left[i \int \frac{d^3k}{\sqrt{2|\mathbf{k}|}} \sum_{\lambda=1}^{2} j^*(k,\lambda) a_{\text{in}}(k,\lambda)\right]$$
$$\times \exp\left[-\frac{1}{2} \int \frac{d^3k}{2|\mathbf{k}|} \sum_{\lambda=1}^{2} |j(k,\lambda)|^2\right] \tag{17.85}$$

Nachdem wir nun S kennen, können wir die Wahrscheinlichkeit P_n ausrechnen, daß n Photonen mit einer bestimmten Polarisation und bestimmten Impulsen von dem Strom in ein Gebiet $\Re$ des $3n$-dimensionalen Phasenraumes der Photonen ausgestrahlt werden:

$$P_n(\Re, \lambda_1 \cdots \lambda_n) = \sum_{k_i \text{ in } \Re} |\langle k_1\lambda_1 \cdots k_n\lambda_n \text{ out}|0 \text{ in}\rangle|^2$$
$$= \sum_{k_i \text{ in } \Re} |\langle k_1\lambda_1 \cdots k_n\lambda_n \text{ in}|S|0 \text{ in}\rangle|^2 \tag{17.86}$$

Bei der Potenzreihenentwicklung von S, wie in (17.85), liefern nur die Terme mit n Erzeugungs- und keinen Vernichtungsoperatoren einen Beitrag zu (17.86); daher gilt

$$P_n(\mathcal{R},\lambda_1 \cdots \lambda_n) = \left\{\exp\left[-\int \frac{d^3k}{2|\mathbf{k}|} \sum_{\lambda=1}^{2} |j(k,\lambda)|^2\right]\right\} \times \sum_{k_i \text{ in } \mathcal{R}} |\langle k_1\lambda_1 \cdots k_n\lambda_n \text{ in}| \frac{i^n}{n!} \times \left(\int \frac{d^3k}{\sqrt{2|\mathbf{k}|}} \sum_{\lambda=1}^{2} j(k,\lambda)a^\dagger_{\text{in}}(k,\lambda)\right)^n |0 \text{ in}\rangle|^2 \quad (17.87)$$

Bei der Berechnung der Wahrscheinlichkeit für die Ausstrahlung von Photonen in ein gegebenes Impulsintervall R (d. h. k_1 in R; ... k_n in R) bei beliebiger Polarisation können wir (17.87) weiter vereinfachen. Zunächst setzen wir

$$P_n(R) = P_0 \sum_{\lambda_i=1}^{2} \sum_{k_i \text{ in } R} |\langle k_1\lambda_1 \cdots k_n\lambda_n \text{ in}| \frac{i^n}{n!} \times \left[\int_R \frac{d^3k}{\sqrt{2|\mathbf{k}|}} \sum_{\lambda=1}^{2} j(k,\lambda)a^\dagger_{\text{in}}(k,\lambda)\right]^n |0 \text{ in}\rangle|^2 \quad (17.88)$$

wobei

$$P_0 = \exp\left[-\int \frac{d^3k}{2|\mathbf{k}|} \sum_{\lambda=1}^{2} |j(k,\lambda)|^2\right] \quad (17.89)$$

die Wahrscheinlichkeit dafür angibt, daß überhaupt kein Photon ausgestrahlt wird[1]. Da alle k_i im Bereich R liegen, kann man sich bei der Integration über $a^+_{\text{in}}(k,\lambda)$ in (17.88) auf diesen Bereich beschränken, ohne $P_n(R)$ zu ändern. Dann kann die Summe $\sum_{\lambda_i=1}^{2} \sum_{k_i \text{ in } R}$ auch über alle k_i, die nicht in R liegen, erstreckt werden; man kann sogar über alle anderen In-Zustände summieren, ohne $P_n(R)$ zu ändern:

$$P_n(R) = P_0 \sum_{\alpha} |\langle \alpha \text{ in}| \frac{i^n}{n!} \left[\int_R \frac{d^3k}{\sqrt{2|\mathbf{k}|}} \sum_{\lambda=1}^{2} j(k,\lambda)a^\dagger_{\text{in}}(k,\lambda)\right]^n |0 \text{ in}\rangle|^2$$

$$= \frac{P_0}{(n!)^2} \langle 0 \text{ in}| \left[\int_R \frac{d^3k}{\sqrt{2|\mathbf{k}|}} \sum_{\lambda=1}^{2} j^*(k,\lambda)a_{\text{in}}(k,\lambda)\right]^n$$

[1] Bei einer quantenmechanischen Stromquelle, wie etwa der Elektronenstreuung an einem Coulomb-Potential (Kap. 7), hatten wir bemerkt, daß auch Graphen zu virtuellen intermediären Photonen berücksichtigt werden müssen, um ein endliches Ergebnis zu erhalten. Diese Graphen stehen für den Faktor $P_0 = \langle 0 \text{ out} | 0 \text{ in}\rangle$, da $|0 \text{ in}\rangle$ und $|0 \text{ out}\rangle$ den Elektronenzustand einschließen.

$$\times \left[\int_R \frac{d^3k}{\sqrt{2|\mathbf{k}|}} \sum_{\lambda=1}^{2} j(k,\lambda) a_{\text{in}}^\dagger(k,\lambda) \right]^n |0 \text{ in}\rangle$$

$$= \frac{P_0}{n!} \left[\int_R \frac{d^3k}{2|\mathbf{k}|} \sum_{\lambda=1}^{2} |j(k,\lambda)|^2 \right]^n \qquad (17.90)$$

Wählt man als Gebiet R den ganzen Impulsraum, so sieht man, daß die gesamte Wahrscheinlichkeit P_n, daß n Photonen ausgestrahlt werden, eine Poisson-Verteilung hat

$$P_n = \frac{e^{-\bar{n}}(\bar{n})^n}{n!} \qquad (17.91)$$

wobei die mittlere Anzahl $\bar{n}$ der ausgestrahlten Elektronen gegeben wird durch

$$\bar{n} = \int \frac{d^3k}{2|\mathbf{k}|} \sum_{\lambda=1}^{2} |j(k,\lambda)|^2 = \sum_{n=0}^{\infty} n P_n \qquad (17.92)$$

Offenbar ist $\sum_{n=0}^{\infty} P_n = 1$; die Normierung bleibt also erhalten.

Die Poisson-Verteilung besagt, daß aufeinanderfolgende Photonenemissionen statistisch unabhängig sind. Dies ist eine Folge unserer Annahme, daß die Stromquelle konstant ist und durch die ausgesandte Strahlung nicht verändert wird; jedes Photon wird unter denselben Bedingungen ausgestrahlt.

Die ausgestrahlte Gesamtenergie kann aus (17.86) berechnet werden; sie beträgt

$$\bar{E} = \sum_{n=0}^{\infty} \sum_{k_1\lambda_1, \ldots, k_n\lambda_n} |\langle k_1\lambda_1 \cdots k_n\lambda_n \text{ in}|S|0 \text{ in}\rangle|^2 (k_1 + k_2 + \cdots + k_n)$$

$$= \langle 0 \text{ in}|S^{-1} H_0(A_{\text{in}}) S|0 \text{ in}\rangle \qquad (17.93)$$

wobei

$$H_0(A_{\text{in}}) = \int d^3k\, k \sum_{\lambda=1}^{2} a_{\text{in}}^\dagger(k,\lambda) a_{\text{in}}(k,\lambda)$$

der Hamilton-Operator des freien Strahlungsfeldes ist. Unter Berücksichtigung von (17.80) erhalten wir

$$\bar{E} = \langle 0 \text{ in}| \int d^3k\, k \sum_{\lambda=1}^{2} \left[a_{\text{in}}^\dagger(k,\lambda) - \frac{ij^*(k,\lambda)}{\sqrt{2|\mathbf{k}|}} \right] \left[a_{\text{in}}(k,\lambda) + \frac{ij(k,\lambda)}{\sqrt{2|\mathbf{k}|}} \right] |0 \text{ in}\rangle$$

$$= \frac{1}{2} \int d^3k \sum_{\lambda=1}^{2} |j(k,\lambda)|^2 \qquad (17.94)$$

in Übereinstimmung mit dem klassischen Ergebnis für die von einer Stromquelle abgestrahlte Energie.

Strahlt die Stromquelle für $k \to 0$ eine endliche Energiemenge in jedem Frequenzintervall der Länge 1 aus, so ist $j(k, \lambda) \sim 1/k$ für $k \to 0$. Z. B. ist für eine Punktladung, die sich für $t < 0$ mit der Geschwindigkeit β bewegt, bei $t = 0$ einen Stoß bekommt und danach die Geschwindigkeit β' hat

$$\sum_{\lambda=1}^{2} \boldsymbol{\varepsilon}(k,\lambda) j(k,\lambda) \sim e\left(\frac{\boldsymbol{\beta}}{k - \mathbf{k}\cdot\boldsymbol{\beta}} - \frac{\boldsymbol{\beta}'}{k - \mathbf{k}\cdot\boldsymbol{\beta}'}\right)$$

Für Ströme j, die sich für $k \to 0$ wie k^{-1} verhalten, ist die mittlere Anzahl der ausgestrahlten Photonen unendlich, da gemäß (17.92) unendlich viele Photonen der Frequenz $k \sim 0$ ausgestrahlt werden. Das ist die „Infrarotkatastrophe“, die schon in Kap. 7 und 8 bemerkt wurde. Obwohl die Wahrscheinlichkeit dafür, irgendeine endliche Anzahl von Photonen auszustrahlen für einen solchen Strom verschwindet, zeigt (17.90), daß die Wahrscheinlichkeit, irgendeine Anzahl von Photonen mit $k \sim 0$ auszustrahlen, endlich wird. Z. B. erhält man, wenn man für R den Bereich $0 \leq |k| \leq \Delta$ wählt

$$\sum_{n=0}^{\infty} P_n(|\mathbf{k}| \leq \Delta) = \exp\left[-\int_{k>\Delta} \frac{d^3k}{2|\mathbf{k}|} \sum_{\lambda=1}^{2} |j(k,\lambda)|^2\right] \tag{17.95}$$

Da das Verhältnis der Wahrscheinlichkeit $n+1$ Photonen auszustrahlen zu der n Photonen auszustrahlen gegeben wird durch

$$\frac{1}{n+1} \int d^3k \, \frac{|j(k,\lambda)|^2}{2|\mathbf{k}|} \sim \alpha \int \frac{dk}{k}$$

und für $k \to 0$ divergiert, kann eine störungstheoretische Entwicklung nach Potenzen von α für die langwellige Strahlung einer beschleunigten Ladung keine Gültigkeit haben. Die Untersuchung und Lösung dieser Divergenz in ähnlicher Weise wie hier, geht auf BLOCH und NORDSIECK[1] m Jahre 1937 zurück.

Aufgaben

1. Man beweise (17.5) für die zeitliche Änderung des kanonischen Impulses.
2. Man bestimme die U-Matrix für ein Klein-Gordon-Teilchen, das an einen konstanten c-Zahl-Strom gekoppelt ist, d. h.

$$(\Box + m^2)\varphi = f$$

[1] F. BLOCH und A. NORDSIECK, *Phys. Rev.*, **52**, 54, (1937); D. YENNIE, S. FRAUTSCHI und H. SUURA, *Ann. Phys.* (N. Y.) **13**, 379 (1961).

Man diskutiere dies im Lichte des Haagschen Theorems (Fußnote S. 182), das besagt, daß $U(t)$ in diesem Falle nicht existiert. Man konstruiere die S-Matrix.

3. Man zeige, daß die Vakuumblasen, die die $\sum_k D_k$ in (17.38) bilden, sich zu $\exp\left(\sum_i \frac{1}{\eta_i} B_i\right)$ aufsummieren, wobei B_i eine nach den Regeln von Anhang B berechnete verbundene Blase mit der Ordnung η_i ist.

4. Man bestimme die allgemeine Spin- und Isospinabhängigkeit der τ-Nukleon-Streuamplitude.

5. Man zeige im einzelnen, daß die S-Matrix für die π-Nukleon-Streuung im Grenzfall verschwindenden Pionviererimpulses unabhängig vom Isospin wird (vgl. Abschn. 17.7).

6. Man bestimme den divergenten Anteil von (17.49) und zeige, daß er durch einen Gegenterm der Form (17.50) zum Verschwinden gebracht werden kann.

7. Man zeige die Crossing-Symmetrie (17.53) für die π-π-Streuung.

8. Man wiederhole die Begründung von (17.61) bis (17.64) für den Fall, daß Massenkorrekturen hinzugenommen werden, und zeige, daß das Ergebnis davon nicht berührt wird.

9. Ausgehend von der Lagrange-Dichte

$$\mathcal{L} = \mathcal{L}_D + \mathcal{L}_S + g\!:\!\bar{\Psi}\gamma_\mu\Psi \frac{\partial\varphi}{\partial x_\mu}\!:$$

wobei $\mathcal{L}_D$ und $\mathcal{L}_S$ die freien Lagrange-Dichten für ein Dirac- bzw. skalares Teilchen sind, bestimme man ψ_{in} und φ_{out} und zeige, daß $S = 1$ gilt. Sind die exakten und freien Feynman-Propagatoren des Dirac-Teilchens gleich, d. h. ist $S_F' = S_F$?

Kapitel 18

DISPERSIONSRELATIONEN

18.1 *Kausalität und die Kramers-Krönig-Relation*

Die Methoden zur Berechnung von Übergangsamplituden, die wir bisher diskutiert haben, waren auf Störungsentwicklungen für schwache Kopplung begrenzt, z. B. auf Entwicklungen nach der elektrischen Ladung $\alpha = {}^1/_{137}$. Mit Hilfe der Feldtheorie haben wir systematisch, wenn auch formal, die Regeln für das Zeichnen von Feynman-Graphen und Anschreiben der entsprechenden Amplituden hergeleitet.

Diese Methoden sind jedoch von geringem Wert, wenn wir uns den starken Wechselwirkungen zuwenden. Die Diskussion der Meson-Nukleon- und Nukleon-Nukleon-Wechselwirkungen in Kap. 10 hat gezeigt, daß für das Gebiet der starken Wechselwirkungen angemessenere Techniken entwickelt werden müssen. Gegenwärtig scheint dieses Gebiet am erfolgreichsten durch die Methode der „Dispersionsrelationen" beschrieben zu werden, die auf der Untersuchung der komplexen Ebene beruht. Die lokale Struktur der feldtheoretischen Vertauschungsrelationen und der Feldgleichungen legen dem Verhalten der Streuamplituden bestimmte Beschränkungen auf. Die Streuamplituden werden als Funktionen der Energie und des Impulsübertrages studiert, wobei diese Variablen vom physikalischen Wertebereich, das ist das Gebiet derjenigen Werte, die im Laboratorium angenommen werden können, in ein unphysikalisches Gebiet in der komplexen Ebene analytisch fortgesetzt werden. Aus diesen Beschränkungen werden dann nützliche Beziehungen konstruiert, mit denen sich die Amplituden auswerten oder durch andere meßbare Größen ausdrücken lassen[1].

Diese Technik wurde durch die Kramers-Krönig-Relation aus der Optik[1] angeregt, die wir kurz als ein illustratives Beispiel beschreiben wollen, weil sie sowohl die Grundidee wie auch die Nützlichkeit der Dispersionsmethode veranschaulicht. Die Kramers-Krönig-Relation drückt den Realteil der Amplitude für die Vorwärtsstreuung von Licht an Atomen, wobei das Licht eine feste Frequenz ω hat, als ein Integral über den

[1] M. Gell-Mann, M. L. Goldberger und W. Thirring, *Phys. Rev.*, **95**.
M. L. Goldberger, *Phys. Rev.*, **99**, 979 (1955). Siehe auch die Literaturhinweise im Vorwort.

[2] R. Krönig, *J. Op. Soc. Am.*, **12**, 547 (1926); H. A. Kramers, *Atti Congr. Intern. Fisici Como* (1927).

Wirkungsquerschnitt für die Absorption von Licht aller Frequenzen durch Atome aus. Makroskopisch gesprochen ist der Realteil des Brechungsindex eines Mediums von solchen Atomen durch ein Integral über alle Frequenzen des Imaginärteils gegeben. Diese Beziehung wird hergeleitet, indem man feststellt, daß die Amplitude für Vorwärtsstreuung in der oberen Hälfte der komplexen ω-Ebene analytisch ist, eine mathematische Eigenschaft, die auf der physikalischen Beschränkung beruht, daß elektromagnetische Signale nicht mit einer Geschwindigkeit wandern können, die größer ist als die des Lichtes.

Im einzelnen betrachten wir eine monochromatische Lichtwelle

$$a_{\text{inc}}(\omega)e^{-i\omega(t-x)}$$

die in Richtung der x-Achse läuft und auf ein Streuzentrum fällt. Die Welle, die vorwärts in Richtung der x-Achse gestreut wird, hängt mit der einfallenden Welle über die Vorwärtsstreuamplitude linear zusammen

$$a_{\text{scatt}}(\omega) = f(\omega)a_{\text{inc}}(\omega)$$

und wird asymptotisch

$$a_{\text{scatt}}(x,t) \xrightarrow[x\to\infty]{} a_{\text{scatt}}(\omega)\frac{e^{-i\omega(t-x)}}{x}$$

Wir überlagern Wellen verschiedener Frequenzen zu einem allgemeinen Paket und schreiben für die einfallende und die vorwärtsgestreute Welle

$$A_{\text{inc}}(x,t) = \int_{-\infty}^{\infty} d\omega' \, a_{\text{inc}}(\omega')e^{-i\omega'(t-x)} \tag{18.1}$$

$$A_{\text{scatt}}(x,t) \xrightarrow[x\to\infty]{} \frac{1}{x}\int_{-\infty}^{\infty} d\omega' \, f(\omega')a_{\text{inc}}(\omega')e^{-i\omega'(t-x)} \tag{18.2}$$

Wir wollen annehmen, daß das einfallende Paket (18.1) ein Signal darstellt, das für $x > t$ verschwindet. Diese physikalische Bedingung bedeutet eine mathematische Bedingung für die Fourier-Amplituden

$$a_{\text{inc}}(\omega) = \frac{1}{2\pi}\int_{-\infty}^{0} dx \, A_{\text{inc}}(x,0)e^{-i\omega x} \tag{18.3}$$

wo die obere Grenze von der Forderung herstammt, daß $A_{ein}(x,0)$ für $x>0$ verschwindet. Wir stellen fest, daß $a_{ein}(\omega)$ in die obere Hälfte der komplexen ω-Ebene analytisch fortgesetzt werden kann, weil für $\omega \to \omega + i|\gamma|$

$$a_{\text{inc}}(\omega + i|\gamma|) = \frac{1}{2\pi}\int_{-\infty}^{0} dx \, A_{\text{inc}}(x,0)e^{-i\omega x-|\gamma||x|} \tag{18.4}$$

und das Integral absolut konvergiert. Die physikalische Forderung der Kausalität ist

$$A_{\text{scatt}}(x,t) = 0 \qquad x > t$$

d. h. kein Signal wandert zu $x > t$, also vor die Front der einfallenden Welle. Aus (18.2) schließen wir durch dieselbe Überlegung wie oben, daß $a_{ein}(\omega)f(\omega)$ auch in die obere Halbebene analytisch fortgesetzt werden kann. Folglich[1] ist $f(\omega)$ in der oberen Halbebene analytisch, und wir können für irgendein $z = \omega + i|\gamma|$ in der oberen Halbebene eine Cauchy-Relation

$$f(z) = \frac{1}{2\pi i} \int_C \frac{d\omega' f(\omega')}{\omega' - z} \tag{18.5}$$

schreiben, wobei C der Weg ist, der in Abb. 18.1 gezeichnet ist. Wenn

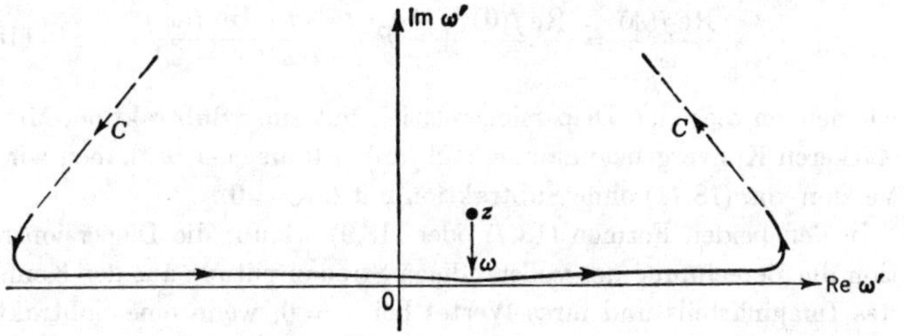

Abb. 18.1 Integrationsweg in der oberen ω'-Halbebene für die Cauchy-Relation (18.5).

wir z von der oberen Halbebene her gegen reelle Werte ω streben lassen, finden wir

$$f(\omega) = \lim_{\epsilon \to 0^+} f(\omega + i\epsilon) = \frac{1}{2\pi i} P \int_{-\infty}^{\infty} \frac{d\omega' f(\omega')}{\omega' - \omega} + \frac{1}{2} f(\omega) + \frac{1}{2} \mathfrak{C}_\infty \tag{18.6}$$

wo $P\int$ den Hauptwert des Integrals entlang der reellen Achse von $-\infty$ bis ∞ in Abb. 18.1 bezeichnet. Der Halbkreis um den Pol bei $\omega' = \omega$ ergibt den zweiten Term, und der Beitrag vom unendlichen Halbkreis ist die komplexe Größe $\mathfrak{C}_\infty = C_\infty + iC'_\infty$. Der Real- und Imaginärteil von (18.6) sind

$$\operatorname{Re} f(\omega) = \frac{1}{\pi} P \int_{-\infty}^{\infty} \frac{d\omega' \operatorname{Im} f(\omega')}{\omega' - \omega} + C_\infty \tag{18.7a}$$

$$\operatorname{Im} f(\omega) = -\frac{1}{\pi} P \int_{-\infty}^{\infty} \frac{d\omega' \operatorname{Re} f(\omega')}{\omega' - \omega} + C'_\infty \tag{18.7b}$$

Die Gl. (18.7a) ist der Realteil der Gleichung

$$f(\omega) = \lim_{\epsilon \to 0^+} f(\omega + i\epsilon) = \lim_{\epsilon \to 0^+} \frac{1}{\pi} \int_{-\infty}^{\infty} \frac{d\omega' \operatorname{Im} f(\omega')}{\omega' - \omega - i\epsilon} + C_\infty \tag{18.8}$$

und ist die für allgemeine Anwendungen nützlichere Form einer Dispersionsrelation.

[1] Mögliche Pole in f, die zusammen mit Nullstellen in $a_{\text{ein}}(\omega)$ auftreten, scheiden aus, weil die Form von $a_{\text{ein}}(\omega)$, die Fourier-Transformierte des einfallenden Pakets, ganz beliebig ist.

Der Beitrag C_∞ von dem großen Halbkreis bei ∞ verschwindet nicht, wenn $f(\omega)$ für $\omega \to \infty$ nicht gegen Null geht. Er kann mit Hilfe von „Subtraktionen" unterdrückt werden. Wir können die Cauchy-Relation (18.5) für die Amplitude $f(\omega)/\omega$ anstatt $f(\omega)$ anschreiben; der einzige Unterschied ist, daß $f(\omega)$ einen zusätzlichen Pol bei $\omega = 0$ und ein besseres Verhalten bei ∞ hat. Wenn $f(\omega)$ für $\omega \to \infty$ durch eine Konstante beschränkt ist, finden wir anstatt (18.7a)

$$\frac{\operatorname{Re} f(\omega)}{\omega} = \frac{\operatorname{Re} f(0)}{\omega} + \frac{1}{\pi} P \int_{-\infty}^{\infty} \frac{d\omega' \operatorname{Im} f(\omega')}{\omega'(\omega' - \omega)} \tag{18.9}$$

wir nennen dies eine Dispersionsrelation mit einer Subtraktion. Mit der stärkeren Konvergenzannahme, daß $f(\omega) \to 0$ für $\omega \to \infty$, haben wir die Version von (18.7a) ohne Subtraktion mit $C_\infty = 0$.

In den beiden Formen (18.7) oder (18.9) erlaubt die Dispersionsrelation die Berechnung der vollständigen Streuamplitude aus der Kenntnis des Imaginärteils und ihres Wertes bei $\omega = 0$, wenn eine Subtraktion notwendig ist, und Ableitungen von $f(\omega)$ bei $\omega = 0$, wenn mehrere Subtraktionen erforderlich sind. Als Ausgleich für diesen Vorteil benötigt man den Imaginärteil für alle Frequenzen, um die vollständige Streuamplitude bei einer gewünschten Frequenz zu berechnen.

In Wirklichkeit ist dies in unserem Beispiel kaum ein Nachteil, weil der Imaginärteil der Vorwärtsstreuamplitude für positive Frequenzen ω über das optische Theorem mit dem totalen Wirkungsquerschnitt für die Absorption von Licht dieser Frequenz zusammenhängt,

$$\operatorname{Im} f(\omega) = \frac{\omega}{4\pi} \sigma_{\text{tot}}(\omega) \qquad \omega > 0 \tag{18.10}$$

Ferner können wir den Bereich der negativen ω aus dem Dispersionsintegral (18.7) eliminieren, weil wir aus (18.1) und (18.2) ersehen, daß die Realität der einfallenden und gestreuten Wellen die Beziehungen

$$a_{\text{inc}}(-\omega) = a^*_{\text{inc}}(\omega) \qquad f(-\omega) = f^*(\omega)$$

erfordert. Deshalb ist

$$\operatorname{Im} f(-\omega) = -\operatorname{Im} f(\omega)$$

und die Dispersionsintegrale brauchen nur über das Spektrum der positiven Frequenzen erstreckt zu werden:

$$\operatorname{Re} f(\omega) = \frac{2}{\pi} P \int_0^{\infty} \frac{\omega' \, d\omega'}{\omega'^2 - \omega^2} \operatorname{Im} f(\omega') \tag{18.11a}$$

oder

$$\operatorname{Re} f(\omega) = \operatorname{Re} f(0) + \frac{2\omega^2}{\pi} P \int_0^{\infty} \frac{d\omega' \operatorname{Im} f(\omega')}{\omega'(\omega'^2 - \omega^2)} \tag{18.11b}$$

Mit Hilfe des optischen Theorems (18.10) kommen wir so zu einer bestimmten Vorhersage, die ganz allgemein nur auf der Kausalität in der Ausbreitung von Lichtsignalen und auf der Erhaltung der Wahrscheinlichkeit (Unitarität) im Streuprozeß beruht. Der Realteil der kohärenten Vorwärtsstreuung von Licht in einem Medium von Atomen, d. h. der Realteil des Brechungsindex, kann durch eine Dispersionsrelation berechnet werden, indem man die einfachere Größe, die die Absorption von Licht in dem Medium beschreibt, entweder mißt oder berechnet. Diese Beziehung

$$\operatorname{Re} f(\omega) = \operatorname{Re} f(0) + \frac{\omega^2}{2\pi^2} P \int_0^\infty \frac{d\omega' \, \sigma_{\text{tot}}(\omega')}{\omega'^2 - \omega^2} \tag{18.12}$$

ist die ursprüngliche Kramers-Krönig-Relation.

18.2 *Anwendung auf die Hochenergiephysik*

Das allgemeine Programm der Dispersionsrelationen folgt eng dem Beispiel der Kramers-Krönig-Relation. Der grundlegende physikalische Gehalt ist eine Kausalitätsbedingung, die wieder auf Aussagen über Analytizitätseigenschaften der betreffenden Übergangsamplituden führt. Nachdem der Analytizitätsbereich festgestellt ist, werden diese Amplituden über das Chauchy-Theorem durch Residuen von bestimmten Polen und durch Diskontinuitäten entlang Verzweigungsschnitten ausgedrückt; diese Diskontinuitäten oder „absorptive Anteile“ traten z. B. in (18.8) auf[1]:

$$\lim_{\epsilon \to 0^+} [f(\omega + i\epsilon) - f(\omega - i\epsilon)] = 2i \operatorname{Im} f(\omega) \tag{18.13}$$

Um dann, wie man hofft, Relationen zwischen physikalisch beobachtbaren Größen zu erhalten, wendet man das Analogon zu (18.10) an, das die Unitarität der S-Matrix ausdrückt, um die absorptiven Anteile auf beobachtbare oder berechenbare Amplituden zu beziehen. Obwohl die Komplikationen, die in jedem dieser vier Schritte enthalten sind, wesentlich größer sind als in dem Kramers-Krönig-Beispiel, bleiben die Grundideen dieselben.

Der übliche Ausgangspunkt für strenge Ableitungen von Dispersionsrelationen in der Feldtheorie sind die in Kap. 16 formulierten Axiome, einschließlich der wesentlichen Bedingung, daß der Kommutator von Bose-Einstein-Feldern und der Antikommutator von Fermi-Dirac-Feldern für raumartige Abstände verschwinden muß, d. h.

---

[1] Wir benutzen das Schwartzsche Spiegelungsprinzip $f(\omega^*) = f^*(\omega)$, um f in der unteren Halbebene zu definieren, die durch einen Verzweigungsschnitt von der oberen Halbebene getrennt ist.

$$\begin{aligned} \{\psi_i(x),\bar{\psi}_j(y)\} &= \{\psi_i(x),\psi_j(y)\} = 0 \\ [\varphi_i(x),\varphi_j(y)] &= 0 \\ [\varphi_i(x),\psi_j(y)] &= 0 \qquad (x-y)^2 < 0 \end{aligned} \tag{18.14}$$

Diese Beziehungen für lokale Vertauschbarkeit ersetzen die Kausalitätsbedingung, die wir in unserer Diskussion der Vorwärtsstreuung von Licht benutzt haben. Aus (18.14) folgt, daß Messungen von Amplituden von Bose-Einstein-Feldern und von bilinearen Formen von Fermi-Dirac-Feldern, wobei die bilinearen Formen lokale Dichten von physikalischen Operatoren (z. B. Ladung oder Energie) darstellen, nicht miteinander interferieren, wenn sie durch raumartige Abstände getrennt sind; d. h. ihre Kommutatoren verschwinden. Diese Kommutatorbedingungen sichern deshalb die mikroskopische Kausalität der Feldtheorie.

Die mikroskopische Kausalitätsbedingung ermöglicht die Untersuchung der komplexen Ebene derart, daß man Analytizitätsbereiche von Greenschen Funktionen und S-Matrix-Elementen findet, wenn eines oder mehrere ihrer Argumente von physikalischen Werten auf der reellen Achse hinweg fortgesetzt sind. Das ist ein Hauptteil des allgemeinen Programms der Dispersionstheorie, und strenge Ableitungen der Analytizitätseigenschaften sind viel komplexer und schwieriger als in dem obigen Beispiel der Vorwärtsstreuung von Licht. Ein einfaches Beispiel für strenge Ableitungen ist die Källén-Lehmann-Darstellung für Propagatoren, die wir in Kap. 16 diskutiert haben. Z. B. führen die Axiome der Feldtheorie, insbesondere die Kommutatorbedingung (18.14), für ein Bose-Feld $\varphi(x)$ auf die Spektralzerlegung (16.33)

$$\begin{aligned} \Delta'_F(x-y) &= -i\langle 0|T(\varphi(x)\varphi(y))|0\rangle \\ &= \int_0^\infty d\sigma^2\, \rho(\sigma^2)\Delta_F(x-y,\sigma) \end{aligned} \tag{18.15}$$

Die Fourier-Transformierte

$$\Delta'_F(q) = \int_0^\infty \frac{d\sigma^2\, \rho(\sigma^2)}{q^2-\sigma^2+i\epsilon}$$

ist offensichtlich analytisch in der ganzen q^2-Ebene, außer für einen Schnitt entlang der positiven reellen Achse. Deshalb ist $\Delta'_F(q)$ vollständig durch die Diskontinuität über den Schnitt bestimmt, wie sie durch die spektrale Gewichtsfunktion $\rho(\sigma^2)$ gegeben ist, die in praktischen Fällen näherungsweise aus der Summe (16.27) ausgewertet werden kann:

$$\rho(\sigma^2) = (2\pi)^3 \sum_n \delta^4(p_n-\sigma)|\langle 0|\varphi(0)|n\rangle|^2 \tag{18.16}$$

Die Gl. (18.16) ist das Analogon zum optischen Theorem im Kramers-Krönig-Beispiel. Sie drückt die Diskontinuität $2\pi\rho(\sigma^2)$ durch die totale Wahrscheinlichkeit aus, mit der ein virtueller Mesonzustand $\varphi(0)|0\rangle$

mit der Masse σ in energetisch erreichbare physikalische Zustände $|n\rangle$ zerfallen kann, und hat die typische Gestalt von Formeln für Diskontinuitäten, die bei Problemen in der Dispersionstheorie auftreten.

Wenn man diese Methode von Propagatoren auf Vertexfunktionen und Streuamplituden verallgemeinert, stößt man auf schreckliche mathematische Schwierigkeiten. In diesem Fall sind mehr Variable zu behandeln, und die Zahl der Singularitäten und die Verzweigtheit ihrer Struktur nehmen rasch zu. Nicht nur, daß die Aufgabe der Untersuchung der komplexen Ebene schwierig wird, sondern die Singularitäten, die man findet, sind oft ungesittet und liegen in unangenehmen unphysikalischen Bereichen, die dem Experiment unzugänglich sind. Dann müssen auch die Unitaritätsbedingungen fortgesetzt werden, die man zum Auswerten der Diskontinuitäten benutzt, um diese Beiträge zu zähmen. Trotz dieser Hindernisse ist in der Frage der mathematisch strengen Beschreibung viel erreicht worden, insbesondere die Dispersionsrelationen für festgehaltenen Impulsübertrag für die π-Nukleon-Streuung[1].

Wir werden uns hier auf das viel bescheidenere Programm beschränken, daß wir systematisch die Singularitäten einzelner Feynman-Graphen untersuchen. Der Analytizitätsbereich, der allen Feynman-Graphen für einen gegebenen Prozeß gemeinsam ist, schließt sicherlich den ein, der aus der strengen mathematischen Beschreibung resultiert, und geht manchmal über diesen hinaus[1]. Wir kombinieren dann diese Analytizitätseigenschaften mit der Unitarität der S-Matrix und zeigen die Nützlichkeit der Dispersionsmethode an einigen Anwendungen auf das Studium von Vertexfunktionen und Streuamplituden.

18.3 *Analytische Eigenschaften von Vertexgraphen in der Störungstheorie*

Wir wollen Techniken zur Bestimmung der analytischen Eigenschaften von allgemeinen Feynman-Graphen erläutern und betrachten hierzu zunächst den Beitrag niedrigster Ordnung zur elektromagnetischen Struktur eines π-Meson, die von seiner Kopplung an Neutron-Antiproton-Paare herrührt. Das ist der Graph, der in Abb. 18.2 gezeigt ist; die entsprechende Amplitude ist bis auf unwesentliche konstante Faktoren

$$(q_2 - q_3)_\mu F_\pi(q^2) \sim \int d^4p_1 \operatorname{Tr} \gamma_5 \frac{1}{\not p_1 - M} \gamma_5 \frac{1}{\not p_3 - M} \gamma_\mu \frac{1}{\not p_2 - M} \tag{18.17}$$

[1] N. Bogoliubov, B. Medvedev und M. Polivanov, *Fortschr. Physik*, **6**, 169 (1958); H. Bremermann, R. Oehme und J. G. Tayler, *Phys. Rev.*, **109**, 2178 (1958).

[2] G. Källén und A. S. Wightman, *Kgl. Danske Videnskab. Selskab. Mat.-Fys. Skrifter*, **1** (6) (1958); R. Jost, *Helv. Phys. Acta*, **31**, 236 (1958).

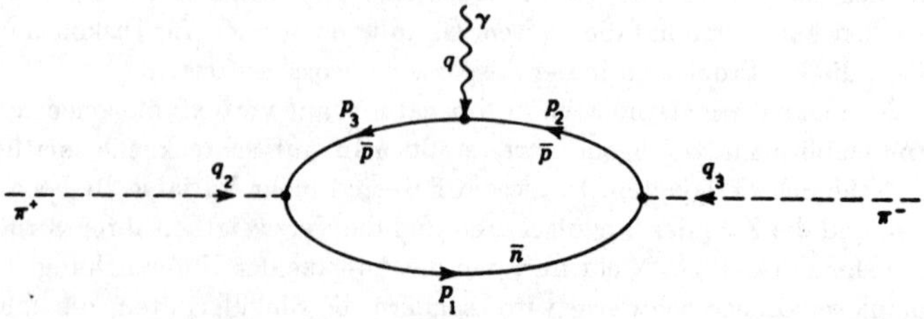

Abb. 18.2 Beitrag der Nukleonschleife zur elektromagnetischen Struktur des geladenen Pions.

Die Impulsbezeichnungen sind in der Abbildung erklärt; sie unterliegen den folgenden Einschränkungen

$$p_2 = p_1 + q_3 \qquad p_3 = p_1 - q_2 \qquad q = -q_2 - q_3 \tag{18.18}$$

und der Bedingung für reelle äußere Pionen

$$q_2^2 = q_3^2 = \mu^2$$

Die Nukleonmasse M ist so zu verstehen, daß sie einen infinitesimalen negativen Imaginärteil hat.

Die Vektorform von (18.17) und die Abhängigkeit des F_π von q^2 allein ergeben sich aus der Lorentz-Invarianz. Das Fehlen eines Terms proportional zu $q_\mu = -(q_2 + q_3)_\mu$ beruht auf der Forderung der Stromerhaltung, wie in Kap. 10 diskutiert. Wir sind hier nur an der analytischen Struktur von $F_\pi(q^2)$ interessiert und führen zu ihrer Untersuchung Feyman-Parameter α_1, α_2 und α_3 ein, um die Nenner in (18.17) zu kombinieren und die Impulsintegration auszuführen. Mit Hilfe der Formel[1]

$$\frac{1}{ABC} = 2! \int_0^1 d\alpha_1 \int_0^1 d\alpha_2 \int_0^1 d\alpha_3 \, \frac{\delta(1 - \alpha_1 - \alpha_2 - \alpha_3)}{(A\alpha_1 + B\alpha_2 + C\alpha_3)^3} \tag{18.19}$$

schreiben wir

$$(q_2 - q_3)_\mu F_\pi(q^2) \sim \int d^4p_1 \int_0^1 d\alpha_1\, d\alpha_2\, d\alpha_3\, \delta\Big(1 - \sum_{i=1}^{3} \alpha_i\Big)$$
$$\times \frac{\mathrm{Tr}\, \gamma_5(\not p_1 + M)\gamma_5(\not p_3 + M)\gamma_\mu(\not p_2 + M)}{\Big[\sum_{i=1}^{3} (p_i^2 - M^2)\alpha_i\Big]^3} \tag{18.20}$$

Das Impulsintegral in (18.17) oder (18.20) hat eine Ultraviolettdivergenz, die von einer unendlichen Vertexrenormierung herrührt, wie wir das in

[1] Vergleiche (8.59). Die Formel gilt nur, wenn die Imaginärteile von A, B und C alle dasselbe Vorzeichen haben.

Kap. 8 studiert haben. Es ist mit einem Ultraviolett-„cutoff" definiert, wie dort diskutiert, aber das ist für unsere gegenwärtige Behandlung der analytischen Eigenschaften von $F_\pi(q^2)$ als Funktion von q^2 unwesentlich.

Wir vertauschen die Reihenfolge der Integrationen[1] und integrieren zuerst über den Impuls, indem wir den Ursprung im p_1-Raum verschieben:

$$p_1 = k_1 + l \qquad p_2 = k_2 + l \qquad p_3 = k_3 + l \tag{18.21}$$

wo l die neue Integrationsvariable ist und die k_i denselben Einschränkungen der Impulserhaltung unterliegen wie die p_i in (18.18)

$$k_1 = k_2 - q_3 = k_3 + q_2 \tag{18.22}$$

Der Nenner des Integranden in (18.20) ist die dritte Potenz von

$$D = \sum (k_i^2 - M^2)\alpha_i + l^2 \sum_i \alpha_i + 2l \cdot \sum_i k_i\alpha_i \tag{18.23}$$

Wir wollen den gemischten Term in D eliminieren und setzen hierzu

$$\sum_{i=1}^{3} k_i\alpha_i = 0 \tag{18.24}$$

Diese vier Gleichungen (18.24) und die acht Impulsbedingungen bestimmen die k_i eindeutig:

$$k_1 = \frac{q_2\alpha_3 - q_3\alpha_2}{\Delta} \qquad k_3 = \frac{q\alpha_2 - q_2\alpha_1}{\Delta}$$
$$k_2 = \frac{q_3\alpha_1 - q\alpha_3}{\Delta} \qquad \Delta = \sum_{i=1}^{3} \alpha_i = 1 \tag{18.25}$$

Das Ergebnis der l-Integrationen[2] ist

$$F_\pi(q^2) \sim \int_0^1 d\alpha_1 \int_0^1 d\alpha_2 \int_0^1 d\alpha_3\, \delta\left(1 - \sum_{i=1}^{3} \alpha_i\right)$$
$$\times \left[\frac{N_1(q^2,\alpha_i)}{J(q^2,\alpha_i)} + N_2(q^2,\alpha_i) \ln \frac{\Lambda^2}{-J(q^2,\alpha_i)}\right] \tag{18.26}$$

N_1 und N_2 stammen vom Zähler in (18.20) her und sind lineare Polynome in q^2 mit Funktionen von α_i als Koeffizienten. Λ^2 ist ein Ultraviolett-„cutoff" für das Integral. Die analytischen Eigenschaften sind durch die Funktion $J(q^2,\alpha_i)$ bestimmt, die vom Nenner D nach der l-Integration übrigbleibt:

---

[1] Das Impulsintegral ist nach der Renormierung absolut konvergent, so daß die Vertauschung zulässig ist.

[2] Wie in Kap. 8; siehe die Fußnote auf Seite 177.

$$\begin{aligned} J(q^2,\alpha_i) &= \sum_{i=1}^{3} (k_i{}^2 - M^2)\alpha_i \\ &= q^2\alpha_2\alpha_3 + q_3{}^2\alpha_2\alpha_1 + q_2{}^2\alpha_1\alpha_3 - M^2 \\ &= q^2\alpha_2\alpha_3 + \mu^2\alpha_1(1 - \alpha_1) - M^2 \end{aligned} \tag{18.27}$$

Die beiden letzten Formen von (18.27) folgen aus den Bedingungen (18.25) und den Bedingungen $q_2^2 = q_3^2 = \mu^2$ (die π-Mesonen liegen auf der Massenschale).

Wir sehen an (18.26), daß $F_\pi(q^2)$ dann und nur dann Singularitäten haben kann, wenn J im Integrationsbereich der α verschwindet. Weil die Nullstellen von J die analytische Struktur von $F_\pi(q^2)$ bestimmen, hat F_π dieselben analytischen Eigenschaften wie

$$I(q^2) = \int_0^1 d\alpha_1 \int_0^1 d\alpha_2 \int_0^1 d\alpha_3 \frac{\delta(1 - \alpha_1 - \alpha_2 - \alpha_3)}{q^2\alpha_2\alpha_3 + \mu^2\alpha_1(1 - \alpha_1) - M^2 + i\epsilon} \tag{18.28}$$

Die unwesentlichen Faktoren aus dem Zähler sind unterdrückt, und der infinitesimale negative Imaginärteil der Masse im Feynman-Propagator ist jetzt explizit geschrieben.

$I(q^2)$ und somit $F_\pi(q^2)$ ist in der oberen Hälfte der komplexen q^2-Ebene analytisch, weil das Integral (18.28) für alle $q^2 = u + iv$ mit $v > 0$ existiert. Wenn es reelle Werte von q^2 gibt, so daß $I(q^2)$ reell ist, können wir $F_\pi(q^2)$ mit Hilfe des Schwartzschen Spiegelungsprinzips in die untere Halbebene fortsetzen:

$$F_\pi(u - iv) = F_\pi^*(u + iv)$$

Wir vermuten aufgrund einer physikalischen Überlegung, daß dies erfüllt ist. Wenn q^2 raumartig ist ($q^2 > 0$), trägt $F_\pi(q^2)$ zur Amplitude für die Elektron-Pion-Streuung bei, die in erster Bornscher Näherung in der elektrischen Ladung reell ist. Das kann explizit nachgeprüft werden. Der Nenner J ist bei $q^2 = 0$ negativ definit:

$$J(0,\alpha_i) = \mu^2\alpha_1(1 - \alpha_1) - M^2 \leq \frac{\mu^2}{4} - M^2 < 0 \qquad 0 \leq \alpha_1 \leq 1$$

für $\mu^2 < 4M^2$, wie im physikalischen Fall von Pionen und Nukleonen[1]. Somit ergibt sich kein Beitrag zu einem Imaginärteil von (18.28) im Grenzfall $\epsilon \to 0^+$, ein Ergebnis, das offenbar auch für $q^2 < 0$ gilt.

Folglich kann $F_\pi(q^2)$ in die untere q^2-Halbebene fortgesetzt werden und ist analytisch in der ganzen komplexen Ebene; ausgenommen ist möglicherweise ein Schnitt entlang der positiven q^2-Achse, der vom Ver-

---

[1] Die Bedingung $\mu^2 < 4\,M^2$ bedeutet gerade, daß das physikalische π^- gegen den Zerfall in $n\,\bar{p}$ stabil ist.

schwinden von J in diesem Bereich herrührt. Der Schnitt beginnt am kleinsten Wert von q^2, für den $J = 0$. Wir können diesen Verzweigungspunkt bestimmen, indem wir J in (18.27) bezüglich der Parameter α_i maximalisieren. Wir maximalisieren bezüglich α_2 und α_3 und finden

$$\alpha_2 = \alpha_3 = \frac{1 - \alpha_1}{2}$$

und

$$J \leq q^2 \left(\frac{1 - \alpha_1}{2}\right)^2 + \mu^2 \alpha_1 (1 - \alpha_1) - M^2 \tag{18.29}$$

Die rechte Seite von (18.29) nimmt ihr Maximum entweder bei $\alpha_1 = 0$ oder irgendwo zwischen 0 und 1 an. Eine direkte Rechnung ergibt, daß für $q^2 > 2\mu^2$ der Maximalwert am Endpunkt $\alpha_1 = 0$ auftreten muß. Für physikalische Werte der π- und N-Massen, $\mu^2/M^2 = 0{,}022$, ist J bei $q^2 = 2\mu^2$ noch negativ definit; deshalb ist der Schwellenwert q_t^2 für den Beginn des Verzweigungsschnittes[1] bei $q_t^2 = 4M^2$, der im Raum der α_i dem Punkt

$$\alpha_1 = 0 \qquad \alpha_2 = \alpha_3 = \tfrac{1}{2} \qquad q_t^2 = 4M^2 \tag{18.30}$$

entspricht, bei dem J verschwindet. Diese Schwellenenergie $q_t^2 = 4M^2$ ist gerade die Energie, bei der ein virtuelles zeitartiges Photon, das z. B. beim Zusammenstoß eines Elektron-Positron-Paares erzeugt wird, ein reelles Nukleon-Antinukleon-Paar erzeugen kann, das dann entsprechend dem Graphen von Abb. 18.2 zerstrahlt; der Graph ist dabei um 90° gedreht. Man sieht also, daß die Diskussion der analytischen Eigenschaften der Vertexfunktion $F_\pi(q^2)$ sowohl das Studium der Paarerzeugung wie auch der Streuung von π-Mesonen erfordert – der Impulsübertrag ist raumartig, wenn ein Pion der Masse μ zwischen Zuständen positiver Energie gestreut wird, und zeitartig, wenn es von einem Zustand negativer Energie in einen Zustand positiver Energie gestreut wird; das letztere ist die Paarerzeugung.

Das Ergebnis (18.30) legt nahe, daß die Singularitäten von Greenschen Funktionen bei Impulsen auftreten, für die absorptive Prozesse physikalisch erlaubt sind. Dieser allgemeine Zusammenhang zwischen den Singularitäten und der Möglichkeit absorptiver Prozesse ist der große Vorzug der Dispersionsmethode.

18.4 *Verallgemeinerung auf beliebige Graphen und die Analogie zu elektrischen Stromkreisen*

Wenn wir von diesem speziellen störungstheoretischen Beispiel zu beliebigen Graphen übergehen, dann ist es nützlich, die wichtigen Faktoren

[1] Für $\mu^2 > 2\,M^2$ beginnt der Schnitt bei $q_t^2 = 4\,\mu^2\,(1 - \mu^2/4\,M^2)$, bekannt als anomale Schwelle. Wir diskutieren diesen Fall später.

von den unwesentlichen Komplikationen zu isolieren und eine Standardbezeichnung und -konvention für die Impulsvariablen und die Integrationsparameter zu entwickeln. Verschiedene Punkte sollten schon klar sein:

1. Ein allgemeines Matrixelement wird die Form

$$\mathfrak{M} = \sum_i \mathcal{O}_i F_i(q_1, \ldots, q_m) \tag{18.31}$$

haben, wo die O_i die entsprechenden Produkte der äußeren Impulse, Spinmatrizen und Wellenfunktionen und die F_i invariante Funktionen von Skalarprodukten der äußeren Impulse sind. Wir interessieren uns für das Studium der analytischen Struktur der F_i.

2. Die Zähler der Integranden, wie z. B. die Spur in (18.20), sind unwesentlich, weil sie nur auf Polynomfaktoren in den äußeren Impulsen führen, nachdem der Integrand parametrisiert und die Integrale über die inneren Impulse ausgeführt worden sind. Diese Polynomfaktoren erscheinen in F_i nur als Polynome der Skalarprodukte $q_i \cdot q_j$.

3. Das Problem der Ultraviolettdivergenzen ist hier nicht wichtig. Wenn in den Nennern höhere Potenzen der Impulsvariablen notwendig sind, als dies in (18.20) der Fall war, dann gewinnt man sie, indem man nach den äußeren Impulsen oder nach den Massen der inneren Linien differenziert. Das verändert nicht die analytische Struktur der Funktion, die das Integral darstellt. Eine weitere Potenz des Nenners in (18.20) würde z. B. das Integral über p_1 konvergieren lassen, ohne auf irgendeine Weise die Struktur der Singularitäten zu verändern, die durch die Nullstellen von J in (18.27) bestimmt sind.

Wir werden die äußeren Impulse der untersuchten Graphen immer mit $q_1, \ldots, q_m$ bezeichnen, die so definiert sind, daß sie in die Graphen einlaufen. Wir betrachten nur zusammenhängende Graphen und für diese

$$\sum_{s=0}^{m} q_s = 0$$

das die Erhaltung des Gesamtimpulses ausdrückt. Jeder inneren Linie schreiben wir einen Impuls p_j mit einer bestimmten Richtung und einer Masse m_j zu, wie in Abb. 18.3 gezeigt. An jedem Vertex haben wir ein Gesetz der Impulserhaltung von der Form

$$\sum_{j=1}^{n} \epsilon_{ij} p_j + \sum_{s=1}^{m} \bar{\epsilon}_{is} q_s = 0 \tag{18.32}$$

$$\text{wo } \epsilon_{ij} = \begin{cases} +1 & \text{wenn die innere Linie } j \text{ in den Vertex } i \text{ einläuft,} \\ -1 & \text{wenn die innere Linie } j \text{ den Vertex } i \text{ verläßt,} \\ 0 & \text{sonst.} \end{cases}$$

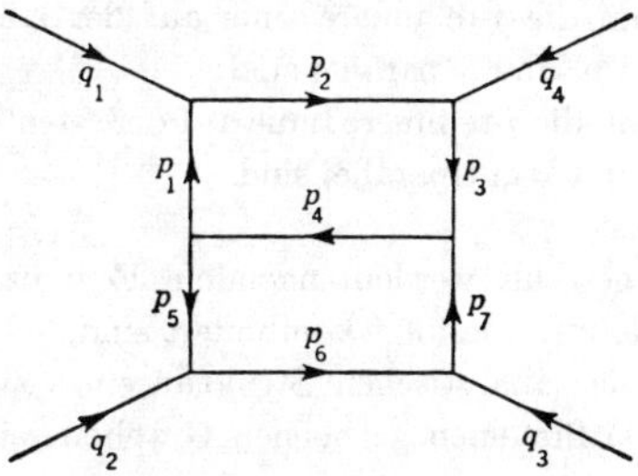

Abb. 18.3 Allgemeiner Feynman-Graph mit inneren Linien (bezeichnet mit den Impulsen p_j) und äußeren Linien (bezeichnet mit q_s), die in den Graphen einlaufen.

$\tilde{\epsilon}_{is}$ ist ähnlich für die äußeren Linien definiert, die nach Konvention immer in die Vertizes einlaufen sollen.

Jeder Graph hat eine bestimmte Anzahl k von inneren Maschen, oder geschlossenen Wegen, über die Impulsintegrale über innere Variable, genannt l_r, auszuführen sind. Obwohl die Zahl der unabhängigen l_r bestimmt ist, besteht eine Willkür in ihrer Wahl. Z. B. sind zwei Möglichkeiten für

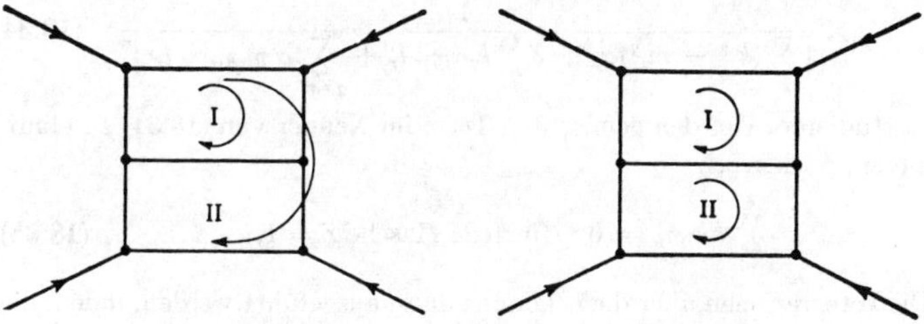

Abb. 18.4 Zwei mögliche Arten, die Maschen zu wählen.

die Wahl der beiden Maschen für das Diagramm der Abb. 18.3 in Abb.18.4 gezeigt. Nachdem die Maschen auf bestimmte Weise gewählt sind und ihnen eine Richtung zugeschrieben ist, besteht unsere Aufgabe darin, nach der Einführung von Feynman-Parametern die l_r passend herauszugreifen, so daß wir die Impulsintegrale ausführen können. In dem störungstheoretischen Beispiel (18.20) mit einer Masche haben wir den Ursprung der Integration verschoben, um das Quadrat im Nenner D zu vervollständigen [Gln. (18.21) bis (18.24)]. Die allgemeine Regel ist, dasselbe für jede Masche zu tun. Wir schreiben

$$p_j = k_j + \sum_{r=1}^{k} \eta_{jr} l_r \tag{18.33}$$

wo $\eta_{jr} = \begin{cases} +1 & \text{wenn die } j\text{-te innere Linie auf der } r\text{ten Masche liegt und } p_j \text{ und } l_r \text{ parallel sind} \\ -1 & \text{wenn die } j\text{-te innere Linie auf der } r\text{-ten Masche liegt und } p_j \text{ und } l_r \text{ antiparallel sind} \\ 0 & \text{sonst,} \end{cases}$

und die k_j optimal gewählt werden, nachdem Feynman-Parameter α_j eingeführt und die Nenner wie folgt kombiniert sind.

Zur Bestimmung der analytischen Struktur eines skalaren „Formfaktors" F_i in (18.31) für einen gegebenen Graphen reicht es aus, das Integral

$$I(q_1, \ldots, q_m) = \int \frac{d^4l_1 \cdots d^4l_k}{(p_1^2 - m_1^2) \cdots (p_n^2 - m_n^2)}$$

$$\sim \int d^4l_1 \cdots d^4l_k \int_0^1 \frac{d\alpha_1 \cdots d\alpha_n \, \delta\left(1 - \sum_{j=1}^{n} \alpha_j\right)}{\left[\sum_{j=1}^{n} (p_j^2 - m_j^2)\alpha_j\right]^n}$$

$$= \int d^4l_1 \cdots d^4l_k \int_0^1 d\alpha_1 \cdots d\alpha_n \, \delta\left(1 - \sum_j \alpha_j\right)$$

$$\times \frac{1}{\left[\sum_j (k_j^2 - m_j^2)\alpha_j + 2\sum_{j,r} k_j\alpha_j\eta_{jr}\cdot l_r + \sum_{j,r,r'} \alpha_j\eta_{jr}\eta_{jr'}\, l_r\cdot l_{r'}\right]^n} \tag{18.34}$$

zu studieren. Um den gemischten Term im Nenner von (18.34) zu eliminieren, wählen wir

$$\sum_{j=1}^{n} k_j\alpha_j\eta_{jr} = 0 \quad \text{für jede Masche } r = 1, \ldots, k. \tag{18.35}$$

Die Integrationen über die l_r können dann ausgeführt werden, indem die hermitesche Matrix

$$z_{rr'} = \sum_{j=1}^{n} \eta_{jr}\eta_{jr'}\alpha_j$$

diagonalisiert wird, mit dem Ergebnis

$$I \propto \int_0^\infty \frac{d\alpha_1 \cdots d\alpha_n \, \delta\left(1 - \sum_{j=1}^{n} \alpha_j\right)}{\Delta^2 \left[\sum_{j=1}^{n} (k_j^2 - m_j^2)\alpha_j\right]^{n-2k}} \tag{18.36}$$

mit $$\Delta = \det \|z\|$$

Die Impulse k_j sind Funktionen der äußeren Impulse q_s und der Feynman-Parameter. Sie sind durch (18.35) und die Gesetze für die Impulserhaltung an jedem Vertex (18.32) bestimmt, wobei in (18.32) die p_j durch die k_i ersetzt sind

$$\sum_{j=1}^{n} \epsilon_{ij} k_j + \sum_{s=1}^{m} \bar{\epsilon}_{is} q_s = 0 \tag{18.37}$$

das aus (18.32) und

$$\sum_j \epsilon_{ij} \eta_{jr} = 0$$

folgt; die letzte Beziehung ist eine Folge der Definitionen von ϵ_{ij} und η_{jr}, die in (18.32) und (18.33) gegeben sind.

Die Gln. (18.35) und (18.37), die die k_j bestimmen, lassen eine genaue Analogie zur Theorie der elektrischen Stromkreise erkennen, wenn wir sie in der mehr heuristischen Form (wir ignorieren Minuszeichen)

$$\sum_{\substack{k_j \text{ in} \\ \text{Masche } r}} k_j \alpha_j = 0 \qquad \sum_{\substack{k_j,\, q_s \text{ die} \\ \text{in den Vertex} \\ i \text{ einlaufen}}} (k_j + q_s) = 0 \qquad (18.38a) \quad (18.38b)$$

schreiben. Man kann sich das Feynman-Diagramm als einen elektrischen Stromkreis vorstellen und die Impulse mit den Strömen in Zusammenhang bringen. Die k_j sind die inneren Ströme, die in dem Kreis fließen, und die q_s sind die von außen einlaufenden Ströme. Wenn wir die Parameter α_j mit dem Widerstand der j-ten Linie assoziieren, werden die Gln. (18.38) einfach die Kirchhoffschen Gesetze in dieser Stromkreis-Analogie[1]. Die Gl. (18.38a) besagt, daß die Summe der „Spannungsabfälle“ beim Umlaufen der geschlossenen Linie Null ist, und (18.38b) besagt, daß die Summe der in einen Vertex eindringenden „Ströme“ Null ist[2].

Es ist lehrreich, eingedenk dieser Stromkreisanalogie zu den Rechnungen zurückzukehren, die von (18.34) zu (18.36) führen. Abgesehen von dem konstanten Term $-\sum_j m_j^2 \alpha_j$ erkennen wir in dem Nenner

$$\sum_j p_j{}^2 \alpha_j$$

von (18.34) die Wärme, die in dem Stromkreis mit den äußeren Stromquellen q_s und den inneren Quellen l_r erzeugt wird. Wegen der Energieerhaltung ist dies gerade die Summe der Energien, die von den äußeren und inneren Quellen geliefert wird,

$$\sum_j p_j{}^2 \alpha_j = \sum_j k_j{}^2 \alpha_j + \sum_{r\,r'} l_r \cdot l_{r'} z_{rr'}$$

[1] Die α_j sind reell; deshalb treten in dem Stromkreis keine Kapazitäten oder Induktivitäten auf.

[2] Diese Stromkreisanalogie gewährleistet, daß die k_j eindeutig bestimmt sind.

wo die k_j die Ströme sind, gegeben durch die Kirchhoffschen Gesetze, die durch die inneren Linien fließen, falls innere Quellen l_r fehlen.

In unserem Bild haben wir Ströme und Widerstände als Analoga zu physikalischen Impulsen und Feynman-Parametern. Um dieses Bild zu vervollständigen, können wir jetzt fragen, was das physikalische Analogon zum „Spannungsabfall" bedeutet. Weil die „Spannung" ein Potential und offenbar eine Eigenschaft eines Vertex ist, liegt es nahe, die Spannung mit der Koordinate x_μ des Vertex zu assoziieren. Das erste der Kirchhoffschen Gesetze (18.38a) wird dann in die einfache Aussage zurückübersetzt, daß die Summe der Koordinatenverschiebungen beim Umlauf in einer geschlossenen Masche in einem Feynman-Graphen verschwindet.

Wir können fortfahren, ein physikalisches Bild der Analogie zu den elektrischen Stromkreisen zu rekonstruieren, indem wir nach der physikalischen Bedeutung des Ohmschen Gesetzes

$$V = IR$$

fragen. In unserer physikalischen Sprache wird dies

$$\Delta x_\mu = k_\mu \alpha \tag{18.39}$$

wo k_μ der Impuls in einer bestimmten Linie, α der entsprechende Feynman-Parameter und Δx_μ die Koordinatenverschiebung zwischen den Vertizes ist, die die Linie verbindet. Die Gl. (18.39) ist gerade die Bewegungsgleichung für ein freies Teilchen; man sieht dies besser in Komponentenform:

$$\mathbf{\Delta x} = \mathbf{k}\alpha \qquad \Delta t = k_0\alpha \qquad \frac{\mathbf{\Delta x}}{\Delta t} = \frac{\mathbf{k}}{k_0} \tag{18.40}$$

Weil der Parameter α nie negativ ist, ist die kausale Fortpflanzung des Teilchens gewährleistet:

$$\frac{\Delta t}{k_0} = \alpha > 0$$

Wenn das Teilchen gemäß (18.40) in k-Richtung fortschreitet, bewegt es sich entweder vorwärts oder rückwärts in der Zeit, abhängig davon, ob das Vorzeichen der Energie k_0 positiv oder negativ ist. Das ist dieselbe Interpretation, wie wir sie in der Entwicklung der Theorie der Feynman-Propagatoren in Kap. 6 benutzt haben. Daß $\alpha \geq 0$ ist, folgt in der Tat direkt aus der Benutzung des Feynman-Propagators mit seinem negativen imaginären $i\epsilon$, das zu den Massen hinzu addiert wird. Man sieht das am besten, wenn man sich auf (8.12) und auf (8.18) bezieht,

$$\prod_{j=1}^{n} \frac{1}{a_j + i\epsilon}$$

$$= i^{-n} \int_0^\infty d\alpha_1 \cdots d\alpha_n \left\{ \exp\left[i \sum_j \alpha_j a_j - \epsilon \left(\sum_j \alpha_j \right) \right] \right\} \int_0^\infty \frac{d\lambda}{\lambda}\, \delta\left(1 - \frac{\sum_j \alpha_j}{\lambda} \right)$$

$$= (n-1)! \int_0^\infty d\alpha_1 \cdots d\alpha_n \frac{\delta\left(1 - \sum_j \alpha_j\right)}{\left(\sum_j a_j \alpha_j + i\epsilon\right)^n} \tag{18.41}$$

Wir haben damit ein vollständiges physikalisches Bild für die Analogie zu den elektrischen Stromkreisen mit den folgenden Korrespondenzen:

Koordinate $\leftrightarrow$ Spannung

Impuls $\leftrightarrow$ Strom

Feynman-Parameter $\alpha = \dfrac{\text{Eigenzeit}}{\text{Masse}} \leftrightarrow$ Widerstand > 0

Bewegungsgleichung für ein freies Teilchen $\leftrightarrow$ Ohmsches Gesetz

und mit der Forderung, daß der „Widerstand" α positiv ist; dies ist mit der Kausalität für die Fortbewegung der Teilchen verknüpft.

Diese Analogie zu Stromkreisen wird uns sehr nützlich sein, weil wir intuitives Verständnis wie auch die Kenntnis und die Theoreme der Stromkreistheorie benutzen können, um Feynman-Diagramme zu analysieren. Wir betrachten z. B. noch einmal die Vertexfunktion mit drei äußeren Linien und beliebigen inneren Komplikationen. Ein derartiger schwarzer Kasten, der im Inneren nur Widerstände enthält, kann immer auf einen äquivalenten zusammengefaßten Stromkreis[1] von Abb. 18.5

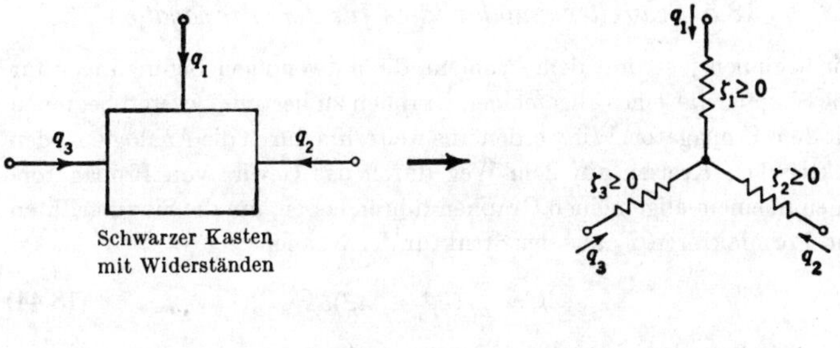

Abb. 18.5 Diagramm des äquivalenten zusammengezogenen Stromkreises für einen Vertex mit drei äußeren Linien.

[1] E. GUILLEMIN, Introductory Circuit Theory, John Wiley & Sons, Inc., New York, 1953.

reduziert werden. Die Wärme P, die in einem derartigen Kreis erzeugt wird, ist

$$P = \zeta_1 q_1{}^2 + \zeta_2 q_2{}^2 + \zeta_3 q_3{}^2 \qquad \zeta_i \geq 0 \tag{18.42}$$

wo die äquivalenten Widerstände ζ_i des zusammengefaßten Stromkreises nichtnegative Funktionen der Widerstände α_i des ursprünglichen Netzwerkes sind. Dieses Ergebnis können wir sofort benutzen, weil wir nach (18.36) den folgenden Ausdruck anschreiben können:

$$I(q_1,q_2,q_3) \sim \int_0^1 \frac{d\alpha_1 \cdots d\alpha_n \delta(1 - \Sigma\alpha_j)}{\Delta^2(\zeta_1 q_1{}^2 + \zeta_2 q_2{}^2 + \zeta_3 q_3{}^2 - \Sigma m_j{}^2\alpha_j + i\epsilon)^{n-2k}} \tag{18.43}$$

wo wir wieder das $i\epsilon$ explizit angeben. Die Gl. (18.43) zeigt die Verallgemeinerung des Ergebnisses, das wir für Abb. 18.2 in der niedrigsten Ordnung der Störungstheorie gefunden haben, auf eine beliebige Ordnung. Da die ζ_i nichtnegativ sind, ist $I\,(q_1^2, q_2^2, q_3^2)$ als eine Funktion irgendeines der drei äußeren Impulse, wobei die beiden anderen konstant und reell gehalten werden, analytisch in der ganzen oberen Hälfte der komplexen q_i^2-Ebene. Tatsächlich ist $I\,(q_1^2, q_2^2, q_3^2)$ eine analytische Funktion aller drei Variablen, wenn diese gleichzeitig in die obere Halbebene fortgesetzt werden.

Unsere Methode, die uns zu diesen Analytizitätseigenschaften geführt hat, ist ein weiter Weg von der Kausalitätsforderung, mit deren Hilfe wir die Kramers-Krönig-Relation hergeleitet haben. Nichtsdestoweniger war es die Kausalität in der Bewegungsgleichung (18.40) für ein freies Teilchen, ausgedrückt durch die Angabe $\alpha \geq 0$, die die Bedingungen in (18.42) gewährleistet, die schließlich auf die abgeleiteten Analytizitätseigenschaften führen.

18.5 *Schwellensingularitäten für den Propagator*

Wir beginnen jetzt mit dem Problem, die notwendigen Bedingungen für eine Singularität eines allgemeinen Graphen zu bestimmen, und beginnen mit dem Propagator. Wir werden uns weiterhin durch die Analogie zu den elektrischen Kreisen auf dem Weg durch das Gewirr von Propagatorlinien in einem allgemeinen Graphen führen lassen, um die Singularitäten von Formfaktoren F_i aus der Struktur der Nenner

$$J = \sum_j (k_j{}^2 - m_j{}^2)\alpha_j \tag{18.44}$$

die in (18.36) oder in (18.43) auftreten, zu finden.

Die analytischen Eigenschaften des Propagators eines Spin-0-Teilchens sind in der Källén-Lehmann-Darstellung (18.15) zusammengefaßt; für von Null verschiedene Spins haben wir ähnliche Ergebnisse wie in Kap. 16 diskutiert. Es ist jedoch lehrreich, diese analytischen Eigenschaften mit Hilfe der Analogie zu den elektrischen Kreisen neu herzuleiten, weil die Techniken, die wir entwickeln, dann auf Vertexfunktionen und Streuamplituden angewendet werden können. Für den Fall eines Selbstenergiediagrammes gibt es nur einen äußeren Impuls q, und die analytischen Eigenschaften des Formfaktors F_i sind dieselben wir die des Integrals (18.36)

$$I(q^2) = \int_0^\infty \frac{d\alpha_1 \cdots d\alpha_n\, \delta\left(1 - \sum_j \alpha_j\right)}{\Delta^2 \left(\zeta q^2 - \sum_j m_j{}^2 \alpha_j + i\epsilon\right)^{n-2k}} \tag{18.45}$$

Die Größe ζq^2 im Nenner von (18.45) ist die Wärme, die in dem zweidimensionalen Netzwerk erzeugt wird, das dem Selbstenergiegraphen entspricht; der äquivalente zusammengefaßte Widerstand ζ muß deshalb nichtnegativ sein. Mit Hilfe derselben Überlegungen wie bei dem störungstheoretischen Beispiel für den Vertex schließen wir[1] aus (18.45), daß (1) I in der oberen q^2-Halbebene analytisch ist, (2) I reell ist für q^2 reell und negativ und (3) I wegen des Schwartzschen Spiegelungsprinzips in der unteren q^2-Halbebene analytisch ist und höchstens einen Verzweigungsschnitt von $q^2 = 0$ bis $q^2 = \infty$ hat.

Um den Schwellenwert q_t^2 für den Verzweigungsschnitt zu finden, suchen wir nach dem niedrigsten Wert von q^2, für den der Nenner J in (18.45) verschwinden kann. Beginnend bei Null lassen wir q^2 ansteigen, bis wir q_t^2 erreicht haben; bei diesem Wert wird es mindestens einen Punkt $(\alpha_1^0, \ldots, \alpha_n^0)$ in dem n-dimensionalen α-Raum geben, für den J verschwindet,

$$J(q_t{}^2; \alpha_1{}^0, \alpha_2{}^0, \ldots, \alpha_n{}^0) = 0 \tag{18.46}$$

Dieser Punkt kann so gewählt werden, daß er die Bedingung $\sum_j \alpha_j = 1$ erfüllt, weil J einer Skalentransformation der Form

$$J(\lambda\alpha_j) = \lambda J(\alpha_j) \tag{18.47}$$

genügt. Diese Skaleneigenschaft folgt aus der Form (18.44) und der Feststellung, daß sich die Wärme in einem Stromkreis verdoppelt, wenn bei festen äußeren Strömen alle Widerstände im Kreis verdoppelt werden. Deshalb können wir die Bedingung an die n Parameter α_j, die durch die δ-Funktion ausgedrückt wird, ignorieren und können J als Funktion von n unabhängigen nichtnegativen Parametern α_j studieren.

Obwohl J verschwindet, wenn $q^2 = q_t^2$ und die α_j gleich den α_j^0 gesetzt werden, kann J innerhalb des Integrationsbereiches wegen der Stetigkeit in der Variablen q^2 nicht größer als Null sein:

[1] Ferner ist $\Delta > 0$ für $\alpha_j \geq 0$, außer wenn alle $\alpha_j = 0$ sind (Aufg. 1). Δ wird in der Diskussion der analytischen Eigenschaften keine Rolle spielen.

$$J(q_t^2; \alpha_1^0, \ldots, \alpha_j, \ldots, \alpha_n^0) \leq 0 \quad \text{für alle } \alpha_j \geq 0. \tag{18.48}$$

Wir folgern, daß J bezüglich der einzelnen α_j bei $\alpha_j = \alpha_j^0$ entweder maximal ist oder daß α_j^0 an einem Endpunkt liegt. D. h. für jedes α_j ist entweder

$$\left.\frac{\partial J(q_t^2; \alpha_1^0, \ldots, \alpha_j, \ldots, \alpha_n^0)}{\partial \alpha_j}\right|_{\alpha_j = \alpha_j^0} = 0 \quad \text{if } \alpha_j^0 \neq 0 \tag{18.49a}$$

oder

$$\alpha_j^0 = 0 \tag{18.49b}$$

Die beiden Fälle sind in Abb. 18.6 gezeigt. Die Bedingung $\alpha_j^0 = 0$ ent-

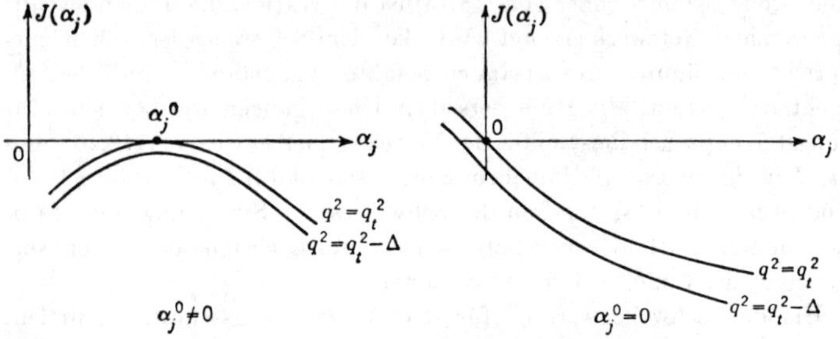

Abb. 18.6 Das Verschwinden der „Wirkung" $J(\alpha)$ bei einer Schwellensingularität $q^2 = q_t^2$, mit einem Maximum bei α_j^0 oder an einem Endpunkt $\alpha_j^0 = 0$.

spricht in der Analogie zu den elektrischen Kreisen einem Kurzschluß. Die Vertizes, die durch solche Linien mit Widerstand Null verbunden sind, haben deshalb dieselbe Spannung – oder Koordinate. Wenn wir alle derartigen Vertizes zusammenziehen, die durch die Bedingung (18.49b) kurzgeschlossen sind, kommen wir zu einem „reduzierten Graphen". In den verbleibenden Linien des reduzierten Graphen verschwinden die α_j^0 nicht. Z. B. waren die α_j^0, den den Bedingungen (18.49) entsprechen, im Fall der Störungsrechnung für den in Abschn. 18.3 diskutierten Vertex durch (18.30) gegeben; wenn wir die Vertizes kurzschließen, die durch die innere Linie 1 verbunden sind ($\alpha_1 = 0$), finden wir den reduzierten Graphen, der in Abb. 18.7 gezeigt ist.

In allen verbleibenden Linien in einem reduzierten Graphen, wie in Abb. 18.7, verschwinden die α_j^0 nicht. Deshalb ist J stationär bei Variationen dieser nichtverschwindenden α_j^0 gemäß (18.49a)

$$\begin{aligned}\delta J &= \delta\left[\sum_j (k_j^2 - m_j^2)\alpha_j\right] \\ &= \sum_j (k_j^2 - m_j^2)\,\delta\alpha_j + 2\sum_j k_j\alpha_j^0 \cdot \delta k_j \quad \text{bei } \alpha_j = \alpha_j^0.\end{aligned} \tag{18.50}$$

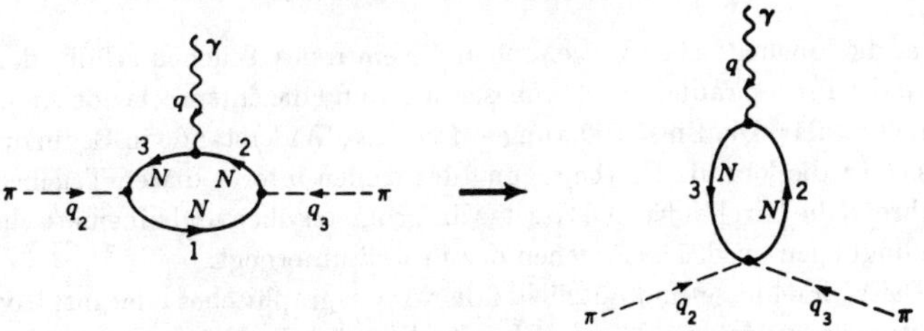

Abb. 18.7 Reduzierter Graph, bei dem die Linie 1 „kurzgeschlossen" ist.

Der zweite Term tritt deshalb auf, weil die k_j wegen der Kirchhoffschen Gesetze Funktionen der α_j sind; er verschwindet, weil J durch die Umformung auf „vollständige Quadrate" bereits stationär ist bezüglich einer Variation der inneren Impulse[1]. Man sieht das folgendermaßen ein: die äußeren Ströme werden nicht variiert ($\delta q_s = 0$), und die δk_j genügen an den Vertizes der Impulserhaltung; deshalb kann man Variable δl_r für die einzelnen Maschen finden, durch die sich die δk_j ausdrücken lassen,

$$\delta k_j = \sum_r \eta_{jr} \delta l_r \tag{18.51}$$

Der Vorzeichenfaktor η_{jr} ist in (18.33) definiert. Wir setzen (18.51) in (18.50) ein und benutzen die Kirchhoffschen Gesetze (18.35); wie oben behauptet, hebt sich dann der zweite Term von (18.50) auf, und wir erhalten

$$\delta J = \sum_j (k_j^2 - m_j^2)\, \delta\alpha_j = 0 \qquad \text{bei } \alpha_j = \alpha_j^0. \tag{18.52}$$

Somit gilt für jede Linie des reduzierten Graphen: $k_j^2 = m_j^2$. Wir sehen, daß die beiden folgenden Bedingungen für die Existenz von Schwellensingularitäten $q^2 = q_t^2$ von $I(q^2)$ notwendig sind:

1. Der Graph muß sich zu kurzgeschlossenen Blasen reduzieren lassen, innerhalb derer alle α_j Null sind; die Blasen werden miteinander durch „reelle" Linien auf der Massenschale verbunden, für die $k_j^2 = m_j^2$ ist.
2. Die Kirchhoffschen Gesetze (18.38) müssen mit positiven Widerständen α_j in allen Linien erfüllt sein; d. h., es gilt das richtige kausale Verhalten.

Die physikalische Bedeutung der Bedingung 1 sollte klar sein. Eine Singularität in einer Amplitude tritt dann auf, wenn die Wechselwirkung in Raum und/oder Zeit unbeschränkt ist. Gewöhnlich begrenzt das Unschärfeprinzip das Raum-Zeit-Intervall, über das sich ein Prozeß erstreckt. Wenn jedoch ein intermediäres Teilchen „reell" werden kann,

[1] J ist in der Stromkreistheorie auch die Wirkungsfunktion; die Kirchhoffschen Gesetze können aus dem Variationsprinzip $\delta J = 0$ abgeleitet werden, wobei die Impulsbedingungen (18.38b) zu beachten sind.

d. h. die kinematischen Beziehungen für ein freies Teilchen erfüllt, dann wird der Prozeß raumzeitlich unbeschränkt und die entsprechende Amplitude singulär. Die Einschränkung auf positive Widerstände in Bedingung 2 sichert die kausale Fortbewegung des reellen intermediären Teilchens, während die Kirchhoffschen Gesetze die geometrischen und kinematischen Bedingungen ausdrücken, denen der Prozeß unterliegt.

Diese Ergebnisse sind nützlich, falls wir ein graphisches oder intuitives Kriterium finden, mit dessen Hilfe wir die mögliche Existenz von reellen intermediären Zuständen bestimmen können. Für den Propagator ist das nicht schwierig. Für zeitartige q^2 wählen wir ein Koordinatensystem, in dem

$$q_\mu = (q,0,0,0)$$

Da die Stromquelle nur eine zeitartige Komponente hat, haben auch die inneren Ströme k_j nur zeitartige Komponenten, so daß die Kirchhoffschen Gesetze erfüllt sind. Im Fall einer Singularität des Propagators müssen wir reelle intermediäre Teilchen wie in den Diagrammen von Abb. 18.8

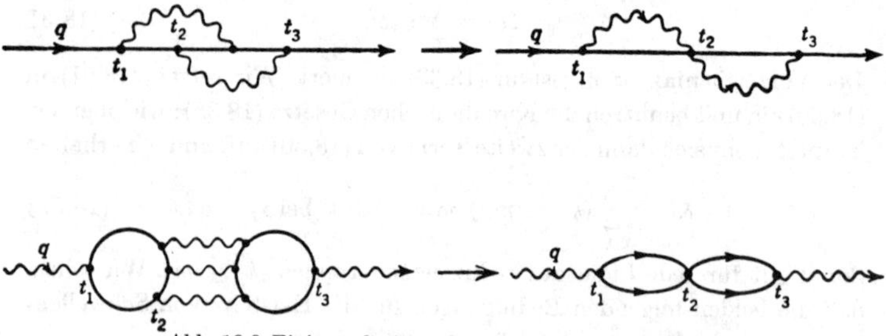

Abb. 18.8 Einige reduzierte Graphen für den Propagator.

zulassen. Die Kirchhoffschen Gesetze erlauben uns, jedem Vertex der reduzierten Graphen eine „Zeit" zuzuschreiben. Die Ströme fließen wegen der „Kausalität" im Ohmschen Gesetz alle in derselben Richtung von t_1 nach t_2 und nach t_3 : die α_i sind positiv. Die Stromstärken sind gerade die Massen der intermediären Teilchen, und die möglichen Singularitäten, die mit den reduzierten Graphen verknüpft sind, sind deshalb diejenigen Werte von q, für die

$$q = \Sigma m_i$$

wo die Summe über die Massen des Zwischenzustandes läuft, der in dem reduzierten Graphen auftritt. Der Schwellenwert q_t ist deshalb durch die Gesamtmasse des leichtesten Zwischenzustandes gegeben, der an das betreffende äußere Teilchen gekoppelt ist. Dieses Ergebnis stimmt mit dem von Kap. 16 überein[1], das dort von einem allgemeineren Ausgangspunkt gewonnen wurde.

18.6 *Singularitäten eines allgemeinen Graphen und die Landau-Bedingungen*

Wenn wir vom Beispiel des Propagators zu einem beliebigen Feynman-Graphen übergehen, dann erwarten wir, daß das Ergebnis von (18.52) für die Lokalisierung von Schwellensingularitäten weiterhin benutzt werden kann. Das gilt in der Tat, wie wir hier zeigen werden. Die Bedingungen (18.52) haben nicht nur einen intuitiv verständlichen Charakter, sondern sie wurden nach einer sehr allgemeinen Methode in der Entwicklung von (18.46) bis (18.52) hergeleitet. Die Amplitude (18.36)

$$I(q_1, \ldots, q_m) = \int_0^1 \frac{d\alpha_1 \cdots d\alpha_n \, \delta(1 - \Sigma\alpha_j)}{\Delta^2 \left[\sum_j (k_j^2 - m_j^2)\alpha_j + i\epsilon\right]^{n-2k}} \qquad (18.53)$$

liefert nämlich einen gemeinsamen Ausgangspunkt für beliebige Feynman-Graphen. Die Kirchhoff-Impulse k_j sind gemäß (18.37) lineare Funktionen der äußeren Impulse q_s, so daß wir den Nenner J in (18.53) in die Form

$$J = \sum_j (k_j^2 - m_j^2)\alpha_j + i\epsilon = \sum_{i,j=1}^{m} \zeta_{ij} q_i \cdot q_j - \sum_j m_j^2 \alpha_j + i\epsilon \qquad (18.54)$$

umschreiben können, wobei die ζ_{ij} wieder Koeffizienten sind, die in den Parametern α_j multilinear sind. Die Gln. (18.53) und (18.54) sind als Nambu-Darstellung[2] bekannt; der Propagator (18.45) und der Vertex (18.43) sind Spezialfälle davon. Weil diese Nambu-Darstellung eine gemeinsame Form für das Studium beliebiger Feynman-Amplituden als Funktion von komplexen Variablen $q_i \cdot q_j$ liefert, ist es nicht verwunderlich, daß wir ganz allgemein beweisen können, daß die folgenden Bedingungen für irgendeine Singularität eines gegebenen Feynman-Graphen notwendig sind:

1. Jeder Singularität entspricht ein „reduzierter Graph“, der durch das Zusammenziehen einer Untermenge von inneren Linien zu einem Punkt entsteht.

2. Die intermediären Teilchen im reduzierten Graphen müssen reell sein, d. h. gemäß (18.52)

$$k_j^2 = m_j^2 \qquad (18.55)$$

[1] Es geht in Wirklichkeit etwas weiter, weil es zeigt, daß der Elektronpropagator S'_F auch einer Spektraldarstellung genügt, wenn man Eichterme vernachlässigt (das ist zulässig, wenn man nur an der Berechnung von S-Matrix-Elementen interessiert ist).

[2] Y. Nambu, *Nuovo Cimento*, 9, 610 (1958).

wo k_j der Kirchhoff-Impuls ist, der jeder inneren Linie zusammen mit einem Feynman-Parameter α_j zugeschrieben wird und der den Kirchhoffschen Gesetzen (18.35) und (18.37) oder symbolisch (18.38) genügt.

Die obigen Forderungen sind als die Landau-Bedingungen[1] bekannt; sie reduzieren das Auffinden der Singularitäten von Feynman-Graphen auf ein algebraisches Problem. Für Singularitäten, die $0(\epsilon)$ von reellen $q_i \cdot q_j$ auf dem „physikalischen Blatt" sind (d. h., bevor irgendeine dieser Variablen zu komplexen Werten fortgesetzt ist), besteht die zusätzliche Kausalitätsbedingung

$$\alpha_j \geq 0 \qquad \mathrm{Im}\, \alpha_j = 0 \qquad \text{für alle } j. \tag{18.56}$$

Wenn wir I zu komplexen Werten von $q_i \cdot q_j$ fortsetzen und dabei vielleicht ins unphysikalische siebente Blatt gelangen, bleiben die Landau-Bedingungen zur Bestimmung der Singularitäten notwendig, falls die α_j komplex werden dürfen.

Die Nambu-Darstellung (18.53) und (18.54) ist weniger nützlich, wenn sie auf Feynman-Graphen wie etwa Streugraphen mit mehr als drei äußeren Linien angewendet wird, als im Fall des Propagators und des Vertex. Das liegt daran, daß die Zahl der $q_i \cdot q_j$ dann die Zahl der unabhängigen Invarianten, die gebildet werden können, überschreitet. Man kann jedoch einiges darüber aussagen; wir wollen dies in Abschn. 19.8 für die Streuamplitude diskutieren. Nichtsdestoweniger erlauben (18.53) und (18.54) in dem allgemeinen Fall eine Fortsetzung für alle reellen Werte der Invarianten, selbst wenn diese unphysikalisch sind. Hieraus folgt, daß alle Amplituden, die durch die Substitutionsregel auseinander hervorgehen, — z. B. Comptonstreuung, Paarvernichtung zu zwei Photonen und Paarerzeugung durch zwei Photonen — durch dieselbe analytische Funktion für verschiedene Werte der Argumente beschrieben werden.

Wir kommen jetzt auf die eigentliche Aufgabe zurück, die notwendigen Bedingungen für das Auftreten einer Singularität im Integral I von (18.53) aufzustellen, und befreien uns von der Bedingung an die α, die durch die δ-Funktion ausgedrückt wird, indem wir wie vorher die Skaleneigenschaft (18.47) benutzen. Wir ändern in (18.34) und (18.36) den Maßstab:

$$\alpha_j \to \frac{\alpha_j}{\lambda} \qquad \lambda > 0$$

Wir können damit (18.53) in der Form

$$I = \int_0^\infty \frac{d\alpha_1 \cdots d\alpha_n\, \delta\left(1 - \sum_j \alpha_j/\lambda\right)}{\Delta^2(\alpha_j)[J(\alpha_j)]^{n-2k}}$$

[1] L. D. Landau, *Nucl. Phys.*, **13**, 181 (1959); J. D. Bjorken, Dissertation, Universität Stanford, 1959.

schreiben. I ist in (18.34) offenbar von λ unabhängig; deshalb kann die δ-Funktionsbedingung durch den folgenden Trick beseitigt werden:

$$I = \int_0^\infty d\lambda\, e^{-\lambda} I = \int_0^\infty \frac{d\alpha_1 \cdots d\alpha_n \left(\sum_j \alpha_j\right) \exp\left(-\sum_j \alpha_j\right)}{\Delta^2(\alpha_j)[J(\alpha_j)]^{n-2k}} \tag{18.57}$$

Wir betrachten zuerst das Integral über α_1 in (18.57), wobei die $\alpha_2, \ldots, \alpha_n$ festgehalten und die Invarianten $q_i \cdot q_j$ bei reellen Werten festgehalten werden:

$$\mathscr{I}_2(\alpha_2, \ldots, \alpha_n; q_i \cdot q_j) = \int_0^\infty \frac{d\alpha_1 \left(\sum_j \alpha_j\right) \exp\left(-\sum_j \alpha_j\right)}{\Delta^2[J(\alpha_j)]^{n-2k}}$$
$$= \int_0^\infty d\alpha_1 \mathscr{I}_1(\alpha_1 \cdots \alpha_n; q_i \cdot q_j) \tag{18.58}$$

Offenbar wird $\mathscr{I}_2$ existieren, wenn nicht $J = 0$ ist für einen positiven Wert von α_1, d. h., wenn nicht $\mathscr{I}_1$ singulär ist. Selbst in diesem Fall kann die Singularität im allgemeinen umgangen werden, indem der Integrationsweg in die komplexe α_1-Ebene verbogen wird, wie das in Abb. 18.9

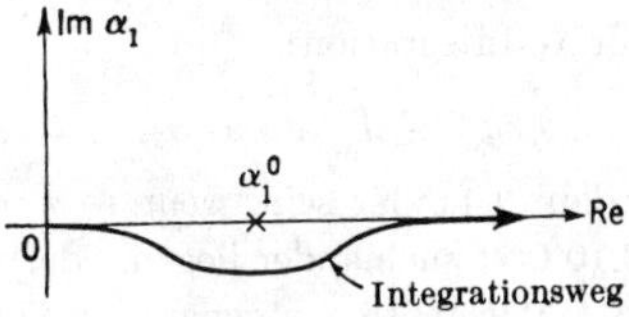

Abb. 18.9 Der Integrationsweg für die α_1-Integration ist verbogen, um die Singularität bei α_1^0 zu umgehen.

gezeigt ist. $\mathscr{I}_2$ wird dann weiterhin analytisch sein, d. h. eine kleine Variation der q_s oder $\alpha_2, \ldots, \alpha_n$ verursacht eine kleine Variation der Lage und Stärke der Singularitäten in der α_1-Ebene, so daß das Integral und seine Ableitungen existieren. Der Integrationsweg wird nur dann gefangen und das resultierende $\mathscr{I}_2$ Integral ist nur dann singulär, wenn die Singularität in $\mathscr{I}_1$ am Endpunkt $\alpha_1 = 0$ liegt oder wenn zwei Singularitäten zusammenfallen und den Weg bei $\alpha_1 = \alpha_1^0$ einklemmen, wie das in Abb. 18.10 gezeigt ist. Diese beiden Fälle führen auf die Bedingungen, die für eine Singularität in $\mathscr{I}_2$ notwendig sind:

$$J(\alpha_1^0, \alpha_2, \ldots, \alpha_n; q_i \cdot q_j) = 0 \tag{18.59a}$$

und entweder

$$\alpha_1^0 = 0 \quad \text{or} \quad \left.\frac{\partial J}{\partial \alpha_1}\right|_{\alpha_1 = \alpha_1^0} = 0 \tag{18.59b}$$

oder

weil im letztgenannten Fall eine doppelte Nullstelle bei $\alpha_1 = \alpha_1^0$ liegt.

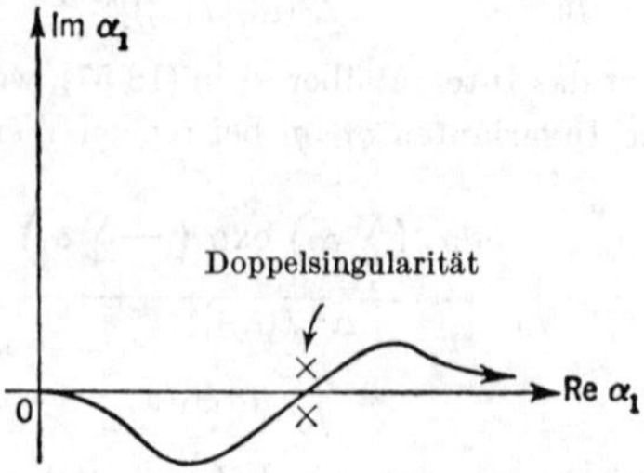

Abb. 18.10 Doppelsingularität, die den Integrationsweg einklemmt.

Wir sehen, wie die Landau-Bedingungen entstehen, da (18.59) dieselbe Form wie (18.49) hat.

Wir kommen jetzt zur α_2-Integration:

$$\vartheta_3(\alpha_3, \ldots, \alpha_n; q_i \cdot q_j) = \int_0^\infty d\alpha_2 \vartheta_2(\alpha_2, \ldots, \alpha_n; q_i \cdot q_j) \tag{18.60}$$

Wiederum kann ϑ_3 nur dann singulär sein, wenn ϑ_2 zwei Singularitäten hat, die wie in Abb. 18.10 $0(\epsilon)$ zueinander liegen, oder wenn eine Singularität am Endpunkt $\alpha_2 = 0$ liegt. Im erstgenannten Fall ist

$$J(\alpha_1{}^0, \alpha_2{}^0, \alpha_3, \ldots, \alpha_n; q_i \cdot q_j) = 0 \tag{18.61a}$$

und

$$\left.\frac{dJ}{d\alpha_2}\right|_{\alpha_2 = \alpha_2{}^0} = 0 \tag{18.61b}$$

Die Gl. (18.61 b) enthält eine implizite Variation von α_1^0, weil α_1^0 in (18.59 a) durch α_2 und die anderen Variablen ausgedrückt worden ist. Deshalb ist wegen (18.59 b)

$$\left.\frac{dJ}{d\alpha_2}\right|_{\alpha_2 = \alpha_2{}^0} = 0 = \left(\frac{\partial J}{\partial \alpha_2} + \frac{\partial J}{\partial \alpha_1}\frac{\partial \alpha_1}{\partial \alpha_2}\right)_{\alpha_2 = \alpha_2{}^0} = \left.\frac{\partial J}{\partial \alpha_2}\right|_{\alpha_2 = \alpha_2{}^0}$$

Dieses Verfahren kann durch Induktion fortgesetzt werden, bis alle α-Integrationen ausgeführt sind, und führt auf die Bedingungen

entweder

$$\left.\frac{\partial J}{\partial \alpha_j}\right|_{\alpha_j = \alpha_j{}^0} = (k_j{}^2 - m_j{}^2) = 0$$

oder

$$\alpha_j{}^0 = 0 \tag{18.62}$$

Ein Blick auf (18.52) zeigt, daß dies gerade die Landau-Bedingungen sind. Wir stellen fest, daß die Wege in der α-Ebene nicht verbogen werden, wenn die $q_i \cdot q_j$ nicht in die komplexe Ebene wandern dürfen, weil das $i\epsilon$ verhindert, daß eine Nullstelle von J dichter als $0(\epsilon)$ an die reelle Achse kommt. Somit ist die zusätzliche Kausalitätsbedingung $\alpha_j \geq 0$, die in (18.56) gegeben ist, auf diese Singularitäten anwendbar, die die meisten der physikalisch interessanten Singularitäten enthalten.

Wenn die $q_i \cdot q_j$ beliebig durch die komplexe Ebene wandern dürfen, können sich die Nullstellen von J den Wegen nähern, die wie in Abb. 18.11 deformiert werden müssen, um die Nullstellen zu umgehen. Das

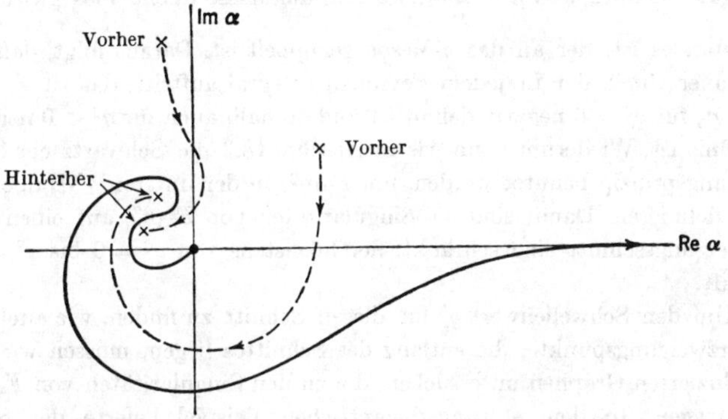

Abb. 18.11 Verschiebung der Nullstellen von J von „vorher" für reelle $q_i \cdot q_j$ zu „hinterher" für mögliche komplexe Werte.

Integral I kann aber wiederum nur dann singulär werden, wenn die α-Wege eingeklemmt werden oder wenn Singularitäten an den Endpunkten $\alpha_j = 0$ liegen. Somit überleben die Landau-Bedingungen diese Verallgemeinerung, falls die α komplex werden dürfen[1].

18.7 *Die analytische Struktur von Vertexgraphen; Anomale Schwellen*

Wir benutzen jetzt die allgemeinen Landau-Bedingungen, um die Singularitäten von Vertexgraphen aufzufinden, die vielfältiger sind als die Singularitäten des Propagators. Wir kehren zu unserem früheren Beispiel

[1] Die Landau-Bedingungen haben nur eine endliche Anzahl von Lösungen, weil sie algebraische Gleichungen sind. Deshalb treten keine natürlichen Grenzen auf, wenn die $q_i \cdot q_j$ in andere Blätter in der komplexen Ebene fortgesetzt werden. Singularitäten, die mit $\alpha = \infty$ zusammenhängen, sind von FAIRLEE et al., *J. Math. Phys.*, **3**, 549 (1962), behandelt worden.

des elektromagnetischen Formfaktors des π-Mesons zurück und schließen aus der Darstellung (18.43), daß $F_\pi(q^2)$ in allen Ordnungen der Störungsrechnung in der oberen q^2-Halbebene analytisch ist. Ferner erwarten wir, daß $F_\pi(q^2)$ aufgrund derselben physikalischen Überlegungen, wie wir sie in Abschn. 18.3 für das störungstheoretische Beispiel diskutiert haben, in den starken Wechselwirkungen für $q^2 < 0$ in allen Ordnungen reell ist. Wir können dieses Ergebnis bestätigen, indem wir feststellen, daß für $q_\mu = 0$ die Vertexgraphen hinsichtlich ihrer Kinematik im wesentlichen Propagatorgraphen werden. Wie in Abschn. 18.5 ist aber der Nenner J in jedem solchen Propagatorgraphen auf der Massenschale $q_2^2 = q_3^2 = \mu^2$ negativ definit, weil $\mu < \sum_i m_i$, wo $\sum_i m_i$ die Masse irgendeines Zwischenzustandes ist, der an das π-Meson gekoppelt ist. Daraus folgt, daß der Nenner $J(q^2)$, der in jedem Feynman-Integral auftritt, das zu F_π beiträgt, für $q^2 = 0$ negativ definit ist und deshalb auch für $q^2 < 0$ negativ definit ist. Wiederum kann wie in Abschn. 18.3 das Schwartzsche Spiegelungsprinzip benutzt werden, um $F_\pi(q^2)$ in der unteren q^2-Halbebene zu definieren. Damit sind die Singularitäten von $F_\pi(q^2)$ auf einen Verzweigungsschnitt eingeschränkt, der höchstens von $q^2 = 0$ bis $q^2 = \infty$ läuft.

Um den Schwellenwert q_t^2 für diesen Schnitt zu finden, wie auch die Verzweigungspunkte, die entlang des Schnittes liegen, müssen wir alle reduzierten Graphen untersuchen, die zu den Singularitäten von $F_\pi(q^2)$ beitragen. In dem störungstheoretischen Beispiel lieferte der reduzierte Graph von Abb. 18.12 die Singularität bei $q^2 = 4M^2$. Wie im Fall

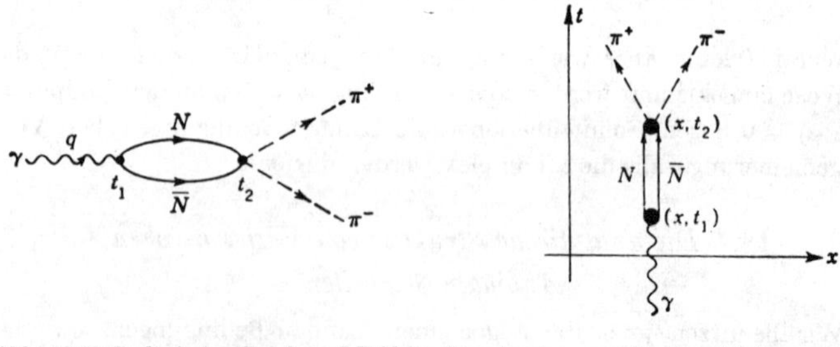

Abb. 18.12 Reduzierter Graph und Bild im Koordinatenraum für den elektromagnetischen Vertex des Pions.

des reduzierten Graphen für den Propagator kann dies wortgetreu in ein Bild im Koordinatenraum übersetzt werden. Das zeitartige Photon mit $q_\mu = (q, 0, 0, 0)$ zerfällt zur Zeit t_1 in ein ruhendes Nukleon-Antinukleon-Paar. Das Paar verbleibt eine beliebig lange Zeit, bis die beiden Partner zur Zeit t_2 rekombinieren, wobei die beiden auslaufenden Pionen entstehen. Dies kann nur an der Schwelle $q_0 = 2M$ geschehen.

Wenn wir jetzt Diagramme untersuchen, die über die Störungsnäherung hinausgehen, dann treten zusätzliche reduzierte Graphen auf, ähnlich dem aus Abb. 18.12, die die Schwelle für den Schnitt von $q_t^2 = 4M^2$ auf $q_t^2 = 4\mu^2$ erniedrigen. Solche Graphen enthalten die Rückstreuung der beiden auslaufenden Pionen, wie in Abb. 18.13 gezeigt. $q^2 = 4\mu^2$ ist auch

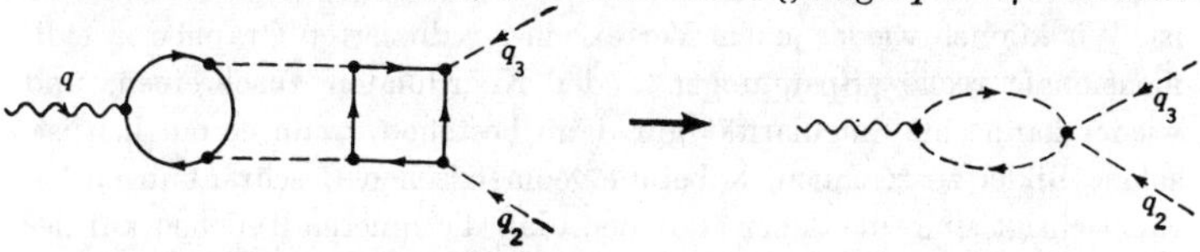

Abb. 18.13 Reduzierter Graph höherer Ordnung mit einer Schwellensingularität bei $q_t^2 = 4\mu^2$.

die Schwelle des physikalischen Bereiches für das experimentelle Studium von $(F_\pi q^2)$ in Reaktionen wie

$$e^- + e^+ \leftrightarrow \pi^+ + \pi^-$$

Für raumartige $q^2 < 0$ kann F_π durch elastische Elektron-Pion-Streuung ausgemessen werden, aber dazwischen, für $0 \leq q^2 \leq 4\mu^2$, liegt ein unphysikalisches Intervall.

Um die reduzierten Graphen im unphysikalischen Gebiet studieren zu können, müssen wir die Impulse q_2 und q_3 der äußeren Pionen komplex werden lassen und nachsehen, welche reduzierten Graphen entstehen können. Aus Bequemlichkeit wählen wir ein Koordinatensystem, in dem die Impulse die folgenden Komponenten haben:

$$q = (q,0,0,0) \qquad q_2 = \left(-\frac{q}{2}, i\sqrt{\mu^2 - \frac{q^2}{4}}, 0,0\right)$$

$$q_3 = \left(-\frac{q}{2}, -i\sqrt{\mu^2 - \frac{q^2}{4}}, 0,0\right) \qquad (18.63)$$

Wegen der Kirchhoffschen Gesetze müssen alle inneren „Ströme" der Impulse k die Form

$$k = (k_0, ik_1, 0,0) \qquad (18.64)$$

haben, wo k_0 und k_1 reell sind. In Richtung der zweiten oder dritten Komponente von k fließen keine inneren Ströme, wenn Stromquellen in diesen Richtungen fehlen. Wenn, wie in (18.64), die Stromquellen in Richtung der Eins-Komponente alle rein imaginär sind, so sind auch wegen der Kirchhoffschen Gesetze die Eins-Komponenten der inneren Ströme rein imaginär. Da nun alle räumlichen Impulse in (18.63) und (18.64) rein imaginär sind, können wir von unserem metrischen Tensor $g_{\mu\nu}$ zu einer Metrik $\delta_{\mu\nu}$ überwechseln, die einem euklidischen Raum zugeordnet ist, wenn wir gleichzeitig alle i in den Raumkomponenten weglassen. Die Landau-Bedingungen für die Singularitäten von Graphen für reelle Zwischenzustände bei $k_j^2 = m_j^2$ können auch hier angewendet werden, und die Aussage dieser Bedingungen kann wiederum sehr einfach geometrisch in einer Ebene bestimmt werden, weil die Geometrie euklidisch ist. Wir können wieder jedem Vertex eines reduzierten Graphen zweidimensionale reelle „Spannungen" oder Koordinaten zuschreiben, und wieder kann eine Singularität nur dann bestehen, wenn es möglich ist, solche Bilder zu zeichnen, wobei die geometrischen Beschränkungen berücksichtigt sind, die daher stammen, daß die inneren Teilchen auf der Massenschale liegen. Wir betrachten z. B. das störungstheoretische Beispiel, das wir in Abschn. 18.3 diskutiert haben, und nehmen an, ein zweidimensionaler Graph wie in Abb. 18.14 wäre möglich. Der Winkel θ ist

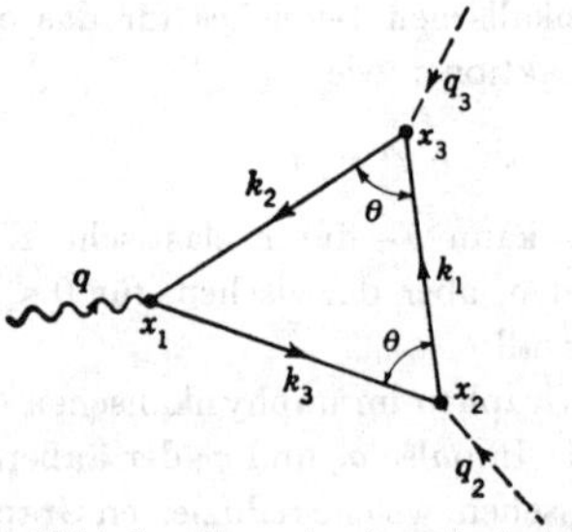

Abb. 18.14 Zweidimensionaler reduzierter Graph.

durch die Forderung der Impulserhaltung und die Bedingung, daß die intermediären Teilchen „reell" sind, festgelegt:

$$q_3^2 = \mu^2 = (k_1 - k_2)^2 = k_1^2 + k_2^2 - 2k_1k_2 \cos(\pi - \theta)$$
$$= 2M^2(1 + \cos\theta)$$

Um jedoch diese Figur überhaupt zeichnen zu können, muß θ kleiner als $\pi/2$ sein oder $\mu^2 > 2M^2$, eine Bedingung[1], die für π-Mesonen und Nukleonen nicht erfüllt ist. Deshalb trägt dieser reduzierte Graph keine Singularität zu $F_\pi(q^2)$ bei. Wir weisen darauf hin, daß beim Zeichnen dieser geschlossenen Figuren, deren Winkel durch die Impuls- (oder Strom-)Erhaltung an jedem Vertex bestimmt sind, die Seiten eine Länge erhalten, die durch den Spannungsabfall (oder Strom mal Widerstand) zwischen den Vertizes gegeben ist, die durch diese Seiten verbunden werden.

[1] Vgl. mit (18.29) und der Fußnote auf Seite 225.

Wir können Singularitäten von $F_\pi(q^2)$, die von zweidimensionalen reduzierten Graphen ($q^2 \leq 4\mu^2$) herrühren, bis zu beliebig hohen Ordnungen der Wechselwirkung ausscheiden, indem wir feststellen, daß jeder Kandidat für einen reduzierten Graphen durch ein Dreieck eingeschlossen werden kann, dessen Vertizes x_1, x_2 und x_3 die Koordinaten der Punkte sind, an denen die äußeren Teilchen zum ersten Male wechselwirken. Die Seiten des Dreiecks können sich nicht ausbauchen, d. h. keine inneren Linien können wie in Abb. 18.15 durch die Seiten des Dreiecks wandern.

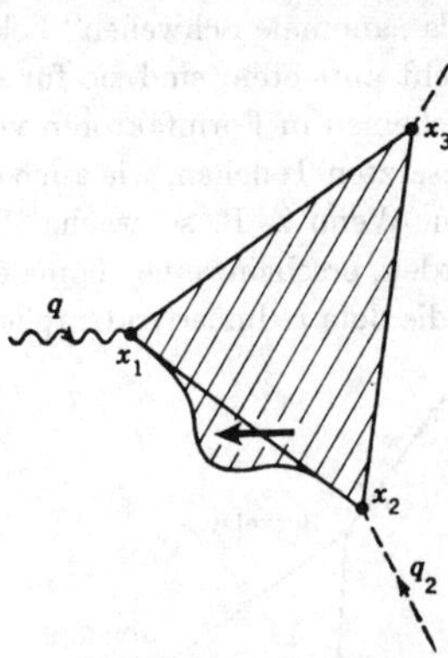

Abb. 18.15 Zweidimensionaler reduzierter Graph mit einer sich ausbauchenden Seite; dieser Fall ist unmöglich.

Wenn dies geschehen würde und ein Teilchen durch die Seiten wandern würde, würde es sich beständig entfernen, weil es keinen äußeren Impuls gibt, der es zurück zu einem Vertex stoßen würde, so daß es dort absorbiert werden könnte. Wenn wir dieses Dreieck konstruiert haben, stellen wir fest, daß zumindest an einem der Pion-Vertizes der Winkel θ des Dreiecks spitz ist. An diesem Vertex zersprüht das äußere Pion in Teilchen der Impulse k_i und Massen m_i, und es gilt:

$$q^2 = \mu^2 = \Big(\sum_i k_i\Big)^2 = \sum_i k_i^2 + \sum_{i \neq j} k_i \cdot k_j > \sum_i m_i^2$$

Somit muß ein Zustand existieren, der an das π gekoppelt ist, für den

$$\mu^2 > \sum_i m_i^2 \tag{18.65}$$

gilt, wenn es eine Singularität geben soll. Ein Zustand dieser Art existiert nicht, falls wir von schwachen und zusätzlichen elektromagnetischen Wechselwirkungen absehen. Wenn wir wiederum nur starke Wechselwirkungen betrachten, tragen offensichtlich keine eindimensionalen reduzierten Graphen im Bereich $0 \leq q^2 < 4\mu^2$ zu $F_\pi(q^2)$ bei, weil der 2π-Zustand der leichteste Zustand ist, der aus stark wechselwirkenden Teilchen zusammengesetzt und an das Photon gekoppelt ist. Deshalb können wir schließen, daß $F_\pi(q^2)$ in allen Ordnungen der Störungstheorie in den starken Wechselwirkungen in der aufgeschnittenen q^2-Ebene analytisch ist, wobei die Schwelle bei $q_t^2 = 4\mu^2$ liegt, die reduzierten Graphen mit intermediären 2π-Zuständen entspricht.

Singularitäten, die mit den zweidimensionalen reduzierten Graphen zusammenhängen, sind als „anomale Schwellen" bekannt. Obwohl sie in dem diskutierten Fall nicht auftreten, sind sie für sich genommen von großem Interesse. Sie erscheinen in Formfaktoren von „schwach gebundenen" oder zusammengesetzten Teilchen, wie auch von unstabilen Teilchen, die (18.65) genügen. Wenn z. B. schwache Wechselwirkungen in $F_\pi(q^2)$ berücksichtigt werden, erscheint eine anomale Schwelle im physikalischen Gebiet $q^2 < 0$, die dem reduzierten Graphen in Abb. 18.16 ent-

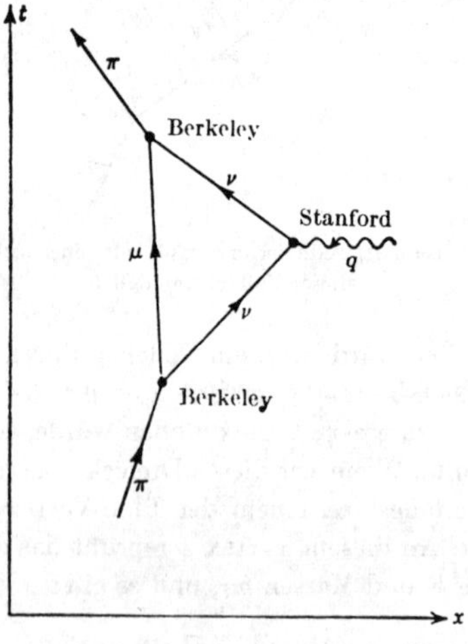

Abb. 18.16 Beispiel eines reduzierten Graphen für eine anomale Schwelle im physikalischen Bereich, die einem instabilen Teilchen entspricht.

spricht. In Worten ist der physikalische Prozeß der folgende: das Pion wird in Berkeley mit gerade dem richtigen Impuls $\mathbf{q}/2$ erzeugt, so daß das μ-Meson, das beim Zerfall entsteht, in Ruhe bleibt und das Neutrino mit dem Impuls $\mathbf{q}/2$ nach Stanford läuft. Dort wird es an einem elektromagnetischen Potential gestreut und läuft mit dem Impuls $-\mathbf{q}/2$ nach Berkeley zurück und rekombiniert dort mit dem μ-Meson zu einem neuen π. Der

Impulsübertrag q, für den F_π singulär ist, wird durch

$$\frac{|q|^2}{4} = E_\pi{}^2 - \mu^2$$

gegeben; hierbei gilt

$$m^2 + \mu^2 - 2mE_\pi = 0$$

wo m die Masse des μ-Mesons ist; deshalb gilt

$$|q| = \frac{(\mu + m)(\mu - m)}{m} = 79 \text{ MeV}/c \qquad (18.66)$$

$$\cos\theta = \frac{M_D^2 - 2M^2}{2M^2} \approx 1 - \frac{2\epsilon}{M}$$

(a)

$$\cos\theta = \frac{M_D^2 - M^2 - (M+\mu)^2}{2M(M+\mu)} \approx 1 - \frac{2\mu}{M}$$

(b)

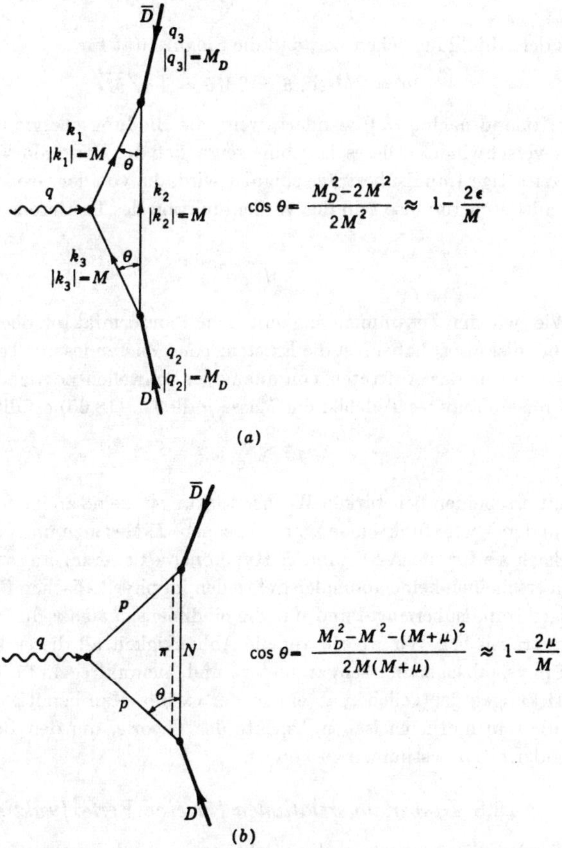

Abb. 18.17 Reduzierte Graphen für Beiträge von anomalen Schwellen zum Deuteronformfaktor.

Die Stärke dieser Singularität ist zweifellos ziemlich gering, aber im Prinzip existiert sie.

Wenn man von instabilen zu stabilen Teilchen übergeht, wandern die normalen Schwellen von raumartigen zu zeitartigen q^2, und für Systeme wie etwa ein Deuteron existieren zweidimensionale reduzierte Graphen im euklidischen Bereich. Zwei derartige Graphen sind in Abb. 18.17 gezeigt. Für den Graph in Abb. 18.17a ist der Wnkel θ sehr klein, weil die Bindungsenergie ϵ des Deuterons klein ist:

$$\cos\theta \cong 1 - \frac{\theta^2}{2} \cong \frac{(2M - \epsilon)^2 - 2M^2}{2M^2} \approx 1 - \frac{2\epsilon}{M}$$

Aus der Abbildung sehen wir, daß die Singularität für

$$q = 2M \sin\theta \approx 2M\theta \approx 4\sqrt{M\epsilon} \tag{18.67}$$

auftritt und nach $q = 0$ wandert, wenn die Bindungsenergie des Deuterons verschwindet. Dieses Ergebnis zeigt, daß der Deuteron-Formfaktor für zeitartige Impulsüberträge singulär wird, die von der Größenordnung der mittleren Impulse k in der Wellenfunktion des Deuterons sind:

$$\frac{k^2}{2M} \sim \epsilon$$

Wie wir im Zusammenhang mit dem Pionformfaktor oberhalb von (18.65) diskutiert haben, ist die Existenz eines Zustandes mit Teilchen der Masse m_i für das Auftreten von anomalen Schwellen notwendig, derart daß für ein äußeres Teilchen der Masse μ die Gl. (18.65) erfüllt ist:

$$\mu^2 > \sum_i m_i^2$$

Somit erscheinen bei starken Wechselwirkungen keine anomalen Schwellen in den Vertexfunktionen von π-Mesonen, K-Mesonen und Nukleonen, obgleich sie für die Λ- Σ- und Ξ-Hyperonen existieren. Für stabile Teilchen erscheinen keine anomalen Schwellen im physikalischen Gebiet zeitartiger Impulsüberträge, und nur die eindimensionalen reduzierten Graphen tragen bei. Wir weisen auf die Abhängigkeit all dieser Ergebnisse von physikalischen Massenparametern und Auswahlregeln für die Wechselwirkungen der Teilchen an einem Vertex hin. Man benötigt viel mehr als die rein mathematischen Aspekte der Theorie, um den Bereich der Singularitäten bestimmen zu können.

18.8 *Dispersionsrelationen für eine Vertexfunktion*

Weil die Singularitäten des elektromagnetischen Formfaktors des Pions $F_\pi(q^2)$ in allen Ordnungen der Störungstheorie auf einen Schnitt entlang der reellen Achse von $q^2 = 4\mu^2$ bis $q^2 = \infty$ eingeengt sind, können wir eine Dispersionsrelation der Form

$$F_\pi(q^2) = \frac{1}{2\pi i} \int_C \frac{dq'^2\, F_\pi(q'^2)}{q'^2 - q^2} \tag{18.68}$$

schreiben, wobei q^2 ein beliebiger Punkt in der komplexen Ebene ist, der innerhalb der Kontur C liegt, die in Abb. 18.18 gezeigt ist. Da $F_\pi(q^2)$

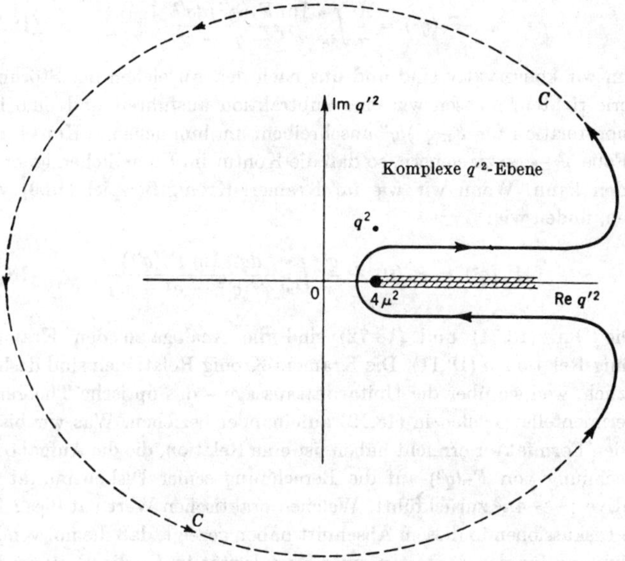

Abb. 18.18 Integrationsweg in der komplexen q'^2-Ebene für das Dispersionsintegral für $F_\pi(q^2)$.

reell ist für relle $q^2 < 4\mu^2$ und das Schwartzsche Spiegelungsprinzip anwendbar ist, können wir die Diskontinuität über den Verzweigungsschnitt durch den Imaginärgürtel von $F_\pi(q^2)$ ausdrücken. Wenn q^2 sich der reellen Achse von der oberen Halbebene her nähert, schreiben wir q^2 reell

$$\lim_{\epsilon \to 0^+} F_\pi(q^2 + i\epsilon) = \operatorname{Re} F_\pi(q^2) + i \operatorname{Im} F_\pi(q^2) \qquad q^2 \text{ real}$$

und

$$\lim_{\epsilon \to 0^+} [F_\pi(q^2 + i\epsilon) - F_\pi(q^2 - i\epsilon)] = 2i \operatorname{Im} F_\pi(q^2) \tag{18.69}$$

Das Dispersionsintegral (18.68) kann dann in den Beitrag vom Schnitt und den Beitrag $C\infty$ vom Kreis im Unendlichen aufgespalten werden:

$$F_\pi(q^2) = \lim_{\epsilon\to 0^+} F_\pi(q^2 + i\epsilon) = \frac{1}{2\pi i} \lim_{\epsilon\to 0^+} \int_{4\mu^2}^{\infty} \frac{2i \operatorname{Im} F_\pi(q'^2)\, dq'^2}{q'^2 - q^2 - i\epsilon} + C_\infty \tag{18.70}$$

Mit der optimistischen Annahme, daß $F_\pi(q^2)$ im Unendlichen verschwindet, erhalten wir die nichtsubtrahierte Form der Dispersionsrelation:

$$F_\pi(q^2) = \frac{1}{\pi} \int_{4\mu^2}^{\infty} \frac{\operatorname{Im} F_\pi(q'^2)\, dq'^2}{q'^2 - q^2 - i\epsilon} \tag{18.71}$$

Wenn wir konservativ sind und uns nach den Anzeichen der Störungstheorie richten, müssen wir eine Subtraktion ausführen und eine Dispersionsrelation für $F_\pi(q^2)/q^2$ anschreiben, um hinreichende Konvergenz im Falle $q^2 \to \infty$ zu sichern, so daß die Kontur im Unendlichen ignoriert werden kann. Wenn wir wie im Kramers-Krönig-Beispiel (18.9) vorgehen, finden wir:

$$F_\pi(q^2) = F_\pi(0) + \frac{q^2}{\pi} \int_{4\mu^2}^{\infty} \frac{dq'^2 \operatorname{Im} F_\pi(q'^2)}{q'^2(q'^2 - q^2 - i\epsilon)} \tag{18.72}$$

Die Gln. (18.71) und (18.72) sind die Analoga zu den Kramers-Krönig-Relationen (18.11). Die Kramers-Krönig-Relationen sind deshalb nützlich, weil sie über die Unitaritätsaussage – das optische Theorem – experimentelle Größen in (18.12) aufeinander beziehen. Was wir bisher für den Formfaktor erreicht haben, ist eine Relation, die die Aufgabe der Berechnung von $F_\pi(q^2)$ auf die Berechnung seiner Diskontinuität für positive $q^2 > 4\mu^2$ zurückführt. Welchen praktischen Wert hat dies ? Unsere Diskussionen in diesem Abschnitt haben gezeigt, daß die notwendige Bedingung für das Auftreten einer Singularität in F_π die Existenz von reduzierten Graphen ist, in denen das virtuelle zeitartige Photon an reelle Zwischenzustände angekoppelt ist. Im Spezialfall des Pionformfaktors erscheinen keine anomalen Schwellen, und alle reduzierten Graphen sind eindimensional und im physikalischen Gebiet $q^2 > 4\mu^2$. Die Auswertung der Diskontinuität im $F_\pi(q^2)$ enthält dann die Auswertung physikalischer Amplituden für ein Photon, das in einen reellen Zustand $|n\rangle$ zerfällt, multipliziert mit den Übergangsamplituden dafür, daß dieser Zustand $|n\rangle$ ein $\pi^+ - \pi^-$-Paar bildet. Solch eine Formel für die Diskontinuität, die der Gl. (18.16) ähnlich ist, wobei (18.16) die Diskontinuität über den Schritt für einen Propagator ausdrückt, wird im einzelnen diskutiert werden, wenn wir zum praktischen Teil der Berechnungen in der Dispersionstheorie kommen. Wir können jedoch schon sehen, daß nur ein Zwei-Pion-Zustand zu dieser Summe im Intervall $(2\mu)^2 \leq q^2 \leq (4\mu)^2$ beitragen kann, weil der Drei-Pion-Zustand die falschen Quantenzahlen hat und deshalb das auslaufende Pionpaar nicht bilden kann.

Aufgrund derartiger Überlegungen sind Näherungsverfahren entwickelt worden, um die Berechnungen in der Dispersionstheorie tatsächlich auszuführen. Z. B. zeigt eine Berechnung von $F_\pi(q^2)$ für kleine Werte von q^2 mit den einmal subtrahierten Relationen (18.72), daß der Schwellenbereich niedriger q^2 wegen des Faktors $1/q'^4$ im Integral den absorptiven Teil überwiegt, so daß wir uns bei den Rechnungen auf den Zustand niedrigster Masse, den 2π-Zustand selbst, konzentrieren können. In der gröbsten Näherung, die nur den Beitrag des Zwei-Pion-Zustandes zu $\mathrm{Im}F_\pi(q^2)$ beibehält, liefert (18.72) einen Zusammenhang zwischen dem elektromagnetischen Formfaktor des Pions und der π-π-Streuamplitude, der im Experiment nachgeprüft werden kann. Später in diesem Kapitel werden wir weiter ausführen, wie das gemacht wird. Wir wollen hier besonders betonen, daß die Dispersionsrelationen verschiedene physikalische Amplituden auf definierte Weise aufeinander beziehen und eine Grundlage für ein Näherungsverfahren liefern, das von einer Entwicklung nach Potenzen großer Kopplungskonstanten frei ist.

Leider ist die Beziehung zu experimentellen Parametern oft weniger direkt als in dem vorliegenden Beispiel. Bei einem Studium des elektromagnetischen Formfaktors des Protons begegnet man dem reduzierten Graphen der Abb. 18.19, der einen Beitrag porportional zum Pion-Form-

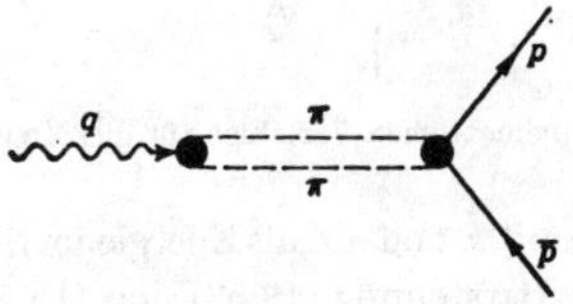

Abb. 18.19 Reduzierter Graph für den elektromagnetischen Vertex des Protons.

faktor liefert, multipliziert mit der Amplitude für $\pi^+ + \pi^- \to \bar{p} + p$. Leider erscheint der reduzierte Graph im euklidischen unphysikalischen Bereich für $q^2 = 4\mu^2$; der physikalische Prozeß der Annihilation kommt nur oberhalb der Schwelle $4M^2$ vor. Deshalb müssen wir die physikalische Amplitude für die Annihilation in dieses unphysikalische Gebiet analytisch fortsetzen, wie auch die Unitaritätsaussagen, die bei der Auswertung der Diskontinuitäten im Fall der Dispersionsnäherung benutzt werden. Wir wenden uns jetzt diesen Fragen zu und studieren analytische Eigenschaften von Streuamplituden.

18.9 *Singularitäten von Streuamplituden*

Wir können dieselben Methoden benutzen, um einige der Analytizitätseigenschaften von Streuamplituden festzustellen. Wie wir unterhalb der Gl. (18.56) erwähnt haben, sind die Methoden bei dieser Anwendung weniger wirksam, weil die verschiedenen Invarianten, die aus den äußeren Impulsvariablen q_i gebildet werden können, Beschränkungen unterworfen sind. Wir können diese skalaren Invariaten folgendermaßen wählen (anstatt der inneren Produkte $q_i \cdot q_j$):

$$s = (q_1 + q_2)^2 \qquad t = (q_1 + q_3)^2 \qquad u = (q_1 + q_4)^2 \tag{18.73}$$

Die Kinematik ist in Abb. 18.20 gezeigt. s ist das Quadrat der Energie im Schwerpunktsystem für die „s-Reaktion" mit den einlaufenden Impulsen q_1 und q_2 und den auslaufenden Impulsen $-q_3$ und $-q_4$. t und u sind die entsprechenden Größen für die „gekreuzten" Reaktionen. Nach der Substitutionsregel stellt dasselbe Feynman-Diagramm die Gesamt-

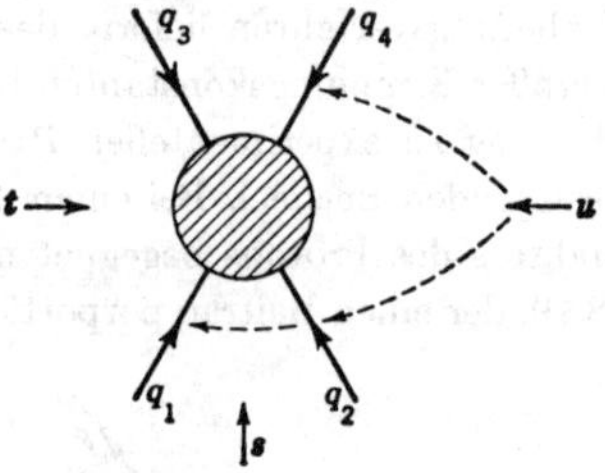

Abb. 18.20 Die kinematischen Variablen für die Streuamplitude.

heit der drei Reaktionen mit s, t oder u als Energie im Schwerpunktsystem dar. Gemäß der Nambu-Darstellung (18.53) und (18.54), die wir jetzt in der Form

$$I(s,t,u) = \int_0^\infty \frac{d\alpha_1 \cdots d\alpha_n\, \delta\left(1 - \sum_j \alpha_j\right)}{\Delta^2 \left(\zeta_1 s + \zeta_2 t + \zeta_3 u + \sum_{i=1}^{4} \zeta_i' m_i^2 - \sum_j m_j^2 \alpha_j + i\epsilon\right)^{n-2k}} \tag{18.74}$$

schreiben, stellt dieselbe analytische Funktion diese Amplitude für jede dieser Reaktionen dar, wobei die Struktur von (18.74) – d. h. das $i\epsilon$ – sicherstellt, daß die analytische Fortsetzung für alle reellen s, t und u existiert. Weil die Größen s, t und u nicht alle unabhängig sind, sondern der Bedingung

$$s + t + u = \sum_{i=1}^{4} m_i^2 \tag{18.75}$$

unterliegen, ist es schwieriger, aus der allgemeinen Struktur von (18.74) analytische Eigenschaften zu folgern. Wenn z. B. s bei festgehaltenem t in die obere Halbebene fortgesetzt wird, läuft u gemäß der Bedingung (18.75) in die untere Halbebene. Deshalb garantiert die Form von (18.74) selbst noch nicht die Abwesenheit von Singularitäten irgendwo in der komplexen s-Ebene, obwohl man zeigen kann, daß ζ_1, ζ_2 und ζ_3 positiv sind[1].

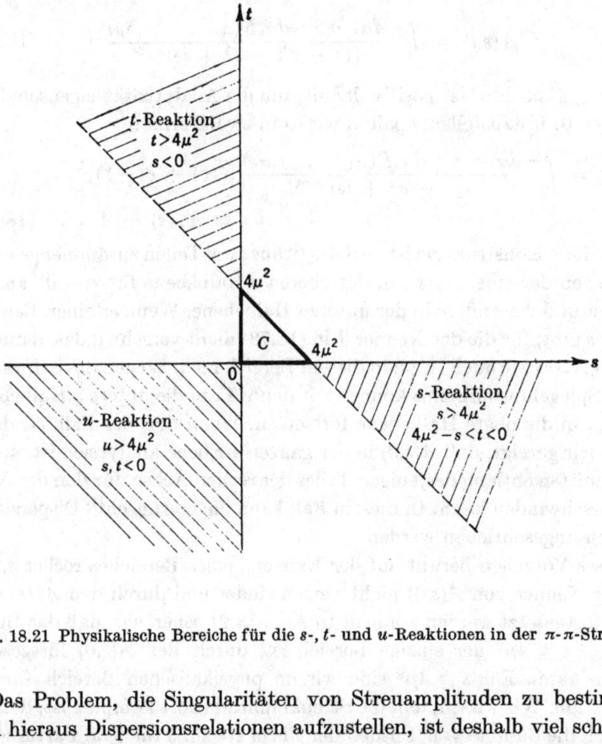

Abb. 18.21 Physikalische Bereiche für die s-, t- und u-Reaktionen in der π-π-Streuung.

Das Problem, die Singularitäten von Streuamplituden zu bestimmen und hieraus Dispersionsrelationen aufzustellen, ist deshalb viel schwieriger als für den Vertex und ist noch nicht vollständig gelöst worden. Die Art der bekannten Singularitäten hängt empfindlich von den Massen der betroffenen Teilchen ab; um diese kinematischen Schwierigkeiten so klein wie möglich zu halten, werden wir π-π-Streuung betrachten.

Die physikalischen Bereiche für die drei s-, t- und u-Reaktionen in diesem Fall sind durch die schattierten Gebiete in Abb. 18.21 dargestellt. Die Werte von s, t und u können auf einfache Weise durch den Dreierimpuls k

[1] Siehe Aufg. 2, S. 291.

im Schwerpunksystem und den Streuwinkel θ für die s-Reaktion, mit der wir uns hier befassen wollen, ausgedrückt werden:

$$s = 4(\mathbf{k}^2 + \mu^2) \qquad t = -2\mathbf{k}^2(1 - \cos\theta) \qquad u = -2\mathbf{k}^2(1 + \cos\theta) \tag{18.76}$$

Die Linie $t = 0$ definiert die π-π-Streuung in Vorwärtsrichtung, die wir zuerst untersuchen. Wir beginnen damit, daß wir die Darstellung (18.74) für die Streuamplitude $A(s,t)$ kompakter schreiben:

$$A(s,t) = \int_0^\infty \frac{d\alpha_1 \cdots d\alpha_n F(\alpha_1, \ldots, \alpha_n)}{(\zeta s + \zeta' t - \sigma^2 + i\epsilon)^{n-2k}} \tag{18.77}$$

Weder ζ, ζ' noch σ^2 ist positiv definit; um die Analytizitätseigenschaften von $A(s, 0)$ festzustellen, spalten wir es in zwei Terme:

$$A(s,0) = \int_0^\infty \frac{d\alpha_1 \cdots d\alpha_n F(\alpha_1, \ldots, \alpha_n)}{(\zeta s - \sigma^2 + i\epsilon)^{n-2k}} [\theta(\zeta) + \theta(-\zeta)]$$
$$\equiv A_+(s) + A_-(s) \tag{18.78}$$

Durch diese Konstruktion ist also $A(s,0)$ aus zwei Teilen zusammengesetzt, von denen der eine, $A_+(s)$, in der oberen s-Halbebene für $\epsilon \to 0^+$ analytisch ist und der andere in der unteren Halbebene. Wenn es einen Bereich reeller s gibt, für die der Nenner J in (18.78) nicht verschwindet, dann ist sowohl $A_+(s)$ wie auch $A_-(s)$ in diesem Bereich reell. Wegen des Schwartzschen Spiegelungsprinzips können wir dann A_+ in die untere s-Halbebene und A_- in die obere Halbebene fortsetzen. Wenn dies der Fall ist, dann haben wir gezeigt, daß $A(s,0)$ in der ganzen s-Ebene analytisch ist, außer an Schnitten entlang desjenigen Teiles der reellen Achse, für den der Nenner verschwinden kann. In diesem Fall kann die gewünschte Dispersionsrelation angeschrieben werden.

Dieses Vorgehen beruht auf der Existenz eines Bereiches reeller s, für die der Nenner von $A(s,0)$ nicht verschwindet und durch den $A_+(s)$ und $A_-(s)$ fortgesetzt werden können. In Abb. 18.21 sehen wir, daß das Intervall $0 \leq s \leq 4\mu^2$ der einzige Bereich ist, durch den $A(s,0)$ fortgesetzt werden kann. Für $s \geq 4\mu^2$ sind wir im physikalischen Bereich für die s-Reaktion. Wir wissen, daß die Streuamplitude dort komplex ist, daß sie nämlich die Summe von Termen der Form $e^{i\delta} \sin\delta$ für jede Partialwelle ist. Ähnlich ist es im Fall $s \leq 0$; hier haben wir $u \geq 4\mu^2$, und wir sind im physikalischen Bereich für die u-Reaktion, die gemäß der Substitutionsregel auch durch dieselbe analytische Funktion $A(s,t)$ beschrieben wird. Das Intervall $0 \leq s \leq 4\mu^2$ für $t = 0$ ist ein unphysikalisches Gebiet, wie auch das Dreieck $s \geq 0$, $t \geq 0$, $u \geq 0$, das in Abb. 18.21 mit C bezeichnet ist. Dieses Gebiet ähnelt dem euklidischen Gebiet, das wir bei den Vertexfunktionen diskutiert haben; ähnliche Überlegungen können hier benutzt werden.

Wir beweisen jetzt, daß der Nenner J von (18.77) in diesem Gebiet C keine Singularitäten hat und negativ definit ist. A_+ und A_- können dann analytisch fortgesetzt werden. Wie in der Diskussion des Vertex gehen wir innerhalb des Dreiecks C zu einer euklidischen Metrik über. Weil s, t und u alle positiv sind, können wir die Impulse in einem speziellen Koordinatensystem folgendermaßen wählen:

$$\begin{aligned} q_1 &= \tfrac{1}{2}(\sqrt{s}, i\sqrt{t}, i\sqrt{u}, 0) \\ q_2 &= \tfrac{1}{2}(\sqrt{s}, -i\sqrt{t}, -i\sqrt{u}, 0) \\ q_3 &= \tfrac{1}{2}(-\sqrt{s}, i\sqrt{t}, -i\sqrt{u}, 0) \\ q_4 &= \tfrac{1}{2}(-\sqrt{s}, -i\sqrt{t}, i\sqrt{u}, 0) \end{aligned} \tag{18.79}$$

in Übereinstimmung mit (18.73), und auf eine euklidische Metrik transformieren, indem wir alle i in den Raumkomponenten q_i unterdrücken und von der Metrik $g_{\mu\nu}$ zu $\delta_{\mu\nu}$ überwechseln. Wiederum sichern die Kirchhoffschen Gesetze, daß alle inneren Impulse reell sind; die Analytizitätseigenschaften ändern sich bei diesem Wechsel der Metrik nicht. Wir bestimmen die Singularitäten im Dreieck C auf ähnliche Weise wie bei der Untersuchung des Vertex. Jetzt sind jedoch die Impulse und deshalb die Koordinaten („Spannungen") an den Vertizes dreidimensional, gemäß (18.79), und die reduzierten Graphen werden dreidimensional oder von geringerer Dimension sein. Wir können sofort eindimensionale reduzierte Graphen ausscheiden, wie sie in Abb. 18.22 gezeigt sind, weil die

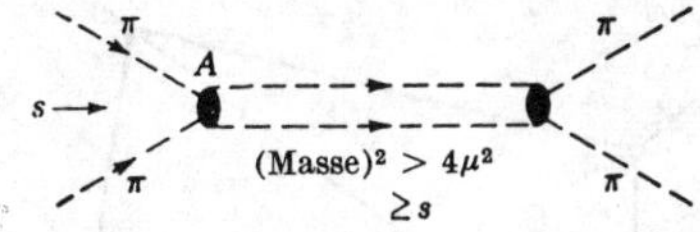

Abb. 18.22 Eindimensionaler reduzierter Graph.

Masse des leichtesten Zustandes, der an zwei Pionen gekoppelt ist, 2μ ist; diese Masse kann wegen der Impulserhaltung für s, t und $u < 4\mu^2$ in (18.79) nicht gebildet werden. Die Überlegung ist dieselbe, die wir früher für den elektromagnetischen Formfaktor des Pions benutzt haben; die beiden äußeren Pionen, die bei A einfallen, sind einem Photon der Masse $\sqrt{s} < 2\mu$ kinematisch äquivalent. In diesem Bereich ist der Formfaktor F_π frei von Singularitäten. Aus demselben Grund können zweidimensionale reduzierte Graphen, wie in Abb. 18.23, keine anomalen Schwellen im euklidischen Dreieck C beitragen; bei der Berechnung des Pionvertex wurden keine gefunden.

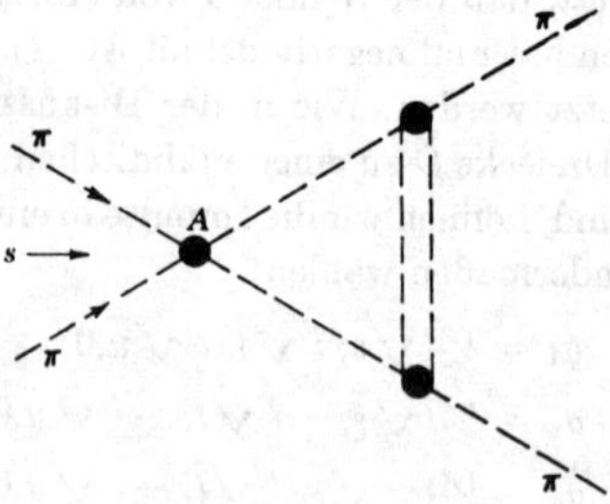

Abb. 18.23 Zweidimensionaler reduzierter Graph.

Wir wenden uns den dreidimensionalen reduzierten Graphen zu und müssen alle Linien auf das Innere eines Tetraeders beschränken, an dessen Vertizes die äußeren Teilchen absorbiert werden, wie das in Abb. 18.24 gezeigt ist. Seiten, die sich ausbauchen, werden aus demselben Grund ausgeschieden, den wir für die Vertex-Funktion angegeben haben. Die euklidische räumliche Geometrie lehrt, daß mindestens ein Vertex spitz ist, d. h. alle drei Flächenwinkel spitz sind. Deshalb können wir ein derartiges Tetraeder mit reellen inneren Linien nur dann zeichnen, wenn die Massen solche Werte haben, daß ein spitzer Winkel existiert. Wir nehmen an, daß dies der Vertex A in Abb. 18.24 ist. Dann müssen zwei be-

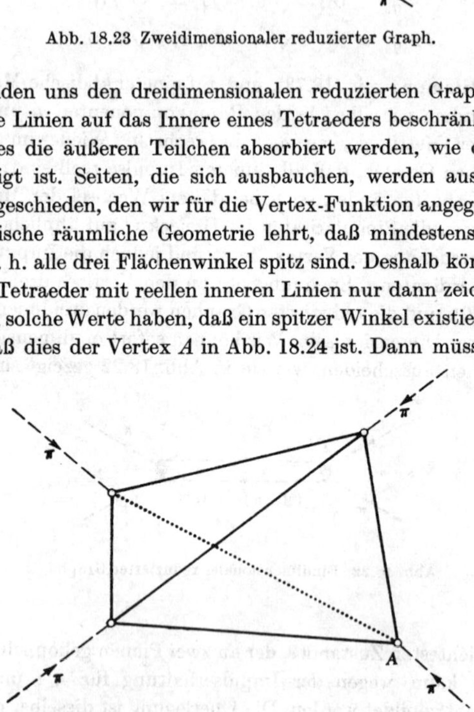

Abb. 18.24 Dreidimensionaler reduzierter Graph.

liebige Teilchen mit den Impulsen k_i in die das Pion bei A zerfällt, Impulsvektoren haben, deren Richtungen sich durch einen spitzen Winkel unterscheiden. Die Aussage von (18.65) gilt hier, aber die Bedingung

$$\mu^2 = \left(\sum_i k_i\right)^2 > \sum_i m_i^2 \qquad (18.80)$$

kann nicht erfüllt werden. Deshalb gibt es für die π-π-Streuung im euklidischen Dreieck C der Abb. 18.21 keine Singularitäten. Um den Beweis der Dispersionsrelation zu vervollständigen, müssen wir noch zeigen, daß $A_\pm(s,0)$ im Intervall $0 \leq s \leq 4\mu^2$ reell sind. Dann können wir wie gewünscht wegen des Schwartzschen Spiegelungsprinzips A_+ in die untere und A_- in die obere s-Halbebene fortsetzen. Hierzu zeigen wir, daß der Nenner J negativ ist, indem wir von einem Punkt im euklidischen Gebiet ausgehend, wie etwa $s = t = u$, die äußeren q_i^2 gleichförmig abschalten; d. h.

$$q_i \to \lambda q_i \qquad \lambda \to 0$$

Beim Grenzübergang $\lambda \to 0$ können keine Singularitäten auftreten, weil (18.80) immer weniger erreichbar wird. Im Grenzfall $\lambda = 0$ ist der Nenner $J = -\sum_j m_j^2 \alpha_j < 0$. J bleibt negativ definit, wenn die äußeren Ströme wieder angeschaltet werden, weil ein entsprechender reduzierter Graph auftreten müsste, falls J auf dem Rückweg 0 würde. Wir haben gezeigt, daß ein Graph dieser Art nicht existiert.

Wir können jetzt eine Dispersionsrelation für die π-π-Streuung in Vorwärtsrichtung anschreiben. Die Realität von $A(s,0)$ im Intervall $0 \leq s \leq 4\mu^2$ erlaubt uns, A_+ und A_- durch diese Lücke hindurch fortzusetzen; und wir schließen, daß die einzigen Singularitäten von $A(s,0)$ Verzweigungsschnitte sind, die sich von $s = 4\mu^2$ bis $s = \infty$ und von $s = 0$ bis $s = -\infty$ erstrecken, wie in Abb. 18.25 gezeigt. Wenn wir für den Augen-

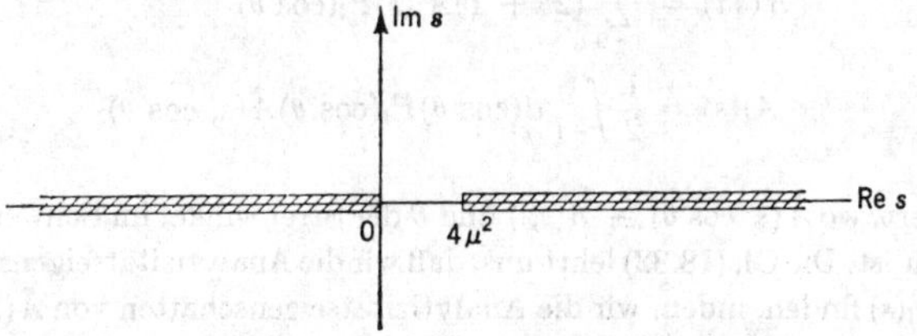

Abb. 18.25 Verzweigungsschnitte in s für die π-π-Streuamplitude in Vorwärtsrichtung.

blick die Frage der Subtraktionsterme übergehen, hat die Dispersionsrelation die Form

$$A(s,0) = \frac{1}{\pi}\int_{4\mu^2}^{\infty} \frac{ds' \operatorname{Im} A(s',0)}{s' - s - ie} + \frac{1}{\pi}\int_{-\infty}^{0} \frac{ds' \operatorname{Im} A(s',0)}{s' - s - ie} + C_\infty \qquad (18.81)$$

Die Gl. (18.81) ist in Form und Inhalt der ursprünglichen Kramers-Könproduktig-Relation (18.8) sehr ähnlich, die den Ausgangspunkt des ganzen Studiums der Dispersionsrelationen bildete. Wir haben wieder eine Vorwärtsstreuamplitude $A(s,0)$ durch ein Dispersionsintegral über ihren Imaginärteil ausgedrückt, der alle Vorzüge des absorptiven Teiles in der Kramers-Krönig-Relation und der Dispersionsrelation für den Formfaktor $F_\pi(q^2)$ des Pions hat, nämlich daß er nur in physikalischen Bereichen für die Streuprozesse nicht verschwindet. Deshalb kann das optische Theorem benutzt werden, um Im $A(s,0)$ auf die totalen Wirkungsquerschnitte für die Streuung im s- und u-Kanal zu beziehen; wir erhalten somit eine Relation zwischen (im Prinzip) meßbaren Größen. Der explizite Zusammenhang zwischen Im$A(s,0)$ und dem totalen Wirkungsquerschnitt entsteht über die Unitaritätsbedingung $S^\dagger S = 1$ für die S-Matrix und erfordert nur sorgfältige Berücksichtigung der Normierungsfaktoren. Er wird in Abschn. 18.12 diskutiert, wo wir die Unitarität und Crossing-Symmetrie benutzen, um die Analytizitätseigenschaften anzuwenden, die wir hier für die Physik des π-π-Systems abgeleitet haben.

Bisher haben wir Dispersionsrelationen bei $t = 0$ für die Vorwärtsstreuung aufgestellt, indem wir die Realität von $A(s,0)$ entlang der Grenze des euklidischen Dreiecks und die Darstellung (18.77) benutzt haben. Mit derselben Darstellung können wir auch Dispersionsrelationen für einzelne Partialwellen von $A(s,t)$ aufstellen; das ist ein außerordentlich nützliches Ergebnis. Die Partialwellen-Amplituden $A_l(s)$ sind durch die Entwicklung

$$A(s,t) = \sum_{l=0}^{\infty} (2l+1)A_l(s)P_l(\cos\theta)$$

$$A_l(s) = \frac{1}{2}\int_{-1}^{1} d(\cos\theta)P_l(\cos\theta)\hat{A}(s,\cos\theta) \qquad (18.82)$$

definiert, wo $\hat{A}(s,\cos\theta) \equiv A(s,t)$ und θ der Streuwinkel im Schwerpunktsystem ist. Die Gl. (18.82) lehrt uns, daß wir die Analytizitätseigenschaften von $A_l(s)$ finden, indem wir die Analytizitätseigenschaften von $\hat{A}(s,\cos\theta)$ bei festem $\cos\theta$ untersuchen. Wenn wir t mit Hilfe von (18.76) durch $\cos\theta$ und s ausdrücken, finden wir

$$t = -\tfrac{1}{2}(s-4\mu^2)(1-\cos\theta)$$

Wir setzen dieses Ergebnis in die Integraldarstellung (18.77) für $A(s,t)$ ein und sehen, daß der Nenner J in der Form

$$J = \hat{\xi}s - \hat{\sigma}^2 + i\epsilon \qquad (18.83)$$

geschrieben werden kann, wobei $\hat{\xi}$ und $\hat{\sigma}^2$ jetzt von $\cos\theta$ und den „Widerständen" α_j abhängen. Deshalb hat $\hat{A}(s,\cos\theta)$ dieselbe Darstellung (18.78) wie die Vorwärtsamplitude $A(s,0)$. Der Weg in der st-Ebene für festes

$\cos\theta$ ist eine gerade Linie, wie in Abb. 18.26 gezeigt, die durch den euklidischen Bereich C läuft, innerhalb dessen nach unseren vorherigen Überlegungen J nicht verschwinden kann. Deshalb können wir $\hat{A}(s, \cos\theta)$ in zwei Teile spalten, wie wir das bei $A(s,0)$ getan haben, und verfahren

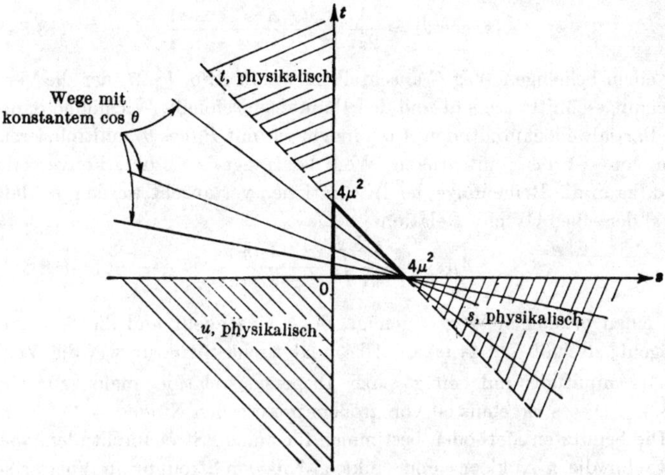

Abb. 18.26 Wege mit konstantem $\cos\theta$ für die Partialwellenamplitude in der π-π-Streuung.

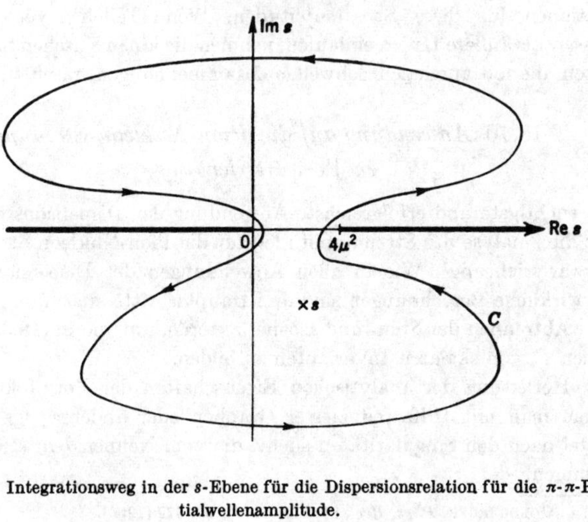

Abb. 18.27 Integrationsweg in der s-Ebene für die Dispersionsrelation für die π-π-Partialwellenamplitude.

wie in den Gln. (18.78) bis (18.81); wir schließen, daß $\hat{A}(s, \cos\theta)$ für beliebiges $\cos\theta$ in der s-Ebene analytisch ist; ausgenommen sind mögliche Verzweigungsschnitte, die von $s = 4\mu^2$ bis ∞ und $s = 0$ bis $-\infty$ laufen. Wir können deshalb eine Cauchy-Relation

$$\hat{A}(s, \cos\theta) = \frac{1}{2\pi i}\int_C \frac{ds'\,\hat{A}(s', \cos\theta)}{s' - s - i\epsilon} \tag{18.84}$$

für einen beliebigen Weg C anschreiben, wie in Abb. 18.27, der die Verzweigungsschnitte umgeht und den Punkt s einschließt. Wir bilden dann die Partialwellenamplituden $A_l(s)$, indem wir mit $P_l(\cos\theta)$ multiplizieren und von -1 bis 1 integrieren. Weil die Integrale absolut konvergent sind, kann die Reihenfolge der Integrationen vertauscht werden, so daß $A_l(s)$ derselben Cauchy-Relation

$$A_l(s) = \frac{1}{2\pi i}\int_C \frac{ds'\,A_l(s')}{s' - s - i\epsilon} \tag{18.85}$$

für einen beliebigen Weg C genügt, der s einschließt und die Schnitte umgeht; deshalb hat $A_l(s)$ dieselbe analytische Struktur wie die Vorwärts-Amplitude und genügt einer Dispersionsrelation analog zur Gl. (18.81). Dieses Ergebnis ist von großem praktischen Nutzen.

Die benutzten Methoden bestimmen für andere Streuamplituden, wie etwa für die π-Nukleon- und Nukleon-Nukleon-Streuung in Vorwärtsrichtung und für Partialwellen-Amplituden in der Nukleon-Nukleon-Streuung, ähnliche Analytizitätsbereiche und führen zu Dispersionsrelationen für diese Streuamplituden. Wenn Teilchen verschiedener Massen als äußere Linien einlaufen, nehmen die kinematischen Schwierigkeiten, die mit anomalen Schwellen zusammenhängen, rasch zu.

18.10 *Anwendung auf die Pion-Nukleon-Streuung in Vorwärtsrichtung*

Die wichtigste und erfolgreichste Anwendung der Dispersionsrelationen war die Analyse der Streuamplituden für die Pion-Nukleon-Streuung in Vorwärtsrichtung[1]. Wie in allen Anwendungen der Dispersionstheorie auf wirkliche Berechnungen sind drei Hauptschritte auszuführen:

1. Abtrennen der Spin- und Isospinfaktoren, um wie in (18.31) Funktionen F_i von skalaren Invarianten zu bilden.

2. Herleitung der analytischen Eigenschaften der Formfaktoren F_i, indem man mit Hilfe reduzierter Graphen oder anderer algebraischer Mittel nach den Singularitäten sucht, die vom Nenner J in (18.54) herstammen.

[1] M. L. Goldberger, *Phys. Rev.*, **97**, 508 (1955); **99**, 979 (1955).

3. Anwendung der Unitarität auf die Berechnung der Diskontinuitäten über die Verzweigungsschnitte, so daß physikalisch interessante Aussagen gemacht werden können – wie in (18.11) und (18.12) für die Kramers-Krönig-Relation.

Wir werden speziell die π^+-Proton-Streuung diskutieren und brauchen deshalb keine Zerlegung in Isotopenspinkanäle. Um die Struktur der invarianten Amplitude $\mathfrak{M}(q_2,p_2,s_2;q_1,p_1,s_1)$ zu erhalten, die der Kinematik der Abb. 18.28 entspricht, bilden wir alle Größen, die Lorentz-

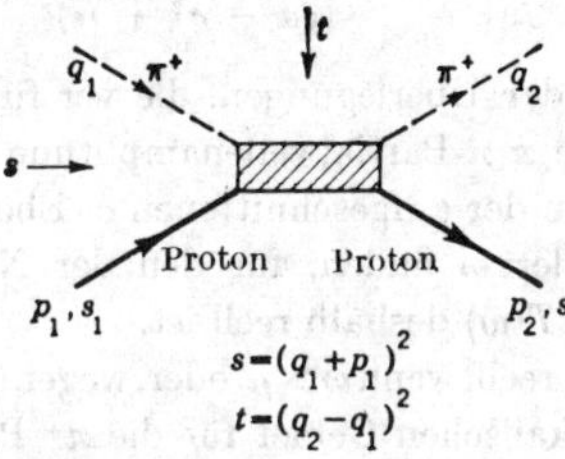

Abb. 18.28 Kinematik für die π^+-Proton-Streuung.

Skalare werden, wenn sie zwischen Dirac-Spinoren eingeschoben werden. Dies läuft auf die Struktur

$$\mathfrak{M}(q_2,p_2,s_2;q_1,p_1,s_1) = \bar{u}(p_2,s_2)[A(s,t) + \tfrac{1}{2}(\not{q}_1 + \not{q}_2)B(s,t)]u(p_1,s_1) \qquad (18.86)$$

hinaus, weil alle anderen Faktoren, die $\not{p}_1$ oder $\not{p}_2$ enthalten, mit Hilfe der Dirac-Gleichung sofort in diese Form gebracht werden können, z. B.

$$\not{p}_1 u(p_1,s_1) = M u(p_1,s_1)$$

Die Invarianten s und t sind wie in der π-π-Streuung definiert (siehe Abb. 18.28):

$$s = (p_1 + q_1)^2 \qquad t = (q_2 - q_1)^2 \qquad (18.87)$$

Wenn wir uns auf die Vorwärtsstreuung spezialisieren, ist es bequemer, die Amplitude durch die Energie ω des Pions im Laborsystem auszudrücken:

$$\omega = \frac{p_1 \cdot q_1}{M} = \frac{s - M^2 - \mu^2}{2M} \qquad (18.88)$$

In diesem Grenzfall können die beiden Formfaktoren A und B zu einem einzigen Formfaktor T zusammengefaßt werden; wir finden

$$\mathfrak{M}(q_1,p_1,s_1) = 4\pi\bar{u}(p_1,s_1)T(\omega)u(p_1,s_1) \qquad (18.89)$$

wo

$$4\pi T(\omega) \equiv A(s,0) + \omega B(s,0) \tag{18.90}$$

die skalare Größe ist, für die wir eine Dispersionsrelation aufstellen wollen.

Der zweite Schritt in dem Programm ist die Bestimmung der analytischen Eigenschaften von $T(\omega)$. Das geht entsprechend der Analyse der π-π-Streuamplitude. Wie in (18.78) hat der Beitrag eines beliebigen Graphen zu $T(\omega)$ die Struktur

$$I(\omega) = \int_0^\infty \frac{d\alpha_1 \cdots d\alpha_n F(\alpha_1, \ldots, \alpha_n)}{(\zeta\omega - \sigma^2 + i\epsilon)^n} \tag{18.91}$$

Wir können mit Hilfe der Überlegungen, die wir für die π-π-Vorwärtsamplitude und für die π-π-Partialwellenamplitude benutzt haben, die Analytizität von $I(\omega)$ in der aufgeschnittenen ω-Ebene feststellen, wenn wir einen Bereich reeller ω finden, für den der Nenner J nicht verschwindet und für den $T(\omega)$ deshalb reell ist.

$T(\omega)$ ist sicher nicht reell, wenn $\omega > \mu$ oder, wegen (18.88), $s > (M+\mu)^2$ ist, weil wir im physikalischen Gebiet für die π^+-Protonstreuung sind. Ähnlich ist $T(\omega)$ nicht reell für $u = (p_2 - q_1)^2 > (M + \mu)^2$, oder $\omega < -\mu$, weil wir dann im physikalischen Bereich für die gekreuzte „u-Reaktion" sind, die π^--Proton-Streuung ist, gemäß der Substitutionsregel, die wir unterhalb von (17.45) diskutiert haben. Deshalb ist der einzige Bereich entlang der reellen ω-Achse, wo $T(\omega)$ reell sein kann, das Intervall $-\mu \leq \omega \leq +\mu$.

Polbeiträge in diesem Bereich haben wir in Kap. 10 gefunden, als wir die Beiträge der Born-Approximation der Abb. 18.29 zur π-Nukleon-

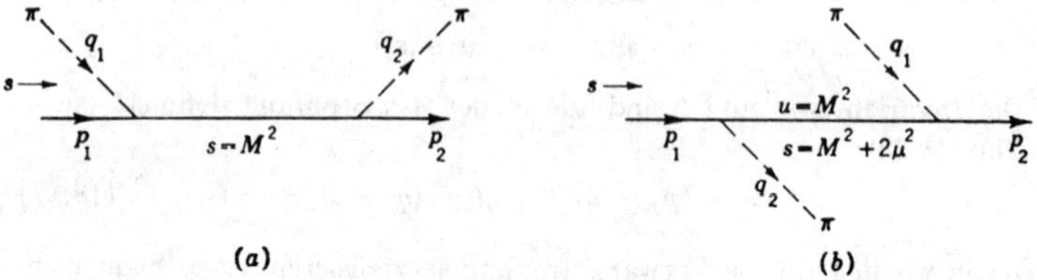

Abb. 18.29 Polterme in der π-Nukleon-Streuung in Vorwärtsrichtung.

Streuung diskutiert haben. Zur π^+-Proton-Streuung trägt nur der gekreuzte Pol bei. Auf der Suche nach einem zusätzlichen Beitrag wählen wir das Koordinatensystem

$$\begin{aligned} p_1 &= p_2 = (M,0,0,0) \\ q_1 &= q_2 = (\mu\cos\varphi,\, i\mu\sin\varphi,\, 0,\, 0) \end{aligned} \tag{18.92}$$

und unterdrücken die i, indem wir zu einer euklidischen Metrik überwechseln. Aufgrund derselben geometrischen Überlegung, die wir für das π-π-System diskutiert haben, können keine zweidimensionalen reduzierten Graphen wie in Abb. 18.30 existieren; es gibt nur den „Ein-Nukleon-Austausch“ – oder Born-Beitrag, den wir schon erwähnt haben.

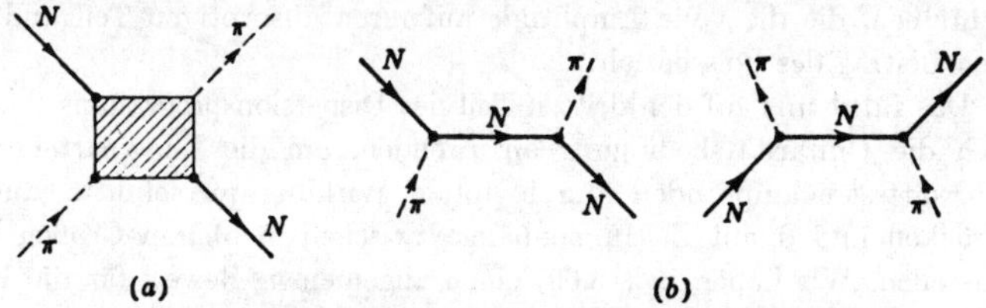

Abb. 18.30 Reduzierte Graphen für die π-Nukleon-Streuung: (a) zweidimensional; (b) eindimensional.

Deshalb benutzen wir wieder die analytische Fortsetzung in den äußeren Strömen $p_i, q_i \rightleftharpoons \lambda p_i, \lambda q_i \rightleftharpoons 0$ wie für die π-π-Streuung und schließen, daß der Nenner J im Bereich $-\mu < \omega < \mu$ negativ definit ist, außer für den Polbeitrag, der bei

$$(p_1 - q_2)^2 = M^2 \qquad \text{or} \qquad \omega = +\frac{\mu^2}{2M} = +\omega_B \tag{18.93}$$

auftritt.

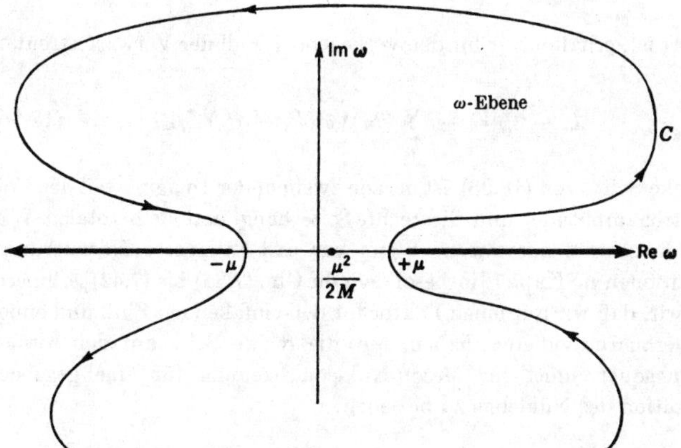

Abb. 18.31 Integrationsweg in der ω-Ebene für die Dispersionsrelation für π^+-Proton-Streuung in Vorwärtsrichtung.

Wir haben jetzt bis zu beliebiger Ordnung der Störungstheorie festgestellt, daß die Amplitude $T(\omega)$ in der ω-Ebene analytisch ist, außer an Schnitten, die von $+\mu$ bis $+\infty$ und $-\mu$ bis $-\infty$ laufen, und an einem Pol bei $\omega = + \mu^2/2M$. Wenn wir den in Abb. 18.31 gezeigten Weg C benutzen, können wir deshalb eine Dispersionsrelation für $T(\omega)$ anschreiben, die die volle Amplitude auf ihren absorptiven Teil und auf den Beitrag des Pols bezieht.

Das führt uns auf den dritten Teil des Dispersionsprogramms – nämlich die Unitaritätsbedingung anzuwenden, um die Imaginärteile der Vorwärtsstreuamplituden durch totale Wirkungsquerschnitte auszudrücken und damit Zusammenhänge zwischen meßbaren Größen herzustellen. Wir haben in (16.69) einen allgemeinen Beweis für die Unitarität der S-Matrix gegeben, so daß wir schreiben können

$$S^\dagger S = 1$$

oder, was äquivalent ist, für einen Übergang vom Anfangszustand i zum Endzustand f

$$\sum_{\text{all } n} S^*_{nf'} S_{ni} = \delta_{fi} \tag{18.94}$$

Wenn wir die Unitaritätsbedingung durch die Übergangsamplitude J ausdrücken, die durch

$$S_{fi} = \delta_{fi} - i(2\pi)^4\, \delta^4(P_f - P_i)\mathfrak{J}_{fi} \tag{18.95}$$

definiert ist, erhalten wir für den vorliegenden Fall der Vorwärtsstreuung $f = i$:

$$\mathfrak{J}_{ii} - \mathfrak{J}^*_{ii} = -i \sum_n (2\pi)^4\, \delta^4(P_i - P_n)\mathfrak{J}^*_{ni}\mathfrak{J}_{ni} \tag{18.96}$$

Die linke Seite von (18.96) ist gerade zweimal der Imaginärteil der Vorwärtsstreuamplitude, und die rechte Seite hängt mit dem totalen Wirkungsquerschnitt zusammen. Wenn wir uns an unsere Normierungskonventionen im Kap. 7 [insbesondere die Gln. (7.35) bis (7.42)] erinnern, sehen wir, daß wir nur einen Faktor für den einfallenden Fluß und einige (2π) herauszudividieren haben, um die rechte Seite auf den totalen Wirkungsquerschnitt für Meson-Nukleon-Streuung für eine gegebene Polarisation des Nukleons zu beziehen:

$$\sigma_{\text{tot}} = \frac{(2\pi)^6}{v_{\text{lab}}} \sum_n (2\pi)^4 \delta^4(P_i - P_n)|\mathfrak{J}_{ni}|^2 \tag{18.97}$$

Der Faktor v_{lab} ist die Geschwindigkeit des Pions im Laborsystem und der Faktor $(2\pi)^6$ beseitigt die Faktoren $(2\pi)^{-3/2}$, die nach den Regeln für die Bildung eines Wirkungsquerschnittes von den Wellenfunktionen für die einfallenden Teilchen herstammen. Aus (18.96) erhalten wir damit

$$\operatorname{Im} \mathfrak{J}_{ii}(\omega) = -\frac{1}{2} v_{\text{lab}} \frac{\sigma_{\text{tot}}^{\pi^+ p}(\omega)}{(2\pi)^6} \qquad \omega \geq \mu \tag{18.98}$$

Als nächstes beziehen wir die Übergangsamplitude J_{ii} auf die betreffende invariante Amplitude, indem wir die Normierungsfaktoren der äußeren Wellenfunktionen und die Spinfunktionen für die Nukleonen herausziehen.
In vollständiger Analogie zu Gl. (10.54) erhalten wir dann aus den Definitionen (18.86) und (18.89)

$$\mathfrak{J}_{ii} = \frac{1}{(2\pi)^6 2\omega} \mathfrak{M}(q_1,p_1,s_1) = \frac{1}{(2\pi)^6 2\omega} [4\pi \bar{u}(p_1,s_1) T(\omega) u(p_1,s_1)] \tag{18.99}$$

und hieraus wegen (18.98)

$$\operatorname{Im} T(\omega) = -\frac{k'}{4\pi} \sigma_{\text{tot}}^{\pi^+ p}(\omega) \qquad k = \omega v_{\text{lab}} = \sqrt{\omega^2 - \mu^2} \qquad \omega \geq \mu \tag{18.100}$$

In dieser Normierung besteht über das optische Theorem der folgende Zusammenhang zwischen T und dem differentiellen elastischen Wirkungsquerschnitt für Vorwärtsstreuung:

$$\left(\frac{d\sigma(\omega)}{d\Omega}\right)^{\pi^+ p}_{\theta_{\text{lab}}=0} = |T(\omega)|^2 \tag{18.101}$$

Wenn man den differentiellen Wirkungsquerschnitt aus (10.54) und (10.68) bildet, kann man dieses Ergebnis direkt nachprüfen.

Die Gl. (18.100) berücksichtigt die Diskontinuität im physikalischen Gebiet $\omega \geq \mu$. Es bleiben noch die Beiträge vom linken Schnitt $\omega \leq -\mu$ und von den Polen. Da der linke Schnitt im physikalischen Gebiet für die gekreuzte oder u-Reaktion liegt, d. i. π^--Proton-Streuung, benutzen wir die Crossing-Symmetrie, um die Diskontinuität über den linken Schnitt auf den totalen π^--Proton-Wirkungsquerschnitt zu beziehen. Wie in Abschn. 17.7 diskutiert, ist die exakte Streuamplitude für π-Nukleon-Streuung invariant unter der Vertauschung der Isotopenspinindizes (Teilchen $\leftrightarrow$ Antiteilchen) und des Viererimpulses des einlaufenden Pions q_1 mit $-q_2$, dem negativen Viererimpuls des auslaufenden Pions. In der Vorwärtsrichtung bedeutet diese Symmetrie die Vertauschung $\omega \leftrightarrow -\omega$ zusammen mit der Vertauschung $\pi^+ \leftrightarrow \pi^-$.

$$T(\omega) \equiv T^{(\pi^+ p)}(\omega) = T^{(\pi^- p)}(-\omega) \tag{18.102}$$

Während die physikalische π^+-Proton-Streuamplitude oberhalb des rechten Schnittes $\omega \geq \mu$ liegt, liegt die physikalische π^--Proton-Streuamplitude unterhalb des linken Schnittes $\omega \leq -\mu$. Dies zeigt die Form (18.91), die für π-π-Streuung in Vorwärtsrichtung mit (18.78) übereinstimmt und wie dort in zwei Teile für $\zeta > 0$ und $\zeta < 0$ gespalten werden kann. Wir zeigen das explizit, indem wir die Gl. (18.102) folgendermaßen schreiben:

$$T^{(\pi^+p)}(-\omega - i\epsilon) = T^{(\pi^-p)}(\omega + i\epsilon)$$

deshalb ist

$$\begin{aligned}\operatorname{Im} T^{(\pi^+p)}(-\omega) &\equiv \frac{1}{2i}\left[T^{(\pi^+p)}(-\omega + i\epsilon) - T^{(\pi^+p)}(-\omega - i\epsilon)\right] \\ &= +\frac{k}{4\pi}\sigma_{\text{tot}}^{\pi^-p}(\omega) \qquad (18.103)\end{aligned}$$

Nachdem wir die Diskontinuität am linken Schnitt durch einen physikalischen Wirkungsquerschnitt ausgedrückt haben, müssen wir nur noch das Residuum am Pol $\omega = \omega_B = \mu^2/2M$ berechnen, bevor wir die Vorwärtsstreuamplitude durch experimentelle Zahlen ausdrücken können. Die Polbeiträge sind dieselben wie die Terme, die sich in zweiter Ordnung Störungsrechnung mit Feynman-Diagrammen in Kap. 10 ergaben, außer daß die nackte Kopplungskonstante g_0 durch die renormierte Kopplungskonstante g zu ersetzen ist.

Um dieses Ergebnis nachzuweisen, müssen wir alle Feynman-Graphen auswerten, die der Abb. 18.29 ähnlich sind, d. h., die nur einen Nukleon-Propagator zwischen den Vertizes enthalten. Wir brauchen die Graphen nur in der Nachbarschaft des Poles des Nukleonpropagators auszuwerten; das folgt aus unserer Diskussion der reduzierten Graphen oberhalb von (18.93). Da nur der gekreuzte Graph, Abb. 18.29b, zur π^+-Proton-Streuung beiträgt, hat die invariante Amplitude $\mathfrak{M}_{\text{Pol}}$, die diesem Graph entspricht, die folgende allgemeine Struktur:

$$\begin{aligned}-i\mathfrak{M}_{\text{pole}}(q_1,p_1,s_1) &= Z_2 Z(-ig_0\sqrt{2})^2 \bar{u}(p_1,s_1) i\Gamma_5(p_1,p) \\ &\quad \times iS_F'(p) i\Gamma_5(p,p_1) u(p_1,s_1) \qquad p = p_1 - q_1 \qquad (18.104)\end{aligned}$$

Die Kinematik ist wie in dem Graphen auf Vorwärtsstreuung spezialisiert, $p_2 = p_1$ und $q_2 = q_1$; Z_2 und Z sind die Renormierungsfaktoren der Nukleon- und der Pion-Wellenfunktion gemäß der Reduktionsformel (16.81) oder (17.43). Wir erhalten die Faktoren $\sqrt{Z}$ in (18.104), wenn wir jedes äußere Propagatorbein im Graphen von der typischen Kombination, die in der Reduktionsformel (17.43) auftritt, amputieren:

$$\int d^4x \frac{1}{\sqrt{Z_2}} e^{ip_1\cdot x}\bar{u}(p_1)(i\nabla_x - M)S_F'(x-y) \cdots = \sqrt{Z_2}\, e^{ip_1\cdot y}\bar{u}(p_1) \cdots$$

Gemäß der Spektraldarstellung (16.122) verhält sich der exakte Propagator $S_F'(p_1)$ wie $Z_2/(\not{p}_1 - M)$ für $\not{p}_1 \to M$ auf der Massenschale, und der Dirac-Operator hebt gerade diesen Faktor $\not{p}_1 - M$ heraus, so daß wir $\sqrt{Z_2}$ im Zähler erhalten. Ähnlich ist das Ergebnis für den Pionpropagator und die Pionwellenfunktion. Der Propagator $S_F'(p)$ für das intermediäre Nukleon in (18.104) verhält sich wegen der Källén-Lehmann-Darstellung (16.122) auch wie $Z_2/(\not{p} - M)$ am Pol.

$\Gamma_5(p_1,p)$ ist die Summe aller eigentlichen Vertexgraphen, d. h. aller Vertexgraphen, die nicht in unzusammenhängende Graphen getrennt werden können, indem eine Meson- oder Nukleonlinie entfernt wird. Wenn $\not{p} \to M$ am Pol für das intermediäre Nukleon, kann $\Gamma_5(p_1,p)$ durch ein Verfahren, das dem oberhalb von (10.157) ähnlich ist, zu einem Vielfachen von γ_5 reduziert werden. Alle Faktoren $\not{p}_1$ können neben $\bar{u}(p_1)$ oder $u(p_1)$ geschoben und gleich M gesetzt werden. Alle Faktoren $\not{p}$ können in die Mitte neben $S_F'(p)$ geschoben und durch M ersetzt werden; Korrekturen proportional zu $\not{p} - M$ heben den Nukleonpol weg. Die skalaren Argumente der invarianten Formfaktoren in Γ_5 können den numerischen Werten $p^2 = p_1^2 = M^2$ und $q_1^2 = (p - p_1)^2 = \mu^2$ am Pol gleichgesetzt werden. Danach kann Γ^5 bei der Auswertung des Pol-Beitrages von (18.104) einem numerischen Vielfachen von γ_5 gleichgesetzt werden. Dieses Vielfache ist so definiert, daß es im Polterm alle Z-Faktoren beseitigt:

$$g\gamma_5 \equiv Z_2 Z^{1/2} g_0 \Gamma_5(p_1,p) \Big|_{\substack{p^2 \to M^2 \\ p_1^2 \to M^2 \\ q_1^2 = \mu^2}} \qquad (18.105)$$

Wenn wir (18.105) in (18.104) einsetzen, finden wir das störungstheoretische Ergebnis (10.56), in dem die nackte Kopplungskonstante g_0 durch g ersetzt ist:

$$\mathfrak{M}_{\text{pole}}(q_1,p_1,s_1) = 4\pi T(\omega) = -2g^2 \frac{\bar{u}(p_1,s_1)\gamma_5(\not{p}_1 - \not{q}_1 + M)\gamma_5 u(p_1,s_1)}{(p_1 - q_1)^2 - M^2}$$

$$= \frac{2g^2\omega\bar{u}(p_1,s_1)u(p_1,s_1)}{2M\omega - \mu^2} = \frac{8\pi f^2}{\omega - \omega_B} \quad \text{wenn } (p_1 - q_1)^2 \to M^2 \qquad (18.106)$$

wo

$$\left(\frac{g^2}{4\pi}\right)\frac{\mu^2}{4M^2} \equiv f^2$$

die rotationalisierte und renormierte Pion-Nukleon-Kopplungskonstante ist.

Wir schreiben jetzt mit Hilfe der Cauchy-Formel und des Weges C der Abb. 18.31 eine Dispersionsrelation an, die der für π-π-Streuung in Vorwärtsrichtung (18.81) analog ist, aber zusätzlich den Polterm enthält. Wir fassen (18.100), (18.103) und (18.106) zusammen und finden

$$T(\omega) = \frac{1}{\pi}\int_{-\infty}^{-\mu}\frac{d\omega\,\mathrm{Im}\,T(\omega')}{\omega'-\omega-i\epsilon} + \frac{1}{\pi}\int_{\mu}^{\infty}\frac{d\omega\,\mathrm{Im}\,T(\omega')}{\omega'-\omega-i\epsilon} + \frac{2f^2}{\omega-\omega_B} + C_\infty$$

$$= \frac{1}{4\pi^2}\int_{-\infty}^{-\mu}\frac{d\omega'\sqrt{\omega'^2-\mu^2}\,\sigma_{\text{tot}}^{\pi^-p}(-\omega')}{(\omega'-\omega-i\epsilon)}$$

$$-\frac{1}{4\pi^2}\int_{\mu}^{\infty}\frac{d\omega'\sqrt{\omega'^2-\omega^2}\,\sigma_{\text{tot}}^{\pi^+p}(\omega')}{\omega'-\omega-i\epsilon} + \frac{2f^2}{\omega-\omega_B} + C_\infty$$

Hiervon nehmen wir den Realteil und vereinigen den ersten und den zweiten Term und erhalten so die endgültige Form der Dispersionsrelation für π^+-p- und π^--p-Streuung:

$$\mathrm{Re}\,T^{(\pi^+p)}(\omega) = \frac{2f^2}{\omega-\omega_B} - \frac{1}{4\pi^2}P\int_{\mu}^{\infty}\frac{d\omega'\sqrt{\omega'^2-\mu^2}}{\omega'^2-\omega^2}$$
$$\times\{\omega'[\sigma_{\text{tot}}^{\pi^+p}(\omega')+\sigma_{\text{tot}}^{\pi^-p}(\omega')] + \omega[\sigma_{\text{tot}}^{\pi^+p}(\omega')-\sigma_{\text{tot}}^{\pi^-p}(\omega')]\} + C_\infty$$

$$\mathrm{Re}\,T^{(\pi^-p)}(\omega) = -\frac{2f^2}{\omega+\omega_B} - \frac{1}{4\pi^2}P\int_{\mu}^{\infty}\frac{d\omega'\sqrt{\omega'^2-\mu^2}}{\omega'^2-\omega^2}$$
$$\times\{\omega'[\sigma_{\text{tot}}^{\pi^-p}(\omega')+\sigma_{\text{tot}}^{\pi^-p}(\omega')] - \omega[\sigma_{\text{tot}}^{\pi^+p}(\omega')-\sigma_{\text{tot}}^{\pi^-p}(\omega')]\} + C_\infty \quad (18.107)$$

Wenn wir die Summe und die Differenz

$$T^+ = \tfrac{1}{2}[T(\omega)+T(-\omega)] = \tfrac{1}{2}[T^{(\pi^+p)}(\omega)+T^{(\pi^-p)}(\omega)]$$
$$T^- = -\tfrac{1}{2}[T(\omega)-T(-\omega)] = \tfrac{1}{2}[T^{(\pi^-p)}(\omega)-T^{(\pi^+p)}(\omega)] \quad (18.108)$$

einführen, finden wir eine bequemere Form der Dispersionsrelationen. Für die ungerade Amplitude T^- erhalten wir unter der Annahme, daß keine Subtraktionen notwendig sind, die wichtige Beziehung

$$\frac{\mathrm{Re}\,T^-(\omega)}{\omega} = \frac{-2f^2}{\omega^2-\omega_B{}^2} + \frac{1}{4\pi^2}P\int_{\mu}^{\infty}\frac{d\omega'\sqrt{\omega'^2-\mu^2}\,[\sigma_{\text{tot}}^{\pi^+p}(\omega')-\sigma_{\text{tot}}^{\pi^-p}(\omega')]}{\omega'^2-\omega^2} \quad (18.109)$$

Das ist eine Anpassung mit einem Parameter an die Daten bei allen Energien, falls

$$\lim_{\omega\to\infty}[\sigma_{\text{tot}}^{\pi^+p}(\omega)-\sigma_{\text{tot}}^{\pi^-p}(\omega)]\to 0 \quad (18.110)$$

was im 10-GeV-Bereich angedeutet wird, wo die Differenz bis auf den Wert

$$\frac{\Delta\sigma}{\sigma} = \frac{\sigma_{\text{tot}}^{\pi^-p}(\omega)-\sigma_{\text{tot}}^{\pi^+p}(\omega)}{\sigma_{\text{tot}}^{\pi^-p}(\omega)} \approx \frac{1.2\times10^{-27}\text{cm}^2}{25\times10^{-27}\text{cm}^2} \approx 0.05$$

abgenommen hat. Die Dispersionsrelation (18.109) ist experimentell nachgeprüft und f^2 ist gemessen[1] mit dem Wert

$$f^2 = 0.080 \pm 0.001 \tag{18.111}$$

dieses exakte Ergebnis ist ein wesentlicher Triumph der Theorie.

Das Ergebnis hängt nur wenig sensitiv vom Wirkungsquerschnitt für $\omega \to \infty$ ab. Wenn jedoch (18.110) durch zukünftige Untersuchungen bei höheren Energien nicht bestätigt wird, muß eine Subtraktion ausgeführt und eine Dispersionsrelation für $T^-(\omega)/\omega(\omega^2 - \omega_0^2)$ angeschrieben werden, wo $\omega_0^2 \leq \mu^2$ ein passender Subtraktionspunkt ist. Wir erhalten dann anstatt (18.109), wenn wir $\omega_0 = \mu$ wählen,

$$\frac{\operatorname{Re} T^-(\omega)}{\omega} = \frac{T^-(\mu)}{\mu} + \frac{2f^2(\omega^2 - \mu^2)}{(\omega^2 - \omega_B{}^2)(\mu^2 - \omega_B{}^2)} - \frac{\omega^2 - \mu^2}{4\pi^2} P \int_\mu^\infty \frac{d\omega'[\sigma_{\text{tot}}^{\pi^+p}(\omega') - \sigma_{\text{tot}}^{\pi^-p}(\omega')]}{\sqrt{\omega'^2 - \mu^2}\,(\omega'^2 - \omega^2)} \tag{18.112}$$

Das Dispersionsintegral konvergiert jetzt besser im Unendlichen, aber man muß damit bezahlen, daß die Schwellenamplitude $T^-(\mu)$ aus Messungen eingesetzt werden muß.

Eine Verletzung der Bedingung (18.110), daß die totalen Wirkungsquerschnitte für π^+-p- und π^--p-Streuung sich für $\omega \to \infty$ demselben Grenzwert nähern, ist, wenn auch nicht streng widerlegt, auf Grund physikalischer Gesichtspunkte zumindest bizarr. Wir wollen z. B. annehmen, daß $\sigma_{\text{tot}}^{\pi+p}$ und $\sigma_{\text{tot}}^{\pi-p}$ für $\omega \to \infty$ endlich bleiben, in Fortsetzung des gegenwärtig beobachteten Trends; damit nehmen wir auch an, daß die Differenz $\Delta\sigma$ endlich bleibt. Aus der Dispersionsrelation (18.112) folgt

$$\begin{aligned} \operatorname{Re} T^-(\omega) &\cong -\frac{\omega^3}{4\pi^2}\Delta\sigma\, P \int_{\bar\omega}^\infty \frac{d\omega'}{\omega'(\omega'^2 - \omega^2)} \\ &\sim \frac{\omega}{4\pi^2}\Delta\sigma \log\frac{\omega}{\bar\omega} \end{aligned} \tag{18.113}$$

für $\bar\omega \gg \mu$ und $\omega/\bar\omega \gg 1$, wobei $\bar\omega$ so gewählt ist, daß die Wirkungsquerschnitte für $\omega > \bar\omega$ durch den asymptotischen Grenzwert angenähert werden können. Das optische Theorem lehrt uns jedoch für $\omega \gg \mu$, daß sowohl für π^+-p- wie auch π^--p-Streuung

$$\operatorname{Im} T(\omega) \sim -\frac{\omega}{4\pi}\sigma_{\text{tot}}^{\pi p}(\omega)$$

[1] U. Haber-Schaim, *Phys. Rev.*, **104**, 1113 (1956); T. D. Spearman, *Nuovo Cimento*, **15**, 147 (1960).

gilt; wir müssen deshalb aus (18.113) schließen, daß für elastische π^+-Proton-Streuung der Realteil von $T(\omega)$ den Imaginärteil dominiert, wenn $\omega \to \infty$. Diese Schlußfolgerung widerspricht der physikalischen Intuition. Die beobachteten totalen Wirkungsquerschnitte[1] übersteigen im Bereich mehrerer GeV die elastischen Wirkungsquerschnitte um einen Faktor von mehr als 3. Wir erwarten deshalb, daß Diffraktionsstreuung der einfallenden Pionwelle, die ihre Absorption in die zahlreichen inelastischen Kanäle, die für große ω offenstehen, begleitet, den wesentlichen – und imaginären – Beitrag zum elastischen Wirkungsquerschnitt in Vorwärtsrichtung liefern wird. Elastische Streuexperimente bei hohen Energien[2] verschaffen uns dieses intuitive Bild des Geschehens.

Man schließt aufgrund solcher physikalischer Überlegungen, die ursprünglich auf Pomeranchuk[3] zurückgehen, daß (18.110) und deshalb die unsubtrahierte Dispersionsrelation (18.109) gelten sollten. Dieser Schluß, genannt Pomeranchuks Theorem, ist unter etwas schwächeren Annahmen von Weinberg und anderen[4] bewiesen worden. Er kann gleichermaßen für andere Teilchen-Antiteilchen-Wirkungsquerschnitte abgeleitet werden, z. B.

$$\left.\begin{aligned} \sigma_{\text{tot}}^{pp}(\omega) - \sigma_{\text{tot}}^{\bar{p}p}(\omega) &\to 0 \\ \sigma_{\text{tot}}^{K^+p}(\omega) - \sigma_{\text{tot}}^{K^-p}(\omega) &\to 0 \end{aligned}\right\} \qquad \omega \to \infty$$

und scheint sich experimentell als richtig zu erweisen.

Mit denselben Methoden können wir ähnliche Dispersionsrelationen für die gerade Amplitude $T^+(\omega)$ anschreiben. In diesem Fall tritt die Summe der Wirkungsquerschnitte $\sigma_{\text{tot}}^{\pi^-p}(\omega) + \sigma_{\text{tot}}^{\pi^+p}(\omega)$ im Dispersionsintegral auf, und eine Subtraktion ist erforderlich. Wenn wir die beiden Dispersionsrelationen in (18.107) addieren und an der Schwelle ($\omega = \mu$) eine Subtraktion ausführen, finden wir

$$\begin{aligned} \operatorname{Re} T^+(\omega) = T^+(\mu) &- \frac{f^2\mu^2(\omega^2 - \mu^2)}{M(\omega^2 - \omega_B{}^2)(\mu^2 - \omega_B{}^2)} \\ &- \frac{\omega^2 - \mu^2}{4\pi^2} P \int_\mu^\infty \frac{d\omega'\, \omega'[\sigma_{\text{tot}}^{\pi^+p}(\omega') + \sigma_{\text{tot}}^{\pi^-p}(\omega')]}{(\omega'^2 - \omega^2)\sqrt{\omega'^2 - \mu^2}} \end{aligned} \tag{18.114}$$

---

[1] S. J. Lindenbaum, *Rept. 1964 Intern. Conf. Conf. High-energy Physics* (Dubna).
[2] Ibid.
[3] I. Ya. Pomeranchuk, *J. E. T. P. (USSR)*, **34**, 725 (1958).
[4] S. Weinberg, *Phys. Rev.*, **124**, 2049 (1961); D. Amati, M. Fierz und V. Glaser, *Phys. Rev. Letters*, **4**, 89 (1960); N. N. Meiman, *J. E. T. P. (USSR)*, **16**, 1609 (1963).

Diese Beziehung ist auch experimentell verifiziert worden[1]. Ähnliche Ergebnisse sind auch für die Spinflipamplituden in der Vorwärtsrichtung möglich[2].

18.11 *Axiomatische Herleitung der Dispersionsrelationen für Pion-Nukleon-Streuung in Vorwärtsrichtung*

Weil die Dispersionsrelationen (18.109) und (18.114) genau bestimmte Zusammenhänge zwischen beobachtbaren Größen darstellen, können wir fragen, was ein Widerspruch zum Experiment bedeuten würde. Um eine Antwort zu versuchen, wollen wir zuerst die Bestandteile überprüfen. Wir gründeten unsere Diskussion der S-Matrix in der Quantenfeldtheorie in Kap. 16 auf sehr allgemeine Postulate, insbesondere auf die Translationsinvarianz, die die Existenz eines Energieimpuls-Vierervektors P_μ in sich schließt, und auf die Lorentz-Invarianz. Ferner forderten wir die Existenz eines eindeutigen normierbaren Grundzustandes, des Vakuums, und eines wohldefinierten vollständigen Spektrums von Ein- oder Auszuständen. Ferner nahmen wir an, daß die Theorie lokal ist, wobei die Felder Differentialgleichungen genügen und P_μ aus einer lokalen Dichte gebildet ist. Die elementaren Kommutatoren für Bose-Felder und Antikommutatoren für Fermi-Felder verschwinden für raumartige Abstände, wie auch die Kommutatoren aller lokalen Dichten von „Observablen", die aus Feldern gebildet sind. Wir nennen eine solche Theorie mikroskopisch kausal.

All das sind sehr fundamentale Begriffe, die wir nur in höchster Not aufgeben würden. Es gibt jedoch einen weiteren Aspekt unserer Diskussion, dem wir uns notfalls zuwenden könnten, um die Theorie zu retten, und das ist die Konvergenz der Störungsentwicklung in Feynman-Diagrammen. Vielleicht unterscheidet sich die unendliche Summe von Diagrammen in ihren analytischen Eigenschaften von den einzelnen Termen. Dieser Fluchtweg kann jedoch versperrt werden: Eine strenge Herleitung der Dispersionsrelationen für π-Nukleon-Streuung in Vorwärtsrichtung ist von Symanzik und von Bogoliubov[3] gegeben worden. Wir folgen hier dem Vorgehen von Bogoliubov.

Unser Ausgangspunkt ist die S-Matrix (16.77) für Vorwärtsstreuung, die wir zur Hälfte auf die Form eines Vakuumerwartungswertes redu-

---

[1] H. L. Anderson, W. C. Davidon und U. W. Kruse, *Phys. Rev.*, **100**, 339 (1955); J. Hamilton, *Phys. Rev.*, **110**, 1134 (1958).

[2] W. C. Davidon und M. L. Goldberger, *Phys. Rev.*, **104**, 119 (1956).

[3] K. Symanzik, *Phys. Rev.*, **105**, 743 (1957); N. N. Bogoliubov und D. V. Shirkov, „Introduction to the Theory of Quantized Fields", Interscience Publishers, Inc., New York, 1959.

zieren, indem wir die beiden Mesonen aus den Ein- und Auszuständen entfernen.

$$\langle q_2 p_1 s_1 \text{ aus} | q_1 p_1 s_1 \text{ ein}\rangle = \delta_{q_2 q_1} - \frac{1}{Z}\int \frac{d^4x\, d^4y\, e^{+(iq_2\cdot y - iq_1\cdot x)}}{(2\pi)^3\sqrt{4\omega_2\omega_1}}$$

$$\times (\Box_y + \mu^2)(\Box_x + \mu^2)\langle p_1 s_1 \text{ aus} | T(\varphi(y)\varphi^\dagger(x)) | p_1 s_1 \text{ ein}\rangle$$

$$= \delta_{q_2 q_1} - \frac{i(2\pi)^4\delta^4(q_2 - q_1)}{(2\pi)^6 2\omega}\,\mathfrak{M}(q_1,p_1,s_1) \quad (18.115)$$

wo $\mathfrak{M}$ wie in der störungstheoretischen Diskussion (18.95) und (18.99) definiert und durch

$$\frac{\mathfrak{M}(q,p,s)}{(2\pi)^3} = \frac{-i}{Z}\int d^4y\, e^{+iq\cdot y}(\Box_y + \mu^2)^2\langle ps | T(\varphi(y)\varphi^\dagger(0)) | ps\rangle \quad (18.116)$$

gegeben ist. φ ist das Π^+-Feld; d. h. $\varphi^+(x)$ erhöht, wenn es auf einen Zustand wirkt, die Ladung um 1. Bei der Konstruktion von (18.116) haben wir die Translationsinvarianz der Theorie benutzt und $\varphi(x)$ in den Ursprung verschoben, so daß eines der vierdimensionalen Raumintegrale ausgeführt werden kann. Als nächstes bringen wir (18.116) in eine kausale Form, die der Dispersionsanalyse angemessen ist, indem wir das T-Produkt mit Hilfe der Identität

$$T(a(t)b(0)) = \theta(t)a(t)b(0) + \theta(-t)b(0)a(t)$$

$$= \theta(t)[a(t),b(0)] + b(0)a(t) \quad (18.117)$$

in einen Kommutator umwandeln, so daß

$$\frac{\mathfrak{M}(q,p,s)}{(2\pi)^3} = \frac{-i}{Z}\int d^4y\, e^{+iq\cdot y}(\Box_y + \mu^2)^2\{\theta(y_0)\langle ps | [\varphi(y),\varphi^\dagger(0)] | ps\rangle$$

$$+ \langle ps | \varphi^\dagger(0)\varphi(y) | ps\rangle\} \quad (18.118)$$

Der zweite Term verschwindet wegen der Stabilität des Protons, wie man sieht, wenn man einen vollständigen Satz von Zuständen $|n\rangle$ zwischen die Feldoperatoren einschiebt und die y-Integration ausführt.

$$\int d^4y\, e^{+iq\cdot y}(\Box_y + \mu^2)^2\langle ps | \varphi^\dagger(0) | n\rangle\langle n | \varphi(y) | ps\rangle$$

$$= \sum_n (q^2 - \mu^2)^2 |\langle ps | \varphi^\dagger(0) | n\rangle|^2 (2\pi)^4\delta^4(q + p_n - p) \quad (18.119)$$

Weil q_0 positiv ist, gibt es keinen Zustand $|n\rangle$ derart, daß $p = q + p_n$.

Die Gln. (18.118) und (18.116) stimmen auf der Massenschale überein, für q_μ reell und $q^2 = \mu^2$. Sie haben jedoch verschiedene analytische Fortsetzungen in die komplexe ($q_0 = \omega$)-Ebene, und der retardierte Kommutator in (18.118) hat die kausale Form, die wir auswerten können, indem wir eine Dispersionsrelation aufstellen. Diese Form erinnert an die klassischen Diskussionen, mit denen wir dieses Kapitel begonnen haben.

Dort haben wir eine Dispersionsrelation aufgrund der Forderung aufgestellt, daß keine gestreute Welle eine Geschwindigkeit erhält, die größer als die Lichtgeschwindigkeit im Vakuum ist. Hier stellen wir eine Kausalitätsbedingung, indem wir fordern

$$[\varphi(y),\varphi^\dagger(0)] = 0 \qquad y^2 < 0 \tag{18.120}$$

Mit dieser Beschränkung ist nun die gewünschte analytische Fortsetzung für eine Dispersionsrelation möglich.

Um das einzusehen, versetzen wir uns in das Ruhsystem des Nukleons $p = (M,0,0,0)$ und nutzen aus, daß $\mathfrak{M}$ ein Skalar ist und deshalb, für Vorwärtsstreuung, vom Spin s unabhängig ist. Das Matrixelement in (18.116) ist deshalb eine Funktion von $|y|^2$ und y_0 allein, und die Winkelintegrale können ausgeführt werden. Wir erhalten dann aus (18.118), wenn wir das Ergebnis durch die in (18.99) definierte Amplitude $T(\omega)$ ausdrücken,

$$T(\omega) = \frac{1}{4\pi}\,\mathfrak{M}(q,p,s) = \int_0^\infty y\,dy\,Y(\omega,y) \tag{18.121}$$

wo die Funktion

$$Y(\omega,y) \equiv \frac{(2\pi)^3 i}{Z}\,\frac{\sin\sqrt{\omega^2-\mu^2}\,y}{\sqrt{\omega^2-\mu^2}} \int_{-\infty}^{\infty} dy_0\,e^{i\omega y_0} \times (\Box_y + \mu^2)^2\theta(y_0)\langle Ms|[\varphi(y),\varphi^\dagger(0)]|Ms\rangle \tag{18.122}$$

in der oberen ω-Halbebene analytisch ist. Sie hat keinen Verzweigungspunkt bei $\omega = i\mu$, weil $(1/\sqrt{z})\sin\sqrt{z}$ von z und nicht von $\sqrt{z}$ abhängt. Wie im Kramers-Krönig-Beispiel sichert die Stufenfunktion $\theta(y_0)$, daß die y_0-Integration exponentiell gedämpft wird, wenn ω in die obere Halbebene läuft. Das würde evident sein, wenn $\theta(y_0)$ in (18.122) links vom Klein-Gordon-Operator stehen würde, weil das Integral

$$\int_{-\infty}^{\infty} dy_0\,\theta(y_0) = \int_0^\infty dy_0 \tag{18.123}$$

sich nur über den nichtnegativen Bereich $0 \le y_0 \le \infty$ erstreckt. Wenn $\theta(y_0)$ an die linke Seite des Klein-Gordon-Operators geschoben wird, bewirken die Zeitableitungen $\partial/\partial y_0$ im Operator die Einführung von δ-Funktionen und Ableitungen via $d/dy_0\theta(y_0) = \delta(y_0)$. Diese zusätzlichen Terme enthalten somit nicht mehr als die harmlosen c-Zahl-Kommutatoren der Felder zu gleichen Zeiten, wie etwa

$$[\varphi(\mathbf{y},0),\varphi^\dagger(0)] = 0 \qquad [\dot\varphi(\mathbf{y},0),\varphi^\dagger(0)] = -i\delta^3(\mathbf{y}) \tag{18.124}$$

und addieren nichts Schlimmeres als reelle Polynome in ω zum Ausdruck für $T(\omega)$ in (18.121). Wenn wir dann Dispersionsrelationen aufstellen, können diese sicherlich bei der analytischen Fortsetzung vernachlässigt werden. Ferner garantiert die Kausalitätsbedingung (18.120) ein zahmes Verhalten von $Y(\omega,y)$ für $\omega \to \infty$ in der oberen Halbebene, weil die Exponentialfaktoren in (18.122) harmlos sind, wenn wir innerhalb des Vorwärtslichtkegels $y_0 \geq y$ sind. D. h.,

$$\exp\left[i(\omega y_0 \pm \sqrt{\omega^2 - \mu^2}\, y)\right] \approx \{\exp\left[i\omega(y_0 \pm y)\right]\}\left[\exp\left(\mp i \frac{\mu^2}{2\omega} y\right)\right] \quad \text{für } |\omega| \to \infty \tag{18.125}$$

verursacht keine Schwierigkeiten, wenn $\mathrm{Im}\,\omega \geq 0$ und $y_0 \geq y$ ist. Obwohl der zweite Faktor ein exponentiell ansteigendes Verhalten für sehr große y zeigen kann, $\sim\exp(+\mu^2 y/2|\omega|)$, kann er durch die Einführung eines Konvergenzfaktors $e^{-\varepsilon y^2}$ in das Integral über dy in (18.121) unterdrückt werden; gegebenenfalls lassen wir $\epsilon \to 0$ gehen.

Da wir jetzt diese willkommenen Eigenschaften von $Y(\omega,y)$ festgestellt haben, können wir für alle ω in der oberen Halbebene das y-Integral ausführen, und weisen somit die Analytizität von $T(\omega)$ nach. Wir können deshalb eine Dispersionsrelation für $T(\omega)$ anschreiben,

$$\mathrm{Re}\, T(\omega) = \frac{1}{\pi} P \int_{-\infty}^{\infty} \frac{d\omega'}{\omega' - \omega} \int_0^{\infty} dy\, y e^{-\epsilon y^2}\, \mathrm{Im}\, Y(\omega',y) + C_\infty \tag{18.126}$$

wo wir C_∞, den Beitrag vom Halbkreis im Unendlichen, durch eine endliche Anzahl von Subtraktionen beseitigen können[1].

Wir müssen noch den Grenzübergang $\epsilon \to 0$ innerhalb des Dispersionsintegrals in (18.126) ausführen, bevor wir fertig sind. Das ist kein Problem für $|\omega| \geq \mu$, weil der Faktor $(\sin\sqrt{\omega^2 - \mu^2}y)/\sqrt{\omega^2 - \mu^2}$ ungefährlich oszilliert und das Integral in (18.121) für die Übergangsamplitude $T(\omega)$ für reelle physikalische Werte von ω existiert. In diesem Bereich ist der Schutz durch $e^{-\varepsilon y^2}$ gegen ein exponentielles Ansteigen des zweiten Faktors von (18.125) für komplexes ω nicht länger notwendig. Jedoch für das *bête noir* aller Dispersionsstudien, den unphysikalischen Bereich $|\omega| < \mu$, können wir nicht $\epsilon \to 0$ gehen lassen, weil es dort gebraucht wird, um den Faktor $\sinh\sqrt{\mu^2 - \omega^2 y}$ zu unterdrücken. Wir könnten deshalb erwarten, daß sich (18.126) für $\epsilon \to 0$ und $|\omega| < \mu$ wild verhält. Andererseits wissen wir bereits aus der Analyse der Feynman-Graphen

[1] Für ein schlimmeres Verhalten müßte der Kommutator von (18.122) notwendig eine wesentliche Singularität bei $y = 0$ enthalten, um eine unendlich hohe Potenz von ω in den Zähler zu bringen.

vom vorigen Abschnitt, daß die absorptive Amplitude im unphysikalischen Bereich ein einfaches Verhalten hat: $\operatorname{Im} T(\omega)$ verschwindet mit Ausnahme eines einfachen Poles bei $\omega = \mu^2/2M$. Wie kommen wir im gegenwärtigen Rahmen zu diesem Ergebnis?

Wir kehren zu (18.122) zurück und entnehmen dort den Imaginärteil von $Y(\omega,y)$ im unphysikalischen Bereich $|\omega| < \mu$. Wir beschränken uns auf diesen Bereich und lassen ω wie gewöhnlich sich der reellen Achse von der oberen Halbebene her nähern. Nachdem wir einen vollständigen Satz von Zuständen zwischen die Felder φ und φ^+ im Kommutator mit Hilfe des bekannten Ansatzes $1 = \sum_n |n\rangle\langle n|$ eingeschoben haben, verlegen wir die Koordinate des Feldes φ in den Ursprung und führen die y_0-Integration aus[1]:

$$\operatorname{Im} Y(\omega,y) = \operatorname{Im}\left[\frac{(2\pi)^3}{Z}\frac{\sinh\sqrt{\mu^2-\omega^2}\,y}{\sqrt{\mu^2-\omega^2}}\right.$$
$$\times\sum_n \frac{\sin p_n y}{p_n y}[(E_n - M)^2 - p_n{}^2 - \mu^2]^2$$
$$\left.\times\left(\frac{|\langle n|\varphi^\dagger|Ms\rangle|^2}{\omega + M - E_n + i\epsilon} - \frac{|\langle n|\varphi|Ms\rangle|^2}{\omega - M + E_n + i\epsilon}\right)\right] \qquad (18.127)$$

Nur wenn

$$E_n = M \pm \omega \qquad (18.128)$$

verschwinden die Nenner und $Y(\omega,y)$ erhält einen Imaginärteil. Die Zustände $|n\rangle$ in (18.127) müssen jedoch an den Zustand $\varphi^+|Ms\rangle$ ankoppeln, der die Nukleonzahl $+1$ und Ladung $+2$ hat, oder an $\varphi|Ms\rangle$ mit der Nukleonzahl $+1$ und Ladung 0. Die einzigen Zustände mit diesen Quantenzahlen und mit einer Energie $E_n < M + \mu$, wie in (18.128) gefordert, wenn $|\omega| < \mu$, sind Zustände mit einem Neutron, und diese tragen den zweiten Term von (18.127) bei. Im unphysikalischen Bereich gibt es keine Beiträge vom kontinuierlichen Spektrum von Nukleonen und Pionen mit einer Schwelle bei $M + \mu$. Der Beitrag vom Zustand mit einem Neutron hängt offenbar mit dem Polbeitrag zu $T(\omega)$ zusammen den wir im vorigen Abschnitt gefunden haben.

Wir geraten in etwas verwickelte Rechnungen[2], wenn wir $\operatorname{Im} Y(\omega,y)$ im unphysikalischen Bereich direkt aus (18.127) auswerten wollen. Wir

[1] Zeitableitungen von $\theta(y_0)$ in (18.122) führen nur auf reelle Polynome in ω, die deshalb in (18.127) nicht auftreten. Der Faktor $(\sin p_n y)/p_n$ tritt nach der Mittelung über die Richtungen des Spins s auf.

[2] K. SYMANZIK, *op. cit.*, und H. LEHMANN, *Nuovo Cimento*, **10**, 579 (1958) und Suppl. 1, **14**, 153 (1959). Die Schwierigkeiten werden noch größer, wenn man zu Dispersionsrelationen für nicht nach vorwärts gerichtete Streuung übergeht.

umgehen sie mit einem Trick, der von BOGOLIUBOV eingeführt worden ist[1]. Der Imaginärteil von $Y(\omega,y)$ für $\omega < \mu$ ist durch

$$\begin{aligned} \text{Im}\, Y(\omega,y) &= \int d^3k\, f(\mathbf{k},y)\delta(\omega - M + \sqrt{\mathbf{k}^2 + M^2}) \\ &= \int d^3k\, F(\mathbf{k},y)\delta\left(\omega - \frac{\omega^2 - |\mathbf{k}|^2}{2M}\right) \end{aligned} \tag{18.129}$$

gegeben, wo k den Impuls des Neutrons bezeichnet, $f(k,y)$ und $F(ky)$, alle unwesentlichen Faktoren enthalten und $\sum\limits_n \to \int d^3k$ in (18.127). BOGOLIUBOV hat festgestellt, daß man diesen Term vermeiden kann, indem man eine Hilfsfunktion $\tilde{T}(\omega)$ und ein entsprechendes $\tilde{Y}(\omega,y)$ konstruiert mit all den willkommenen Eigenschaften, die uns das Aufstellen einer Dispersionsrelation (18.126) erlauben, aber mit

$$F(\mathbf{k},y) \to \tilde{F}(\mathbf{k},y) = \left(\omega - \frac{\omega^2 - |\mathbf{k}|^2}{2M}\right) F(\mathbf{k},y) \tag{18.130}$$

in (18.129). Dann hat $\tilde{T}(\omega)$ überhaupt keinen Beitrag im unphysikalischen Bereich, der uns stören könnte, weil $x\delta(x) = 0$ ist.

Die gewünschte Hilfsfunktion, die den Neutronpol beseitigt, ist einfach

$$\tilde{T}(\omega) = \left(\omega - \frac{\mu^2}{2M}\right) T(\omega) \tag{18.131}$$

wir verifizieren das, indem wir die ganze Rechnung unter Einschluß des zusätzlichen Faktors wiederholen. In (18.116) multiplizieren wir $\mathfrak{M}(q,p,s)$ mit dem Faktor

$$\omega - \frac{\mu^2}{2M} = \omega - \frac{\omega^2 - |\mathbf{q}|^2}{2M}$$

der unter das Integral auf der rechten Seite gezogen wird und durch den lokalen Differentialoperator

$$\omega - \frac{\omega^2 + \nabla_y^2}{2M} \tag{18.132}$$

der auf $\varphi(y)$ wirkt, ersetzt werden kann. Deshalb können alle Schritte für $\tilde{T}(\omega)$ wiederholt werden, die von (18.116) zur Dispersionsrelation (18.126) führen, wobei als einzige Änderung $\varphi(y)$ durch

$$\varphi(y) \to \left(\omega - \frac{\omega^2 + \nabla_y^2}{2M}\right) \varphi(y) \tag{18.133}$$

[1] BOGOLIUBOV und SHIKOV, *op. cit.*

zu ersetzen ist. Wenn wir den absorptiven Teil $\mathrm{Im}\,\tilde{Y}(\omega,y)$ von (18.127) auswerten, ist die einzige Änderung an (18.129) das Auftreten des zusätzlichen Faktors $\omega - (\omega^2 - |k|^2)/2M$, wie in (18.130) angezeigt. Folglich ist

$$\mathrm{Im}\;\tilde{Y}(\omega,y) = 0 \qquad |\omega| \leq \mu \tag{18.134}$$

und $\tilde{T}(\omega)$ genügt ohne weitere Umstände einer Dispersionsrelation, die seine Analytizität in der aufgeschnittenen ω-Ebene zeigt:

$$\mathrm{Re}\;\tilde{T}(\omega) = \frac{1}{\pi} P \int_{-\infty}^{-\mu} \frac{d\omega'\;\mathrm{Im}\;\tilde{T}(\omega')}{\omega' - \omega} + \frac{1}{\pi} P \int_{\mu}^{\infty} \frac{d\omega'\;\mathrm{Im}\;\tilde{T}(\omega')}{\omega' - \omega} + \tilde{C}_\infty \tag{18.135}$$

Wahrscheinlich sind zusätzliche Subtraktionen nötig, um die Potenzen von ω in (18.132) zu kompensieren, damit $\tilde{C}_\infty$ unterdrückt werden kann, aber das bringt keine besondere Schwierigkeit.

Die physikalische Amplitude

$$T(\omega) \equiv \frac{\tilde{T}(\omega)}{\omega - \mu^2/2M}$$

besitzt deshalb dieselben analytischen Eigenschaften wie $\tilde{T}(\omega)$ mit Ausnahme eines einfachen Poles bei $\omega = \mu^2/2M$. Das Residuum dieses Pols kann durch das Matrixelement $\langle \sqrt{k^2 + M^2}s'|\varphi(0)|Ms\rangle$ ausgedrückt werden, das mit der π-Nukleon-Vertexfunktion zusammenhängt. Wir überlassen diese Aufgabe dem Leser; das Ergebnis stimmt mit unserer früheren Analyse der reduzierten Graphen überein.

An diesem Punkt sind wir offensichtlich zu unseren Folgerungen vom vorhergehenden Abschnitt zurückgekehrt, aber wir sind nicht mehr abhängig von der Existenz und Konvergenz einer Störungsentwicklung. Offenbar würde ein Fehlschlagen der Dispersionsrelationen für Pion-Nukleon-Streuung in Vorwärtsrichtung die tiefgründigsten Folgen haben.

18.12 *Dynamische Berechnungen der Pion-Pion-Streuung mit Hilfe von Dispersionsrelationen*

Im Erfolg der Dispersionsrelationen für die Vorwärtsstreuung von Pionen an Nukleonen sehen wir das spannendste Beispiel für einen Aspekt der dispersionstheoretischen Methode: eine Beziehung zwischen experimentellen Observablen, die die grundlegende Struktur der Theorie testet. In den letzten Jahren ist große Bemühung auf einen zweiten Aspekt gerichtet worden, der die Dispersionsmethode als Grundlage für die Berechnung der Dynamik von wechselwirkenden Teilchen benutzt.

Insbesondere ist die Dispersionsmethode gegenwärtig im Bereich der starken Wechselwirkungen, wo Störungsrechnungen für schwache Kopplung von geringem Wert sind, die erfolgreichste Technik[1].

Fortschritte bei den dynamischen Berechnungen sind auf Kosten von drastischen Approximationen gemacht worden, und die Methoden der Rechnung unterliegen noch dem Wechsel und der Kritik. Die Gültigkeit der Approximation kann selten, wenn überhaupt, aus rein theoretischen Gründen gerechtfertigt werden. Statt dessen richtet man sich nach hervorstechenden experimentellen Merkmalen, um eine Kette von Approximationen zu begründen, an deren Ende eine Vorhersage steht, deren Wert nur durch Vergleich wiederum mit der Beobachtung beurteilt wird. Korrekturterme zu dieser näherungsweisen Analyse sind oft nicht einmal wohldefiniert und sind im allgemeinen für Rechnungen unzugänglich. Wir werden deshalb nicht bei den Einzelheiten dieser Fragen verweilen. Unser Ziel ist hier, einige der Hauptideen zu umreißen, um einen Eindruck vom Dispersionsbild zu vermitteln, wie es durch die rosafarbene Brille all der höchst optimistischen Annahmen gesehen wird.

Wir betrachten das Problem mit der einfachsten Kinematik – nämlich die Pion-Pion-Streuung – und beginnen eine dynamische Berechnung der Streuphase und des elektromagnetischen Pionvertex. Wie in der Dispersionsrelation für Pion-Nukleon-Streuung in Vorwärtsrichtung nehmen die Unitarität der Streuamplitude, oder die Erhaltung der Wahrscheinlichkeit, und die Crossing-Symmetrie zusammen mit den Analytizitätseigenschaften Schlüsselstellungen ein.

Wir ziehen wie in Abschn. 17.8 die kinematischen und Isotopenspinfaktoren heraus und schreiben für die π-π-Streuamplitude im Schwerpunktsystem der einlaufenden Pionen

$$S_{fi} = \delta_{fi} - \frac{i(2\pi)^4\delta^4(q_1 + q_2 - q_3 - q_4)}{(2\pi)^6(2\omega)^2} \sum_{I=0}^{2} A_I(s,t,u)P_I \qquad (18.136)$$

wo die Kinematik in Abb. 18.32 erklärt ist, mit $\omega = \sqrt{q^2 + \mu^2}$, und die Isotopenspin-Projektionsoperatoren P_I in (17.54) und (17.55) gegeben sind. Wir werden uns auf die s-Reaktion konzentrieren, für die sich der physikalische Bereich von $4\mu^2 \leq s \leq \infty$ erstreckt, mit $t, u \leq 0$. Die Crossing-Relationen (17.52) und (17.53) können zur Konstruktion der physikalischen Amplituden für die t- und u-Reaktionen benutzt werden, falls diese gefragt sind.

Obwohl wir keine allgemeinen Ergebnisse für das analytische Verhalten von $A(s,t,u)$ für festen Impulsübertrag t oder u haben, fanden wir

[1] G. F. CHEW, „S Matrix Theory of Strong Interactions", New York, W. A. Benjamin, Inc., 1962; S. MANDELSTAM, *Rept. Progr. Phys.*, 25, 99 (1962).

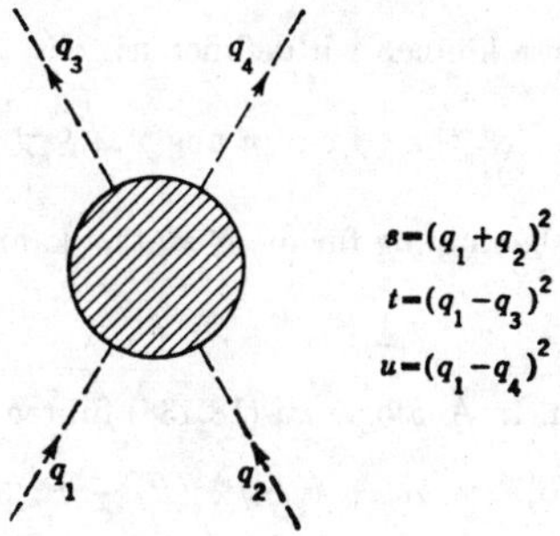

Abb. 18.32 Die kinematischen Variablen für die π-π-Streuung.

in Abschn. 18.9 das wichtige Ergebnis, das in (18.84) zusammengefaßt ist, daß $\hat{A}_I(s, \cos\theta) \equiv A_I(s,t,u)$ für festes $\cos\theta$ in der s-Ebene analytisch ist, mit Ausnahme der Schnitte von $-\infty \leq s \leq 0$ und $4\mu^2 \leq s \leq \infty$. Ferner folgt daraus gemäß (18.82) und (18.85), daß die Partialwellenamplituden

$$A_l^I(s) = \frac{1}{2}\int_{-1}^{1} d(\cos\theta) P_l(\cos\theta)\hat{A}_I(s, \cos\theta) \qquad (18.137)$$

dieselben sehr attraktiven Analytizitätseigenschaften haben, die wir hier zusammen mit der Unitarität und der Crossing-Symmetrie ausnutzen werden.

Um die Unitaritätsbedingung anzuwenden, müssen wir (18.96), das wir in den Vorwärts-π-N-Dispersionsrelationen benutzt haben, auf Übergänge zu verschiedenen möglichen Endzuständen ausdehnen, und erhalten dadurch eine Relation für die Diskontinuität von $A_l^I(s)$ über den Schnitt $s \geq 4\mu^2$, analog zu (18.100). Wir führen vorübergehend die Bezeichnung

$$S_{ni}^{(+)} \equiv \langle n \text{ aus} \,|\, i \text{ ein} \rangle = \delta_{ni} - (2\pi)^4 i\delta^4(P_n - P_i)\mathfrak{J}_{ni}^{(+)} \qquad (18.138)$$

ein, die die vertrauten S-Matrix-Elemente und die Übergangsamplituden miteinander verbindet. Wenn $|n\rangle$ wie auch $|i\rangle$ einen Zwei-Pion-Zustand darstellt, ist $J_{ni}^{(+)}$ die Übergangsamplitude für elastische π-π-Streuung und unterscheidet sich von der Amplitude $\hat{A}(s, \cos\theta)$ durch einen Faktor proportional zu s^{-1}. Insbesondere ist $J_{ni}^{(+)}$ im physikalischen Bereich $s \geq 4\mu^2$ gemäß der Nambu-Darstellung durch den Grenzwert gegeben, der sich einstellt, wenn s sich dem Schnitt entlang der reellen Achse von der oberen Halbebene her nähert.

Auf ähnliche Weise können wir definieren:

$$S_{fn}^{(-)} \equiv \langle f \text{ ein} \,|n \text{ aus}\rangle = S_{nf}^{(+)*} \tag{18.139}$$

und die Unitaritätsbedingung für die S-Matrix kann in der Form

$$\sum_n S_{fn}^{(-)} S_{ni}^{(+)} = \delta_{fi} \tag{18.140}$$

geschrieben werden. In Analogie zu (18.138) führen wir

$$S_{fn}^{(-)} = \delta_{fn} + i(2\pi)^4 \delta^4(P_f - P_n) \mathfrak{J}_{fn}^{(-)} \tag{18.141}$$

ein und erhalten durch Kombination mit (18.140) als Unitaritätsbedingung

$$\mathfrak{J}_{fi}^{(+)} - \mathfrak{J}_{fi}^{(-)} = -i \sum_n (2\pi)^4 \delta^4(P_n - P_i) \mathfrak{J}_{fn}^{(-)} \mathfrak{J}_{ni}^{(+)} \tag{18.142}$$

Aus der Definition in (18.139) folgt, daß $J^{(-)}$ mit der physikalischen Übergangsamplitude $J^{(+)}$ gemäß

$$\mathfrak{J}_{fi}^{(-)} = \mathfrak{J}_{if}^{(+)*}$$

zusammenhängt, wodurch sich (18.142) für $i = f$ auf (18.96) reduziert.

Eine nützlichere Form ergibt sich, wenn man zeigt, daß $J_{fi}^{(-)}$ die analytische Fortsetzung von $J_{fi}^{(+)}$ zum Punkt $s - i\epsilon$ unterhalb des physikalischen Schnittes, $s \geq 4\mu^2$, in der s-Ebene ist. Dann ist die linke Seite von (18.142) gerade die Diskontinuität von $J(s)$ über den Schnitt für physikalische Energie. Dieses Ergebnis beweist man, indem man zur Reduktionstechnik in Kap. 16 zurückkehrt und die Schritte in Abschn. 16.7, Gln. (16.72) bis (16.81), wiederholt, wobei überall die Rolle der Ein- und Auszustände vertauscht ist. Die wesentliche Änderung ist die Umkehrung der Zeitrichtung, so daß die zeitgeordneten Produkte $T(AB\,...)$ anti-zeitgeordnete Produkte $\overline{T}(AB\,...)$ werden. Wir haben z. B. anstatt von (16.78) bis (16.80)

$$\begin{aligned} &\langle \gamma p \text{ ein}\,|\varphi(x)|\alpha \text{ aus}\rangle = \langle \gamma \text{ ein}\,|\varphi(x)|\alpha - p \text{ aus}\rangle \\ &+ \langle \gamma \text{ ein}\; a_{\text{ein}}(p)\varphi(x) - \varphi(x) a_{\text{aus}}(p)|\alpha \text{ aus}\rangle = \langle \gamma \text{ein}\; \varphi(x)|\alpha - p \text{ aus}\rangle \\ &- \frac{i}{\sqrt{Z}} \int d^4y\, \langle \gamma \text{ ein}\,|\bar{T}(\varphi(x)\varphi(y))|\alpha \text{ aus}\rangle \overleftarrow{(\Box_y + m^2)} f_p^*(y) \end{aligned} \tag{18.143}$$

wo

$$\bar{T}(\varphi(x)\varphi(y)) \equiv \varphi(x)\varphi(y)\theta(y_0 - x_0) + \varphi(y)\varphi(x)\theta(x_0 - y_0) \tag{18.144}$$

die anti-zeitgeordneten Produkte definiert. Nach der Kontraktion aller Teilchen stellt sich wieder das Ergebnis (16.81) ein, nur mit den Änderungen ein → aus, $T \to \overline{T}$ und $(i)^{m+n} \to (-i)^{m+n}$. Um das Analogon zu (17.21) zu erhalten, das eine Entwicklung einer τ-Funktion nach Ein-Feldern angibt, nehmen wir das hermitesche konjugierte von (17.21). Wir sehen, daß dies nur die Zeitordnung in eine Anti-Zeitordnung verwandelt, zusammen mit einer Änderung von $-i$ in $+i$ in $\exp(-i\int H_I dt)$. Die Wick-Reduktion von Kap. 17 kann dann unmittelbar wiederholt werden, jetzt zu anti-zeitgeordneten Produkten von Ein-Feldern, nämlich für skalare Felder

$$i\bar{\Delta}_F(x-y) = \langle 0|\bar{T}(\varphi_{\text{in}}(x)\varphi_{\text{in}}(y))|0\rangle = -i\int \frac{d^4q}{(2\pi)^4}\frac{e^{-iq\cdot(x-y)}}{q^2-\mu^2-i\epsilon} \tag{18.145}$$

Dieser antikausale Propagator $\bar{\Delta}_F(x-y)$ unterscheidet sich vom Feynman-Propagator $\Delta_F(x-y)$ durch einen Vorzeichenwechsel wie auch durch die Änderung $i\epsilon \to -i\epsilon$. Dasselbe Ergebnis finden wir auch für Spinor- und Vektorfelder, und wir können schließen, daß, abgesehen von Vorzeichenfragen, als einzige Änderung beim Übergang von $J^{(+)}$ zu $J^{(-)}$ das $i\epsilon$ durch $-i\epsilon$ in den Propagatornennern zu ersetzen ist.

In der Frage der Vorzeichen haben wir einen relativen Faktor -1 für jeden Propagator wegen (18.145) und -1 für jeden Vertex aufgrund des Wechsels

$$T\exp(-i\int H_I\,dt) \to \bar{T}\exp(+i\int H_I\,dt) \tag{18.146}$$

Ferner tritt gemäß (18.143) ein Faktor -1 für jedes kontrahierte äußere Feld auf, der zu der Operatordifferenz $(a_{\text{ein}}\varphi\ldots) - (\varphi a_{\text{aus}}\ldots)$ anstatt des Negativen[1] davon führt, das in (16.79) erscheint. Diese Ansammlung von Minuszeichen hebt sich weg, bis wir zur Nambu-Darstellung (18.74) gelangen. Bei trilinearen Kopplungen werden Vertizes und Fermion-Propagatoren immer paarweise hinzugefügt, wenn eine Strahlungskorrektur eingesetzt wird[2]. Jeder zusätzliche Bosonpropagator führt eine zusätzliche geschlossene Schleife ein. Die Integration über jeden Schleifenimpuls d^4l wechselt das Vorzeichen mit dem $i\epsilon$ (weil der Integrationsweg in der entgegengesetzten Richtung gedreht wird), und so haben wir insgesamt eine gerade Anzahl von Minuszeichen, die ignoriert werden kann. Wir brauchen deshalb nur das Vorzeichen von $J^{(-)}$ relativ zu $J^{(+)}$ zu betrachten. Die Minuszeichen bei den äußeren Propagatorbeinen in den τ-Funktionen heben wie in (18.143) diejenigen weg, die mit den Wellenfunktionen eingeführt werden. Wir verbleiben deshalb mit der einfachen Aufgabe, $J^{(-)}$ mit $J^{(+)}$ in niedrigster Ordnung Störungstheorien zu ver-

---

[1] Mit $\overline{T} \to T$.

[2] Für die $\lambda\varphi^4$-Theorie findet man ein ähnliches Ergebnis, weil diese Theorie als der Grenzwert einer mit trilinearen Kopplungen angesehen werden kann, wenn man bezweckt, die Minuszeichen zu zählen.

gleichen, und herauszufinden, daß sie dasselbe Vorzeichen haben, wie aus den Definitionen (18.138) und (18.141) folgt. Die Ausarbeitung all dieser Behauptungen wird dem Leser als Übung überlassen.

Wir[1] haben damit gezeigt, daß man nur das Vorzeichen des $i\epsilon$ in der Nambu-Darstellung (18.74) ändern muß, um $J^{(-)}$ aus $J^{(+)}$ zu erhalten, d. h. man geht von einem Punkt oberhalb des Schnittes in der s-Ebene zu einem Punkt unterhalb des Schnittes[2]. Nachdem wir dieses Ergebnis gefunden haben, kehren wir zu (18.142) zurück und wenden diese Unitaritätsbedingung auf die Isotopenspinamplituden $\hat{A}_I(s, \cos\theta)$ mit den guten Analytizitätseigenschaften an. In dem Energieintervall $4\mu^2 \leq s \leq 16\mu^2$ ist die Unitaritätsgleichung besonders einfach, weil zu der Summe über die Zustände $\sum_n$ auf der rechten Seite von (18.142) nur die Zwei-Pion-Zustände beitragen. Diese Gleichung reduziert sich dann auf eine nichtlineare Bedingung an die elastische Amplitude:

$$\frac{1}{(2\pi)^6 s}[\hat{A}_I(s+i\epsilon, \cos\theta_{fi}) - \hat{A}_I(s-i\epsilon, \cos\theta_{fi})]$$
$$= \frac{-i}{(2\pi)^{12}s^2}\int\frac{d^3k_1\,d^3k_2}{2}(2\pi)^4\delta^4(q_1+q_2-k_1-k_2)$$
$$\times \hat{A}_I(s-i\epsilon, \cos\theta_{fk})\hat{A}_I(s+i\epsilon, \cos\theta_{ki}) \quad (18.147)$$

wo wir die Eigenschaft (17.56) für die Isotopenspin-Projektionsoperatoren benutzt haben, nämlich daß die Menge dieser Projektoren abgeschlossen ist. In (18.147) ist der Faktor $\frac{1}{2}$ wegen der Identität der beiden Pionen mit den Impulsen k_1 und k_2 notwendig, wenn die Summe über Zustände in Integrale umgewandelt wird. Im Schwerpunktsystem ist

$$k_1 + k_2 = (\sqrt{s}, 0)$$

und

$$\cos\theta_{fi} = \frac{\mathbf{q}_3\cdot\mathbf{q}_1}{|\mathbf{q}_3|\,|\mathbf{q}_1|} \qquad \cos\theta_{fk} = \frac{\mathbf{q}_3\cdot\mathbf{k}_1}{|\mathbf{q}_3|\,|\mathbf{k}_1|} \qquad \cos\theta_{ki} = \frac{\mathbf{q}_1\cdot\mathbf{k}_1}{|\mathbf{q}_1|\,|\mathbf{k}_1|}$$

Die rechte Seite reduziert sich weiter auf ein Winkelintegral

$$\operatorname{Im}\hat{A}_I(s, \cos\theta_{fi}) = -\frac{1}{128\pi^2}\sqrt{\frac{s-4\mu^2}{s}}\int d\Omega_k\,\hat{A}_I^*(s, \cos\theta_{fk})\hat{A}_I(s, \cos\theta_{ki}) \quad (18.148)$$

das so verstanden wird, daß s sich der reellen Achse von der oberen Halbebene her nähert. Durch die Partialwellenamplituden (18.137) ausgedrückt, ist die Unitaritätsbedingung

$$\operatorname{Im} A_l^I(s) = -\frac{1}{32\pi}\sqrt{\frac{s-4\mu^2}{s}}\,|A_l^I(s)|^2 \quad (18.149)$$

[1] „Wir" schließt den Leser ein.

[2] Wir bemerken, daß wir zur Herleitung dieses Ergebnisses die Invarianz unter Zeitumkehr *nicht* benutzt haben.

so daß $A_l^I(s)$ in diesem elastischen Bereich die Form

$$A_l^I(s) = -32\pi \sqrt{\frac{s}{s-4\mu^2}} \{\exp [i\delta_l^I(s)]\} \sin \delta_l^I(s) \qquad (18.150)$$

hat, wo die Streuphasen δ_l^I reell sind.

Die Unitaritätsgleichung ist für Energien oberhalb der Vier-Pion-Schwelle bei $s = 16\mu^2$ nicht mehr so einfach, weil in $\sum_n$ in (18.142) inelastische Kanäle anwesend sind, und man schreibt allgemein

$$\operatorname{Im} A_l^I(s) = -\frac{1}{32\pi} \sqrt{\frac{s-4\mu^2}{s}} |A_l^I(s)|^2 f_l^I(s) \qquad (18.151)$$

wo $f_l^I(s)$ ein reeller Anpassungsfaktor ist, der für $s \leq 16\mu^2$ identisch 1 und bei höheren Energien das Verhältnis der Beiträge aller inelastischen und elastischen Kanäle des Drehimpulses l zum elastischen Beitrag allein ist; er kann in der Form

$$f_l^I(s) = \frac{\sigma_{\text{tot}}^{l,I}(s)}{\sigma_{\text{el}}^{l,I}(s)} = 1 + \frac{\sigma_{\text{inel}}^{l,I}(s)}{\sigma_{\text{el}}^{l,I}(s)} \qquad (18.152)$$

geschrieben werden.

Der Witz der dispersionstheoretischen Behandlung der starken Wechselwirkungen ist, die Streuamplitude durch Funktionen zu parametrisieren, die analytisch sind und im Definitionsbereich der interessanten Variablen langsam variieren. Das Ziel ist, auf diese Weise eine Theorie der effektiven Reichweite zu konstruieren, die so gut wie möglich den Eigenschaften der Analytizität, Unitarität und Crossing-Symmetrie der vollen Theorie gerecht wird. Um dieses Programm zu veranschaulichen, konstruieren wir solch eine Parametrisierung der π-π-Streuamplitude nahe der Schwelle (Abb. 18.33). Wir wissen, daß $A_l^I(s)$ einen Verzweigungs-

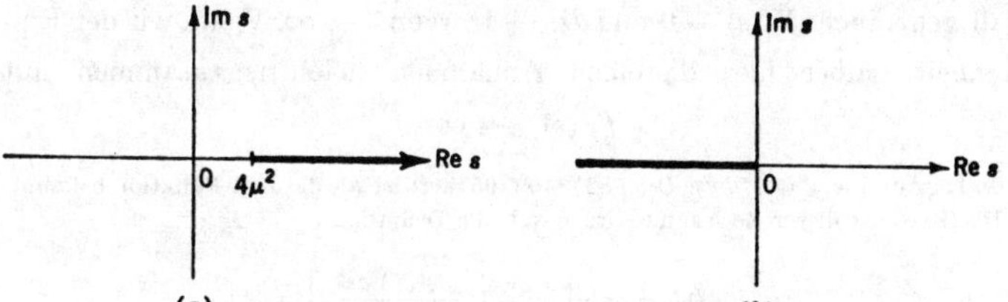

Abb. 18.33 Analytische Eigenschaften der Partialwellenamplitude in der π-π-Streuung; (a) zeigt den rechten Schnitt von $D_l^I(s)$ und (b) den linken Schnitt von $N_l^I(s)$.

punkt bei $s = 4\mu^2$ und eine Diskontinuität über den Schnitt $4\mu^2 \leq s \leq \infty$ hat, die durch die Unitarität bestimmt ist. Wenn wir $A_l^I(s)$ durch eine Funktion ohne diesen Verzweigungspunkt und den Schnitt parametrisieren können, mag es sein, daß wir die wesentliche Energieabhängigkeit von $A_l^I(s)$ in der Nähe von $s = 4\mu^2$ vorhersagen können.

Die Fredholm-Theorie der Potentialstreuung legt solch eine Parametrisierung durch ein Verhältnis einer Zähler- und Nennerfunktion nahe:

$$\frac{1}{32\pi} A_l^I(s) = \frac{N_l^I(s)}{D_l^I(s)} \tag{18.153}$$

Der Zähler ist analytisch in der aufgeschnittenen s-Ebene, mit Ausnahme des linken Schnittes $-\infty \leq s \leq 0$, und ist reell für reelle $s > 0$, während $D_l^I(s)$, das Analogon zur Fredholm-Determinante[1], analytisch mit Ausnahme des rechten Schnittes $4\mu^2 \leq s \leq \infty$ und reell für reelle $s < 4\mu^2$ ist. Für ein gegebenes oder angenommenes $N_l^I(s)$ ist die Struktur von $D_l^I(s)$ durch die Unitaritätsbedingung zusammen mit seinen bekannten Analytizitätseigenschaften bestimmt. Gemäß (18.153) ist

$$\frac{1}{32\pi} \operatorname{Im} A_l^I(s) = -\frac{N_l^I(s)}{|D_l^I(s)|^2} \operatorname{Im} D_l^I(s) \qquad s \geq 4\mu^2 \tag{18.154}$$

und wegen (18.151) ist

$$\operatorname{Im} D_l^I(s) = \sqrt{\frac{s-4\mu^2}{s}}\, N_l^I(s) \mathscr{f}_l^I(s) \qquad s \geq 4\mu^2 \tag{18.155}$$

Die analytischen Eigenschaften von $D_l^I(s)$ zusammen mit dem obigen Ausdruck für sein Diskontinuität über den Schnitt erlauben uns, eine Dispersionsrelation anzuschreiben mit der Zahl von Subtraktionen, die durch unsere Annahmen über das asymptotische Verhalten von $N_l^I(s)$ und $f_l^I(s)$ bestimmt ist. Bei der nichtrelativistischen Potentialstreuung nähert sich das Analogon zu $N_l^I(s)$ der Born-Approximation und $D_l^I(s)$ nähert sich der 1, wenn die Wechselwirkung gegen Null geht; in diesem Fall geht auch $N_l^I(s) \to 0$ und $D_l^I \to 1$, wenn $s \to \infty$. Wenn wir der Einfachheit halber hier dieselben Annahmen machen, zusammen mit

$$\mathscr{f}_l^I(s) \underset{s\to\infty}{\longrightarrow} \text{const}$$

[1] R. Jost und A. Pais, *Phys. Rev.*, 82, 840 (1951). D ist als die Jost-Funktion bekannt. Die Existenz dieser Zerlegung wird durch die Definition

$$D_l^I = \exp\left[-\frac{1}{\pi}\int \frac{\delta_l^I(s')\, ds'}{s'-s-i\epsilon}\right]$$

gesichert. Damit ist

$$A_l^I D_l^I = N_l^I$$

reell für $0 < s < 16^2$, das ist unterhalb der inelastischen Schwellen.

können wir schreiben

$$D_l^I(s) = 1 + \frac{1}{\pi}\int_{4\mu^2}^{\infty} \frac{ds'}{s'-s-i\epsilon}\sqrt{\frac{s'-4\mu^2}{s'}}\, N_l^I(s')\mathcal{f}_l^I(s') \tag{18.156}$$

wo die Normierung $D_l^I(\infty) = 1$ willkürlich ist, wie auch die von $N_l^I(s)$. Wenn wir (18.156) in (18.153) einsetzen, haben wir eine Parametrisierung der Partialwellenamplitude

$$\frac{1}{32\pi} A_l^I(s) = \frac{N_l^I(s)}{1 + \frac{1}{\pi}\int_{4\mu^2}^{\infty} ds' \sqrt{\frac{s'-4\mu^2}{s'}}\frac{N_l^I(s')\mathcal{f}_l^I(s')}{s'-s-i\epsilon}} \tag{18.157}$$

Diese Form muß unter gebührenden Vorbehalten aufgenommen werden wegen der optimistischen Annahmen, die wir im Hinblick auf das asymptotische Verhalten von A_l^I und die einfache Form von (18.156) gemacht haben. Wenn wir A_l^I in der Form (18.157) schreiben, hat das den Vorteil, daß A_l^I automatisch unitär ist und die richtigen Analytizitätseigenschaften hat. Ferner stecken unsere Anfangsannahmen und die Approximationen in der Zählerfunktion N_l^I, die in der hier interessierenden Umgebung von $s = 4\mu^2$ ein makelloses analytisches Verhalten hat. Als eine erste grobe Annahme könnte man $N_l^I(s)$ durch niedrigste Ordnung Störungstheorie in der Wechselwirkung zwischen den Mesonlinien abschätzen, d. h. in den Kräften, die die Streuung hervorrufen. Wenn dann die Kopplung gegen Null geht, geht $A_l^I(s) \to 32\, N_l^I(s)$ und ist reell. Man hofft, daß die Approximation für etwas stärkere Kopplung bedeutend verbessert wird, wenn man die Korrektur in den Nenner einbezieht, die die Unitarität gewährleistet. Wenn wir (18.157) nach der Streuphase auflösen, die in (18.150) definiert ist, haben wir

$$\sqrt{\frac{s-4\mu^2}{s}}\cot\delta_l^I(s) = -N_l^I(s)^{-1}\left[1 + \frac{1}{\pi}P\int_{4\mu^2}^{\infty} ds' \sqrt{\frac{s'-4\mu^2}{s'}}\frac{N_l^I(s')\mathcal{f}_l^I(s')}{s'-s}\right] \tag{18.158}$$

Weil $N_l^I(s)$ nur einen linken Schnitt hat, ist es möglich[1], die rechte Seite von (18.158) in eine Potenzreihe um $s = 4\mu^2$ mit dem Konvergenzradius $4\mu^2$ zu entwickeln und dadurch eine verallgemeinerte Formel der effektiven Reichweite zu erhalten.

[1] Siehe Aufg. 10, S. 390.

Um das zu verbessern, müssen wir mehr Mühe auf die Berechnung von $N_l^I(s)$ selbst verwenden. Entlang des linken Schnittes liegt eine ungeheurere Zahl von singulären Punkten, die den verschiedenen reduzierten Graphen und Landau-Singularitäten entsprechen. Wie jedoch der Teil des rechten Schnittes, der zu niedrigen Energien gehört, gerade den einfachen eindimensionalen reduzierten Graphen in Abb. 18.34a entspricht,

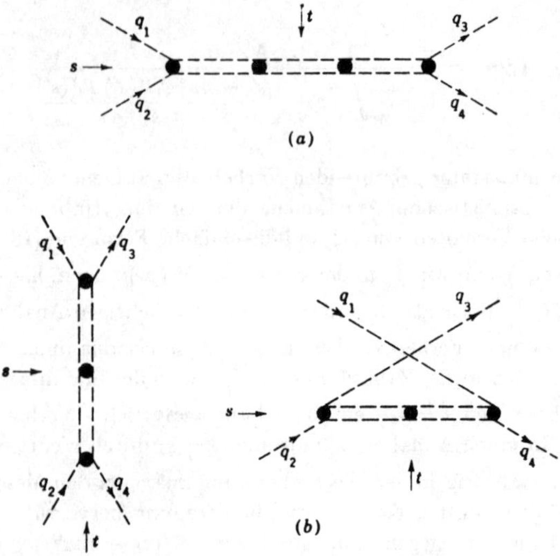

Abb. 18.34 Eindimensionale reduzierte Graphen in der π-π-Streuung.

so rührt der Teil des linken Schnittes, der zu niedrigen Energien gehört, nur von der Existenz ihrer gekreuzten Gegenstücke her, die in Abb. 18.34b gezeigt sind. Man kann die Diskontinuität, die diesen Singularitäten entspricht, mit Hilfe der elastischen Unitarität in den t- und u-Kanälen bei passender analytischer Fortsetzung erhalten. Diese Diskontinuität wird wieder durch die elastische π-π-Streuung ausgedrückt; und wenn man glaubt, daß diese Singularitäten allein (Abb. 18.34) die vorherrschende Rolle bei der Bestimmung der Eigenschaften von $A_l^I(s)$ spielen, erhält man ein geschlossenes System von Integralgleichungen, das nach $A_l^I(s)$ aufzulösen ist. Dieses geschlossene System von Gleichungen ist ausgiebig studiert worden, aber die Approximation, nur den Beitrag der in Abb. 18.34 gezeigten Singularitäten zu behalten, kann angezweifelt werden. Die Struktur des entfernten Teiles des linken Schnittes und insbesondere sein asymptotisches Verhalten bleiben ein Geheimnis. Dieser Beitrag stammt tief aus dem unphysikalischen Bereich, wo sowohl die Intuition wie auch die Mathematik schwer anzuwenden ist.

Aus der Parametrisierung von $A_l^I(s)$, die in (18.157) angegeben ist, folgt zusätzlich, daß sich die Existenz von Bindungszuständen und/oder Resonanzen an dem Verhalten der Nennerfunktion $D_l^I(s)$ erweist. Wenn das Vorzeichen und die Größe der Zählerfunktion eine Nullstelle in $\mathrm{Re}\, D_l^I(s_R)$ bei $s = s_R > 4\mu^2$ zulassen, läuft die Streuphase δ_l^I durch 90°, und es tritt eine Resonanz auf. Ähnlich führt das Verschwinden von $D_l^I(s)$ für $s < 4\mu^2$ zu einem Pol in $A_l^I(s)$, der einem Bindungszustand entspricht. Offenbar möchte man das im π - π-Problem vermeiden, während man eine p-Wellen-Resonanz erhält, die mit dem ρ-Meson zusammenhängt.

18.13 *Die elektromagnetische Struktur des Pions*

Wir können in derselben Grundauffassung, die wir uns oben zunutze gemacht haben, die Berechnung der elektromagnetischen Struktur des Pions auf die Pionstreuung beziehen[1]. Wie wir in Abschn. 18.8 diskutiert haben, tragen nur reduzierte Graphen der in Abb. 18.35 gezeigten Art Singu-

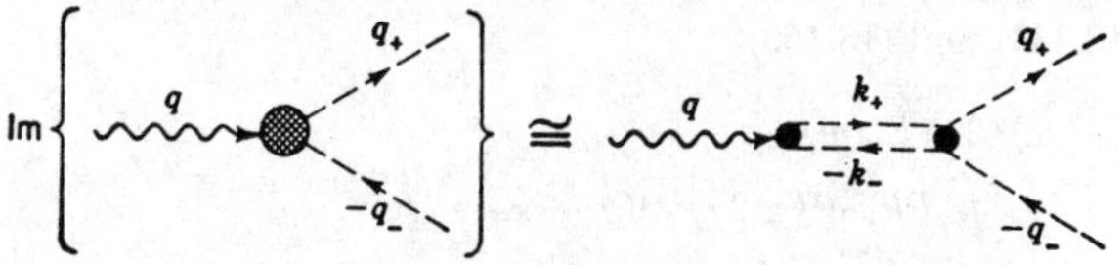

Abb. 18.35 Der elektromagnetische Vertex des Pions.

laritäten zu $F_\pi(q^2)$ für $q^2 < 16\mu^2$ bei. Diese sind ein Produkt des elektromagnetischen Vertex des Pions selbst, multipliziert mit π-π-Streuung. Wir benutzen die Unitaritätsbedingung, um das in eine mathematische Form zu übertragen, die für die Berechnung nützlich ist.

Wir erinnern uns an Abschn. 18.8 wo wir gesehen haben, daß der Pionvertex $F_\pi(q^2)$ die analytischen Eigenschaften hat, die zur Aufstellung der Vorwärts- oder Partialwellen-Streuamplituden wesentlich waren. In der Tat besitzt $F_\pi(q^2)$ keinen linken Schnitt, und seine einzige Singularität ist der Schnitt, der sich von $4\mu^2$ bis ∞ erstreckt. Wir können deshalb die Unitaritätsdiskussion wiederholen, die von (18.136) zu (18.142) führt, jetzt mit der in Abb. 18.35 gezeigten Kinematik auf den Vertex angewendet:

[1] P. Federbush, M. Goldberger und S. Treiman, *Phys. Rev.*, **112**, 642 (1958); W. Frazer und J. Fulco, *Phys. Rev.*, **117**, 1609 (1960).

$$V_\mu^{(+)} = \langle \pi^+(q_+)\pi^-(q_-) \text{ aus}|j_\mu(q)|0\rangle$$
$$= \frac{-i(2\pi)^4\delta^4(q-q_+-q_-)}{(2\pi)^3\sqrt{4\omega_+\omega_-}}(q_+-q_-)_\mu F_\pi(q^2+i\epsilon) \quad (18.159)$$

wo[1] $\Box A_\mu(x) = ej_\mu(x)$ und $j_\mu(q)$ die Fourier-Transformierte von $j_\mu(x)$ ist. Der Vertex, den wir unterhalb des Schnittes auswerten, ist dann durch

$$V_\mu^{(-)} = \langle \pi^+(q_+)\pi^-(q_-) \text{ ein}|j_\mu(q)|0\rangle$$
$$= +\frac{i(2\pi)^4\delta^4(q-q_+-q_-)}{(2\pi)^3\sqrt{4\omega_+\omega_-}}(q_+-q_-)_\mu F_\pi(q^2-i\epsilon) \quad (18.160)$$

gegeben, und die Unitaritätsbedingung wird

$$\langle f \text{ aus}| \quad |0\rangle - \langle f \text{ ein}| \quad |0\rangle = -\Sigma[\langle f \text{ ein}|n \text{ aus}\rangle - \delta_{fn}]\langle n \text{ aus}| \quad |0\rangle$$

$$\langle f \text{ aus}|j_\mu|0\rangle - \langle f \text{ ein}|j_\mu|0\rangle$$
$$= -\sum_n [\langle f \text{ ein}|n \text{ aus}\rangle - \delta_{fn}]\langle n \text{ aus}|j_\mu|0\rangle \quad (18.161)$$

Wenn wir $\sum_n$ auf π^+-π^--Zustände allein beschränken und zum Schwerpunktsystem der beiden Pionen übergehen, finden wir aus den Definitionen (18.141) und (18.159)

$$2(q_+-q_-)^\mu \operatorname{Im} F_\pi(q^2)$$
$$= -i\int d^3k_+\, d^3k_-(2\pi)^4\delta^4(q-k_+-k_-)$$
$$\times(-i)\mathfrak{J}_{fn}^{(-)}(k_+-k_-)^\mu F_\pi(q^2+i\epsilon) \quad (18.162)$$

Wir stellen fest, daß nur die p-Wellen π^+-π^--Streuamplitude die Winkelintegration in (18.162) überlebt. Diese Amplitude ist rein $I = 1$, wie aus der Bose-Statistik für die Pionen folgt. Wir wählen dann den $(I = 1)$-Beitrag zur Entwicklung (18.136) von J aus und finden – wenn wir nicht vergessen, daß

$$\langle \pi^+\pi^-|P_1|\pi^+\pi^-\rangle = \tfrac{1}{2}$$

ist, wie aus (17.54) folgt – nach der Kontraktion von V_μ mit einem raumartigen Vektor $\epsilon^\mu = (0,\boldsymbol{\epsilon})$

$$\cos\theta \operatorname{Im} F_\pi(q^2) = -\sqrt{\frac{q^2-4\mu^2}{q^2}}\int \frac{d\Omega_n}{128\pi^2}\hat{A}_1(q^2-i\epsilon, \cos\theta_{fn})$$
$$\times \cos\theta_n\, F_\pi(q^2+i\epsilon) \quad (18.163)$$

[1] In der niedrigsten Ordnung der elektromagnetischen Kopplung, die wir hier betrachten, können wir $e = e_0$ und $Z_3 = 1$ setzen.

wo $\frac{\boldsymbol{\varepsilon}\cdot\mathbf{q}_+}{|\boldsymbol{\varepsilon}|\,|\mathbf{q}_+|} = \cos\theta \qquad \frac{\mathbf{q}_+\cdot\mathbf{k}_+}{|\mathbf{q}_+|\,|\mathbf{k}_+|} = \cos\theta_{fn} \qquad \frac{\boldsymbol{\varepsilon}\cdot\mathbf{k}_+}{|\boldsymbol{\varepsilon}|\,|\mathbf{k}_+|} = \cos\theta_n$

Die Gl. (18.163) vereinfacht sich nach der Winkelintegration zu

$$\begin{aligned}\operatorname{Im} F_\pi(q^2) &= -\frac{1}{32\pi}\sqrt{\frac{q^2-4\mu^2}{q^2}}\,A_1^1(q^2-i\epsilon)F_\pi(q^2+i\epsilon)\\ &= \{\exp[-i\delta_1^1(q^2)]\}\sin\delta_1^1(q^2)F_\pi(q^2+i\epsilon)\end{aligned} \qquad (18.164)$$

Diese einfache Beziehung ist die gewünschte mathematische Übersetzung von Abb. 18.35. Aus (18.164) folgt (weil $\operatorname{Im}F_\pi(q^2)$ reell ist), daß $F_\pi(q^2+i\epsilon)$ dieselbe Phase wie die p-Wellen π-π-Streuamplitude hat; dieses Ergebnis ist in der Potentialstreuung[1] als das Endzustandstheorem bekannt.

Die Diskontinuitätsformel (18.164) kann jetzt zusammen mit der Dispersionsrelation (18.72) zur Bestimmung von $F_\pi(q^2)$ benutzt werden. Die Lösung dieses Problems[2] läuft im wesentlichen darauf hinaus, eine Funktion mit den folgenden Eigenschaften aufzustellen:

1. $F_\pi(q^2)$ ist analytisch in der aufgeschnittenen q^2-Ebene mit nur dem rechten Schnitt $\infty \geq q^2 \geq 4\mu^2$.
2. $F_\pi(q^2)$ hat die Phase $\exp(i\delta_1^1)$ für $q^2 \geq 4\mu^2$.
3. F_π ist reell für reelle $q^2 < 4\mu^2$.
4. $F_\pi(0) = 1$.

Wir haben schon im vorigen Abschnitt eine Funktion konstruiert, die die Eigenschaften 1 bis 3 erfüllt, nämlich $1/D_1^1(q^2)$. Somit können wir eine Lösung für $F_\pi(q^2)$ bis auf ein Polynom $P(q^2)$ mit reellen Koeffizienten durch $D_1^1(q^2)$ ausdrücken:

$$\begin{aligned}F_\pi(q^2) &= \frac{D_1^1(0)}{D_1^1(q^2)}\,\frac{P(q^2)}{P(0)}\\ &= \frac{P(q^2)}{P(0)}\left[\frac{1+\frac{1}{\pi}\int_{4\mu^2}^{\infty}\frac{ds'}{s'}\sqrt{\frac{s'-4\mu^2}{s'}}\,N_1^1(s')}{1+\frac{1}{\pi}\int_{4\mu^2}^{\infty}\frac{ds'}{s'-q^2}\sqrt{\frac{s'-4\mu^2}{s'}}\,N_1^1(s')}\right]\end{aligned} \qquad (18.165)$$

Eine praktischere Form der Lösung, die frei von den Approximationen ist, die mit der Berechnung von $N_1^1(s)$ zusammenhängen, ergibt sich, wenn wir F_π direkt durch die Streuphase $\delta_1^1(q^2)$ ausdrücken. Weil

$$\frac{F_\pi(q^2+i\epsilon)}{F_\pi(q^2-i\epsilon)} = \exp[2i\delta_1^1(q^2)] \qquad (18.166)$$

[1] Siehe z. B. M. L. GOLDBERGER und K. M. WATSON, „Collision Theory", John Wiley & Sons, Inc., New York, 1964.

[2] R. OMNES, *Nuovo Cimento*, 8, 316 (1958); N. I. MUSKHELISHVILI, „Singular Integral Equations", Erven P. Noordhoff, NV, Groningen, Netherlands, 1953.

gilt, ist die Diskontinuität von log $F_\pi(q^2)$ gerade $\delta_1^1(q^2)$. Das legt die folgende Definition der Funktion $P(q^2)$ nahe:

$$P(q^2) = F_\pi(q^2) \exp\left[-\frac{q^2}{\pi}\int_{4\mu^2}^{\infty}\frac{ds'\ \delta_1^1(s')}{s'(s'-q^2)}\right] \tag{18.167}$$

P hat schlimmstenfalls dieselben analytischen Eigenschaften wie $F_\pi(q^2)$. Jedoch ist P reell für $q^2 > 4\mu^2$ und ist deshalb eine ganze Funktion. Weil wir wesentliche Singularitäten bei ∞ aufgrund unserer Überlegungen ausschließen, kann $P(q^2)$ wie in (18.165) nur ein Polynom[1] sein. Deshalb gilt

$$F_\pi(q^2) = \frac{P(q^2)}{P(0)} \exp\left[\frac{q^2}{\pi}\int_{4\mu^2}^{\infty}\frac{ds'\ \delta_1^1(s')}{s'(s'-q^2)}\right] \tag{18.168}$$

falls

$$\frac{\delta_1^1(q^2)}{q^2} \to 0 \qquad \text{for } q^2 \to \infty$$

Wir betonen wiederum den Näherungscharakter der ganzen Rechnung, die zu (18.165) oder zu dem äquivalenten Ausdruck (18.168) führt. Die Beiträge von höheren Massen zur Unitaritätsbedingung $q^2 \geq 16\mu^2$ wurden ignoriert. Hier herrscht wieder, wie bei den Rechnungen der π-π-Streuung, die Vorstellung einer Theorie der effektiven Reichweite. Die Gl. (18.168) kann als exakt angesehen werden, falls $P(q^2)$ einen Verzweigungsschnitt von $16\mu^2 \leq q^2 \leq \infty$ haben darf. $F_\pi(q^2)$ ist dabei durch die Streuphase[2] $\delta_1^1(q^2)$ und eine unbekannte Funktion $P(q^2)$ parametrisiert, von der man hofft, daß ihre Energieabhängigkeit im Bereich $q^2 \leq 17\mu^2$ gering ist. Obwohl wir die Gültigkeit dieser Annahme nicht rechtfertigen können, ist sie wegen ihrer Einfachheit und Empfindlichkeit gegenüber einem experimentellen Test immer noch nützlich. Insbesondere sagt (18.168), oder deutlicher (18.165), einen Peak in $F_\pi(q^2)$ für Energien $\sqrt{q^2}$ voraus, die denen der beobachteten p-Wellen π-π-Resonanz oder ϱ-Meson nahekommen. Experimentelle Tests dieser Frage werden begierig erwartet.

Inzwischen sind die elektromagnetischen Formfaktoren des Nukleons nach dem oben umrissenen Verfahren ausgiebig studiert worden. Nachdem wir hier die Grundmethode dargelegt haben, verweisen wir den Leser auf Spezialliteratur zu diesem Thema[3].

[1] L. Castillejo, R. Dalitz und F. Dyson, *Phys. Rev.*, **101**, 453 (1956).

[2] Wir können δ_1^1 für $q^2 \geq 16\mu^2$ auf verschiedene Arten definieren, z. B.

$$A = \frac{e^{2i\delta}-1}{2i} \qquad \text{oder} \qquad A = \eta e^{i\delta}\sin\delta \qquad \eta \text{ reell.}$$

Das ist Geschmacksache.

[3] Z. B.: S. D. Drell und F. Zachariasen, „Electromagnetic Structure of Nucleons", Oxford University Press, Fair Lawn, N. J., 1961.

Aufgaben

1. Zeige, daß die Netzwerkdeterminante Δ für einen allgemeinen Feynman-Graphen in der Form

$$\Delta = \sum_S \prod_{j \in S} \alpha_j$$

geschrieben werden kann, wo die Summe über alle Systeme S von k inneren Linien j läuft (k ist die Anzahl der inneren Impulse d_l^4, über die integriert wird) mit der Eigenschaft, daß nach der Entfernung von Linien $j \in S$ aus dem Graphen ein zusammenhängender Graph verbleibt. Das zeigt, daß $\Delta > 0$ ist, falls nicht alle $\alpha_j = 0$ sind.

2. Zeige, daß in der Nambu-Darstellung (18.74) für einen Feynman-Graphen die Beziehung

$$\zeta_1 = \sum_{S'} \frac{1}{\Delta} \prod_{i \in S'} \alpha_i$$

gilt, wo S' über alle Systeme von $k + 1$ inneren Linien läuft (Δ ist aus Produkten von k α_j zusammengesetzt) mit der Eigenschaft, daß nach der Entfernung der Linien $i \in S'$ aus dem Graphen zwei und nur zwei unzusammenhängende Graphen verbleiben, von denen der eine die äußeren Linien p_1 und p_2 und der andere p_3 und p_4 enthält. Das zeigt, daß $\zeta_1 > 0$ ist, wie unterhalb (18.75) behauptet wird.

3. Beweise, daß $A(s,t)$ in allen Ordnungen der Störungstheorie für π-π-Streuung reell ist für $s < 4\mu^2$, $t < 4\mu^2$ und $u < 4\mu^2$ und stelle hiermit, bei festem t, eine Dispersionsrelation in s für $0 < t < 4\mu^2$ auf.

4. Arbeite die Überlegungen zwischen (18.91) und (18.93) aus, die die analytischen Eigenschaften der Streuamplitude für Pion-Nukleon-Streuung in Vorwärtsrichtung in allen Ordnungen der Störungstheorie festlegen.

5. Leite die Spinflip-Dispersionsrelationen für π^+-p-Streuung in Vorwärtsrichtung her. Wie wird der absorptive Teil gemessen?

6. Leite in allen Ordnungen der Störungstheorie die Dispersionsrelationen für K^+-p-Vorwärtsstreuung her. Was muß außer physikalischen Streuamplituden und totalen Wirkungsquerschnitten bekannt sein, um die Relation experimentell prüfen zu können?

7. Betrachte den Axialstromvektor $\mathfrak{G}_\mu$ für den β-Zerfall des Nukleons [Gl. (10.151)]. Gib unter der Annahme, daß seine Divergenz eine unsubtrahierte Dispersionsrelation erfüllt, Argumente für die Gültigkeit der Goldberger-Treiman-Relation (10.161) an.

8. Zeige ohne Rückgriff auf die Störungstheorie, daß der elektromagnetische Formfaktor $F_\pi(q^2)$ des Pions reell ist für $y_0 < 0$, wenn schwache Wechselwirkungen vernachlässigt werden.

9. Finde den Anfangspunkt des Verzweigungsschnittes für den elektromagnetischen Formfaktor des Σ.

10. Erkläre und beweise mit Hilfe einer Dispersionsrelation für $N_l^I(s)$ die Formel der effektiven Reichweite, die unterhalb (18.158) diskutiert ist. Approximiere N_0^I durch einen Pol und berechne $A_0^I(s)$ und die Parameter der effektiven Reichweite.

KAPITEL 19

RENORMIERUNG

19.1 *Einleitung*

In Kapitel 8, bei den Rechnungen in niedriger Ordnung der Störungstheorie stellten wir in den Selbstenergie- und Vertexteilen der Feynman-Diagramme Divergenzen fest und gaben ein Verfahren an, sie durch Renormierung der Ladung und Masse des Elektrons zu beseitigen. Die Differenzen zwischen der beobachteten Ladung und Masse des Elektrons und den in die Bewegungsgleichungen eingeführten Parametern waren bis zur Ordnung e^2 unendlich. Die beobachtbaren Aussagen bei der Berechnung physikalischer Amplituden waren jedoch endlich, wenn sie durch renormierte Ladungen und Massen ausgedrückt wurden.

Wie wir bei den Rechnungen in Kapitel 8 gesehen haben, muß jede Theorie wechselwirkender Felder renormiert werden. Und in jeder vernünftigen Theorie muß die S-Matrix nach der Renormierung endlich sein.

Wir werden annehmen, daß die störungstheoretische Entwicklung der S-Matrix konvergiert und deshalb fordern, daß S in jeder Ordnung der Entwicklung nach der Wechselwirkungsstärke endlich ist. Ein anderes, nicht weniger wichtiges Problem ist es, die Konvergenz der renormierten Störungsreihe zu beweisen. Diese Frage wird hier nicht diskutiert, wir beschränken uns darauf, zu beweisen, daß alle von den Abschneideparametern abhängenden Terme der Entwicklung der τ-Funktionen und der S-Matrix in den Renormierungskonstanten zusammengefaßt werden können. Wir werden im Rahmen der Störungstheorie arbeiten und die in Kapitel 17 für die Feynman-Graphen aufgestellten Regeln sowie die in Kapitel 16 hergeleiteten allgemeinen Eigenschaften von Z_2 und Z_3 benutzen. Als weitere Spezialisierung werden wir unsere Überlegungen auf die Quantenelektrodynamik des Elektrons und Photons beschränken.

Wir teilen unser Programm in drei Abschnitte ein[1]. Am Anfang diskutieren wir die Topologie der Graphen und führen eine Reihe von Be-

[1] Dieses Programm, seine Gleichungen und das Kriterium der Renormierarbeit wurden zuerst von F. J. DYSON, *Phys. Rev.*, 75, 486, 1736 (1949) und A. SALAM, *Phys. Rev.*, 82, 217, 84, 426 (1951) angegeben.

griffen ein, die nötig sind, um einen allgemeinen Feynman-Graphen zu analysieren und zu klassifizieren. Dann geben wir eine Vorschrift zur Renormierung eines allgemeinen Graphen n-ter Ordnung an. Schließlich zeigen wir durch Induktion, daß diese Vorschrift genügt, um alle divergenten Größen[2] (d. h. alle von Abschneideparametern abhängigen Terme) aus der Entwicklung der S-Matrix zu eliminieren.

19.2 *Eigentliche Selbstenergie- und Vertexteile, und der Elektron-Positron-Kern*

Als erstes werden wir den Zusammenhang der Renormierungskonstanten Z_1, Z_2, Z_3, und δm mit Feynman-Diagrammen, der uns im ersten Band bis zur Ordnung e^2 begegnete, auf beliebige Ordnung der Wechselwirkung ausdehnen. Früher wurden Z_2 und δm in Zusammenhang mit den in Abb. 19.1a gezeigten Selbstenergiegraphen gebracht.

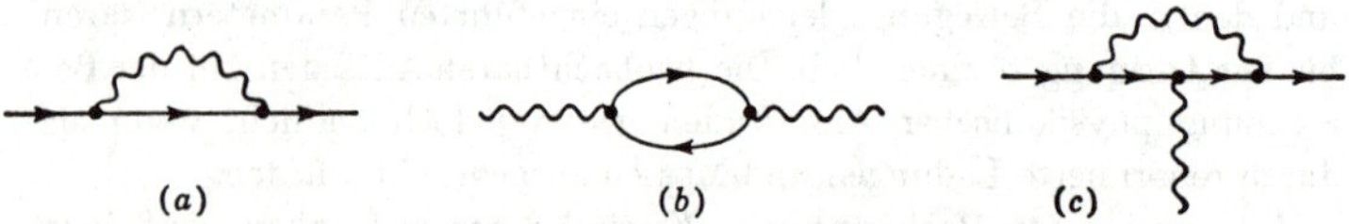

Abb. 19.1 Graphen zweiter Ordnung für die (a) Selbstenergie des Elektrons, (b) die Vakuumpolarisation und (c) den Vertexteil.

Z_3 tauchte bei der Berechnung der Vakuumpolarisation, Abb. 19.1b und Z_1 bei der des Vertexteiles, Abb. 19.1c, auf. Diese Zahlen waren in der Ordnung e^2 alle logarithmisch divergent; ihre Berechnung ist in Kapitel 8 durchgeführt.

Der in Abb. 19.1a gezeigte Graph ist nach den Überlegungen von Kapitel 17 ein Term der störungstheoretischen Entwicklung des Elektron-Propagators

$$iS'_F(x - x') \equiv \langle 0|T(\psi(x)\bar{\psi}(x'))|0\rangle \qquad (19.1)$$

den wir graphisch wie in Abb. 19.2 darstellen. S'_F ist die Summe aller zusammenhängenden Graphen mit einer bei x' einlaufenden und einer bei x auslaufenden Elektronenlinie und keinen äußeren Photonenlinien; seine allgemeine Struktur wurde in Kapitel 16 ausführlich diskutiert. Die Graphen, die zu S'_F beitragen, können eindeutig in zwei verschiedene Klassen eingeteilt werden, die man *eigentliche* (proper) und *uneigentliche*

[2] Mit Ausnahme der Infrarot-Divergenzen, die wir als verstanden betrachten. Vgl. D. Yennie, S. Frautschi und H. Suura, *Ann. Phys.* (N. Y.), **13**, 379 (1961).

Abb. 19.2 Der vollständige Elektron-Propagator.

(improper) Graphen nennt. Die eigentlichen Graphen lassen sich nicht durch Zerschneiden einer Fermionenlinie in zwei getrennte Teile zerlegen, während das für die uneigentlichen möglich ist, wie in Abb. 19.3a bzw. b gezeigt ist.

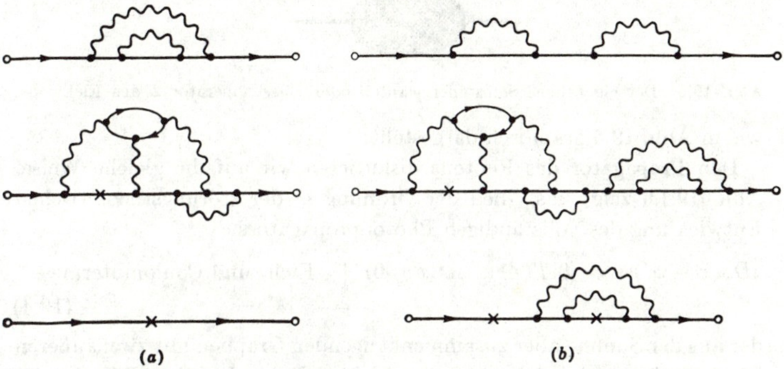

Abb. 19.3 Beispiele für (a) eigentliche und (b) uneigentliche Selbstenergiegraphen des Elektrons.

Im Impulsraum bezeichnen wir die Summe aller eigentlichen Graphen[1] für ein Elektron vom Impuls p ohne die Faktoren $i\,S_F(p) = i(\not p - m)^{-1}$ für die äußeren Beine mit $-i\,\Sigma(p)$. $S'_F(p)$ läßt sich dann durch $\Sigma(p)$ ausdrücken.

$$\begin{aligned} iS'_F(p) &= iS_F(p) + iS_F(p)[-i\Sigma(p)]iS_F(p) \\ &\quad + iS_F(p)[-i\Sigma(p)]iS_F(p)[-i\Sigma(p)]iS_F(p) + \cdots \end{aligned} \tag{19.2}$$

In Abb. 19.4 ist diese Gleichung graphisch dargestellt. Sie kann formal aufsummiert werden und ergibt die Gleichung

$$S'_F(p) = \frac{1}{\not p - m - \Sigma(p)} \tag{19.3}$$

[1] Die Definition von $\Sigma(p)$ unterscheidet sich von der in Kapitel 8 benutzten durch Mitnahme des Massenkorrekturtermes δ_m. Während wir im ersten Band S'_F nach dem nackten Propagator $(\not p - m_0)^{-1}$ entwickelten, ist hier der Ausgangspunkt der Störungsrechnung der Propagator $(\not p - m)^{-1}$ für ein Teilchen mit der physikalischen Masse m.

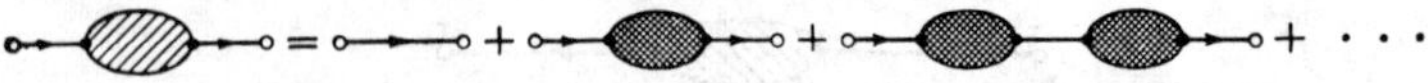

$$iS'_F \quad = \quad iS_F \quad + \quad iS_F[-i\Sigma]iS_F \quad + \quad iS_F[-i\Sigma]iS_F[-i\Sigma]iS_F \quad + \cdots$$

Abb. 19.4 Graphische Darstellung der Reihenentwicklung des Elektronpropagators nach eigentlichen Selbstenergieeinschüben, Gl. (19.2).

$\Sigma(p)$, die Summe aller eigentlichen Selbstenergiegraphen des Elektrons ohne äußere Linien heißt auch Massenoperator des Elektrons und wird

Abb. 19.5 Der eigentliche Selbstenergieanteil oder Massenoperator Σ des Elektrons.

wie in Abb. 19.5 graphisch dargestellt.

Den Propagator des Photons diskutieren wir auf die gleiche Weise. Abb. 19.1b zeigt das Glied der Ordnung e^2 der störungstheoretischen Entwicklung des vollständigen Photonpropagators

$$iD'_F(x - x')^{\mu\nu} = \langle 0|T(A^\mu(x)A^\nu(x'))|0\rangle + \text{ Eich- und Coulombterme}, \tag{19.4}$$

der aus der Summe aller zusammenhängenden Graphen mit zwei äußeren Photonlinien und keinen äußeren Elektronlinien besteht. D'_F wird im folgenden graphisch wie in Abb. 19.6 dargestellt. Wir greifen wieder die

Abb. 19.6 Der vollständige Photonpropagator.

eigentlichen Graphen heraus, die sich durch Zerschneiden einer Photonlinie nicht in zwei Teile zerlegen lassen. Einige eigentliche Graphen sind in Abb. 19.7a angegeben, einige uneigentliche in Abb. 19.7b.

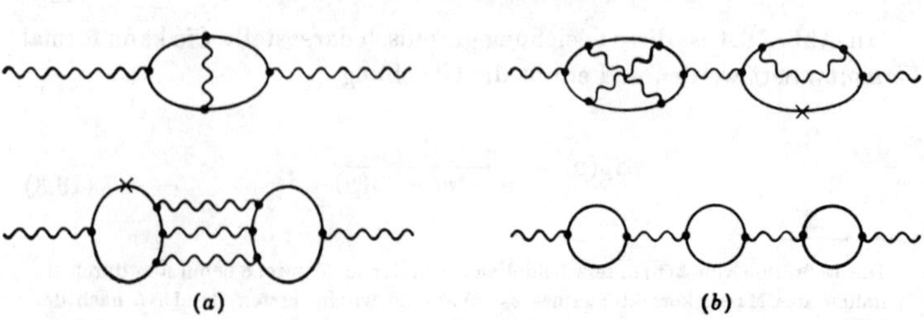

Abb. 19.7 Beispiele für (a) eigentliche und (b) uneigentliche Selbstenergiegraphen des Photons.

Die Summe aller eigentlichen Graphen ohne äußere Photonlinien bezeichnen wir mit $i\,e_0^2\,\Pi_{\mu\nu}$, dem eigentlichen Selbstenergieteil des Photons. $\Pi_{\mu\nu}$ ist das Analogon zu $\Sigma(p)$; es heißt auch Vakuumpolarisationstensor, wie schon in Kapitel 8 erwähnt. In Analogie zu (19.2) für das Elektron läßt sich der vollständige Photonpropagator durch $\Pi_{\mu\nu}$ ausdrücken

$$
\begin{aligned}
iD'_F(q)^{\mu\nu} &= iD_F(q)^{\mu\nu} + iD_F^{\mu\lambda}[+ie_0^2\,\Pi_{\lambda\sigma}]iD_F^{\sigma\nu} + \cdots \\
&= -\frac{ig^{\mu\nu}}{q^2} - \frac{ie_0^2}{q^2}\,[i\Pi^{\mu\nu}]\,\frac{(-i)}{q^2} - \frac{ie_0^4}{q^2}\,[i\Pi^{\mu\lambda}]\,\frac{(-i)}{q^2}\,[i\Pi^{\nu}{}_{\lambda}]\,\frac{(-i)}{q^2} + \cdots
\end{aligned}
\tag{19.5}
$$

was in Abb. 19.8 graphisch durchgeführt ist. Die allgemeine Form von $D'_F(q)^{\mu\nu}$, die in (16.172) untersucht wurde, enthält Terme mit dem zeitartigen Vektor η_μ, der das Bezugssystem charakterisiert, in dem die

$$
iD_F'^{\mu\nu} = iD_F^{\mu\nu} + iD_F^{\mu\lambda}\left[ie_0^2\,\Pi_{\lambda\sigma}\right]iD_F^{\sigma\nu} + iD_F^{\mu\lambda}\left[ie_0^2\,\Pi_{\lambda\sigma}\right]iD_F^{\sigma\omega}\left[ie_0^2\,\Pi_{\omega\tau}\right]iD_F^{\tau\nu} + \cdots
$$

Abb. 19.8 Die Reihendarstellung (19.5) für den Photonpropagator nach Potenzen des Vakuumpolarisationstensors.

Quantisierung in transversaler Eichung durchgeführt wurde. Wir nutzen hier die Diskussion von Abschn. 17.9 aus und lassen im freien Photonpropagator diese Terme proportional zu $q_\mu\,\eta_\nu$, $\eta_\mu\,\eta_\nu$ und $q_\mu\,q_\nu$ weg, da wir wissen, daß sie nicht zu den S-Matrix-Elementen beitragen. Die Reihe in (19.5) kann formal aufsummiert und geschrieben werden

$$
D'_F(q)_{\mu\nu} = -\frac{g_{\mu\nu}}{q^2} + \frac{e_0^2}{q^2}\,\Pi_{\mu\lambda}(q)\,D'_F(q)^{\lambda}{}_{\nu}
$$

oder analog zu (19.3)

$$
[q^2 g_{\mu\lambda} - e_0^2\Pi_{\mu\lambda}(q)]D'_F(q)^{\lambda}{}_{\nu} = -g_{\mu\nu} \tag{19.6}
$$

Schließlich betrachteten wir in Kapitel 8 bei der Diskussion der Renormierung in zweiter Ordnung die Vertexkorrektur, Abb. 19.1c, die mit Z_1 zusammenhängt. Wir definieren als eigentlichen Vertexteil die Summe aller zusammenhängenden Graphen, die zwei äußere Fermionlinien und eine äußere Photonlinie haben und die sich nicht durch Zerschneiden einer Elektron- oder einer Photonlinie in zwei Teile zerlegen lassen. Beispiele für eigentliche und uneigentliche Vertexgraphen sind in Abb. 19.9a bzw. b gezeigt.

Aus diesen Beispielen ersieht man, daß Elektron- und Photonselbstenergieeinschübe in die äußeren Linien einen eigentlichen in einen uneigentlichen Vertexgraphen verwandeln. Im Impulsraum bezeichnen wir die Summe aller eigentlichen Vertexgraphen mit $\Gamma_\mu(p', p)$ wobei p' und

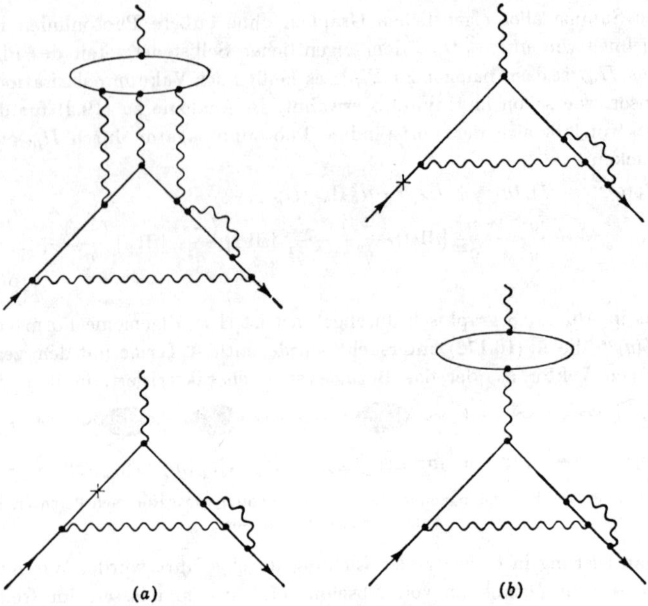

Abb. 19.9 Beispiele für (a) eigentliche und (b) uneigentliche Vertexdiagramme.

p die Viererimpulse der aus- bzw. einlaufenden Elektronenlinien bezeichnen. Die Propagatoren für die äußeren Fermion- und Photonlinien sind in der Definition von $\Gamma_\mu(p', p)$ weggelassen, wie auch der Faktor $- i\, e_0$, der nach unseren in Kap. 17 für die Störungstheorie entwickelten Regeln auftreten würde. Der eigentliche Vertexteil ist also so normiert, daß in niedrigster Ordnung $\Gamma_\mu(p'\, p) = \gamma_\mu$ gilt; allgemein schreiben wir

$$\Gamma_\mu(p',p) = \gamma_\mu + \Lambda_\mu(p',p) \tag{19.7}$$

Zur Durchführung des Renormierungsprogrammes benötigen wir eine zusätzliche Größe die in den e^2-Rechnungen von Kapitel 8 nicht explizit auftrat. Diese Größe ist der Kern für Elektron-Positron-Streuung oder kurz der Kern. Er wird im Impulsraum durch

$$K(p,p',q)_{\alpha\beta,\gamma\delta}$$

bezeichnet und graphisch wie in Abb. 19.10 dargestellt.

K besteht aus Graphen mit zwei äußeren Elektron- und zwei äußeren Positronlinien; $-p$ und p' bezeichnen die Impulse des einlaufenden Positrons und Elektrons und q den Impulsübertrag vom Elektron.

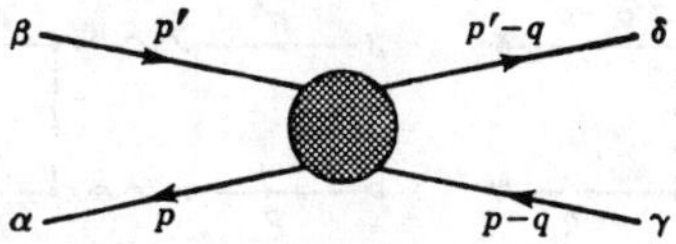

Abb. 19.10 Der Kern K für Elektron-Positron-Streuung.

α, β, γ und δ sind die Spinorkomponenten und werden wie in Abb. 19.10 zugeordnet. Alle Graphen mit den obigen Eigenschaften sind in die Definition von K eingeschlossen *mit Ausnahme* zweier Klassen. Wir lassen alle Graphen weg, für die die äußeren Linien (p, α) und (p', β) an einem Teil A und die beiden äußeren Linien (p', β) und $(p - q, \gamma)$ an einem anderen Teil B ansitzen derart, daß A und B nur durch eine Photonlinie oder durch ein Elektron-Positron-Paar verbunden sind. Abb. 19.11

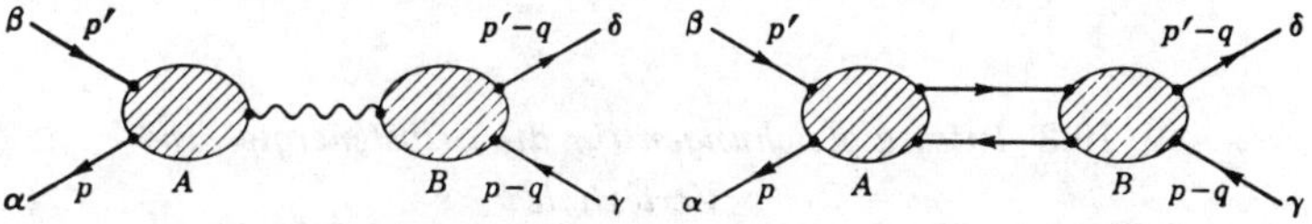

Abb. 19.11 Zwei Klassen von Graphen sind vom Kern K ausgeschlossen.

zeigt die Graphen, die durch diese Einschränkung von K ausgeschlossen sind. Auch Graphen, die wie in Abb. 19.12

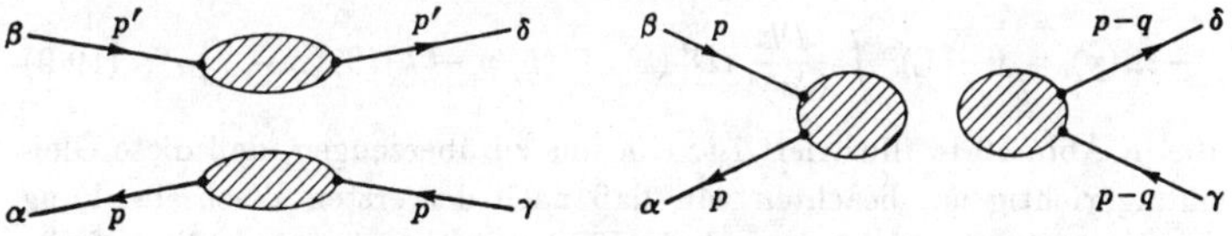

Abb. 19.12 Nicht zusammenhängende Selbstenergieteile sind vom Kern K ausgeschlossen.

gezeigt, aus zwei getrennten Selbstenergieteilen bestehen, sind von K ausgeschlossen. Beispiele von Graphen, die zu K beitragen sind in Abb. 19.13 gezeigt. Der Beitrag niedrigster Ordnung zu K ist durch Abb. 19.13a gegeben; er lautet

$$K^{(0)}(p,p',q)_{\alpha\beta,\gamma\delta} = \frac{ie_0{}^2}{q^2}\,(\gamma_\mu)_{\alpha\gamma}(\gamma^\mu)_{\delta\beta} \tag{19.8}$$

Wie die Größen Σ, $\Pi_{\mu\nu}$ und Γ_μ ist auch K ohne die Propagatoren für die äußeren Fermionlinien einschließlich ihrer Selbstenergieeinschübe definiert.

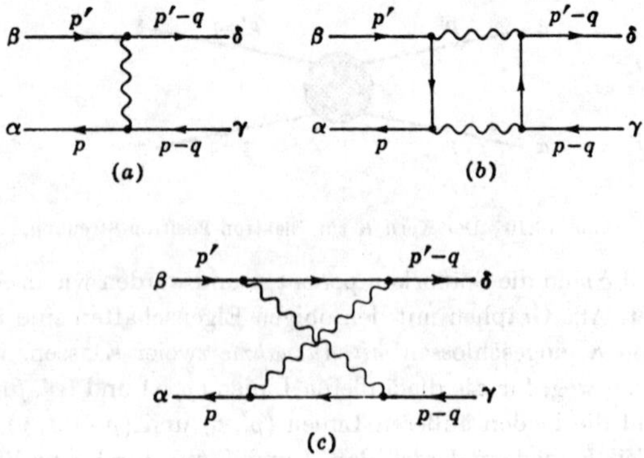

Abb. 19.13 Beispiele von Graphen, die zum Kern K beitragen.

19.3 *Integralgleichungen für die Selbstenergie- und Vertexteile*

Mit den im vorigen Abschnitt gegebenen Definitionen für Σ, $\Pi_{\mu\nu}$ und Γ_μ können wir jetzt Integralgleichungen aufschreiben, die diese Größen miteinander in Beziehung setzen. Zum Beispiel erfüllt der Selbstenergieteil $\Sigma(p)$ des Elektrons die Integralgleichung

$$-i\Sigma(p) = (-ie_0)^2 \int \frac{d^4k}{(2\pi)^4}\, iD'_F(k)_{\mu\nu}\Gamma^\mu(p, p-k)iS'_F(p-k)\gamma^\nu \qquad (19.9)$$

die in Abb. 19.14 illustriert ist. Um uns zu überzeugen, daß diese Gleichung richtig ist, beachten wir, daß nach der ersten Wechselwirkung am Vertex ν ein Elektron und ein Photon vorhanden sind, die auf alle möglichen Arten miteinander wechselwirken müssen, die verträglich sind mit der möglichen Absorption des Photons. Nachdem die vollständige Propagation von Elektron und Photon berücksichtigt ist, ist das gerade die Definition des eigentlichen Vertexteiles. Man beachte, daß es

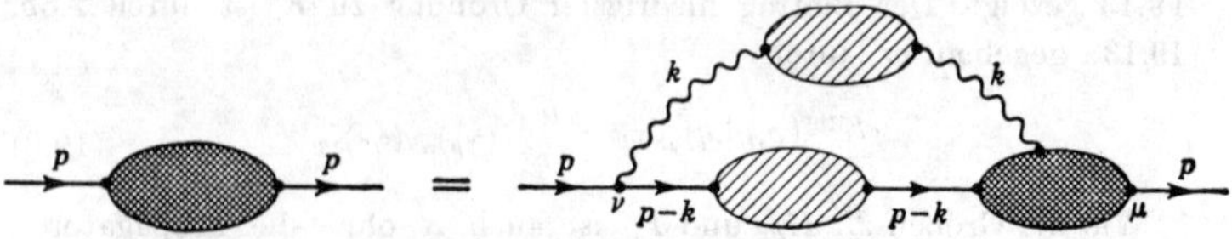

Abb. 19.14 Graphische Darstellung der Integralgleichung (19.9) für den eigentlichen Selbstenergieteil $\Sigma(p)$ des Elektrons.

falsch wäre, den vollen Vertex Γ_ν bei ν einzusetzen; dann würde zum Beispiel der Graph in Abb. 19.15 doppelt gezählt.

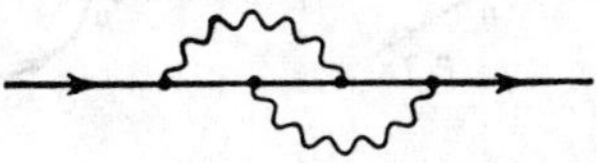

Abb. 19.15 Ein Beitrag zu $\Sigma(p)$.

Der eigentliche Selbstenergieteil $\Pi_{\mu\nu}(q)$ des Photons erfüllt eine (19.9) ähnliche Gleichung

$$ie_0{}^2\Pi_{\mu\nu}(q) = (-ie_0)^2(-1)\int \frac{d^4k}{(2\pi)^4}\,\mathrm{Tr}\,\gamma_\mu iS'_F(k)\Gamma_\nu(k, k+q)iS'_F(k+q) \tag{19.10}$$

die in Abb. 19.16 graphisch dargestellt ist. Wenn Γ_μ bekannt wäre, wären die Gln. (19.9) und (19.10) zusammen mit (19.3) und (19.6) für S'_F und D'_F ein geschlossenes System nichtlinearer Integralgleichungen, das

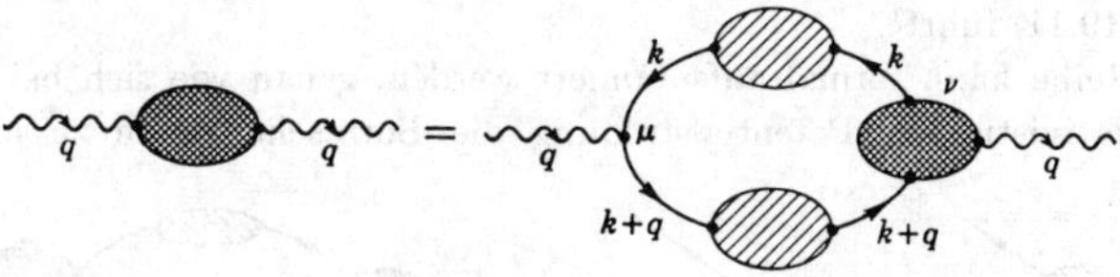

Abb. 19.16 Gl. (19.10) für den eigentlichen Selbstenergieteil $\Pi_{\mu\nu}(p)$ des Photons.

z. B. durch Iteration nach Potenzen von e_0^2 gelöst werden könnte. Γ_μ können wir über eine weitere Integralgleichung durch den Elektron-Positron-Kern K ausdrücken

$$\begin{aligned}\Gamma_\mu(p',p)_{\delta\gamma} = (\gamma_\mu)_{\delta\gamma} &+ \int \frac{d^4q}{(2\pi)^4}\,[iS'_F(p'+q)\gamma_\mu iS'_F(p+q)]_{\beta\alpha} \\ &\times K_{\alpha\beta,\gamma\delta}(p+q, p'+q, q) + \int \frac{d^4q_1\,d^4q_2}{(2\pi)^8} \\ \times\, [iS'_F(p'+q_2)&\gamma_\mu iS'_F(p+q_2)]_{\beta\alpha}K_{\alpha\beta,\kappa\lambda}(p+q_2, p'+q_2, q_2-q_1) \\ \times\, iS'_F(p'+q_1)&_{\sigma\lambda}iS'_F(p+q_1)_{\kappa\rho}K_{\rho\sigma,\gamma\delta}(p+q_1, p'+q_1, q_1) \\ &+ \cdots\end{aligned} \tag{19.11}$$

oder in oft verwendeter abgekürzter Schreibweise

$$\Gamma = \gamma - \int\gamma S'_F S'_F K + \int\int\gamma S'_F S'_F K S'_F S'_F K + \cdots$$

Diese Gleichung ist in Abb. 19.17 graphisch dargestellt.

Um uns zu überzeugen, daß (19.11) richtig ist, beachten wir, daß sofort nach der Absorption des äußeren Photons ein Elektron-Positron-Paar existiert, das auf alle möglichen Arten streuen muß, um den vollständigen Vertex Γ zu erzeugen. Diese Streuung kann mit 0, 1, 2, ... verschie-

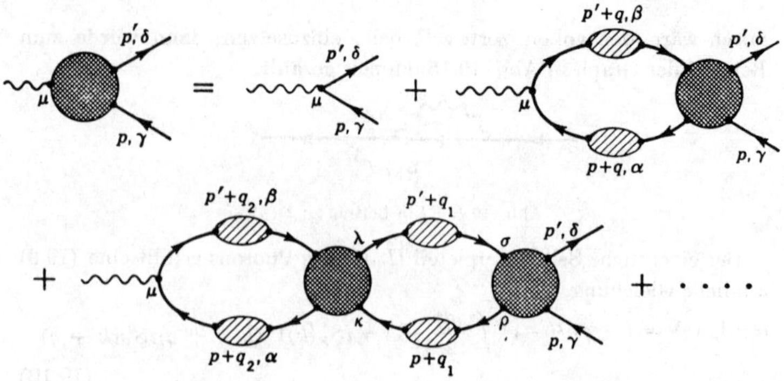

Abb. 19.17 Die Reihe in Gl. (19.11) für den Vertexteil $\Gamma\mu$ ausgedrückt durch den Kern K.

denen virtuellen Paarzwischenzuständen geschehen, was gerade zu der Reihe (19.11) führt[1].

Diese Reihe kann formal aufsummiert werden, genau wie sich bei der nichtrelativistischen Potentialstreuung die Born'sche Reihe zu einer

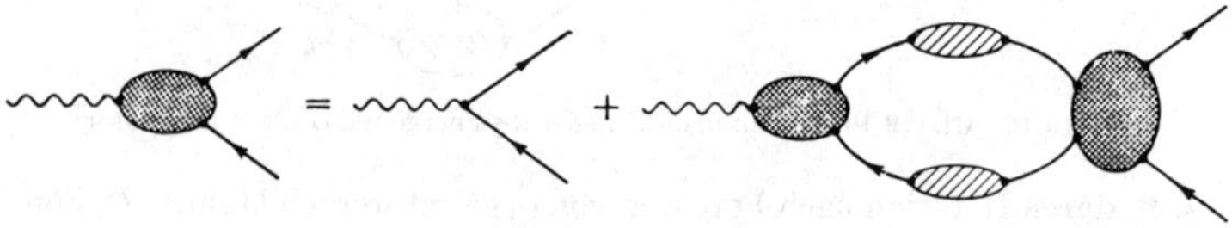

Abb. 19.18 Integralgleichung (19.12) für den Vertexteil.

geschlossenen Integralgleichung aufsummieren läßt. Auf diese Weise erhalten wir die Integralgleichung (Abb. 19.18)

$$\Gamma_\mu(p',p)_{\delta\gamma} = (\gamma_\mu)_{\delta\gamma} + \int \frac{d^4q}{(2\pi)^4} [iS'_F(p'+q)\Gamma_\mu(p'+q, p+q) \times iS'_F(p+q)]_{\beta\alpha} K_{\alpha\beta,\gamma\delta}(p+q, p'+q, q) \quad (19.12)$$

oder in Kurzform symbolisch

$$\Gamma = \gamma - \int \Gamma S'_F S'_F K$$

[1] Diese Reihenentwicklung ist analog zu der Reihe für Vielfachstreuung, die in Kapitel 6 für die Greens-Funktion hergeleitet wurde. Die entsprechende Gleichung, die die vollständige Elektron-Positron Streuamplitude T durch den Kern K ausdrückt, ist

$$-iT = K + \int K\, iS'_F\, iS'_F\, K + \int K\, iS'_F\, iS'_F\, K iS'_F\, iS'_F\, K + \cdots = K + \int K\, iS'_F\, iS'_F(-iT)$$

Sie wird als Bethe-Salpeter-Gleichung bezeichnet und ist das relativistische Analogon zur Integralgleichungsform der Zweiteilchen-Schrödinger-Gleichung, wobei iK das Analogon zum Potential V ist. E. SALPETER und H. BETHE, *Phys. Rev.*, **84**, 1232 (1951).

Der Leser könnte sich an dieser Stelle wundern und fragen, was man mit dem Niederschreiben aller dieser Integralgleichungen eigentlich erreicht hat. Im Hinblick auf die Durchführung praktischer Rechnungen haben wir wenig erreicht, weil wir die unbekannten Größen S_F', D_F', und Γ_μ nur durch eine andere unbekannte Größe, den Kern K, ausgedrückt haben. Vom Standpunkt der Renormierungstheorie ist es jedoch sehr wertvoll, S_F', D_F', und Γ_μ durch K ausgedrückt zu haben. Der Grund dafür ist, daß die Divergenzen in K nur durch die Selbstenergie- oder Vertexeinschübe in den inneren Linien zustande kommen. Wenn es keine solchen Einschübe gäbe, wäre K endlich; in den Einzelheiten werden wir das später diskutieren. Die Renormierungsprobleme bei der Berechnung von K sind also relativ einfach, und die komplizierteren Fragen in Zusammenhang mit den Divergenzen in Σ, $\Pi_{\mu\nu}$ und Γ_μ können zusammen mit den Integralgleichungen diskutiert werden, die die Größen miteinander und mit K in Beziehung bringen.

19.4 *Integralgleichungen für die τ-Funktionen und den Kern K; Skelett-Graphen*

Die zentralen Größen des Renormierungsprogramms, die in den Abschn. 19.2 und 19.3 eingeführt wurden, sind Σ, $\Pi_{\mu\nu}$ und Γ_μ. Alle anderen Größen der Theorie wie S-Matrixelemente, τ-Funktionen und insbesondere der Kern K werden durch diese drei oder genauer durch S_F', D_F', und Γ_μ ausgedrückt. Für τ und K können wir jedoch keine geschlossenen Integralgleichungen angeben, wie das im vorigen Abschnitt der Fall war. Statt dessen werden wir bei der Graphenentwicklung solche Terme zusammenfassen, die sich nur durch Selbstenergie- und Vertexeinschübe unterscheiden; diese Einschübe sind wichtig für das Problem, die Theorie endlich zu machen.

Wir betrachten zunächst die Graphen, die zum Kern K beitragen und isolieren in jedem Graphen die Selbstenergie- und Vertexeinschübe. Eine einfache Methode das zu tun ist, um jeden solchen Einschub ein Kästchen zu zeichnen; ein Beispiel für dieses Verfahren ist in Abb. 19.19 gegeben. Wir erkennen an diesem Beispiel, daß die Kästchen entweder getrennt oder ineinander geschachtelt sind (eins ist sogar vollständig in einem anderen enthalten) mit einer Ausnahme: innerhalb von Selbstenergieeinschüben können sich die Kästchen überlappen. Diese topologische Eigenschaft gilt in der Tat für alle Graphen; die Kästchen, die Vertex- oder Selbstenergieeinschübe umschließen, können immer so gezeichnet werden, daß sie sich nicht überlappen, ausgenommen für

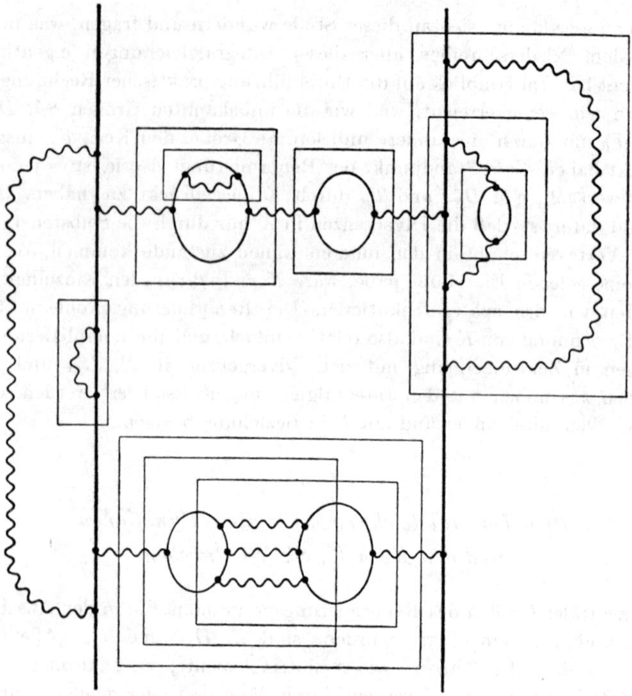

Abb. 19.19 Ein Graph mit Kästchen um alle Selbstenergie- und Vertexeinschübe.

Vertexeinschübe innerhalb von Selbstenergieteilen. Wir verschieben den Beweis dieser Behauptung auf Abschn. 19.5.

Als eine Konsequenz dieser Nichtüberlappungseigenschaft können wir jedem zu K beitragenden Graphen G eindeutig einen anderen Graphen $\mathfrak{G}$ zuordnen, den man das Skelett von G nennt. Man erhält die Skelette, indem man die gezeichneten Kästchen samt ihrem Inhalt zu Punkten zusammenschrumpfen läßt, d. h. alle Vertex- und Selbstenergieeinschübe aus dem ursprünglichen Graphen herausstreicht. Abb. 19.20 stellt z. B.

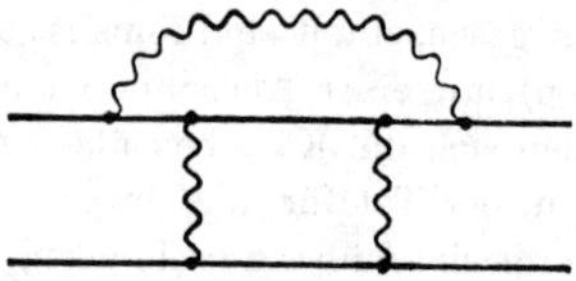

Abb. 19.20 Skelettgraph zu Abb. 19.19.

das Skelett zu dem Graphen von Abb. 19.19 dar. Umgekehrt kann man jeden zu K beitragenden Graphen konstruieren, indem man von seinem Skelett ausgeht und das „Fleisch" zufügt, nämlich die Vertex- und Selbstenergiekorrekturen.

Den Beitrag eines beliebigen Feynman-Graphen G, der die Eigenschaft hat, sein eigenes Skelett zu sein ($G = \mathfrak{S}$) bezeichnen wir mit $K^{\mathfrak{S}}(p, p', q; S_F, D_F, \gamma_\mu, e_0)$. Der vollständige Kern K kann dann als Summe über alle Skelettgraphen, in denen alle Elektron- und Photon-

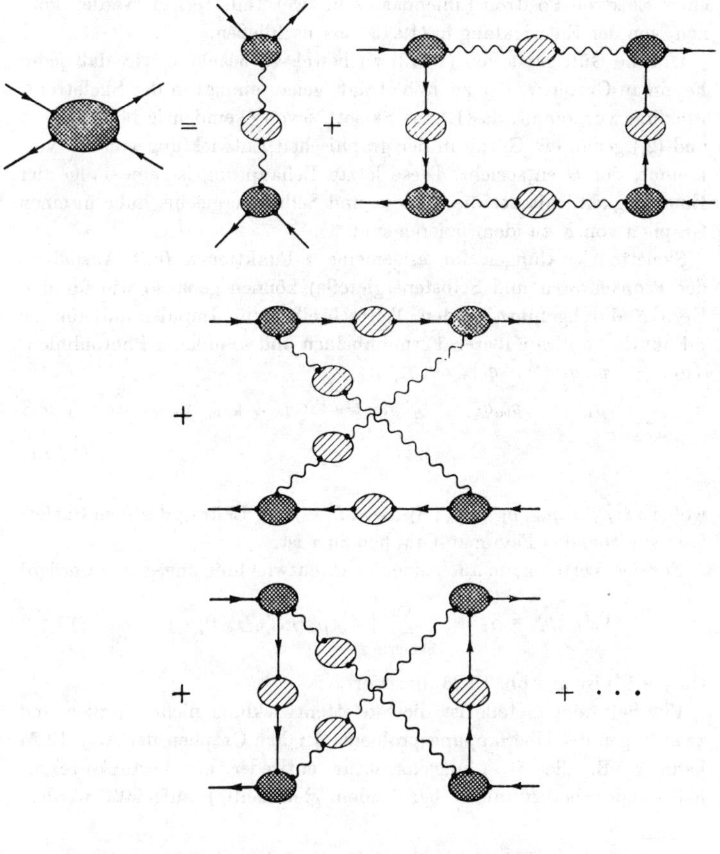

Abb. 19.21 Die Reihenentwicklung (19.13) für den Kern K.

linien sowie Vertexteile durch die vollständigen Größen S'_F, D'_F bzw. Γ_μ ersetzt sind, geschrieben werden:

$$\begin{aligned} K_{\alpha\beta,\gamma\delta}(p,p',q) &= \sum_{\text{Skelette } \mathfrak{S}} K^{\mathfrak{S}}_{\alpha\beta,\gamma\delta}(p,p',q;S'_F,D'_F,\Gamma_\mu,e_0) \\ &= (-ie_0)^2\Gamma^\mu_{\alpha\gamma}(p,\,p-q)iD'_F(q)_{\mu\nu}\Gamma^\nu_{\varepsilon\beta}(p'-q,\,p') + \cdots \end{aligned} \tag{19.13}$$

Gl. (19.13) ist in Abb. 19.21 graphisch dargestellt; man beachte, daß die Skelettgraphen der Abb. 19.22 in der Entwicklung nicht auftreten. Allgemein sind, in Übereinstimmung mit der Definition von K in Abschn. 19.2, alle Skelette, die durch Zerschneiden einer Photonlinie oder eines Elektron-Positron-Linienpaares in zwei Teile zerlegt werden können, von der Entwicklung in (19.13) auszuschließen.

Um die Gültigkeit von (19.13) zu beweisen, beachten wir, daß jeder Feynman-Graph G, der zu K beiträgt, genau einmal in der Skelettentwicklung vorkommt, da (1.) das Skelett $\mathfrak{S}$ von G eindeutig bestimmt ist und (2.) genau ein Graph in der graphischen Entwicklung von $K^{\mathfrak{S}}$ vorkommt, der G entspricht. Diese letzte Behauptung ist eine Folge der Eindeutigkeit, mit der die Vertex- und Selbstenergieeinschübe in einen Graphen von K zu identifizieren sind.

Skelettentwicklungen für allgemeine τ-Funktionen (mit Ausnahme der Propagatoren und Selbstenergieteile) können genauso wie für den Kern K durchgeführt werden. Wir schreiben (im Impulsraum) für die τ-Funktion mit m äußeren Fermionbeinen und n äußeren Photonlinien:

$$\begin{aligned} &\tau(p_1 \cdots p_m,q_1 \cdots q_n)_{\alpha_1\cdots\alpha_m,\mu_1\cdots\mu_n} \\ &= \sum_{\text{Skelette } \mathfrak{S}} \tau^{\mathfrak{S}}(p_1 \cdots p_m,q_1 \cdots q_n;S'_F,D'_F,\Gamma,e_0)_{\alpha_1\cdots\alpha_m,\mu_1\cdots\mu_n} \qquad m+n>3 \end{aligned} \tag{19.14}$$

wobei $\tau^{\mathfrak{S}}(p_1 \ldots p_m, q_1 \ldots q_n; S_F, D_F, \Gamma, e_0)$ der Beitrag des dem Skelett $\mathfrak{S}$ entsprechenden Feynman-Graphen zu τ ist.

Für den Vertex kann auch eine Skelettentwicklung angegeben werden[1]

$$\Gamma_\mu(p',p) = \gamma_\mu + \sum_{\text{Skelette } \mathfrak{S}} \Lambda^{\mathfrak{S}}_\mu(p',p;S'_F,D'_F,\Gamma_\mu,e_0) \tag{19.15}$$

Gl. (19.15) ist in Abb. 19.23 illustriert.

Für Selbstenergieteile ist die Skelettentwicklung nicht nützlich und zwar wegen des Überlappungsproblems. In dem Graphen der Abb. 19.24 kann z. B. die Strahlungskorrektur entweder als Vertexkorrektur bei A oder bei B (nicht bei beiden gleichzeitig) aufgefaßt werden,

[1] Es versteht sich, daß hier bei der Vorschrift, um alle inneren Vertexteile Kästchen zu zeichnen, der Kasten um den gesamten Vertex wegzulassen ist.

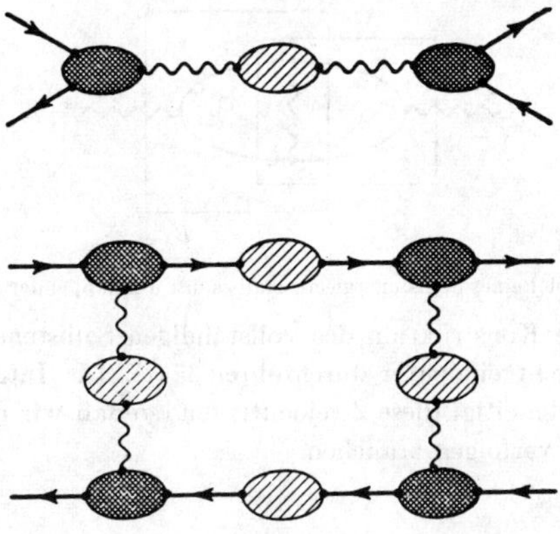

Abb. 19.22 Skelettgraphen, die in der in Abb. 19.21 dargestellten Reihe für *K* nicht auftreten.

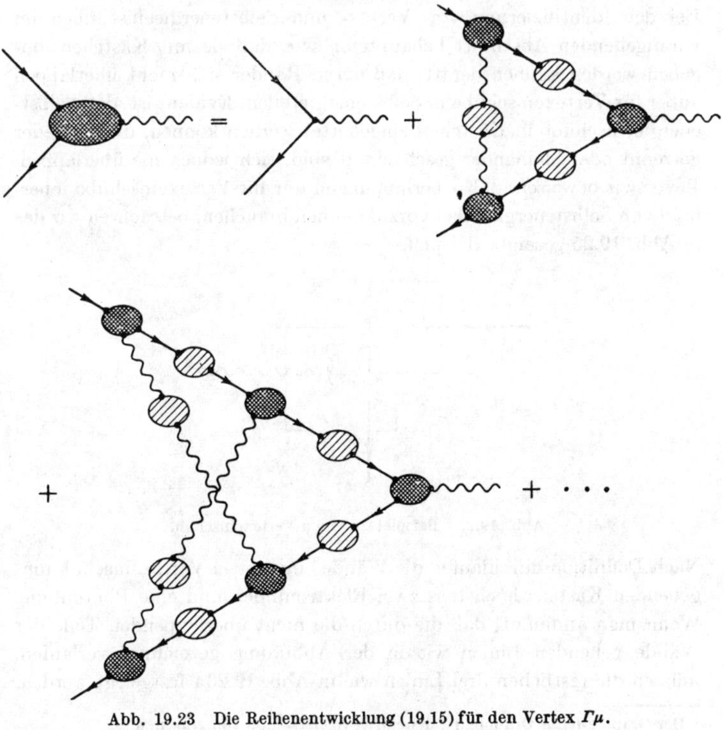

Abb. 19.23 Die Reihenentwicklung (19.15) für den Vertex $\Gamma\mu$.

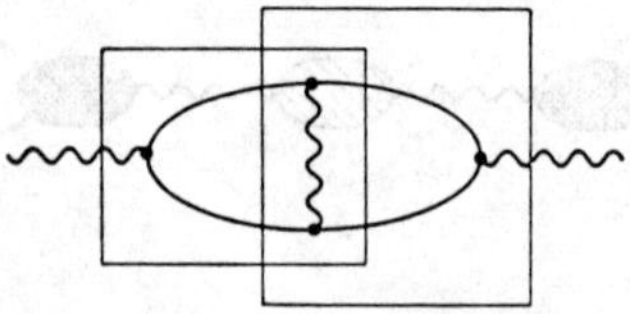

Abb. 19.24 Beispiel eines Selbstenergieeinschubes mit überlappender Vertexkorrektur.

so daß sich die Konstruktion des vollständigen Selbstenergieteiles aus dem Skelett nicht eindeutig durchführen läßt[1]. Die Integralgleichung (19.10) für $\Pi_{\mu\nu}$ beseitigt diese Zweideutigkeit, so daß wir die Frage hier nicht weiter zu verfolgen brauchen.

19.5 *Ein topologischer Satz*

Bei der Identifizierung von Vertex- und Selbstenergieeinschüben im vorangehenden Abschnitt behaupteten wir, daß sie mit Kästchen umgeben werden können derart, daß deren Ränder sich nicht überlappen außer für Vertexeinschübe in Selbstenergieteilen. Evident ist, daß Selbstenergieeinschübe in Kästchen eingebettet werden können, die entweder getrennt oder ineinander geschachtelt sind, sich jedoch nie überlappen. Bevor wir beweisen, daß Überlappungen nur für Vertexeinschübe innerhalb von Selbstenergieteilen vorzukommen brauchen, betrachten wir das in Abb. 19.25 gezeigte Beispiel.

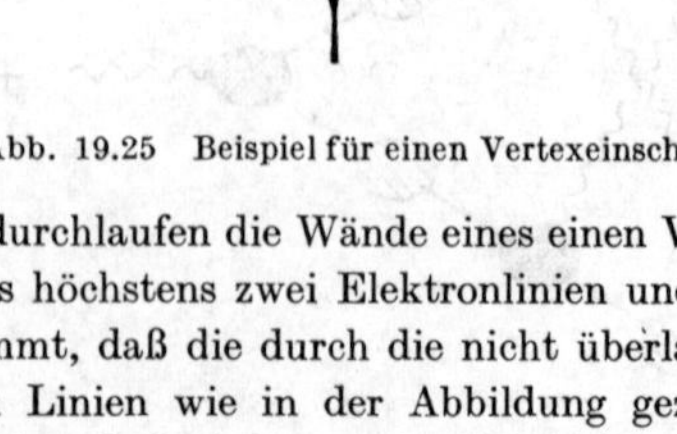

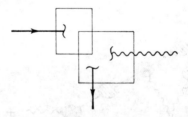

Abb. 19.25 Beispiel für einen Vertexeinschub.

Nach Definition durchlaufen die Wände eines einen Vertexeinschub umgebenden Kastens höchstens zwei Elektronlinien und eine Photonlinie. Wenn man annimmt, daß die durch die nicht überlappenden Teile der Wände gehenden Linien wie in der Abbildung gezeichnet verlaufen, müssen die restlichen drei Linien wie in Abb. 19.26a festgelegt werden.

[1] Der Graph zweiter Ordnung ist der *einzige* Skelettgraph von $\Pi_{\mu\nu}$ und Σ.

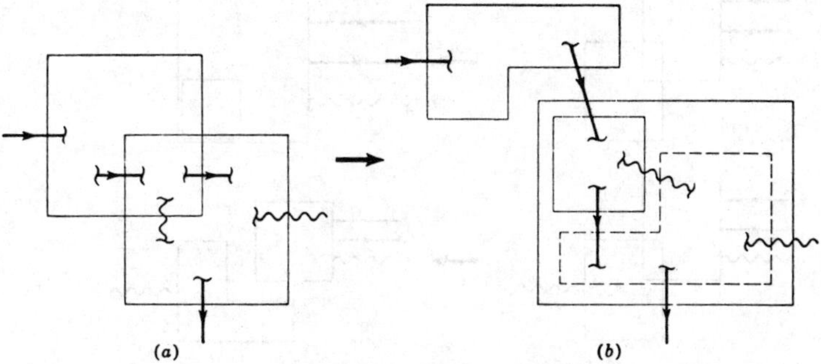

Abb. 19.26 Der Versuch, in einen Vertexteil einen überlappenden Vertexeinschub einzuzeichnen (a), führt auf getrennte Selbstenergie- und Vertexeinschübe (b). Vertauschung der Photonlinie mit der einlaufenden Elektronlinie führt zu ähnlichen Ergebnissen.

Das führt jedoch, wie in Abb. 19.26b gezeigt ist, auf voneinander getrennte Selbstenergie- und Vertexeinschübe.

Um den oben behaupteten Satz zu beweisen, daß Vertexkästen nur innerhalb von Selbstenergieeinschüben überlappen können, werden wir durch graphische Konstruktion zeigen, daß in allen anderen Fällen der Überlapp zwischen Paaren von Kästen sukzessiv behoben werden kann. Das ist in Abb. 19.27 für alle Fälle, außer dem schon in Abb. 19.25 diskutierten, durchgeführt. Kästen mit keiner oder einer Linie durch die nichtüberlappenden Teile der Wände können nicht vorkommen, und Selbstenergiekästen mit zwei solchen Linien wurden schon ausgeschlossen und brauchen hier nicht mehr behandelt zu werden.

19.6 *Die Ward-Identität*[1]

Eine wichtige Hilfe bei der Renormierung der Quantenelektrodynamik ist die verallgemeinerte Ward-Identität, die S_F' direkt aus Γ_μ zu berechnen gestattet. Diese Relation, die eine Folge der differentiellen Stromerhaltung ist, behauptet, daß

$$(p' - p)_\mu \Gamma^\mu(p',p) = [S_F'^{-1}(p') - S_F'^{-1}(p)] \qquad (19.16)$$

Die Relation wird durch den nackten Vertex γ_μ und den freien Propagator $S_F(p) = (\not{p} - m)^{-1}$ erfüllt und kann folglich mittels (19.3) und (19.7) durch die Vertexkorrekturen und eigentlichen Selbstenergieanteile ausgedrückt werden

$$(p' - p)_\mu \Lambda^\mu(p',p) = -[\Sigma(p') - \Sigma(p)] \qquad (19.17)$$

[1] J. C. Ward, *Phys. Rev.*, **78**, 1824 (1950); Y. Takahashi, *Nuovo Cimento*, **6**, 370 (1957).

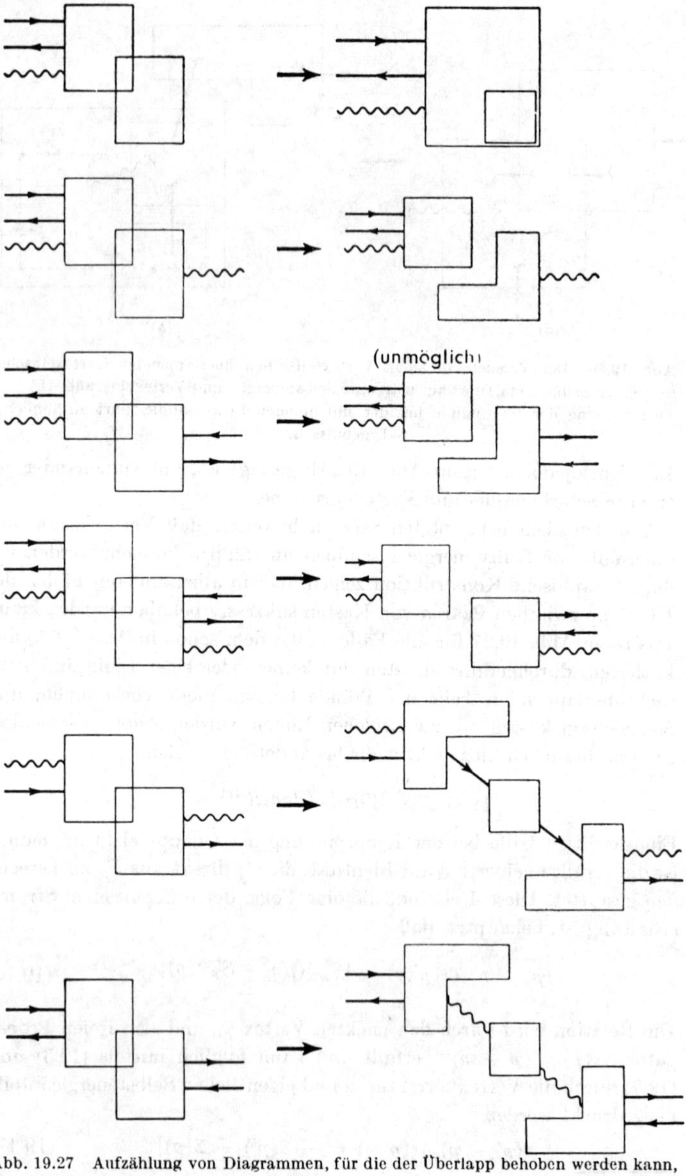

Abb. 19.27 Aufzählung von Diagrammen, für die der Überlapp behoben werden kann, außer wenn Vertexeinschübe in Selbstenergieteilen vorliegen wie in Abb. 19.26.

Der Witz dieser Identität ist die Tatsache, daß man $\Lambda_\mu(p', p)$ aus $-\Sigma(p)$ durch einen γ_μ-Einschub erhält, der in allen freien Fermionpropagatoren in $\Sigma(p)$ den Impuls $p' - p$ bewirkt, und dann über alle möglichen Einschübe summiert. Abb. 19.28 demonstriert das für die Selbstenergiegraphen vierter Ordnung.

Viel einfacher ist es, nur die Divergenz von $\Lambda^\mu(p', p)$, d. h. $(p' - p)_\mu \Lambda^\mu(p' p)$, zu berechnen, wie es für die linke Seite von (19.17) nötig ist. In diesem Fall kann man die Ergebnisse der Diskussion des transversalen Photonpropagators aus Kap. 17, speziell (17.64) und (17.66) benutzen. Gl. (17.66) sagt, daß die Summe der Einschübe auf einer geschlossenen Fermionschleife verschwindet, und (17.64), daß die Summe der Einschübe auf der in den Graphen ein- und auslaufenden Fermion-

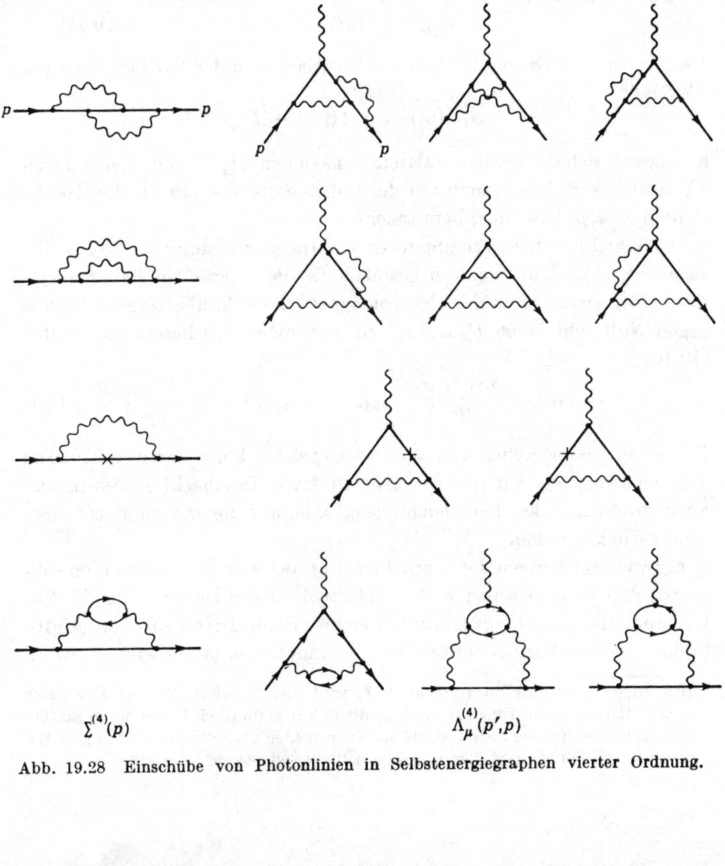

Abb. 19.28 Einschübe von Photonlinien in Selbstenergiegraphen vierter Ordnung.

linie genau die beiden Terme auf der rechten Seite von (19.17) ergibt; womit die Ward-Identität bewiesen ist.

Aus (19.16) läßt sich $S_F'^{-1}(p)$ und folglich auch $\Sigma(p)$ berechnen, indem man für die Selbstenergie den Limes $\not{p}$ gegen Massenschale nimmt. Aus den störungstheoretischen Überlegungen in Kap. 8 und der in Kap. 16 diskutierten Spektraldarstellung folgte, daß[1]

$$S_F'(p) \to \frac{Z_2}{\not{p} - m} \tag{19.18}$$

für $\not{p} \to m$, wobei m die physikalische Masse des Elektrons ist. Wir können deshalb für $S_F'^{-1}(p')$ einen Ausdruck für beliebige p' ableiten, indem wir in (19.16) $\not{p}$ auf der Massenschale nehmen und von rechts mit einem Spinor $u(p)$ für ein freies Teilchen multiplizieren:

$$\begin{aligned}(p' - p)_\mu \Gamma^\mu(p',p)u(p) &= S_F'^{-1}(p')u(p) - Z_2^{-1}(\not{p} - m)u(p) \\ &= S_F'^{-1}(p')u(p) \end{aligned} \tag{19.19}$$

Da $S_F'^{-1}(p')$ auf Grund der Lorentz-Invarianz und der Paritätserhaltung die Struktur

$$S_F'^{-1}(p') = \not{p}'A(p'^2) + B(p'^2)$$

hat, lassen sich die beiden skalaren Funktionen $A(p'^2)$ und $B(p'^2)$ durch Γ_μ ausdrücken, indem man auf der linken Seite von (19.19) die Koeffizienten $\not{p}'\,u(p)$ bzw. $u(p)$ herauszieht.

Die Ward-Identität erlaubt nicht nur die Berechnung von $S_F'(p)$ bei gegebenen $\Gamma_\mu(p', p)$, sondern gestattet für den speziellen Fall $p' \to p$, das heißt, wenn der an das elektromagnetische Feld übertragene Impuls gegen Null geht, auch Γ_μ aus S_F' zu bestimmen. In diesem Fall lautet (19.16)

$$\Gamma_\mu(p,p) = \frac{\partial S_F'^{-1}(p)}{\partial p^\mu} \quad \text{oder} \quad \Lambda_\mu(p,p) = -\frac{\partial \Sigma(p)}{\partial p^\mu} \tag{19.20}$$

Das ist die ursprünglich von WARD angegebene Form der Relation. Die Verallgemeinerung auf (19.16) wurde 1957 von Takahaski bewiesen, und zwar direkt aus den Feldgleichungen, ohne auf die Diagrammentwicklung zurückzugreifen.

Ein weiterer Nutzen der Ward-Identität, der hier erwähnt werden sollte, ist, daß sie eine Aussage über die Struktur des Integrals für die Vakuumpolarisation $\Pi_{\mu\nu}(q)$ erlaubt. Indem wir die Divergenz von (19.10) bilden und die Ward-Identität (19.16) benutzen, erhalten wir

---

[1] Das Problem der Infrarotdivergenz in Z_2 wird hier ignoriert. Es läßt sich durch intermediäre Renormierung, die in Abschnitt 19.9 eingeführt wird, oder durch Einführen einer Photonmasse ganz vermeiden. Wir beachten auch die Eichprobleme in Zusammenhang mit Z_2 nicht. Vergleiche speziell die Fußnote auf Seite 327.

$$q^\nu \Pi_{\mu\nu}(q) = i \int \frac{d^4k}{(2\pi)^4} \operatorname{Tr} \gamma_\mu [S'_F(k) - S'_F(k+q)] \tag{19.21}$$

Wenn wir wieder annehmen[1], daß wir dieses Integral so abschneiden, daß auch in dem formal quadratisch divergenten Term zweiter Ordnung die Integrationsvariable verschoben werden darf, kommen wir zu

$$q_\nu \Pi^{\mu\nu}(q) = 0 \tag{19.22}$$

Die Transformationseigenschaft von $\Pi^{\mu\nu}(q)$ als Tensor zweiter Stufe zusammen mit Bedingung (19.22) erlaubt uns zu schreiben, wie wir es

$$\Pi_{\mu\nu}(q) = (q_\mu q_\nu - g_{\mu\nu} q^2)\Pi(q^2) \tag{19.23}$$

bei der Rechnung in zweiter Ordnung taten (8.20). Weiter hat $\Pi(q^2)$ in jeder in e_0^2 endlichen Ordnung der Störungstheorie bei $q^2 = 0$ keinen Pol, wie aus den Diskussionen der analytischen Eigenschaften[2] in Kap. 18 folgt.

Wenn man (19.23) in (19.6) einsetzt, lautet die Gleichung zwischen $\Pi_{\mu\nu}$ und $D'_F(q)_{\mu\nu}$

$$q^2[1 + e_0{}^2\Pi(q^2)]D'_F(q)_{\mu\nu} - e_0{}^2\Pi(q^2) q_\mu q^\lambda D'_F(q)_{\lambda\nu} = -g_{\mu\nu}$$

mit der Lösung

$$D'_F(q)_{\mu\nu} = -\frac{g_{\mu\nu}}{q^2[1 + e_0{}^2\Pi(q^2)]} - \frac{q_\mu q_\nu e_0{}^2\Pi(q^2)}{q^4[1 + e_0{}^2\Pi(q^2)]} \tag{19.24}$$

In praktischen Rechnungen trägt der $q_\mu\, q_\nu$-Term in (19.24) nicht bei, weil dafür D'_F an erhaltene Ströme gekoppelt ist. In jedem Fall ist die Struktur von D'_F vollständig durch den Skalar $\Pi(q^2)$ in Ausdruck (19.23) für $\Pi_{\mu\nu}(q)$ bestimmt. Da $\Pi(q^2)$ keine Pole bei $q^2 = 0$ hat, zeigt (19.24), daß der Photonpropagator ein Teilchen mit der Masse Null beschreibt.

19.7 *Definition der Renormierungskonstanten und Vorschrift zur Renormierung*

Jetzt können wir endlich mit dem Renormierungsprogramm selbst beginnen. Unter Benutzung der in Kap. 16 gegebenen Definitionen der Renormierungskonstanten zusammen mit der Erfahrung, die wir in

[1] Vergleiche die Gln. (8.10) und (17.66). Siehe auch K. Johnson, *Nucl. Phys.*, 25, 431 (1961).

[2] Genau genommen hat $\Pi(q^2)$ einen Schnitt von $q^2 = 0$ bis $q^2 = +\infty$. Über die Möglichkeit und Interpretation eines Poles in dem exakten, über alle Ordnungen von e_0^2 summierten $\Pi(q^2)$ vergleiche man I. Schwinger, *Phys. Rev.*, 125, 397 (1962).

Kap. 8 bei den Rechnungen in zweiter Ordnung gewonnen haben, führen wir für die Propagatoren S'_F und D'_F, den Vertex Γ_μ und die Ladung e_0 eine Skalentransformation durch. Die dadurch definierten Renormierungskonstanten lassen sich auf Σ, Π und Γ_μ beziehen. Dann werden alle Integralgleichungen, die wir auf den vorangehenden Seiten dieses Kapitels hergeleitet haben und die die Theorie definieren, auf renormierte Größen umgeschrieben. Das bringt uns dann zu dem Punkt, an dem wir zeigen können, daß diese Größen und Gleichungen in jeder Ordnung der renormierten Ladung e endlich sind und alle cuttoff-abhängigen Terme durch die Renormierungsgesetze absorbiert werden, wie es früher bei den Rechnungen in zweiter Ordnung der Fall war.

Die in (16.84) eingeführte Konstante Z_2 ist nach (16.118) die Wahrscheinlichkeit, im physikalischen Einelektronenzustand einen „nackten" Elektronenzustand zu finden. Für $\not{p} \to m$ fanden wir aus dem allgemeinen Ausdruck für S'_F (16.122), daß

$$S'_F \to \frac{Z_2}{\not{p} - m} \quad \text{für} \quad \not{p} \to m \tag{19.25}$$

Mit der in (19.3) gegebenen Definition für $\Sigma(p)$ folgt damit

$$\Sigma(p) \to -(\not{p} - m)(Z_2^{-1} - 1) \quad \text{für} \quad \not{p} \to m \tag{19.26}$$

$\Sigma(p)$ muß also für $\not{p} \to m$ verschwinden. Das ist sichergestellt durch das Auftreten des Massenkorrekturtermes $\delta m \doteq m - m_0$, der einer der Wechselwirkungsterme ist, der nach den in Kap. 17 abgeleiteten Regeln berücksichtigt werden muß. Wir passen δm so an, daß (19.26) in jeder Ordnung erfüllt ist.

$$\Sigma(\not{p} = m, \delta m) = 0 \tag{19.27}$$

Abgesehen vom Einschluß des Massenkorrekturtermes in die Definition von $\Sigma(p)$ in diesem Kapitel hier, hat (19.26) die gleiche Struktur wie wir sie in (8.42) bei der Rechnung in zweiter Ordnung fanden.

Analog hängt die Renormierungskonstante Z_3 zusammen mit dem Beitrag des Ein-Photonzustandes zum Photonpropagator, und sie ist gleich dem Residuum seines Poles bei $q^2 = 0$, nach (16.172)

$$D'_F(q^2)_{\mu\nu} \to -\frac{Z_3 g_{\mu\nu}}{q^2} + \text{Eichterme} \quad \text{für} \quad q^2 \to 0 \tag{19.28}$$

Wie immer ignorieren wir die Eichterme, die nicht zur S-Matrix beitragen[1]. Dann finden wir aus Gl. (19.24), die den Zusammenhang zwischen D'_F und der Vakuumpolarisation Π gibt

[1] Man muß beachten, daß diese Eichterme die durch (19.14) definierten τ-Funktionen modifizieren. Wir fassen die τ-Funktionen hier als Größen auf, aus denen sich S-Matrixelemente berechnen lassen. Unter diesem Gesichtspunkt können die Modifizierungen durch Eichterme auf jeden Fall vernachlässigt werden.

$$e_0^2\Pi(0) = Z_3^{-1} - 1 \tag{19.29}$$

In zweiter Ordnung ergibt sich unter Benutzung von (8.23)

$$\Pi(0) \approx \frac{1}{12\pi^2}\log\frac{M^2}{m^2}$$

mit der Abschneidemasse M.

Die Renormierungskonstante Z_1 schließlich, die bei Vertexrenormierung auftritt, ist wie in (8.50) definiert durch Γ_μ im Limes: Impulsübertrag zu Null für die Elektronlinien auf der Massenschale; also

$$\bar{u}(p)\Gamma_\mu(p,p)u(p) = Z_1^{-1}\bar{u}(p)\gamma_\mu u(p) \tag{19.30}$$

Die rechte Seite von (19.30) ist, wie in (10.88) gezeigt wurde, die allgemeinste Form für Impulsübertrag Null. Mit der Ward-Identität kann die sehr nützliche Beziehung

$$Z_1 = Z_2 \tag{19.31}$$

die für die Störungstheorie in (8.54) hergeleitet wurde, allgemein bewiesen werden. Für $p' = p + q$ und $p^2 = m^2$ schreiben wir, wie in (19.19),

$$\bar{u}(p)q^\mu\Gamma_\mu(p',p)u(p) = \bar{u}(p)S_F'^{-1}(p')u(p) \tag{19.32}$$

Die Ableitung $\partial/\partial q_\alpha$ von (19.32) ergibt unter Benutzung von (19.30) und (19.25) im Limes $q_\mu \to 0$

$$Z_1^{-1}\bar{u}(p)\gamma_\mu u(p) = Z_2^{-1}\bar{u}(p)\gamma_\mu u(p)$$

was die Gleichheit von Z_1 und Z_2 beweist.

Die Idee bei der Renormierung der Propagatoren und der Vertexfunktion ist, diese Größen so zu schreiben, daß sie in der Nähe der Massenschale, bzw. für Impulsübertrag Null im Falle des Vertex gegen die entsprechenden Größen für freie Teilchen gehen. Dazu folgen wir Dyson[1] und führen renormierte Propagatoren und Vertexfunktionen $\tilde{S}_F'$, $\tilde{D}_F'$ und $\tilde{\Gamma}_\mu$, sowie eine renormierte Ladung e ein durch die Gleichungen

$$\begin{aligned} S_F'(p) &= Z_2\tilde{S}_F'(p) \\ D_F'(q)_{\mu\nu} &= Z_3\tilde{D}_F'(q)_{\mu\nu} \\ \Gamma_\mu(p',p) &= Z_1^{-1}\tilde{\Gamma}_\mu(p',p) \\ e_0 &= \frac{Z_1 e}{Z_2\sqrt{Z_3}} = Z_3^{-1/2}e \end{aligned} \tag{19.33}$$

---

[1] F. J. Dyson, *Phys. Rev.*, 75, 486, 1736 (1949).

so daß

$$\tilde{S}'_F(p) \to \frac{1}{\not p - m} \qquad \not p \to m$$
$$\tilde{D}'_F(q)_{\mu\nu} \to \frac{-g_{\mu\nu}}{q^2} + \quad \text{Eichterme} \qquad q^2 \to 0 \tag{19.34}$$
$$\tilde{\Gamma}_\mu(p,p) \to \gamma_\mu \qquad \not p \to m$$

Das große Problem der Renormierungstheorie, das sich uns stellt, ist zu zeigen, daß die durch (19.33) definierten Größen $\tilde{S}'_F$, $\tilde{D}'_F$ und $\tilde{\Gamma}_\mu$ endlich sind, d. h., unabhängig von Abschneideparametern, wenn sie durch die renormierte Ladung e ausgedrückt sind. Was diese Aufgabe schwierig macht ist, daß die Z's divergieren, d. h. cuttoff-abhängige Größen sind, wie wir in Kap. 8 feststellten.

Um zu zeigen, daß die mit ihnen gebildeten $\tilde{S}'_F$, $\tilde{D}'_F$ und $\tilde{\Gamma}_\mu$ sowie die τ-Funktionen endlich sind, machen wir ausführlich Gebrauch von den Integralgleichungen und Skelettentwicklungen aus dem ersten Teil dieses Kapitels. Es ist deshalb von Interesse, diese Gleichungen allein durch renormierte Größen auszudrücken. Anstelle einer Iteration nach e_0^2 werden wir die Gleichungen dann nach Potenzen der renormierten Ladung e^2 entwickeln können. Für das Renormierungsprogramm ist es von Vorteil, daß durch die Renormierung die Struktur der verschiedenen Integralgleichungen nicht komplizierter wird.

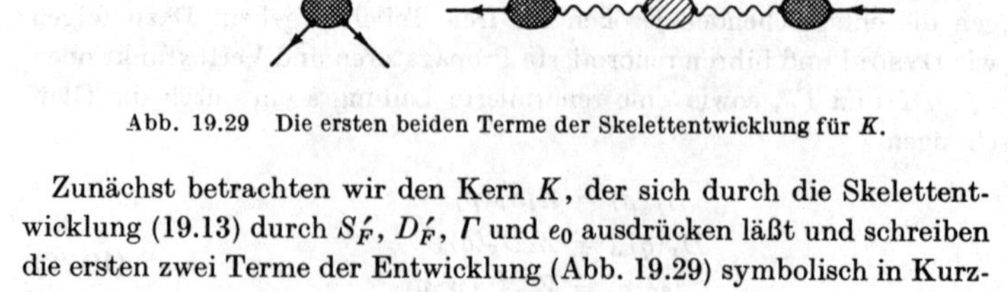

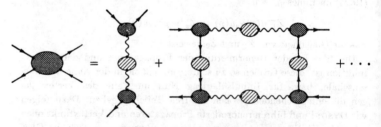

Abb. 19.29 Die ersten beiden Terme der Skelettentwicklung für K.

Zunächst betrachten wir den Kern K, der sich durch die Skelettentwicklung (19.13) durch S'_F, D'_F, Γ und e_0 ausdrücken läßt und schreiben die ersten zwei Terme der Entwicklung (Abb. 19.29) symbolisch in Kurzform

$$K = ie_0{}^2\Gamma D'_F\Gamma + e_0{}^4\int[\Gamma S'_F\Gamma]D'_F D'_F[\Gamma S'_F\Gamma] + \cdots \tag{19.35}$$

Wenn wir die Renormierungsvorschrift (19.33) anwenden, läßt sich das umschreiben in die Form

$$K = ie_0{}^2Z_1^{-2}Z_3\tilde{\Gamma}\tilde{D}'_F\tilde{\Gamma} + e_0{}^4Z_1^{-4}Z_2^2Z_3^2\int[\tilde{\Gamma}\tilde{S}'_F\tilde{\Gamma}]\tilde{D}'_F\tilde{D}'_F[\tilde{\Gamma}\tilde{S}'_F\tilde{\Gamma}] + \cdots$$
$$= Z_2^{-2}\{ie^2\tilde{\Gamma}\tilde{D}'_F\tilde{\Gamma} + e^4\int[\tilde{\Gamma}\tilde{S}'_F\tilde{\Gamma}]\tilde{D}'_F\tilde{D}'_F[\tilde{\Gamma}\tilde{S}'_F\tilde{\Gamma}]\} + \cdots$$

Dabei sind nur unrenormierte Größen durch renormierte ersetzt worden, und es ist ein gemeinsamer Faktor $Z_2{}^{-2}$ aufgetreten.

Man zeigt leicht, daß das für jedes Skelett gilt, so daß die Skelettentwicklung (19.13) wird

$$K(p,p',q) = Z_2^{-2} \sum_{\text{Skelette } \mathbb{S}} K^{\mathbb{S}}(p,p',q;\tilde{S}'_F,\tilde{D}'_F,\tilde{\Gamma},e) \qquad (19.36)$$

Zu jedem der Vertizes in den verschiedenen Skeletten zählen wir die Hälfte der Photonlinien und die Hälfte jeder der beiden Elektronlinien. Die anderen Hälften dieser Linien gehören zu anderen Vertizes oder sind äußere Linien. Zusammen mit dem $Z_1{}^{-1}$ an jedem Vertex infolge der Renormierung von Γ_μ nach (19.33) tritt also stets ein Faktor $(\sqrt{Z_2})^2$ von den anhängenden Elektronlinien und ein $\sqrt{Z_3}$ von der Photonlinie auf, vorausgesetzt, daß es sich um innere Linien handelt. Zusammen mit dem an jedem Vertex auftretenden e_0 ergibt sich an jedem Vertex der Faktor

$$e_0Z_1^{-1}Z_2\sqrt{Z_3} = e$$

An jedem der Vertizes, die an äußeren Elektron- und Photonlinien hängen, fehlt ein Faktor $\sqrt{Z_2}$ pro Linie, da die Propagatoren der äußeren Linien nach Definition nicht zu K gehören. Die Renormierungsvorschrift führt also auf den in (19.36) angegebenen Faktor $Z_2{}^{-2}$. Dieses Ergebnis führt uns dazu, einen renormierten Kern K zu definieren durch

$$\tilde{K}(p,p',q) \equiv Z_2^2K(p,p',q) = \sum_{\text{Skelette } \mathbb{S}} K^{\mathbb{S}}(p,p',q;\tilde{S}'_F,\tilde{D}'_F,\tilde{\Gamma},e) \qquad (19.37)$$

Ähnliche Renormierungsvorschriften lassen sich für allgemeine Feynman-Amplituden mit beliebig vielen äußeren Linien angeben. Zum Beispiel lautet für eine τ-Funktion mit m äußeren Fermionbeinen und n äußeren Photonlinien die aus der Skelettentwicklung (19.14) folgende Renormierungsvorschrift

$$\tau(p_1 \cdots p_m, q_1 \cdots q_n)_{\alpha_1 \cdots \alpha_m, \mu_1 \cdots \mu_n} = Z_2{}^{m/2}Z_3{}^{n/2} \qquad (19.38)$$
$$\times \sum_{\text{Skelette } \mathbb{S}} \tau^{\mathbb{S}}(p_1 \cdots p_m, q_1 \cdots q_n; \tilde{S}'_F,\tilde{D}'_F,\tilde{\Gamma},e)_{\alpha_1 \cdots \mu_n}$$
$$\equiv Z_2{}^{m/2}Z_3{}^{n/2}\,\tilde{\tau}(p_1 \cdots p_m, q_1 \cdots q_n)_{\alpha_1 \cdots \mu_n} \qquad (m + n > 3)$$

Der Beweis dafür verläuft ähnlich wie der von (19.36). Bei den τ-Funktionen werden die zu den äußeren Beinen gehörenden Propagatoren mitgezählt und nicht wie bei der Definition von K amputiert. Deshalb sind hier genügend $\sqrt{Z}$-Faktoren zur Renormierung aller Vertizes vorhanden, und pro äußere Linie bleibt ein $\sqrt{Z}$ übrig.

Für S-Matrix-Elemente sind die Verhältnisse noch einfacher. Wie in der in Kap. 16 abgeleiteten Reduktionsformel, z. B. in (16.139) und (16.148), gezeigt wurde, erhält man die invarianten S-Matrix-Elemente aus den τ-Funktionen, indem man diese mit $(\not p - m)/\sqrt{Z_2}$ für jede Elektron- und mit $q^2/\sqrt{Z_3}$ für jede Photonlinie multipliziert, auf die Massenschale geht $\not p \to m$, $q^2 \to 0$ und Wellenfunktionen freier Teilchen für die äußeren Linien einsetzt, zusammen mit verschiedenen i-Faktoren. Da die renormierten Propagatoren der äußeren Beine in Propagatoren $(\not p - m)^{-1}$ und $(-q^2)^{-1}\, g_{\mu\nu}$ für freie Teilchen übergehen, erhält man eine bemerkenswert einfache Vorschrift zur Berechnung von S-Matrix-Elementen:

1. Zeichne alle Skelettgraphen

2. Berechne die Amplituden nach den Feynman-Regeln mit $e\,\tilde{\Gamma}_\mu$ für die Vertizes und $\tilde{S}'_F$ bzw. $\tilde{D}'_F$ für die Linien.

3. Setze für die äußeren Linien Wellenfunktionen für freie Teilchen ein

$$\frac{\epsilon_\mu}{\sqrt{2k(2\pi)^3}} \qquad \sqrt{\frac{m}{E(2\pi)^3}}\, u(p) \qquad \bar{u}(p)\sqrt{\frac{m}{E(2\pi)^3}} \qquad \text{etc.}$$

und zwar *ohne* irgendwelche Z-Faktoren oder Selbstenergieeinschübe. Die $\sqrt{Z}$'s in (19.38) haben die in der Reduktionsformel auftretenden $\sqrt{Z}$'s kompensiert. Die Frage ob die S-Matrix-Elemente endlich sind ist damit losgelöst von der der Z-Faktoren und reduziert auf die Untersuchung der Endlichkeit von $\tilde{S}'_F$, $\tilde{D}'_F$ und $\tilde{\Gamma}_\mu$ und die Konvergenz der Integrale über innere Impulse der Skelettgraphen.

Auch die Integralgleichungen, die den Vertex Γ_μ definieren, und die Ward-Identität, die den Elektronpropagator S'_F durch den Vertex Γ_μ ausdrückt, lassen sich renormieren. Für den Vertex setzen wir (19.33) in (19.12) ein; in Kurzschreibweise erhalten wir

$$\tilde{\Gamma}_\mu = Z_1\gamma_\mu - \int \tilde{\Gamma}_\mu \tilde{S}'_F \tilde{S}'_F \tilde{K} \tag{19.39}$$

wobei Z_1 durch die Bedingung (19.34) zu bestimmen ist

$$\tilde{\Gamma}_\mu(p,p)\,\big|_{\not p = m} = \gamma_\mu \tag{19.40}$$

Die Ward-Identität (19.16) erhält bei der Renormierung ihre Form, da $Z_1 = Z_2$:

$$(p' - p)_\mu \tilde{\Gamma}^\mu(p',p) = \tilde{S}'^{-1}_F(p') - \tilde{S}'^{-1}_F(p) \tag{19.41}$$

Speziell lautet die in (19.19) angegebene Version

$$\tilde{S}'^{-1}_F(p') = (p' - p)_\mu \tilde{\Gamma}^\mu(p',p)\,\Big|_{\not p = m} \tag{19.42}$$

wobei die Notation

$$\Big|_{\not p = m}$$

anzeigt, daß $p^2 = m^2$ und jeder Faktor $\not{p}$ rechts von Γ_μ gleich m zu setzen ist.

Da durch die Ward-Identität S_F' vollständig durch Γ_μ bestimmt ist, brauchen die Gleichungen für den Selbstenergieteil des Elektrons nicht betrachtet zu werden; ihre Renormierung sei als Übungsaufgabe gegeben.

Die Gleichungen für den Photonpropagator und die Vakuumpolarisation können auch renormiert werden. Durch Anwendung der Vorschrift (19.33) auf (19.24) finden wir

$$\tilde{D}_F'(q)_{\mu\nu} = \frac{-g_{\mu\nu}}{q^2[Z_3 + Z_3 e_0^2 \Pi(q^2)]} - \frac{q_\mu q_\nu e_0^2 \Pi(q^2)}{q^4[Z_3 + Z_3 e_0^2 \Pi(q^2)]} \tag{19.43}$$

Wenn wir die Definition (19.29) von Z_3 beachten und den $q^2 = 0$-Limes von $\Pi(q^2)$ abseparieren, also schreiben

$$\Pi(q^2) = \Pi(0) + \Pi_c(q^2)$$

mit

$$\Pi_c(0) = 0$$

und

$$\Pi(0) = e_0^{-2}(Z_3^{-1} - 1) = \frac{1}{e^2} - \frac{1}{e_0^2} \tag{19.44}$$

erhalten wir

$$\tilde{D}_F'(q)_{\mu\nu} = -\frac{g_{\mu\nu}}{q^2[1 + e^2\Pi_c(q^2)]} - \frac{q_\mu q_\nu}{q^2}\left[\frac{1}{Z_3 q^2} - \frac{1}{q^2[1 + e^2\Pi_c(q^2)]}\right] \tag{19.45}$$

Da infolge der Stromerhaltung Terme proportional zu $q_\mu q_\nu$ nicht zu S-Matrix-Elementen beitragen, braucht man zu ihrer Berechnung nur den ersten Term in (19.45). Deshalb reduziert sich die Berechnung von $\tilde{D}_F'(q)_{\mu\nu}$ auf die der Größe $\Pi_c(q^2)$, die sich durch (19.10), (19.23), (19.33) und (19.44) durch renormierte Größen ausdrücken läßt

$$\begin{aligned}\Pi_{\mu\nu}(q) &= (q_\mu q_\nu - g_{\mu\nu} q^2)[\Pi(0) + \Pi_c(q^2)] \\ &= iZ_1 \int \frac{d^4k}{(2\pi)^4} \operatorname{Tr} \gamma_\mu \tilde{S}_F'(k) \tilde{\Gamma}_\nu(k, k+q) \tilde{S}_F'(k+q)\end{aligned} \tag{19.46}$$

19.8 *Zusammenfassung: Die renormierten Integralgleichungen*

Der größte Teil des formalen Apparates, der zur Durchführung des Renormierungsprogrammes benötigt wird, ist jetzt bereitgestellt. Wir wollen in diesem Abschnitt die Gleichungen zusammenstellen, die zur Berechnung von S-Matrix-Elementen nötig sind. Vor der Renormierung haben sie die Form[1]

[1] Vgl. die Gln. (19.14), (19.13), (19.12), (19.19), (19.24) und (19.10) für (a), (b), (c), (d), (e) bzw. (f).

$$(a)\ \tau(p_1 \cdots p_m, q_1 \cdots q_n)_{\alpha_1 \cdots \mu_n} = \sum_{\text{Skelette } \mathbb{S}} \tau^{\mathbb{S}}(p_1 \cdots p_m, q_1 \cdots q_n; S'_F, D'_F, \Gamma_\mu, e_0)_{\alpha_1 \cdots \mu_n}$$

$$(b)\ K_{\alpha\beta,\gamma\delta}(p,p',q) = \sum_{\text{Skelette } \mathbb{S}} K^{\mathbb{S}}_{\alpha\beta,\gamma\delta}(p,p',q;S'_F,D'_F,\Gamma_\mu,e_0)$$

$$(c)\ \Gamma_\mu(p',p)_{\gamma\delta} = (\gamma_\mu)_{\gamma\delta} + \int \frac{d^4q}{(2\pi)^4}[iS'_F(p'+q) \times \Gamma_\mu(p'+q,\, p+q)iS'_F(p+q)]_{\beta\alpha}K_{\alpha\beta,\delta\gamma}(p+q,\, p'+q,\, q)$$
$$\equiv \gamma_\mu - \int \Gamma_\mu S'_F S'_F K$$
$$\equiv \gamma_\mu + \Lambda_\mu(p',p)$$

$$(d)\ S'^{-1}_F(p') = (p'-p)_\mu \Gamma^\mu(p',p)\Big|_{p=m}$$

$$(e)\ D'_F(q)_{\mu\nu} = -\frac{g_{\mu\nu}}{q^2[1+e_0{}^2\Pi(q^2)]} + q_\mu q_\nu\text{-Terme}$$

$$(f)\ \Pi_{\mu\nu}(q) = (q_\mu q_\nu - g_{\mu\nu}q^2)\Pi(q^2) = i\int \frac{d^4k}{(2\pi)^4}\,\mathrm{Tr}\,\gamma_\mu S'_F(k)\Gamma_\nu(k,\, k+q)S'_F(k+q) \qquad (19.47)$$

Diese Gleichungen bestimmen vollständig alle τ-Funktionen als Potenzreihen nach e_0^2. In niedrigster nicht verschwindender Ordnung in e_0^2 können bei der Berechnung der τ-Funktionen, sowie von K und Π in (19.47a), (19.47b) bzw. (19.47f) die Größen S_F', D_F' und Γ_μ durch S_F, D_F und γ_μ ersetzt werden. Γ_μ kann dann aus (19.47c) bis zur Ordnung e_0^2 berechnet werden, S_F' bis zur selben Ordnung aus (19.47d). D_F' läßt sich auch bis zur Ordnung e_0^2 berechnen, indem man das Ergebnis der Berechnung von Π in nullter Ordnung aus (19.47f) in (19.47e) einsetzt. Das war genau das, was wir in Kap. 8 getan haben. Diese bis zur Ordnung e_0^2 korrekten Ergebnisse für S_F', D_F' und Γ_μ können dann wieder in die Gln. (19.47a), (19.47b) und (19.47f) eingesetzt werden; dieses Verfahren kann so lange wiederholt werden, bis die gewünschte Genauigkeit erreicht ist.

Es sei darauf hingewiesen, daß in (19.47) Gleichungen, die den Selbstenergieteil des Elektrons enthalten, nicht auftreten

$$S'_F = \frac{1}{\not p - m - \Sigma(p)}$$
$$\Sigma(p) = ie_0{}^2 \int \frac{d^4k}{(2\pi)^4} D'_F(k)_{\mu\nu}\Gamma^\mu(p,\, p-k)S'_F(p-k)\gamma^\nu \qquad (19.48)$$

Diese Gleichungen werden nicht gebraucht, da die Ward-Identität (19.47d) S_F' vollständig durch Γ_μ ausdrückt.

Wenn wir in (19.47) die renormierten Größen[1] einführen

$$
\begin{aligned}
e_0 &= \sqrt{Z_3^{-1}}\, e \\
S'_F(p) &= Z_2 \tilde{S}'_F(p) \\
D'_F(q)_{\mu\nu} &= Z_3 \tilde{D}'_F(q)_{\mu\nu} \\
\Gamma_\mu(p',p) &= Z_1^{-1} \tilde{\Gamma}_\mu(p',p) \\
K(p,p',q) &= Z_2^{-2} \tilde{K}(p,p',q) \qquad (19.49)
\end{aligned}
$$

$$
\tau(p_1 \cdots p_m, q_1 \cdots q_n)_{\alpha_1 \cdots \mu_n} = Z_2^{m/2} Z_3^{n/2} \tilde{\tau}(p_1 \cdots p_m, q_1 \cdots q_n)_{\alpha_1 \cdots \mu_n}
$$

zusammen mit

$$
Z_1 = Z_2 \qquad (19.50)
$$

als Folge der Ward-Identität, finden wir anstelle von (19.47) das folgende Gleichungssystem[2]:

$$
\tilde{\tau}(p_1 \cdots p_m, q_1 \cdots q_n)_{\alpha_1 \cdots \mu_n} = \sum_{\text{Skelette } \mathbb{S}} \tau^{\mathbb{S}}(p_1 \cdots p_m, q_1 \cdots q_n; \tilde{S}'_F, \tilde{D}'_F, \tilde{\Gamma}_\mu, e)_{\alpha_1 \cdots \mu_n} \qquad (19.51a)
$$

$$
\tilde{K}_{\alpha\beta,\gamma\delta}(p,p',q) = \sum_{\text{Skelette } \mathbb{S}} K^{\mathbb{S}}_{\alpha\beta,\gamma\delta}(p,p',q; \tilde{S}'_F, \tilde{D}'_F, \tilde{\Gamma}_\mu, e) \qquad (19.51b)
$$

$$
\begin{aligned}
\tilde{\Gamma}_\mu(p',p)_{\gamma\delta} = Z_1(\gamma_\mu)_{\gamma\delta} - \int \frac{d^4q}{(2\pi)^4} [\tilde{S}'_F(p'+q)\tilde{\Gamma}_\mu(p'+q,\, p+q) \\
\times \tilde{S}'_F(p+q)]_{\beta\alpha} \tilde{K}_{\alpha\beta,\delta\gamma}(p+q,\, p'+q,\, q) \qquad (19.51c)
\end{aligned}
$$

oder

$$
\begin{aligned}
\tilde{\Gamma}_\mu &\equiv Z_1 \gamma_\mu - \int \tilde{\Gamma}_\mu \tilde{S}'_F \tilde{S}'_F \tilde{K} \\
&\equiv \gamma_\mu + \Lambda_\mu{}^c(p',p)
\end{aligned}
$$

$$
\tilde{S}'^{-1}_F(p') = (p'-p)_\mu \tilde{\Gamma}^\mu(p',p) \Big|_{\not p = m} \qquad (19.51d)
$$

$$
\tilde{D}'_F(q)_{\mu\nu} = -\frac{g_{\mu\nu}}{q^2[1 + e^2\{\Pi(q^2) - \Pi(0)\}]} + q_\mu q_\nu\text{-Terme} \qquad (19.51e)
$$

$$
\begin{aligned}
\Pi_{\mu\nu}(q) = (q_\mu q_\nu - g_{\mu\nu} q^2)\Pi(q^2) = i Z_1 \int \frac{d^4k}{(2\pi)^4} \\
\times \operatorname{Tr} \gamma_\mu \tilde{S}'_F(k) \tilde{\Gamma}_\nu(k,\, k+q) \tilde{S}'_F(k+q) \qquad (19.51f)
\end{aligned}
$$

mit

$$
\Pi(q^2) \equiv \Pi(0) + \Pi_c(q^2) \qquad \Pi_c(0) = 0
$$

Die Vorschrift zur Berechnung von S-Matrix-Elementen lautet zusammen mit diesen sechs Gleichungen: man ersetze in den renormierten τ-Funktionen $\tilde{\tau}$ (19.51a) die äußeren Propagatoren $\tilde{S}'_F$ und $\tilde{D}'_F$ durch Wellenfunktionen freier Teilchen ohne irgendwelche Z-Faktoren.

---

[1] Vgl. die Gln. (19.31), (19.32), (19.37) und (19.38).

[2] Vgl. die Gln. (19.38), (19.37), (19.39) und die Gln. (19.42), (19.45) und (19.46).

Zusammen mit den Randbedingungen[1]

$$\tilde{\Gamma}_\mu(p,p)\Big|_{p=m} = \gamma_\mu \qquad \frac{1}{e_0^2} = \frac{1}{e^2} - \Pi(0) = \frac{Z_3}{e^2} \tag{19.52}$$

die Z_1 und Z_3 bestimmen, stellen die sechs Gln. (19.51) ein geschlossenes Gleichungssystem dar, das τ-Funktionen und S-Matrix-Elemente als Entwicklung nach Potenzen der renormierten Ladung e bestimmt. Man kann nach demselben Iterationsschema verfahren, wie es für die Entwicklung der unrenormierten Größen beschrieben wurde. Man beginnt mit (19.51 a), (19.51 b) und (19.51 f) in niedrigster Ordnung in e, setzt $\tilde{K}$ und $\tilde{S}_F' \approx (\not{p} - m)^{-1}$ in (19.51 c) ein und kann dann Γ_μ und Z_1 unter Benutzung der Normierungsbedingung (19.52) bis zur Ordnung e^2 berechnen. Dann wird $\tilde{S}_F'$ über die Ward-Identität (19.51 d) bis zur Ordnung e^2 berechnet. $\tilde{D}_F'$ findet man bis zur Ordnung e^2, indem man in (19.51 e) den Ausdruck nullter Ordnung für $\Pi_{\mu\nu}$ einsetzt. Mit $\tilde{S}_F'$, $\tilde{D}_F'$, $\tilde{\Gamma}_\mu$ und Z_1 in der Ordnung e^2 können $\tilde{K}$ und die $\tilde{\tau}$-Funktionen in der nächst höheren Potenz von e^2 berechnet werden. Das Verfahren wird dann wiederholt[2].

Aber es ist bis jetzt noch nicht klar, daß die renormierten Gln. (19.51) endlich sind, d. h. unabhängig von Abschneideparametern. Das Auftreten eines Z_1 im inhomogenen Term der Vertex-Gl. (19.51 c) ist relativ harmlos, und es stellt sich heraus, daß er durch Subtraktion des divergenten Teils des Integrals auf der rechten Seite der Gleichung beseitigt werden kann. Nicht sofort klar ist, wie man mit dem Z_1-Faktor vor dem Integral, das $\Pi_{\mu\nu}(q)$ definiert, fertig wird. Das ist das schwierigste Problem, dem wir uns gegenübergestellt sehen werden. Ein ähnliches Problem tritt bei der direkten Berechnung der Selbstenergie des Elektrons über (19.48) auf; umgangen wurde das Problem durch unsere Verwendung der Ward-Identität. Aus diesem Grund wurde die Identität eingeführt und erweist sich als so wertvoll.

19.9 *Analytische Fortsetzung und intermediäre Renormierung*

Die algebraischen und topologischen Vorarbeiten sind jetzt abgeschlossen. In Abschn. 19.8 haben wir das vollständige Gleichungssystem für

---

[1] Vgl. die Gln. (19.40) und (19.44).

[2] Die wesentlichste Voraussetzung, die wir in diesem Abschnitt gemacht haben und die über aller Graphen-Topologie und Terminologie nicht vergessen werden darf, ist die folgende: Obwohl cuttoff-Abhängigkeiten nötig waren, um unendliche Integrale für die Z_i sowie S_F, D_F und Γ_μ zu *definieren*, existieren gleichmäßig konvergente Reihen nach Potenzen von e^2 sowie e_0^2!!

die Größen $\tilde{S}_F'$, $\tilde{D}_F'$, $\tilde{\Gamma}_\mu$, $\tilde{K}_{\alpha\beta\gamma\delta}$ und $\tilde{\tau}$ zusammengestellt, das durch Iteration bis zu beliebiger endlicher Ordnung in der renormierten Ladung e^2 gelöst werden kann, indem man eine endliche Summe von Feynman-Integralen berechnet. Wir sind jetzt zu dem entscheidenden Punkt des Renormierungsproblems gekommen: wir müssen uns die Feynman-Integrale anschauen und zeigen, daß sie konvergieren und daß folglich jeder Term der renormierten störungstheoretischen Entwicklung endlich ist, d. h. cuttoff-unabhängig. Das Problem der Konvergenz der unendlichen Reihe in e^2 wird hier nicht behandelt.

Wir wollen zunächst ein technisches Problem erledigen, das auftritt, wenn wir versuchen, obere Schranken für Feynman-Integrale anzugeben. Es hat wenig zu tun mit der wirklichen Renormierungsfrage. Wie in Kap. 18 ausführlich diskutiert wurde, können je nach der Kinematik des Problems die in den Integralen auftretenden Feynman-Nenner $(p^2 - m^2)^{-1}$ verschwinden, und es ist klar, daß es schwierig ist, für solche Integrale obere Schranken anzugeben. Bei dem Renormierungsproblem auf der anderen Seite haben wir es nur mit Fragen der Ultraviolett-Divergenzen für $p^2 \to \infty$ zu tun und nicht mit Singularitätsfragen, die zu absorptiven Anteilen führen, wie sie uns bei der Behandlung der Dispersionstheorie[1] in Kap. 18 beschäftigt hatten. Wir werden dieses Problem deshalb von vornherein ausschalten, indem wir die äußeren Impulse, von denen die Feynman-Amplitude abhängt, analytisch in ein Gebiet fortsetzen, in dem die Nenner mit Sicherheit nicht verschwinden. Sobald wir gezeigt haben, daß das Integral in diesem Gebiet konvergiert, können wir es wieder analytisch auf die physikalischen Werte der äußeren Impulse fortsetzen, im Vertrauen darauf, daß es außer an endlich vielen Landau-Singularitäten überall existieren muß.

Die Darstellung (18.53) für Feynman-Integrale, in der wir die Wirkung J im Nenner mittels (18.35) und (18.37) wieder durch die äußeren Impulse ausdrücken, erlaubt die analytische Fortsetzung durchzuführen. Für einen Graphen mit m äußeren Impulsen q_s und n inneren Impulsen p_j schreiben wir das Feynman-Integral, den Gln. (18.34) bis (18.36) folgend,

$$I(q_1, \ldots, q_m) = \int \frac{d^4l_1 \cdots d^4l_k}{(p_1{}^2 - m_1{}^2) \cdots (p_n{}^2 - m_n{}^2)} P(q_s, l_r)$$

[1] Die Infrarotfrage ist auch ohne Bedeutung. Außerdem wird sie, wie wir zeigen werden, durch die Methoden dieses Abschnitts gelöst.

$$= \int_0^\infty \frac{d\alpha_1 \cdots d\alpha_n \, \delta\left(1 - \sum_j \alpha_j\right) Q(\alpha_j, q_s)}{[\Delta(\alpha_1 \cdots \alpha_n)]^2 \left[\sum_{j=1}^n \alpha_j(k_j^2 - m_j^2 + i\epsilon)\right]^p}$$

$$= \int_0^\infty \frac{d\alpha_1 \cdots d\alpha_n \, \delta(1 - \Sigma\alpha_j) Q(\alpha_j, q_s)}{\Delta^2 \left[\sum_{i,j=1}^m \zeta_{ij} q_i \cdot q_j - \sum_{j=1}^n m_j^2 \alpha_j + i\epsilon\right]^p} \qquad (19.53)$$

wobei P und Q Polynome ihrer Argumente sind und auch γ-Matrizen und Polarisationsvektoren enthalten können. Die Kirchhoff-Impulse k_j sind die Linearkombinationen der q_s mit von α_j abhängigen Koeffizienten, die in (18.35) und (18.37) definiert wurden, und die ζ_{ij} sind α-abhängige Koeffizienten, die wie unter Formel (18.35) gebildet sind.

Wenn die Impulse in (19.53) durch die Substitutionen

$$k_j^0 \to i k_j^0$$
$$\mathbf{k}_j \to \mathbf{k}_j$$
$$k_j^2 \to -[|k_j^0|^2 + |\mathbf{k}_j|^2]$$

alle durch solche in einem euklidischen Gebiet ersetzt werden könnten, so wären die Nenner im Integral alle negativ definit, und es würden keine Singularitäten auftreten. Das ist unser Ziel. Um dahin zu gelangen, nützen wir aus, daß sich jede Substitution dieser Art für die äußeren Impulse q_s wegen der linearen Relationen (18.32), (18.33) und (18.37) zwischen den p_j, $\mathbf{k}_j$ und l_r auf die k_j und l_r überträgt. Wir machen die folgende Ersetzung für alle äußeren Impulse

$$q_s^0 \to q_s^0 e^{i\varphi} \qquad 0 \leq \varphi \leq \pi/2$$
$$\mathbf{q}_s \to \mathbf{q}_s$$

Dann können wir beweisen, daß das Integral I existiert, da sich die Kirchhoff-Impulse k_j auf dieselbe Art transformieren

$$k_j^0 \to k_j^0 e^{i\varphi} \qquad \mathbf{k}_j \to \mathbf{k}_j$$

und der Nenner in (19.53) lautet

$$J = \sum_{j=1}^n \alpha_j(k_j^2 - m_j^2 + i\epsilon)$$
$$= \sum_{j=1}^n \{[(k_j^0)^2 \cos 2\varphi - \mathbf{k}_j^2 - m_j^2]\alpha_j + i[(k_j^0)^2 \sin 2\varphi + \epsilon]\alpha_j\} \qquad (19.54)$$

Da

$$\operatorname{Im} J > 0$$

für alle $\alpha_j \geq 0$ im Integral (19.53), existiert I für alle $0 < \varphi < \Pi/2$ vorausgesetzt, daß die notwendige Regularisierung durchgeführt wurde.

Wir können jetzt in (19.54) zum Limes $\varphi = \Pi/2$ übergehen und erhalten, indem wir von der letzten wieder zur ersten Form von (19.53) übergehen

$$\bar{I}(\bar{q}_1, \ldots, \bar{q}_m) = \int \frac{d^4\bar{l}_1 \cdots d^4\bar{l}_k P(\bar{q}_s, \bar{l}_r)}{(\bar{p}_1{}^2 - m_1^2) \cdots (\bar{p}_n{}^2 - m_n^2)} \tag{19.55}$$

wobei $\bar{p}_\mu = (ip_0, \underline{p})$ und $\bar{p}^2 = -(p_0^2 + \underline{p}^2) < 0$ ist, und sich die Integrale über den vierdimensionalen euklidischen Raum $d^4\bar{l}$ erstrecken.

Mit diesem Verfahren der analytischen Fortsetzung haben wir in (19.55) eine Form für $\bar{I}$ gewonnen, die negativ definite Nenner besitzt und für die Betrachtung der Konvergenz geeigneter ist. Wenn wir die Existenz von $\bar{I}(\bar{q})$ zeigen können, haben wir auch die Existenz von $I(q)$ für die physikalischen Impulse q_s gezeigt, ausgenommen für die speziellen Werte, an denen I Landau-Singularitäten besitzt; vgl. Kap. 18. Das ist der Fall, weil wir wissen, daß wir von den $\bar{q}_s$ wieder zu den physikalischen q_s fortsetzen können, indem wir reziproke Substitution $\bar{q}_0 \to \bar{q}_0\, e^{-i\varphi}$ machen und zum Limes $\varphi = \Pi/2$ übergehen. Da wir mit einer analytischen Funktion anfangen, kann diese analytische Fortsetzung nur durch eine natürliche Grenze bei $\varphi = \Pi/2$ begrenzt sein. Die Diskussionen in Abschnitt 18.4 zeigten jedoch, daß nur die Landau-Singularitäten von $I(q_s)$ der Fortsetzung im Wege stehen. Wir zeigten das explizit für einen Vertex mit einer äußeren Impulsvariablen q^2. Das Verfahren läßt sich auf Streugraphen mit mehr Beinen erweitern, wenn wir die Massenschalenbeschränkungen, d. h. (19.52) fallen lassen und, wie wir es hier getan haben, alle Variablen in das euklidische Gebiet fortsetzen. Da die Zahl der Landau-Singularitäten kleiner oder gleich der Zahl der möglichen reduzierten Graphen ist, und diese endlich ist, existiert $I(q_s)$ stets überall für physikalische q_s, wenn $\bar{I}(\bar{q}_s)$ existiert.

Im folgenden werden wir nicht mehr zwischen q_s und $\bar{q}_s$ unterscheiden und bei der Diskussion von Konvergenzfragen stets annehmen, daß die analytische Fortsetzung der physikalischen Impulse in euklidische durchgeführt ist.

Die Feynman-Integrale, die die Renormierungskonstanten Z_1 oder Z_2 definieren, erfordern eine spezielle Betrachtung, da sie für die äußeren Impulse $p^2 = m^2$ zu *berechnen* sind. Dafür können die bis jetzt diskutierten Konvergenzkriterien nicht angewendet werden, da sie nur für euklidische Vierervektoren[1] mit $p^2 \leq 0$ gelten. Um diese zusätzliche Schwierigkeit zu beseitigen, werden wir die Subtraktionen, die die Theorie endlich machen sollen, zunächst nur für den Punkt $p_\mu = 0$, der auf dem Rand des euklidischen Gebietes liegt, durchführen. Wir be-

[1] Bei Z_3^1 tritt keine Schwierigkeit auf, da der Photonpropagator für $q^2 = 0$ schon renormiert wurde.

zeichnen diese Vorschrift als *intermediäre Renormierung*. Der Propagator und der Vertex sind folglich auf der Massenschale $p^2 = m^2$ nicht mehr richtig normiert. Wir werden jedoch das gewünschte Ziel, zu zeigen, daß $\tilde{S}'_F$ und $\tilde{D}'_F$ endlich sind, erreicht haben, wenn wir zeigen können:

1. Die Theorie mit für $p_\mu = 0$ statt für $p^2 = m^2$ intermediär renormiertem Propagator und Vertex konvergiert.

2. Die Renormierungskonstanten, die die für $p_\mu = 0$ intermediär renormierten Propagatoren und Vertizes mit den für $p^2 = m^2$ renormierten $\tilde{S}'_F$ und $\tilde{\Gamma}_\mu$ in Beziehung setzen, sind endlich (d. h., cuttoffunabhängig).

Unser Verfahren wird deshalb sein, $S'_F(p)$ und $\Gamma_\mu(p, p)$ für $p_\mu = 0$ zu renormieren; dann können wir alle Sätze über die Konvergenz von Integralen anwenden, deren Gültigkeit auf das euklidische Gebiet beschränkt ist. Wir müssen jedoch den Einfluß der intermediären Renormierung auf die Definitionsgleichungen (19.51) und (19.52) untersuchen und auch auf die physikalische Interpretation der Theorie und dann zeigen, daß die zur Berechnung von $\tilde{S}'_F$ und $\tilde{D}'_F$ zusätzlich nötige Renormierung endlich ist.

Ausgedrückt durch die unrenormierten und die renormierten Selbstenergie- und Vertexteile führen wir die intermediär renormierten Größen wie folgt ein

$$\tilde{\tilde{S}}'_F(p) = Z_2'^{-1} S'_F(p) = z_2^{-1} \tilde{S}'_F(p)$$
$$\tilde{\tilde{\Gamma}}_\mu(p',p) = Z'_1 \Gamma_\mu(p',p) = z_1 \tilde{\Gamma}_\mu(p',p) \tag{19.56}$$

so definiert, daß

$$\tilde{\tilde{S}}'_F(p) \to \frac{1}{\not p - \overline{m}} \quad \text{für} \quad p_\mu \to 0$$
$$\tilde{\tilde{\Gamma}}_\mu(p,p) \to \gamma_\mu \quad \text{für} \quad p_\mu \to 0 \tag{19.57}$$

Die Definitionsgleichungen (19.51) und (19.52) können also in dieser Renormierung geschrieben werden, indem man eine weitere Tilde auf $\tilde{S}'_F$ und $\tilde{\Gamma}'_\mu$ anbringt, Z_1 und Z_2 durch Z'_1 bzw. Z'_2 ersetzt und die Randbedingung $|\, p_\mu = 0$ statt $|\, \not p = m$ nimmt. Speziell erhalten wir wieder die Ward-Identität und die Gleichheit

$$Z'_1 = Z'_2$$

da (19.20) und (19.57) im Limes $p_\mu \to 0$ ergeben

$$(Z'_2)^{-1} \frac{\partial}{\partial p^\mu} (\not p - \overline{m}) = (Z'_1)^{-1} \gamma_\mu \quad \text{für} \quad p_\mu \to 0$$

oder

$$Z'_1 = Z'_2$$

Die Überlegungen im Rest dieses Kapitels werden zeigen, daß die intermediär renormierte Theorie endlich ist. Um dann zu beweisen, daß $\tilde{S}_F'$ und $\tilde{\Gamma}_\mu$ endlich sind, müssen wir nach (19.56) und (19.57) noch zeigen, daß Z_1, Z_2 und $\overline{m}$ endlich sind. Das folgt aber aus der verallgemeinerten Ward-Identität

$$\tilde{\tilde{S}}_F'^{-1}(p) - \tilde{\tilde{S}}_F'^{-1}(0) = p^\mu \tilde{\tilde{\Gamma}}_\mu(p,0)$$

Wegen des Verschwindens von $\tilde{\tilde{S}}_F'^{-1}(p)$ für $\not{p} = m$ ist der Parameter $\overline{m}$ gegeben durch

$$\overline{m} = p_\mu \tilde{\tilde{\Gamma}}^\mu(p,0)\Big|_{\not{p}=m} \tag{19.58}$$

Ferner folgt aus der Normierungsbedingung für $\tilde{\Gamma}_\mu$ und aus (19.56)

$$z_1\gamma_\mu = z_1\tilde{\Gamma}_\mu(p,p)\Big|_{\not{p}=m} = \tilde{\tilde{\Gamma}}_\mu(p,p)\Big|_{\not{p}=m} \tag{19.59}$$

so daß $Z_1 = Z_2$ und $\overline{m}$ endlich sind, wenn es $\tilde{\tilde{\Gamma}}_\mu$ ist. Dann ist die vollständig renormierte Theorie (eine Tilde) endlich, wenn es die intermediär renormierte (zwei Tilden) ist. Weiter ist $\tilde{\tilde{\Gamma}}_\mu(p', p)$ endlich für physikalische p' und p, wenn das für euklidische p' und p bewiesen ist. Und zwar folgt das aus der Existenz der analytischen Fortsetzung zu den physikalischen Werten von p' und p zurück, die im ersten Teil dieses Abschnittes bewiesen wurde.

Wir werden in Zukunft bei der Diskussion der Konvergenz der Integrale diese „mathematisch saubere" intermediäre Renormierung und die analytische Fortsetzung zu euklidischen Impulsvierervektoren nicht weiter beachten. Wenn notwendig, können wir sie stets als durchgeführt betrachten. Wichtiger für die Quantenelektrodynamik ist die Nützlichkeit der intermediären Renormierung für das Infrarotproblem. Da das Photon die Masse Null hat, sind wir in der mathematisch schwierigen Situation, unsere Funktionen an einem Verzweigungspunkt renormieren zu müssen, wenn wir das übliche Renormierungsprogramm für $p^2 = m^2$ durchführen. Klar wurde das bei der Behandlung des Selbstenergieteils in zweiter Ordnung (8.40), und bei der Berechnung von $Z_1 = Z_2$ in (8.42), die beide für $p^2 \to m^2$ infrarotdivergent sind. Solche Komplikationen treten im Programm der intermediären Renormierung für $p_\mu \to 0$ nicht auf.

19.10 *Divergenzgrad und Konvergenzkriterium*

Wir können uns jetzt auf das Problem konzentrieren, Kriterien für die Konvergenz von Feynman-Amplituden und zur Identifizierung divergenter

Graphen in der Quantenelektrodynamik aufzustellen[1]. Die Konvergenz der Selbstenergie- und Vertexintegrale, die uns bei den Rechnungen in zweiter Ordnung der Störungstheorie in Kap. 8 begegneten, konnte einfach durch Abzählen der Potenzen der inneren Impulse entschieden werden. Die Potenz der Impulse im Zähler, die für die innere Impulsintegration $d^4 l$ vier zählte, war gleich oder größer als die Potenzen im Nenner, und für $l_\mu \to \infty$ hatten diese Integrale alle Ultraviolettdivergenzen. Nachdem die Subtraktionen im Sinne des Renormierungsprogramms durchgeführt waren, enthielten die restlichen Teile im Nenner höhere Potenzen von $l_\mu \to \infty$ als im Zähler und waren endlich.

Wenn wir höhere Ordnungen der Störungstheorie mit mehreren inneren Impulsintegrationen $d^4 l_r$ betrachten, ist nicht von vornherein klar, daß man nur die totale Potenz der inneren Impulsvariablen in Zähler und Nenner zu zählen braucht, um entscheiden zu können ob das Feynman-Integral konvergiert oder nicht. Es ist jedoch sehr suggestiv, sich klarzumachen, daß dieses „Abzählen von Potenzen" zusammenhängt mit der Frage wie gefährlich ein Feynman-Integral divergiert, und deshalb stellen wir auf der Suche nach einem Konvergenzkriterium das Abzählverfahren für beliebige Graphen auf eine systematische Basis.

Zuerst führen wir den *Divergenzgrad* $D(G)$ eines Graphen G ein als die Differenz der Zahl der inneren Impulspotenzen im Zähler, die für jedes $d^4 l_r$ eine vier enthält, und der Zahl im Nenner. Die Propagatoren für jede innere Photon- oder Bosonlinie tragen zwei Potenzen zum Nenner bei, die der inneren Elektron- oder Fermionlinien eine Potenz. In der Quantenelektrodynamik können wir dann schreiben

$$D = 4k - 2b - f \tag{19.60}$$

wobei b = Zahl der *inneren* Photonlinien
f = Zahl der *inneren* Elektronlinien
k = Zahl der inneren Impulsintegrationen.

Die wesentliche Eigenschaft von (19.60) und damit der Schlüssel zum Erfolg des Renormierungsprogrammes ist, daß D unabhängig von allen inneren Einzelheiten des Feynman-Graphen ist und nur von der Zahl und der Art (Photon oder Elektron) der *äußeren* Linien des Graphen abhängt. Das liegt im wesentlichen daran, daß die Koppelungsstärke e dimensionslos ist. Die Elektronenmasse m ist die einzige dimensionsbehaftete Konstante der Theorie, und beim Abzählen der Impulspotenzen für $l_\mu \to \infty$ ignorieren wir m. Wenn wir bei der Berechnung irgendeiner Amplitude zu immer höheren Ordnungen gehen, indem wir weitere innere Photonlinien einfügen, kann deren Dimension sich nicht ändern. Um das

[1] F. DYSON, op. cit.

explizit zu zeigen, beachten wir, daß jede zusätzlich in den Graphen eingefügte Photonlinie die Erzeugung von zwei zusätzlichen Fermionpropagatoren bedeutet sowie einer weiteren $\int d^4 l_r$. Aus (19.60) folgt dann, daß die resultierende Änderung im Divergenzgrad

$$\Delta D = 4\,\Delta k - 2\,\Delta b - \Delta f = 4 - 2 - 2 = 0 \tag{19.61}$$

ist. Also ist D bestimmt durch eine Dimensionsbetrachtung am Gesamtgraphen. Für Theorien, die Ableitungskoppelungen in der Wechselwirkung oder dimensionsbehaftete Kopplungskonstanten besitzen, sind diese Argumente wie auch das übliche Renormierungsprogramm falsch.

Aufgrund von (19.61) kann man D für jeden eigentlichen Graphen bestimmen, indem man innere Linien wegläßt bis man zu einem ganz einfachen Graphen kommt wie etwa in Abb. 19.30.

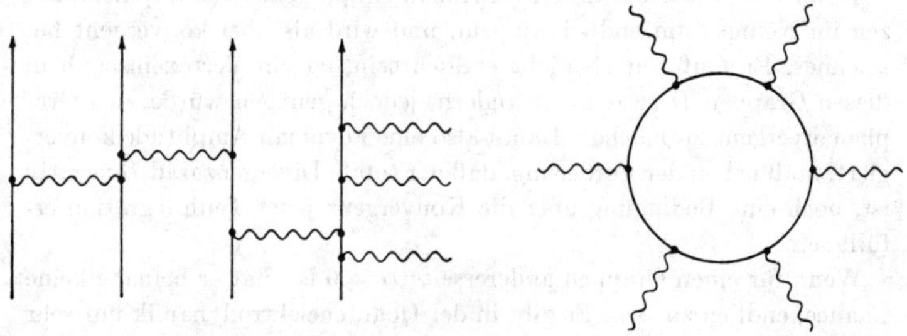

Abb. 19.30 Eigentliche Graphen, die durch Wegnahme der zur Bestimmung des Divergenzgrades D überflüssigen inneren Linien vereinfacht wurde.

Wenn man nun diesem Graphen eine weitere *äußere* Photonlinie zufügt, wird eine zusätzliche innere Fermionlinie erzeugt, und D nimmt um 1 ab, d. h. $\dfrac{\partial D}{\partial B} = -1$, wobei B die Zahl der äußeren Photon- oder Bosonlinien ist. Entsprechend entstehen, wenn man ein weiteres *äußeres* Fermion hinzufügt, zwei zusätzliche Endpunkte von Fermionlinien, eine innere Fermionlinie und eine Photonlinie. D nimmt also um 3 ab, oder um 3/2 pro zugefügte äußere Fermionlinie F: $\dfrac{\partial D}{\partial F} = -3/2$. Wir erhalten dann eine Gleichung zur Bestimmung des Divergenzgrades ausgedrückt durch B und F

$$D = 4 - \tfrac{3}{2}F - B \tag{19.62}$$

wobei die Konstante 4 bei der Betrachtung jedes Graphen auftritt. Zum Beispiel hat der elektromagnetische eigentliche Vertex in niedrigster

Ordnung in e: $F = 2$, $B = 1$ und $D = 0$, da er eine Konstante ohne Impulsintegrationen ist.

Beim Renormierungsprogramm werden wir es auch mit Feynman-Integralen zu tun haben, in denen eine oder mehrere „Subtraktionen" durchgeführt worden sind. Darauf waren wir, wie oben erwähnt, bei den Rechnungen in zweiter Ordnung der Störungstheorie in Kap. 8 gestoßen, und es entstand dadurch eine zusätzliche innere Impulspotenz im Nenner auf Kosten eines äußeren Impulsfaktors im Zähler. Das gilt allgemein, und wir schließen den Einfluß von Subtraktionen auf die Definition des Divergenzgrades ein, indem wir folgende Regel hinzunehmen: Für jede Subtraktion bezüglich einer Menge äußerer Impulse q_s eines Feynman-Integrals ist der Divergenzgrad dieses speziellen Integrals um 1 zu verringern.

Wenn $D < 0$ ist, besitzt ein Feynman-Graph genügend Impulspotenzen im Nenner, um endlich zu sein, und wird als über-konvergent bezeichnet. Er muß jedoch nicht endlich sein, da ein Vertexeinschub in diesen Graphen D zwar nicht ändern, jedoch genügen würde, den Graphen divergent zu machen. Damit also eine Feynman-Amplitude konvergiert, muß neben der Forderung, daß der totale Divergenzgrad D negativ ist, noch eine Bedingung über die Konvergenz jeder Teilintegration erfüllt sein.

Wenn für einen Graphen andererseits $D \geq 0$ ist, hat er beinahe keine Chance, endlich zu sein. Es gibt in der Quantenelektrodynamik nur sehr

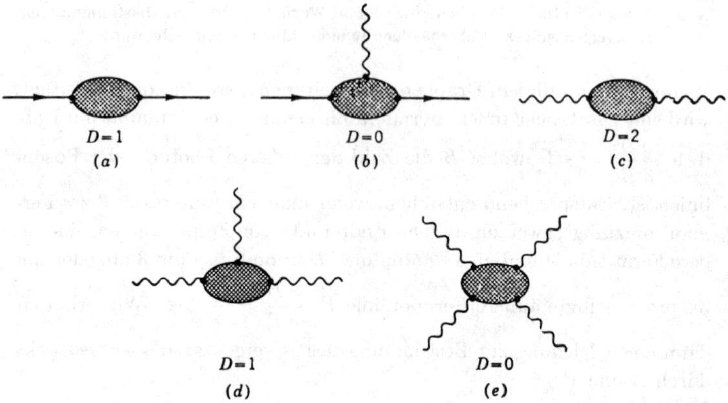

Abb. 19.31 Graphen der Quantenelektrodynamik mit nicht negativem Divergenzgrad.

wenige Graphen mit einem nicht negativen Divergenzgrad, die in Abb. 19.31 abgebildet sind. Es sind:

(a) der eigentliche Selbstenergieteil $\Sigma(p)$ des Elektrons mit $D = 1$,
(b) der eigentliche Vertexteil $\Gamma_\mu(p', p)$ mit $D = 0$,
(c) der eigentliche Selbstenergieteil des Photons oder die Vakuumpolarisation $\Pi_{\mu\nu}(q)$ mit $D = 2$,
(d) der eigentliche Vertex dreier Photonen mit $D = 1$,
(e) die Photon-Photon Streuamplitude mit $D = 0$.

Von diesen fünf Graphen sind nur (b) und (c) von speziellem Interesse. Die Selbstenergie des Elektrons (a) läßt sich aus Γ_μ über die Ward-Identität berechnen und braucht nicht extra behandelt zu werden. Der Dreiphotonenvertex verschwindet identisch, da er gegen Ladungskonjugation ungerade ist. Wir wissen aus (15.96) und (15.97), daß ein unitärer Operator $\mathcal{C}$ existiert, der eine Konstante der Bewegung ist, $[\mathcal{C}, H] = 0$, und demgegenüber das elektromagnetische Feld ein ungerader Operator ist

$$\mathcal{C} A_\mu(x) \mathcal{C}^{-1} = -A_\mu(x)$$

Folglich ist der Vakuumzustand, wenn er eindeutig ist, wie in (16.2) für die Quantenelektrodynamik im allgemeinen angenommen wird, ein Eigenzustand von $\mathcal{C}$. $\mathcal{C} \mid 0 \rangle = \mid 0 \rangle$ und es folgt, daß

$$\langle 0 | T(A_\mu(x) A_\nu(y) A_\lambda(z)) | 0 \rangle = \langle 0 | T(\mathcal{C} A_\mu(x) A_\nu(y) A_\lambda(z)) | 0 \rangle$$
$$= -\langle 0 | T(A_\mu(x) A_\nu(y) A_\lambda(z)) | 0 \rangle$$
$$= 0$$

und folglich verschwindet der Dreiphotonenvertex. Die Verallgemeinerung dieses Ergebnisses auf einen beliebigen Graphen mit einer ungeraden Zahl äußerer Photonlinien wurde 1937 bewiesen und wird als Furrysches Theorem[1] bezeichnet.

Obwohl für die Selbstenergie des Photons (c) $D = 2$ ist, konnte aufgrund der Ward-Identität in (19.21) und (19.22) ein quadratisch divergenter Term, der einer endlichen Photonmasse entsprechen würde, Null gesetzt werden. Es werden also zwei der Impulspotenzen in $\Pi_{\mu\nu}(q)$ zur Bildung der $q_\mu q_\nu$-Faktoren in (19.51) benötigt, wodurch ein $\Pi(q^2)$ mit einem effektiven Divergenzgrad $D_{\text{eff}} = 0$ und schwächeren Divergenzproblemen übrigbleibt.

Bezüglich der Photon-Photon-Streuamplitude (*e*) ist die Situation noch besser. Wie es für eine eichinvariante Amplitude nötig ist, werden vier innere Impulse zur Bildung elektromagnetischer Feldstärken $F_{\mu\nu}(q) \sim (q_\mu \varepsilon_\nu - q_\nu \varepsilon_\mu)$ gebraucht, je einer für jedes der vier äußeren Photonen. Das ergibt einen effektiven Divergenzgrad $D_{\text{eff}} = -4$ an-

[1] W. H. Furry, *Phys. Rev.*, **51**, 125 (1937).

stelle von $D = 0$ und führt in der Störungstheorie zu endlichen Amplituden wie Rechnungen von Karplus und Neumann[1] explizit gezeigt haben. Der wirkliche Photon-Photon-Streuquerschnitt ist sehr klein; für kleine Energien ist

$$\sigma_{\gamma\gamma} \sim \frac{\alpha^4}{\pi^4}\frac{\omega^6}{m^8} \qquad \omega = \text{Schwerpunktsenergie}$$

$$\omega \ll m$$

und für relativistische Energien, $\omega \gg m$, fällt er proportional zu $1/\omega^2$ ab.

Wir brauchen also nur zwei Größen, Γ_μ und $\Pi_{\mu\nu}$, mit $D \geq 0$ zu betrachten, von denen beide den effektiven Divergenzgrad $D_{\text{eff}} = 0$ haben. Es ist eine ungeheuere Vereinfachung, die Divergenzschwierigkeiten auf zwei Größen beschränkt zu haben, die in der Störungstheorie nichts Schlimmeres zeigen als eine logarithmische Abhängigkeit vom cuttoff.

Aus dem Vorstehenden folgt nicht, daß alle Größen mit $D < 0$ endlich sind; jeder Selbstenergie- oder Vertexeinschub ändert D nicht, führt aber zu Divergenzen. Selbstverständlich braucht man ein genaueres Konvergenzkriterium als das bloße Abzählen von Potenzen, und es ist einiges über Integrationen über bestimmte Teilmengen innerer Impulse zu sagen, die im Feynman-Diagramm auf Schleifen laufen. Dieses Kriterium, das Dyson[2] 1949 formuliert und Salam[3] 1951 vervollständigt hat, ist von Weinberg[4] 1960 bewiesen worden. Das Weinbergsche Theorem, zu dem wir jetzt kommen, gibt das genaue Kriterium für die Konvergenz von Feynman-Integralen und ist die Grundlage für den Erfolg des Renormierungsprogrammes von Dyson und Salam[5]. Neben dieser Anwendung auf das Renormierungsprogramm leistet das Weinbergsche Theorem noch viel mehr, indem es bis auf Potenzen von Logarithmen das asymptotische Verhalten der Feynman-Integrale für den Limes jeder bestimmten Teilmenge äußerer Impulse gegen Unendlich bestimmt. Zunächst diskutieren wir nur den Teil der Theorie, der für das Renormierungsprogramm wichtig ist, und verschieben die Betrachtung des asymptotischen Verhaltens der Integrale auf Abschn. 19.14.

Um das Weinbergsche Theorem formulieren und erklären zu können, müssen die Begriffe eines „Subgraphen“ und einer „Subintegration“

---

[1] R. Karplus und M. Neumann, *Phys. Rev.*, **80**, 380, **83**, 776 (19.50).

[2] F. J. Dyson, op. cit.

[3] A. Salam, *Phys. Rev.*, **82**, 217, **84**, 426 (1951).

[4] S. Weinberg, *Phys. Rev.*, **118**, 838 (1960).

[5] Inzwischen haben Bogoliubov und Mitarbeiter die Renormierbarkeit mit etwas anderen Mitteln bewiesen; vgl. N. N. Bogoliubov und D. V. Shirkov, "Introduction to the Theory of Quantized Fields", Interscience Publishers, Inc., New York, 1959.

eingeführt werden. Eine Integration über eine Teilmenge S innerer Impulse l_r auf einer Schleife heißt *Subintegration*. Zur Subintegration gehört ein *Subgraph*, den man erhält, indem man alle Linien, die nicht von den Impulsen l_r der Untermenge S abhängen, wegläßt. Zum Beispiel besitzt der in Abb. 19.32 angegebene Graph drei mögliche Subgraphen, die in

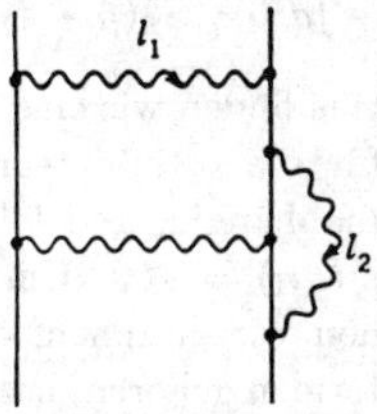

Abb. 19.32 Ein Graph mit zwei auf Schleifen liegenden inneren Impulsen l_1 und l_2.

Abb. 19.33 gezeigt sind. Diese entsprechen Subintegrationen über l_1 bei festem l_2 wie in (a), über l_2 bei festem l_1 wie in (b) und über l_1 bei festem $l_1 - l_2$ wie in (c). Wir können jedem dieser Subgraphen bzw. Subintegrationen einen Divergenzgrad $D(S)$ zuordnen, der wie früher für den ganzen Graphen beschrieben durch Abzählen der Impulspotenzen zu bestimmen ist. So erhält man für die drei Subgraphen (a), (b) und (c) in Abb. 19.33 $D = -3, 0$ bzw. -5. Man muß beachten, daß eine Subtraktion am Gesamtgraphen G $D(S)$ im allgemeinen nicht reduziert. Die Ausnahmen liegen vor, wenn die äußeren, an der Subtraktion beteiligten Impulse vollständig in dem Subgraphen verlaufen.

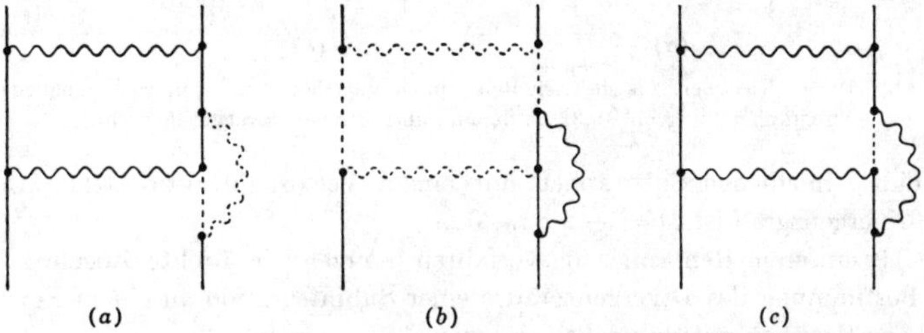

Abb. 19.33 Drei Subgraphen von Abb. 19.32 mit (a) festem l_2, (b) festem l_1 und (c) festem $l_1 - l_2$. Über die innere Impulsvariable, die über eine gepunktete Linie durch den Subgraphen geht, wird nicht integriert.

Eine weitere Schwierigkeit tritt auf, wenn man einer Subintegration einen Divergenzgrad zuordnen will, und zwar, weil die Feynman-Integrale, die bei der Entwicklung der *renormierten* Gln. (19.51) nach Potenzen von e auftreten, auch Subtraktionsterme in Zusammenhang mit den Renormierungsgesetzen (19.51c), (19.51e) und (19.52) enthalten, die $\tilde{\Gamma}_\mu$ und $\tilde{D}_F'$ definieren. Um das zu zeigen, gehen wir zu unserem Beispiel in Abb. 19.33 zurück und schreiben den Vertexeinschub explizit aus

$$\tilde{\Gamma}_\mu^{(2)}(p, p + l_1) \sim \int d^4l_2\, \gamma_\nu S_F(p - l_2)\gamma_\mu S_F(p + l_1 - l_2)\gamma^\nu D_F(l_2) - \int d^4l_2\, \gamma_\nu S_F(\tilde{p} - l_2)\gamma_\mu S_F(\tilde{p} - l_2)\gamma^\nu D_F(l_2)\Big|_{\tilde{p}=m}$$

Im Nenner des ersten Terms finden wir eine Potenz von l_1, die zu unserem Wert $D(l_1) = -3$ für die l_1-Subintegration beiträgt. Der zweite Term ist jedoch von l_1 unabhängig, und folglich ist für einen Beitrag, der diesen Term enthält, $D(l_1) = -2$. Um entsprechende Fälle allgemein zu behandeln, werden wir Graphen, die zu Feynman-Integralen mit solchen Subtraktionstermen gehören, bezeichnen, indem wir um den Teil des Graphen, in dem die Subtraktion durchgeführt worden ist, Kästchen aus gestrichelten Linien zeichnen. Für unser Beispiel sind sie in Abb. 19.34a und b gezeigt. Diese beiden Figuren sind die beiden

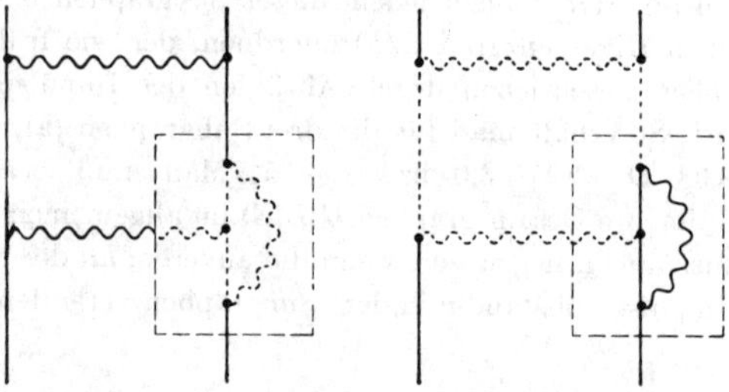

Abb. 19.34 Kästchen aus gestrichelten Linien umgeben Teile von zwei möglichen Subgraphen aus Abb. 19.32, in denen Subtraktionen durchgeführt wurden.

einzig möglichen Subgraphen mit einem Vertexsubtraktionsterm; ihr Divergenzgrad ist $D = -2$ bzw. 0.

In unserem Renormierungsverfahren besitzen wir direkte Regeln zur Bestimmung des Divergenzgrades einer Subintegration an einem Feynman-Graphen mit Subtraktionstermen:

1. Zeichne Kästchen mit gestrichelten Linien um die Vertex- und Selbstenergieeinschübe, die Subtraktionstermen entsprechen.
2. Für Subintegrationen über Impulse, die ganz in einem Kästchen liegen, wie z. B. in Abb. 19.34b, zähle man die Potenzen wie üblich ab.
3. Beim Abzählen der Potenzen von Integrationsimpulsen, die in ein Kästchen einlaufen oder es verlassen, wie in Abb. 19.34a, ignoriere man das Kästchen vollständig, d. h. ziehe das Kästchen zu einem Punkt zusammen und vergesse, daß es existiert hat. Das ist äquivalent dazu zu

sagen, daß alles innerhalb des Kästchens außer Betracht bleibt, da die Impulse, die das Kästchen verlassen, durch die Subtraktion festgelegt sind.

Wir müssen dann einem Vertexkästchen die Potenz 0, einem Elektron-Selbstenergieteil + 1 und einem Photonselbstenergieteil + 2 zuordnen, entsprechend den zu γ_μ, $\not{p}$ bzw. $(q_\mu q_\nu - g_{\mu\nu} q^2)$ proportionalen Subtraktionen für diese drei Einschübe. Diese Potenzen werden jedoch gerade kompensiert durch die zusätzlichen Fermion- und Bosonpropagatoren, die durch die entsprechenden Selbstenergieeinschübe hinzukommen, und das Ergebnis ist dasselbe als wenn wir die Kästchen mit Subtraktionstermen entsprechenden gepunkteten Linien vollständig weglassen.

Wir können jetzt das Weinbergsche Theorem formulieren: *Ein Feynman-Integral konvergiert, wenn der Divergenzgrad des Graphen und der Divergenzgrad aller möglichen Subgraphen negativ ist.* Der Graph in Abb. 19.32 divergiert also infolge des Vertexeinschubs Abb. 19.33b mit $D(S) = 0$. Wenn die Renormierungsvorschrift jedoch auf den Vertexteil angewendet wird, und sein divergenter Anteil mit $D = 0$ herausgezogen (Abb. 19.34b) und in den Renormierungsgesetzen absorbiert wird, bleibt von ihm ein endlicher Teil mit $D(S) = -1$ übrig, und das Weinberg-Theorem stellt sicher, daß damit für das ganze Integral die Konvergenz hergestellt ist.

Die Idee zum Beweis des Weinberg-Theorems kann an unserem Beispiel Abb. 19.32 erkannt werden. Das Integral $d^4l_1\, d^4l_2$ über den achtdimensionalen $l_1 - l_2$-Raum ist in Abb. 19.35 schematisch in zwei Dimensionen dargestellt.

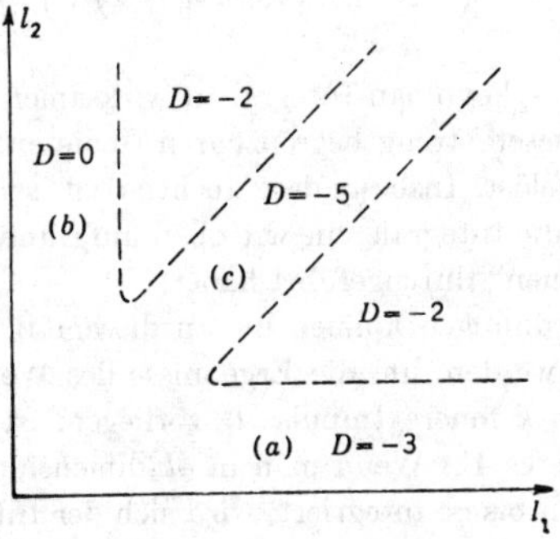

Abb. 19.35 Gebiete des l_1-l_2-Raumes mit den entsprechenden Divergenzgraden.

Der totale Divergenzgrad ist nach (19.62) $D = -2$ entsprechend der Tatsache, daß, wenn man im $l_1 - l_2$-Raum vom Ursprung radial nach außen bis ∞ integriert, sich das Integral in den meisten Richtungen wie

$$I \sim \int \frac{d^8 l}{l^{10}}$$

verhält, wobei der l^{10}-Nenner von den vier Fermion- und den drei Photonpropagatoren herrührt. Es gibt jedoch vierdimensionale „Röhren", in denen sich der Integrand anders verhält. Diese entsprechen den drei Gebieten

(a) l_2 klein und $I \sim \left(\int_{\text{endliches Volumen}} d^4 l_2\right)\left(\int \frac{d^4 l_1}{l_1^7}\right)$, mit $D(a) = -3$

(b) l_1 klein und $I \sim \left(\int_{\text{endliches Volumen}} d^4 l_1\right)\left(\int \frac{d^4 l_2}{l_2^4}\right)$, mit $D(b) = 0$

(c) $l_1 - l_2$ klein und $I \sim \left(\int_{\text{endliches Volumen}} d^4(l_1 - l_2)\right)\left(\int \frac{d^4 l_1}{l_1^9}\right)$,

mit $D(c) = -5$.

Diese Gebiete sind aber gerade diejenigen, die durch die Subintegrationen in Zusammenhang mit den Subgraphen (a), (b) und (c) in Abb. 19.33 überdeckt werden. Auch die Subgraphen der Abb. 19.34a und b, an denen die Subtraktionen ausgeführt wurden, entsprechen den beiden Gebieten

(a) l_2 klein und $I \sim \left(\int_{\text{endliches Volumen}} d^4 l_2\right)\left(\int \frac{d^4 l_1}{l_1^6}\right)$, mit $D(a) = -2$

(b) l_1 klein und $I \sim \left(\int_{\text{endliches Volumen}} d^4 l_1\right)\left(\int \frac{d^4 l_2}{l_2^4}\right)$, mit $D(b) = 0$.

Das Problem, das Feynman-Integral in wirksamer Weise in Teile aufzuspalten, die diesen streng begrenzbaren Gebieten entsprechen, wurde von Weinberg gelöst. Insbesondere rechtfertigt sein Theorem die Abschätzungen für die Integrale, die wir oben aufgrund der Einschränkung „endliches Volumen" durchgeführt haben.

In höheren Ordnungen können die an diesem Beispiel gezeigten Gedanken benutzt werden, um die Ergebnisse des Weinberg-Theorems zu verstehen. Wenn k innere Impulse l_r vorliegen, ist die Dimension des Integrationsgebietes $4k$. Wenn man in $4k$-dimensionalem Raum wieder radial nach außen bis ∞ integriert, wird sich der Integrand in fast allen Richtungen wie l^{D-4k} verhalten, wobei D der totale Divergenzgrad des Graphen ist. Es wird jedoch wieder „Röhren" verschiedener Dimensionen geben, die Subgraphen entsprechen, und in denen die Nenner der Propagatoren, die nicht im Subgraphen verlaufen, klein bleiben und folglich nicht zum Konvergieren des Integrals beitragen. Den Beitrag dieser Röhren erhält man, indem man alle Linien, die nicht im Subgraphen liegen, wegläßt und um seinen Divergenzgrad $D(S)$ zu bestimmen, die Impulspotenzen der Linien im Subgraphen abzählt. Der Beweis für die Richtigkeit dieser Vorschrift wird durch das Weinberg-Theorem geliefert. Der Beweis dieses Satzes verlangt eine ausführliche und verwickelte Anwendung des Heine-Borelschen Satzes, so daß wir den interessierten Leser bezüglich der Einzelheiten auf die Originalarbeit[1] verweisen.

Ausgerüstet mit diesem Theorem wissen wir, daß unsere Aufgabe beim Beweis der Konvergenz der Terme in der renormierten Störungstheorie darin besteht, alle Subgraphen S und Subintegrationen mit $D(S) \geq 0$ herauszusuchen. Ferner erlaubt uns das Ergebnis (19.62), daß nur Vertex- und Selbstenergieteile nichtnegativen Divergenzgrad besitzen, sofort, diejenigen Subgraphen und Subintegrationen zu bestimmen, die mögliche Quellen für Divergenzschwierigkeiten in Feynman-Integralen sind. In der Tat sind es gerade die Teile eines Graphen, die in Abschn. 19.4 in Kästchen eingeschlossen wurden, um die Vertex- und Selbstenergieeinschübe zu identifizieren und zu isolieren. Wie dort gezeigt wurde, können die Vertex- und Selbstenergieeinschübe eindeutig und ohne Überlappungen vorgenommen werden außer in Selbstenergieteilen.

Als Beispiel zeigen wir in Abb. 19.36 b alle Subgraphen der Abb. 19.36 a, die divergenten Subintegrationen entsprechen.
Einige dieser Subgraphen sind aus getrennten Teilen zusammengesetzt. Wir brauchen jedoch nur die zusammenhängenden Subgraphen explizit zu betrachten, da, wenn der Divergenzgrad aller zusammenhängenden Subgraphen negativ ist, der Divergenzgrad aller nicht zusammenhängenden Subgraphen ebenfalls negativ ist. In Abb. 19.37 a zeigen wir auch einen Subtraktionsterm des Vertexeinschubs[2], der von der gestrichelten Linie umgeben ist, und in Abb. 19.37 b, c und d zeigen wir die zugehörigen divergenten Subintegrationen. Die Subintegrationen von 19.37 b, die in dem nichtsubtrahierten Term der Abb. 19.36 konvergierte, divergiert jetzt, wie man sieht. Diese Divergenz tritt in einem Vertexeinschub auf, und aus der Diskussion auf Seite 334 ist klar, daß nur Subtraktionsterme in Vertex- oder Selbstenergieeinschüben aus konvergenten divergente Subintegrationen machen können.

Spezielle Probleme treten durch die überlappenden Vertexsubgraphen in Selbstenergieteilen auf und werden mit Hilfe des Elektron-

[1] S. Weinberg, op. cit.

[2] Subgraphen, die zu Vakuumpolarisationseinschüben gehören, geben keine neuen Gesichtspunkte für unser Problem und bleiben hier unbeachtet.

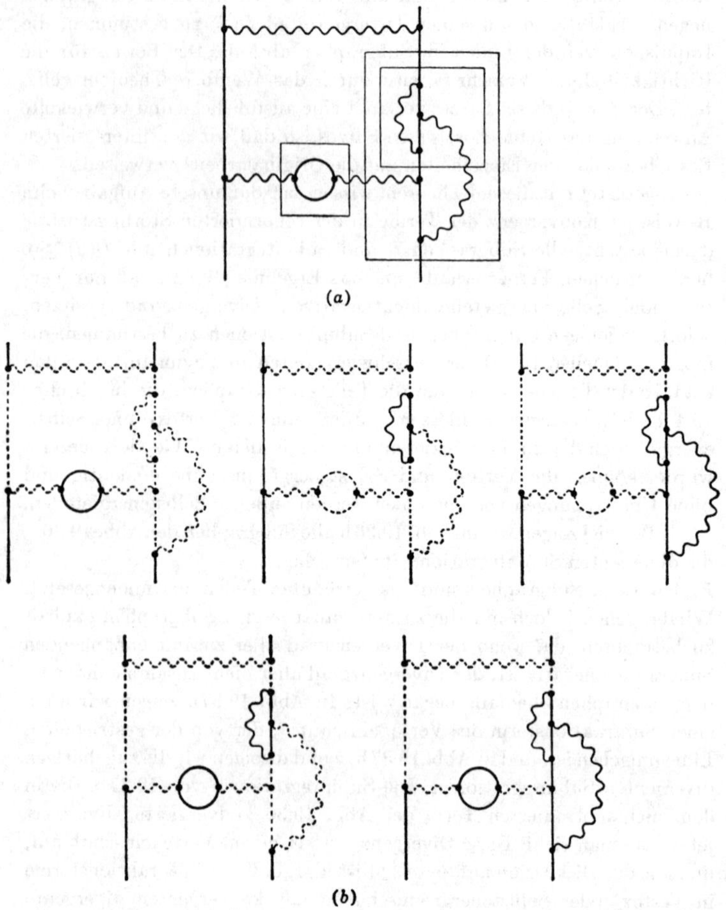

Abb. 19.36 Graph (a) und seine Subgraphen (b), die divergenten Subintegrationen entsprechen.

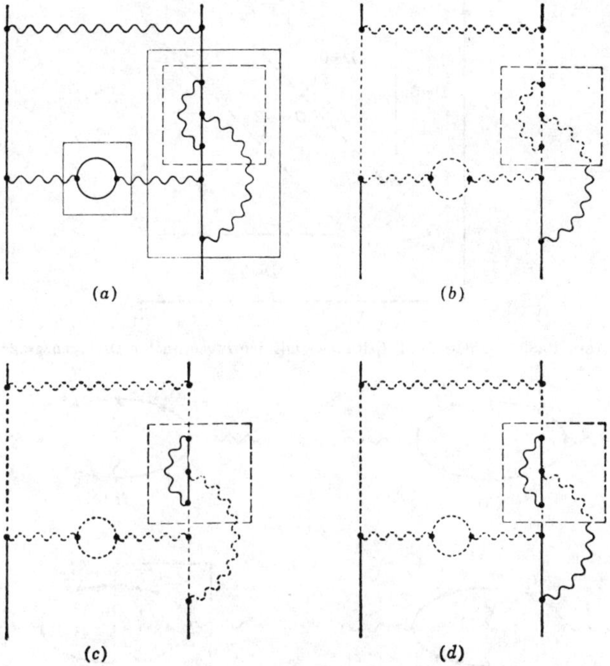

Abb. 19.37 Subtraktionsterm eines Vertexeinschubs (a) und dazugehörige divergente Subintegration (b), (c) und (d).

Positron-Kernes K gelöst. Ein Beispiel für dieses Überlappungsproblem ist in Abb. 19.38 in dem Selbstenergiegraphen des Photons von vierter Ordnung dargestellt. Der totale Divergenzgrad ist nach (19.62) $D = 0$, nachdem man die zwei Impulspotenzen abgezogen hat, die man braucht, um den $q_\mu\, q_\nu$-Faktor vor $\Pi(q^2)$ in (19.51) zu bilden. Zusätzlich gibt es die

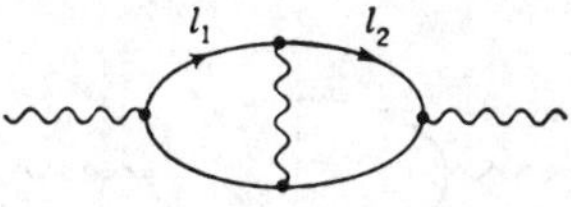

Abb. 19.38 Photonselbstenergiegraph von vierter Ordnung.

drei in Abb. 19.39 dargestellten Röhren, denen die Divergenzgrade der drei Subgraphen aus Abb. 19.40a, b und c zugeordnet sind:

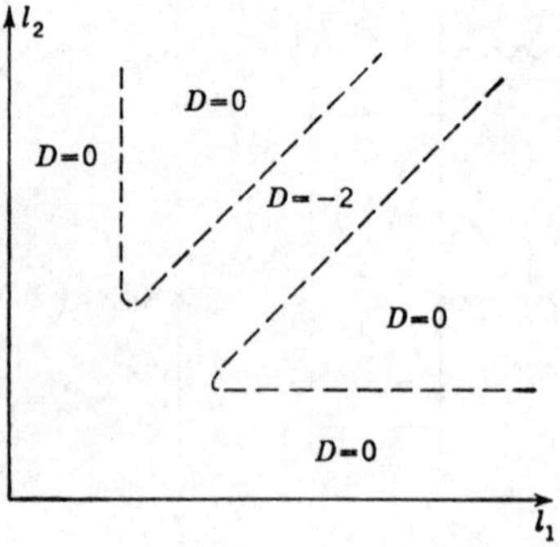

Abb. 19.39 Gebiete des l_1-l_2-Raumes mit den zugeordneten Divergenzgraden.

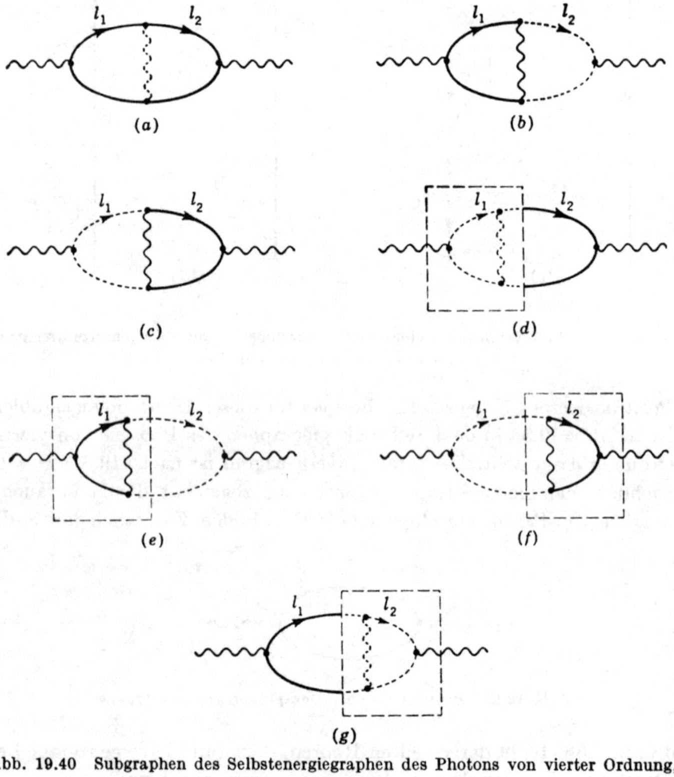

Abb. 19.40 Subgraphen des Selbstenergiegraphen des Photons von vierter Ordnung, Abb. 19.38.

(a) $l_1 - l_2$ klein[1] $D(a) = -2$
(b) l_2 klein $D(b) = 0$
(c) l_1 klein $D(c) = 0$

In d, e, f und g der Abb. 19.40 sind auch die Subgraphen gezeigt, die zu Subtraktionstermen gehören, die durch Renormierung der Vertexeinschübe entstehen. Diese entsprechen folgenden Gebieten im $l_1 - l_2$-Raum

(d) l_1 klein $D(d) = 0$
(e) l_2 " $D(e) = 0$
(f) l_1 " $D(f) = 0$
(g) l_2 " $D(g) = 0$

Beim Abziehen der divergenten Teile muß der Divergenzgrad jedes Subgraphen durch die Vertexsubtraktionen und der Divergenzgrad D des ganzen Graphen durch die Selbstenergiesubtraktion auf Werte kleiner als Null reduziert werden; die genaue Vorschrift für die Behandlung dieses Überlappungsfalles wurde zuerst von SALAM[2] entwickelt.

19.11 *Beweis, daß die renormierte Theorie endlich ist*

Wir können jetzt beweisen, daß die S-Matrix in der Quantenelektrodynamik in jeder endlichen Ordnung der Entwicklung nach der renormierten Ladung e endlich ist. Das Iterationsverfahren in (19.51) erlaubt uns, die renormierten $\tilde{\Gamma}_\mu$, $\tilde{S}'_F$, $\tilde{D}'_F$ und $\tilde{\tau}$-Funktionen sowie die S-Matrix-Elemente in einer Entwicklung nach Potenzen von e durch eine endliche Summe von Feynman-Integralen auszudrücken und zu berechnen. Das Weinberg-Theorem hat uns das Konvergenzkritierum für diese Integrale gegeben: Wenn der Divergenzgrad aller Subgraphen sowie des Graphen selbst negativ ist, so konvergiert das Integral.

Der Beweis benützt die Methode der mathematischen Induktion. In niedrigster Ordnung in e^2 sind, wie durch die Rechnungen in Kap. 8 explizit bewiesen wurde, die Divergenzgrade von $\tilde{\Gamma}_\mu$ und von $\Pi_c(q^2) = \Pi(q^2) - \Pi(0)$ negativ, und die Größen sind durch konvergente (d. h. cutoff-unabhängige) Integrale gegeben. Das gleiche gilt für $\tilde{S}'_F$ und $\tilde{D}'_F$, die durch $\tilde{\Gamma}_\mu$ und $\Pi_c(q^2)$ ausgedrückt sind. Wir *nehmen an*, das bis zur Ordnung $(n-2)$ in e richtig ist: der Divergenzgrad aller Subgraphen von $\tilde{\Gamma}_\mu$ und $\Pi_c(q^2)$ ist negativ und folglich sind bis zu dieser Ordnung in e, diese Größen sowie $\tilde{S}'_F$ und $\tilde{D}'_F$ endlich. Wir benutzen dann das

[1] Da die äußeren Impulse so gewählt werden können, daß sie ganz innerhalb des Subgraphen verlaufen, ist D(a) um die totale Subtraktion reduziert.

[2] SALAM, op. cit.

Iterationsverfahren aus (19.51) und das Weinberg-Theorem, um diese Annahmen für die Ordnung n zu beweisen und zu zeigen, daß alle S-Matrixelemente bis zur Ordnung n konvergieren.

Wir beginnen mit den Skelettentwicklungen (19.51a) und (19.51b) für die $\tilde{\tau}$-Funktionen mit vier oder mehr äußeren Beinen und für den Kern $\tilde{K}$. Wenn wir $\tilde{\tau}$ und $\tilde{K}$ in irgendeiner endlichen Ordnung in e^n berechnen, so besteht die Summe über Skelette aus einer endlichen Zahl von Termen. Ferner enthalten der Kern $\tilde{K}$ und die betrachteten $\tilde{\tau}$-Funktionen mindestens zwei Wechselwirkungsvertizes und sind für $e^2 \to 0$ mindestens von der Ordnung e^2. In der Ordnung e^n brauchen wir also nur renormierte Propagatoren und Vertexfunktionen der Ordnung e^{n-2} einzusetzen. Nach Induktionsannahme haben jedoch alle diese Einschübe S ein $D(S) < 0$, da wir in die Skelettsummen (19.51a) und (19.51b) renormierte Vertex- und Selbstenergieteile einzusetzen haben. Folglich gibt es keine divergenten Subgraphen oder Subintegrationen, da Subgraphen S mit $D(S) \geq 0$ nur aus Vereinigungen von Vertex- und Selbstenergieeinschüben entstehen können[1]. Das gilt auch für Beiträge von Termen, in denen Subtraktionskonstanten vorkommen. Wie früher festgestellt wurde, kann der Divergenzgrad einer Subintegration für einen solchen Term nur dann nichtnegativ sein, wenn der Subgraph ganz in einem Vertex- oder Selbstenergieeinschub liegt. Weiter ist der totale Divergenzgrad dieser $\tilde{\tau}$- und $\tilde{K}$-Funktionen negativ, da wie in Abschn. 19.10 diskutiert wurde, nur für Vertex- und Selbstenergieteile nicht eindeutig entschieden werden kann, ob $D \geq 0$ ist. Wir können dann schließen, daß der Kern $\tilde{K}$ und die $\tilde{\tau}$-Funktionen mit vier oder mehr Beinen sowie die S-Matrixelemente in der Ordnung e^n endlich sind, da sie aus einer endlichen Zahl von Graphen G aufgebaut sind, für die alle Subgraphen S ein $D(S) < 0$ besitzen und für die auch der totale Divergenzgrad $D(G) < 0$ ist.

Wir sind noch nicht fertig, da wir die Induktionsannahme noch für $\tilde{\Gamma}_\mu$ und $\Pi_c(q^2)$ oder $\tilde{D}_F'$ in der Ordnung e^n beweisen müssen unter Benutzung von (19.51c) und (19.51f). Die Konvergenz von $\tilde{S}_F'$ folgt aus der Ward-Identität (19.51d), wenn sie für $\tilde{\Gamma}_\mu$ bewiesen ist.

Um den Vertex $\tilde{\Gamma}_\mu$ in der Ordnung e^n aus (19.51)c zu berechnen, können wir wieder $\tilde{S}_F'$, $\tilde{\Gamma}_\mu$ und $\tilde{K}$ in der Ordnung e^{n-2} einsetzen:

$$\int \tilde{S}_F'^{(n-2)} \tilde{\Gamma}_\mu^{(n-2)} \tilde{S}_F'^{(n-2)} \tilde{K}^{(n-2)} = Z_1^{(n)} \gamma_\mu - \tilde{\Gamma}_\mu^{(n)} = -\Lambda_\mu^{(n)} \quad (19.63)$$

[1] Aus Eichbetrachtungen folgt wieder, daß Photon-Photon-Streuteile unbeachtet bleiben können. Sie lassen sich eindeutig identifizieren und isolieren, indem man sie mit Kästchen umgibt, von denen man durch Überlegungen wie in Abschn. 19.5 zeigen kann, daß sie nicht überlappen. Wenn Graphen mit allen Permutationen der Punkte, an denen die vier äußeren Photonlinien auf geladene Linien treffen, addiert werden, nimmt der effektive Divergenzgrad von $D = 0$ auf $D_{\text{eff}} = -4$ ab.

wobei der Index (n) die Ordnung der Rechnung in e bezeichnet. Unsere Aufgabe ist zu zeigen, daß nach einer Subtraktion, wie sie die Renormierungsbedingung für $\tilde{\Gamma}_\mu$ fordert, $\Lambda_\mu^{(n)}$ endlich herauskommt, d. h., daß

$$\Lambda_\mu^{c(n)}(p',p) = \Lambda_\mu^{(n)}(p',p) - \Lambda_\mu^{(n)}(p,p)\Big|_{p=m}$$

durch eine Summe eindeutiger, cuttoff-unabhängiger Integrale gegeben ist. Um das Weinberg-Theorem anzuwenden, untersuchen wir zuerst, ob irgendwelche Graphen von (19.63) nichtnegativen Divergenzgrad besitzen. Es kann kein Subgraph S mit $D(S) \geq 0$ in dem Vertex $\tilde{\Gamma}_\mu$, den Propagatoren $\tilde{S}_F'$ oder dem Kern $\tilde{K}$ enthalten sein, da nach der Induktionsannahme die Größen schon bis zur angegebenen Ordnung e^{n-2} renormiert sind[1]. Also bleiben nur solche Subintegrationen $\mathfrak{L}$ zu betrachten, an denen die Impulse l der Propagatoren $\tilde{S}_F'$ beteiligt sind, wie sie in Abb. 19.41 dargestellt sind.

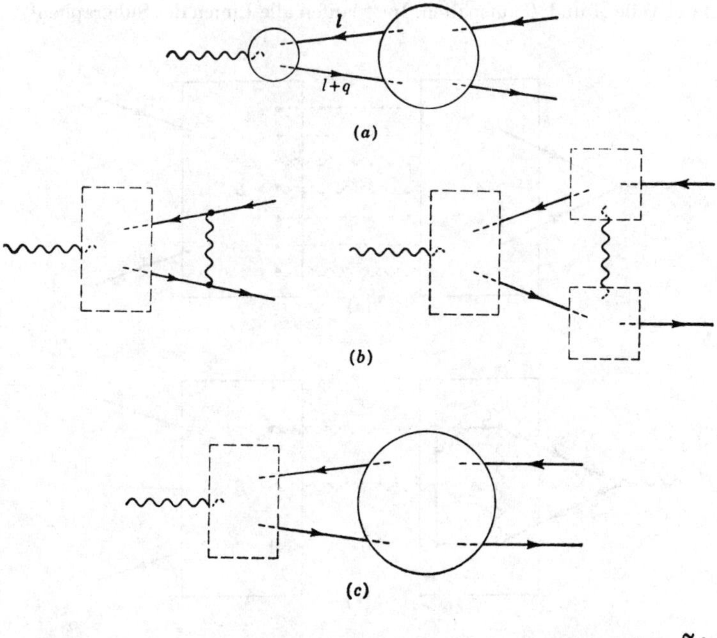

Abb. 19.41 Vertexsubintegrationen, an denen die Impulse von Propagatoren $\tilde{S}_F'$ beteiligt sind.

[1] Auch (19.63) ist aus einer endlichen Zahl von Feynman-Graphen aufgebaut, jeder mit endlich vielen Vertex- und Selbstenergieeinschüben.

Wir bekommen von diesen zwei Elektronpropagatoren, die in Abb. 19.41a für die Subintegration herausgezeichnet sind, mindestens zwei Impulspotenzen im Nenner. Um also einen divergenten Subgraphen $\mathfrak{L}$ zu erhalten, muß der Teil in $\tilde{K}$ den Divergenzgrad $D(\tilde{K}) \geq -2$ haben. Auf unserer Suche nach solchen Subgraphen, finden wir als eine Klasse von Kandidaten den Beitrag niedrigster Ordnung der Störungstheorie zusammen mit einer Klasse von Subtraktionstermen, die in Abb. 19.41b dargestellt sind; diese haben $D(\tilde{K}) = -2$. Es gibt ähnliche Terme höherer Ordnung, in denen *alle* Linien in $\tilde{K}$ (außer möglicherweise solchen in den gepunkteten Kästchen, die zu Subtraktionen gehören) zu dem Subgraphen gehören; nach der Abzählregel (19.62) haben alle diese Graphen $D(\tilde{K}) = -2$. Als nächstes suchen wir nach *Subgraphen* in $\tilde{K}$ mit $D(\tilde{K}) \geq -2$, die keine harmlosen Subtraktionsterme enthalten; diese lassen sich nicht als totale Subtraktion an (19.63) erledigen. Wir beschreiben solche Subgraphen in Abb. 19.42a, indem wir den Kern in zwei Teile A und B aufspalten. In A laufen alle Linien des Subgraphen[1],

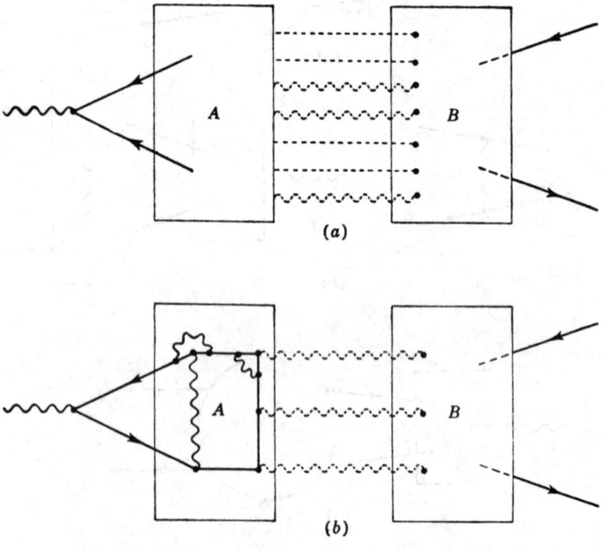

Abb. 19.42 Mögliche gefährliche Subgraphen.

[1] Fälle, in denen alle äußeren Linien an A enden, lassen sich leicht von der Betrachtung ausschließen.

während alle Linien[1], die nicht zum Subgraphen gehören, in B verlaufen oder Verbindungslinien zwischen A und B sind. Folglich kann der Subgraph $\mathfrak{L}$ nur dann divergieren, wenn der Teil A zu einem Beitrag mit $D(\tilde{K}) \geq -2$ führen kann. Die Abzählregel zeigt jedoch, daß das unmöglich ist. Es bestehen nur die Möglichkeiten, daß zwei Fermion- und null Photonlinien oder null Fermion und eine, zwei oder drei Photonlinien A und B verbinden. Die Beispiele mit zwei Fermion- und mit einer Photonlinie fallen jedoch wegen unserer Definition von $\tilde{K}$ nach Abb. 19.11 fort. Die Möglichkeit mit zwei Photonverbindungslinien ist Null wegen Ladungskonjugation, da die Linien verbunden mit dem Vertex einer geschlossenen Schleife mit drei äußeren Photonlinien entsprechen. Bei der letzten Möglichkeit, daß nämlich wie in Abb. 19.42b drei Photonlinien A und B verbinden, wird man gerettet durch die vier sehr willkommenen Potenzen, durch die der Divergenzgrad infolge der Stromerhaltung verkleinert wird, wie wir früher schon diskutiert haben[2].

Wir haben also gezeigt, daß der Beitrag von $\tilde{K}$ zum Divergenzgrad $D(\mathfrak{L})$ für alle betrachteten Subintegrationen ≤ -2 ist; die einzigen Beiträge mit $D(\tilde{K}) = -2$ sind die, für die alle Linien in $\tilde{K}$ verlaufen (abgesehen von solchen in Subtraktionstermen). Damit also eine Subintegration divergiert, muß der Beitrag des Teils des Subgraphen innerhalb des Vertex $\tilde{\Gamma}_\mu^{(n-2)}$ zum Divergenzgrad Null sein. Nach der Induktionsannahme haben jedoch alle Subintegrationen in $\tilde{\Gamma}_\mu^{(n-2)}$ ein $D < 0$, und damit bleibt nur eine Möglichkeit offen: es kommen im Subgraphen $\mathfrak{L}$ *keine* Linien aus $\tilde{\Gamma}_\mu^{(n-2)}$ vor. Ein solcher Subgraph kann nur als totaler Subtraktionsterm vorkommen, der in Abb. 19.41e gezeigt ist. Sein Divergenzgrad verkleinert sich jedoch, da alle Linien von $\tilde{K}$ daran teilhaben, um -1, nachdem man die totale Subtraktion an (19.63) durchgeführt hat, um Λ_μ^c entsprechend dem Renormierungsprogramm zu berechnen. Diese Subtraktion reduziert auch den totalen Divergenzgrad des Graphen auf -1, und das Weinberg-Theorem stellt sicher, daß[3] durch ein

$$\Lambda_\mu^{c(n)}(p',p) = \Lambda_\mu^{(n)}(p',p) - \Lambda_\mu^{(n)}(p,p)\Big|_{\not p = m} \tag{19.64}$$

eindeutiges, konvergentes (d. h., cutoff-unabhängiges) Integral gegeben ist. Da nach Konstruktion

$$\Lambda_\mu^{c(n)}(p,p)\Big|_{\not p = m} = 0 \quad \text{und} \quad \Lambda_\mu^{(n)}(p,p)\Big|_{\not p = m} = L^{(n)}\gamma_\mu \tag{19.65}$$

[1] Es brauchen nur zusammenhängende Subgraphen betrachtet zu werden; vergleiche Seite 337

[2] Wir müssen natürlich noch weitere Photon-Photon-Subgraphen hinzunehmen, um die Amplitude eichinvariant zu machen.

[3] $p = m$ bedeutet, daß jedes rechts dieses Symbols stehende $\not p = m$ ist.

wobei $L^{(n)}$ eine cutoff-unabhängige Konstante ist, folgt aus (19.52) und (19.63)

$$Z_1^{(n)} = 1 - L^{(n)} \tag{19.66}$$

in der Ordnung e^n. Bis zu dieser Ordnung ist dann

$$\tilde{\Gamma}_\mu^{(n)}(p',p) = \gamma_\mu + \Lambda_\mu^{c(n)}(p',p)$$

endlich, also nach (19.51 d) auch der Elektronpropagator $\tilde{S}'_F$.

Jetzt bleiben noch das schwierige Problem der Vakuumpolarisation $\Pi_c(q^2)$ und die dabei auftretenden Divergenzschwierigkeiten infolge Überlapp zu behandeln. Wie wir in Abschn. 19.5 gefunden haben, überlappen die Kästchen, die Vertexteile umgeben, für Vertexeinschübe in Selbstenergieteilen, und dieses Problem wird uns jetzt beschäftigen. Ein typischer Graph für die Vakuumpolarisation ist in Abb. 19.43 gezeigt.

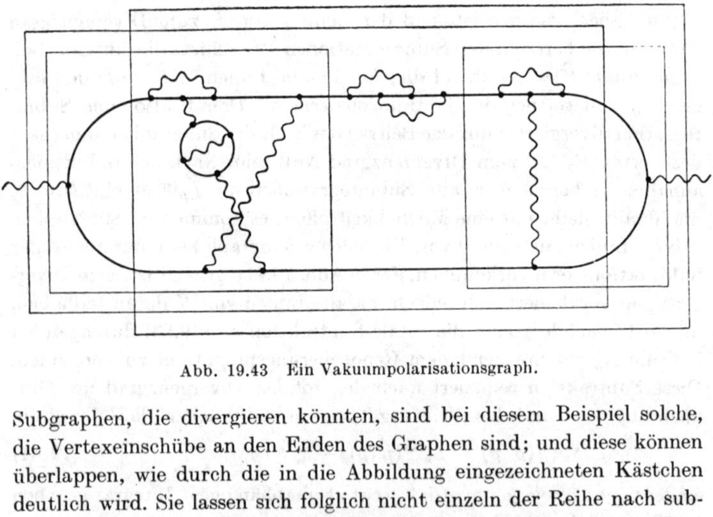

Abb. 19.43 Ein Vakuumpolarisationsgraph.

Subgraphen, die divergieren könnten, sind bei diesem Beispiel solche, die Vertexeinschübe an den Enden des Graphen sind; und diese können überlappen, wie durch die in die Abbildung eingezeichneten Kästchen deutlich wird. Sie lassen sich folglich nicht einzeln der Reihe nach subtrahieren, wie das für die getrennten oder ineinander geschachtelten Einschübe möglich war. Außerdem werden viele endliche Subgraphen divergent, wenn man die Subtraktionsterme einführt – graphisch, indem man eins oder mehrere Kästchen in Abb. 19.43 durch Kästchen mit gepunkteten Linien ersetzt[1]. Wir müssen auch solche Subgraphen analysieren und zeigen, daß sie negativen Divergenzgrad besitzen. Für $\tilde{S}'_F$ hatten wir alle diese Schwierigkeiten durch die Ward-Identität beiseite gescho-

[1] Es hat jedoch keinen Sinn, daß man solche Kästchen *überlappen* läßt.

ben. Hier müssen wir uns mit ihnen herumschlagen – und das stand uns vor Augen, als wir den Kern K einführten.

Die Wirkung dieser Überlappungsdivergenzen ist, daß sie den Faktor Z_1 in (19.51f) beseitigen. Um zu sehen wie das geschieht, kehren wir zu (19.51c) zurück, lösen nach $Z_1\,\gamma^\mu$ auf, setzen das in (19.51f) ein und erhalten in symbolischer Bezeichnungsweise[1]

$$\Pi_{\mu\nu}(q) = i\int \tilde{\Gamma}_\mu \tilde{S}'_F \tilde{S}'_F \tilde{\Gamma}_\nu + i\int \tilde{\Gamma}_\mu \tilde{S}'_F \tilde{S}'_F \tilde{K} \tilde{S}'_F \tilde{S}'_F \tilde{\Gamma}_\nu \tag{19.67}$$

Wir wollen zeigen, daß die Überlappungsdivergenz in dieser Kombination der beiden Terme auf der rechten Seite von (19.67) beseitigt wird [die in natürlicherer Weise als Differenz auftreten würden, wenn man die Propagatoren als $(i\,S'_F)$ eingeführt hätte wie es bei unseren Regeln für die Feynman-Graphen der Fall war]. Dazu ist es nützlich, für die Vertexeinschübe eine Iteration nach Potenzen des Kernes $\tilde{K}$ anstatt nach e^2 durchzuführen, ausgehend von $\tilde{\Gamma}^\mu_{(0)} \approx \gamma^\mu$. Der erste Iterationsschritt in (19.51c) liefert

$$\tilde{\Gamma}^\mu_{(1)} = Z_{1(1)}\gamma^\mu - \int \gamma^\mu \tilde{S}'_F \tilde{S}'_F \tilde{K} \tag{19.68}$$

Abgesehen von den Subgraphen, die Photon-Photon-Streueinschüben entsprechen, konvergieren die Subintegrationen in (19.68) wegen des gleichen Arguments, das früher bei der Diskussion von (19.63) benutzt wurde. Die Subgraphen für Photon-Photon-Streueinschübe konvergieren nur, wenn man Terme, aus verschiedenen Ordnungen der Iteration nach $\tilde{K}$ zusammenfaßt. Abb. 19.44 gibt ein Beispiel, bei dem die erste und die

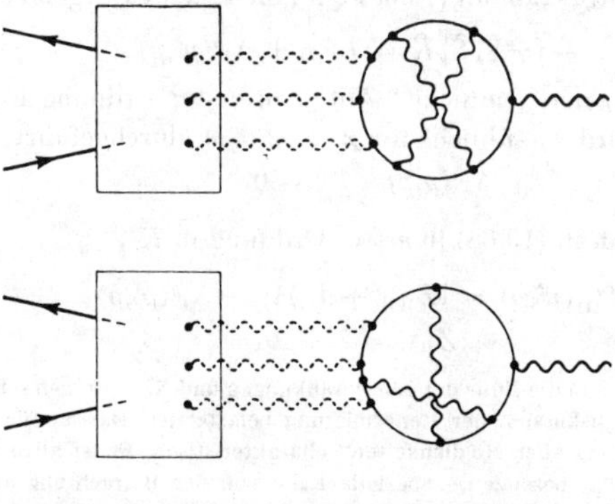

Abb. 19.44 Beispiele von Photon-Photon-Streusubgraphen, die verschiedenen Ordnungen der Iteration nach $\tilde{K}$ entsprechen.

[1] Die Reihenfolge der Indizes in den Spuren und die Impulsargumente sind aus (19.51c) und (19.51f) ersichtlich und werden, wenn nötig, wieder mitgeschrieben.

zweite Iteration nach $\tilde{K}$ zusammengefaßt werden müssen. Wir brauchen uns jedoch hier nicht mit den Photon-Photon-Subgraphen zu befassen. Wir wissen, daß unter den verschiedenen Iterationsordnungen von (19.51 c) nach $\tilde{K}$ eine eindeutig bestimmte Menge von Subgraphen existiert, die diese divergenten Terme kompensiert und ihren effektiven Divergenzgrad auf $D_{\mathrm{eff}} = -4$ verkleinert. Das gilt sowohl für die Photon-Photon-Subgraphen in der Vakuumpolarisation wie auch für die in Vertexgraphen.

Für den Rest der Argumentation werden wir die Subintegrationen der Photon-Photon-Streuung vergessen und uns auf das verwickeltere Problem der Vertexsubintegrationen konzentrieren. Im folgenden gebrauchen wir „konvergent" im Sinne von „konvergent bezüglich Vertexsubintegrationen". Die einzelnen Terme sind in Wirklichkeit wegen der Photon-Photon-Streueinschübe divergent und konvergieren erst, nachdem alle Beiträge einer gegebenen Ordnung in e, aber verschiedener Ordnung der Iteration nach $\tilde{K}$ aufaddiert worden sind. Das ist für uns nicht von Bedeutung, da unser Verfahren darin besteht, jede Subintegration *für sich* im Licht des Weinberg-Theorems zu betrachten. Das Verhalten des Integranten bezüglich der anderen Subintegrationen außer der gerade betrachteten kann ignoriert werden[1].

Wir wenden uns jetzt (19.68) zu; nach der Induktionsannahme gibt es bis zu der geforderten Ordnung e^n keine divergenten Subintegrationen in $\tilde{K}$, und für Impulse, die auf den $\tilde{S}'_F$ laufen, gilt abgesehen von den oben gemachten Einschränkungen die Diskussion von Seite 346. Folglich ergibt eine Subtraktion an (19.68) ein konvergentes Ergebnis

$$-\int \gamma^\mu \tilde{S}'_F \tilde{S}'_F \tilde{K} = L_1 \gamma^\mu + \Lambda_1{}^\mu(p',p) \tag{19.69}$$

wobei $\Lambda_1^\mu(p', p)$ der „endliche" Anteil in erster Ordnung in $\tilde{K}$ ist. Die Subtraktion wird wie üblich[2] für $\not{p}' = \not{p} = m$ durchgeführt, so daß

$$\Lambda_1{}^\mu(p,p)\Big|_{\not{p}=m} = 0 \tag{19.70}$$

Wir haben dann in (19.68) in erster Ordnung in $\tilde{K}$

$$\tilde{\Gamma}^\mu_{(1)}(p',p) = (Z_{1(1)} + L_1)\gamma^\mu + \Lambda_1{}^\mu(p',p) \tag{19.71}$$

mit

$$Z_{1(1)} = 1 - L_1 \tag{19.72}$$

---

[1] Der Leser sollte nun die Fülle der Einschränkungen und Nebenfragen sehr gut kennen, mit denen die Diskussion der Renormierung belastet ist. Das ist für einen Beweis durch „Aufzählung aller Möglichkeiten" charakteristisch. Es ist allzu einfach – wie die Autoren leicht bezeugen – spezielle Fälle von der Betrachtung auszuschließen. Eine ähnliche Situation liegt vor hinsichtlich des Argumentes des „was soll es sonst sein?", das bei der Konstruktion allgemeiner Ausdrücke für Amplituden, die mit bestimmten Symmetrien konsistent sein sollen, benutzt wird. Wenn man nicht sorgfältig ist, wird man zu hören bekommen, was noch alles passieren kann.

[2] Vergleiche Abschnitt 19.7.

entsprechend der Normierungsbedingung (19.52). Wenn wir dieses verbesserte $\tilde{\Gamma}^\mu$ wieder in (19.51 c) einsetzen, erhalten wir jetzt in zweiter Ordnung in $\tilde{K}$

$$\begin{aligned}\tilde{\Gamma}^\mu_{(2)}(p',p) &= Z_{1(2)}\gamma^\mu - \int[\gamma^\mu + \Lambda_1{}^\mu(p',p)]\tilde{S}'_F\tilde{S}'_F\tilde{K} \\ &= Z_{1(2)}\gamma^\mu + L_1\gamma^\mu + \Lambda_1{}^\mu(p',p) - \int\Lambda_1{}^\mu(p',p)\tilde{S}'_F\tilde{S}'_F\tilde{K}\end{aligned}$$

Analog zu (19.69) schreiben wir

$$-\int\Lambda_1{}^\mu\tilde{S}'_F\tilde{S}'_F\tilde{K} = L_2\gamma^\mu + \Lambda_2{}^\mu(p',p)$$

mit $\Lambda_2^\mu(p, p)\,|_{p=m} = 0$. Infolge ähnlicher Argumente, wie sie für die Konvergenz von $\Lambda_1^\mu(p', p)$ gegeben wurden, ist $\Lambda_2^\mu(p', p)$ konvergent, und in zweiter Ordnung in $\tilde{K}$ ist

$$\tilde{\Gamma}^\mu_{(2)}(p',p) \approx \gamma^\mu + \Lambda_1{}^\mu(p',p) + \Lambda_2{}^\mu(p',p)$$

und $Z_{1(2)} \approx 1 - L_1 - L_2$.

Nach n Iterationen finden wir folglich

$$\tilde{\Gamma}_{(n)}{}^\mu(p',p) = \gamma^\mu + \sum_{i=1}^{n} \Lambda_i{}^\mu(p',p) \tag{19.73}$$

mit

$$Z_{1(n)} = 1 - \sum_{i=1}^{n} L_i \qquad \Lambda_i{}^\mu(p,p)\Big|_{p=m} = 0 \tag{19.74}$$

und

$$-\int\Lambda_i{}^\mu\tilde{S}'_F\tilde{S}'_F\tilde{K} = L_{i+1}\gamma^\mu + \Lambda^\mu_{i+1} \qquad \Lambda_0{}^\mu \equiv \gamma^\mu \tag{19.75}$$

Was wir hier erreicht haben, ist eine Reihenentwicklung für $\tilde{\Gamma}^\mu(p', p)$ als eine Summe konvergenter Integrale. Die Subtraktionskonstanten L_i, die Z_1 bestimmen, spielen die Rolle, die Divergenzen aus dem totalen Vertexintegral mit $D = 0$ in (19.75) sowie die divergenten Subintegrationen in Zusammenhang mit den im Integral vorkommenden Subtraktionstermen abzuziehen. Die Reihe (19.73) wird nun in (19.67) für $\Pi^{\mu\nu}(q)$ eingesetzt, was zu einer Entwicklung führt, die in Abb. 19.45 graphisch dargestellt ist. Unsere Aufgabe ist zu zeigen, daß alle Subintegrationen für einen gegebenen Graphen konvergieren. Wenn wir das getan haben, folgt nach dem Weinbergschen Theorem, daß die totale Subtraktion

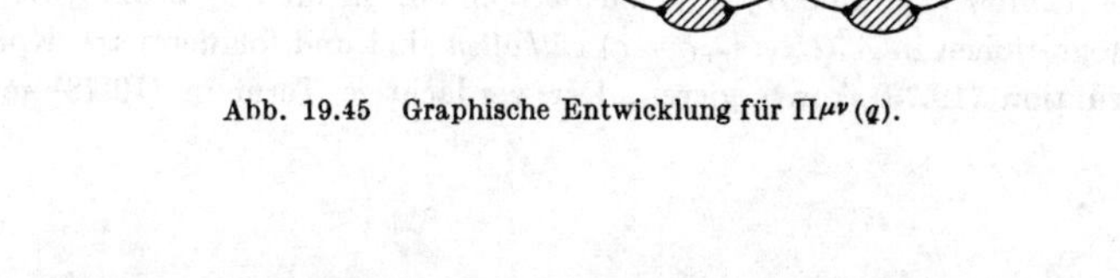

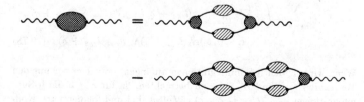

Abb. 19.45 Graphische Entwicklung für $\Pi^{\mu\nu}(q)$.

$\Pi_c(q^2) = \Pi(q^2) - \Pi(0)$ in (19.51f) ein endliches $\Pi_c(q^2)$ liefert mit einem effektiven $D = -1$.

Einsetzen von (19.73) in (19.67) und zusammenfassen aller Terme gleicher Ordnung im Kern $\tilde{K}$ ergibt

$$\begin{aligned}\Pi^{\mu\nu} &= i\int[\gamma^\mu + \Lambda_1{}^\mu + \Lambda_2{}^\mu + \cdots]\tilde{S}'_F\tilde{S}'_F[1 + \tilde{K}\tilde{S}'_F\tilde{S}'_F][\gamma^\nu + \Lambda_1^\nu + \cdots] \\ &= \Pi_0{}^{\mu\nu} + \Pi_1{}^{\mu\nu} + \Pi_2{}^{\mu\nu} + \cdots \end{aligned} \tag{19.76}$$

wobei

$$\begin{aligned}\Pi_0{}^{\mu\nu} &= i\int\gamma^\mu\tilde{S}'_F\tilde{S}'_F\gamma^\nu \\ \Pi_1{}^{\mu\nu} &= i\int\gamma^\mu\tilde{S}'_F\tilde{S}'_F\Lambda_1{}^\nu + i\int\Lambda_1{}^\mu\tilde{S}'_F\tilde{S}'_F\gamma^\nu + i\int\gamma^\mu\tilde{S}'_F\tilde{S}'_F\tilde{K}\tilde{S}'_F\tilde{S}'_F\gamma^\nu \\ \Pi_n{}^{\mu\nu} &= i\sum_{r+s=n}\int\Lambda_r{}^\mu\tilde{S}'_F\tilde{S}'_F\Lambda_s{}^\nu + i\sum_{r+s=n-1}\int\Lambda_r{}^\mu\tilde{S}'_F\tilde{S}'_F\tilde{K}\tilde{S}'_F\tilde{S}'_F\Lambda_s{}^\nu \end{aligned} \tag{19.77}$$

Jeder Graph zu $\Pi_n^{\mu\nu}$ besitzt n Iterationen nach $\tilde{K}$ wie in Abb. 19.46 gezeigt ist: Nach der Konstruktion (19.75) enthält Λ_r^μ r Iterationen nach $\tilde{K}$, so daß $\tilde{K}$ folglich n mal in jedem der Terme auf der rechten Seite von (19.77) vorkommt.

Um zu zeigen, daß $\Pi_c(q^2)$ konvergiert, ist es notwendig zu zeigen, daß alle Subgraphen negativen Divergenzgrad besitzen. Alle Subgraphen, die vollständig in einem Λ^μ oder $\tilde{K}$ liegen, sind nach Induktionsannahme konvergent. Folglich muß irgend eine Teilmenge von Impulsen, die auf den $\tilde{S}_F'$ laufen und in Abb. 19.46 mit l_i bezeichnet sind, zu den divergenten Subintegrationen beitragen. Wir nennen die Subintegrationen aus Kästchen I l_1-Subintegrationen, die aus II l_1l_2-Subintegrationen und so weiter. Wir werden auch l_2l_3, $l_2l_3l_4$, ... – Subintegrationen zu betrachten haben, können jedoch z. B. $l_1l_2l_4l_5$ – Subintegrationen vernachlässigen, da die entsprechenden Subgraphen nicht zusammenhängen. Indem wir die Impulse l_i ausschreiben, jedoch alle anderen sowie die Spinindizes in $\tilde{K}$ und Λ^μ unterdrücken, schreiben wir (19.77) ausführlicher:

$$\begin{aligned}\Pi_n{}^{\mu\nu}(q) = i &\sum_{r+s=n}\int\frac{d^4l_{r+1}}{(2\pi)^4}\Lambda_r{}^\mu(l_{r+1}+q, l_{r+1}) \\ &\qquad\times\tilde{S}'_F(l_{r+1})\tilde{S}'_F(l_{r+1}+q)\Lambda_s{}^\nu(l_{r+1}, l_{r+1}+q) \\ + i &\sum_{r+s=n-1}\int\frac{d^4l_{r+1}}{(2\pi)^4}\frac{d^4l_{r+2}}{(2\pi)^4}\Lambda_r^\mu(l_{r+1}+q, l_{r+1})\tilde{S}'_F(l_{r+1})\tilde{S}'_F(l_{r+1}+q) \\ &\qquad\times\tilde{K}\tilde{S}'_F(l_{r+2})\tilde{S}'_F(l_{r+2}+q)\Lambda_s{}^\nu(l_{r+2}, l_{r+2}+q)\end{aligned} \tag{19.78}$$

Wenn wir mit den l_1-Subintegrationen anfangen, brauchen wir nur den Term mit $r = 0$ und $\Lambda_0^\mu = \gamma^\mu$ zu betrachten, da für $r \geq 1$ die l_1-Subintegrationen in $\Lambda_r^\mu(l_{r+1}, l_{r+1} + q)$ *enthalten* sind und folglich nach Konstruktion (19.73) konvergieren. Der verdächtige Term in (19.78) mit

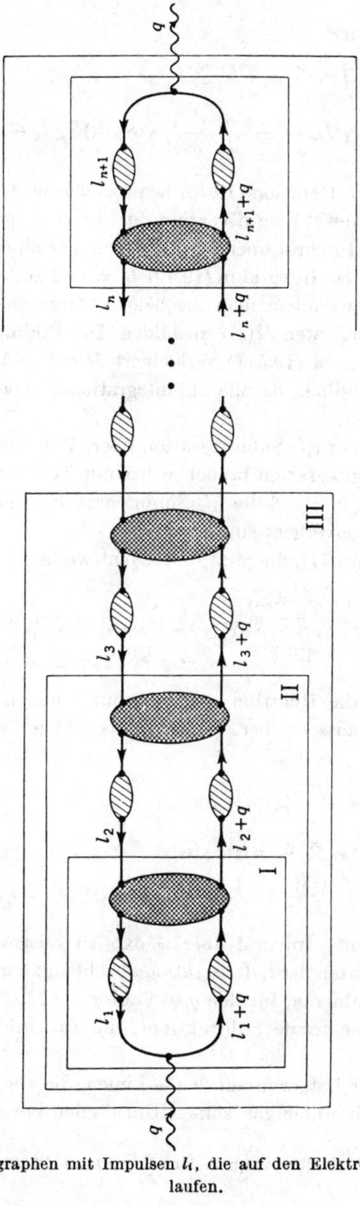

Abb. 19.46 Subgraphen mit Impulsen l_i, die auf den Elektronpropagatoren $S_F(l_i)$ laufen.

$r = 0$ lautet abgekürzt

$$i\int \gamma^\mu \tilde{S}'_F \tilde{S}'_F \Lambda_n^\nu + i\int \gamma^\mu \tilde{S}'_F \tilde{S}'_F \tilde{K} \tilde{S}'_F \tilde{S}'_F \Lambda_{n-1}^\nu$$
$$= -i\int \gamma^\mu \tilde{S}'_F \tilde{S}'_F \gamma^\nu L_n = -i\int \frac{d^4 l_1}{(2\pi)^4} \gamma^\mu \tilde{S}'_F(l_1) \tilde{S}'_F(l_1+q)\gamma^\nu L_n \qquad (19.79)$$

wobei für die Λ_n die Iteration (19.75) benutzt wurde. Die Subtraktionskonstante L_n ist, obwohl sie divergiert für die Konvergenzfrage nicht wichtig, da L_n ein Integral über die restlichen Variablen $l_2, \ldots, l_n$ ist. Wie üblich scheint das Integral in (19.79) $D = +2$ zu besitzen. Effektiv ist jedoch $D = 0$, nachdem man die beiden Potenzen $q_\mu q_\nu$ abgezogen hat, um den Koeffizienten $\Pi(q^2)$ zu bilden. Die Bildung von $\Pi_c(q^2) = \Pi(q^2) - \Pi(0)$ wie in (19.51f) verkleinert D auf -1 und macht die l_1-Subintegration endlich, da alle Subintegrationen innerhalb der $\tilde{S}'_F$ in (19.79) konvergieren.

Wir gehen jetzt zur $l_1 l_2$-Subintegration über. Wie bei unserer Diskussion für die l_1-Subintegration brauchen wir nur Terme mit $r = 0$ und 1 zu betrachten, da für $r \geq 2$ die $l_1 l_2$-Subintegrationen ganz in Λ_r^μ liegen und automatisch konvergent sind.

Die Terme von (19.77), die jetzt untersucht werden müssen, sind

$$i\int \gamma^\mu \tilde{S}'_F \tilde{S}'_F \Lambda_n^\nu + i\int \Lambda_1^\mu \tilde{S}'_F \tilde{S}'_F \Lambda_{n-1}^\nu$$
$$+ i\int \gamma^\mu \tilde{S}'_F \tilde{S}'_F \tilde{K} \tilde{S}'_F \tilde{S}'_F \Lambda_{n-1}^\nu + i\int \Lambda_1^\mu \tilde{S}'_F \tilde{S}'_F \tilde{K} \tilde{S}'_F \tilde{S}'_F \Lambda_{n-2}^\nu$$
$$= -i\int \gamma^\mu \tilde{S}'_F \tilde{S}'_F \gamma^\nu L_n - i\int \Lambda_1^\mu \tilde{S}'_F \tilde{S}'_F \gamma^\nu L_{n-1}$$

wobei wir wieder die Iteration (19.75) benutzt haben. Indem wir die Impulsargumente ausschreiben, jedoch Spinorindizes weglassen, erhalten wir

$$i\int \frac{d^4 l_1}{(2\pi)^4} \frac{d^4 l_2}{(2\pi)^4} \gamma^\mu \tilde{S}'_F(l_1) \tilde{S}'_F(l_1+q)$$
$$\times [\tilde{K}(\not{p}, \not{p}, \not{p} - l_2) \tilde{S}'_F(l_2) \tilde{S}'_F(l_2) \Lambda_{n-1}^\nu(l_2, l_2)]_{\not{p}=m}$$
$$-i\int \frac{d^4 l_2}{(2\pi)^4} \Lambda_1^\mu(l_2+q, l_2) \tilde{S}'_F(l_2) \tilde{S}'_F(l_2+q)\gamma^\nu L_{n-1} \qquad (19.80)$$

wobei das divergente Integral über l_2 explizit ausgeschrieben wurde. Wenn wir die Potenzen der l_1-Integration abzählen, können wir im ersten Term eine 2 subtrahieren, für den $q_\mu q_\nu$-Faktor bei $\Pi(q^2)$, und eine weitere Potenz für die totale Subtraktion[1], die zur Bildung von $\Pi_c(q^2)$ nötig ist.

Beim Abzählen der Potenzen auf den l_2-Linien, die alle in der Klammer stehen, können wir unter gar keinen Umständen einen Divergenzgrad

[1] **Man muß beachten, daß alles innerhalb der Klammern in (19.80) eine Konstante mal γ ist.**

größer als Null erhalten, da es sich um einen Vertexeinschub handelt. Folglich ist der Divergenzgrad der l_1l_2-Subintegration für den ersten Term gleich -1 oder kleiner. Auch im zweiten Term verringert eine totale Subtraktion den Divergenzgrad der l_1l_2-Subintegrationen auf -1 oder kleiner[1]. Es muß darauf hingewiesen werden, daß weder der erste noch der zweite Term von (19.80) allein betrachtet bezüglich der l_2-Subintegrationen konvergieren. Das braucht uns jedoch nicht zu beschäftigen, da wir uns die Frage stellten, ob die l_1l_2-Subintegrationen, und nicht ob die l_2-Subintegrationen einen negativen Divergenzgrad haben: wir beantworten unsere Frage mit ja. Jede Subintegration muß für sich vorgenommen und im Licht des Weinberg-Theorems untersucht werden, während alle anderen Subintegrationen außer Betracht bleiben.

Jetzt ist klar, wie man dieses Ergebnis auf die $l_1 \ldots l_r$-Subintegrationen verallgemeinern kann. Wieder sind alle Terme in (19.77), die einen Faktor $\Lambda_k^\mu(l_{k+1} + q,\ l_{k+1})$ mit $k \geq r$ enthalten, nach Induktionsannahme automatisch konvergent, da die $l_1 \ldots l_r$-Subintegration vollständig in Λ_k^μ liegt. Die restlichen Terme lassen sich schreiben

$$\sum_{k=0}^{r-1}\left(i\int \Lambda_k{}^\mu \tilde{S}'_F \tilde{S}'_F \Lambda^\nu_{n-k} + i\int \Lambda_k{}^\mu \tilde{S}'_F \tilde{S}'_F \tilde{K} \tilde{S}'_F \tilde{S}'_F \Lambda^\nu_{n-k-1}\right)$$

$$= -i\sum_{k=0}^{r-1}\int \Lambda_k{}^\mu \tilde{S}'_F \tilde{S}'_F \gamma^\nu L_{n-k}$$

$$= -i\sum_{k=0}^{r-1}\int \frac{d^4 l_{k+1}}{(2\pi)^4}\, \Lambda_k{}^\mu(l_{k+1} + q,\ l_{k+1}) \tilde{S}'_F(l_{k+1}) \tilde{S}'_F(l_{k+1} + q)\gamma^\nu L_{n-k}$$

Die Integrationen $l_1 \ldots l_k$ liegen alle in Λ_k^μ, während die Integrationen von l_{k+2} bis l_r, wenn sie vorkommen, in der Renormierungskonstanten L_{n-k} stecken. Der Divergenzgrad dieser letzteren Subintegration ist null oder kleiner, da L_{n-k} ein Vertexeinschub ist. Der Divergenzgrad der $l_1 \ldots l_{k+1}$-Subintegration auf der anderen Seite wird wie bisher von $+2$ auf -1 verkleinert durch die Bildung von $\Pi_c(q^2)$. Folglich sind alle $l_1 \ldots l_r$-Subintegrationen konvergiert.

Wir müssen jetzt die l_2, $l_2l_3, \ldots$ -Subintegrationen auf die gleiche Art und Weise untersuchen. Unsere Aufgabe ist, diese Subintegrationen in eine Form zu bringen, die erlaubt, die totale Subtraktion am Graphen für $\Pi_{\mu\nu}$ zu benutzen, um zu zeigen, daß diese Subgraphen konvergie-

[1] Man muß beachten, daß die totale Subtraktion an Π nicht für alle l_1l_2-Subgraphen das D verkleinert. Jedoch brauchen nur der Subgraph, an dem alle Linien von $\tilde{K}$ teilhaben, und Subgraphen wie die in Abb. 19.40a, eine Subtıaktion, um sie endlich zu machen. Für diese verkleinert die Subtraktion in der Tat D, da der äußere Impuls q nur in dem Subgraph vorkommt. Der Rest der Subgraphen hat immer $D \leq -1$.

ren. Wir beginnen mit den l_2-Subintegrationen und erkennen als die einzig verdächtigen Terme in (19.77) die drei, in denen die l_2-Integrationen nicht harmlos in den Λ_r oder Λ_s liegen. Wir schreiben die Terme hin und unterstreichen die Faktoren, in denen der Impuls l_2 erscheint:

$$\begin{aligned}[\text{suspekte Terme}]_{l_2} &= i\int \underline{\Lambda_1{}^\mu \tilde{S}'_F \tilde{S}'_F} \Lambda^\nu_{n-1} + i\int \gamma^\mu \tilde{S}'_F \underline{\tilde{S}'_F \tilde{K} \tilde{S}'_F \tilde{S}'_F \Lambda^\nu_{n-1}} \\ &\quad + i\int \underline{\Lambda_1{}^\mu \tilde{S}'_F \tilde{S}'_F \tilde{K} \tilde{S}'_F \tilde{S}'_F} \Lambda^\nu_{n-2} \\ &= -iL_1 \int \underline{\gamma^\mu \tilde{S}'_F \tilde{S}'_F \Lambda^\nu_{n-1}} + i\int \underline{\Lambda_1{}^\mu \tilde{S}'_F \tilde{S}'_F} \tilde{K} \tilde{S}'_F \tilde{S}'_F \Lambda^\nu_{n-2}\end{aligned} \tag{19.81}$$

Den letzten Term in (19.81) schreiben wir, indem wir noch einmal die Iteration (19.75) verwenden, um in:

$$\begin{aligned}i\int \underline{\Lambda_1{}^\mu \tilde{S}'_F \tilde{S}'_F} \tilde{K} \tilde{S}'_F \tilde{S}'_F \Lambda^\nu_{n-2} &= -iL_1 \int \underline{\gamma^\mu \tilde{S}'_F \tilde{S}'_F} \tilde{K} \tilde{S}'_F \tilde{S}'_F \Lambda^\nu_{n-2} \\ &\quad - i\int \gamma^\mu \tilde{S}'_F \tilde{S}'_F \underline{\tilde{K} \tilde{S}'_F \tilde{S}'_F \tilde{K}} \tilde{S}'_F \tilde{S}'_F \Lambda^\nu_{n-2}\end{aligned} \tag{19.82}$$

Die l_2-Subintegration im letzten Term von (19.82) ist selbstverständlich konvergent, da die vier beteiligten, unterstrichenen Faktoren einem $D(l_2) \leq -2$ entsprechen für jede l_2-Subintegration. Indem wir den ersten Term von (19.82) mit dem ersten von (19.81) zusammenfassen, finden wir für die restlichen verdächtigen Terme den Ausdruck

$$\begin{aligned}[\text{suspekte Terme}]_{l_2} &= -iL_1 \int \underline{\gamma^\mu \tilde{S}'_F \tilde{S}'_F \Lambda^\nu_{n-1}} - iL_1 \int \underline{\gamma^\mu \tilde{S}'_F \tilde{S}'_F \tilde{K}} \tilde{S}'_F \tilde{S}'_F \Lambda^\nu_{n-2} \\ &= +iL_1 \int \underline{\gamma^\mu \tilde{S}'_F \tilde{S}'_F \gamma^\nu} L_{n-1}\end{aligned}$$

der offenbar bezüglich der l_2-Subintegrationen konvergiert, nachdem man die Subtraktion zur Bildung von $\Pi_c(q^2)$ durchgeführt hat.

Die gleiche Technik läßt sich zur Untersuchung allgemeiner $l_2 \ldots l_s$-Subintegrationen anwenden. Die einzigen Terme in der Entwicklung (19.77) für $\Pi^{\mu\nu}$, die einen nichtnegativen Divergenzgrad für die $l_2 \ldots l_s$-Subintegrationen haben können, lauten in Kurzform unter Benutzung von (19.75):

$$\begin{aligned}&[\text{suspekte Terme}]_{l_2 \ldots l_s} = \\ &= \sum_{k=1}^{s-1} i \int \Lambda_k{}^\mu \tilde{S}'_F \tilde{S}'_F \Lambda^\nu_{n-k} + i \sum_{k=0}^{s-1} \int \Lambda_k{}^\mu \tilde{S}'_F \tilde{S}'_F \tilde{K} \tilde{S}'_F \tilde{S}'_F \Lambda^\nu_{n-k-1} \\ &= -i \sum_{k=1}^{s-1} L_k \int \gamma^\mu \tilde{S}'_F \tilde{S}'_F \Lambda^\nu_{n-k} + i \int \Lambda^\mu_{s-1} \tilde{S}'_F \tilde{S}'_F \tilde{K} \tilde{S}'_F \tilde{S}'_F \Lambda^\nu_{n-s}\end{aligned} \tag{19.83}$$

Wie schon bei den l_2-Subintegrationen, wenden wir unsere Aufmerksamkeit dem letzten Term in (19.83) zu. Indem wir dafür nochmal die Iteration (19.75) benutzen, drücken wir Λ^μ_{s-1} durch Λ^μ_{s-2} und L_{s-1} aus;

dann drücken wir Λ^{μ}_{s-2} durch Λ^{μ}_{s-3} und L_{s-2} usw. aus, bis wir schließlich die folgende Reihe erhalten

$$i \int \underline{\Lambda^{\mu}_{s-1} \tilde{S}'_F \tilde{S}'_F \tilde{K} \tilde{S}'_F \tilde{S}'_F \Lambda^{\nu}_{n-s}}$$

$$= i \sum_{k=1}^{s-1} (-)^{s-k} \underline{L_k} \int \underline{\gamma_{\mu} \tilde{S}'_F \tilde{S}'_F \tilde{K} \tilde{S}'_F \tilde{S}'_F \cdots \tilde{K} \tilde{S}'_F \tilde{S}'_F \Lambda^{\nu}_{n-s}}$$

$$+ i(-)^{s-1} \int \underline{\gamma^{\mu} \tilde{S}'_F \tilde{S}'_F \tilde{K} \tilde{S}'_F \tilde{S}'_F \cdots \tilde{K} \tilde{S}'_F \tilde{S}'_F \Lambda^{\nu}_{n-s}} \quad (19.84)$$

wobei wir wieder die Terme der Entwicklung, die von den Impulsvariablen $l_2 \ldots l_s$ abhängen, unterstrichen haben[1].

Der letzte Term in (19.84) hat evidenter Weise negativen Divergenzgrad und kann weggelassen werden. Die Terme innerhalb des Summenzeichens können vereinfacht werden, indem man Λ^{ν}_{n-s} über die Iteration (19.75) durch Λ^{ν}_{n-s+1}, Λ^{ν}_{n-s+2} usw. ausdrückt, bis alle $\tilde{K}$-Faktoren absorbiert sind. Alle Terme, die Subtraktionskonstanten enthalten, die dabei entstehen werden, haben die Struktur

$$\underline{L_k \int \gamma^{\mu} \tilde{S}'_F \tilde{S}'_F \tilde{K} \cdots \tilde{S}'_F \tilde{S}'_F \gamma^{\nu} L_l}$$

Das Herausziehen von $\Pi_c(q^2)$ aus $\Pi^{\mu\nu}$ verkleinert den totalen Divergenzgrad dieses Integranden auf -1, und da die Subintegrationen in den Renormierungskonstanten L_k alle ein $D \leq 0$ haben, besitzen die $l_2 \ldots l_s$-Subintegrationen in allen diesen Termen negativen Divergenzgrad. Deshalb vereinfacht sich (19.84) zu

$$i \int \Lambda^{\mu}_{s-1} \tilde{S}'_F \tilde{S}'_F \tilde{K} \tilde{S}'_F \tilde{S}'_F \Lambda^{\nu}_{n-s} = i \sum_{k=1}^{s-1} L_k \int \gamma^{\mu} \tilde{S}'_F \tilde{S}'_F \Lambda^{\nu}_{n-k}$$

$$+ \text{ Terme mit } D < 0 \quad (19.85)$$

Die in (19.85) explizit angegebenen Terme kompensieren die unangenehmen Terme in (19.83), womit der Beweis, daß die $l_2 \ldots l_s$-Subintegration konvergiert vollständig ist. Daß der Divergenzgrad einer allgemeinen $l_r \ldots l_s$-Subintegration mit $1 < r < s < n$ negativ ist, läßt sich genauso zeigen; und wir überlassen diese Aufgabe dem Leser.

Die Vertex- und Selbstenergiesubintegrationen von $\Pi(q^2)$ konvergieren also, und der totale Divergenzgrad von $\Pi_c(q^2)$ ist negativ, $D = -1$. Ferner wurde durch ähnliche wie bei den Vertexsubstitutionen benutzte Argumente gezeigt, daß anscheinend divergente Subintegrationen der Photon-Photon-Streuung mit $D \leq -4$ konvergieren, wenn man eichinvariante Kombinationen solcher Graphen betrachtet. Es folgt also

[1] Im ersten Term ist L_1 nicht zu unterstreichen.

aus dem Weinberg-Theorem, daß $\Pi_c(q^2)$ endlich ist in jeder endlichen Ordnung in e^2. So ist es nach (19.51c) auch $\tilde{D}'_F(q)_{\mu\nu}$, und unsere Aufgabe ist gelöst. Durch Induktion haben wir gezeigt, daß $\tilde{\Gamma}_\mu$, $\tilde{S}'_F$, $\tilde{D}'_{F\mu\nu}$ und S-Matrixelemente in endlicher Ordnung in e^n endlich sind, vorausgesetzt, daß sie in der Ordnung e^{n-2} endlich sind. Für die Ordnung e^2 wissen wir durch explizite Rechnung, daß sie endlich sind.

Indem wir diesen Abschnitt abschließen, weisen wir nocheinmal darauf hin, daß mit diesem Ergebnis überhaupt nichts über die Konvergenz der renormierten Störungsentwicklung ausgesagt ist. Für hohe Energien könnte es nach den Überlegungen in Kap. 8 zum Beispiel sein, daß der Entwicklungsparameter $\alpha \log(E/m)$ und nicht α ist, was bedeuten würde, daß die Entwicklung nur asymptotisch gilt und bestenfalls für niedrige Energien konvergiert.

19.12 *Beispiel: Ladungsrenormierung in vierter Ordnung*[1]

Der Gang des Renormierungsverfahrens wurde in niedrigster Ordnung der Störungstheorie in Kap. 8 erläutert. Dort begegneten wir jedoch nicht dem gerade diskutierten Überlappungsproblem, das erstmals bei den Rechnungen in vierter Ordnung auftritt. Als Beispiel für die genaue Anwendung der Methode berechnen wir hier explizit die Vakuumpolarisation und zeigen, daß $\Pi_c(q^2)$ endlich in e^2 und folglich nach (19.51e) $\tilde{D}'_F$ endlich in e^4 ist. Wir gehen von (19.67) aus,

$$\Pi_{\mu\nu}(q) = i\int \tilde{\Gamma}_\mu \tilde{S}'_F \tilde{S}'_F \tilde{\Gamma}_\nu + i\int \tilde{\Gamma}_\mu \tilde{S}'_F \tilde{S}'_F \tilde{K} \tilde{S}'_F \tilde{S}'_F \tilde{\Gamma}_\nu \tag{19.86}$$

und benutzen das Iterationsverfahren (19.51), um alle Terme der Ordnung e^2 zusammenzufassen. Der erste Term auf der rechten Seite von (19.86) ist in Abb. 19.47a dargestellt, und in vierter Ordnung müssen wir jeden der in Abb. 19.48 gezeigten Selbstenergie- und Vertexeinschübe zweiter Ordnung einmal berücksichtigen. Die beiden Vertexeinschübe

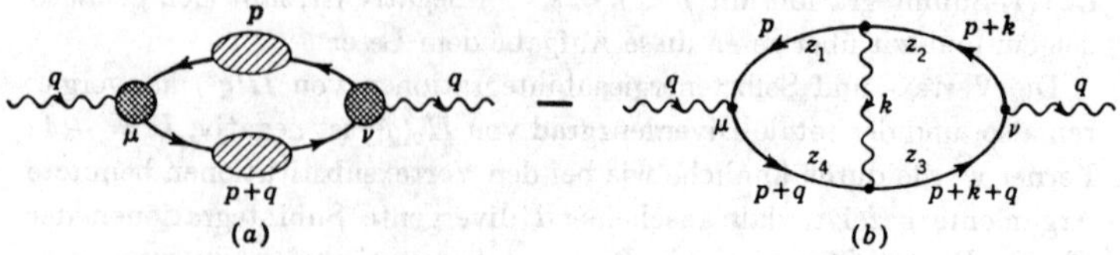

Abb. 19.47 Zwei Terme von $\Pi^{\mu\nu}(q)$ der Ordnung e^4 aus Gleichung (19.86)

[1] R. Jost und J. M. Luttinger, *Helv. Phys.* Acta, **23**, 201 (1950).

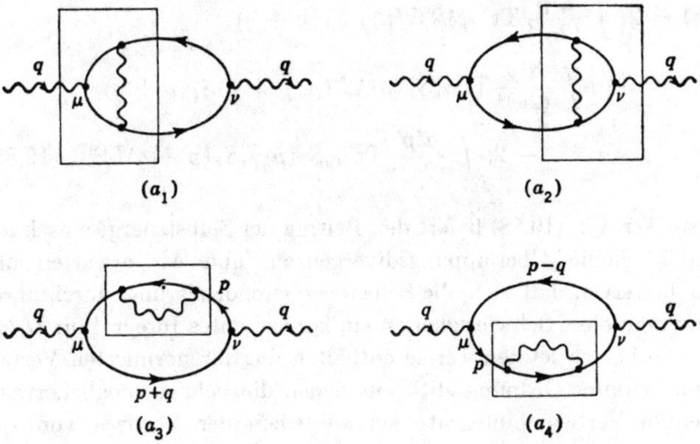

Abb. 19.48 Selbstenergie- und Vertexeinschübe zweiter Ordnung, die in der Ordnung e^4 in Abb. 19.47a enthalten sind.

(a_1) und (a_2) sowie die Selbstenergieeinschübe (a_3) und (a_4) sind gleich, da die Transformation $q \to -q$ und $\mu \leftrightarrow \nu$ $\Pi_{\mu\nu}(q)$ ungeändert läßt, jedoch (a_1) in (a_2) und (a_3) in (a_4) und umgekehrt überführt. Es genügt deshalb, einen Vertex- und einen Selbstenergieeinschub zu machen und mit zwei zu multiplizieren. Der zweite Term in (19.86) ist schon von der Ordnung e^2, wenn wir alle $\tilde{\Gamma}_\mu$ und $\tilde{S}'_F$ durch γ_μ bew. S_F ersetzen und für $\tilde{K}$ den Skelettgraphen niedrigster Ordnung einsetzen wie das in Abb. 19.47b geschehen ist. Wenn wir alle Beiträge zusammenfassen und noch die Gl.(19.51) benutzen, erhalten wir für $\Pi_{\mu\nu}$ in zweiter Ordnung

$$\begin{aligned}\Pi^{(2)}_{\mu\nu}(q) &= 2i\int\gamma_\mu[\tilde{S}'^{(2)}_F - S_F]S_F\gamma_\nu + 2i\int\gamma_\mu S_F S_F[\tilde{\Gamma}_\nu{}^{(2)} - \gamma_\nu] \\ &\qquad + i\int\gamma_\mu S_F S_F K^{(0)} S_F S_F\gamma_\nu \\ &= 2i\int\gamma_\mu\delta\tilde{S}'^{(2)}_F S_F\gamma_\nu - 2i\int\gamma_\mu S_F S_F\gamma_\nu L^{(2)} \\ &\qquad - i\int\gamma_\mu S_F S_F K^{(0)} S_F S_F\gamma_\nu \qquad (19.87)\end{aligned}$$

wobei $L^{(2)} = 1 - Z_1$ aus (19.65) und (19.66) der Beitrag zweiter Ordnung zur Vertexrenormierung und $\delta\,\tilde{S}'^{(2)}_F \equiv \tilde{S}'^{(2)}_F - S_F$ ist. Unter Benutzung von (19.63) läßt sich der letzte Term in (19.87) wieder durch die unrenormierte Vertexfunktion der Ordnung e^2 ausdrücken

$$-\int K^{(0)} S_F S_F \gamma_\nu = \Lambda^{(2)}_\nu$$

und wir können (19.87) in eine für die Rechnungen bequemere Form umschreiben – indem wir noch die Kinematik der Diagramme 19.47 und 19.48 berücksichtigen, ergibt sich schließlich

$$\Pi_{\mu\nu}^{(2)}(q) = 2i \int \frac{d^4p}{(2\pi)^4} \operatorname{Tr} \gamma_\mu \delta \tilde{S}_F'^{(2)}(p) \gamma_\nu S_F(p+q)$$
$$+ i \int \frac{d^4p}{(2\pi)^4} \operatorname{Tr} \gamma_\mu S_F(p) \Lambda_\nu^{(2)}(p, p+q) S_F(p+q)$$
$$- 2i \int \frac{d^4p}{(2\pi)^4} \operatorname{Tr} \gamma_\mu S_F(p) \gamma_\nu S_F(p+q) L^{(2)} \qquad (19.88)$$

Der erste Term in (19.88) liefert den Beitrag der Selbstenergieeinschübe. Er enthält keine Überlappungsdivergenzen, und wir erwarten und werden beweisen, daß sich die Selbstenergierenormierung durchführen läßt und man ohne Schwierigkeiten ein konvergentes Integral für $\Pi_c(q^2)$ erhält. Die beiden letzten Terme enthalten die unrenormierten Vertexeinschübe zweiter Ordnung $\Lambda_\nu^{(2)}$, aus denen die beiden, möglicherweise divergenten Vertexsubintegrationen an jedem der Vertizes von $\Pi_{\mu\nu}$ herausgezogen werden müssen, um einen konvergenten Beitrag zu $\Pi_c(q^2)$ zu erhalten. Da die Überlappungsdivergenzen in diesen beiden Termen stecken, ist das Verfahren zur Behandlung dieser Integrale ein wenig komplizierter, aber am Ende steht der Erfolg.

Wir beginnen mit der leichteren Aufgabe der Berechnung der Selbstenergieeinschübe, Abb. 19.48 (a_3) und (a_4), die durch

$$\Pi_{\mu\nu}^{(2a)}(q) = 2i \int \frac{d^4p}{(2\pi)^4} \operatorname{Tr} \gamma_\mu \delta \tilde{S}_F'^{(2)}(p) \gamma_\nu S_F(p+q) \qquad (19.89)$$

gegeben sind. Zur Berechnung dieses Ausdruckes werden die in den Kap. 16 und 18 behandelten Spektraldarstellungen von $\delta S_F'^{(2)}(p)$ benutzt. Wir erinnern uns, daß nach (16.122) die Spektraldarstellung für den unrenormierten Propagator im Impulsraum lautet

$$S_F'(p) = \frac{Z_2}{\not p - m} + \frac{1}{\pi} \int_{(m+\lambda)^2}^{\infty} \frac{d\sigma^2 [\not p \rho_1(\sigma^2) + \rho_2(\sigma^2)]}{p^2 - \sigma^2 + i\epsilon} \qquad (19.90)$$

Nach der Renormierung wird daraus

$$\tilde{S}_F'(p) = \frac{1}{\not p - m} + \frac{1}{\pi} \int_{(m+\lambda)^2}^{\infty} \frac{d\sigma^2 [\not p \tilde{\rho}_1(\sigma^2) + \tilde{\rho}_2(\sigma^2)]}{p^2 - \sigma^2 + i\epsilon} \qquad (19.91)$$

mit $\tilde{\varrho} \equiv Z_2^{-1} \varrho$. Die Spektralfunktionen sind von der Ordnung e^2 und ergeben sich in dieser Ordnung aus den Rechnungen in Kap. 8[1], speziell aus Gl. (8.34):

$$\tilde{S}_F'^{(2)}(p) = \frac{1}{\not p - m} + \frac{1}{\not p - m} \left[-ie^2 \int \frac{d^4k}{(2\pi)^4} \frac{\gamma_\alpha (\not p - \not k + m) \gamma^\alpha}{(k^2 - \lambda^2)[(p-k)^2 - m^2]} \right.$$
$$\left. - \delta m + L^{(2)}(\not p - m) \right] \frac{1}{\not p - m} \qquad (19.92)$$

---

[1] Die Photonmasse λ wird benutzt, um das kontinuierliche Spektrum von dem diskreten Einteilchenpol in S_F' zu trennen. Diese Behandlung des Infrarotproblems wurde schon in Kapitel 8 benutzt.

Der Massenkorrekturterm in (19.92) wurde bei der Definition des Propagators (19.1) berücksichtigt, da in dem nackten Propagator $[\not p - m]^{-1}$ die physikalische Masse[1] steht.

Die Renormierungskonstante $L^{(2)}$ der Wellenfunktion in (19.92) tritt auf, weil $\tilde{S}_F'^{(2)}$ renormiert wurde. Das Impulsintegral in (19.92) kann wie in (8.38) ausgeführt werden und führt auf die Korrektur zweiter Ordnung

$$\delta\tilde{S}_F'^{(2)}(p) = \frac{1}{\not p - m}\left[\frac{\alpha}{4\pi}\int_0^1 dz\,\gamma_\mu[\not p(1-z)+m]\gamma^\mu \right.$$
$$\times \ln\frac{\Lambda^2(1-z)}{m^2z+\lambda^2(1-z)-p^2z(1-z)-i\epsilon}$$
$$\left. -\,\delta m + (\not p - m)L^{(2)}\right]\frac{1}{\not p - m}\,. \tag{19.93}$$

Zur Bestimmung der Spektralfunktionen $\tilde{\varrho}_1$ und $\tilde{\varrho}_2$ bis zur Ordnung e^2 benötigen wir nur den absorptiven Anteil von (19.93)

$$-[\not p\tilde{\rho}_1(p^2)+\tilde{\rho}_2(p^2)] = \frac{\alpha}{4\pi}\frac{\not p + m}{p^2-m^2}\int_0^1 dz\,\gamma_\mu[\not p(1-z)+m]\gamma^\mu$$
$$\times\,\pi\theta[p^2z(1-z)-m^2z-\lambda^2(1-z)]\,\frac{\not p + m}{p^2-m^2} \tag{19.94}$$

mit der Stufenfunktion

$$\theta(z) = \begin{cases} 1 & z > 0 \\ 0 & z < 0 \end{cases}$$

Indem wir diese Spektralfunktionen in (19.91) und (19.89) einsetzen, können wir die Selbstenergiekorrekturen zur Vakuumpolarisation berechnen.

$$\Pi_{\mu\nu}^{(2a)}(q) = 2i\int\frac{d^4p}{(2\pi)^4}\frac{1}{\pi}\int_{(m+\lambda)^2}^\infty \frac{d\sigma^2}{p^2-\sigma^2+i\epsilon}$$
$$\times\,\mathrm{Tr}\left[\frac{\gamma_\mu[\not p\tilde{\rho}_1(\sigma^2)+\tilde{\rho}_2(\sigma^2)]\gamma_\nu(\not p + \not q + m)}{(p+q)^2-m^2}\right] \tag{19.95}$$

Wir interessieren uns für den Koeffizienten $\Pi^{(2a)}(q^2)$ von $q_\mu q_\nu$ in (19.95) und isolieren ihn, indem wir nach dem üblichen Verfahren mit Hilfe von Feynman-Parametern Nenner zusammenfassen und in den Impulsintegralen eine Substitution vornehmen.

[1] Vergleiche die Fußnote 1) auf Seite 295

$$\Pi^{(2a)}(q^2) = -\frac{16i}{\pi}\int\frac{d^4p'}{(2\pi)^4}\int_{(m+\lambda)^2}^{\infty} d\sigma^2\,\bar{\rho}_1(\sigma^2)\int_0^1 dz\,z(1-z)$$
$$\times\frac{1}{[p'^2+q^2z(1-z)-m^2z-\sigma^2(1-z)]^2}. \quad (19.96)$$

Das d^4p'-Integral divergiert logarithmisch, was den effektiven Divergenzgrad $D = 0$ der Vakuumpolarisation spiegelt. Nach der Renormierung von $\Pi^{\mu\nu}(q^2)$ brauchen wir nur $\Pi_c(q^2) = \Pi(q^2) - \Pi(0)$ zu berechnen und mit dieser Subtraktion konvergiert das Integral wie

$$\Pi_c{}^{(2a)}(q^2) = \frac{1}{\pi^3}\int d\sigma^2\,\bar{\rho}_1(\sigma^2)\int_0^1 dz\,z(1-z)$$
$$\times\ln\left[\frac{m^2z+\sigma^2(1-z)}{m^2z+\sigma^2(1-z)-q^2z(1-z)}\right]. \quad (19.97)$$

Man sieht, daß dieser Ausdruck für den Selbstenergieeinschub endlich ist, da der Logarithmus sich für $\sigma^2 \to \infty$ wie $1/\sigma^2$ verhält. Das gilt nach (19.94) auch für $\tilde{\varrho}_1(\sigma^2)$, und folglich konvergiert das Spektralintegral. Gl. (19.97) kann im Limes $-q^2 \gg m^2$ integriert und durch elementare Funktionen ausgedrückt werden. Sein Beitrag ergibt sich zu

$$\Pi_c{}^{(2a)}(q^2) = -\frac{\alpha}{48\pi^3}\ln^2\left(\frac{-q^2}{m^2}\right) + \frac{\alpha}{6\pi^3}\ln\left(\frac{-q^2}{m^2}\right)\left[\ln\left(\frac{m}{\lambda}\right) - \frac{13}{24}\right]$$
$$+ \text{ Terme erster Ordnung für } \quad \left|\frac{q^2}{m^2}\right| \gg 1 \quad (19.98)$$

Es war nicht kompliziert zu zeigen, daß der Selbstenergieeinschub auf ein konvergentes Integral für $\Pi_c(q^2)$ führt, da keine Überlappungsdivergenzen auftreten. Wir konnten zuerst die Renormierung der Selbstenergie durchführen, und das Ergebnis dann in das Integral für die Vakuumpolarisation einsetzen. Der zweite und dritte Term von (19.88), die von den Vertexeinschüben herkommen, sind nicht so einfach zu behandeln. Die Überlappungsdivergenz in

$$\Pi_{\mu\nu}{}^{(2b)}(q) \equiv i\int\frac{d^4p}{(2\pi)^4}\,\mathrm{Tr}\,\gamma_\mu S_F(p)\Lambda_\nu{}^{(2)}(p, p+q)S_F(p+q) \quad (19.99)$$

wird kompensiert durch die beiden möglichen Vertexsubintegrationen in dem Ausdruck

$$2\Pi_{\mu\nu}{}^{(2c)}(q) \equiv 2i\int\frac{d^4p}{(2\pi)^4}\,\mathrm{Tr}\,\gamma_\mu S_F(p)\gamma_\nu S_F(p+q)L^{(2)}, \quad (19.100)$$

der nach (19.88) davon zu subtrahieren ist. Die Differenz dieser beiden Beiträge sollte sich, nachdem man um $\Pi_c{}^{(2b)}(q^2) - 2\,\Pi_c{}^{(2c)}(q^2)$ zu bilden, die totale Renormierung durch Subtraktion bei $q^2 = 0$ ausgeführt hat, als ein konvergentes Integral schreiben lassen. Um diese Kompensation explizit zu zeigen, wird die Rechnung jetzt etwas ausführlicher durchgeführt.

Nach den Feynman-Regeln ist $\Pi^{(2b)}_{\mu\nu}(q)$ mit der in Abb. 19.47b dargestellten Kinematik durch

$$\Pi_{\mu\nu}{}^{(2b)}(q) = e^2 \int \frac{d^4k\, d^4p}{(2\pi)^8(k^2 - \lambda^2)}$$
$$\times \operatorname{Tr} \frac{[\gamma_\mu(\not p + m)\gamma_\alpha(\not p + \not k + m)\gamma_\nu(\not p + \not k + \not q + m)\gamma^\alpha(\not p + \not q + m)]}{(p^2 - m^2)[(p + k)^2 - m^2][(p + k + q)^2 - m^2][(p + q)^2 - m^2]} \tag{19.101}$$

gegeben. Unsere erste Aufgabe ist, die quadratische Divergenz in (19.101) durch Abspalten des Koeffizienten $\Pi^{(2b)}(q^2)$ im $q_\mu q_\nu$-Term wegzuschaffen. Dazu fassen wir die vier Nenner, die zu der Schleife aus geladenen Teilchenlinien gehören, unter der Benutzung folgender Identität zusammen

$$\frac{1}{a_1a_2a_3a_4} = 3! \int_0^1 dz_1 \cdots dz_4 \frac{\delta\left(1 - \sum_{i=1}^{4} z_i\right)}{\left(\sum_{i=1}^{4} a_iz_i\right)}, \tag{19.102}$$

in der die a_i zu identifizieren sind mit den vier Nennern der Elektronpropagatoren in der durch Abb. 19.47b gegebenen Reihenfolge. Das p-Integral wird dann ausgeführt, indem man die Integrationsvariable ersetzt durch[1]

$$p' = p + k(z_2 + z_3) + q(z_3 + z_4),$$

um den quadratischen Ausdruck zu ergänzen und die in p' ungeraden Terme im Nenner von (19.20) wegzuschaffen. In der Spur im Nenner können dann Terme zusammengefaßt und nach Potenzen von p' geordnet werden. Terme mit ungeraden p'-Potenzen ergeben integriert Null und solche vierter Ordnung in p' ergeben einen zu $g_{\mu\nu}$ proportionalen Beitrag und können weggelassen werden; das ist der einzige nichtkonvergierende Teil des p'-Integrals. Die in p' quadratischen Terme führen nach beträchtlicher Algebra[2] (!) zu einer einfachen Spur proportional $p'^2(k_\mu k_\nu - q_\mu q_\nu)$ plus unwesentlichen Termen proportional $g_{\mu\nu}$.

---

[1] Für einen sauber definierten, mathematischen Ausdruck, der endlich ist, sollte man die Impulsintegrale regularisieren. Eine eichinvariante Methode zur Ausführung der Impulsintegrationen wurde im ersten Band (vgl. Gl. (8.20)) bei den Rechnungen in zweiter Ordnung angegeben und kann hier wiederholt werden.

[2] Terme, die gegenüber der Vertauschung $(Z_1, Z_2) \leftrightarrow (Z_3, Z_4)$ antisymmetrisch sind, können vernachlässigt werden.

Wenn man stellenweise die von p' unabhängigen Terme im Zähler von (19.101) als Spur stehen läßt und d^4p' ausführt, findet man

$$\Pi_{\mu\nu}{}^{(2b)}(q) = \frac{i\alpha}{4\pi}\int\frac{d^4k}{(2\pi)^4}\int\frac{dz_1\cdots dz_4\delta(1-\sum_i z_i)}{k^2-\lambda^2} \times\left\{\frac{16(k_\mu k_\nu - q_\mu q_\nu)}{D_1}+\frac{N_{\mu\nu}}{D_1{}^2}\right\} + g_{\mu\nu}\text{-Terme,} \tag{19.103}$$

wobei

$$D_1 = k^2(z_1+z_4)(z_2+z_3) + q^2(z_1+z_2)(z_3+z_4) + 2k\cdot q(z_1z_3 - z_2z_4) - m^2 + i\epsilon$$

und

$$N_{\mu\nu} = \mathrm{Tr}\,\gamma_\mu[-\not k(z_2+z_3) - \not q(z_3+z_4) + m]\gamma_\alpha \times[\not k(z_1+z_4) - \not q(z_3+z_4)+m]\gamma_\nu[\not k(z_1+z_4)+\not q(z_1+z_2)+m]\gamma^\alpha \times[-\not k(z_2+z_3)+\not q(z_1+z_2)+m]\,. \tag{19.104}$$

Ab nächstes ist die k-Integration auszuführen, was wir folgendermaßen bewerkstelligen:

1. Bevor die beiden restlichen Nenner zusammengefaßt werden, gibt man dem k^2 im Photonpropagator denselben Faktor wie in D_1, indem man schreibt

$$\frac{1}{k^2-\lambda^2} = \frac{(z_1+z_4)(z_2+z_3)}{(z_1+z_4)(z_2+z_3)(k^2-\lambda^2)}\,.$$

Das führt zu einer eleganteren Form, wenn wir wie in (19.102) parametrisieren, wobei der Feynman-Parameter x dem D_1 und $y = 1 - x$ dem Photonpropagator zugeordnet wird.

2. Der Photonpropagator wird durch

$$\frac{1}{k^2-\lambda^2} \to \frac{1}{k^2-\lambda^2} - \frac{1}{k^2-\Lambda^2} \tag{19.105}$$

regularisiert, um die logarithmisch divergenten Beiträge in (19.103), die von den zu k^2/D_1 und $k^4/D_1{}^2$ proportionalen Termen herkommen, endlich zu machen. Diese cutoff-abhängigen Terme fallen am Schluß, wenn wir die totale Subtraktion machen, um $\Pi_c(q^2)$ zu bilden, heraus.

3. Um den quadratischen Ausdruck im Nenner zu ergänzen, wird die Integration im k-Raum substituiert

$$k' = k + \frac{qx(z_1z_3 - z_2z_4)}{(z_1+z_4)(z_2+z_3)}\,.$$

Nach der k'-Integration bleiben drei verschiedene Terme übrig: $\Pi_{\mu\nu}^{(2b_1)}$ kommt von dem ersten, zu D_1^{-1} proportionalen Term in

(19.103); $\Pi_{\mu\nu}^{(2b2)}$ und $\Pi_{\mu\nu}^{(2b3)}$ kommen von dem D_1^{-2}-Term und entsprechen den Beiträgen der Terme in $N_{\mu\nu}$, die unabhängig von k' bzw. proportional zu $(k')^2$ sind. Der $(k')^4$-Term in $N_{\mu\nu}$ ergibt nur einen unwichtigen $g_{\mu\nu}$-Beitrag.

Der Koeffizient von $q_\mu q_\nu$ lautet für den ersten Term

$$\Pi^{(2b_1)}(q^2) = \frac{\alpha}{4\pi^3}\int_0^1 dx \int_0^1 \frac{dz_1 \cdots dz_4\, \delta\left(1-\sum_i z_i\right)}{(z_1+z_4)(z_2+z_3)} \times \left[1 - \frac{x^2(z_1z_3 - z_2z_4)^2}{(z_1+z_4)^2(z_2+z_3)^2}\right] \ln \frac{D_2(\Lambda^2,q^2)}{D_2(\lambda^2,q^2)}, \tag{19.106}$$

wobei

$$D_2(\lambda^2,q^2) = \lambda^2(1-x)(z_1+z_4)(z_2+z_3) + m^2x - q^2x\left[(z_1+z_2)(z_3+z_4) - \frac{x(z_1z_3-z_2z_4)^2}{(z_1+z_4)(z_2+z_3)}\right]. \tag{19.107}$$

Die Parameterintegrale in (19.106) ergeben keine Divergenzschwierigkeiten. Für $z_1 + z_4 \to 0$, $z_2 + z_3 \to 1$ und im Gebiet kleiner z_1 und z_4 konvergiert das Integral

$$\int_0^\epsilon dz_1 \int_0^\epsilon dz_4 \frac{1}{z_1+z_4} \sim \epsilon \ln \epsilon\,. \tag{19.108}$$

Wenn mehr z_i-Potenzen im Nenner auftreten, entstehen, wie wir später sehen werden, Schwierigkeiten. Nach einer Subtraktion konvergiert

$$\Pi_c^{(2b_1)}(q^2) = \Pi^{(2b_1)}(q^2) - \Pi^{(2b_1)}(0)$$

und läßt sich berechnen; das sei eine Herausforderung an den energiegeladenen Studenten. Wir geben hier den asymptotischen Grenzwert für $-q^2 \gg m^2$ an

$$\Pi_c^{(2b_1)}(q^2) = \frac{17\alpha}{72\pi^3}\ln\left(\frac{m^2}{-q^2}\right) + 0(1)\,. \tag{19.109}$$

Als nächstes betrachten wir $\Pi^{(2b2)}$, das aus dem Teil von $N_{\mu\nu}$ in (19.104) besteht, der unabhängig von k' ist. Das d^4k'-Integral verhält sich hier für große k' wie $\sim \dfrac{d^4k'}{k'^6}$ und ist auch ohne Regularisierung des Photonpropagators manifest konvergent. Wir finden für den Koeffizienten von

$$\Pi^{(2b_2)}(q^2) = \frac{\alpha}{2\pi^3}\int_0^1 x\,dx \int \frac{dz_1 \cdots dz_4\, \delta\left(1-\sum_i z_i\right) m^2}{(z_1+z_4)(z_2+z_3)D_2(\lambda^2,q^2)} \times \left[(z_1+z_2)^2 - \frac{x^2(z_1z_3-z_2z_4)^2(1+z_2+z_3)}{(z_1+z_4)(z_2+z_3)^2}\right]. \tag{19.110}$$

wobei $D_2(\lambda^2, q^2)$ durch (19.107) gegeben ist. Durch Berechnung der Integrale in (19.110) für $-q^2 \to \infty$ erhalten wir

$$\Pi^{(2b_2)}(q^2) \sim \frac{m^2}{q^2} \ln \frac{-q^2}{m^2} . \qquad (19.111)$$

Jetzt ist nur noch der Beitrag $\Pi_{\mu\nu}^{(2b3)}$, der von dem $(k')^2$-Term in $N_{\mu\nu}$ herkommt, zu berechnen. Dieser Teil von (19.103) und (19.104) führt nach der d^4k'-Integration nicht nur zu einem divergenten Logarithmus, sondern muß auch die Überlappungsdivergenzen enthalten und konvergiert erst, wenn man die Korrekturterme von der Vertexrenormierung in (19.100) hinzunimmt. Nachdem man die Spuren (!!) und die k'-Integration mit der Regularisierung (19.105) ausgeführt hat, erhalten wir für den Beitrag zum Koeffizienten von $q_\mu q_\nu$ in (19.103) ausgedrückt durch das D_2 in (19.107)

$$\Pi^{(2b_3)}(q^2) = + \frac{\alpha}{4\pi^3} \int_0^1 x\,dx \int_0^1 \frac{dz_1 \cdots dz_4\, \delta\left(1 - \sum_i z_i\right)}{(z_1 + z_4)^2 (z_2 + z_3)^2}$$
$$\times (z_1 - z_3)(z_4 - z_2) \ln \frac{D_2(\Lambda^2, q^2)}{D_2(\lambda^2, q^2)} . \qquad (19.112)$$

Eine Subtraktion für $q^2 = 0$ beseitigt zwar die Λ^2-Abhängigkeit in (19.112), führt jedoch an ihrer Stelle zu einer Divergenz in den Parametersubintegrationen – das ist genau die Überlappungsschwierigkeit. Für z_2, $z_3 \to 0$ (und $z_1 + z_4 \approx 1$ infolge der Einschränkung durch die δ-Funktion) zeigt (19.112) also das Verhalten

$$\int_0^1 dz_1\, dz_4\, \delta(1 - z_1 - z_4) z_1 z_4 \int_0^\epsilon \frac{dz_2\, dz_3}{(z_2 + z_3)^2}$$
$$\times \ln \frac{m^2 x - q^2 x z_1 z_4 + \Lambda^2 (1 - x)(z_2 + z_3)}{m^2 x - q^2 x z_1 z_4 + \lambda^2 (1 - x)(z_2 + z_3)} , \qquad (19.113)$$

das für endliche λ und Λ wie in (19.106) konvergent ist. Die Subtraktion für $q^2 = 0$, die nötig ist, um das cutoff-unabhängige $\Pi_c^{(2b3)}(q^2)$ zu bilden, ändert den Logarithmus in (19.112) in $ln[D_2(\lambda^2, 0)/D_2(\lambda^2, q^2)]$ ab. Für z_2, $z_2 \to 0$ gilt jetzt

$$\ln \frac{D_2(\lambda^2, 0)}{D_2(\lambda^2, q^2)} \bigg|_{z_2, z_3 \to 0} \approx \ln \frac{m^2}{m^2 - q^2 z_1 z_4}$$

und in (19.113) wird der divergente Faktor $\int\limits_0^\varepsilon \frac{d\, z_2}{z_2}$ eingeführt.

Diese Divergenzschwierigkeit kann zurückgeführt werden auf die Existenz der divergenten Subintegrationen in den Vertexeinschüben.

Indem wir zur Abb. 19.47b zurückgehen und an die in Kap. 18 entwikkelte Analogie zum elektrischen Stromkreis erinnern, erkennen wir, daß für z_2 und $z_3 \to 0$ der Widerstand in den beiden Linien mit den Impulsen $p + k$ und $p + k + q$ verschwindend klein wird. Das bedeutet, daß ein großer Teil des Stromes in der Schleife fließt, die bei ν an dem Vertexeinschub hängt. Die logarithmische Divergenz in $\Pi_c^{(2b_3)}(q^2)$, die von dem Gebiet $(z_2, z_3) \approx 0$ herkommt, hängt also augenscheinlich mit den Subintegrationen zusammen, die zu der Schleife gehören. Eine ähnliche Divergenz für $(z_1, z_4) \approx 0$ hängt mit der Vertexsubintegration bei μ zusammen. Diese Divergenzen werden durch die beiden Subtraktionen (19.100) beseitigt, die das Renormierungsprogramm fordert.

Um diese Kompensation zu zeigen, berechnen wir die Korrekturterme (19.100) noch einmal. $\Pi^{(2c)}(q^2)$ wurde zwar schon in Kap. 8 berechnet, aber wir wiederholen die Rechnung hier in größtmöglicher Analogie zu der Berechnung von $\Pi^{(2b_3)}(q^2)$. Dann läßt sich die Kompensation gegen (19.112) schon vor der Ausführung aller Parameterintegrale zeigen.

In den Ausdruck (19.100) setzen wir die Definition von $L^{(2)}\gamma_\mu$ aus (19.65) ein, die nach den Feynman-Regeln lautet

$$\begin{aligned} L^{(2)}\gamma_\nu &= \Lambda_\nu^{(2)}(p,p)\Big|_{\not p = m} \\ &= -ie^2 \int \frac{d^4k}{(2\pi)^4(k^2-\lambda^2)} \left[\frac{\gamma_\alpha(\tilde{\not p}+\not k+m)\gamma_\nu(\tilde{\not p}+\not k+m)\gamma^\alpha}{[(\tilde p+k)^2-m^2]^2}\right]\Bigg|_{\tilde{\not p}=m}. \end{aligned}$$

Die Kinematik ist wie für den ν-Vertex in Abb. 19.47b gezeigt. Die Größe $\tilde{\not p}$ ist keine Integrationsvariable, aber $\tilde p^2 = m^2$ und $\tilde{\not p} = m$ wenn sie rechts oder links in der Klammer [ ] stehen, weil die Vertexsubtraktion auf der Massenschale durchzuführen ist. Das ergibt[1]

$$\begin{aligned} \Pi_{\mu\nu}^{(2c)}(q) &= e^2 \int \frac{d^4k\, d^4p}{(2\pi)^8(k^2-\lambda^2)} \operatorname{Tr} \gamma_\mu \frac{\not p + m}{p^2 - m^2} \\ &\times \left[\frac{\gamma_\alpha(\tilde{\not p}+\not k+m)\gamma_\nu(\tilde{\not p}+\not k+m)\gamma^\alpha}{[(\tilde p+k)^2-m^2]^2}\right]\Bigg|_{\tilde{\not p}=m} \frac{\not p + \not q + m}{(p+q)^2-m^2}. \end{aligned} \tag{19.114}$$

Abgesehen davon, daß $\tilde p$ keine Integrationsvariable ist, fassen wir die vier Nenner der geladenen Teilchenlinien wie in (19.101) und (19.102) zusammen, um dem alten Ergebnis für $\Pi_{\mu\nu}^{(2b)}$ so nahe wie möglich zu sein. Nach der Substitution

$$p' = p + \frac{qz_4}{z_1 + z_4},$$

[1] Es ist nicht klug, sich an dem Teil des Zählers in der eckigen Klammer zu vergreifen, bevor sie durch eine Konstante multipliziert mit γ_ν ersetzt sind.

die das Quadrat im Nenner ergänzt, kann die p'-Integration ausgeführt werden:

$$\Pi_{\mu\nu}{}^{(2c)}(q) = -\frac{i\alpha}{2\pi}\int\frac{d^4k}{(2\pi)^4}\int_0^1\frac{dz_1\cdots dz_4\,\delta\left(1-\sum_i z_i\right)z_1z_4}{(k^2-\lambda^2)(z_1+z_4)^4}$$

$$\times\, q_\mu \operatorname{Tr} \not q\left[\frac{\gamma_\alpha(\tilde{\not p}+\not k+m)\gamma_\nu(\tilde{\not p}+\not k+m)\gamma^\alpha}{[(\tilde p+k)^2(z_2+z_3)+q^2 z_1z_4/(z_1+z_4)-m^2]^2}\right]_{\tilde{\not p}=m}$$

$$+\, g_{\mu\nu}\text{-Terme.} \quad (19.115)$$

Um die k-Integration auszuführen, schreiben wir den Photonpropagator als

$$\frac{1}{k^2-\lambda^2} = \frac{z_2+z_3}{(z_2+z_3)(k^2-\lambda^2)}$$

und fassen ihn unter Benutzung des Parameters x mit dem Nenner von (19.115) zusammen. Nach der Substitution

$$k' = k + \tilde p x$$

im k-Raum, der Ausführung des d^4k'-Integrals und der Reduktion der Spur erhalten wir schließlich zwei Beiträge $\Pi^{(2c1)}(q^2)$ und $\Pi^{(2c2)}(q^2)$ zu dem Koeffizienten $\Pi^{(2c)}_{\mu\nu}(q)$ von $q_\mu q_\nu$.

$\Pi^{(2c1)}(q^2)$ stammt von dem von k' unabhängigen Teil des Nenners in (19.115) und lautet

$$\Pi^{(2c_1)}(q^2) = -\frac{\alpha}{4\pi^3}\int_0^1 x\,dx\int_0^1\frac{dz_1\cdots dz_4\,\delta(1-\Sigma z_i)m^2z_1z_4}{(z_1+z_4)^4(z_2+z_3)}$$

$$\times\frac{2-2x-x^2}{m^2x-m^2x(1-x)(z_2+z_3)-q^2xz_1z_4/(z_1+z_4)+\lambda^2(1-x)(z_2+z_3)} \quad (19.116)$$

Dieses Integral divergiert bezüglich der z_1z_4-Subintegration,

$$\int_0^\epsilon dz_1\int_0^\epsilon dz_4\frac{z_1z_4}{(z_1+z_4)^4} = \int_0^\epsilon\frac{dz_1}{z_1}\int_0^1\frac{y\,dy}{(1+y)^4}$$

und wird durch die Subtraktion bei $q^2 = 0$ endlich gemacht.
Nach der Analogie zum Stromkreis und Abb. 19.47b bringen wir diese Divergenz mit der Subintegration der Vakuumpolarisation in Verbindung, die einen endlichen Anteil des $L^{(2)}$-Einschubs am Vertex ν multipliziert. Obwohl $\Pi_c{}^{(2c1)}(q^2)$ ultraviolett-konvergent ist, ist es infrarotdivergent wegen der Infrarot-Divergenz in der Vertexrenormierungskonstanten $L^{(2)}$ selbst. Im Limes $-q^2 \gg m$ erhalten wir schließlich für (19.116) [wie in (19.88) mit -2 multipliziert]

$$-2\Pi_c{}^{(2c_1)}(q^2) = +\frac{\alpha}{6\pi^3}\ln\left(\frac{m^2}{-q^2}\right)\left[\ln\left(\frac{m}{\lambda}\right)-\frac{5}{4}\right]+0(1). \quad (19.117)$$

$\Pi^{(2c_2)}(q^2)$ stammt von dem Teil des Nenners in (19.115), der zu $(k')^2$ proportional ist, und es ist logarithmisch divergent. Unter Benutzung derselben Regularisierungsvorschrift (19.105) wie bisher, finden wir

$$\Pi^{(2c_2)}(q^2) = \frac{\alpha}{4\pi^3}\int_0^1 x\,dx \int_0^1 \frac{dz_1 \cdots dz_4\,\delta\left(1-\sum_i z_i\right) z_1 z_4}{(z_1+z_4)^4(z_2+z_3)^2}$$
$$\times \ln \frac{\Lambda^2(1-x)(z_2+z_3)+m^2x-m^2x(1-x)(z_2+z_3) - q^2\,xz_1z_4/(z_1+z_4)}{\lambda^2(1-x)(z_2+z_3)+m^2x-m^2x(1-x)(z_2+z_3) - q^2\,xz_1z_4/(z_1+z_4)}. \quad (19.118)$$

Dieser Ausdruck divergiert auch noch nach der Subtraktion von $\Pi^{(2c_2)}(0)$, die nötig ist, um $\Pi_c^{(2c_2)}(q^2)$ zu bestimmen. Die Divergenz in (19.118) erkennt man bei der z_2, z_3-Subintegration für $z_2, z_3 \to 0$, und sie wird in (19.115) zurückgeführt auf die Divergenz in der Vertexrenormierungskonstanten $L^{(2)}$, die das Vakuumpolarisationsintegral multipliziert, das die Subtraktion bei $q^2 = 0$ endlich gemacht hat.

Genau dieselbe Divergenz fanden wir in (19.112) nach der Subtraktion für $q^2 = 0$, und sie wurde über die Analogie zum elektrischen Stromkreis auf dieselbe Ursache zurückgeführt. Sie kompensieren sich, wenn wir die Differenz von (19.112) und (19.118) bilden wie es in (19.88) aufgrund des Renormierungsprogrammes gefordert wird. Nachdem wir die Subtraktion für $q^2 = 0$ gemacht haben, erhalten wir

$$\Pi_c^{(2b_1)}(q^2) - 2\Pi_c^{(2c_2)}(q^2) = \frac{\alpha}{4\pi^3}\int_0^1 x\,dx \int_0^1 \frac{dz_1 \cdots dz_4\,\delta\left(1-\sum_i z_i\right)}{(z_1+z_4)^2(z_2+z_3)^2}$$
$$\left[\begin{aligned} &(z_1-z_3)(z_4-z_2) \\ &\quad\times \ln \frac{m^2}{m^2 - q^2\left[(z_1+z_2)(z_3+z_4) - \dfrac{x(z_1z_3-z_2z_4)^2}{(z_1+z_4)(z_2+z_3)}\right]} \\ &-\frac{z_1z_4}{(z_1+z_4)^2}\ln\frac{m^2[1-(1-x)(z_2+z_3)]}{m^2[1-(1-x)(z_2+z_3)] - q^2\dfrac{z_1z_4}{z_1+z_4}} \\ &-\frac{z_2z_3}{(z_2+z_3)^2}\ln\frac{m^2[1-(1-x)(z_1+z_4)]}{m^2[1-(1-x)(z_1+z_4)] - q^2\dfrac{z_2z_3}{z_2+z_3}} \end{aligned}\right] \quad (19.119)$$

wobei die Photonmasse λ weggelassen wurde, da keine Infrarot-Schwierigkeiten auftreten, und $\Lambda \to \infty$ ersetzt wurde, da der Gesamtausdruck von Λ unabhängig ist. Außerdem wurde der Subtraktionsterm $\Pi_c^{(2c_2)}(q^2)$ durch die Ersetzung $z_1, z_4 \leftrightarrow z_2, z_3$ symmetrisiert, was bedeutet, daß der Vertexeinschub jeweils einmal an jedem der beiden Vertizes der

Vakuumpolarisation subtrahiert wird. Gl. (19.119) ist jetzt endlich und vollständig frei von Überlappungsdivergenzen; für z_2, $z_3 \to 0$ und $z_1 + z_4 \to 1$ kompensieren sich die Divergenzen in den ersten beiden Termen, da

$$\int_0^\epsilon dz_2 \int_0^\epsilon dz_3 \frac{1}{(z_2+z_3)^2}\left[z_1z_4 \ln \frac{m^2}{m^2 - q^2z_1z_4} + 0(z_2,z_3) - z_1z_4 \ln \frac{m^2}{m^2 - q^2z_1z_4} + 0(z_2,z_3)\right] \sim \epsilon \quad \text{für} \quad \epsilon \to 0\,,$$

und der dritte Term ist endlich. Entsprechend gilt für z_1, $z_4 \to 0$, $z_2 + z_3 \to 1$, daß sich die divergenten Teile des ersten und dritten Termes kompensieren und der zweite endlich ist. Diese beiden Subtraktionsterme haben folglich die gewünschte Kompensation der divergenten Teile der Vertexeinschübe, die in dem Faktor $\Pi_c^{(2b\,3)}$ enthalten sind, fertiggebracht. Die totale Subtraktion bei $q^2 = 0$ hat die Vakuumpolarisation endlich gemacht. Was wir hier in einigen Einzelheiten gesehen haben, ist ein Beispiel für den sicheren Erfolg des Renormierungsprogrammes sowie der scheinbar unvermeidlichen Mühe bei seiner Verwirklichung.

Um (19.119) nun wirklich auszurechnen, führen wir zweckmäßig die Variablen

$$z_1 + z_4 = z \qquad z_1 = zu \qquad z_2 = (1-z)v \qquad 0 \le z, u, v \le 1$$

ein und finden im Limes $-q^2 \gg m^2$

$$\Pi_c^{(2b_3)}(q^2) - 2\Pi_c^{(2c_3)}(q^2) = \frac{\alpha}{48\pi^3} \ln^2\left(\frac{-q^2}{m^2}\right) + \frac{\alpha}{18\pi^3} \ln\left(\frac{-q^2}{m^2}\right) + 0(1)\,. \tag{19.120}$$

Durch Summation aller Beiträge aus (19.98), (19.109), (19.111), (19.117) und (19.120) erhalten wir für die vollständige Vakuumpolarisation vierter Ordnung im Grenzfall $-q^2 \gg m^2$

$$\Pi_c^{(2)}(q^2) = -\frac{\alpha}{16\pi^3} \ln\left(\frac{-q^2}{m^2}\right) + 0(1)\,, \tag{19.121}$$

die $ln^2\left(\frac{-q^2}{m^2}\right)$-Beiträge sowie die Infrarot-Terme aus $\Pi^{(2a)}$ für die Selbstenergieeinschübe und $\Pi^{(2b)}$ und $\Pi^{(2c)}$ für die Vertexteile haben sich kompensiert. Indem wir (19.121) zusammen mit dem Ausdruck für die Vakuumpolarisation in zweiter Ordnung [vgl. Gl. (8.29)] in die Gl. (19.51 c) für den Photonpropagator einsetzen, erhalten wir in der Ordnung e^4 (Eichterme sind weggelassen)

$$\tilde{D}'_F(q^2)_{\mu\nu} = -\frac{ig_{\mu\nu}}{q^2}\left[\frac{1}{1-\frac{\alpha}{3\pi}\ln\left(\frac{-q^2}{m^2}\right)-\frac{\alpha^2}{4\pi^2}\ln\left(\frac{-q^2}{m^2}\right)+\cdots}\right]$$
$$-q^2 \gg m^2. \qquad (19.122)$$

Dieses Ergebnis wurde zuerst von Jost und Luttinger[1] 1950 hergeleitet. Beide Korrekturterme haben dasselbe Vorzeichen und bewirken eine *Zunahme* der Kräfte zwischen den Teilchen für kleine Abstände. Derselbe allgemeine Schluß wurde für alle Ordnungen in α aus der in Kap. 16 angegebenen Spektraldarstellung für $\tilde{D}'_F(q^2)$ gezogen. Er folgt daraus, daß die Gewichtsfunktionen in (16.172) und (16.173) positiv definit sind.

19.13 *Theorem über die Compton-Streuung bei kleinen Energien*

Die Ward-Identität und das Renormierungsprogramm ergeben zusammen einen Satz über das Niederenergieverhalten der Compton-Streuamplitude, der für alle Ordnungen in e^2 gültig ist. Wie zuerst 1950 von Thirring[2] bewiesen wurde, geht die Amplitude für die Streuung eines Photons an einem Elektron in den klassischen Thomson-Grenzfall über, wenn die Photonenergie gegen Null geht. In diesem Limes ist ihre Größe $\frac{\alpha}{m}$, wobei $\alpha = \frac{1}{137}$ und m exakt die renormierte Ladung bzw. Masse des Elektrons sind. Näherungsweise erhielten wir dieses Ergebnis in der zweiten Ordnung der Störungstheorie in Kap. 7 (vgl. Gl. (7.74)).

Der Beweis des allgemeinen Satzes basiert auf der Tatsache, daß sich nach der Ward-Identität die vollständige Vertexfunktion für ein Photon der Energie Null $\Gamma_\mu(p, p)$ aus dem inversen Propagator $S_F'^{-1}(p)$ durch eine Differentiation gewinnen läßt:

$$\Gamma_\mu(p,p) = \frac{\partial}{\partial p^\mu} S_F'^{-1}(p). \qquad (19.123)$$

Es läßt sich also ein Photon der Energie Null in eine geladene Linie durch eine Differentiation nach dem Impuls der Linie einsetzen.

Allein aufgrund der Eichinvarianz können wir dieses Ergebnis einfach verstehen. Die τ-Funktion für ein einzelnes, freies, geladenes Elektron ist

$$\tau(p) \equiv iS'_F(p). \qquad (19.124)$$

[1] Jost und Luttinger, op. cit.

[2] W. Thirring, *Phil. Mag.*, **41**, 1193 (1950).

Daraus können wir die τ-Funktion für ein geladenes Teilchen mit der nackten Ladung e_0 berechnen, das sich in einem äußeren, *konstanten* elektromagnetischen Potential A_μ bewegt, indem wir die eichinvariante Substitution durchführen

$$p_\mu \to p_\mu - e_0 A_\mu .$$

Das überführt $\tau(p)$ in

$$\tau(p) \to \tau(p - e_0 A) = \tau(p) - e_0 A^\mu \frac{\partial}{\partial p^\mu} \tau(p) + \frac{1}{2} e_0{}^2 A^\mu A^\nu \frac{\partial^2}{\partial p^\mu \partial p^\nu} \tau(p) + \cdots \quad (19.125)$$

Der Koeffizient von A^μ

$$-e_0 \frac{\partial}{\partial p^\mu} \tau(p) = i e_0 S'_F(p) \left[\frac{\partial}{\partial p^\mu} S'^{-1}_F(p) \right] S'_F(p) = i S'_F(p) e_0 \Gamma_\mu(p,p) S'_F(p) \quad (19.126)$$

ist abgesehen von einem Faktor e_0 gerade die uneigentliche Vertexfunktion der Energie Null mit Selbstenergieeinschüben in den Elektronenbeinen, jedoch ohne Photonbeine wie in Abb. 19.49 gezeigt. Der Koeffi-

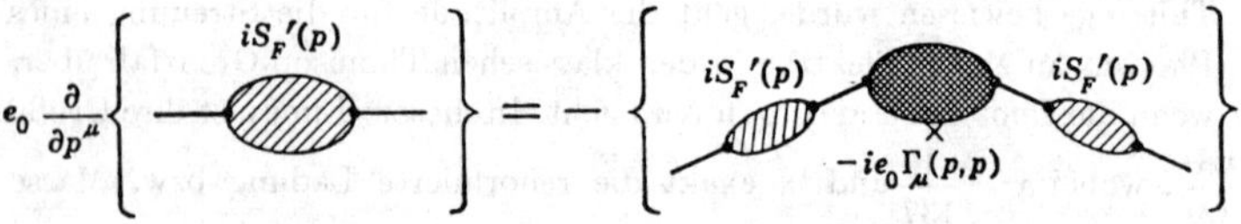

Abb. 19.49 Einschub eines Photons der Energie Null durch Differentiation; Illustration der Ward-Identität (19.123).

zient[1] von 1/2 $A\mu$ $A\nu$ ist die τ-Funktion für die Compton-Streuung, die eine Wechselwirkung zweiter Ordnung mit zwei äußeren Photonlinien der Energie Null vor und nach der Streuung darstellt. Die Elektronenbeine werden wie gewöhnlich zur Definition der τ-Funktion hinzugenommen, nicht jedoch die Photonbeine wie in Abb. 19.50 gezeigt. Wir schreiben dann

$$\tau^{(c)}(p)^{\mu\nu} = i e_0{}^2 \frac{\partial^2}{\partial p_\mu \partial p_\nu} S'_F(p). \quad (19.127)$$

Was der Compton-Amplitude graphisch entspricht sieht man am besten, indem die Identität aus (19.48)

$$\frac{\partial^2}{\partial p_\mu \partial p_\nu} S'^{-1}_F(p) = - \frac{\partial^2}{\partial p_\mu \partial p_\nu} \Sigma\,(p)$$

[1] Der Faktor 1/2 in dieser Definition kompensiert die beiden Möglichkeiten auf die die beiden äußeren Photonlinien dem Faktor $A\ A\ A^{(+)} A^{(-)} + A^{(+)} A^{(-)}$ zugeordnet werden können.

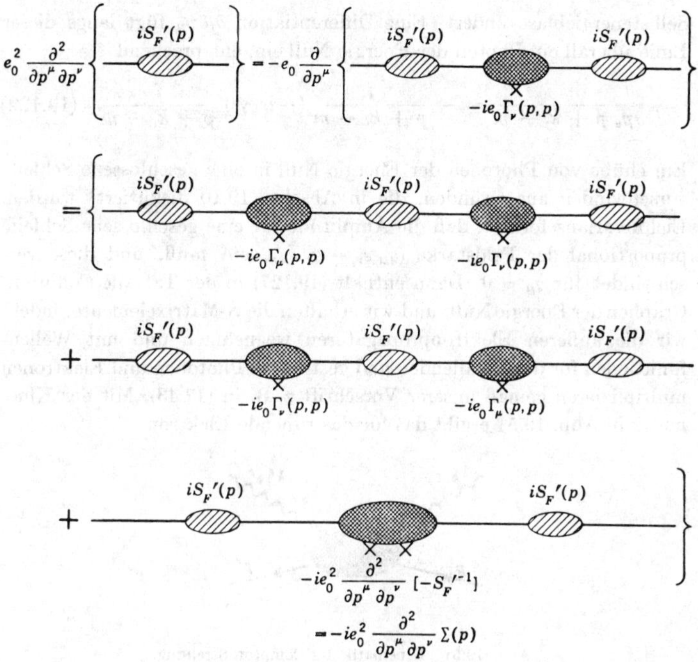

Abb. 19.50 Eine zweite Differentiation liefert den Compton-Limes der Energie Null.

(19.123), und

$$\frac{\partial}{\partial p_\mu} S'_F(p) = -S'_F(p) \left[\frac{\partial}{\partial p_\mu} S'^{-1}_F(p) \right] S'_F(p)$$

in (19.127) einsetzt

$$\tau^{(c)}(p)^{\mu\nu} = +[iS'_F(p)] \Big[(-ie_0)\Gamma^\mu(p,p) iS'_F(p)(-ie_0)\Gamma^\nu(p,p)$$

$$+ (-ie_0)\Gamma^\nu(p,p) iS'_F(p)(-ie_0)\Gamma^\mu(p,p) - ie_0{}^2 \frac{\partial^2 \Sigma}{\partial p_\mu \partial p_\nu} \Big] [iS'_F(p)]. \quad (19.128)$$

Die drei Terme in (19.128) stellen die Summe aller Graphen mit zwei Photoneinschüben der Energie Null in die durchlaufende Propagatorlinie dar, die Ladung und Impuls p_μ des äußeren Teilchens trägt. Propagatoren längs dieser Linien haben die Form $(\not p + k_i - m)^{-1}$, wobei sich k_i nach jeder Wechselwirkung mit einem inneren Photon innerhalb der

Selbstenergieblase ändert. Eine Differentiation $\partial/\partial p_\mu$ fügt längs dieser Linie überall ein Photon der Energie Null ein, entsprechend

$$e_0 \frac{\partial}{\partial p_\mu} \frac{i}{\not p + \not k_i - m} = -\frac{i}{\not p + \not k_i - m}(-ie_0\gamma^\mu)\frac{i}{\not p + \not k_i - m}. \quad (19.129)$$

Einschübe von Photonen der Energie Null in eine geschlossene Schleife verschwinden aus Gründen, die in Abschn. 19.10 diskutiert[1] wurden. Eichinvarianz fordert, daß die Amplitude für eine geschlossene Schleife proportional der Feldstärke $(q_\mu \varepsilon_\nu - q_\nu \varepsilon_\mu)$ sein muß, und diese verschwindet für $q_\mu = 0$. Dann enthält (19.127) in der Tat alle Compton-Graphen der Energie Null, und wir erhalten die S-Matrixelemente, indem wir die äußeren Elektronpropagatoren wegnehmen und mit Wellenfunktionen für die einfallenden und gestreuten Photonen und Elektronen multiplizieren gemäß unserer Vorschrift z. B. in (17.43). Mit der Kinematik in Abb. 19.51 ergibt das für das ruhende Elektron

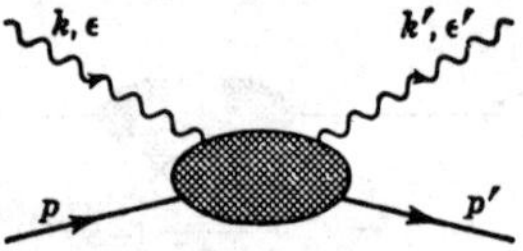

Abb. 19.51 Kinematik der Compton-Streuung.

und für die Photon-Impulse k, $k' \to 0$

$$S(p',k',\epsilon';p,k,\epsilon) = \frac{\epsilon_\mu \epsilon'_\nu}{(2\pi)^6\sqrt{4kk'}} \mathfrak{M}^{\mu\nu}(p',k';p,k) \quad (19.130)$$

mit

$$\mathfrak{M}^{\mu\nu}(p,0;p,0) = \frac{-ie_0{}^2}{Z_2Z_3} \lim_{k\to 0} \bar{u}(p)(\not p + \not k - m)\frac{\partial^2 S'_F(p+k)}{\partial p_\mu \partial p_\nu}$$
$$\times (\not p + \not k - m)u(p) = -ie^2 \lim_{k\to 0} \bar{u}(p)\, \not k \frac{\partial^2 \tilde{S}'_F(p+k)}{\partial p_\mu \partial p_\nu} \not k u(p). \quad (19.131)$$

Z_2 und Z_3 wurden aufgrund der Renormierungsvorschrift (19.49) in der zweiten Schreibweise absorbiert.

Der differentielle Wirkungsquerschnitt läßt sich aus dieser S-Matrix berechnen und lautet für eine bestimmte Photonpolarisation

[1] Das heißt, wir können in diesem Limes schreiben $\int d^4p \frac{\partial}{\partial p_\mu} F(p, k_1, \ldots, k_n) = 0$, wobei F der Beitrag für eine geschlossene Schleife ist.

$$d\sigma = \frac{1}{2k} |\epsilon_\mu \epsilon'_\nu \mathfrak{M}^{\mu\nu}|^2 \frac{d^3k'}{2k'} \frac{m\, d^3p'}{E'} \frac{(2\pi)^4 \delta^4(p + k - p' - k')}{(2\pi)^6}$$

oder

$$\frac{d\sigma}{d\Omega} = \frac{1}{16\pi^2} |\epsilon_\mu \epsilon'_\nu \mathfrak{M}^{\mu\nu}|^2 \quad \text{für} \quad k, k' \to 0\,. \tag{19.132}$$

$\frac{d\sigma}{d\Omega}$ ist für die Energie Null also endlich, wenn es $\mathfrak{M}^{\mu\nu}$ ist, und in (19.131) müssen wir in $\partial^2 \widetilde{S}'_F(p + k)/\partial p_\mu\, \partial p_\nu$ Terme der Ordnung k^{-2} berechnen. Wir schreiben den renormierten Propagator in der allgemeinen Form

$$\widetilde{S}'_F(p') = \frac{\not p' A(p'^2) + mB(p'^2)}{p'^2 - m^2} \quad \text{mit} \quad A(m^2) = B(m^2) = 1\,. \tag{19.133}$$

Die zweite Ableitung von (19.133) berechnet sich sehr viel leichter, wenn man zunächst im Ruhesystem des Elektrons die transversale Eichung wählt. Dann sind

$$\epsilon \cdot p = 0 \qquad \epsilon' \cdot p = 0\,. \tag{19.134}$$

und alle zu p_μ oder p_ν proportionalen Terme brauchen nicht berechnet zu werden. Durch Ausführen der Differentiation finden wir einen Ausdruck der Struktur

$$\frac{\partial^2 \widetilde{S}'_F(p + k)}{\partial p_\mu\, \partial p_\nu} = -2g^{\mu\nu} \left[\frac{\not p + m}{4(p\cdot k)^2} + 0\left(\frac{1}{k}\right) \right] + p^\mu \Phi^\nu + p^\nu \Phi^\mu + p^\mu p^\nu \not I\,. \tag{19.135}$$

Φ^μ ist die Summe vieler Terme, von denen keiner größer als $0(1/k^2)$ ist, und die wegen der Eichung (19.134) alle ohne Bedeutung sind. Das $\not I$ kann von der Ordnung $0(1/k^3)$ sein infolge der Differentiation des Nenner

$$(p + k)^2 - m^2 = 2p\cdot k$$

Es ist immer eine Warnung der gefährlichen Klippen, die elektromagnetische Rechnungen zum Scheitern bringen können, wenn der Strom nicht zu allen Zeiten erhalten ist. Hier verfügen wir über diesen singulären Beitrag sofort durch eine geeignete Eichung (19.134), in der Hoffnung, daß er auch für jede andere Eichung verschwinden muß.

Bei der Bestimmung der Ordnung der Terme in (19.135) haben wir angenommen, daß die Ableitungen von A und B bei $p^2 = m^2$ existieren. Das sind durch die Spektraldarstellung (16.112) für $\widetilde{S}'_F(p)$ sichergestellt vorausgesetzt, daß wir eine Photonmasse λ einführen, um den Schnitt im Gebiet $(m + \lambda)^2 \leq p^2 \leq \infty$ von dem Pol bei $p^2 = m^2$ zu trennen. Mit diesem Kunstgriff haben $A(p^2)$ und $B(p^2)$ für eine Potenzreihenentwicklung um $p^2 = m^2$ den Konvergenzradius von $\sim 2m\,\lambda$. Bei dem

Grenzübergang $\lambda \to 0$ treten Probleme auf, auf die wir kurz zurückkommen werden.

Durch Eingeben von (19.134) und (19.135) in (19.131) finden wir

$$\epsilon_\mu \epsilon_\nu \mathfrak{M}^{\mu\nu}(p,0;p,0) = 2ie^2\epsilon\cdot\epsilon' \lim_{k\to 0} \frac{\bar{u}(p)\not{k}(\not{p}+m)\not{k}u(p)}{4(p\cdot k)^2} = \frac{ie^2\epsilon\cdot\epsilon'}{m}. \quad (19.136)$$

Das ist genau die Thomson-Amplitude ausgedrückt durch die physikalische Ladung e und Masse m. Der Wirkungsquerschnitt (19.132) ist damit

$$\frac{d\sigma}{d\Omega} = \frac{\alpha^2}{m^2}(\epsilon\cdot\epsilon')^2 \quad \text{für} \quad k \to 0 \quad (19.137)$$

und zeigt, daß die Feinstrukturkonstante $\alpha = 1/137$, die in der renormierten Entwicklung der S-Matrix vorkommt, experimentell durch den Thomson-Limes der Compton-Streuung für Energie Null definiert werden kann. Von Low und von Gell-Mann und Goldberger[1] wurde eine Erweiterung dieses Satzes angegeben, die erlaubt, den in k linearen Term von $\mathfrak{M}_{\mu\nu}$ als Funktion der statischen Eigenschaften des Fermions zu berechnen, d. h. als Funktion seiner Ladung und seines magnetischen Moments. Dieser Satz liefert als exakten niederenergetischen Limes eine k^2-Proportionalität für die Streuung eines neutralen Teilchens mit dem magnetischen Moment μ, wie z. B. eines Neutrons:

$$\frac{d\sigma}{d\Omega} = 4k^2\mu^4\left(1 + \frac{1}{2}\sin^2\theta\right) \quad \text{für} \quad k \to 0.$$

Für geladene Teilchen ist die Interferenz zwischen der Thomson- und der Rayleigh-Streuung, die sich nicht exakt durch statische Eigenschaften des Teilchens ausdrücken läßt, ebenfalls proportional k^2 und kann nicht von dem Beitrag, der vom magnetischen Moment herkommt und zuerst[2] in der Ordnung k^2 auftritt, getrennt werden. Eine vollständige Analyse der k^2-Terme erfordert deshalb eine Untersuchung der dynamischen Einzelheiten der Wechselwirkung wie sie z. B. mit Hilfe der Kramers-Krönig-Relation durchgeführt werden kann.

Bevor wir wie oben die experimentellen Folgerungen des Niederenergie-Theorems (19.137) diskutieren dürfen, sollten wir das Infrarotpro-

---

[1] F. Low, *Phys. Rev.*, **96**, 1428 (1954); M. Gell-Mann und M. L. Goldberger, *Phys. Rev.*, **96**, 1433 (1954). Über eine damit verwandte Diskussion vergleiche man N. M. Kroll und M. A. Ruderman, *Phys. Rev.*, **93**, 233 (1954), die als erste ein Theorem über die niederenergetische Photonmeson-Erzeugung abgeleitet haben; A. Klein, *Phys. Rev.*, **99**, 998 (1955); und E. Kazes, *Nuovo Cimento*, **13**, 1226 (1959).

[2] Für ein unpolarisiertes Target-Teilchen.

blem, das in der obigen Rechnung für $\lambda \to 0$ auftritt, gelöst haben. Im Beweis von (19.136) war es nötig anzunehmen, daß $(p'^2 - m^2)\, \tilde{S}'_F(p')$ in (19.133) differenzierbar ist. Das gilt jedoch nur für $p'^2 - m^2 \lesssim 2m$, wobei λ die angenommene Photonenmasse ist. Diese Bedingung beschränkt die Photonenergie auf

$$(p + k)^2 - m^2 = 2mk_0 + \lambda^2 \lesssim 2m\lambda \quad \text{oder} \quad k_0 < \lambda .$$

Wenn das Photon jedoch eine Masse $\lambda > 0$ hätte, würde der Limes (19.132) keinen Sinn haben, da ein physikalisch beobachtbarer Wirkungsquerschnitt für $k_0 < \lambda$ verschwinden würde. Deshalb müssen wir eine dieser Ungleichungen umkehren und für ein physikalisch sinnvolles Theorem (19.137) auf den Energiebereich $m \gg k,\ k' \gg \lambda$ ausdehnen.

Ein heuristisches Argument auf Grundlage der Analyse des Infrarot-Problems im Bloch-Nordsieck-Modell, das in Abschnitt 17.10 dargestellt wurde, liefert die Basis für diese Erweiterung. In der Ordnung e^2 wurden die gleichen Ergebnisse bei den früher in den Kapiteln 7 und 8 durchgeführten Rechnungen gefunden. Nach (17.89) und (17.95) erwarten wir, daß die elastische Compton-Streuamplitude verschwindet, wenn die Photonmasse gegen Null geht, und zwar

$$\begin{aligned}\mathfrak{M}_{\mu\nu} &= \frac{ie^2}{m} g_{\mu\nu} \exp\left[-\frac{e^2}{2(2\pi)^3}\sum_{\epsilon}\int\frac{d^3q}{2q_0}\left(\frac{\boldsymbol{\varepsilon}\cdot\boldsymbol{\beta}}{q_0-\mathbf{q}\cdot\boldsymbol{\beta}}-\frac{\boldsymbol{\varepsilon}\cdot\boldsymbol{\beta}'}{q_0-\mathbf{q}\cdot\boldsymbol{\beta}'}\right)^2\right]\\ &\cong \left(\frac{ie^2}{m} g_{\mu\nu}\right)\exp\left[-\frac{\alpha}{8\pi^2}\sum_{\epsilon}\int\frac{d^3q}{q_0{}^3}(\boldsymbol{\varepsilon}\cdot\boldsymbol{\beta}')^2\right]\end{aligned} \tag{19.138}$$

wobei $\beta' = \dfrac{1}{m}p' = \dfrac{1}{m}(k - k')$ die Geschwindigkeit des Rückstoßelektrons, $\beta = 0$ und $q_0 \equiv \sqrt{|q|^2 + \lambda^2}$ ist. Man erhält Gleichung (19.138), indem man den Elektronenstrom infolge Streuung an dem „harten“ Photon k klassisch behandelt und die Thomson-Amplitude mit der durch (17.89) gegebenen Amplitude $\langle 0 \text{ out} \mid 0 \text{ in}\rangle$ multipliziert, damit keine weiteren Photonen abgestrahlt werden. Dieses Verfahren stimmt überein mit der Vertexkorrektur in Kapitel 8 [Gl. (8.62)] und bis zur zweiten Ordnung auch mit der Strahlungskorrektur zur Compton-Streuung, die Brown und Feynman[1] gefunden haben.

Für Vorwärtsstreuung $\beta' = 0$ ist der Exponentialfaktor eins und es tritt in (19.138) kein Infrarotproblem auf. Für alle anderen Richtungen ist jedoch $|\beta'| \neq 0$ für alle $k \neq 0$ und die Infrarotdivergenz im Exponential bewirkt $\mathfrak{M}_{\mu\nu} \to 0$ für $\lambda \to 0$. Das Theorem (19.137) für niederenerge-

[1] L. M. Brown und R. P. Feynman, *Phys. Rev.*, 85, 231 (1952).

tische Prozesse gilt dann nicht mehr. Es wurde für $k_0/\lambda \to 0$ im $k_0 \to 0$-Limes bewiesen, stattdessen haben wir hier $\lambda/k_0 \to 0$ für $k_0 \to 0$.

Von unserer früheren Behandlung des Infrarotproblems wissen wir jedoch, daß das Verschwinden der elastischen Amplitude $\mathfrak{M}_{\mu\nu}$ kompensiert wird durch die inelastische Amplitude für die Aussendung einer beliebigen Anzahl weicher Photonen, $q < \Delta k$. Ihre Hinzunahme zu der klassischen Stromnäherung für die Elektronen bewirkt die Ersetzung des Exponentials (17.89) durch (17.95) und führt anstelle von (19.138) zu dem differentiellen Streuquerschnitt

$$\left(\frac{d\sigma}{d\Omega}\right)_{\text{rad}} = \frac{\alpha^2}{m^2}(\epsilon\cdot\epsilon')\exp\left[-\frac{\alpha}{4\pi^2}\int_{\sim\Delta k}^{\sim m}\frac{dq}{q}\int d\Omega_q \sum_{\epsilon}(\boldsymbol{\varepsilon}\cdot\boldsymbol{\beta}')^2\right]$$

$$\approx \frac{\alpha^2}{m^2}(\epsilon\cdot\epsilon')\exp\left[-\frac{2\alpha}{3\pi}\beta'^2\ln\left(\frac{m}{\Delta k}\right)\right] \qquad (19.139)$$

mit $\beta' = \left(\frac{2\text{k}}{\text{m}}\right)\sin^2\frac{\theta}{2}$. Der untere Cutoff, $\sim \Delta k$, ist die Energieauflösung des Detektors, d. h. die maximale Energie, die die weichen Photonen abführen können, die von der Meßapparatur nicht festgestellt werden kann. Der obere Cutoff der q-Integration wird $\frac{1}{\Delta t} \sim m$ gesetzt[1], wobei Δt die Zeit ist, in der das Elektron von Null auf β' beschleunigt wird. Die Einführung dieses Cutoff ist nur nötig, weil hier der Einfachheit halber das klassische Strommodell für das Elektron benutzt wurde.

Nach (19.139) ist es im Prinzip möglich für jede vorgegebene Photonenergie ein Experiment mit einer so kleinen Energieauflösung Δk anzugeben, daß der differentielle Wirkungsquerschnitt durch Strahlungskorrekturen wesentlich vom Thomson-Limes abweicht. Bei konstanter relativer Energieauflösung, $\frac{\Delta k}{\text{k}} =$ konstant, strebt (19.139) für $k \to 0$ jedoch gegen den Thomson-Limes. Wie für die meisten elektrodynamischen Prozesse müssen die experimentellen Bedingungen sorgfältig untersucht werden, bevor sich genaue Voraussagen machen lassen.

19.14 *Asymptotisches Verhalten der Feynman-Amplituden*

Das in Abschnitt 19.10 in Zusammenhang mit den Konvergenzeigenschaften der Feynman-Integrale diskutierte Weinberg-Theorem[2] sagt

---

[1] Man erinnere sich, daß die Compton-Streuung über die negativen Energiezustände geht mit Energienennern ~ 2 m im nichtrelativistischen Limes.

[2] S. Weinberg, *Phys. Rev.*, 118, 838 (1960).

viel mehr aus als wir dort benutzt haben. Es gibt eine einfache Regel an zur Bestimmung des asymptotischen Verhaltens einer Feynman-Amplitude, wenn eine Teilmenge oder alle Teilmengen der äußeren Impulse gegen Unendlich gehen dürfen. Um dieses Theorem zu formulieren, das auf den in Abschnitt 19.10 diskutierten Ideen basiert, müssen wir den früher eingeführten Begriff des Subgraphen etwas verallgemeinern. Wir betrachten eine Untermenge $\{Qs\}$ der äußeren, in den Graphen einlaufenden Impulse q_s; diesen Impulsen Q_s wird es später erlaubt sein, gegen ∞ zu gehen. Wenn wir dann auf irgend eine Weise innere Impulsvariable $\{l_r\}$ gewählt haben, definieren wir den Subgraphen zu einer Teilmenge $\{L_r\}$ innerer Impulse und $\{Q_s\}$ äußerer Variabler als die Menge innerer Linien, die zumindest ein L_r oder Q_s tragen, vorausgesetzt, daß der so erhaltene Graph zusammenhängend ist. Als ein Beispiel für Subgraphen geben wir in Abb. 19.52 einen Graphen sechster Ordnung für die

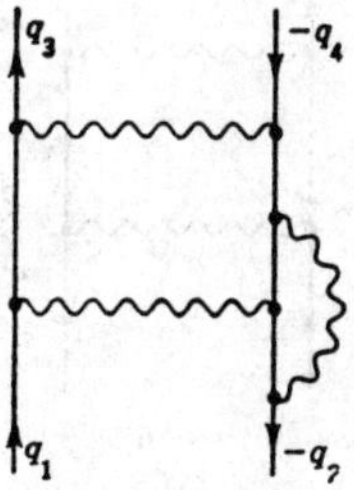

Abb. 19.52 Elektron-Positron-Streugraph sechster Ordnung.

Elektron-Positron-Streuung an. Wir werden das Verhalten dieser Amplitude studieren für den Fall, daß die Impulse q_1 und q_3 des Elektrons gegen Unendlich gehen. Die Subgraphen, die diesem Fall entsprechen, sind in Abb. 19.53 angegeben.

Jedem der wie oben definierten Subgraphen ordnen wir einen „asymptotischen Koeffizienten" α zu, der das Analogon zu dem in Abschnitt 19.10 diskutierten Divergenzgrad D darstellt. Man erhält diesen asymptotischen Koeffizienten α, indem man die Potenzen für alle Linien des Subgraphen zählt und jeder Photonlinie in dem Subgraphen ein -2, jeder Elektronlinie ein -1 und jedem inneren Impulsintegral ein $+4$ zuordnet:

$$\alpha(g) = 4k - f - 2b\,,$$

wobei b = Zahl der Photonlinien im Subgraphen g,
f = Zahl der Elektronlinien im Subgraphen g,
k = Zahl der inneren Impulsintegrale im Subgraphen g.

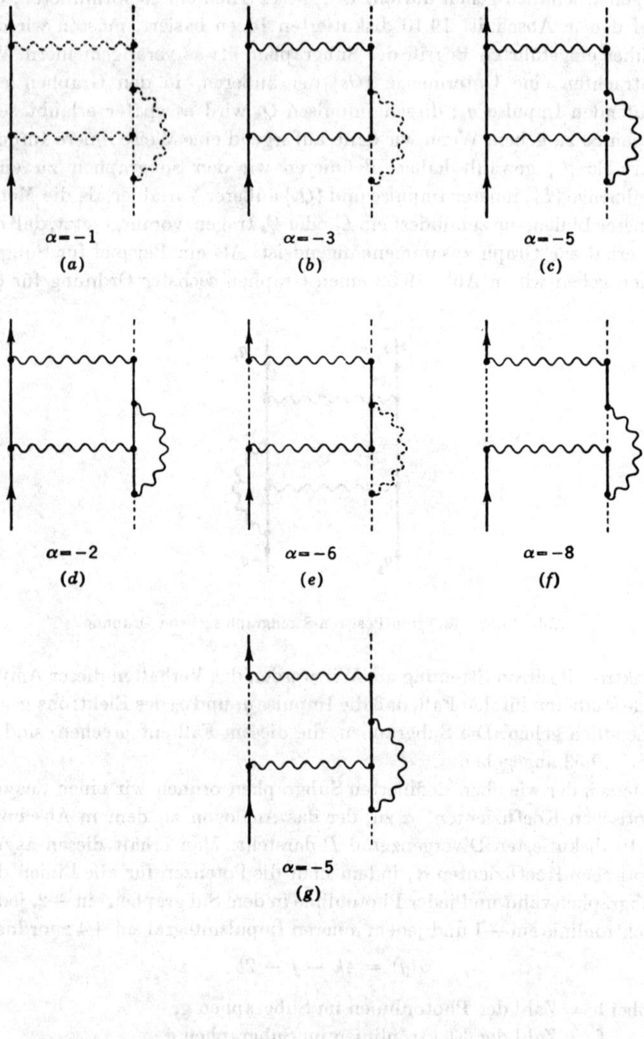

Abb. 19.53 Subgraphen zu Abb. 19.52 und ihre asymptotischen Koeffizienten.

Wenn wir z. B. Abb. 19.52 als einen eigentlichen Graphen auffassen (keine äußeren Propagatorbeine), so lauten die asymptotischen Koeffizienten der in Abb. 19.53 gezeichneten Subgraphen -1, -3, -5, -2, -6, -8 bzw. -5. Das Weinberg'sche Theorem sagt dann, daß wenn:

1. die äußeren Impulse q_s und die inneren Impulse l_r wie in Abschnitt 19.9 beschrieben in das Gebiet mit der euklidischen Metrik fortgesetzt werden,
2. der Teilmenge $\{Q_s\}$ der äußeren Impulse gestattet wird, gegen ∞ zu gehen entsprechend

$$Q_s \to \chi Q_s \qquad \text{mit} \qquad \chi \to \infty\,,$$

daß dann das asymptotische Verhalten der Amplitude $\mathfrak{M}(\chi Q_1 \dots \chi Q_I, q_{I+1} \dots q_m)$ für $\chi \to \infty$ gegeben ist durch

$$\mathfrak{M} \sim \chi^\alpha (\log \chi)^\beta$$

mit

$$\alpha = \max_{\text{Subgraphen } g} \alpha(g)$$

wobei $\alpha(g)$ der asymptotische Koeffizient für den Subgraphen g ist. Der Koeffizient β wird durch die Weinberg'sche Analyse nicht bestimmt. Für das Beispiel in Abb. 19.52 verhält sich die Amplitude $\mathfrak{M}$ asymptotisch wie

$$\mathfrak{M} \sim \frac{1}{\chi} (\log \chi)^\beta\,.$$

wobei der Hauptbeitrag von dem Integrationsgebiet kommt, in welchem alle Impulse der inneren Linien klein sind mit Ausnahme der im Subgraphen (a) der Abb. 19.53 dick gezeichneten Elektronenlinie.

Die Beweisidee ist dieselbe wie für das in Abschnitt 19.10 behandelte Konvergenztheorem. Jedem Subgraphen entspricht eine Subintegration über die inneren Variablen $\{L_r\}$, während die restlichen inneren Variablen l_r „klein" bleiben. Die Subintegration wird an der unteren Grenze durch die großen, durch den Subgraphen verlaufenden Impulse χQ_s abgeschnitten, und die Größe des Beitrags wird durch eine totale Dimensionsbetrachtung erhalten, das heißt durch Abzählen von Potenzen. Die Linien des Subgraphen tragen, das jedoch *nicht* in jeder Subintegration, also -2 oder -1 pro Linie zum asymptotischen Verhalten bei. Man erhält dann das asymptotische Verhalten, indem man alle möglichen Subgraphen untersucht, die wie in Abschnitt 19.10 „Röhren" im 4k-dimensionalen Raum der inneren Impulse entsprechen, und die Hauptbeiträge herauszieht.

Renormierung ändert die Folgerungen aus diesem Theorem nicht; wenn renormierte Vertex- oder Selbstenergieteile eingesetzt werden (um die Integrale zu definieren!!), kann man das asymptotische Verhalten nach genau den Regeln bestimmen, die wir gerade angegeben haben[1]. Nach dem Theorem haben Vertex- und Selbstenergieteile abgesehen von logarithmischen Faktoren bis zu jeder endlichen Ordnung in e das gleiche asymptotische Verhalten wie ihre „nackten" Gegenstücke:

$$\begin{aligned} \Sigma(p) &\to \not p(\log(-p^2))^{\beta} \quad \text{für} \quad p^2 \to -\infty \\ \Pi_{\mu\nu}(q) &\to (q_\mu q_\nu - g_{\mu\nu}q^2)(\log(-q^2))^{\beta'} \quad \text{für } q^2 \to -\infty \\ \Gamma_\mu(p,p',q) &\to \begin{cases} \gamma_\mu(\log(-p^2))^{\beta''} & \text{für } p^2 \to -\infty \\ \dfrac{\not p\gamma_\mu\not p}{p^2}(\log(-p^2))^{\beta'''} & p'^2 \to -\infty \\ & \text{bei festem } q\,. \end{cases} \end{aligned} \tag{19.140}$$

Ähnliche Behauptungen für das asymptotische Verhalten gelten, wenn andere Kombinationen von p, p' und q gegen ∞ gehen. Wir hätten dieses Verhalten für Σ, Π und Γ_μ wegen des Erfolgs des Renormierungsprogrammes vermuten können; wenn das asymptotische Verhalten schlechter gewesen wäre, würde der Divergenzgrad eines Graphen zunehmen, wenn man weitere Vertex- und Selbstenergieeinschübe anfügt. Das durch das Theorem vorhergesagte asymptotische Verhalten stimmt überein mit demjenigen, das wir bei den Rechnungen in zweiter Ordnung in Kapitel 8, und demjenigen in vierter Ordnung in Abschnitt 19.12 erhalten hatten.

Die Stärke dieses Theorems ist durch zwei Tatsachen beschränkt. Erstens berührt es überhaupt nicht die Frage des asymptotischen Verhaltens der exakten, über alle Ordnungen von e aufsummierten Funktionen. Zum Beispiel wenn wir die folgende hypothetische Entwicklung für $S'^{-1}(p)$ machen würden:

$$\begin{aligned} S_F'^{-1}(p) &\cong \not p\left[1 - \frac{\alpha}{4\pi}\log\left(\frac{-p^2}{m^2}\right) + \frac{1}{2}\left(\frac{\alpha}{4\pi}\right)^2\log^2\left(\frac{-p^2}{m^2}\right)\right. \\ &\quad \left. - \frac{1}{6}\left(\frac{\alpha}{4\pi}\right)^3\log^3\left(\frac{-p^2}{m^2}\right) + \cdots\right] = \not p\exp\left[-\frac{\alpha}{4\pi}\log\left(\frac{-p^2}{m^2}\right)\right] \\ &= \not p\left(\frac{m^2}{-p^2}\right)^{\alpha/4\pi} \quad \text{für } p^2 \to \infty\,, \end{aligned}$$

die in den Einzelheiten in höherer als der zweiten Ordnung auf jeden Fall *falsch* ist, würde das für S_F' zu einem vollständig anderen asymptotischen Verhalten als demjenigen führen, das früher bei einer Entwicklung bis zu endlicher Ordnung in e erhalten wurde.

Eine zweite Einschränkung der Nützlichkeit des Weinberg-Theorems ist seine Beschränkung auf die unphysikalischen, euklidischen Impulse,

[1] Der scheinbare Zirkel dieser Behauptung läßt sich durch einen Induktionsschluß beseitigen; vergleiche die Bemerkungen in den nächsten Sätzen im Text.

die durch das in Abschnitt 19.9 beschriebene Verfahren der analytischen Fortsetzung definiert sind. Man würde z. B. gern das asymptotische Verhalten der physikalischen Streuamplituden berechnen, wenn die äußeren Impulse q_s auf der Massenschale liegen $q_s^2 = m^2$, während der Energie- und Impulsübertrag s bzw. t gegen Unendlich geht. Diese schwierige Frage wurde in Angriff genommen[1], aber noch nicht vollständig gelöst.

19.15 *Die Renormierungsgruppe*

Die Durchführung des Renormierungsprogramms basierte auf der Möglichkeit, die nackten Propagatoren, Vertexfunktionen und τ-Funktionen entsprechend den Regeln (19.49) renormieren zu können. Neben dieser (möglicherweise unendlichen) „Skalentransformation" lassen sich endliche durchführen. Ein Beispiel dafür begegnete uns schon bei der intermediären Renormierung in Abschnitt 19.9. Diese weiteren Renormierungen spiegeln die Willkür in unserer Wahl der Normierung der Propagatoren und Vertexfunktionen. Die physikalischen S-Matrixelemente werden notwendigerweise durch sie nicht beeinflußt.

Als Nebenprodukt der Existenz solcher „Skalentransformationen" — die als Renormierungsgruppe bekannt sind — ist es möglich, Informationen über die Wachstumsrate von Graphen höherer Ordnung zu erhalten, ohne genaue Rechnungen durchführen zu müssen. Auf diese Weise können wir die Störungstheorie verbessern, indem wir eine Entwicklung nach Potenzen e^2 umformen in eine solche, deren einzelne Terme eine Impulsabhängigkeit besitzen, die mit den Gesetzen der Renormierungsgruppe verträglich ist. Die Renormierungsgruppe hat auch einige interessante Vermutungen über die Struktur der exakten Theorie und über die Beziehung zwischen den nackten und renormierten Ladungen angeregt[2].

Wir erklären hier die Methode der Renormierungsgruppe, indem wir als Beispiel den Photonpropagator und in Zusammenhang damit die Ladungsrenormierung untersuchen. Die Struktur des renormierten Photonpropagators in (19.51c) ist

$$e^2\tilde{D}'_F(q)_{\mu\nu} = -\frac{g_{\mu\nu}}{q^2}\, d(q^2,0,e^2) + \text{Eichterme}\,.$$

[1] J. Polkinghorne, *J. Math. Phys.*, **4**, 503 (1963); P. Federbush und M. Grisarn, *Ann. Phys.* (N. Y.), **22**, 263 (1963); J. Bjorken und T. T. Wu, *Phys. Rev.*, **130**, 2566 (1963); G. Tiktopolous, *Phys. Rev.*, **131**, 480 (1963).

[2] M. Gell-Mann und F. E. Low, *Phys. Rev.*, **95**, 1300 (1954), N. N. Bogoliubov und D. V. Shirkov, „Introduction to the Theory of Quantized Fields", Interscience Publishers, Inc., New York, 1959.

wobei die skalare Funktion $d(q^2, \upsilon, e^2)$ durch

$$d(q^2,0,e^2) = \frac{e^2}{1 + e^2\Pi_c(q^2,0,e^2)} \qquad (19.141)$$

gegeben ist. Das erste Argument von d und Π ist die Impulsvariable. Das zweite Argument, das hier gleich Null gesetzt ist, bezeichnet den Wert des Impulses, für den $\Pi\,(q^2)$ subtrahiert wurde, um Π_c zu bestimmen, das heißt

$$\Pi_c(q^2,0,e^2) \equiv \Pi(q^2,0,e^2) - \Pi(0,0,e^2) \qquad \Pi_c(0,0,e^2) = 0\,. \quad (19.142)$$

Das dritte Argument, e^2, ist der Entwicklungsparameter für die renormierte Störungstheorie, die auf diese Weise entsteht. e^2 ist die physikalisch beobachtbare Ladung in solchen Einheiten gemessen, daß gilt

$$e^2 = \frac{4\pi}{137}$$

und daß für $q^2 \to 0$ nach (19.141) und (19.142) der Coulomb-Wirkungsquerschnitt mit

$$d(0,0,e^2) = e^2 \qquad (19.143)$$

und der Thomson-Limes der Compton-Streuung, wie in Abschnitt 19.13 diskutiert, korrekt herauskommen.

Nehmen wir nun an, wir hätten das gesamte in (19.51) zusammengefaßte Renormierungsschema so abzuändern, daß wir für irgendeinen anderen Punkt $q^2 = \lambda_1^2 \neq 0$ zu subtrahieren hätten. [Um sicherzustellen, daß d reell bleibt, wählen wir $\lambda_1^2 < 0$ und lassen in der Spektraldarstellung (16.172) das Gebiet mit nichtverschwindender absorptiver Amplitude weg.] Wie wird das unsere bisherigen Überlegungen beeinflussen?

Die Kombination

$$e^2\tilde{D}'_F(q)_{\mu\nu} = e_0{}^2D'_F(q)_{\mu\nu} \qquad (19.144)$$

ist nach (19.49) invariant gegenüber den Renormierungsgesetzen. Ein Renormierungsverfahren, das die Subtraktion für einen beliebigen Punkt $q^2 = \lambda_1^2 < 0$ durchführt, würde also auf eine ähnliche Form führen

$$\begin{aligned} e^2\tilde{D}'_F(q)_{\mu\nu} &= -\frac{g_{\mu\nu}}{q^2}\,d(q^2,0,e^2) + \text{Eichterme} \\ &= -\frac{g_{\mu\nu}}{q^2}\,d(q^2,\lambda_1{}^2,e_1{}^2) + \text{Eichterme} \end{aligned} \qquad (19.145)$$

mit

$$d(q^2,\lambda_1{}^2,e_1{}^2) = \frac{e_1{}^2}{1 + e_1{}^2[\Pi(q^2,\lambda_1{}^2,e_1{}^2) - \Pi(\lambda_1{}^2,\lambda_1{}^2,e_1{}^2)]}\,. \qquad (19.146)$$

Die neue „Ladung“ oder der neue Entwicklungsparameter e_1^2 ist durch

$$d(\lambda_1{}^2,\lambda_1{}^2,e_1{}^2) = e_1{}^2 \qquad (19.147)$$

gegeben. Wenn wir in (19.145) Eichterme weglassen, erhalten wir die Relation

$$d(q^2,0,e^2) = d(q^2,\lambda_1{}^2,e_1{}^2)\,, \tag{19.148}$$

die für $q^2 = 0$ in eine Gleichung zwischen e_1^2 und $e^2 = 4\,\pi/137$ übergeht

$$e^2 = d(0,\lambda_1{}^2,e_1{}^2)\,. \tag{19.149}$$

Genauso können wir noch für einen anderen Subtraktionspunkt $\lambda_2^2 < 0$ renormieren, um zu (19.147) und (19.149) analoge Beziehungen zwischen den Propagatoramplituden an zwei beliebigen Punkten zu bekommen:

$$d(q^2,\lambda_1{}^2,e_1{}^2) = d(q^2,\lambda_2{}^2,e_2{}^2)$$
$$e_2{}^2 = d(\lambda_2{}^2,\lambda_2{}^2,e_2{}^2) = d(\lambda_2{}^2,\lambda_1{}^2,e_1{}^2)\,.$$

Diese ergeben zusammen eine Funktionalgleichung

$$d(q^2,\lambda_1{}^2,e_1{}^2) = d(q^2,\lambda_2{}^2,d(\lambda_2{}^2,\lambda_1{}^2,e_1{}^2))\,, \tag{19.150}$$

eine Beziehung, die für alle λ_2^2 gelten muß.

Jetzt kann man sich verständlicherweise fragen, was das alles eingebracht hat. Die Funktionalgleichung (19.150) setzt den Propagator d mit sich selbst in Beziehung, jedoch nur zu dem Preis eines zusätzlichen Parameters λ^2. Das scheint für sich allein kaum ein Fortschritt zu sein. In der Tat, bevor wir auf einen Fortschritt hoffen können, müssen wir irgend etwas Neues in die Gleichung für d hineinstecken. Das tun wir mit der folgenden Annahme: Wenn $-\lambda_1^2 \gg m^2$, $-\lambda_2^2 \gg m^2$ und $-q^2 \gg m^2$ ist, ist es eine gute Näherung, die Abhängigkeit des Propagators d von der Masse m zu vernachlässigen. Bevor wir diese Annahme durch eine genaue Untersuchung der Struktur der Theorie stützen, wollen wir uns ihre Konsequenzen ansehen.

Eine Folgerung kann sofort auf Grund von Dimensionsbetrachtungen gezogen werden. Wenn man die gesamte m-Abhängigkeit vernachlässigt, kann d nur noch eine Funktion zweier Variabler, q^2/λ^2 und e^2, sein — genau der Variablenzahl, mit der wir zu Beginn des Abschnittes anfingen. Die Funktionalgleichung (19.150) koppelt die Abhängigkeit von d von diesen beiden Variablen und schränkt folglich entsprechend der Renormierungsgruppe das Impulsverhalten der einzelnen Terme der e^2-Entwicklung von d für große Impulse ein.

Mit der obigen Annahme können wir definieren

$$d(q^2,\lambda_1{}^2,e_1{}^2) \equiv d\left(\frac{q^2}{\lambda_1{}^2},\, e_1{}^2\right) \quad \text{für } -q^2, -\lambda_1{}^2 \gg m^2 \tag{19.151}$$

und (19.150) umschreiben in (dabei lassen wir einen Index fort und schreiben $\lambda_2 = \lambda$)

$$d\left(\frac{q^2}{\lambda_1^2}, e_1^2\right) = d\left(\frac{q^2}{\lambda^2}, d\left(\frac{\lambda^2}{\lambda_1^2}, e_1^2\right)\right) \tag{19.152}$$

mit der Randbedingung
$$d(1, e_1^2) = e_1^2 \tag{19.153}$$

für alle e_1^2. Es ist bemerkenswert, daß sich die Gleichungen (19.152) und (19.153) einfach lösen lassen. Wir differenzieren zuerst nach q^2 und setzen dann $q^2 = \lambda^2$

$$\frac{\partial}{\partial\lambda^2} d\left(\frac{\lambda^2}{\lambda_1^2}, e_1^2\right) = \frac{1}{\lambda^2}\Phi\left(d\left(\frac{\lambda^2}{\lambda_1^2}, e_1^2\right)\right), \tag{19.154}$$

wobei, nach (19.153),

$$\Phi(e^2) = \frac{\partial}{\partial x} d(x, e^2)\bigg|_{x=1}. \tag{19.155}$$

Gleichung (19.154) kann für feste e_1^2, λ_1^2 integriert werden, indem man schreibt

$$\int_{\lambda_1^2}^{q^2} \frac{d\lambda^2}{\lambda^2} = \int_{e_1^2}^{d(q^2/\lambda_1^2, e_1^2)} \frac{d[d(\lambda^2/\lambda_1^2, e_1^2)]}{\Phi(d(\lambda^2/\lambda_1^2, e_1^2))}$$

und ergibt die funktionale Form

$$\ln\frac{q^2}{\lambda_1^2} = \int_{e_1^2}^{d(q^2/\lambda_1^2, e_1^2)} \frac{du}{\Phi(u)} = F\left(d\left(\frac{q}{\lambda_1^2}, e_1^2\right)\right) - F(e_1^2).$$

Wenn wir die Umkehrung bilden, um nach d aufzulösen, finden wir die allgemeine Lösung der Funktionalgleichung (19.152)

$$d\left(\frac{q^2}{\lambda_1^2}, e_1^2\right) = F^{-1}\left[F(e_1^2) + \ln\left(\frac{q^2}{\lambda_1^2}\right)\right]. \tag{19.157}$$

Unter der Annahme, daß F^{-1} existiert, haben wir in (19.157) eine Form für d erhalten, die es als Funktion von *einer* Variablen allein darstellt. Wie schon früher gesagt wurde, ist also für große $-q^2 \gg m^2$ die Impulsabhängigkeit des Propagators an seine Abhängigkeit von der Ladung gekoppelt.

Wir können dieses Ergebnis auch benutzen, um ein verbessertes d zu bestimmen, wenn wir von einem bekannten Wert als Eingabe ausgehen. Das Verfahren ist:

1. Man nehme einen Wert für $d(x, e_1^2)$ und berechne unter Benutzung von (19.155) $\Phi(e_1^2)$.
2. Damit integriere man (19.156) und bestimme nach (19.157) ein verbessertes $d(x, e_1^2)$.

Um das Verfahren anzuwenden, nehmen wir an, daß wir von d nur wissen, daß es sich in eine Potenzreihe nach e_1^2 entwickeln läßt

$$d(x,e_1^2) = e_1^2 + e_1^4 f(x) + 0(e_1^6). \tag{19.158}$$

Nach (19.155) finden wir dann

$$\Phi(e_1^2) = e_1^4 f'(1) + 0(e_1^6)$$

und gehen damit in (19.156) ein und erhalten

$$\ln \frac{q^2}{\lambda_1^2} = \int_{e_1^2}^{d(q^2/\lambda_1^2, e_1^2)} \frac{du}{u^2 f'(1)} + 0\left(\ln \frac{d}{e_1^2}\right)$$

oder

$$\frac{1}{d(x,e_1^2)} = \frac{1}{e_1^2} - f'(1) \ln x + 0\left(\ln \frac{d}{e_1^2}\right)$$

und

$$d(x,e_1^2) = \frac{e_1^2}{1 - e_1^2 f'(1) \ln x + 0(e_1^4 \ln x)}. \tag{19.159}$$

Ohne ein Feynman-Integral anzusehen, haben wir also herausbekommen, daß sich die Vakuumpolarisation in zweiter Ordnung für große q^2 wie $ln(q^2/\lambda^2)$ verhält und auch, daß sie sich in vierter Ordnung nicht schlimmer als $ln\ (q^2/\lambda^2)$ verhält. Wir schließen dann ohne weitere Rechnungen, daß sich der $ln^2\left(\frac{q^2}{m^2}\right)$-Term, der bei der Rechnung vierter Ordnung in Abschnitt 19.12 auftrat, herausheben muß, wie wir es dann auch nach beträchtlicher Anstrengung in (19.121) bestätigt fanden.

Genauso können wir mit einem Propagator d starten, der alles das enthält, was wir aus den Rechnungen in vierter Ordnung gelernt haben [vgl. (19.122)]

$$d(x,e_1^2) = \frac{e_1^2}{1 - \frac{e_1^2}{12\pi^2} \ln x - \frac{e_1^4}{64\pi^4} \ln x + 0(e_1^6)}. \tag{19.160}$$

Indem wir dann über (19.155) Φ und aus (19.156) d berechnen, finden wir

$$\begin{aligned} d(x,e_1^2) &= \frac{e_1^2}{1 - \frac{e_1^2}{12\pi^2} \ln x + \frac{3e_1^2}{16\pi^2} \ln\left(1 - \frac{e_1^2}{12\pi^2} \ln x\right) + 0\left(e_1^2 \ln \frac{1+d}{1+e_1^2}\right)} \\ &= \frac{e_1^2}{1 - \frac{e_1^2}{12\pi^2} \ln x - \frac{e_1^4}{64\pi^4} \ln x - \frac{e_1^6}{1536\pi^6} \ln^2 x + 0(e_1^6 \ln x)} \\ &\qquad \text{für } \frac{e_1^2}{12\pi^2} \ln x \ll 1. \end{aligned} \tag{19.161}$$

Der Hauptterm in der Rechnung sechster Ordnung ist also allein durch die Gleichungen der Renormierungsgruppe für große q^2 vollständig bestimmt, und zwar der Form nach und in den numerischen Koeffizienten[1].

Eine andere bemerkenswerte Eigenschaft von (19.157) ist, daß

$$d\left(\frac{q^2}{\lambda_1^2}, e_1^2\right) \longrightarrow F^{-1}(\infty) \text{ als } -q^2 \to \infty\,, \tag{19.162}$$

die zeigt, daß der Propagator für große Impulse gegen einen Grenzwert strebt, der unabhängig von dem Renormierungspunkt λ_1 und der Ladung e_1 ist. Die Spektraldarstellung des Photonpropagators legt nahe, d in diesem Limes als die nackte Ladung e_0^2 zu interpretieren. Nach (16.172) erfüllt der vollständige, unrenormierte Propagator eine Spektraldarstellung

$$D'_F(q)_{\mu\nu} = -g_{\mu\nu}\left[\frac{Z_3}{q^2} + \int_0^\infty \frac{dM^2 \Pi(M^2)}{q^2 - M^2}\right] + \text{Eichterme} \tag{19.163}$$

mit $\Pi\,(M^2) \geq 0$ und der Summenregel $1 = Z_3 + \int\limits_0^\infty d\,M^2\,\Pi\,(M^2)$ für $q^2 \to \infty$, wenn man voraussetzt, daß das Spektralintegral existiert. Der exakte Propagator sollte in diesem Limes also bis auf Eichterme gegen den nackten Propagator streben, das heißt

$$D'_F(q)_{\mu\nu} \longrightarrow \frac{-g_{\mu\nu}}{q^2} + \text{Eichterme} \qquad \text{für } q^2 \to \infty\,. \tag{19.164}$$

Wir erinnern uns, daß $e_0^2\,D'_F\,(q)_{\mu\nu}$ ein gegenüber der Renormierungsgruppe invariantes Produkt war und finden, indem wir (19.162) und (19.164) zusammenfassen

$$e_0^2 = F^{-1}(\infty)\,. \tag{19.165}$$

Wir sehen uns einem Dilemma gegenüber. Alle unsere Argumente in diesem Abschnitt wurden auf das Renormierungsprogramm der Störungstheorie gegründet, die uns Propagatoren, Vertexfunktionen usw. in Potenzreihen sowohl nach der renormierten wie auch nach der nackten Ladung, e beziehungsweise e_0, zu entwickeln erlaubt. In (19.165) haben wir jedoch ein Ergebnis erhalten, das eine Bedingung an den Wert von e_0 stellt, die anzeigt, daß er nicht beliebig gewählt werden kann. Dies Verhalten ist der störungstheoretischen Behandlung völlig fremd und

[1] Durch ähnliche Anwendungen dieser Methode wurden die störungstheoretischen Entwicklungen der Vertexfunktionen und Fermionpropagatoren verbessert sowohl im Ultraviolett- wie auch im Infrarotgebiet.

zwingt uns zu dem Schluß, daß mindestens eine der Annahmen bei der Ableitung des Ergebnisses falsch war[1].
Speziell haben wir Zweifel an der Anwendung der störungstheoretischen Entwicklung für $q^2 \to \infty$, da (19.161) zeigt, daß aufeinanderfolgende Terme immer schneller wachsen, wenn

$$\ln \frac{q^2}{\lambda_1{}^2} \gtrsim \frac{12\pi^2}{e_1{}^2} . \tag{19.166}$$

Nach diesen Beispielen für die Anwendung der Renormierungsgruppe wollen wir zu der Grundannahme zurückkommen, die die Physik in die Gruppengleichung (19.150) hineinbrachte, nämlich, daß der Propagator für $-q^2$, $-\lambda^2 \gg m^2$ unabhängig von m^2 wird. Um diese Annahme zu stützen, wollen wir zeigen, daß die asymptotischen Lösungen der renormierten Integralgleichungen (19.51) nicht empfindlich von der Masse abhängen, wenn die Renormierung für einen Punkt $-\lambda^2 \gg m^2$ gemacht wird. Der Beweis dazu basiert auf dem in Abschnitt 19.14 behandelten Weinberg-Theorem über das asymptotische Verhalten der Feynman-Amplituden und benutzt die Induktionsmethode.

Wir nehmen an, daß $\tilde{\Gamma}_\mu (p', p, \lambda)$, $\tilde{S}'_F (p, \lambda)$ und $\tilde{D}'_F (q, \lambda)$ alle für irgendeine große Masse $-\lambda^2 \gg m^2$ renormiert sind und für $p, p', q \to \infty$ gegen von m unabhängige Funktionen streben, wenn man sie in der Ordnung e_λ^{n-2} in einer Störungsentwicklung nach der renormierten Ladung berechnet. Nach dem Weinberg-Theorem schließen wir dann, daß das auch in der Ordnung e_λ^n gilt. Z. B. sagt das Weinberg-Theorem, daß asymptotisch gilt

$$\tilde{S}'^{-1}_F(p,\lambda) \to (\text{Konstante}) \cdot \not{p} \cdot (\text{Logarithmen}) \quad \text{für } \not{p} \to \infty . \tag{19.167}$$

Wir nehmen in der Ordnung e_λ^{n-2} an und wollen in der Ordnung e_λ^n beweisen, daß der asymptotische Teil von $\tilde{S}'^{-1}$ (p, λ) von m^2 unabhängig ist, das heißt, daß die Konstante und der Logarithmus in (19.167) endlich sind für $-\lambda^2 \gg m^2$ und $m^2 \to 0$. Indem wir auf Gl. (8.39) zurückverweisen und die Subtraktion für $-\lambda^2 \gg m^2$ machen, beweisen wir die Richtigkeit dieser Annahme in der Ordnung e_λ^2. Ähnliche Induktionsannahmen werden über die Vertex- und Selbstenergieteile des Photons in der Ord-

[1] Vergleiche in diesem Zusammenhang, neben den auf Seite angegebenen Zitaten, die Arbeiten von Landau und Mitarbeitern [L. D. Landau in W. Pauli (Herausgeber), „Niels Bohr and the Development of Physics", Mc Graw-Hill Book Company, New York, (1955)] und auch P. J. Redmond, *Phys. Rev.*, **112**, 1404 (1958), und P. J. Redmond und J. L. Uretski, *Ann. Phys.* (N. Y.), **9**, 106 (1960).

nung e_λ^{n-2} gemacht. Indem man auf Kap. 8 zurückgeht[1], kann man direkt testen, daß die Behauptung, die für die asymptotischen Anteile von Γ_μ und $\Pi_{\mu\nu}$ — wenn irgendeine Kombination virtueller Impulse gegen ∞ geht — in der Ordnung e_λ^n gezeigt werden soll, in der Ordnung e_λ^2 richtig ist.

Wir wollen mit dem Vertex anfangen und (19.51) benutzen, wobei die Subtraktion für großes λ anstatt auf der Massenschale zu verstehen ist, um ihn in der Ordnung e^n zu berechnen. Wir interessieren uns nur für den asymptotischen Teil, der sich nach dem Weinberg-Theorem verhält wie (Konstante) $\times$ (Logarithmen) wie in (19.140) gezeigt ist. Nach dem Weinberg-Theorem kommt dieser Hauptbeitrag von den Subintegrationen, die Subgraphen mit einem asymptotischen Koeffizienten $\alpha = 0$ entsprechen. Die einzigen Kandidaten für Subgraphen mit nichtnegativem asymptotischen Koeffizienten sind Vertex- und Selbstenergieteile. Wenn diese als Subgraphen in einem Vertexgraphen vorkommen, tragen jedoch mindestens zwei der äußeren Propagatorbeine, die sie mit dem Rest des Graphen verbinden, „große" Impulse und tragen deshalb zu einem negativen asymptotischen Koeffizienten bei. Also bleibt nur der Vertexgraph als Ganzes übrig[2], der einen asymptotischen Koeffizienten Null hat, da seine eigenen äußeren Linien bei der Definition des eigentlichen Vertexteiles nicht mitgezählt werden. Auch der Divergenzgrad des Vertexgraphen ist Null, entsprechend $\alpha = 0$, und das zugehörige Integrationsgebiet besteht aus denjenigen inneren Impulsen derart, daß alle Nenner innerer Propagatoren groß sind. Deshalb dürfen wir in diesem Graphen die asymptotischen Ausdrücke für den Propagator und die Vertexeinschübe benutzen. Dann sieht man, daß die Masse m in dem Integral nirgends in kritischer Weise vorkommt und das Integral für Γ_μ nach der Renormierung existiert. Weiter wird sein asymptotischer Teil für $m \to 0$ existieren, da die untere Grenze, die die Logarithmen abschneidet, der Parameter $-\lambda^2 \gg m^2$ oder äußere Impulse sein werden.

Um den Beweis fortzusetzen, so wie er hier ohne alle Strenge gegeben wird, können wir jetzt die Ward-Identität benutzen, um $\tilde{S}_F'(p,\lambda)$ aus $\tilde{\Gamma}_\mu$

[1] Mit der Normierungskonvention

$$\tilde{S}_F'(p,\lambda) = \frac{1}{\not p - \tilde{m}(\lambda)}\bigg|_{\not p = \lambda \gg m}$$

und

$$\tilde{\Gamma}_\mu(p,p,\lambda)\bigg|_{\not p = \lambda} = \gamma_\mu$$

erhalten wir noch die dort benutzte Ward-Identität $Z_1(\lambda) = Z_2(\lambda)$.

[2] Abgesehen von Subgraphen in Subtraktionstermen; die Verhältnisse sind hier so wie bei der Diskussion der Renormierung.

zu berechnen, das folglich auch nicht von m abhängt. Schließlich können wir den Beweis mit ähnlichen Argumenten wie für den Vertex für den Photonpropagator wiederholen. Wir suchen entsprechend (19.140) nach Subgraphen mit asymptotischen Koeffizienten $+ 2$ und finden aus Gründen, wie sie für den Vertex benutzt werden, daß der Graph als ganzes der einzige Kandidat ist. Das beweist dann unsere Induktionsannahme.

Bestärkt durch die obigen Argumente, können wir uns zu der Anwendung der Methode der Renormierungsgruppe zur Verbesserung störungstheoretischer Rechnungen bei höheren Impulsen berechtigt fühlen. In den Überlegungen steckt jedoch implizit, daß die Summe über die asymptotischen Glieder der Störungsreihe das asymptotische Verhalten ihrer Summe ergibt. Es könnte sehr gut sein, daß die Terme, die bisher als relativ klein weggelassen wurden, für höhere Impulse in jeder einzelnen Ordnung der Rechnung vorherrschend werden gegenüber denjenigen, die man erhält, wenn man die Störungsreihe aufsummiert. Schlüsse auf Grund der Methode der Renormierungsgruppe über das Verhalten der über alle Ordnungen aufsummierten Theorie sind also gefährlich und müssen mit Vorsicht betrachtet werden.

Das gilt für alle Folgerungen aus lokalen, relativistischen Feldtheorien.

Aufgaben:

1. Man beweise die verallgemeinerte Ward-Identität (19.16), indem man den Vakuumerwartungswert für freie Felder

$$\langle 0|T(\psi(x)\bar{\psi}(y)j_\mu(z))|0\rangle$$

bilde und die Stromerhaltung sowie die Feldgleichungen benutze.

2. Man gebe die allgemeine Struktur von $\Gamma^\mu(p', p)$ an und bestimme die Einschränkungen auf Grund der Ward-Identität und T, C und P-Invarianz.

3. Man vervollständige den in Abschnitt 19.11 gegebenen Beweis der Renormierbarkeit durch den Nachweis, daß die allgemeinen $l_r \dots l_s$-Subintegrationen konvergieren.

4. Man leite die Ergebnisse der Gln. (19.109), (19.111), (19.117) und (19.118) her.

5. Man beweise die Gln. (19.120) und (19.122) und bestimme die analogen Ergebnisse für den Grenzfall $-q^2/m^2 \ll 1$.

6. Man beweise Gl. (19.131).

7. Man beweise die Struktur von (19.135), indem man Φ und I berechne.

8. Man benutze die Källén-Lehmann-Darstellung, um zu zeigen, daß F^{-1} in Gl. (19.157) existiert.

9. Man beweise Gl. (19.161).

10. Man gebe den allgemeinen Ausdruck für den elektromagnetischen Strom an für den Fall, daß das auslaufende Elektron und Photon auf ihren Massenschalen sind ($p^2 = m^2$ und $l^2 = 0$). Unter Benutzung der verallgemeinerten Ward-Identität zeige man, daß er sich durch vier skalare Funktionen $F_i(W^2)$ der Variablen $W^2 = (p + l)^2$ schreiben läßt. Man leite geeignete Dispersionsrelationen für die $F_i(W^2)$ her und beziehe sie auf die in Aufgabe 2 vorkommenden irreduziblen Vertexfunktionen. Speziell diskutiere man das Auftreten von e in den Dispersionsrelationen für den Strom als eine notwendige Subtraktionskonstante und drücke sie durch physikalische Größen aus.

11. Man beweise die Renormierbarkeit der Theorie der pseudoskalaren Mesonen die mit Nukleonen über eine Koppelung wechselwirken, die keine Ableitungen enthält. Die Eichinvarianz kann nicht mehr benutzt werden, um das Problem der Subgraphen der π-π-Streuung zu verfolgen.

Anhang A

NOTATION

Orts- und Impulskoordinaten

Die Raum-Zeit-Koordinaten $(t, x, y, z) = (t, \mathbf{x})$ werden durch den kontravarianten Vierervektor (c und $\hbar$ werden gleich 1 gesetzt):

$$x^\mu \equiv (x^0,x^1,x^2,x^3) \equiv (t,x,y,z)$$

bezeichnet. Den kovarianten Vierervektor x_μ erhält man durch Änderung des Vorzeichens der räumlichen Komponenten:

$$x_\mu \equiv (x_0,x_1,x_2,x_3) \equiv (t,-x,-y,-z) = g_{\mu\nu}x^\nu$$

mit
$$g_{\mu\nu} = \begin{bmatrix} 1 & 0 & 0 & 0 \\ 0 & -1 & 0 & 0 \\ 0 & 0 & -1 & 0 \\ 0 & 0 & 0 & -1 \end{bmatrix}.$$

Wenn nichts anderes angegeben ist, wird die Summationskonvention benutzt, nach der über zweifach vorkommende Indizes summiert werden muß. Wenn zwei gleiche Indizes (über die zu summieren ist) beide unten bzw. oben stehen, hat man einen Fehler gemacht. Das innere Produkt ist $x^2 = x_\mu x^\mu = t^2 - \mathbf{x}^2$.

Die Definition der Impulsvektoren ist analog

$$p^\mu = (E,p_x,p_y,p_z)$$

Ihr inneres Produkt ist

$$p_1 \cdot p_2 = p_1{}^\mu p_{2\mu} = E_1E_2 - \mathbf{p}_1 \cdot \mathbf{p}_2$$

und ebenso

$$x \cdot p = tE - \mathbf{x} \cdot \mathbf{p}$$

Vierervektoren p sind immer dünn, Dreiervektoren $\mathbf{p}$ fett gedruckt.

Der Impulsoperator wird in der Ortsdarstellung geschrieben als

$$p^\mu = i\frac{\partial}{\partial x_\mu} \equiv \left(i\frac{\partial}{\partial t}, \frac{1}{i}\nabla\right) \equiv i\nabla^\mu$$

und er transformiert sich wie ein kontravarianter Vierervektor:

$$p^\mu p_\mu = -\frac{\partial}{\partial x_\mu}\frac{\partial}{\partial x^\mu} \equiv -\Box\,.$$

In diesen Einheiten ist die Compton-Wellenlänge $1/m(\cong 3{,}96 \times 10^{-11}$ cm für das Elektron) und die Ruheenergie $m(\cong 0{,}511$ MeV für das Elektron).

Das Viererpotential des elektromagnetischen Feldes ist definiert durch

$$\begin{aligned} A^\mu &= (\Phi, \mathbf{A}) \\ &= g^{\mu\nu} A_\nu \, . \end{aligned}$$

Die Feldstärken sind definiert durch

$$F^{\mu\nu} = \frac{\partial}{\partial x_\nu} A^\mu - \frac{\partial}{\partial x_\mu} A^\nu \, ,$$

und das elektrische bzw. magnetische Feld lauten in einer nicht kovarianten Notation

$$\begin{aligned} \mathbf{E} &= (F^{01}, F^{02}, F^{03}) \\ \mathbf{B} &= (F^{23}, F^{31}, F^{12}) \, . \end{aligned}$$

Dirac-Matrizen und Spinoren

Einen Dirac-Spinor für ein Teilchen mit dem physikalischen Impuls p und der Polarisation s nennen wir $u_a(p, s)$ und für ein Antiteilchen $v_a(p, s)$. In beiden Fällen ist die Energie $p_0 \equiv Ep + \sqrt{p^2 + m^2}$ positiv, und in beiden Fällen stellt der Vektor s^μ, der im Ruhesystem die Form

$$s^\mu = (0, \hat{\mathbf{s}}) \qquad \hat{\mathbf{s}} \cdot \hat{\mathbf{s}} = 1$$

hat, die Spinrichtung des physikalischen Teilchens im Ruhesystem dar.

Die γ-Matrizen in der Dirac-Gleichung erfüllen die Antivertauschungsrelationen

$$\gamma^\mu \gamma^\nu + \gamma^\nu \gamma^\mu = 2 g^{\mu\nu}$$

und hängen mit den α- und β-Matrizen zusammen durch $\gamma = \beta \alpha$; $\gamma_0 = \beta$. Eine gebräuchliche Darstellung dafür ist

$$\gamma^0 = \begin{bmatrix} 1 & 0 \\ 0 & -1 \end{bmatrix}$$

$$\{\gamma^i\} = \gamma = \begin{bmatrix} 0 & \boldsymbol{\sigma} \\ -\boldsymbol{\sigma} & 0 \end{bmatrix}$$

wobei die Komponenten

$$\sigma^1 = \begin{bmatrix} 0 & 1 \\ 1 & 0 \end{bmatrix} \qquad \sigma^2 = \begin{bmatrix} 0 & -i \\ i & 0 \end{bmatrix} \qquad \sigma^3 = \begin{bmatrix} 1 & 0 \\ 0 & -1 \end{bmatrix}$$

die üblichen 2×2 Pauli-Matrizen sind, und $1 = \left[\begin{smallmatrix} 1 & 0 \\ 0 & 1 \end{smallmatrix}\right]$ die 2×2-Einheitsmatrix ist. Häufig vorkommende Kombinationen sind

$$\sigma^{\mu\nu} = \frac{i}{2} [\gamma^\mu, \gamma^\nu] \quad \text{und} \quad \gamma^5 = i \gamma^0 \gamma^1 \gamma^2 \gamma^3 = \gamma_5 \, .$$

In dieser Darstellung lauten die Komponenten von $\sigma^{\mu\nu}$

$$\sigma^{ij} = \begin{bmatrix} \sigma^k & 0 \\ 0 & \sigma^k \end{bmatrix}$$

(mit $i, j, k = 1, 2, 3$ in zyklischer Anordnung) und

$$\sigma^{0i} = i\alpha^i = i\begin{bmatrix} 0 & \sigma^i \\ \sigma^i & 0 \end{bmatrix} \qquad \gamma_5 = \gamma^5 = \begin{bmatrix} 0 & 1 \\ 1 & 0 \end{bmatrix}.$$

Das häufig auftretende innere Produkt der γ-Matrizen mit einem normalen Vierervektor bezeichnen wir mit

$$\begin{aligned} \gamma_\mu A^\mu &\equiv A\!\!\!/ = \gamma^0 A^0 - \boldsymbol{\gamma} \cdot \mathbf{A} \\ p_\mu \gamma^\mu &\equiv p\!\!\!/ = E\gamma^0 - \mathbf{p} \cdot \boldsymbol{\gamma} \\ p_\mu \gamma^\mu &\equiv i\nabla\!\!\!\!/ = i\gamma_0 \frac{\partial}{\partial t} + i\boldsymbol{\gamma} \cdot \boldsymbol{\nabla} = i\gamma^\mu \frac{\partial}{\partial x^\mu}\,. \end{aligned}$$

Die Spinoren u und v erfüllen die Dirac-Gleichung

$$\begin{aligned} (p\!\!\!/ - m)u(p,s) &= 0 \\ (p\!\!\!/ + m)v(p,s) &= 0 \end{aligned}$$

und sind durch Gl. (3.7) explizit gegeben. Für die meisten Anwendungen benötigt man jedoch nur die folgenden Projektionsoperatoren, die ausgedrückt durch die adjungierten Spinoren

$$\begin{aligned} \bar{u} &= u^\dagger \gamma^0 \\ \bar{v} &= v^\dagger \gamma^0 \end{aligned}$$

welche die Gleichungen

$$\begin{aligned} \bar{u}(p,s)(p\!\!\!/ - m) &= 0 \\ \bar{v}(p,s)(p\!\!\!/ + m) &= 0 \end{aligned}$$

erfüllen, lauten:

$$\begin{aligned} u_\alpha(p,s)\bar{u}_\beta(p,s) &= \left[\frac{p\!\!\!/ + m}{2m} \cdot \frac{1 + \gamma_5 s\!\!\!/}{2}\right]_{\alpha\beta} \\ v_\alpha(p,s)\bar{v}_\beta(p,s) &= -\left[\frac{m - p\!\!\!/}{2m} \cdot \frac{1 + \gamma_5 s\!\!\!/}{2}\right]_{\alpha\beta} \end{aligned} \tag{A.1}$$

Daraus ergeben sich die Normierungsbedingungen

$$\begin{aligned} \bar{u}(p,s)u(p,s) &= 1 \\ \bar{v}(p,s)v(p,s) &= -1 \end{aligned} \tag{A.2}$$

und die Vollständigkeitsrelation

$$\sum_s \left[u_\alpha(p,s)\bar{u}_\beta(p,s) - v_\alpha(p,s)\bar{v}_\beta(p,s)\right] = \delta_{\alpha\beta}$$

Zur Spurbildung brauchen wir die hermitesch konjugierten Matrixelemente, für die gilt

$$[\bar{u}(p',s')\Gamma u(p,s)]^\dagger = \bar{u}(p,s)\,\bar{\Gamma}\,u(p',s')$$

mit
$$\bar{\Gamma} \equiv \gamma^0 \Gamma^\dagger \gamma^0$$

Zum Beispiel
$$\bar{\gamma}^\mu = \gamma^0 \gamma^{\mu\dagger} \gamma^0 = \gamma^\mu$$
$$\bar{\sigma}^{\mu\nu} = \gamma^0 \sigma^{\mu\nu\dagger} \gamma^0 = \sigma^{\mu\nu}$$
$$\overline{i\gamma^5} = \gamma^0 (i\gamma^5)^\dagger \gamma^0 = i\gamma^5$$

Summation über die Spins in den Projektionsoperatoren (A.1) liefern die Energie-Projektionsoperatoren

$$[\Lambda_+(p)]_{\alpha\beta} \equiv \sum_{\pm s} u_\alpha(p,s)\bar{u}_\beta(p,s) = \left(\frac{\not{p} + m}{2m}\right)_{\alpha\beta}$$
$$[\Lambda_-(p)]_{\alpha\beta} \equiv -\sum_{\pm s} v_\alpha(p,s)\bar{v}_\beta(p,s) = \left(\frac{-\not{p} + m}{2m}\right)_{\alpha\beta} . \qquad \text{(A.3)}$$

Eine häufig verwendete und nützliche Identität ist die Gordon-Zerlegung des Stromes:

$$\bar{u}(p')\gamma^\mu u(p) = \bar{u}(p')\left[\frac{(p + p')^\mu}{2m} + \frac{i\sigma^{\mu\nu}(p' - p)_\nu}{2m}\right] u(p) .$$

Spuren und Identität mit γ-Matrizen

$$\not{a}\not{b} = a \cdot b - i\sigma_{\mu\nu}a^\mu b^\nu$$

Die Spur einer ungeraden Anzahl von γ-Matrizen verschwindet.

$$\mathrm{Tr}\,\gamma_5 = 0$$
$$\mathrm{Tr}\,1 = 4$$
$$\mathrm{Tr}\,\not{a}\not{b} = 4a \cdot b$$
$$\mathrm{Tr}\,\not{a}_1\not{a}_2\not{a}_3\not{a}_4 = 4[a_1 \cdot a_2\, a_3 \cdot a_4 - a_1 \cdot a_3\, a_2 \cdot a_4 + a_1 \cdot a_4\, a_2 \cdot a_3]$$
$$\mathrm{Tr}\,\gamma_5\not{a}\not{b} = 0$$
$$\mathrm{Tr}\,\gamma_5\not{a}\not{b}\not{c}\not{d} = 4i\epsilon_{\alpha\beta\gamma\delta}a^\alpha b^\beta c^\gamma d^\delta$$
$$\gamma_\mu\not{a}\gamma^\mu = -2\not{a}$$
$$\gamma_\mu\not{a}\not{b}\gamma^\mu = 4a \cdot b$$
$$\gamma_\mu\not{a}\not{b}\not{c}\gamma^\mu = -2\not{c}\not{b}\not{a}$$

Weitere Regeln siehe in Abschn. 7.2.

Anhang B

REGELN FÜR FEYNMAN-GRAPHEN

Die Ausdrücke für Wirkungsquerschnitte teilt man in zwei Teile auf: Erstens die invariante Amplitude $\mathfrak{M}$, die ein Lorentz-Skalar ist und in der die Physik steckt, und zweitens die kinematischen und Phasenraum-Faktoren. Ausgedrückt durch $\mathfrak{M}$ lautet der Ausdruck für den differentiellen Wirkungsquerschnitt $d\sigma$ *für spinlose Teilchen und für Photonen*

$$d\sigma = \frac{1}{|\mathbf{v}_1 - \mathbf{v}_2|}\left(\frac{1}{2\omega_{p_1}}\right)\left(\frac{1}{2\omega_p}\right)|\mathfrak{M}|^2 \frac{d^3k_1}{2\omega_1(2\pi)^3}\cdots\frac{d^3k_n}{2\omega_n(2\pi)^3}$$
$$\times (2\pi)^4\delta^4\left(p_1 + p_2 - \sum_{i=1}^{n} k_i\right) S \,. \quad \text{(B.1)}$$

Wie üblich ist $\omega_p = \sqrt{|p|^2 + m^2}$ und v_1 und v_2 sind die Geschwindigkeiten der kollinear einfallenden Teilchen. In diesem Ausdruck wird dann über alle die Ausgangsimpulse $k_1 \ldots k_n$ integriert, die nicht beobachtet werden. Den statistischen Faktor S erhält man, indem man für jeweils m identische Teilchen im Endzustand einen Faktor $1/m!$ mitnimmt:

$$S = \prod_i \frac{1}{m_i!} \,.$$

Für Dirac-Teilchen[1] ersetzt man den Faktor $1/2\,\omega_p$ durch m/E_p und nimmt wieder den statistischen Faktor S mit; alle anderen Faktoren bleiben gleich.

Die differentielle Zerfallsrate (Zerfallswahrscheinlichkeit) eines Teilchens mit der Masse M ist in seinem Ruhesystem gegeben durch

$$d\omega = d\left(\frac{1}{\tau}\right) = \frac{1}{2M}|\mathfrak{M}|^2 \frac{d^3k_1}{2\omega_1(2\pi)^3}\cdots\frac{d^3k_n}{2\omega_n(2\pi)^3}(2\pi)^4\delta^4\left(p - \sum_{i=1}^{n} k_i\right) S$$

mit den oben definierten Faktoren. Für jedes Fermion im Endzustand ersetzt man wieder $1/2\,\omega_i \to m/E_i$; der Faktor $1/2\,M$ wird weggelassen, wenn das einfallende Teilchen ein Fermion ist.

---

[1] Mit der Konvention, daß Dirac-Spinoren auf 2m statt auf Eins (Gl. (A.2)) normiert sind, gilt Gl. (B.1) auch für Fermionen. Die Energie-Projektionsoperatoren sind dann einfach $(m \pm \not p)$ anstelle von (A.3).

Bei Bedarf *summiert* man in den Endzuständen und *mittelt* in den Anfangszuständen über die Polarisationsrichtungen.

Die invariante Amplitude $\mathfrak{M}$ findet man, indem man alle Feynman-Graphen für den in Frage kommenden Prozeß aufzeichnet, außer solchen mit *unverbundenen* Blasen und mit Selbstenergiekorrekturen an *äußeren* Linien. Die einem Graph G entsprechende Amplitude $\mathfrak{M}(G)$ wird dadurch konstruiert, daß man den Elementen des Graphen Faktoren zuordnet. Die Faktoren, die von den Details der einzelnen Wechselwirkungen unabhängig sind, sind die folgenden:

1. Ein Faktor $\sqrt{Z}$ für jedes in den Graphen einlaufende Boson mit Spin Null. Man findet $\sqrt{Z}$ durch Berechnung des exakten Meson-Propagators $\Delta_F'(p)$ im Limes $p^2 \to \mu^2$; es gilt nämlich $\Delta_F'(p) \to Z\,\Delta_F(p)$ für $p^2 \to \mu^2$.

2. Ein Faktor $\sqrt{Z_2}\,u(p, s)$ bzw. $\sqrt{Z_2}\,v(p, s)$ für jede einlaufende äußere Fermionlinie, je nach dem, ob sie im Anfangs- oder im Endzustand auftritt; ebenso ein Faktor $\sqrt{Z_2}\,\bar{u}(p, s)$ bzw. $\sqrt{Z_2}\,\bar{v}(p, s)$ für jede aus dem Graphen herauslaufende Fermionlinie. Z_2 ist definiert durch den Grenzwert

$$\lim_{\not p \to m} S_F'(p) = Z_2 S_F(p)\,.$$

3. Ein Faktor $\varepsilon_\mu \sqrt{Z_3}$ für jede äußere Photonlinie, wobei

$$D_F'(q)_{\mu\nu} \to \frac{-Z_3 g_{\mu\nu}}{q^2} + \text{Eichterme}$$

für $q^2 \to 0$.

In niedrigster Ordnung Störungsrechnung kann man diese Z-Faktoren gleich Eins setzen. In höheren Ordnungen renormieren sie zusammen mit den Selbstenergie- und Vertexkorrekturen die nackten Ladungen auf ihre physikalischen Werte.

4. Für jede innere Fermionlinie mit Impuls p ein Faktor

$$iS_F(p) = \frac{i}{\not p - m + i\epsilon} = \frac{i(\not p + m)}{p^2 - m^2 + i\epsilon}\,.$$

5. Für jede innere Mesonlinie mit Spin Null und Impuls q ein Faktor

$$i\Delta_F(q) = \frac{i}{q^2 - \mu^2 + i\epsilon}\,.$$

6. Für jede innere Photonlinie mit Impuls q ein Faktor

$$iD_F(q)_{\mu\nu} = -\frac{ig_{\mu\nu}}{q^2 + i\epsilon}\,.$$

In einer Theorie mit erhaltenen Strömen kann man Eichterme proportional $q_\mu q_\nu$, $q_\mu \eta_\nu$ usw. weglassen.

Bei Meson-Nukleon-Prozessen tritt ein Isospinfaktor δ_{ij} an jeder inneren Mesonlinie auf, und für äußere Linien gibt es folgende Faktoren:

7. χ bzw. χ^+ für Nukleonspinoren im Anfangs- bzw. Endzustand, wobei für ein Proton $\chi = \begin{bmatrix}1\\0\end{bmatrix}$ und für ein Neutron $\chi = \begin{bmatrix}0\\1\end{bmatrix}$. (Ähnliche Faktoren treten für K- und Ξ-Mesonen auf.)

8. $\hat{\phi}$ bzw. $\hat{\phi}^*$ für die Isospin-Wellenfunktion eines Pions im Anfangs- bzw. Endzustand, wobei

$$\hat{\phi}_{\pi\pm} = \frac{1}{\sqrt{2}}(1, \pm i, 0) \qquad \hat{\phi}_{\pi_0} = (0,0,1)\,.$$

(Ähnliche Faktoren treten für Σ-Teilchen auf.)

9. Für jeden inneren Impuls l, der nicht durch die Impulserhaltung an den Vertizes festgelegt ist, ein

$$\int \frac{d^4l}{(2\pi)^4}\,.$$

10. Für jeden geschlossenen Fermionring ein Faktor -1.

11. Ein Faktor -1 zwischen zwei Graphen, die sich nur durch eine Vertauschung zweier äußerer, identischer Fermionlinien unterscheiden. Dazu gehört nicht nur die Vertauschung identischer Teilchen im Endzustand, sondern z. B. auch die Vertauschung eines einlaufenden Teilchens mit einem auslaufenden Antiteilchen. Das gesamte Vorzeichen eines Graphen, der Fermionen enthält, bekommt man am besten, indem man auf die Dyson-Wick-Regeln zurückgreift.

Die Struktur der Vertizes wird durch die betreffenden Wechselwirkungen festgelegt. Wir geben hier die Regeln für vier typische Theorien an:

Spinor-Elektrodynamik

Es gibt zwei Arten von Vertizes, die in Abb. B.1 dargestellt sind, und die

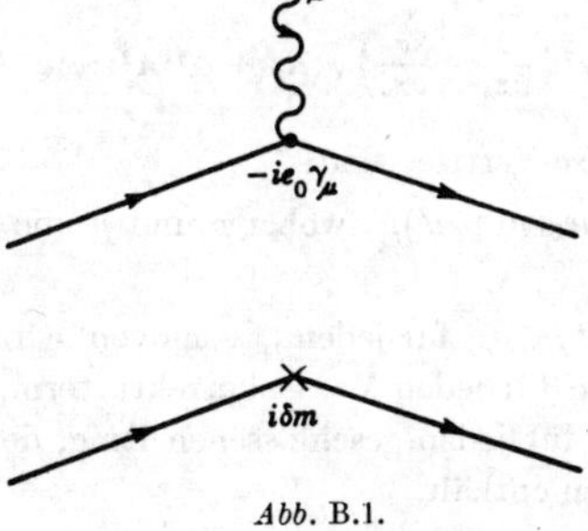

Abb. B.1.

folgender normalgeordneter Hamiltondichte der Wechselwirkung entsprechen:

$$\mathcal{H}_I = -\mathfrak{L}_I = :e_0 \bar{\psi} \gamma_\mu \psi A^\mu: - \delta m : \bar{\psi} \psi:$$

Die Regeln dafür sind:

1. Ein Faktor $- i\, e_0\, \gamma_\mu$ an jedem Vertex.
2. Ein Faktor $i\, \delta\, m$ für jeden Massenkorrekturterm.
3. Die Ladung ist mit $e = Z_2\, Z_1^{-1} \sqrt{Z_3}\, e_0 = \sqrt{Z_3}\, e_0$ zu renormieren, wobei für den exakten Vertex gilt: $\Gamma_\mu(p', p) \to Z_1^{-1}\, \gamma_\mu$ für $\not{p}' = \not{p} = m$, und wegen der Wardschen Identität $Z_1 = Z_2$ ist.

Elektrodynamik eines Bosons mit Spin Null

Hier gibt es drei Vertizes, die in Abb. B.2 dargestellt sind, und die

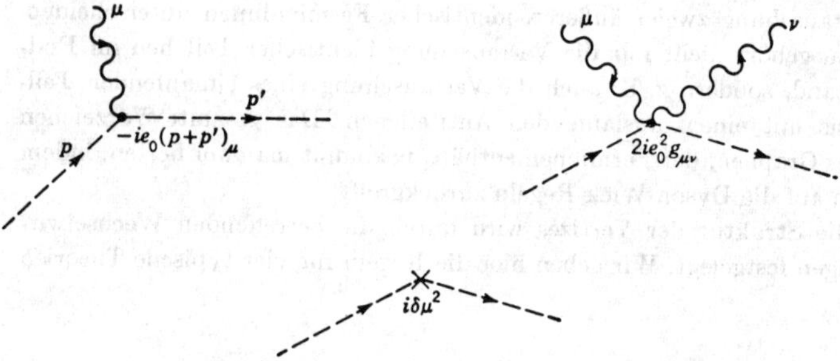

Abb. B.2.

folgender Lagrangedichte der Wechselwirkung entsprechen:

$$\mathfrak{L}_I = -ie_0 : \varphi^\dagger \left(\frac{\overrightarrow{\partial}}{\partial x_\mu} - \frac{\overleftarrow{\partial}}{\partial x_\mu} \right) \varphi : A_\mu + e_0^2 : A^2 : : \varphi^\dagger \varphi : + \delta\mu^2 : \varphi^\dagger \varphi :$$

Die Regeln für diese Vertizes sind:

1. Ein Faktor $- ie_0(p + p')\mu$, wobei p und p' die Impulse der geladenen Linien sind.
2. Ein Faktor $+ 2\, ie_0^2\, g_{\mu\nu}$ für jeden „Seemöven"-Graph.
3. Ein Faktor $i\, \delta\mu^2$ für jeden Massenkorrekturterm.
4. Ein Faktor 1/2 für jeden geschlossenen Ring, der wie in Abb. B.3 nur zwei Photonlinien enthält.

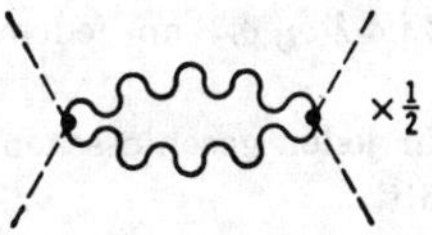

Abb. B.3.

5. Die Ladung ist zu renormieren wie im Fall der Spinor-Elektrodynamik.

γ_5-*Meson-Nukleon-Streuung*

In der ladungsunabhängigen Theorie gibt es die vier in Abb. B.4 und B.5 dargestellten Wechselwirkungsterme:

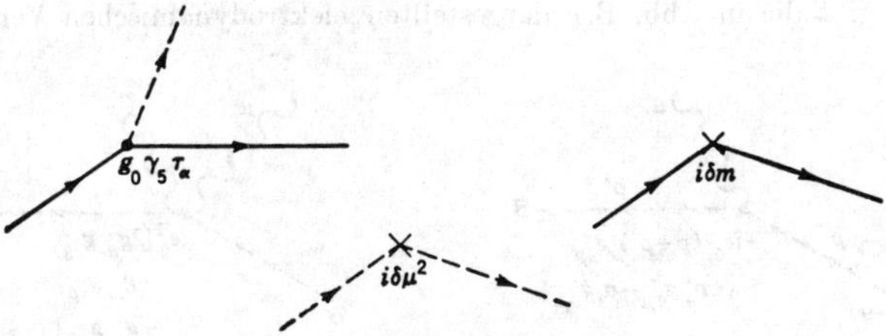

Abb. B.4.

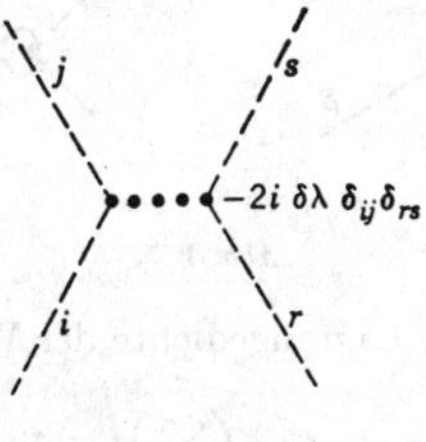

Abb. B.5.

Die punktierte Linie deutet an, daß vom Mesonenpaar ij nur $I = 0$ auf das Paar rs übertragen wird, was in der Regel 2 zum Ausdruck kommt. Die Massenkorrekturterme werden wie oben behandelt; ansonsten gilt:

1. Ein Faktor $g_0\,\gamma_5\,\tau_\alpha$ an jedem Meson-Nukleon-Vertex; dies bedeutet eine relative Stärke von $\sqrt{2}\,g_0$ für die Kopplung geladener Mesonen an Nukleonen und ± 1 für die Kopplung neutraler Mesonen an Protonen bzw. Neutronen.

2. Ein Faktor $-2\,i\,\delta\,\lambda\,\delta_{ij}\,\delta_{rs}$ an jedem Vier-Mesonen-Vertex wie in Abb. B.5.

3. Ein Faktor 1/2 für jeden geschlossenen Ring, der wie in Abb. B.6 zwei Mesonlinien enthält.

Abb. B.6.

Elektrodynamik eines Bosons mit Spin Eins

Der Propagator für ein Vektorboson ist $[-g_{\mu\nu} + k_\mu k_\nu/m^2]\cdot(k^2 - m^2)^{-1}$ anstelle von $-g_{\mu\nu}/k^2$ für die masselosen Photonen, und die äußere Linie hat einen Polarisationsfaktor ε_μ wie bei den Photonen.

Es gibt die in Abb. B.7 dargestellten elektrodynamischen Vertizes;

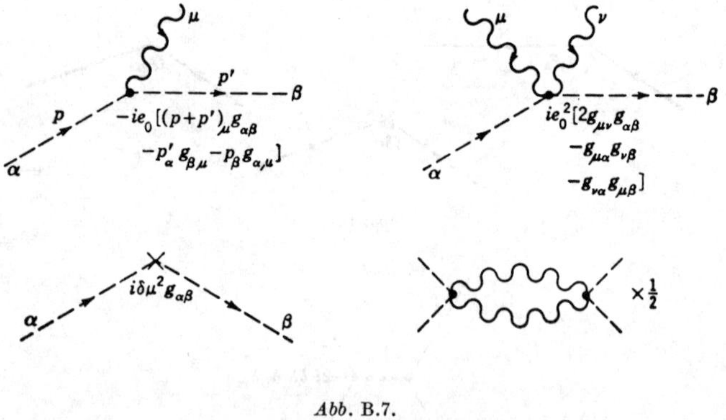

Abb. B.7.

sie entsprechen folgender Lagrangedichte der Wechselwirkung:

$$\mathfrak{L}' = -ie_0\colon\left[\left(\frac{\partial\varphi_\nu^*}{\partial x_\mu}\right)(A^\nu\varphi_\mu - A_\mu\varphi^\nu) - \left(\frac{\partial\varphi_\nu}{\partial x_\mu}\right)(A^\nu\varphi_\mu^* - A_\mu\varphi^{\nu *})\right]\colon$$
$$+\, e_0^2\colon[A_\mu A^\mu\varphi_\nu^*\varphi^\nu - A_\mu\varphi^\mu A^\nu\varphi_\nu^*]\colon + \,\delta\mu^2\colon\varphi_\nu^*\varphi^\nu\colon$$

Die Regeln dafür sind in der dargestellten Reihenfolge:

1. Ein Faktor $-ie_0(p'+p)_\mu\,g_{\alpha\beta} + ie_0\,g_{\beta\mu}\,p'_\alpha + ie_0\,p_\beta\,g_{\alpha\beta}$.
2. Ein Faktor $+ie_0^2\,[2g_{\mu\nu}\,g_{\alpha\beta} - g_{\mu\alpha}\,g_{\beta\nu} - g_{\mu\beta}\,g_{\alpha\nu}]$.
3. Ein Faktor $i\,\delta\mu^2$ für jeden Massenkorrekturterm.
4. Ein Faktor 1/2 für jeden geschlossenen Ring, der nur zwei Photonlinien enthält.

5. Die Ableitung dieser Regeln aus der kanonischen Theorie, die Korrekturterme infolge des anomalen magnetischen Moments und ein Regularisierungsschema findet man bei T. D. LEE und C. N. YANG, *Phys. Rev.* **128**, 885 (1962).

In allen obigen Beispielen stehen die Matrizen in der Reihenfolge ihrer „natürlichen Ordnung". Für geschlossene Ringe bedeutet dies eine Spurbildung. Die Isospinindizes werden mit ihren Partnern am anderen Ende einer Bosonlinie kontrahiert. Eine Summation über die Polarisationsrichtungen liefert bei Photonen

$$\sum_{\lambda} \epsilon_\mu(k,\lambda)\epsilon_\nu(k,\lambda) \Rightarrow -g_{\mu\nu}$$

und bei Vektormesonen

$$\sum_{\lambda} \epsilon_\mu(k,\lambda)\epsilon_\nu(k,\lambda) \Rightarrow -g_{\mu\nu} + \frac{k_\mu k_\nu}{m^2}$$

ANHANG C

KOMMUTATOR- UND PROPAGATORFUNKTIONEN

Im folgenden werden die im Text auftretenden invarianten Kommutator- und Propagatorfunktionen zusammengestellt.

Der Feynman-Propagator für die freie Dirac-Gleichung ist

$$S_F(x'-x) = -i\int \frac{d^3p}{(2\pi)^3}\frac{m}{E}[\theta(t'-t)\Lambda_+(p)e^{-ip\cdot(x'-x)} + \theta(t-t')\Lambda_-(p)e^{ip\cdot(x'-x)}]$$
$$= \int \frac{d^4p}{(2\pi)^4}e^{-ip\cdot(x'-x)}\frac{\not p + m}{p^2-m^2+i\epsilon}\,.$$

Das $i\varepsilon$ im Nenner ist als Limes $\varepsilon \to 0^+$ zu verstehen und legt den Weg C in Abb. C.1 der p_0-Integration fest

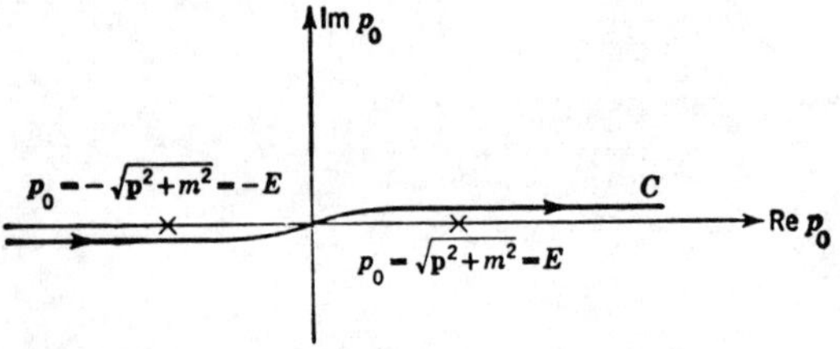

Abb. C.1. Singularitäten eines Integrationsweges für $S_F(p)$.

$\theta(t'-t)$ bezeichnet die Stufenfunktion und ist durch

$$\theta(t'-t) = \begin{Bmatrix} +1 & t' > t \\ 0 & t' < t \end{Bmatrix} = \frac{-1}{2\pi i}\int_{-\infty}^{\infty}\frac{d\omega}{\omega + i\epsilon}\,e^{-i\omega(t'-t)}$$

gegeben. S_F erfüllt die Differentialgleichung für die Green's-Funktion

$$(i\nabla\!\!\!/_{x'} - m)S_F(x'-x) = \delta^4(x'-x)\,.$$

Im Impulsraum

$$S_F(p) \equiv \frac{\not p + m}{p^2-m^2+i\epsilon} \equiv \frac{1}{\not p - m + i\epsilon}$$

Der Feynman-Propagator der Klein-Gordon-Gleichung ist

$$\Delta_F(x'-x) = -i\int\frac{d^3k}{(2\pi)^3 2\omega_k}[\theta(t'-t)e^{-ik\cdot(x'-x)} + \theta(t-t')e^{ik\cdot(x'-x)}]$$
$$= \int\frac{d^4k}{(2\pi)^4}e^{-ik\cdot(x'-x)}\frac{1}{k^2-m^2+i\epsilon}$$

und erfüllt

$$(\Box_{x'} + m^2)\Delta_F(x' - x) = -\delta^4(x' - x).$$

Im Impulsraum gilt $\Delta_F(k) = \frac{1}{k^2 - m^2 + i\varepsilon}$. Δ_F und S_F hängen zusammen über

$$S_F(x' - x) = +(i\nabla_{x'} + m)\Delta_F(x' - x). \tag{C.1}$$

Für die d'Alembertsche Gleichung mit $m \to 0$ definieren wir (man beachte den Vorzeichenwechsel im Vergleich zu Δ_F)

$$\Box_{x'} D_F(x' - x) = +\delta^4(x' - x)$$

und erhalten den Feynman-Propagator für Photonen

$$D_F(q)_{\mu\nu} = +g_{\mu\nu}D_F(q) = -\frac{g_{\mu\nu}}{q^2 + i\epsilon}$$

Ausgedrückt durch die geraden und ungeraden Lösungen der homogenen Wellengleichung

$$\Delta(x' - x) = -i\int \frac{d^3k}{(2\pi)^3 2\omega_k}\left(e^{-ik\cdot(x'-x)} - e^{ik\cdot(x'-x)}\right)$$

$$\Delta_1(x' - x) = \int \frac{d^3k}{(2\pi)^3 2\omega_k}\left(e^{-ik\cdot(x'-x)} + e^{+ik\cdot(x'-x)}\right),$$

welche

$$(\Box_{x'} + m^2)\Delta(x' - x) = 0 \qquad \Delta(x' - x) = -\Delta(x - x')$$

$$(\Box_{x'} + m^2)\Delta_1(x' - x) = 0 \qquad \Delta_1(x' - x) = +\Delta_1(x - x')$$

erfüllen, können wir schreiben

$$2\Delta_F(x' - x) = -i\Delta_1(x' - x) + \epsilon(t' - t)\Delta(x' - x)$$

mit

$$\epsilon(t' - t) \equiv 2\theta(t' - t) - 1 = \begin{cases} +1 & t' > t \\ -1 & t' < t \end{cases}.$$

Die ungerade Funktion Δ verschwindet außerhalb des Lichtkegels

$$\Delta(x' - x) = 0 \quad \text{für alle} \quad (x' - x)^2 < 0$$

und ist singulär auf dem Lichtkegel

$$\left(\frac{\partial\Delta(x' - x)}{\partial x_0'}\right)_{x_0' - x_0 = 0} = -\delta^3(\mathbf{x}' - \mathbf{x}).$$

Sie ist allgemein gegeben durch

$$\Delta(x' - x) = \frac{1}{4\pi r}\frac{\partial}{\partial r}\begin{cases} J_0(m\sqrt{t^2 - r^2}) & t > r \\ 0 & -r < t < r \\ -J_0(m\sqrt{t^2 - r^2}) & t < -r \end{cases}$$

wobei

$$r \equiv |\mathbf{x}' - \mathbf{x}| \qquad t \equiv x_0' - x_0$$

und J eine reguläre Bessel-Funktion ist.

Die gerade Funktion Δ_1 verschwindet nicht außerhalb des Lichtkegels, fällt jedoch exponentiell ab:

$$\left(\frac{\partial \Delta_1(x'-x)}{\partial x_0'}\right)_{x_0'-x_0=0} = 0$$

$$\Delta_1(x'-x) = \frac{1}{4\pi r}\frac{\partial}{\partial r}\begin{cases} Y_0(m\sqrt{t^2-r^2}) & |t|>r \\ -\frac{2}{\pi}K_0(m\sqrt{r^2-t^2}) & r>|t| \end{cases},$$

wobei Y_0 und K_0 Zylinderfunktionen sind, wie sie in G. N. WATSON „Theory of Bessel Functions", zweite Auflage, Cambridge University Press, London, 1952, definiert sind.

Für das elektromagnetische Feld gilt $m \to 0$ und

$$-D(x'-x) = \lim_{m\to 0}\Delta(x'-x) = -\frac{1}{4\pi r}[\delta(r-t)-\delta(r+t)]$$

$$-D_1(x'-x) = \lim_{m\to 0}\Delta_1(x'-x) = \frac{1}{4\pi^2 r}\left(P\frac{1}{r-t}+P\frac{1}{r+t}\right)$$

mit $r \equiv |x'-x|$, $t = x_0' - x_0$; P bezeichnet den Hauptwert.

Wir können Δ und Δ_1 auch durch die Anteile positiver und negativer Frequenz ausdrücken, wie sie in den obigen Integralen vorkommen.

$$\Delta_1(x'-x) = \Delta_+(x'-x) + \Delta_-(x'-x) \qquad i\Delta(x'-x) = \Delta_+(x'-x) - \Delta_-(x'-x)$$

Für die Dirac-Gleichung definieren wir

$$\begin{aligned} S(x'-x) &= -(i\nabla\!\!\!\!/_x + m)\Delta(x'-x) \\ S_1(x'-x) &= -(i\nabla\!\!\!\!/_x + m)\Delta_1(x'-x) \end{aligned} \qquad \text{(C.2)}$$

und

$$2S_F(x'-x) = +iS_1(x'-x) - \epsilon(t'-t)S(x'-x)$$

Der Unterschied im Vorzeichen in den Definitionen (C.1) und (C.2) rührt her von der Vorzeichenkonvention in unseren Regeln für die Feynman-Graphen, die darauf abzielte, die Zahl der negativen Vorzeichen in den praktischen Rechnungen möglichst klein zu halten. Diese Funktionen stehen in Beziehung zu Zeit-geordneten Produkten für freie Klein-Gordon-, Maxwell- und Dirac-Felder

$$\langle 0|T(\varphi_i(x')\varphi_j(x))|0\rangle = i\delta_{ij}\Delta_F(x'-x)$$

$$\langle 0|T(\varphi(x')\varphi^*(x))|0\rangle = i\Delta_F(x'-x)$$

$$\langle 0|T(A_\nu(x')A_\mu(x))|0\rangle = iD_F{}^{\text{tr}}(x'-x)_{\nu\mu} = i\int\frac{d^4k}{(2\pi)^4}\frac{e^{-ik\cdot(x'-x)}}{k^2+i\epsilon}\sum_{\lambda=1}^{2}\epsilon_\nu(k,\lambda)\epsilon_\mu(k,\lambda)$$

$$= ig_{\nu\mu}D_F(x'-x) + \text{Eichterme} - \text{Coulomb-Terme.}$$

$$\langle 0|T(\psi_\beta(x')\bar\psi_\alpha(x))|0\rangle = iS_{F_{\beta\alpha}}(x'-x)$$

Ferner definiert man retardierte und avanzierte Green'sche Funktionen Δ_{ret} und Δ_{av} durch

$$\Delta_{ret}(x' - x) = -\Delta(x' - x)\theta(t' - t)$$
$$\Delta_{adv}(x' - x) = +\Delta(x' - x)\theta(t - t')$$

Δ_{ret} verschwindet außerhalb des Vorwärtslichtkegels; während Δ_{av} außerhalb des Rückwärtslichtkegels verschwindet. Sie erfüllen die inhomogene Wellengleichung

$$(\Box_{x'} + m^2)\Delta_{\substack{ret\\adv}}(x' - x) = \delta^4(x' - x)\,.$$

Ebenso

$$S_{\substack{ret\\adv}}(x' - x) = -(i\nabla_{x'} + m)\Delta_{\substack{ret\\adv}}(x' - x)$$

und

$$D_{\substack{ret\\adv}}(x' - x) = + \lim_{m\to 0} \Delta_{\substack{ret\\adv}}(x' - x)\,.$$

Ausgedrückt durch die Vakuumserwartungswerte eines freien hermiteschen Feldes ohne Spin gilt schließlich

$$\langle 0|[\varphi(x'),\varphi(x)]|0\rangle = i\Delta(x' - x)$$
$$\langle 0|\{\varphi(x'),\varphi(x)\}|0\rangle = \Delta_1(x' - x)$$
$$\langle 0|\varphi(x')\varphi(x)|0\rangle = \Delta_+(x' - x)$$
$$\langle 0|\varphi(x)\varphi(x')|0\rangle = \Delta_-(x' - x)$$
$$\langle 0|T(\varphi(x')\varphi(x))|0\rangle = i\Delta_F(x' - x)$$
$$\langle 0|\bar{T}(\varphi(x')\varphi(x))|0\rangle = +i\bar{\Delta}_F(x' - x)$$
$$\langle 0|[\varphi(x'),\varphi(x)]|0\rangle\theta(t' - t) = -i\Delta_{ret}(x' - x)$$
$$\langle 0|[\varphi(x'),\varphi(x)]|0\rangle\theta(t - t') = +i\Delta_{adv}(x' - x)$$

und ähnliche Ausdrücke für die Dirac- und Maxwell-Felder.

REGISTER

Weitere Werke aus dem Physikprogramm des B.I.-Wissenschaftsverlages

Lüst, R.
Hydrodynamik
234 Seiten. 1978. Wv.
Einführung in die klassische Hydrodynamik und die Gasdynamik für Studenten der Physik in mittleren Semestern.
Prof. Dr. Reimar Lüst, Max-Planck-Gesellschaft, München.

Mitter, H.
Elektrodynamik
391 Seiten. 1980.
B.I.-Hochschultaschenbuch 707
Die Elektrodynamik wird – besonders deutlich und verständlich – von vornherein als relativistische Theorie dargestellt.

Sexl, R. U./H. K. Urbantke
Gravitation und Kosmologie. Eine Einführung in die Allgemeine Relativitätstheorie
Etwa 370 Seiten. 2., überarbeitete und erweiterte Aufl. 1982. Wv.
Eine aktuelle Einführung in die allgemeine Relativitätstheorie und Kosmologie, die auch Querverbindungen zur Elementarteilchenphysik berücksichtigt.
Prof. Dr. Roman U. Sexl, Dr. Helmuth K. Urbantke, Universität Wien.

Mitter, H.
Quantentheorie
313 Seiten. mit Abb.
2., überarbeitete Aufl. 1979.
B.I.-Hochschultaschenbuch 701
Die Quantentheorie wird von Anfang an als Theorie von Zuständen und Observablen entwickelt.
Prof. Dr. Heinrich Mitter, Universität Graz.

Møller, C.
Relativitätstheorie
316 Seiten. 1977. Wv.
Einführung in die spezielle Relativitätstheorie für Studenten der Physik.
Prof. Dr. C. Møller, Universität Kopenhagen.

Scheffler, H./H. Elsässer
Physik der Sterne und der Sonne
535 Seiten mit Abb. 1974. Wv.
Lehrbuch unter Berücksichtigung der neuesten Entwicklung; Phänomenologische Beschreibung und Einführung in die Physik stellarer Materie.
Prof. Dr. Helmut Scheffler, Universität Heidelberg und Landessternwarte Heidelberg.
Prof. Dr. Hans Elsässer, Universität und Max-Planck-Institut für Astronomie, Heidelberg.

Die wissenschaftlichen Veröffentlichungen aus dem Bibliographischen Institut

B. I.-Hochschultaschenbücher, Einzelwerke und Reihen

Mathematik, Informatik, Physik, Astronomie, Philosophie, Chemie, Medizin, Ingenieurwissenschaften, Gesellschaft/Recht/Wirtschaft, Geowissenschaften

Inhaltsverzeichnis

Sachgebiete

Zeichenerklärung
HTB = B.I.-Hochschultaschenbücher.
Wv = B.I.-Wissenschaftsverlag (Einzelwerke und Reihen).
M.F.O. = Mathematische Forschungsberichte Oberwolfach.

Stand: Juni 1982

Mathematik

Aitken, A. C.
Determinanten und Matrizen
142 S. mit Abb. 1969. (HTB 293)

Andrié, M./P. Meier
Analysis
Eine anwendungsbezogene Einführung
257 S. 1981. (HTB 602)

Andrié, M./P. Meier
Lineare Algebra und analytische Geometrie. Eine anwendungsbezogene Einführung
243 S. 1977. (HTB 84)

Artmann, B./W. Peterhänsel/ E. Sachs
Beispiele und Aufgaben zur linearen Algebra
150 S. 1978. (HTB 783)

Aumann, G.
Höhere Mathematik
Band I: Reelle Zahlen, Analytische Geometrie, Differential- und Integralrechnung. 243 S. mit Abb. 1970. (HTB 717)
Band II: Lineare Algebra, Funktionen mehrerer Veränderlicher. 170 S. mit Abb. 1970. (HTB 718)
Band III: Differentialgleichungen. 174 S. 1971. (HTB 761)

Bandelow, Ch.
Einführung in die Wahrscheinlichkeitstheorie
206 S. 1981. (HTB 798)

Barner, M./W. Schwarz (Hrsg.)
Zahlentheorie
235 S. 1971. (M. F. O. 5)

Behrens, E.-A.
Ringtheorie
405 S. 1975. Wv.

Beutelspacher, A.
Einführung in die endliche Geometrie I. Blockpläne
247 S. 1982. Wv.

Böhmer, K./G. Meinardus/ W. Schempp (Hrsg.)
Spline-Funktionen. Vorträge und Aufsätze
415 S. 1974. Wv.

Brandt, S.
Datenanalyse. Mit statistischen Methoden und Computerprogrammen
464 S. 2., erw. Aufl. 1981. Wv.

Brauner, H.
Geometrie projektiver Räume
Band I: Projektive Ebenen, projektive Räume. 235 S. 1976. Wv.
Band II: Beziehungen zwischen projektiver Geometrie und linearer Algebra. 258 S. 1976. Wv.

Brosowski, B.
Nichtlineare Tschebyscheff-Approximation
153 S. 1968. (HTB 808)

Brosowski, B./R. Kreß
Einführung in die numerische Mathematik
Band I: Gleichungssysteme, Approximatiostheorie. 223 S. 1975. (HTB 202)
Teil II: Interpolation, numerische Integration, Optimierungsaufgaben. 124 S. 1976. (HTB 211)

Brunner, G.
Homologische Algebra
213 S. 1973. Wv.

Cartan, H.
Differentialformen
250 S. 1974. Wv.

Cartan, H.
Differentialrechnung
236 S. 1974. Wv.

Cartan, H.
Elementare Theorie der analytischen Funktionen einer oder mehrerer komplexen Veränderlichen
236 S. mit Abb. 1966. (HTB 112)

Cigler, J./H.-C. Reichel
Topologie. Eine Grundvorlesung
257 S. 1978. (HTB 121)

Degen, W./K. Böhmer
Gelöste Aufgaben zur Differential- und Integralrechnung
Band I: Eine reelle Veränderliche. 254 S. 1971. (HTB 762)

Dombrowski, P.
Differentialrechnung I und Abriß der linearen Algebra
271 S. mit Abb. 1970. (HTB 743)

Egle, K.
Graphen und Präordnungen
207 S. 2. Aufl. 1981. Wv.

Eisenack, G./C. Fenske
Fixpunkttheorie
258 S. 1978. Wv.

Elsgolc, L. E.
Variationsrechnung
157 S. mit Abb. 1970. (HTB 431)

Eltermann, H.
Grundlagen der praktischen Matrizenrechnung
128 S. mit Abb. 1969. (HTB 434)

Ernè, M.
Einführung in die Ordnungstheorie
Etwa 250 S. 1982. Wv.

Erwe, F.
Differential- und Integralrechnung
Band I: Differentialrechnung. 364 S. mit Abb. 1962. (HTB 30)
Band II: Integralrechnung. 197 S. mit 50 Abb. 1973. (HTB 31)

Erwe, F.
Gewöhnliche Differentialgleichungen
152 S. mit 11 Abb. 1964. (HTB 19)

Erwe, F.
Reelle Analysis
(Reihe: Mathematik für Physiker, Band 5)
360 S. 1978. Wv.

Erwe, F./E. Peschl
Partielle Differentialgleichungen erster Ordnung
133 S. 1973. (HTB 87)

Ewald, G.
Probleme der geometrischen Analysis
160 S. mit ca. 110 Figuren. 1982. Wv.

Felscher, W.
Naive Mengen und abstrakte Zahlen
Band I: Die Anfänge der Mengenlehre und die natürlichen Zahlen.
260 S.1978. Wv.
Band II: Die Struktur der algebraischen und der reellen Zahlen.
222 S. 1978. Wv.
Band III: Transfinite Methoden.
272 S. 1979. Wv.

Fuchssteiner, B./D. Laugwitz
Funktionalanalysis
(Reihe: Mathematik für Physiker, Band 9)
219 S. 1974. Wv.

Gericke, H.
Geschichte des Zahlbegriffs
163 S. mit Abb. 1970. (HTB 172)

Goffmann, C.
Reelle Funktionen
331 S. Aus dem Englischen. 1976. Wv.

Gröbner, W.
Algebraische Geometrie
Band I: Allgemeine Theorie der kommutativen Ringe und Körper.
193 S. 1968. (HTB 273)

Gröbner, W.
Differentialgleichungen I.
Gewöhnliche Differentialgleichungen
(Reihe: Mathematik für Physiker, Band 6)
188 S. 1977. Wv.

Gröbner, W.
Differentialgleichungen II.
Partielle Differentialgleichungen
(Reihe: Mathematik für Physiker, Band 7)
157 S. 1977. Wv.

Gröbner, W./H. Knapp
Contributions to the Method of Lie Series
In englischer Sprache.
265 S. 1967. (HTB 802)

Grotemeyer, K. P./E. Letzner/ R. Reinhardt
Topologie
187 S. mit Abb. 1969. (HTB 836)

Gumm, H. P./W. Poguntke
Boolesche Algebra
95 S. 1981. (HTB 604)

Hämmerlin, G.
Numerische Mathematik I
Band I: Approximation, Interpolation, Numerische Quadratur, Gleichungssysteme.
199 S. 2., überarbeitete Aufl. 1978. (HTB 498)

Hasse, H./P. Roquette (Hrsg.)
Algebraische Zahlentheorie
272 S. 1966. (M. F. O. 2)

Heidler, K./H. Hermes/ F.-K. Mahn
Rekursive Funktionen
248 S. 1977. Wv.

Heil, E.
Differentialformen
207 S. 1974. Wv.

Hein, O.
Graphentheorie für Anwender
141 S. 1977. (HTB 83)

Hein, O.
Statistische Verfahren der Ingenieurpraxis
197 S. Mit 5 Tabellen, 6 Diagrammen, 43 Beispielen. 1978. (HTB 119)

Hellwig, G.
Höhere Mathematik
Band I/1. Teil: Zahlen, Funktionen, Differential- und Integralrechnung einer unabhängigen Variablen.
284, IX S. 1971. (HTB 553)
Band I/2. Teil: Theorie der Konvergenz Ergänzungen zur Integralrechnung, das Stieltjes-Integral. 137 S. 1972. (HTB 560)

Hengst, M.
Einführung in die mathematische Statistik und ihre Anwendung
259 S. mit Abb. 1967. (HTB 42)

Henze, E.
Einführungen in die Maßtheorie
235 S. 1971. (HTB 505)

Heyer, H.
Einführung in die Theorie Markoffscher Prozesse
253 S. 1979. Wv.

Hirzebruch, F./W. Scharlau
Einführung in die Funktionalanalysis
178 S. 1971. (HTB 296)

Hlawka, E.
Theorie der Gleichverteilung
152 S. 1979. Wv.

Holmann, H./H. Rummler
Alternierende Differentialformen
257 S. 2., durchgesehene Aufl. 1981. Wv.

Horvath, H.
Rechenmethoden und ihre Anwendung in Physik und Chemie
142 S. 1977. (HTB 78)

Hoschek, J.
Liniengeometrie
VI, 263 S. mit Abb. 1971. (HTB 733)

Hoschek, J./G. Spreitzer
Aufgaben zur darstellenden Geometrie
229 S. mit Abb. 1974. Wv.

Ince, E. L.
Die Integration gewöhnlicher Differentialgleichungen
180 S. Aus dem Englischen. 1965. (HTB 67)

Joachim, E.
Einführung in die Algebra
168 S. 2. Aufl. 1980. (HTB 138)

Jordan-Engeln, G./F. Reutter
Formelsammlung zur Numerischen Mathematik mit Standard Fortran-Programmen
424 S. 3., überarb. und erweiterte Aufl. 1981. (HTB 106)

Jordan-Engeln, G./F. Reutter
Numerische Mathematik für Ingenieure
Etwa 400 S. 3., überarbeitete und erw. Aufl. 1982. (HTB 104)

Kaiser, R./G. Gottschalk
Elementare Tests zur Beurteilung von Meßdaten
68 S. 1972. (HTB 774)

Kießwetter, K.
Reelle Analysis einer Veränderlichen. Ein Lern- und Übungsbuch
316 S. 1975. (HTB 269)

Kießwetter, K./R. Rosenkranz
Lösungshilfen für Aufgaben zur reellen Analysis einer Veränderlichen
231 S. 1976. (HTB 270)

Klingbeil, E.
Tensorrechnung für Ingenieure
197 S. mit Abb. 1966. (HTB 197)

Klingbeil, E.
Variationsrechnung
332 S. 1977. Wv.

Klingenberg, W. (Hrsg.)
Differentialgeometrie im Großen
351 S. 1971. (M. F. O. 4)

Klingenberg, W./P. Klein
Lineare Algebra und analytische Geometrie
Band I: Grundbegriffe, Vektorräume. XII, 288 S. 1971. (HTB 748)
Band II: Determinanten, Matrizen, Euklidische und unitäre Vektorräume. XVIII, 404 S. 1972. (HTB 749)

Klingenberg, W./P. Klein
Lineare Algebra und analytische Geometrie. Übungen zu Band I–II
VIII, 172 S. 1973. (HTB 750)

Laugwitz, D.
Infinitesimalkalkül. Kontinuum und Zahlen. Eine elementare Einführung in die Nichtstandard-Analysis
187 S. 1978. Wv.

Laugwitz, D.
Ingenieurmathematik
Band I: Zahlen, analytische Geometrie, Funktionen.
158 S. mit 43 Abb. 1964. (HTB 59)
Band II: Differential- und Integralrechnung.
152 S. mit 43 Abb. 1964. (HTB 60)
Band III: Gewöhnliche Differentialgleichungen.
141 S. 1964. (HTB 61)
Band IV: Fourier-Reihen, verallgemeinerte Funktionen, mehrfache Integrale, Vektoranalysis, Differentialgeometrie, Matrizen, Elemente der Funktionalanalysis.
196 S. mit Abb. 1967. (HTB 62)
Band V: Komplexe Veränderliche.
158 S. mit Abb. 1965. (HTB 93)

Laugwitz, D./C. Schmieden
Aufgaben zur Ingenieurmathematik
182 S. 1966. (HTB 95)

Lebedew, N. N.
Spezielle Funktionen und ihre Anwendung
372 S. mit Abb. Aus dem Russischen. 1973. Wv.

Lidl, R./G. Pilz
Angewandte abstrakte Algebra
Band I: 249 S. 1982. Wv.
Band II: Etwa 240 S. 1982. Wv.

Lighthill, M. J.
Einführung in die Theorie der Fourieranalysis und der verallgemeinerten Funktionen
96 S. mit Abb. Aus dem Englischen. 1966. (HTB 139)

Lingenberg, R.
Grundlagen der Geometrie
224 S. mit 73 Abb. 3., durchgesehene Aufl. 1978. Wv.

Lingenberg, R.
Lineare Algebra
161 S. 1969. (HTB 828)

Lorenz, F.
Lineare Algebra
Band I: 233 S. 1982. (HTB 601)
Band II: Etwa 200 S. 1982. (HTB 605)

Lorenzen, P.
Metamathematik
175 S. 2. Aufl. 1980. Wv.

Lüneburg, H.
Galoisfelder, Kreisteilungskörper und Schieberegisterfolgen
143 S. 1979. Wv.

Lüneburg, H.
Vorlesungen über Analysis
467 S. 1981. Wv.

Lutz, D.
Topologische Gruppen
175 S. 1976. Wv.

Mainzer, K.
Geschichte der Geometrie
232 S. 1980. Wv.

Marsal, D.
Die numerische Lösung partieller Differentialgleichungen in Wissenschaft und Technik
XXVIII, 574 S. mit Abb. 1976. Wv.

Martensen, E.
Analysis.
Für Mathematiker, Physiker, Ingenieure
Band I: Grundlagen der Infinitesimalrechnung.
IX, 200 S. 2. Aufl. 1976. (HTB 832)
Band II: Aufbau der Infinitesimalrechnung.
VIII, 176 S. 2., neu bearbeitete Aufl. 1978. (HTB 833)
Band III: Gewöhnliche Differentialgleichungen.
IX, 237 S. mit 52 Abb. 2., neu bearbeitete Aufl. 1980. (HTB 834)

Meinardus, G.
Approximation in Theorie und Praxis. Ein Symposiumbericht
304 S. 1979. Wv.

Meinardus, G./G. Merz
Praktische Mathematik I.
Für Ingenieure, Mathematiker und Physiker
Band I: 346 S. 1979. Wv.
Band II: 427 S. 1982. Wv.

Meschkowski, H.
Einführung in die moderne Mathematik
214 S. mit 44 Abb. 3., verbesserte Aufl. 1971. (HTB 75)

Meschkowski, H.
Elementare Wahrscheinlichkeitsrechnung und Statistik
(Reihe: Mathematik für Physiker, Band 3)
188 S. 1972. Wv.

Meschkowski, H.
Funktionen
(Reihe: Mathematik für Physiker, Band 2)
179 S. mit 66 Abb. 1970. Wv.

Meschkowski, H.
Grundlagen der Euklidischen Geometrie
231 S. mit 145 Abb. 2., verbesserte Aufl. 1974. Wv.

Meschkowski, H.
Mathematik und Realität. Vorträge und Aufsätze.
184 S. 1979. Wv.

Meschkowski, H.
Mathematiker-Lexikon
342 S. 3., überarbeitete und ergänzte Aufl. 1980. Wv.

Meschkowski, H.
Mathematisches Begriffswörterbuch
315 S. mit Abb. 4. Aufl. 1976. (HTB 99)

Meschkowski, H.
Mehrsprachenwörterbuch mathematischer Begriffe
135 S. 1972. Wv.

Meschkowski, H.
Problemgeschichte der Mathematik I
206 S. 1979. Wv.

Meschkowski, H.
Problemgeschichte der Mathematik II
235 S. 1981. Wv.

Meschkowski, H.
Problemgeschichte der neueren Mathematik (1800–1950)
314 S. mit Abb. 1978. Wv.

Meschkowski, H.
Richtigkeit und Wahrheit in der Mathematik
219 S. 2., durchgesehene Aufl. 1978. Wv.

Meschkowski, H.
Unendliche Reihen
320 S. 2., verb. und erweiterte Aufl. 1982. Wv.

Meschkowski, H.
Ungelöste und unlösbare Probleme der Geometrie
204 S. 2., verb. und erweiterte Aufl. 1975. Wv.

Meschkowski, H.
Wahrscheinlichkeitsrechnung
233 S. mit Abb. 1968. (HTB 285)

Meschkowski, H.
Zahlen
(Reihe: Mathematik für Physiker, Band 1)
174 S. mit 37 Abb. 1970. Wv.

Meschkowski, H./I. Ahrens
Theorie der Punktmengen
183 S. mit Abb. 1974. Wv.

Niven, I./H. S. Zuckermann
Einführung in die Zahlentheorie
Band I: Teilbarkeit, Kongruenzen, quadratische Reziprozität u. a.
213 S. Aus dem Englischen. 1976. (HTB 46)
Band II: Kettenbrüche, algebraische Zahlen, die Partitionsfunktion u. a.
186 S. Aus dem Englischen. 1976. (HTB 47)

Noble, B.
Numerisches Rechnen
Band II: Differenzen, Integration und Differentialgleichungen.
246 S. Aus dem Englischen. 1973. (HTB 147)

Oberschelp, A.
Elementare Logik und Mengenlehre
Band I: Die formalen Sprachen, Logik.
254 S. 1974. (HTB 407)
Band II: Klassen, Relationen, Funktionen, Anfänge der Mengenlehre.
229 S. 1978. (HTB 408)

Peschl, E.
Differentialgeometrie
92 S. 1973. (HTB 80)

Peschl, E.
Funktionentheorie
Band I: 274 S. mit Abb. 1967. (HTB 131)

Poguntke, W./R. Wille
Testfragen zur Analysis I
117 S. 2. Aufl. 1980. (HTB 781)

Preuß, G.
Grundbegriffe der Kategorientheorie
105 S. 1975. (HTB 739)

Reiffen, H.-J./H. W. Trapp
Einführung in die Analysis
Band II: Theorie der analytischen und differenzierbaren Funktionen.
260 S. 1973. (HTB 786)

Rommelfanger, H.
Differenzen- und Differentialgleichungen
232 S. 1977. Wv.

Rothstein, W./K. Kopfermann
Funktionentheorie mehrerer komplexer Veränderlicher
256 S. 1982. Wv.

Rottmann, K.
Mathematische Formelsammlung
176 S. mit 39 Abb. 1962. (HTB 13)

Rottmann, K.
Siebenstellige dekadische Logarithmen
194 S. 1960. (HTB 17)

Rutsch, M.
Wahrscheinlichkeit I
350 S. mit Abb. 1974. Wv.

Rutsch, M./K.-H. Schriever
Wahrscheinlichkeit II
404 S. mit Abb. 1976. Wv.

Rutsch, M./K.-H. Schriever
Aufgaben zur Wahrscheinlichkeit
267 S. mit Abb. 1974. Wv.

Schick, K.
Lineare Optimierung
331 S. mit Abb. 1976. (HTB 64)

Schmidt, J.
Mengenlehre. Einführung in die axiomatische Mengenlehre
Band I: 245 S. mit Abb. 2., verb. und erweiterte Aufl. 1974. (HTB 56)

Schwabhäuser, W.
Modelltheorie
Band II: 123 S. 1972. (HTB 815)

Schwartz, L.
Mathematische Methoden der Physik
Band I: Summierbare Reihen, Lebesque-Integral, Distributionen, Faltung. Aus dem Französischen.
184 S. 1974. Wv.

Schwarz, W.
Einführung in die Siebmethoden der analytischen Zahlentheorie
215 S. 1974. Wv.

Spallek, K.
Kurven und Karten
272 S. 1980. Wv.

Tamaschke, O.
Permutationsstrukturen
276 S. 1969. (HTB 710)

Tamaschke, O.
Schur-Ringe
240 S. mit Abb. 1970. (HTB 735)

Teichmann, H.
Physikalische Anwendungen der Vektor- und Tensorrechnung
231 S. mit 64 Abb. 3. Aufl. 1975. (HTB 39)

Uhde, K.
Spezielle Funktionen der mathematischen Physik
Band I: Tafeln, Zylinderfunktionen.
267 S. 1964. (HTB 55)

Voigt, A./J. Wloka
Hilberträume und elliptische Differentialoperatoren
260 S. 1975. Wv.

Waerden, B. L. van der
Mathematik für Naturwissenschaftler
280 S. mit 167 Abb. 1975. (HTB 281)

Wagner, K.
Graphentheorie
220 S. mit Abb. 1970. (HTB 248)

Walter, R.
Differentialgeometrie
286 S. 1978. Wv.

Walter, W.
Einführung in die Theorie der Distributionen
VIII, 211 S. mit Abb. 1974. Wv.

Weizel, R./J. Weyland
Gewöhnliche Differentialgleichungen. Formelsammlung mit Lösungsmethoden und Lösungen
194 S. mit Abb. 1974. Wv.

Werner, H.
Einführung in die allgemeine Algebra
152 S. 1978. (HTB 120)

Werner, H. und I./P. Janßen/ H. Arndt
Probleme der praktischen Mathematik. Eine Einführung
Band I: mathematische Hilfsmittel, Fehlertheorie, Lösung von Gleichungssystemen u. a.
159 S. 2. Aufl. 1980. (HTB 134)
Band II: Interpolation, Approximation, numerische Differentiation und Integration, gewöhnliche Differentialgleichungen u. a.
169 S. 2. Aufl. 1980. (HTB 135)

Wollny, W.
Reguläre Parkettierung der euklidischen Ebene durch unbeschränkte Bereiche
316 S. mit Abb. 1970. (HTB 711)

Wunderlich, W.
Darstellende Geometrie
Band I: 187 S. mit Abb. 1966. (HTB 96)
Band II: 234 S. mit Abb. 1967. (HTB 133)

Reihe: Jahrbuch Überblicke Mathematik

Herausgegeben von Prof. Dr. S. D. Chatterji, Eidgen. Techn. Hochschule Lausanne, Prof. Dr. Istvan Fenyö, Techn. Universität Budapest, Prof. Dr. Benno Fuchssteiner, Gesamthochschule Paderborn, Prof. Dr. Ulrich Kulisch, Universität Karlsruhe, Prof. Dr. Detlef Laugwitz, Techn. Hochschule Darmstadt, Prof. Dr. Roman Liedl, Universität Innsbruck.

Die Jahrbücher 1975, 1977 und 1979 sind vergriffen.

Jahrbuch Überblicke Mathematik 1976. 204 S. mit Abb. 1976. Wv.

Jahrbuch Überblicke Mathematik 1978. 224 S. 1978. Wv.

Jahrbuch Überblicke Mathematik 1980. 214 S. 1980. Wv.

Jahrbuch Überblicke Mathematik 1981. 264 S. 1981. Wv.

Jahrbuch Überblicke Mathematik 1982. 218 S. 1982. Wv.

Reihe: Überblicke Mathematik

Herausgegeben von Prof. Dr. Detlef Laugwitz, Techn. Hochschule Darmstadt.

Band 1: 213 S. 1968. (HTB 161)
Band 2: 210 S. 1969. (HTB 232)
Band 3: 157 S. 1970. (HTB 247)
Band 4: 123 S. 1972. Wv.
Band 5: 186 S. 1972. Wv.
Band 6: 242 S. mit Abb. 1973. Wv.
Band 7: 265, II S. mit Abb. 1974. Wv.

Reihe: Methoden und Verfahren der mathematischen Physik

Herausgegeben von Prof. Dr. Bruno Brosowski, Universität Frankfurt und Prof. Dr. Erich Martensen, Universität Karlsruhe.

Band 1: 183 S. 1969. (HTB 720)
Band 2: 179 S. 1970. (HTB 721)
Band 3: 176 S. 1970. (HTB 722)
Band 4: 177 S. 1971. (HTB 723)
Band 5: 199 S. 1971. (HTB 724)
Band 6: 163 S. 1972. (HTB 725)
Band 7: 176 S. 1972. (HTB 726)
Band 8: 222 S. mit Abb. 1973. Wv.
Band 9: 201 S. mit Abb. 1973. Wv.
Band 10: 184 S. 1973. Wv.
Band 11: 190 S. mit Abb. 1974. Wv.
Band 12: 214 S. mit Abb. 1975. Mathematical Geodesy, Part. 1. Wv.
Band 13: 206 S. mit Abb. 1975. Mathematical Geodesy, Part. 2. Wv.
Band 14: 176 S. mit Abb. 1975. Mathematical Geodesy, Part. 3. Wv.
Band 15: 166 S. 1976. Wv.
Band 16: 180 S. 1976. Wv.

Informatik

Alefeld, G./J. Herzberger/ O. Mayer
Einführung in das Programmieren mit ALGOL 60
164 S. 1972. (HTB 777)

Bosse, W.
Einführung in das Programmieren mit ALGOL W
249 S. 1976. (HTB 784)

Breuer, H.
Algol-Fibel
120 S. mit Abb. 1973. (HTB 506)

Breuer, H.
Fortran-Fibel
85 S. mit Abb. 1969. (HTB 204)

Breuer, H.
PL/1-Fibel
106 S. 1973. (HTB 552)

Bruderer, H. E.
Nichtnumerische Datenverarbeitung
267 S. mit 60 Abb. 2. Aufl. 1980. Wv.

Dederichs, W.
APPLESOFT-BASIC
188 S. 1982. (HTB 603)

Dotzauer, E.
Einführung in APL
248 S. 1978. (HTB 753)

Haase, V./W. Stucky
BASIC
Programmieren für Anfänger
230 S. 1977. (HTB 744)

Händler, W./G. Nees (Hrsg.)
Rechnergestützte Aktivitäten CAD
176 S. 1980. Wv.

Hainer, K.
Numerische Algorithmen auf programmierbaren Taschenrechnern
263 S. 1980. (HTB 805)

Kaucher, E./R. Klatte/Ch. Ullrich
Programmiersprachen im Griff
Band 1: FORTRAN
310 S. 1980. (HTB 795)
Band 2: PASCAL
359 S. 1981. (HTB 796)
Band 3: BASIC
390 S. 1981. (HTB 797)

Lawson jr., H. W./E. J. Neuhold
Verstehen Sie Datenverarbeitung?
Etwa 250 S. 1982. Wv.

Mell, W.-D./P. Preuß/P. Sandner
Einführung in die Programmiersprache PL/1
304 S. 1974. (HTB 785)

Mickel, K.-P.
Einführung in die Programmiersprache COBOL
219 S. 2., verbesserte Aufl. 1980. (HTB 745)

Müller, K. H./I. Streker
FORTRAN.
Programmierungsanleitung
215 S. 2. Aufl. 1970. (HTB 804)

Rohlfing, H.
PASCAL. Eine Einführung
217 S. 1978. (HTB 756)

Rohlfing, H.
SIMULA
243 S. mit Abb. 1973. (HTB 747)

Schließmann, H.
Programmierung mit PL/1
206 S. 2., erweiterte Aufl. 1978. (HTB 740)

Weber, H./J. Grami
Numerische Verfahren für programmierbare Taschenrechner I
192 S. 1980. (HTB 803)

Zimmermann, G./J. Höffner
Elektrotechnische Grundlagen der Informatik II
Wechselstromlehre, Leitungen, analoge u. digitale Verarbeitung kontinuierlicher Signale.
194 S. mit Abb. 1974. (HTB 790)

Reihe: Informatik

Herausgegeben von Prof. Dr. Karl Heinz Böhling, Universität Bonn, Prof. Dr. Ulrich Kulisch, Universität Karlsruhe und Prof. Dr. Hermann Maurer, Technische Universität Graz.

Band 1:
Maurer, H.
Theoretische Grundlagen der Programmiersprachen. Theorie der Syntax
254 S. Unveränderter Neudruck 1977. Wv.

Band 2:
Heinhold, J./U. Kulisch
Analogrechnen
242 S. mit Abb. 1976. Wv.

Band 7:
Kameda, T./K. Weihrauch
Einführung in die Codierungstheorie
Teil I: 218 S. 1973. Wv.

Band 8:
Reusch, B.
Lineare Automaten
149 S. mit Abb. 1969. (HTB 708)

Band 10:
Böhling, K. H./G. Dittrich
Endliche stochastische Automaten
138 S. 1972. (HTB 766)

Band 11:
Seegmüller, G.
Einführung in die Systemprogrammierung
480 S. mit 83 Abb. 1974. Wv.

Band 12:
Alefeld, G./J. Herzberger
Einführung in die Intervallrechnung
XIII, 398 S. mit Abb. 1974. Wv.

Band 13:
Duske, J./H. Jürgensen
Codierungstheorie
235 S. 1977. Wv.

Band 14:
Böhling, K. H./B. v. Braunmühl
Komplexität bei Turingmaschinen
324 S. 1974. Wv.

Band 15:
Peters, F. E.
Einführung in mathematische Methoden der Informatik
348 S. 1974. Wv.

Band 16:
Wedekind, H.
Datenbanksysteme I
325 S. 2., völlig neu bearb. Aufl. 1981. Wv.

Band 18:
Wedekind, H./T. Härder
Datenbanksysteme II
430 S. mit Abb. 1976. Wv.

Band 19:
Kulisch, U.
Grundlagen des numerischen Rechnens. Mathematische Begründung der Rechnerarithmetik
467 S. 1976. Wv.

Band 20:
Zima, H.
Betriebssysteme. Parallele Prozesse
325 S. 2. Aufl. 1980. Wv.

Band 21:
Mies, P./D. Schütt
Feldrechner
150 S. 1976. Wv.

Band 22:
Denert, E./R. Franck
Datenstrukturen
362 S. 1977. Wv.

Band 23:
Ecker, K.
Organisation von parallelen Prozessen. Theorie deterministischer Schedules
280 S. 1977. Wv.

Band 24:
Kaucher, E./R. Klatte/Ch. Ullrich
Höhere Programmiersprachen ALGOL, FORTRAN, PASCAL in einheitlicher und übersichtlicher Darstellung
258 S. 1978. Wv.

Band 25:
Motsch, W.
Halbleiterspeicher.
Technik, Organisation und Anwendung
237 S. 1978. Wv.

Band 26:
Görke, W.
Mikrorechner.
Eine Einführung in ihre Technik und Funktion
251 S. 2., überarbeitete und erweiterte Aufl. 1980. Wv.

Band 27:
Mayer, O.
Syntaxanalyse
433 S. 2., durchgesehene und ergänzte Aufl. 1982. Wv.

Band 28:
Schrack, G.
Grafische Datenverarbeitung.
Eine Einführung
264 S. 1978. Wv.

Band 29:
Waller, H./P. Hilgers
Mikroprozessoren.
Vom Bauteil zur Anwendung
332 S. mit Abb. 1980. Wv.

Band 30:
Reusch, P.
Informationssysteme, Dokumentationssprachen, Data Dictionaries. Eine Einführung
216 S. 1980. Wv.

Band 31:
Ershov, A. P.
Einführung in die Theoretische Programmierung.
Gespräche über die Methode
Etwa 450 S. mit Abb. Aus dem Russischen. 1982. Wv.

Band 32:
Koch, G.
Maschinennahes Programmieren von Mikrocomputern
274 S. 1981. Wv.

Band 33:
Stetter, F.
Softwaretechnologie.
Eine Einführung
303 S. 1981. Wv.

Band 34:
Balzert, H.
Die Entwicklung von Software-Systemen.
Prinzipien, Methoden, Sprachen, Werkzeuge
Etwa 300 S. 1982. Wv.

Band 35:
Hotz, G./K. Estenfeld
Formale Sprachen.
Eine automatentheoretische Einführung
234 S. 1981. Wv.

Band 36:
Zima, H.
Compilerbau I.
Analyse
Etwa 350 S. 1982. Wv.

Physik

Baltes, H. P./E. R. Hilf
Spectra of Finite Systems
116 S. In englischer Sprache. 1976. Wv.

Barut, A. O.
Die Theorie der Streumatrix für die Wechselwirkungen fundamentaler Teilchen
Band I: Gruppentheoretische Beschreibung der S-Matrix.
225 S. mit Abb. Aus dem Englischen. 1971. (HTB 438)
Band II: Grundlegende Teilchenprozesse.
212 S. mit Abb. Aus dem Englischen. 1971. (HTB 555)

Bethge, K.
Quantenphysik.
Eine Einführung in die Atom- und Molekülphysik
271 S. 1978. Wv. Unter Mitarbeit von Dr. G. Gruber, Universität Frankfurt.

Bjorken, J. D./S. D. Drell
Relativistische Quantenmechanik
312 S. mit Abb. 1966. Aus dem Englischen. (HTB 98)

Bjorken, J. D./S. D. Drell
Relativistische Quantenfeldtheorie
409 S. Unveränderter Neudruck 1978. Aus dem Englischen. (HTB 101)

Bleuler, K./H. R. Petry/ D. Schütte (Hrsg.)
Mesonic Effects in Nuclear Structure
181 S. mit Abb. In englicher Sprache. 1975. Wv.

Blum, P./K. Schuchardt/V. Gärtner
Die Hochatmosphäre. Eine Einführung
Etwa 250 S. mit zahlr. Abb. 1982. Wv.

Bodenstedt, E.
Experimente der Kernphysik und ihre Deutung
Band I: 290 S. mit Abb. 2., durchgesehene Aufl. 1979. Wv.
Band II: XIV, 293 S. mit Abb. 2., durchgesehene Aufl. 1978. Wv.
Band III: 303 S. mit Abb. 2., durchgesehene Aufl. 1979. Wv.

Borucki, H.
Einführung in die Akustik
236 S. 2., durchgesehene Aufl. 1980. Wv.

Donner, W.
Einführung in die Theorie der Kernspektren
Band II: Erweiterung des Schalenmodells, Riesenresonanzen.
107 S. mit Abb. 1971. (HTB 556)

Eder, G.
Quantenmechanik I
273 S. 2. Aufl. 1980. Wv.

Eder, G.
Atomphysik. Quantenmechanik II
259 S. 1978. Wv.

Eder, G.
Elektrodynamik
273 S. 1967. (HTB 233)

Emendörfer, D./K. H. Höcker
Theorie der Kernreaktoren
Band 1: Der stationäre Reaktor.
Etwa 380 S. mit Abb. 2., neu bearbeitete Aufl. 1982. Wv.

Gasiorowicz, S.
Elementarteilchenphysik
742 S. mit 119 Abb. 1975. Aus dem Englischen. Wv.

Grott, S. R. de
Thermodynamik irreversibler Prozesse
216 S. mit 4 Abb. 1960. Aus dem Englischen. (HTB 18)

Groot, S. R. de/P. Mazur
Anwendung der Thermodynamik irreversibler Prozesse
349 S. 1974. Aus dem Englischen. Wv.

Haken, H.
Licht und Materie I. Elemente der Quantenoptik
155 S. 1979. Wv.

Haken, H.
Licht und Materie II. Laser
225 S. 1981. Wv.

Heisenberg, W.
Physikalische Prinzipien der Quantentheorie
117 S. mit 22 Abb. 1958. (HTB 1)

Henley, E. M./W. Thirring
Elementare Quantenfeldtheorie
336 S. mit Abb. 1975. Aus dem Englischen. Wv.

Hund, F.
Geschichte der physikalischen Begriffe
Teil I: Die Entstehung des mechanischen Naturbildes.
221 S. 2., neu bearbeitete Aufl. 1978. (HTB 543)
Teil II: Die Wege zum heutigen Naturbild.
233 S. 2., neu bearbeitete Aufl. 1978. (HTB 544)

Hund, F.
Geschichte der Quantentheorie
262 S. mit Abb. 2. Aufl. 1975. Wv.

Hund, F.
Grundbegriffe der Physik
Teil I: Makroskopische Vorgänge.
150 S. mit Abb. 2., neu bearbeitete Aufl. 1979. (HTB 449)
Teil II: Mikroskopischer Hintergrund.
151 S. mit Abb. 2., neu bearbeitete Aufl. 1979. (HTB 450)

Källen, G./J. Steinberger
Elementarteilchenphysik
687 S. mit Abb. 2., verbesserte Aufl. 1974. Aus dem Englischen. Wv.

Kippenhahn, R./C. Möllenhoff
Elementare Plasmaphysik
297 S. mit Abb. 1975. Wv.

Luchner, K.
Aufgaben und Lösungen zur Experimentalphysik
Band II: Elektromagnetische Vorgänge.
150 S. mit Abb. 1966. (HTB 156)
Band III: Grundlagen zur Atomphysik.
125 S. mit Abb. 1973. (HTB 157)

Lüscher, E.
Experimentalphysik
Band I: Mechanik, geometrische Optik, Wärme.
Band I/1. Teil: 260 S. mit Abb. 1967. (HTB 111)
Band I/2. Teil: 215 S. mit Abb. 1967. (HTB 114)
Band II: Elektromagnetische Vorgänge.
371 S. 2., überarb. Aufl. 1981. (HTB 115)

Lüst, R.
Hydrodynamik
234 S. 1978. Wv.

Mitter, H.
Elektrodynamik
391 S. 1980. (HTB 707)

Mitter, H.
Quantentheorie
313 S. mit Abb. 2. Aufl. 1979. (HTB 701)

Møller, C.
Relativitätstheorie
316 S. 1977. Wv.

Neff, H.
Physikalische Meßtechnik
160 S. mit Abb. 1976. (HTB 66)

Neuert, H.
Experimantalphysik für Mediziner, Zahnmediziner, Pharmazeuten und Biologen
292 S. mit Abb. 1969. (HTB 712)

Neuert, H.
Physik für Naturwissenschaftler
Band I: Mechanik und Wärmelehre.
173 S. 1977. (HTB 727)
Band II: Elektrizität und Magnetismus, Optik. 198 S. 1977. (HTB 728)
Band III: Atomphysik, Kernphysik, chemische Analyseverfahren.
326 S. 1978. (HTB 729)

Nitsch, J./J. Pfarr/ E.-W. Stachow (Hrsg.)
Grundlagenprobleme der modernen Physik
319 S. 1981. Wv.

Rollnik, H.
Teilchenphysik
Band I: Grundlegende Eigenschaften von Elementarteilchen.
Etwa 188 S. 2. Aufl. 1982. (HTB 706)
Band II: Innere Symmetrien der Elementarteilchen.
158 S. mit Abb. z. T. farbig. 1971. (HTB 759)

Rose, M. E.
Relativistische Elektronentheorie
Band I: 193 S. mit Abb. 1971. Aus dem Englischen. (HTB 422)
Band II: 171 S. mit Abb. 1971. Aus dem Englischen. (HTB 554)

Scherrer, P./P. Stoll
Physikalische Übungsaufgaben
Band I: Mechanik und Akustik.
96 S. mit 44 Abb. 1962. (HTB 32)
Band II: Optik, Thermodynamik, Elektrostatik.
103 S. mit Abb. 1963. (HTB 33)
Band III: Elektrizitätslehre, Atomphysik.
103 S. mit Abb. 1964. (HTB 34)

Schütte, D./K. Holinde/ K. Bleuler (Hrsg.)
The Meson Theory of Nuclear Forces and Nuclear Matter
393 S. 1980. Wv.

Seiler, H.
Abbildungen von Oberflächen mit Elektronen, Ionen und Röntgenstrahlen
131 S. mit Abb. 1968. (HTB 428)

Sexl, R. U./H. K. Urbantke
Gravitation und Kosmologie. Eine Einführung in die Allgemeine Relativitätstheorie
Etwa 370 S. 2., überarb. und erweiterte Aufl. 1982. Wv.

Teichmann, H.
Einführung in die Atomphysik
135 S. mit 47 Abb. 3. Auflage 1966. (HTB 12)

Teichmann, H.
Halbleiter
156 S. mit 55 Abb. 3. Auflage 1969. (HTB 21)

Wagner, C.
Methoden der naturwissenschaftlichen und technischen Forschung
219 S. mit Abb. 1974. Wv.

Weizel, W.
Einführung in die Physik
Band III: Optik und Atomphysik.
194 S. mit 99 Abb. 5. Auflage 1963. (HTB 5)

Weizel, W.
Physikalische Formelsammlung
Band II: Optik, Thermodynamik, Relativitätstheorie.
148 S. 1964. (HTB 36)
Band III: Quantentheorie.
196 S. mit zweifarbigem Druck der Formeln. 1966. (HTB 37)

Zimmermann, P.
Eine Einführung in die Theorie der Atomspektren
91 S. mit Abb. 1976. Wv.

Astronomie

Becker, F.
Geschichte der Astronomie
201 S. 4. Aufl. 1980. Wv.

Scheffler, H./H. Elsässer
Bau und Physik der Galaxis
Etwa 650 S. 1982. Wv.

Scheffler, H./H. Elsässer
Physik der Sterne und der Sonne
535 S. mit Abb. 1974. Wv.

Schneider, M.
Himmelsmechanik
480 S. mit Abb. 2., verbesserte Aufl. 1981. Wv.

Schurig, R./P. Götz/K. Schaifers
Himmelsatlas (Tabuale caelestes)
44 S. 8. Aufl. 1960. Wv.

Voigt, H. H.
Abriß der Astronomie
558 S. mit Abb. 3., überarbeitete Aufl. 1980. Wv.

Philosophie

Enzyklopädie Philosophie und Wissenschaftstheorie in 3 Bänden
Herausgegeben von Jürgen Mittelstraß. Rund 4000 Stichwörter auf etwa 2400 Seiten. Wv.

Bunge, M.
Epistemologie. Aktuelle Fragen der Wissenschaftstheorie
Etwa 240 S. 1982. Aus dem Spanischen. Wv.

Haas, G.
Konstruktive Einführung in die formale Logik
Etwa 200 S. 1982. Wv.

Kamlah, W.
Philosophische Anthropologie. Sprachkritische Grundlegung und Ethik
192 S. 1973. (HTB 238)

Kamlah, W.
Von der Sprache zur Vernunft. Philosophie und Wissenschaft in der neuzeitlichen Profanität
230 S. 1975. Wv.

Kamlah, W./P. Lorenzen
Logische Propädeutik. Vorschule des vernünftigen Redens
239 S. 2., verb. und erweiterte Aufl. 1973. (HTB 227)

Kanitscheider, B.
Vom absoluten Raum zur dynamischen Geometrie
139 S. 1976. Wv.

Leinfellner, W.
Einführung in die Erkenntnis- und Wissenschaftstheorie
227 S. 3. Aufl. 1980. (HTB 41)

Lorenzen, P.
Normative Logic and Ethics
89 S. 1969. In englischer Sprache. (HTB 236)

Lorenzen, P./O. Schwemmer
Konstruktive Kogik, Ethik und Wissenschaftstheorie
331 S. mit Abb. 2., verbesserte Aufl. 1975. (HTB 700)

Mittelstaedt, P.
Philosophische Probleme der modernen Physik
227 S. 6., durchgesehene Aufl. 1981. (HTB 50)

Mittelstaedt, P.
Die Sprache der Physik
139 S. 1972. Wv.

Reihe: Grundlagen der exakten Naturwissenschaften

Herausgegeben von Prof. Dr. Peter Mittelstaedt, Universität Köln.

Band 1:
Mittelstaedt, P./J. Pfarr (Hrsg.)
Grundlagen der Quantentheorie
159 S. 1980. Wv.

Band 2:
Strohmeyer, I.
Transzententalphilosophische und physikalische Raum-Zeit-Lehre
184 S. 1980. Wv.

Band 3:
Mittelstaedt, P.
Der Zeitbegriff in der Physik
188 S. 2., verbesserte und erweiterte Aufl. 1980. Wv.

Band 4:
Pfarr, J. (Hrsg.)
Protophysik und Relativitätstheorie
240 S. 1981. Wv.

Band 5:
Neumann, H. (Hrsg.)
Interpretations and Foundations of Quantum Theory
144 S. 1981. In englischer Sprache. Wv.

Chemie

Grimmer, G.
Biochemie
376 S. mit Abb. 1969. (HTB 187)

Kaiser, R.
Chromatographie in der Gasphase
Band I: Gas-Chromatographie.
220 S. mit 81 Abb. 2. Aufl. 1973. (HTB 22)
Band IV/2. Teil: Quantitative Auswertung.
118 S. mit Abb. 2., erweiterte Aufl. 1969. (HTB 472)

Laidler, K. J.
Reaktionskinetik
Band I: Homogene Gasreaktionen.
216 S. mit Abb. 1970. Aus dem Englischen.
(HTB 290)

Preuß, H.
Quantentheoretische Chemie
Band I: Die halbempirischen Regeln.
94 S. mit 19 Abb. 1963. (HTB 43)
Band II: Der Übergang zur Wellenmechanik, die allgemeinen Rechenverfahren.
238 S. mit 19 Abb. 1965. (HTB 44)
Band III: Wellenmechanische und methodische Ausgangspunkte.
222 S. mit Abb. 1967. (HTB 45)

Riedel, L.
Physikalische Chemie.
Eine Einführung für Ingenieure
406 S. 1974. Wv.

Schmidt, M.
Anorganische Chemie
Band I: Hauptgruppenelemente.
301 S. mit Abb. 1967. (HTB 86)
Band II: Übergangsmetalle. 221 S. mit Abb. 1969. (HTB 150)

Medizin

Forth, W./D. Henschler/ W. Rummel (Hrsg.)
Allgemeine und spezielle Pharmakologie und Toxikologie
Für Studenten der Medizin, Veterinärmedizin, Pharmazie, Chemie, Biologie sowie für Ärzte und Apotheker.
3., überarbeitete Aufl. 1980. 688 S. Über 400 meist zweifarbige Abb. sowie mehr als 280 Tabellen. Wv.

Haas, H.
Ursprung, Geschichte und Idee der Arzneimittelkunde
(Reihe: Pharmakologie und Toxikologie, Band 1)
178 S. 1981. Wv.

Ingenieurwissenschaften

Billet, R.
Grundlagen der thermischen Flüssigkeitszerlegung
150 S. mit 50 Abb. 1962. (HTB 29)

Billet, R.
Optimierung in der Rektifiziertechnik unter besonderer Berücksichtigung der Vakuumrektifikation
129 S. mit Abb. 1967. (HTB 261)

Billet, R.
Trennkolonnen für die Verfahrenstechnik
151 S. mit Abb. 1971. (HTB 548)

Böhm, H.
Einführung in die Metallkunde
236 S. mit Abb. 1968. (HTB 196)

Bosse, G.
Grundlagen der Elektrotechnik
Band I: Das elektrostatische Feld und der Gleichstrom. Unter Mitarbeit von W. Mecklenbräuker. 141 S. mit Abb. 1966. (HTB 182)
Band II: Das magnetische Feld und die elektromagnetische Induktion. Unter Mitarbeit von G. Wiesemann.
154 S. mit Abb. 2., überarbeitete Aufl. 1978. (HTB 183)
Band III: Wechselstromlehre, Vierpol- und Leitungstheorie. Unter Mitarbeit von A. Glaab.
135 S. 2., überarbeitete Aufl. 1978. (HTB 184)
Band IV: Drehstrom, Ausgleichsvorgänge in linearen Netzen. Unter Mitarbeit von J. Hagenauer.
164 S. mit Abb. 1973. (HTB 185)

Eschenauer, H./W. Schnell
Elastizitätstheorie I.
Grundlagen, Scheiben und Platten
256 S. 1981. Wv.

Feldtkeller, E.
Dielektrische und magnetische Materialeigenschaften
Band I: Meßgrößen, Materialübersicht und statistische Eigenschaften.
242 S. mit Abb. 1973. (HTB 485)

Glaab, A./J. Hagenauer
Übungen in Grundlagen der Elektrotechnik III, IV
228 S. mit Abb. 1973. (HTB 780)

Gross, D./W. Schnell
Formel- und Aufgabensammlung zur Technischen Mechanik II. Elastostatik
180 S. mit Abb. 1980. (HTB 792)

Klein, W.
Vierpoltheorie
159 S. mit Abb. 1972. Wv.

Mahrenholtz, O.
Analogrechnen in Maschinenbau und Mechanik
208 S. mit Abb. 1968. (HTB 154)

Marguerre, K./H. Wölfel
Technische Schwingungslehre. Lineare Schwingungen vielgliedriger Strukturen
338 S. 1979. Wv.

Marguerre, K./H.-T. Woernle
Elastische Platten
242 S. mit 125 Abb. 1975. Wv.

Mesch, F.
Meßtechnisches Praktikum
Für Maschinenbauer und Verfahrentechniker.
217 S. mit Abb. 3., überarbeitete Aufl. 1981. (HTB 736)

Pestel, E.
Technische Mechanik
Band I: Statik.
Etwa 280 S. 2., neu bearb. und ergänzte Aufl. 1982. Wv.

Pestel, E./J. Wittenburg
Technische Mechanik
Band 2: Festigkeitslehre.
441 S. mit über 350 Abb. 1981. Wv.

Piefke, G.
Feldtheorie
Band I: Maxwellsche Gleichungen, Elektrostatik, Wellengleichung, verlustlose Leitungen.
264 S. Verbesserter Nachdruck 1977. (HTB 771)
Band II: Verlustbehaftete Leitungen, Grundlagen der Antennenabstrahlung, Einschwingvorgang.
231 S. mit Abb. 1973. (HTB 773)
Band III: Beugungs- und Streuprobleme, Wellenausbreitung in anisotropen Medien.
362 S. 1977. (HTB 782)

Sagirow, P.
Satellitendynamik
191 S. 1970. (HTB 719)

Schnell, W./D. Gross
Formel- und Aufgabensammlung zur Technischen Mechanik I. Statik
180 S. mit Abb. 1979. (HTB 791)

Schnell, W./D. Gross
Formel- und Aufgabensammlung zur Technischen Mechanik III. Kinetik
180 S. mit Abb. 1980. (HTB 793)

Stüwe, H. P.
Einführung in die Werkstoffkunde
197 S. mit Abb. 2., verbesserte Aufl. 1978. (HTB 467)

Stüwe, H. P./G. Vibrans
Feinstrukturuntersuchungen in der Werkstoffkunde
138 S. mit Abb. 1974. Wv.

Troost, A.
Einführung in die allgemeine Werkstoffkunde metallischer Werkstoffe I
507 S. mit Abb. 1980. Wv.

Waller, H./W. Krings
Matrizenmethoden in der Maschinen- und Bauwerksdynamik
377 S. mit 159 Abb. 1975. Wv.

Wasserrab, Th.
Gaselektronik
Band I: Atomtheorie.
223 S. mit Abb. 1971. (HTB 742)
Band II: Niederdruckentladungen, Technik der Gasentladungsventile.
230 S. mit Abb. 1972. (HTB 769)

Wiesemann, G.
Übungen in Grundlagen der Elektrotechnik II
202 S. mit Abb. 1976. (HTB 779)

Wiesemann, G./W. Mecklenbräuker
Übungen in Grundlagen der Elektrotechnik I
179 S. mit Abb. 1973. (HTB 778)

Wolff, I.
Grundlagen und Anwendungen der Maxwellschen Theorie
Band I: Mathematische Grundlagen, die Maxwellschen Gleichungen, Elektrostatik.
236 S. mit Abb. 1968. (HTB 818)
Band II: Strömungsfelder, Magnetfelder, quasistationäre Felder, Wellen.
263 S. mit Abb. 1970. (HTB 731)

Reihe: Theoretische und experimentelle Methoden der Regelungstechnik

Herausgegeben von Gerhard Preßler, Hartmann & Braun, Frankfurt.

Band 1:
Preßler, G.
Regelungstechnik
348 S. mit 235 Abb. 3., überarbeitete Aufl. 1967. (HTB 63)

Band 4:
Klefenz, G.
Die Regelung von Dampfkraftwerken
Etwa 250 S. 3., überarbeitete Aufl. 1982. Wv.

Band 8/9:
Starkermann, R.
Die harmonische Linearisierung
Band II: 83 S. mit Abb. 1970. (HTB 470)

Band 10:
Starkermann, R.
Mehrgrößen-Regelsysteme
Band I: 173 S. mit Abb. 1974. Wv.

Band 12:
Schwarz, H.
Optimale Regelung linearer Systeme
242 S. mit Abb. 1976. Wv.

Band 13:
Latzel, W.
Regelung mit dem Prozeßrechner (DDC)
213 S. mit über 100 Abb. 1977. Wv.

Reihe: Gesellschaft, Recht, Wirtschaft

Herausgegeben von Prof. Dr. Eduard Gaugler, Dr. Wolfgang Goedecke, Prof. Dr. Heinz König, Prof. Dr. Günther Wiese, Prof. Dr. Rudolf Wildenmann, Universität Mannheim.

Band 1:
Albert, H./M. C. Kemp/ W. Krelle/G. Menges/ W. Meyer
Ökonometrische Modelle und sozialwissenschaftliche Erkenntnisprogramme
111 S. 1978. Wv.

Band 2:
Bogaert, R./P. C. Hartmann
Essays zur historischen Entwicklung des Bankensystems
48 S. 1980. Wv.

Band 3:
Nerlove, M./S. Heiler/ H.-J. Lenz/B. Schips/ H. Garbers
Problems of Time Series Analysis
140 S. 1980. Wv.

Band 4:
Aumann, R. J./J. C. Harsanyi/ W. Hildenbrand/M. Maschler/ M. A. Perles/J. Rosenmüller/ R. Selten/M. S. Shubik/ G. L. Thompson
Essays in Game Theory and Mathematical Economics in Honor of Oskar Morgenstern
200 S. 1981. In englischer Sprache. Wv.

Band 5:
Steinmann, H./G. Gäfgen/ W. Blomeyer
Die Kosten der Mitbestimmung
139 S. 1981. Wv.

Band 6:
Frisch, W./E. v. Caemmerer/ G. Wüst/F. A. Mann/R. Fischer
In Memoriam Konrad Duden
Theorie und Praxis im Wirtschaftsrecht
75 S. 1982. Wv.

Band 7:
Braun, W./K.-F. Ackermann/ E. Gaugler/H. Kossbiel/ G. Reber/W. Weber
Verantwortliche Personalführung
128 S. 1982. Wv.

Geographie/Geologie

Ganssen, R.
Grundsätze der Bodenbildung
135 S. mit 19 Zeichnungen und einer mehrfarbigen Tafel. 1965. (HTB 327)

Gierloff-Emden, H.-G./ H. Schroeder-Lanz
Luftbildauswertung
Band I: Grundlagen.
154 S. mit Abb. 1970. (HTB 358)

Kertz, W.
Einführung in die Geophysik
Band I: Erdkörper.
232 S. mit Abb. 1969. (HTB 275)
Band II: Obere Atmosphäre und Magnetosphäre.
210 S. mit Abb. 1971. (HTB 535)

Möller, F.
Einführung in die Meteorologie
Band I: Meteorologische Elementarphänomene.
222 S. mit Abb. und 6 Farbtafeln. 1973. (HTB 276)
Band II: Komplexe meteorologische Phänomene.
223 S. mit Abb. 1973. (HTB 288)

Wunderlich, H.-G.
Bau der Erde.
Geologie der Kontinente und Meere
Band II: Asien, Australien.
164 S., 16 S. farbige Abb. 1975. Wv.

Wunderlich, H.-G.
Einführung in die Geologie
Band I: Exogene Dynamik.
214 S. mit ca. 50 Abb. und 24 farbigen Bildern. 1968. (HTB 340)
Band II: Endogene Dynamik.
231 S. mit Abb. und 16 farbigen Bildern. 1968. (HTB 341)

B.I.-Hochschulatlanten

Dietrich, G./J. Ulrich (Hrsg.)
Atlas zur Ozeanographie
76 S. 1968. (HTB 307)

Schmithüsen, J. (Hrsg.)
Atlas zur Biogeographie
80 S. 1976. (HTB 303)

Wagner, K. (Hrsg.)
Atlas zur physischen Geographie (Orographie)
59 S. 1971. (HTB 304)